第 2 天 >>>

页面设置

第 3 天 >>>

【单元练习】——绘制圆形按钮

绘制正圆

绘制饼形和弧形

第 4 天 >>>

礼品盒

7折优惠

丘比特之箭

卡通玩具促销海报

海星

咖啡

第 5 天 >>>

【单元练习】——绘制游动的鱼

【每日一练】——绘制卡通男孩

【单元练习】——绘制调节按钮

【单元练习】——为图形填充颜色

【单元练习】——使用颜色滴管填充颜色

第 7 天 >>>

【单元练习】——绘制鸭子

【单元练习】——制作描边字

【单元练习】——添加描边效果

【每日一练】——绘制装饰画

第 8 天 >>>

爱心速递

透明标版文字

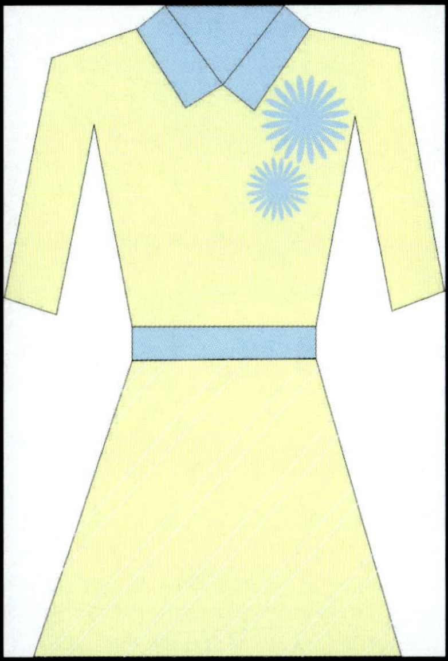

连衣裙

吉他

第 9 天 >>>

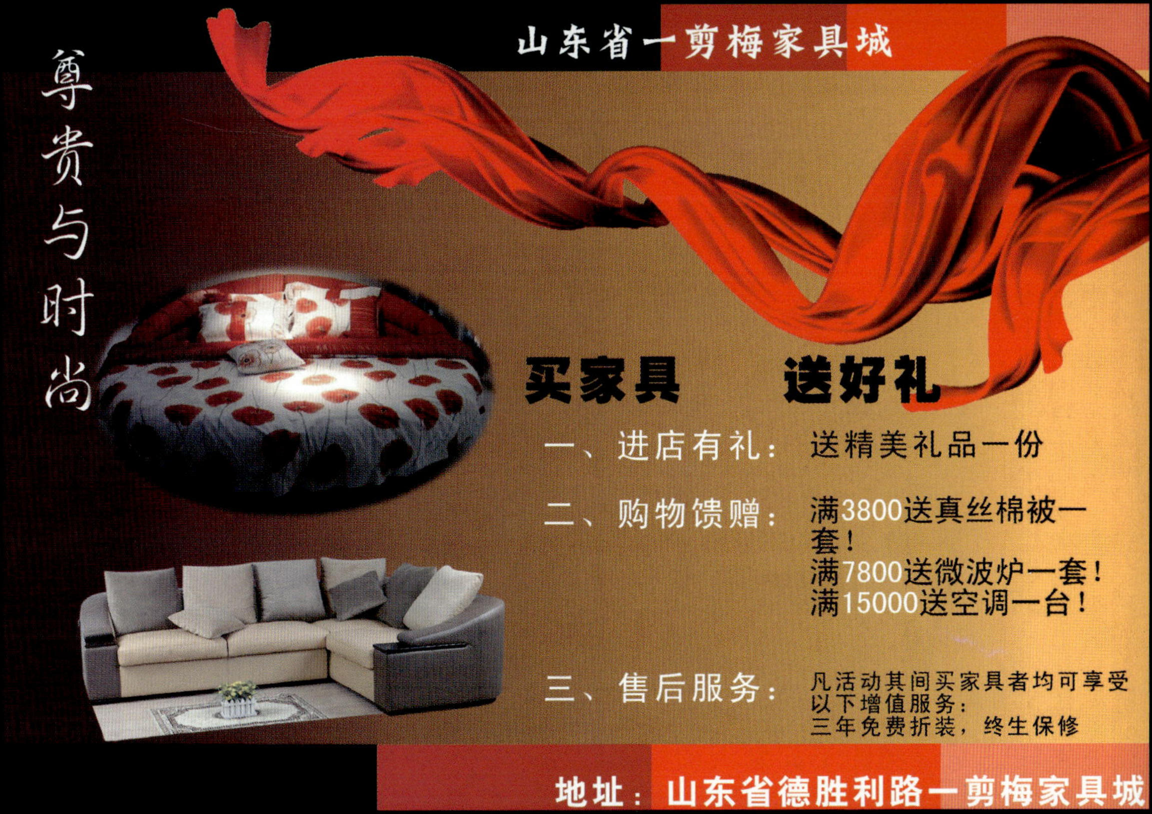

家具广告

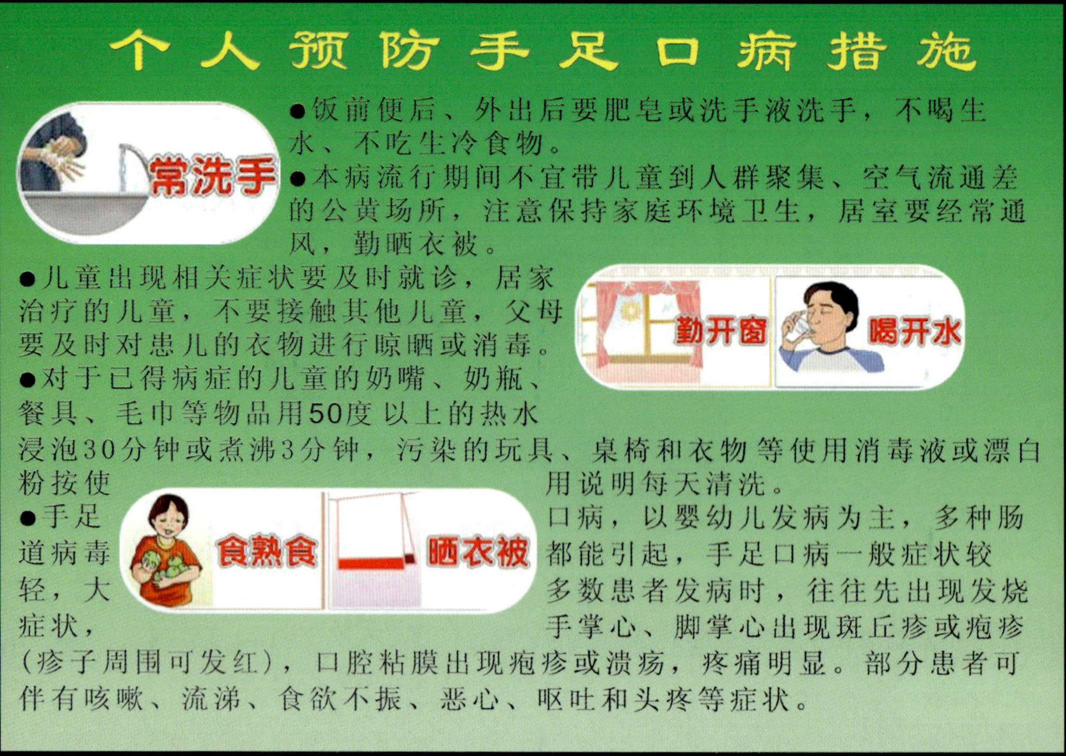

预防手足口病

文字沿图像路径排列

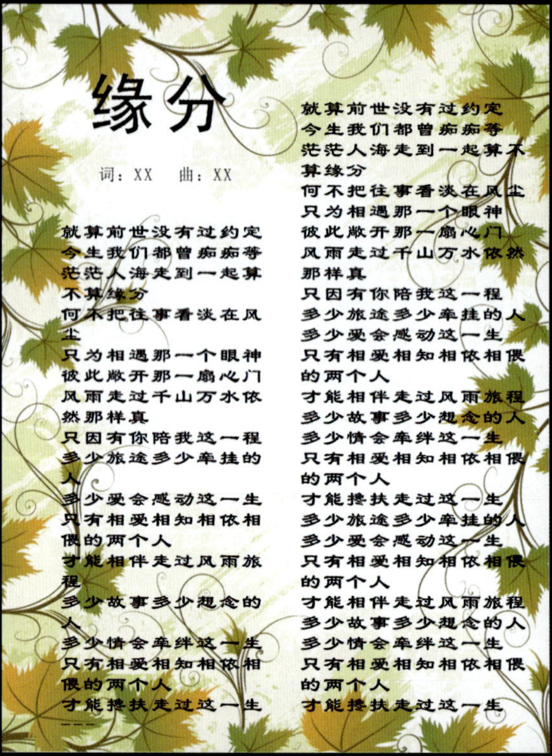

歌词

第 10 天 >>>

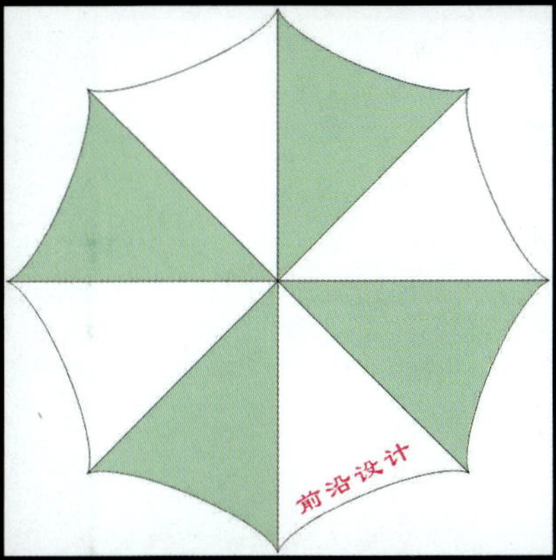

雨伞

跳棋

花形图案

胶片

第 11 天 >>>

【单元练习】——制作仙人掌字

【每日一练】——绘制表情

【单元练习】——制作珍珠文字

第 12 天 >>>

壁纸效果

转换图像的颜色模式

【单元练习】——调整照片

第 13 天 >>>

【单元练习】——制作不规则按钮

【单元练习】——制作长方形按钮

【每日一练】——绘制灯箱

【单元练习】——制作放大镜效果

第 14 天 >>>

绘制POP广告

汽车

第 15 天 >>>

制作儿童节海报

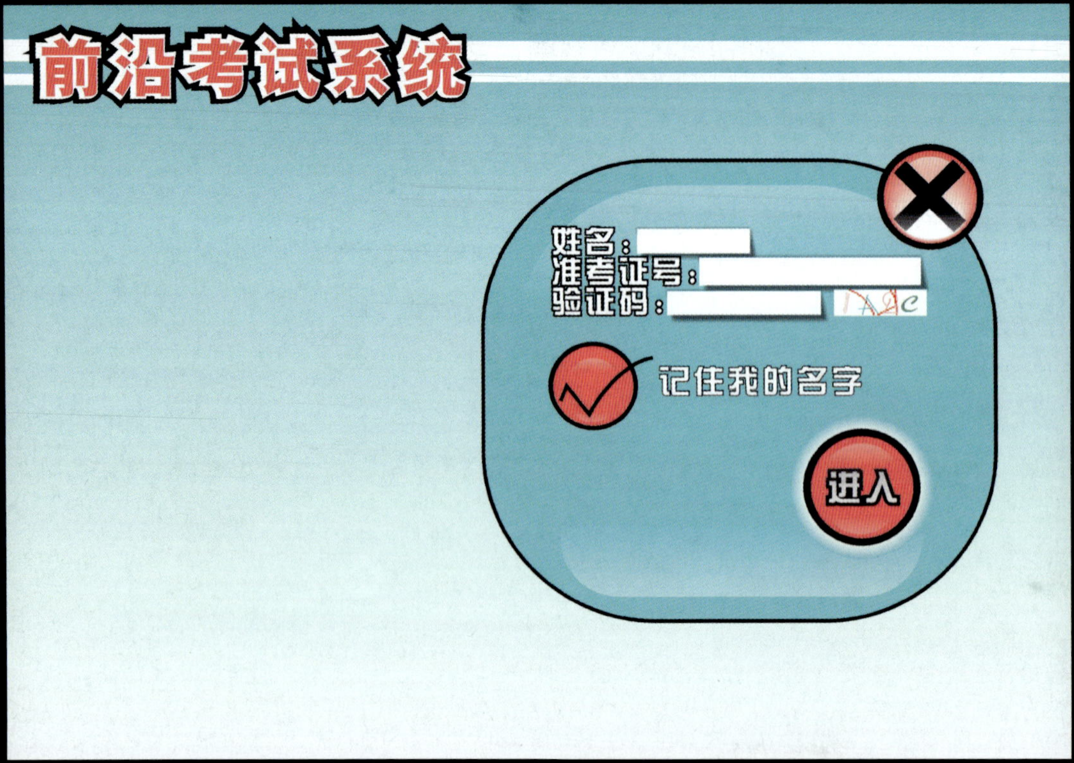

制作程序界面

制作日历时钟

15天精通 CorelDRAW X5

叶丽丽　王海峰　牟艳霞　编著

中国铁道出版社
CHINA RAILWAY PUBLISHING HOUSE

内　容　简　介

本书是编者根据自己多年平面设计工作经验编写而成的，各章中提供了上机练习帮助读者巩固基础知识、增加实战经验，且其中的范例均来自于编者实际工作中的应用。

全书可以分为15天进行学习。前13天分别介绍了CorelDRAW X5操作基础，文件操作与绘图工具的使用，对象编辑，对象选取与组织，颜色填充与外框编辑，交互式工具的使用，图形、图像处理，文本处理，打印、条形码制作、网络发布等；第14天和第15天列举了实际工作中的5个综合案例。

全书内容环环相扣，文字表达与图示相结合，讲解由浅入深、循序渐进，全面讲述了CorelDRAW X5在设计工作中的应用，真正实现了理论讲解与实例制作的完美结合。

本书适合作为各类职业院校、大中专院校或电脑培训学校的教材，也可作为平面设计制作自学者和爱好者的参考用书。

图书在版编目（CIP）数据

15天精通CorelDRAW X5/叶丽丽，王海峰，牟艳霞编著.
—北京：中国铁道出版社，2011.9
ISBN 978-7-113-13251-4

Ⅰ. ①1… Ⅱ.①叶… ②王… ③牟… Ⅲ. ①图形软件，Corel DRAW X5 Ⅳ. ①TP391.41

中国版本图书馆CIP数据核字（2011）第133952号

书　　名：15天精通CorelDRAW X5
作　　者：叶丽丽　王海峰　牟艳霞　编著

策划编辑：张雁芳　　**读者热线电话**：010-63560056
责任编辑：张雁芳　　**编辑助理**：张　丹
封面设计：王　丹　　**封面制作**：郑少云
责任印制：李　佳

出版发行：中国铁道出版社（北京市宣武区右安门西街8号　　邮政编码：100054）
印　　刷：三河市华丰印刷厂
版　　次：2011年9月第1版　　2011年9月第1次印刷
开　　本：787mm×1092mm　1/16　　**印张**：22.75　　**插页**：8　　**字数**：574千
书　　号：ISBN 987-7-113-13251-4
定　　价：59.00元（附赠光盘）

前 言

软件介绍

CorelDRAW软件是与Illustrator等齐名的矢量绘图软件，广泛应用于平面设计、插图制作、排版印刷、网页制作等领域。虽然CorelDRAW属于平面设计软件，但由于其使用方便、有快捷的操作方式且能够很好地表现图像外观，因此也被普遍应用于产品效果制作。

本书的编写目的

本书根据读者的需求，按照“实例为主，基础为辅”的原则讲解CorelDRAW X5的应用。书中以天为单元，将CorelDRAW X5软件的相关内容依据基础知识与基本操作技巧巧妙地整合为15个单元。本书内容全面，几乎覆盖了CorelDRAW X5中文版所有选项和命令，实例丰富，技术含量高，与实践紧密结合。每一个实例都倾注了编者多年的实践经验，每一个功能都经过技术认证。

本书适合的读者群

本书适合平面软件的初学者，广告设计、包装设计、网页设计等从业人员，也可作为大专院校相关专业和职业培训学校的参考书和培训教材。

本书内容

本书将全部内容分为15天：第1天和第2天介绍了CorelDRAW X5的基础操作，第3天到第5天介绍了常用插画工具，第6天到第9天介绍了着色工具、颜色编辑工具、交互式透明工具和文本排版工具，第10天介绍了绘制复杂图形，第11天介绍了编辑复杂图形，第12天介绍了位图的处理，第13天介绍了矢量图的处理，第14天和第15天为综合练习。

本书的资源

为了方便读者学习使用本书，本书附赠配套资料光盘，其内容包括了所有实例的素材和源文件以及所有实例制作过程的视频教学文件。

本书由叶丽丽、王海峰、牟艳霞执笔，此外参加本书编写工作的还有刘爱华、郑元华、冯福仁、寇玉珍、李晓鹏、马联和、马志坚、潘瑞红、潘瑞旺、任根盈、史绪亮、田莉、徐进勇、徐正坤、杨志永、袁紊玉、张桂莲、张国华、张艳群、郑桂英、巨英莲、唐红连、张嵘峰、田娟娟、尹秋红、唐文杰、赵玉华、李保华、焦丽华、李怀良、汪钢、荣文臻、潘瑞兴、周琳、郑庆荣、苟亚妮和周轶，在此一并表示感谢。

本书由编者根据多年的实践经验编著而成，限于水平，书中难免会有疏漏和不妥之处，望广大读者加以更正，以求共同进步。

编　者

2011年7月

目 录

第01天 CorelDRAW X5快速入门

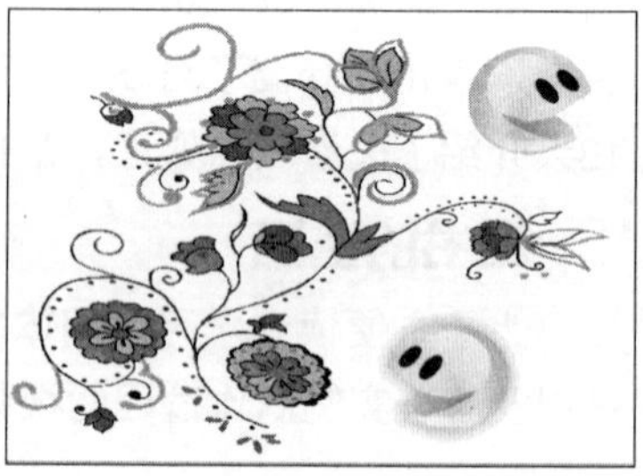

第02天 软件的基本操作

第03天 常用插画工具1

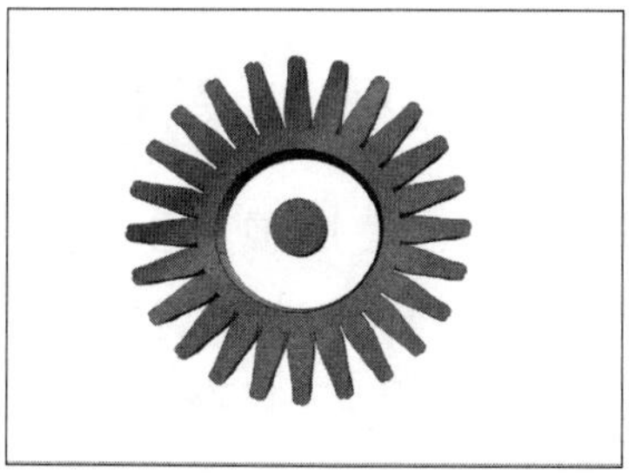

第04天 常用插画工具2

第05天 常用插画工具3

第06天 着色工具

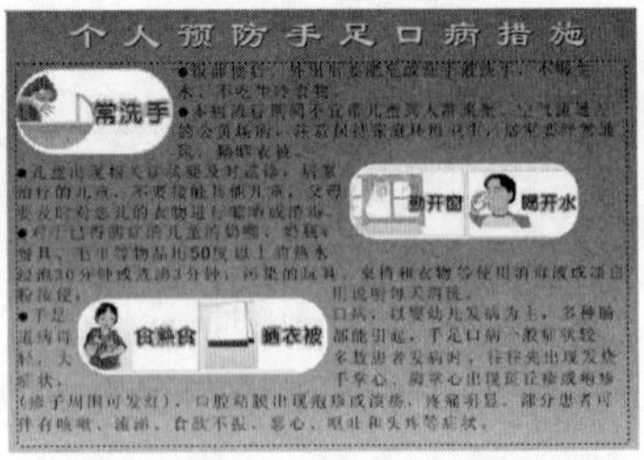

吉他

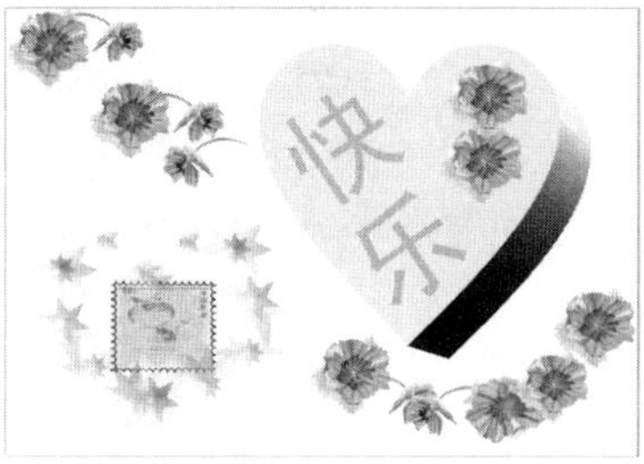
快乐

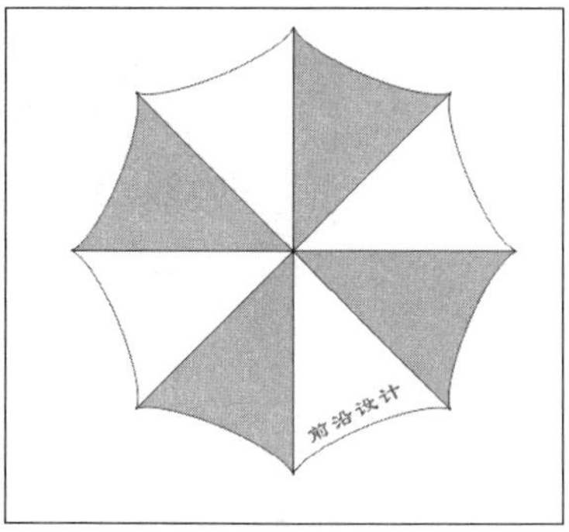

第 09 天　文本排版工具

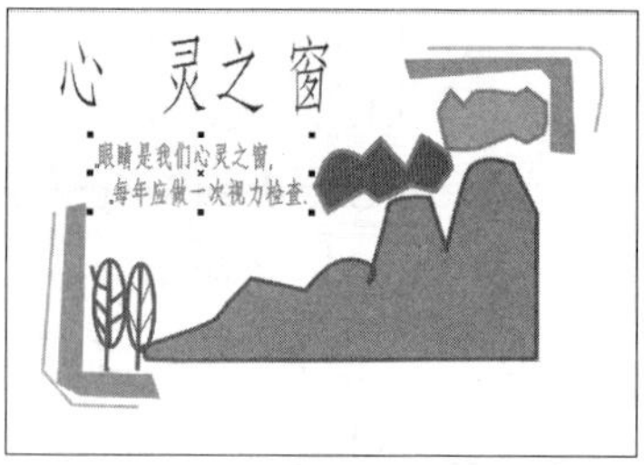

第 10 天　绘制复杂图形

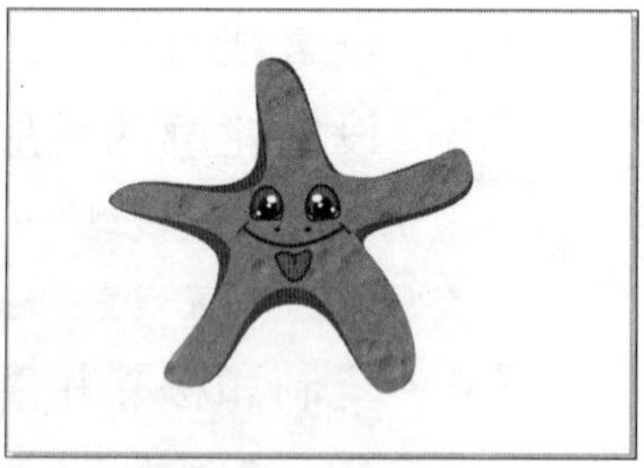

第 11 天　编辑复杂图形

第 12 天 位图的处理

第 13 天 矢量图的处理

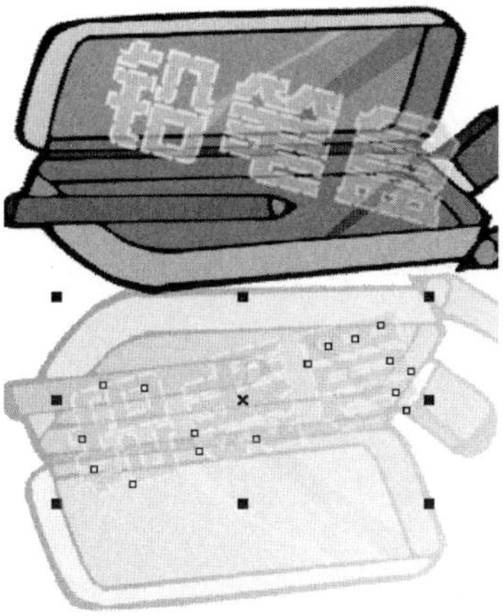

第14天 综合练习1

第15天 综合练习2

第01天 CorelDRAW X5快速入门

CorelDRAW X5软件广泛应用于平面设计、插图制作、排版印刷、网页制作等领域。由于其使用方便、有快捷的操作方式并且能够很好地表现图像外观，许多人也将CorelDRAW用于产品效果制作方面。本章重点介绍CorelDRAW X5的入门基础知识，主要包括CorelDRAW X5的新功能、CorelDRAW X5的工作环境和文档的基本操作等内容。

1.1 CorelDRAW X5的运行环境

CorelDRAW X5的系统配置如下：

- 操作系统：Windows 7(32位或64位)、Windows Vista(32位或64位)或Windows XP(所有版本)。
- CPU：Pentium 4或AMD Athlon 64(或更高)。
- 内存：1GB或更高。
- 硬盘：80GB或更高。
- 显示器：1024×768像素或更高。
- 驱动器：DVD-ROM。

1.2 CorelDRAW X5的安装

下面将对CorelDRAW X5的安装进行简单介绍：

01 打开下载的安装程序，如图1-1所示。

02 在图1-1中可以看到安装文件扩展名为iso的压缩文件，启动DAEMON Tools软件，在状态栏的右下方右击“按钮”，并在弹出的快捷菜单中进行相应的选择，如图1-2所示。

03 在弹出的对话框中选择“CorelDRAW X5中文版.iso”选项，单击“打开”按钮，如图1-3所示。

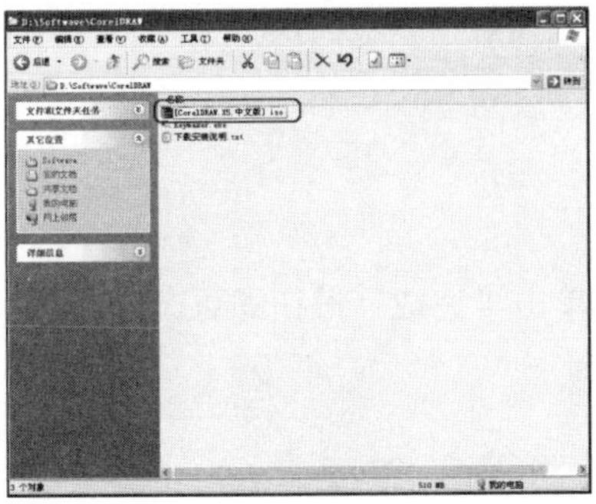

图1-1

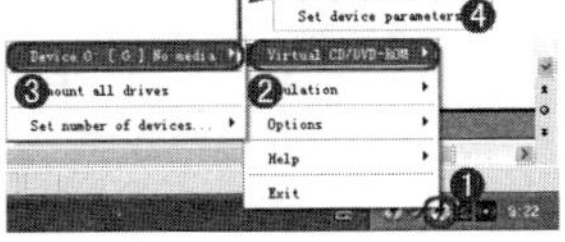

图1-2

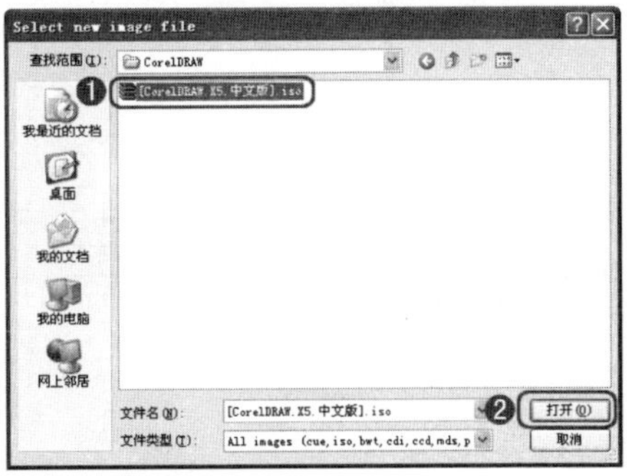

图1-3

04 打开“我的电脑”，在窗口中选择G盘，双击将其打开，如图1-4所示。

05 进入安装界面，出现初始化安装向导，如图1-5所示。

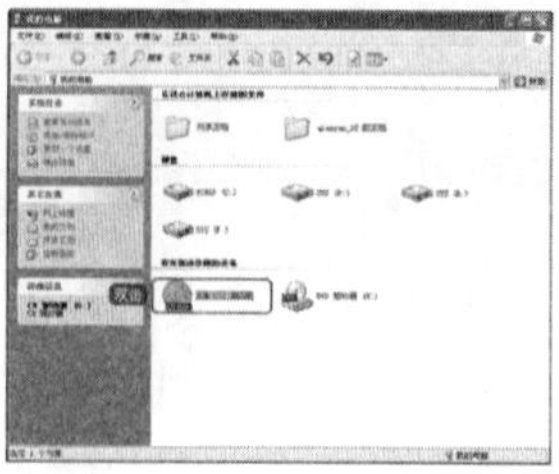

图1-4

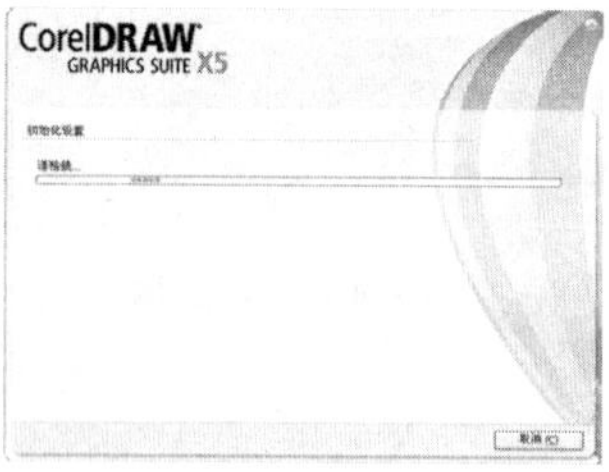

图1-5

06 初始化向导完成之后，进入图1-6所示的界面，单击“继续”按钮。

07 进入图1-7所示的界面，选择“我接受该许可证协议中的条款”复选框，单击“下一步”按钮，如图1-7所示。

图1-6

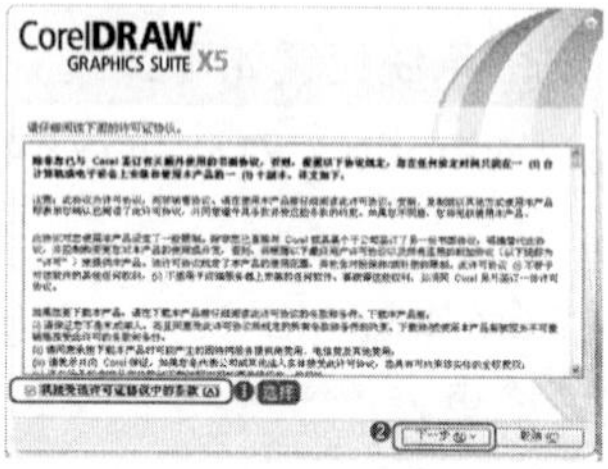

图1-7

08 在弹出界面的文本框中输入序列号，单击“下一步”按钮，如图1-8所示。

09 在弹出的面板中包括两个选项：“典型安装”和“自定义安装”，单击“自定义安装”，选择“CorelDRAW”复选框，单击“下一步”按钮，再单击“下一步”按钮，单击“更改”按钮可以选择安装路径，单击“现在开始安装”按钮，如图1-9所示。

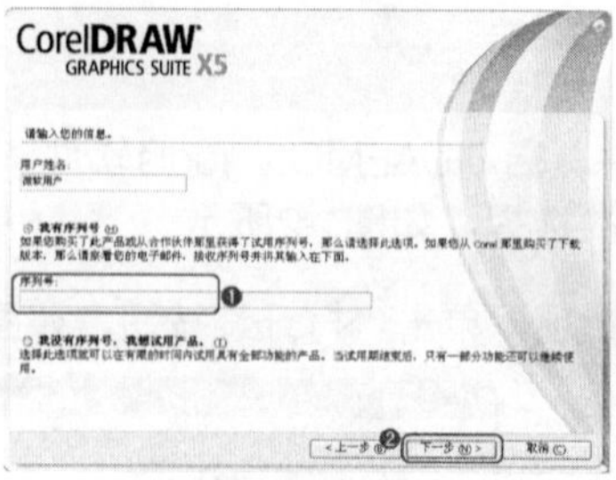

图1-8

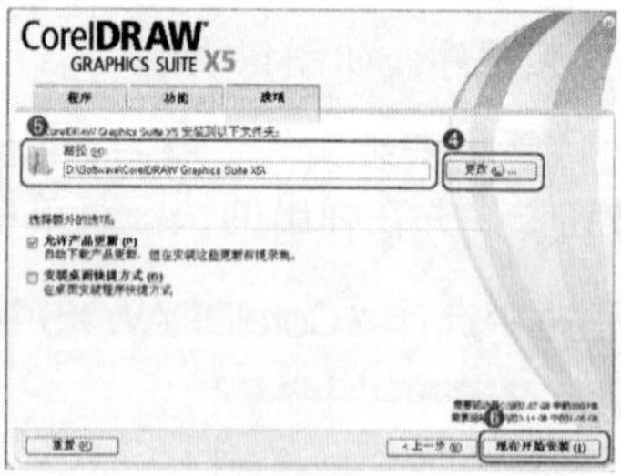

图1-9

10 弹出安装进度条，显示安装进度，如图1-10所示。

11 安装结束后，会弹出图1-11所示的对话框提示安装已经完成，单击“完成”按钮即可。

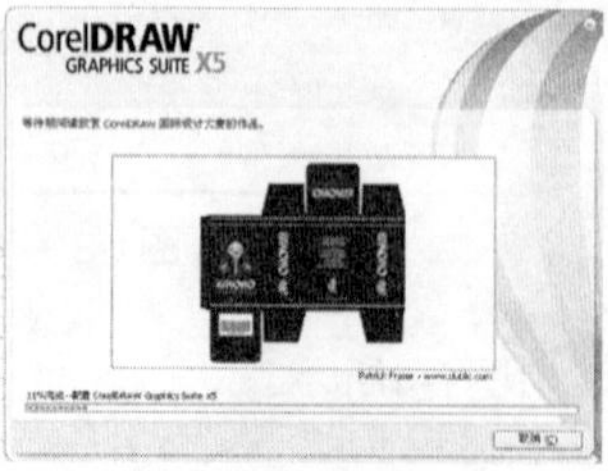

图1-10

图1-11

1.3 CorelDRAW X5的启动和退出

下面将介绍CorelDRAW X5的启动与退出。

1.3.1 启动CorelDRAW X5

安装完CorelDRAW X5后，即可启动CorelDRAW X5了。与启动其他应用程序一样，在任务栏上单击“开始”\“程序”\“CorelDRAW Graphics Suite X5”\“CorelDRAW X5”选项，如图1-12所示，即可进入启动界面，启动完成后即可进入CorelDRAW X5的工作界面，如图1-13所示。

如果安装了CorelDRAW，但桌面上没有图标，可以选择“开始”\“程序”\“CorelDRAW Graphics Suite X5”\“CorelDRAW X5”选项，然后右击CorelDRAW X5命令，在弹出的快捷菜单中选择“发送到”\“桌面快捷方式”命令，即可在桌面上创建图标。

图1-12

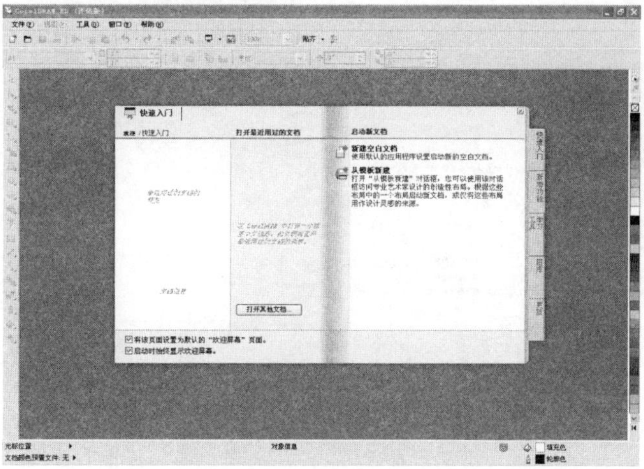

图1-13

1.3.2 退出CorelDRAW X5

不再使用CorelDRAW X5时，应退出CorelDRAW应用程序，以释放该程序所占用的系统资源。要退出CorelDRAW程序，可以选择下面几种方法之一：

- 选择菜单栏中的“文件”\“退出”命令。
- 单击CorelDRAW主窗口右上角的“关闭”按钮。
- 按键盘上的【Ctrl+F4】快捷键。

● 如果在退出CorelDRAW应用程序之前没有保存修改过的场景，CorelDRAW X5将会打开提示对话框，如图1-14所示。其中为用户提供以下三种选择：

- 单击“是”按钮，CorelDRAW X5会保存场景，然后退出。
- 单击“否”按钮，CorelDRAW X5不保存场景，直接退出。
- 单击“取消”按钮，CorelDRAW X5会取消这次操作，回到刚才的编辑窗口。

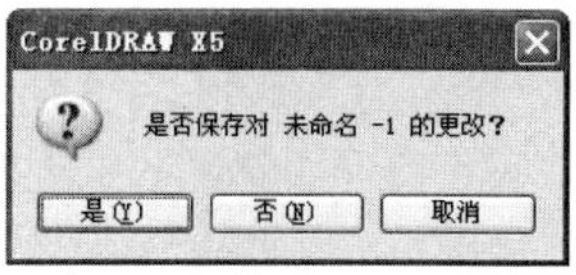

图1-14

1.4 CorelDRAW X5的新功能

CorelDRAW X5在性能上有很大的提升，其运行速度明显优于CorelDRAW X5，稳定性也得到了很大的提高，有关版本不兼容的问题已经在CorelDRAW X5中得到了完美的解决。

1.4.1 新增和改进的功能

如图1-15所示，凹显的菜单命令为CorelDRAW X5较CorelDRAW X4新增并改进的功能。

安装CorelDRAW X5后，整个CorelDRAW文件夹的大小达到了993MB，这是因为安装目录下包含了安装备份文件，这些备份文件是Corel公司为防止安装文件损坏而制作的，其大小为310MB，去除这些备份文件，CorelDRAW X5比CorelDRAW X4安装后的文件体积增大了68MB。

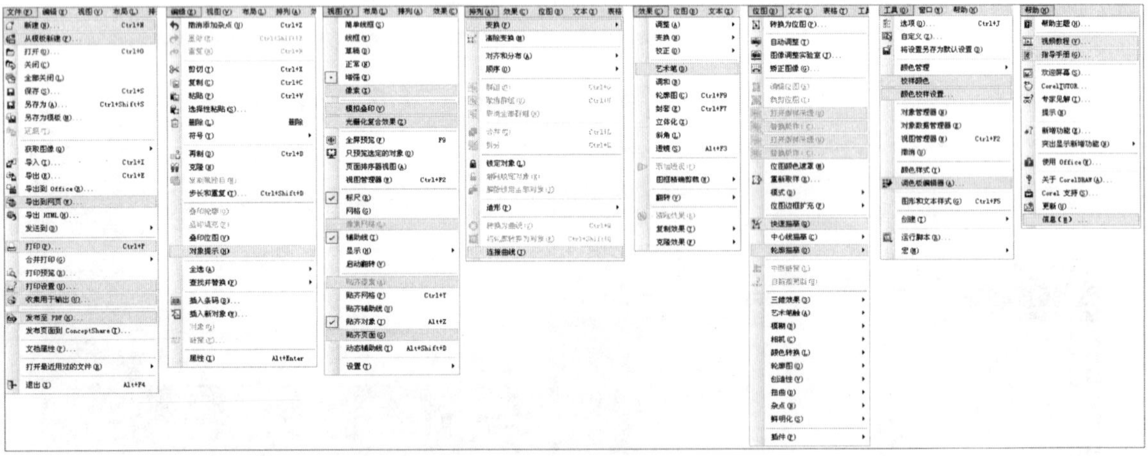

图1-15

1.4.2 字体实时预览功能

当在“字体”下拉列表中选择不同的字体和对字体应用字符格式化或段落格式化时，段落文本中的字体格式将会以预览方式供用户查看，如图1-16所示。这一新增的功能大大提高了用户的工作效率。

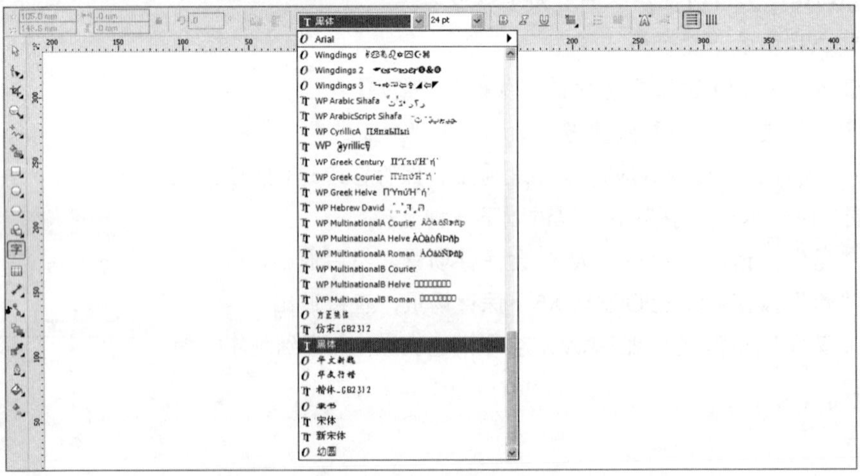

图1-16

1.4.3 字体识别功能

当用户遇到不认识的字体时，可以通过捕获样例并将其发送到 MyFonts Web 站点的 WhatTheFont 页面（仅有英文版）来快速识别客户作品中的字体，http://www.myfonts.com/WhatTheFont，即可进入页面如图1-17所示。

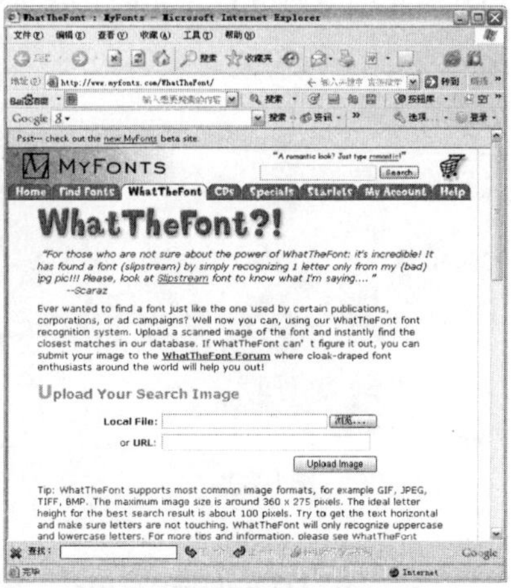

图1-17

1.4.4 页面无关层控制和交互式工作台控制

用户可单独对多页面中的一页进行参考线和出血位的控制，也可以运用“对象管理器”泊坞窗中的“主页面”进行参考线和图像的页面共享处理。操作方法如下。

01 选择菜单栏中的“窗口”\“泊坞窗”\“对象管理器”命令，弹出“对象管理器”泊坞窗，如图1-18所示。

02 直接将页面中的任一图像拖放到“对象管理器”泊坞窗的“主页面”列表中即可。例如，要把页面1中的图像共享，可以直接拖动页面1中的图像到“主页面”列表中即可，如图1-19所示。

图1-18

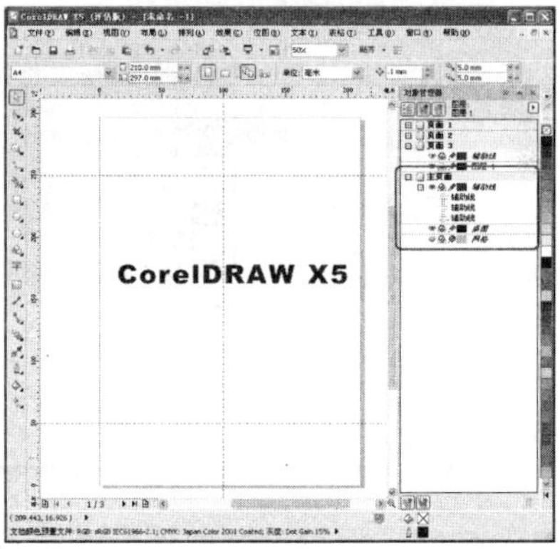

图1-19

1.4.5 矫正图像功能

这是CorelDRAW X5中新增的一项功能，选择菜单栏中的“位图”\“矫正图像”命令，可以校正照片的水平和垂直度。

01 打开一张倾斜的图像，如图1-20所示。

02 在菜单栏中选择“位图”\“矫正图像”命令，在弹出的对话框中将“旋转图像”参数设置为

10.2，如图1-21所示，单击“确定”按钮。

03 矫正图像后的效果如图1-22所示。

图1-20

图1-21

图1-22

1.4.6 表格制作功能

这是CorelDRAW X5中新增的一项功能，该功能包括新建表格、插入表格、删除表格、选定表格、重新分布行和列、合并单元格、拆分行、列和拆分单元格等命令，运用这些命令可以大大提高在CorelDRAW X5中制作表格的效率。

01 在菜单栏中选择“表格”\“创建新表格”命令，在弹出的对话框中设置表格参数，如图1-23所示。

02 创建完表格后的效果如图1-24所示。

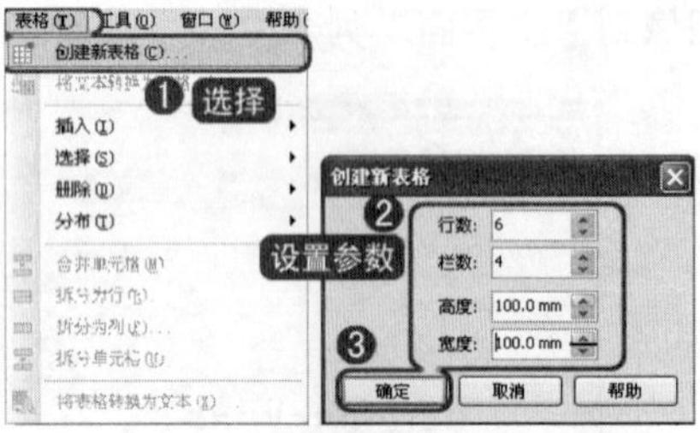

图1-23

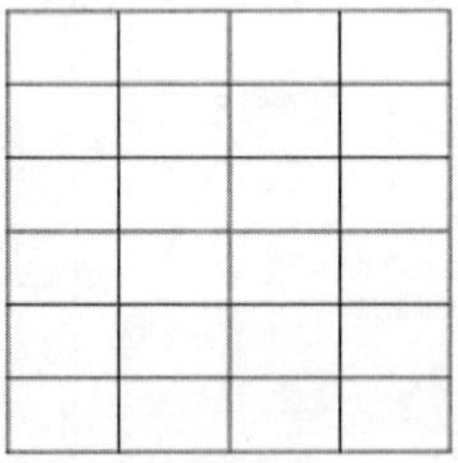

图1-24

1.4.7 新的界面

CorelDRAW X5的界面相比之前的所有版本也焕然一新，工具箱中的工具改成了竖式排列方式，不同的工具后面都标注了文字说明，可以大大方便初学者上手，如图1-25所示。

图1-25

1.5 CorelDRAW X5的工作环境

CorelDRAW X5的操作界面主要由标题栏、菜单栏、标准工具栏、标尺栏、属性栏、工具箱、状态栏、绘图窗口（绘图窗口中包括绘图页和草稿区）、泊坞窗、窗口控制按钮和默认CMYK调色板等组成，如图1-26所示。

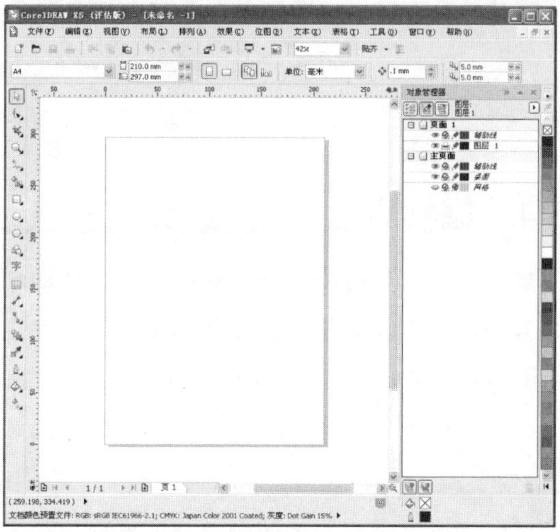

图1-26

通过菜单栏、工具栏、工具箱、属性栏和泊坞窗，可以使用各种应用程序命令。通过属性栏和泊坞窗可以使用与活动工具或当前任务相关的命令。属性栏、泊坞窗、工具栏和工具箱都可以随时打开、关闭以及在屏幕上移动。

窗口控制按钮由组成，其功能如下：

- “最小化按钮”：在程序窗口中单击该按钮，可以将窗口缩小为一个按钮并存放到Windows的任务栏中，如果在任务栏中单击按钮，则会将程序窗口还原，在图形窗口中单击按钮，可将窗口缩小为一个小图标，并存放到程序窗口的左下角。
- “还原按钮”：单击该按钮，窗口缩小一部分并显示在屏幕中间，该按钮变成时称为最大化按钮，单击“按钮”，则窗口放大并且覆盖整个屏幕。
- “关闭按钮”：单击该按钮可以关闭窗口或对话框。

1.5.1 标题栏

CorelDRAW X5的标题栏与其他Windows应用程序相同，CorelDRAW X5程序的标题栏位于工作区的顶部，主要显示程序图标与程序名称，如当前编辑的图像文件处于最大化显示时，标题栏左侧位置还显示当前图像文件的名称及其路径。

提示：在标题栏中双击可以使CorelDRAW X5窗口在最大化与还原状态之间切换；当CorelDRAW X5窗口处于还原状态时，在标题栏中按下鼠标左键并拖动，可将CorelDRAW窗口移动到屏幕的任意位置。

1.5.2 菜单栏

菜单栏是CorelDRAW X5的重要组成部分，和其他应用程序一样，CorelDRAW X5将绝大多数功能命令分类后，分别放在11个菜单中。菜单栏提供了包含“文件”、“编辑”、“视图”、“布局”，“排列”，“效果”、“位图”、“文本”、“表格”、“工具”、“窗口”、“帮助”12个菜单，只要单击其中某一菜单，即会弹出一个下拉菜单，如图1-27所示，如果命令显示为浅灰色，则表示该命令在目前状态下不能执行。命令右边的字母组合键表示该命令的键盘快捷键，按下该快捷键即可执行此命令，使用键盘快捷键有助于提高操作效率。有的命令后面带省略号，则表示会打开对话框。

图1-27

1.5.3 标准工具栏

默认情况下显示标准工具栏，其中包含许多菜单命令的快捷方式按钮和控件，如图1-28所示。

图1-28

1.5.4 属性栏

属性栏显示与当前活动工具或所执行任务相关的最常用的功能。属性栏外观看起来像工具栏，其内容随使用工具或任务的变化而变化。如在工具箱中选择矩形工具时，属性栏中就会显示与矩形相关的操作命令，如图1-29所示。

图1-29

绘图窗口是绘制与编辑图形的区域，它包括草稿区与绘图页。绘图窗口中央的矩形就是用于创建图形的绘图页，如图1-30所示，只有在绘图页中绘制的图形才能被打印出来。绘图页以外的区域为草稿区，可以在其中绘制或编辑与绘图页中相关的图形，然后将其拖动并复制到绘图页中，绘图起到辅助作用。

如果是打开的文件，则在标题栏上显示其文件的路径。如果是新建的文件并未保存过，则用“图形”加上数字（1、2、3、4 ......）作为文件的名称。

在绘图窗口中可以实现所有的绘制与编辑功能，也可以对窗口进行多种操作，如改变窗口的大小和位置、对窗口进行缩放、最大化与最小化窗口等。

图1-30

1.5.5 工具箱

第一次启动应用程序时，工具箱出现在屏幕的左侧。当用鼠标指针指向工具图标时成三维凸起状态，单击呈凹下状态时即已经选中此工具，可用它进行工作。如图1-31所示选中并使用的工具为缩放工具，而指向矩形工具时图标则呈现凸起状态，如果稍停留片刻，则会出现工具提示。提示括号中的字母则表示该工具的快捷键（在键盘上按【F6】键，即可选择矩形工具）。

如果在工具右下方有小三角形图标，则表示其中还有其他工具，单击即可弹出一个工具组，如图1-32所示，用户可从中选择所需的工具。

图1-31

图1-32

工具箱中一些工具的属性显示在属性栏内。用户可以在属性栏中使用文字、选择、绘图、取样、编辑、移动、颜色、裁剪和查看图形等功能。

1.5.6　泊坞窗

泊坞窗显示与对话框类型相同的控件，如命令按钮、选项和列表框。与大多数对话框不同，泊坞窗可以在操作文档时一直打开，便于使用各种命令来显示不同的效果。

“对象属性”泊坞窗：打开该泊坞窗时，可以单击绘图窗口中的对象，然后查看对象的格式、尺寸和其他属性，也可以在其中编辑选择对象的属性，如图1-33所示。

CorelDRAW X5提供了29个泊坞窗，如图1-34～图1-36所示。泊坞窗既可以停放，也可以浮动。停放泊坞窗就是将其附加到应用程序窗口的边缘，也可以折叠泊坞窗以节省屏幕空间。取消停放泊坞窗会使其与工作区的其他部分分离，用户也可将其拖放到屏幕上的任何位置，只要将鼠标指针指向面板标题栏中的两条横线或蓝色条，并单击鼠标左键不放，将它拖到屏幕所需的位置后松开鼠标左键即可。

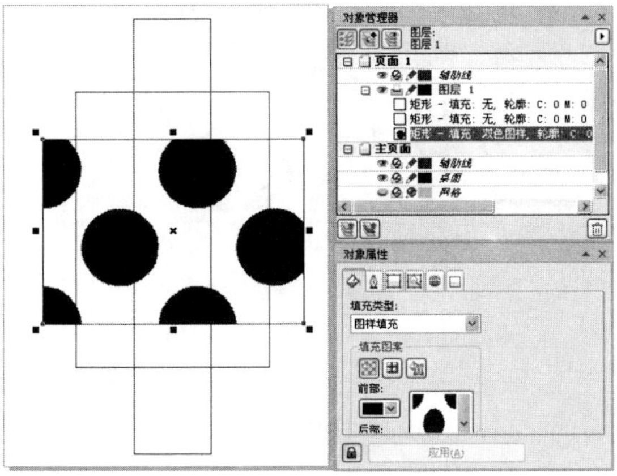

图1-33

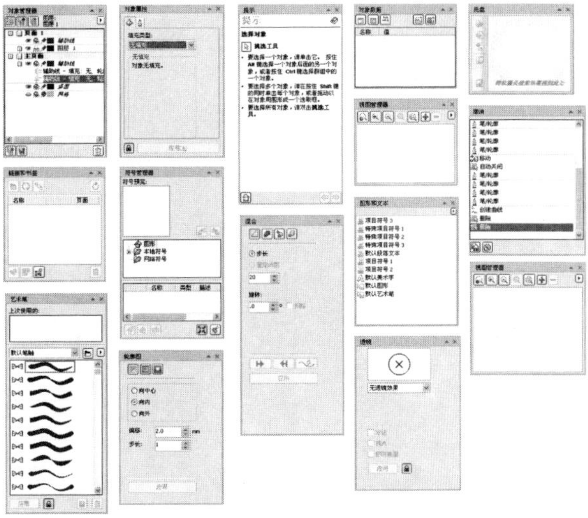

图1-34

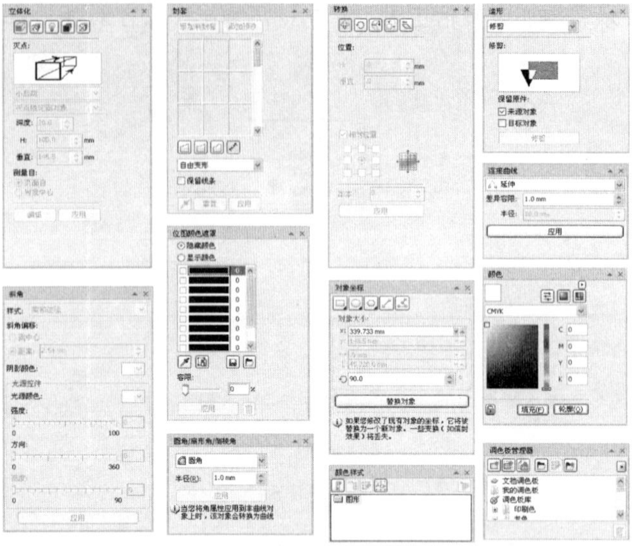

图1-35

图1-36

如果同时打开了几个泊坞窗，通常会嵌套显示，并且只有一个泊坞窗完整显示。可以通过单击泊坞窗的选项卡快速显示隐藏的泊坞窗。

1. 分离或嵌套泊坞窗

有时需要对泊坞窗进行重新组合，有时则需要将其独立分开。将常用的泊坞窗嵌套在一起可以节省屏幕的空间，从而留出更大的绘图、编辑空间，也可以更方便快捷地调出所需的泊坞窗。嵌套后的泊坞窗只需单击泊坞窗的选项卡，即可以在泊坞窗之间进行切换，并且这些泊坞窗将同时被打开、关闭或最小化。

（1）分离泊坞窗：先将鼠标指针指向要分离的泊坞窗的选项卡上，再在其上按住鼠标左键并向泊坞窗外拖移，如图1-37所示，松开鼠标左键后即可将泊坞窗从嵌套群组中分离出来。

（2）嵌套泊坞窗：先将鼠标指针指向泊坞窗的标签或标题栏上，再在其上按住鼠标左键并向需要嵌套的泊坞窗中拖动，当泊坞窗中显示一个虚线粗方框时，如图1-38所示，松开鼠标左键即可将它们嵌套在一起。

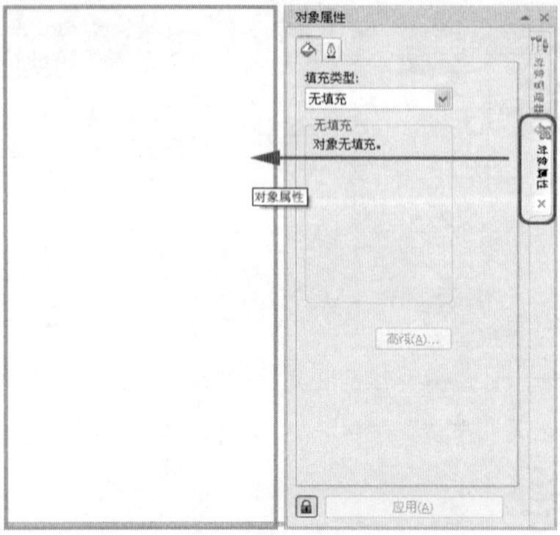

图1-37

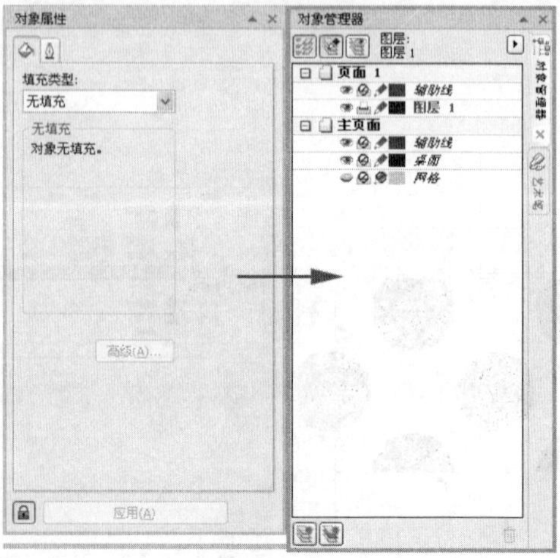

图1-38

2. 折叠与展开泊坞窗

对于已经打开的泊坞窗有时需要将它们折叠起来，以加大绘图窗口的显示；有时则需要展开泊坞窗来查看与修改其参数。

在泊坞窗的标题栏中单击“»按钮”或“▲按钮”，即可将泊坞窗折叠起来。单击“«按钮”或“▼按钮”，可以将泊坞窗展开，如图1-39所示。

3. 关闭泊坞窗

如果不想使用某泊坞窗，可以将其关闭，只需要单击泊坞窗右上角的“×按钮”，即可将其关闭。

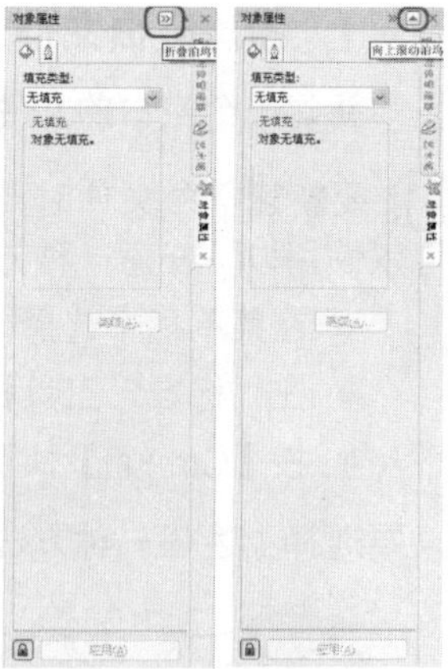

图1-39

1.5.7 文档导航器

文档导航器位于应用应用程序窗口左下方的区域，包含用于页面间移动和添加页的控件，如图1-40所示。

图1-40

1.5.8 状态栏

状态栏显示有关选定对象（如颜色、填充类型和轮廓、光标位置和相关命令）的信息。状态栏还显示鼠标指针的当前位置以及相关命令，如图1-41所示。如果要更大显示绘图窗口，可以隐藏状态栏，也可以移动状态栏的位置。

图1-41

1.6 文件的基本操作

第一次启动CorelDRAW X5时，程序窗口中没有任何对象文件，所以必须新建或者打开一个文件才可使用CorelDRAW X5的各种功能并对其进行编辑处理，完成制作后的文件还要进行保存操作，最后可将其导出或者打印。本节将介绍文件的各种基本操作，通过学习本节可掌握管理对象文件的方法。

1.6.1 新建CorelDRAW文件

在使用CorelDRAW进行绘图前，必须新建一个文件作为操作的平台，就好比在绘画前先准备一张白纸一样。但新建文件也有不同的方式与使用，在CorelDRAW X5中包括“新建空白文件”与“从模板新建文件”两个新建方式，下面进行介绍。

1．新建空白文件

新建一个空白的文件的方法如下：

01 要新建空白文件时，可以在“欢迎屏幕”界面中单击“新建空白文档”按钮，在一般情况下也可以使用以下任意一种方法：

- 在菜单栏中选择“文件”\“新建”命令。
- 在“标准”工具栏中单击“新建按钮”。
- 按【Ctrl+N】快捷键，选择“新建”命令。

只要选择上述任一种方法即可在绘图区中新建一个纵向的、空白的绘图纸，如图1-42所示。

注　意

在第一次启动CorelDRAW X5程序时会显示欢迎屏幕窗口，如果用户此时取消勾选“启动时显示这个欢迎屏幕”复选框，则会在下次启动CorelDRAW X5时不会显示欢迎屏幕窗口。

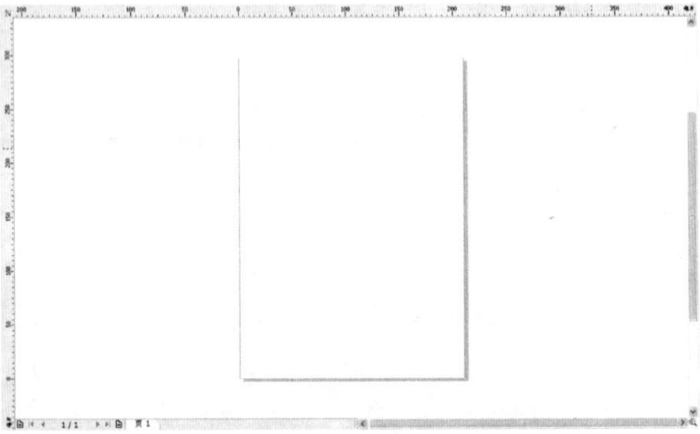

图1-42

02 此时在属性栏的“纸张类型／大小”下拉列表框中，可以选择纸张的类型；通过“纸宽度和高度”微调框，自定义纸张的大小，这里将纸张类型设置为“A4”，如图1-43所示。

图1-43

03 在默认状态下，新建文件后以纵向的页面方向摆放图纸，如果想更改页面的方向，可以通过单击属性栏中的“横向按钮”与“纵向按钮”两个按钮进行切换，下面单击“横向按钮”即可出现图1-44所示的效果。

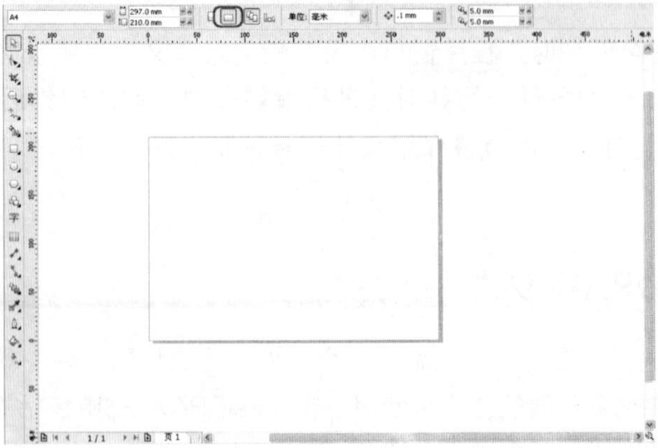

图1-44

04 在属性栏的“单位”下拉列表框中可以更改绘图时使用的单位，其中包括英寸、毫米、picas、点、像素等，如图1-45所示。

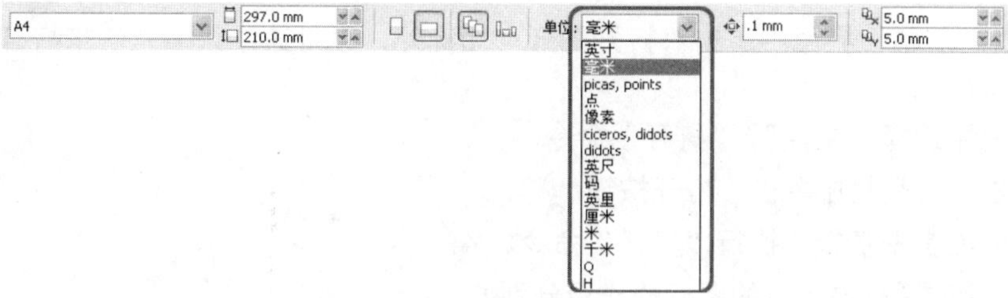

图1-45

2．从模板新建

CorelDRAW X5提供了多种预设模板，这些模板已经添加了各种图形或者对象，可以将它们建立成一个新的图形文件，然后对文件进行更深入的编辑处理，以便更快、更好地达到预期效果。

从模板新建文件的方法如下：

（1）在“欢迎屏幕”界面中单击“从模板新建”图标或者选择“文件”\“从模板新建”命令，即可弹出图1-46所示的对话框。

（2）在【从模板新建】对话框中提供了多种类型的模板文件，通过它们可以选择不同类型的模板文件，这里选择“海报/签名”下的“英国儿童保育-海报(A3)”选项，单击“打开”按钮，即可新建一个由模板新建的文件，如图1-47所示，这样用户就可以根据该模板进行编辑，以及输入相关文字或绘图了。

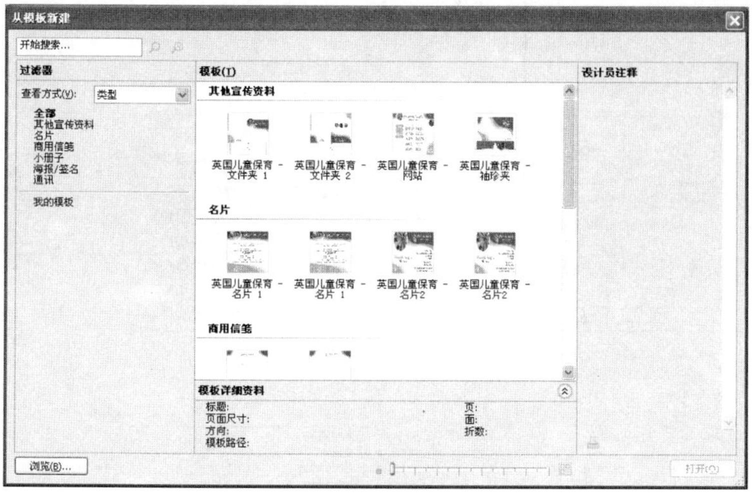

图1-46

图1-47

1.6.2 打开CorelDRAW文件

若要编辑一些已存在的文件，或者一些图形素材，但它们又不在程序窗口中时，即可使用“打开”或“打开上次编辑的图形”来打开计算机中的图形文件，也可通过“欢迎屏幕”界面来完成。

1. 打开已有文件

打开已有文件的方法如下：

01 除了在“欢迎屏幕”界面中单击“打开图形”图标外，也可通过以下方法来打开【打开绘图】对话框如图1-48所示。

- 在菜单栏中选择“文件”\“打开”命令。
- 在“标准”工具栏中单击“打开按钮”。
- 按【Ctrl+O】快捷键，执行“打开”命令。

如图1-48所示对话框右上方的图标的作用分别如下：

- ：单击可以转到访问的上一个文件夹。
- ：单击可以指向上一级。
- ：单击可以创建一个新文件夹 新建文件夹 ，可直接输入所需的名称，为新文件夹进行命名。
- ：单击即可出现图1-49所示的下拉菜单，比如选择“详细信息”命令时，即可显示文件夹资料的详细信息，包括名称、大小、类型、个性日期等，如图1-50所示。

02 在查找范围下拉列表框中找到目标文件所在的路径，如图1-51所示。也可以在对话框左侧的桌面、我的文档、我的电脑、网上邻居等一列图标中快速选择图形文件的所在之处。

图1-48

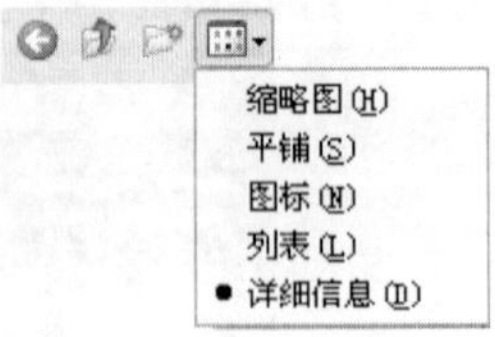

图1-49

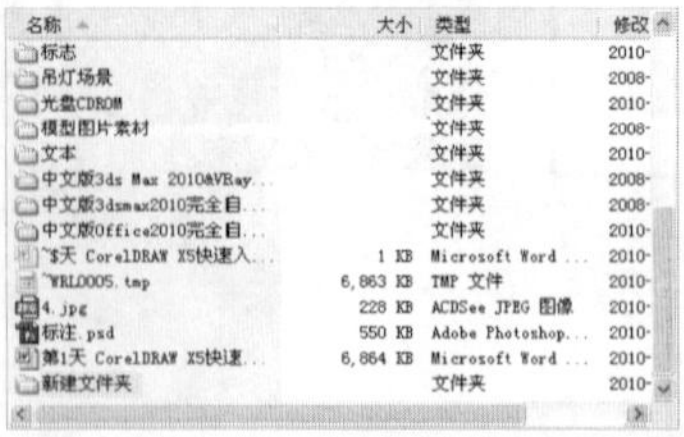
图1-50

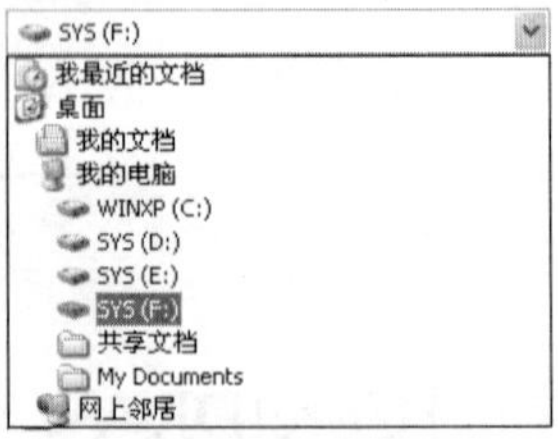

图1-51

03 在“文件类型”下拉列表框中选择所要打开的文件格式，默认状态下为“所有文件格式”选项，下面选择CDR-CorelDRAW选项，如图1-52所示，这样在文件显示区中就只会出现所选格式的文件，其他不相关的即会自动隐藏，以便筛选文件。

04 在文件列表中选择需要打开的文件，然后选择右下方的“预览”复选框，即会出现该文件的缩图，如图1-53所示，最后单击“打开”按钮，或者直接双击该文件，即可将其打开至工作区中，如图1-54所示。

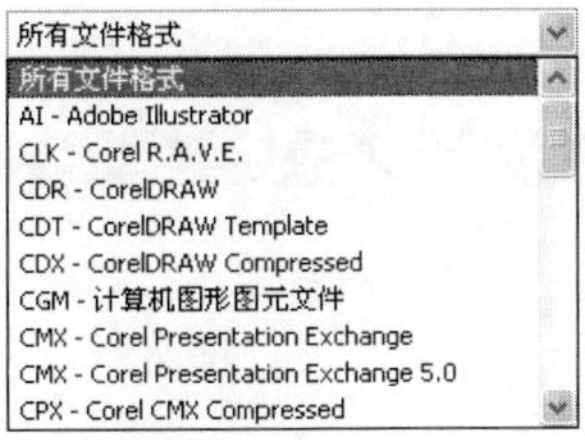

图1-52

图1-53

图1-54

如果要同时打开多个图形文件时，可以按住鼠标左键不放，然后拖选需要打开的文件，再单击“打开”按钮，若目标文件比较分散时，可以按住【Shift】或者【Ctrl】键不放，然后选择所需的文件即可。若不打开任何文件，则单击“取消”按钮即可。

2. 打开最近编辑过的文件

如果想打开最近编辑或者处理过的文件，可以选择“文件”菜单，在“文档信息”与“退出”命令之间，即可选择最近打开过的文件，如图1-55所示。在默认状态下，程序一般会预设5个文件。

图1-55

1.6.3 保存CorelDRAW文件

完成文件的绘制或编辑后，必须将其保存起来以便日后使用。在绘制图形的过程中，应当养成经常保存的好习惯。这样可以避免因电源故障或发生其他意外事件时出现数据丢失的情况。

1. 保存文件

保存文件的方法如下：

01 在菜单栏中选择“文件”\“保存”命令或者按【Ctrl+S】快捷键，也可以在“标准”工具栏中单击“保存按钮”，都会弹出图1-56所示的对话框。

02 在“保存在”下拉列表框中选择要存放的路径（磁盘 / 文件夹），也可以通过对话框右上方的按钮新建文件夹。

03 在“文件名”文本框中输入文件的名称，再在“保存类型”下拉列表框中选择保存的类型。

04 在“排序类型”下拉列表框中选择“扩展名”选项，指定文件保存位置下的文件排序类型，其中还包括默认、描述、最近用过、向量等选项。通过“关键字”与“注释”两个文本框还可以为文件添加简短的描述，以便于查找。

05 单击“保存”按钮，即可将文件以设置后的属性保存于指定位置。

提　示

在【保存图形】对话框的右下方还提供了“高级”按钮，单击即可弹出【选项】对话框，并展示多项的“保存”设置项目，如图1-57所示，可以自行设置。

图1-56

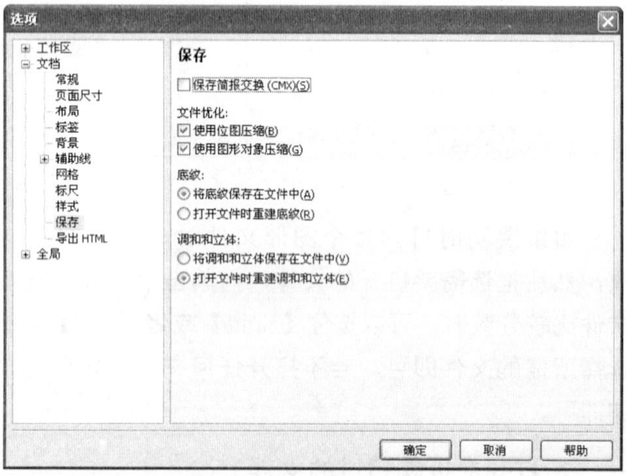

图1-57

2. 使用“另存为”命令

如果当前的图形已被保存过，那么再选择“文件”\“保存”命令时将不会出现【保存图形】对话框，只会自动以增量的方式保存该图形的相关编辑处理，新的修改会添加到保存的文件中。

如果要将目前图形保存为一个新图形，而且不影响原图时，可以执行“文件”\“另存为”命令，或者按下【Ctrl+Shift+S】快捷键，再次打开【保存图形】对话框，用一个新名称、类型或者新路径来另保存该文件。

1.6.4 导入和导出文件

很多设计软件通常都要用到许多外部的图形或者素材文件来辅助设计。由于CorelDRAW X5是一款矢量绘图软件，因此无法在程序中直接打开某些位图图像，此时就必须使用“导入”与“导出”命令，将相关的位图打开或者输出于CorelDRAW之间。此外，矢量图形亦可使用导入的方式来打开。

1. 导入文件

导入文件是指将不能直接使用CorelDRAW打开的文件，使用“导入”命令将其导入工作区。

导入文件的方法如下：

01 新建一个横向的空白文件，然后选择“文件”\“导入”命令，或者按【Ctrl+I】快捷键，又或者在“标准”工具栏中单击“导入按钮”，皆可弹出图1-58所示的对话框。

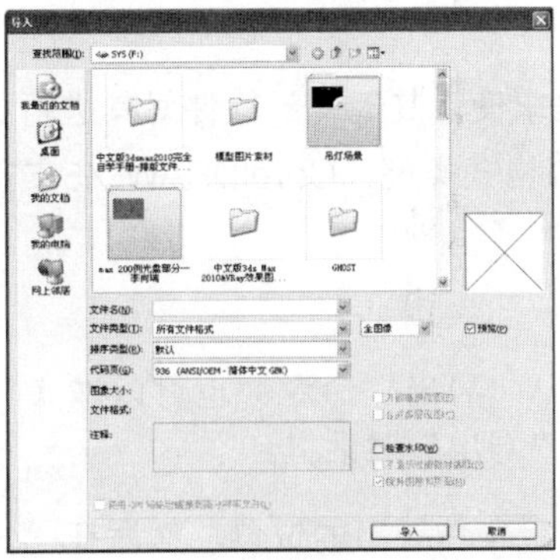

图1-58

提 示

在指定导入图像位置时，按【Enter】键可以将其导入绘图页的中心。

02 在【导入】对话框中指定查找范围，找到文件所在的位置，接着在“文件类型”下拉列表框中选择.JPG格式。然后以缩略图的形式显示文件夹中的图像，选择要导入的文件，即可查看图像的代码页、图像大小、文件格式、注释等基本属性，最后单击“导入”按钮。

03 出现图1-59所示的文件大小等信息，此时将左上角的定点图标移至图纸的左上角，单击并按住鼠标左键不放，然后拖动至图纸的右下角，在合适的位置上释放鼠标左键确定导入图像的大小与位置，如图1-60所示。

04 导入图像后的结果如图1-61所示，此时拖动图像周边的控制点亦可调整其大小。

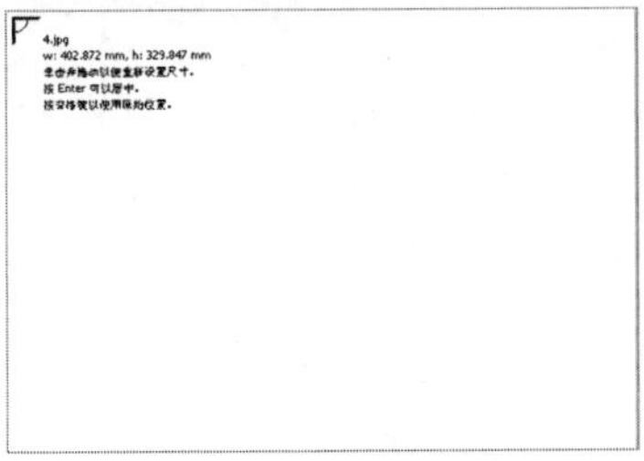

图1-59

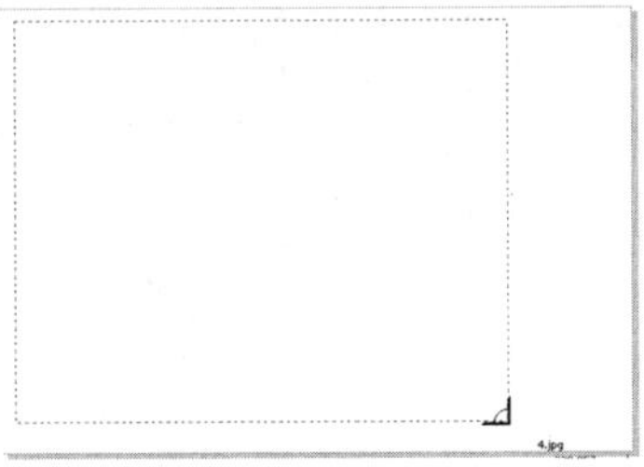

图1-60

图1-61

在导入文件时，如果只需要导入图像中的某个区域或者要重新设置图像的大小、分辨率等属性时，可以在【导入】对话框右下方的下拉列表框中选择“裁剪”或“重新取样”选项，如图1-62所示。

裁剪：选择“裁剪”选项，然后单击“导入”按钮，即可在弹出的【裁剪图像】对话框中使用拖动控制点与移动裁剪框的方式，来裁剪图像或设置裁剪范围，如图1-63所示。

重新采样：选择“重新采样”选项，然后单击“导入”按钮，即可在弹出的【重新取样图像】对话框中调整图像的大小和分辨率，如图1-64所示。

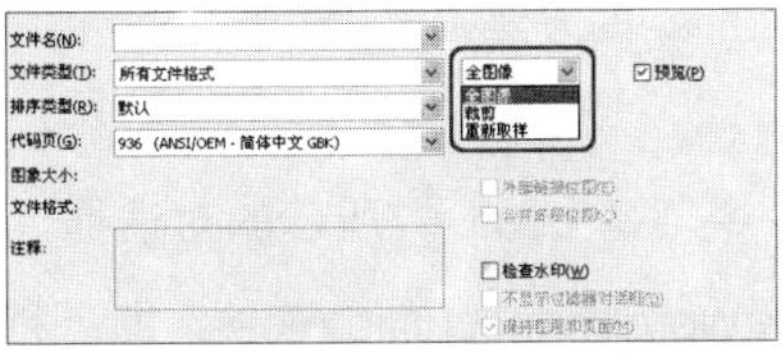

图1-62

图1-63

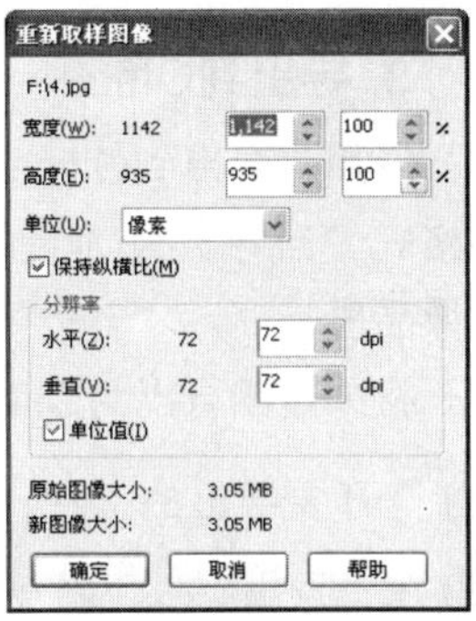

图1-64

2. 导出文件

在CorelDRAW中完成文件的编辑后，可根据实际需求使用其他外部软件对其进行更深入的编辑处理。此时可使用“导出”命令将它保存为一种指定的格式类型，CorelDRAW X5支持多种导出格式，下面以.BMP格式为例，介绍导出文件的操作。

导出文件的方法如下：

01 在工作区中打开要导出的文件，然后选择“文件”\“导出”命令，也可以按【Ctrl+E】快捷键，或单击“标准”工具栏中的“导出按钮”，弹出“导出”对话框。

02 在【导出】对话框中的“保存在”下拉列表框中指定文件导出的位置，然后在“保存类型”下拉列表框中选择.BMP格式，接着在“文件名”文本框中输入导出文件名，如图1-65所示。

03 在“压缩类型”下拉列表框中选择“RLE压缩”选项，然后单击“导出”按钮，弹出图1-66所示的【转换为位图】对话框。

04 在“图像大小”选项组中设置图像的大小和分辨率，然后在“颜色”选项区域中选择颜色模式，最后单击“确定”按钮。

图1-65

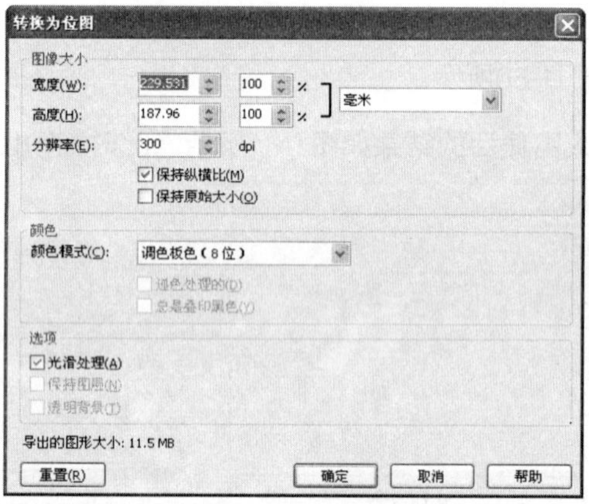

图1-66

提 示

选择“文字工具”后，先在页面中绘制一个文本框，再设置属性栏上的文字参数，最后在文本框中输入文字。

3. 导出到Office

使用“导出到Office”命令可以将矢量图导出为Microsoft Office与Word Perfect Office两大办公软件格式。当导出为Microsoft Office时，可以将图形优化为“桌面印刷”或者“商业印刷”的品质，图像品质较高。本节以导出为兼容的.png格式为例，介绍导出为Office的方法。

将矢量图导出为Office的方法如下：

01 打开要导出的文件，然后选择“文件”\“导出到Office”命令，弹出图1-67所示的对话框。

02 在“导出到”下拉列表框中选择Microsoft Office选项，若选择WordPerfect Office选项，即可将文件导出为.wpg格式的专属文件，可以使用Cord WordPerfect程序打开。

03 在“图形最佳适合”下拉列表框中选择“兼容性”选项，若选择“编辑”选项，即可将文件导出为.emf格式的Windows图元文件。

04 在“优化”下拉列表框中选择“桌面打印”选项，此时左下角显示的“估计文件大小”的容量将会比默认的“演示文稿”有所增大。若有需要，可以选择“商业印刷”，以得到更高的图像品质。

05 完成属性设置后，即可在预览区域中通过“放大按钮”、“缩小按钮”与“平移按钮”这三个按钮对图形进行缩放与移动操作，如图1-68所示，以查看其画质效果。

06 完成上述操作后，单击“确定”按钮，打开【另存为】对话框，在这里分别指定“保存在”、“文件名”与“保存类型”三项属性，最后单击“保存”按钮，如图1-69所示，即可在指定位置保存一个格式为.png的便携式网络图形文件。

图1-67

图1-68

图1-69

1.6.5 关闭CorelDRAW文件

当一幅作品绘制、编辑完毕并保存后即可将其关闭，或者打开在工作区中的没有使用价值的素材文件，皆可将其关闭，以释放更多的编辑空间。在CorelDRAW中包括“关闭”与“全部关闭”两种关闭方式。

1. 关闭文件

关闭单个文件的方法如下：

01 在图形文件窗口的标题栏上单击“关闭按钮”，或者在菜单栏中选择“文件”\“关闭”命令，即可将保存过的文件直接关闭。

02 若该文件未保存或者已经修改过，即会弹出的对话框，询问用户是否要在关闭文件前进行保存操作。单击“是”按钮将文件保存，单击“否”按钮则不进行保存并关闭，单击“取消”按钮则可取消关闭操作。

2. 关闭全部文件

如果要关闭当前打开的所有文件，可以选择“文件”\“全部关闭”命令，已保存过或者没有进行任何处理的图形会自动关闭，而对于那些经过修改或者未保存的图形，则会逐一弹出提示对话框，询问用户是否将其保存。

单击程序窗口右上角的“关闭程序按钮☒”，其结果与选择“文件”\“全部关闭”命令的状况相似，唯一不同的是，单击“关闭程序按钮☒”后会将程序窗口一起关闭，即退出程序。

1.6.6 还原文件

在设计绘图过程中，如果觉得目前的效果不好，希望返回到上一次保存的状态时。可以选择“文件”\“还原”命令，即会弹出图1-70所示的CorelDRAW—警告对话框，询问用户是否要取消目前的操作而回到最近保存的状态，单击“确定”按钮即可还原文件，而最近所进行的操作将会丢失。单击“取消”按钮可以放弃本次命令的执行。

图1-70

1.6.7 打印文件

完成作品的设计后，可将其在各种类型的纸张上打印。CorelDRAW X5常用于海报和版面图像的设计，具备基本的打印功能。本节将介绍打印预览与设置打印选项的方法。

1. 打印预览

打印预览是打印前的重要步骤，通过预览可以观察图像的打印效果，找出不满意的地方并加以修改。也可以在预览时对图像进行设置。只要在菜单栏选择“文件”\“打印预览”命令，即可弹出如图1-71所示的“打印预览”窗口。

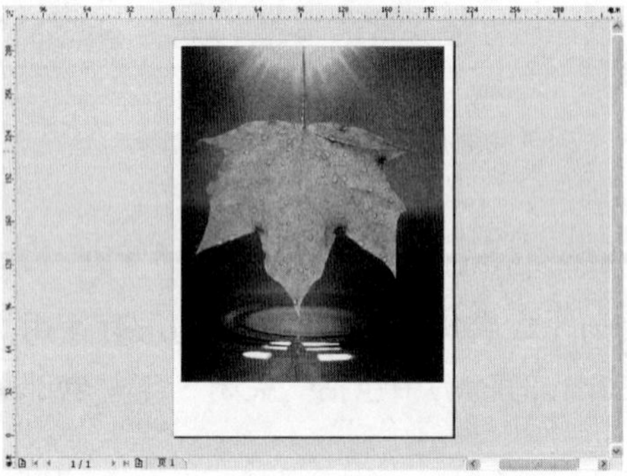
图1-71

提 示

在打印预览窗口中，虚线框内的区域为可打印区域，也就是说只有虚线框中的图像才能被打印出来。

除了可以通过预览窗口对图像进行预览外，也可以在窗口左侧的工具栏中选择工具对图像进行调整，下面简单介绍各种工具的功能：

- “挑选工具”：该工具的用法与绘图窗口中的“选择工具”用法相同，用于选择对象，调整对象的位置以及形状大小。
- “版面布局工具”：该工具用于设置打印时的版面布局，也就是待打印的各页在打印版面上的排布方法。
- “标记放置工具”：该工具用于增加、删除打印标记。选择该工具后，打印标记将在工具属性栏中列出，按下某个标记按钮即可选中该标记，如图1-72所示。

图1-72

- “缩放工具”：该工具的用法与绘图窗口中的“缩放工具”用法相同，用于缩小或放大预览页面。

完成对图像的预览后，如果想退出预览模式，可以在菜单栏中选择“文件”\“关闭打印预览”命令。除此之外，也可在“标准”工具栏中单击“关闭打印预览按钮”或者按【Alt+C】快捷键，关闭预览窗口。

2. 打印设置

打印操作涉及许多打印选项，通过对这些选项的不同设置，可以达到不同的打印效果。

设置打印选项的方法如下：

01 在菜单栏中选择“文件”\“打印”命令，或者按【Ctrl+P】快捷键，弹出【打印】对话框，在“常规”选项卡中可以设置打印输出的目标程序，以及打印范围和副本的份数，如图1-73所示。

提 示

设置打印范围时，选中“当前文档”单选按钮则只打印当前文件；选中“当前页”单选按钮则只打印当前页面；如果CorelDRAW X5中打开了多个文件，选择“文档”单选按钮则可以在显示的文件列表中选择要打印的文件；如果选中了页面中的某个对象，则可选择“选定内容”单选按钮则只打印选中的对象。

02 单击“布局”选项卡，此时可以设置待打印图像的位置和尺寸大小，以及页面的出血程度，也可以设置有关拼接页面的各种选项，如图1-74所示。

图1-73

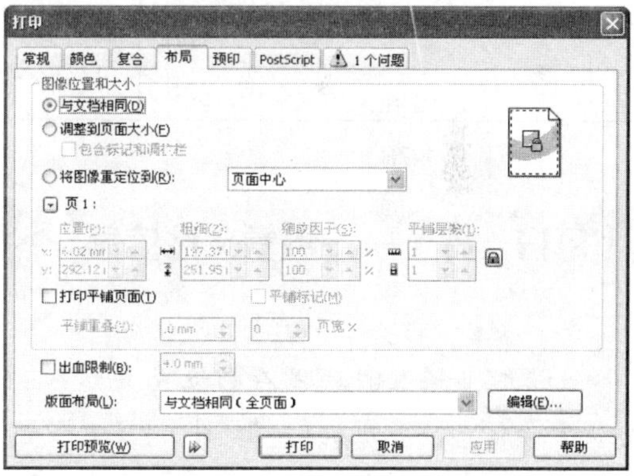

图1-74

03 选中“颜色”选项卡中的“分色打印”选项，单击“分色”选项卡，此时可以设置打印分色时的各种选项，如图1-75所示。

提 示

分色是印刷行业的专用术语，表示将图像中的颜色按照CMYK色彩模式，分为印刷专用的青、洋红、黄和黑四种颜色。分色后的图像可以输出四张不同颜色的分色网图，以用于批量印刷。

04 单击“预印”选项卡，此时可以设置印刷时的某些标记信息，如文件信息、注册标记、裁剪/折叠标记、调校栏等，如图1-76所示。

05 单击“PostScript”选项卡，PostScript 是一种将打印指令发送到 PostScript 设备的页面描述语言，如图1-77所示。

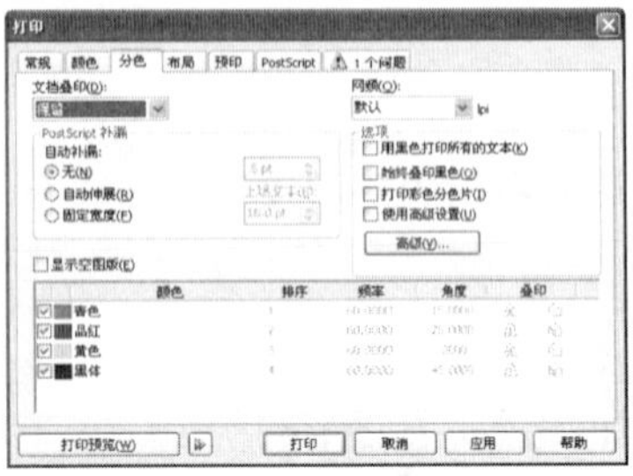
图1-75

图1-76

图1-77

06 单击对话框中最后的选项卡，里面提供了打印前检查时发现的问题和警告信息，以及就相关问题的一些细节和建议，如图1-78所示。

07 设置完成后，单击“应用”按钮保存设置，然后再单击“打印”按钮打印文件。

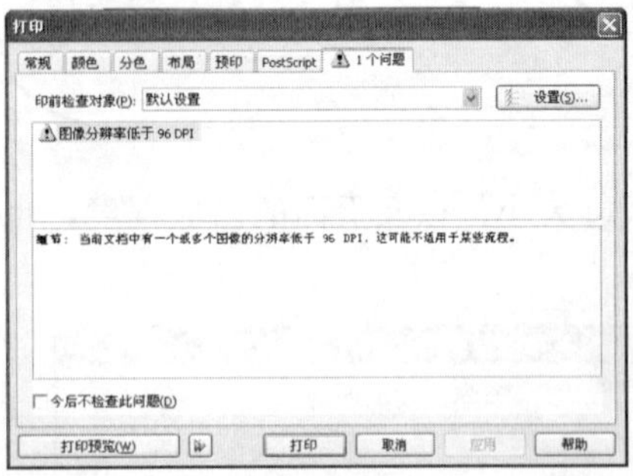
图1-78

提 示

在【打印】对话框左下角单击“打印预览”按钮，可以进入打印预览模式。单击“打印预览”按钮右侧的“▶按钮”，则可以在对话框右侧展开快速预览窗口，通过该窗口也可以达到打印预览的目的。要收回该窗口，只需再次单击“◀按钮”即可。

【每日一练】——查看文件信息 >>>

如果想查看文件所保存的位置、大小、分辨率等信息，可以执行“文件”\“文档属性”命令，打开图1-79所示的【文档属性】对话框，这里提供了文件、文档、图形对象、文本统计、位图对象、样式、效果、填充、轮廓九项属性信息。

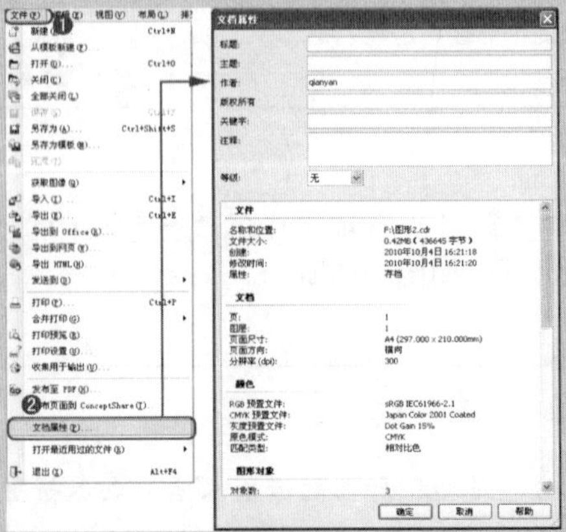
图1-79

第02天 软件的基本操作

本章重点讲解软件的基本操作，CorelDRAW X5的基本操作主要包括设置常规页面，增加、删除页面和定位页面等页面的基本操作，包括了标尺、网格和辅助线等辅助工具的使用，还包括了设置自动备份、设置布局等优化设置。掌握这些基本操作对于日后的设计工作是非常重要的。

2.1 页面的基本操作

下面对页面的基本操作进行介绍。

页面设置是指设置页面打印区域（即绘图窗口中有阴影的矩形区域）的大小、方向、背景、版面等。称为页面打印区域，是因为只有这部分区域的图形才能被打印输出。

2.1.1 设置常规页面

绘图从指定页面的大小、方向与版面样式设置开始。

指定页面大小的途径有两条，即选择预设页面大小或创建用户自己的页面。可以从预设页面大小中进行选择，范围从法律公文纸与封套到海报与网页。如果预设页面大小不符合用户的要求，还可以通过指定绘图尺寸来创建自定义页面大小。

页面方向既可以是横向的，也可以是纵向的。在横向页面中，绘图的宽度大于高度；而在纵向页面中，绘图的高度大于宽度。添加到绘图项目中的任何页面都采用当前方向；但用户可以对绘图项目中的每个页面指定不同的方向。用户指定页面版面刚选择的选项可以作为创建所有新绘图的默认值，也可以调整页面的大小和方向，以便与打印的标准纸张相匹配。

如何对页面进行设置呢?

先按【Ctrl+N】快捷键新建一个文件，再在菜单中选择“布局”\“页面设置”命令，弹出图2-1所示的对话框，用户可以在“页面尺寸”项目中设置所需的页面大小、版面、标签与背景等。

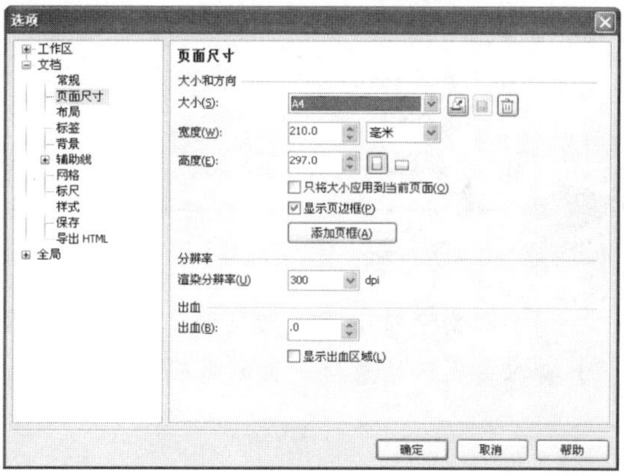

图2-1

2.1.2 增加和删除页面

下面介绍增加页面的方法：

01 选择菜单栏中的“布局”\“插入页面”命令，如图2-2所示。

02 弹出图2-3所示的【插入页面】对话框，在该对话框中输入要添加的页面数，这里使用默认的参数。

提　示

如果不希望在当前页插入而是在当前页之前或者之后插入，在“页面”文本框中输入页码即可。如果位于首页或最后一页，则可以通过单击文档窗口中的“添加页面按钮”添加页面。也可以选择添加页面的位置：右击文档窗口的页面选项卡，然后在弹出的快捷菜单中选择“在后面插入页”或“在前面插入页”命令，如图2-4所示。

图2-2

图2-3

图2-4

下面再来介绍删除页面的方法：

01 在菜单栏中选择“布局”\“删除页面”命令，如图2-5所示。

02 弹出【删除页面】对话框，如图2-6所示。在弹出的对话框中使用默认的参数。

图2-5

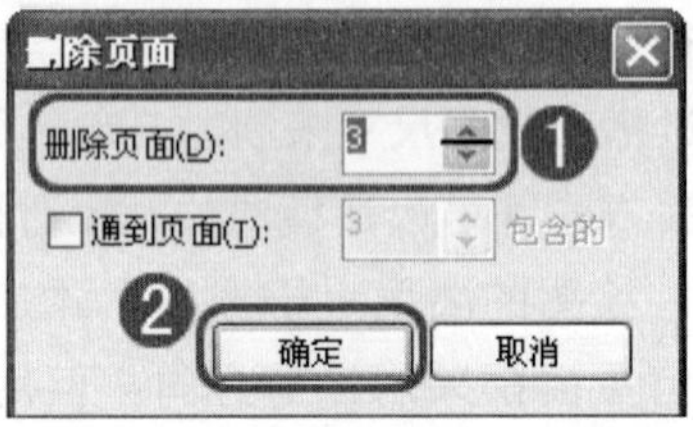

图2-6

提　示

可以删除特定范围的页面，方法是启用“通到页面”复选框，然后在“通到页面”文本框中输入要删除的最后一页的页码。

2.1.3　定位页面

下面介绍定位页面的方法：

01 打开一个确定页面1处于选择状态，单击“　1/6　按钮”，如图2-7所示。

02 弹出【转到某页】对话框，在该对话框中将“转到某页”参数设置为6，设置完成后单击“确定”按钮，如图2-8所示。即可转到页面6上，如图2-9所示。

图2-7

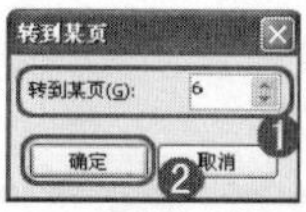

图2-8

图2-9

2.2 辅助工具的使用

为了方便绘制图形，CorelDRAW X5提供了一些辅助功能（例如标尺、网格与辅助线），帮助用户在操作过程中迅速准确地定位坐标点、对齐对象、对齐网格和精确绘图。

2.2.1 标尺

默认情况下，标尺在应用程序窗口左侧和沿绘图窗口顶部显示，还可以隐藏或移动（按【Ctrl+Shift】键在标尺上按下鼠标左键并向所需的方向拖动，即可移动标尺）。标尺内的虚线标记显示鼠标指针移动时的位置。更改标尺原点（绘图页面的左下顶点）使用户可以从图像上的指定点开始测量。标尺原点还决定了网格的原点。

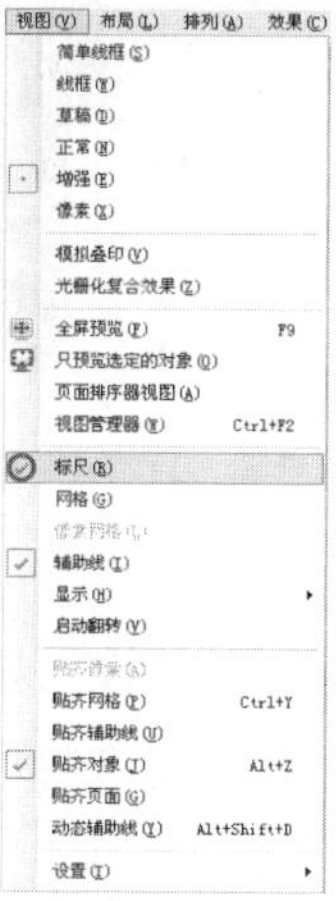

图2-10

1. 显示标尺或隐藏标尺

如果标尺栏没有显示在程序窗口中，可在菜单栏中选择“视图”\“标尺”命令，“标尺”命令前显示✓标记，表示标尺栏在当前窗口是显示的，如图2-10所示；如果“标尺”命令前没有✓标记，则表示标尺栏在当前窗口中没有显示。

2. 更改标尺原点

将鼠标指针指向窗口左上角标尺的交叉点处，按下鼠标左键向绘图页中移动，如图2-11所示，到达所需的位置后松开鼠标左键，将标尺原点更改为松开鼠标左键的位置，如图2-12所示。

图2-11

图2-12

注 意

如果用户要将标尺原点还原到默认值，可在标尺栏的左上角交叉点处双击。

2.2.2 网格

网格就是一系列交叉的虚线或点，可在绘图窗口中用于精确地对齐和定位对象。通过指定频率或间距，可以设置网格线或网格点之间的距离，频率是指每一个水平和垂直单位之间的线数或点数。间距是指每条线或每个点之间的精确距离。高频率值或底间距值有助于更精确地对齐和定位对象。

1．显示或隐藏网格

在菜单中选择“视图”\“网格”命令，在绘图窗口中显示或隐藏网格，如图2-13所示为显示网格的效果。

图2-13

注 意

用户也可以在【选项】对话框中选择“显示网格”、“贴齐网格”、“按线显示网格”或“按点显示同格”等选项。

2．设置网格大小

在标尺栏中双击标尺栏，弹出【选项】对话框，并在其左边目录栏中选择“网格”选项，然后在右边选择“间距”单选按钮，在“间隔”栏中设定水平与垂直；放置网格线的间隔均为30mm，如图2-14所示，单击“确定”按钮，即可将画面中的网格大小变大，如图2-15所示。

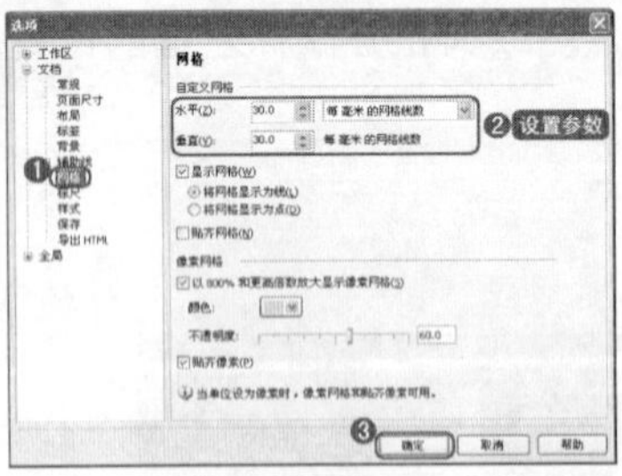

图2-14

图2-15

2.2.3 辅助线

辅助线是指浮在整个绘图区上而不被打印的直线。用户可以移动、删除或锁定辅助线。

1. 创建辅助线

移动鼠标指针到顶部的垂直标尺栏上并按下左键向下拖出一条虚线，如图2-16所示，到达所需的位置后松开鼠标左键，即可创建一条垂直辅助线，如图2-17所示。

图2-16

图2-17

2. 移动辅助线

移动鼠标指针到辅助线上单击，当指针呈↕状时单击鼠标左键向下拖动到适当的位置，如图2-18所示，松开鼠标左键即可将该条辅助线移至松开鼠标左键的位置，如图2-19所示。

图2-18

图2-19

3. 复制辅助线

在辅助线上单击鼠标左键向所需的方向拖动到适当位置时右击，如图2-20所示，松开鼠标右键后即可复制一条辅助线，如图2-21所示。

图2-20

图2-21

4. 旋转辅助线

在要旋转的辅助线上单击两次，使它进入旋转状态，如图2-22所示，再移动鼠标指针到弯曲双箭头上呈指针状时按下鼠标左键向所需的方向拖动，如图2-23所示，到达所需的位置后松开鼠标左键，即可将选择的辅助线旋转了一定角度，如图2-24所示。

图2-22

图2-23

图2-24

5. 删除辅助线

如果不再需要辅助线，可以将其删除。用户先在画面中单击要删除的辅助线，再在键盘上按【Delete】键，即可将选择的辅助线删除。

6. 显示或隐藏辅助线

一般情况下，我们创建好的辅助线不要删除，但是有时它会影响查看的效果，所以就需要将辅助线隐藏起来。

用户可以在菜单中选择“视图”\“辅助线”命令，即可将显示的辅助线隐藏，如果再次需要显示时请再在菜单中选择“视图”\“辅助线”命令来显示它。

注 意

用户也可从水平标尺栏中拖出所需的辅助线。如果在绘图窗口中没有创建辅助线，则绘图窗口中就没有显示辅助线。

2.3 CorelDRAW X5的优化

通过对CorelDRAW X5的优化，可以大大提高CorelDRAW X5的运算效率和运行速度。主要通过【选项】对话框来对CorelDRAW X5进行优化。

2.3.1 取消声效

按【Ctrl+J】快捷键，打开【选项】对话框，在“工作区”下的“常规”选项界面中取消勾选“启用声效”复选框，如图2-25所示。在“常规”选项界面中还可以设置CorelDRAW X5启动后的默认设置，如欢迎屏幕、新建文件、打开文档等。

2.3.2 设置自动备份

有很多用户反映在使用CorelDRAW X5的过程中容易死机，这是因为CorelDRAW X5的系统默认每20min进行自动备份，用户可以在【选项】对话框的“保存”选项界面中进行设置，如

图2-26所示。

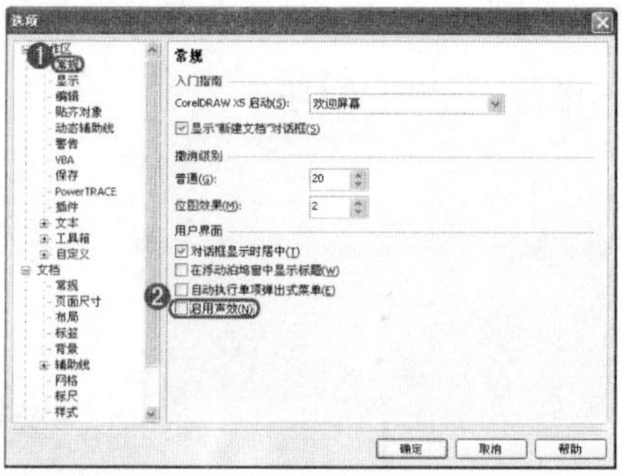

图2-25

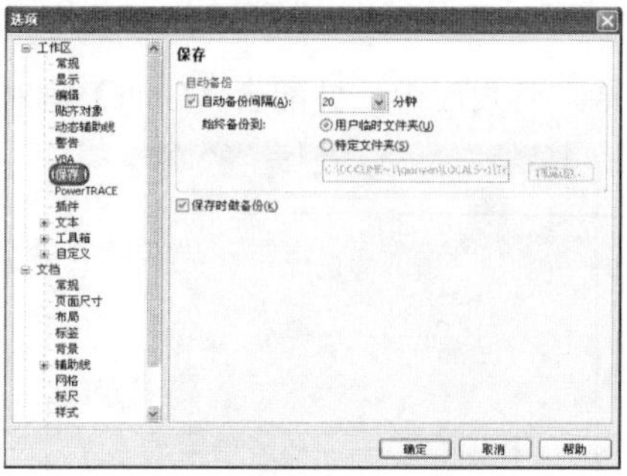

图2-26

2.3.3 设置布局

打开选项对话框，在文档下的布局选项界面中，用户可根据自己的需要设置页面，如图2-27所示。

2.3.4 优化字体预览速度

很多用户抱怨CorelDRAW在选择字体的时候响应速度较慢，尤其是增加了字体实时预览效果后。计算机配置低的用户可以通过优化【选项】对话框的“字体”选项界面中的“使用字体显示字体名称”选项来加快选择字体时的响应速度。如图2-28所示，取消勾选“使用字体显示字体名称”复选框，然后重新启动CorelDRAW X5，这时候字体的响应速度就会快很多。

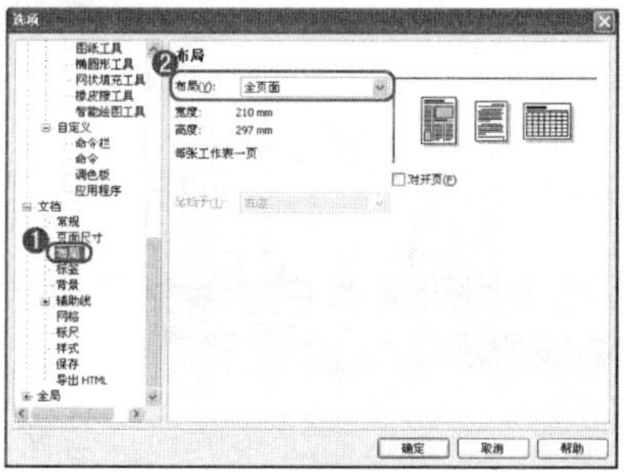

图2-27

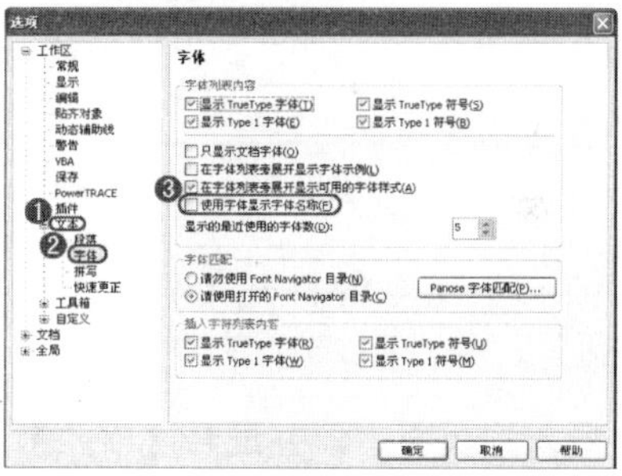

图2-28

【每日一练】——利用辅助线设置页面 >>>

本例的制作比较简单，主要利用辅助线设置页面，如图2-29所示为利用辅助线设置出的页面效果。

图2-29

01 按【Ctrl+N】快捷键新建一个空白文档，按【Ctrl+I】快捷键打开【导入】对话框，选择随书附带光盘中“素材与源文件”\“素材”\“第2天”\“040.jpg”，单击“导入”按钮，如图2-30所示。

02 将素材导入到页面中，并配合【Shift】键对其进行缩放，如图2-31所示。

图2-30

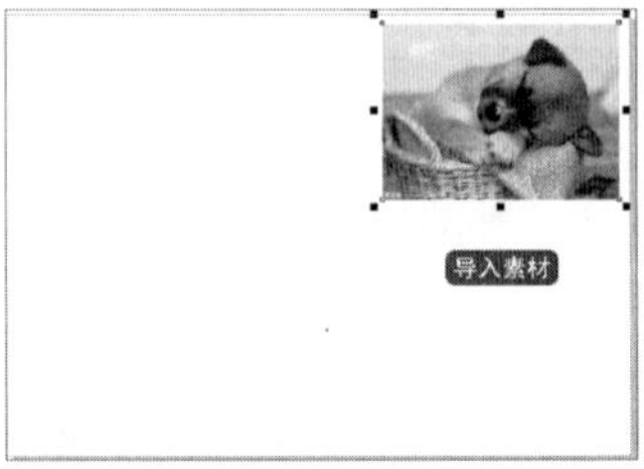

图2-31

03 移动鼠标到顶部的垂直标尺栏上按下左键向下拖出一条辅助线，把辅助线移到合适的位置，如图2-32所示。

04 移动鼠标到左侧的垂直标尺栏上按下鼠标左键向右拖出一条辅助线，把辅助线移到合适的位置，如图2-33所示。

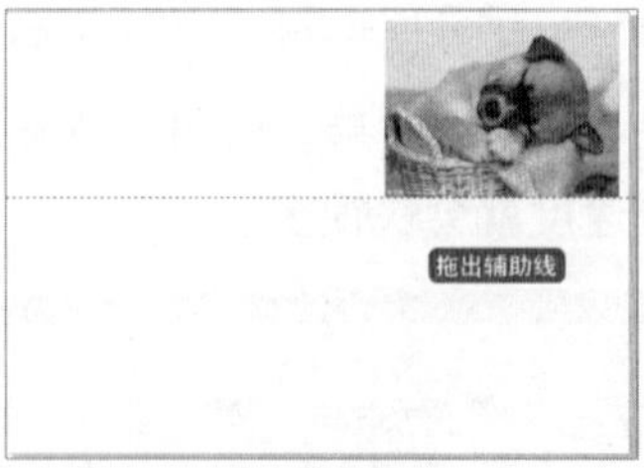

图2-32

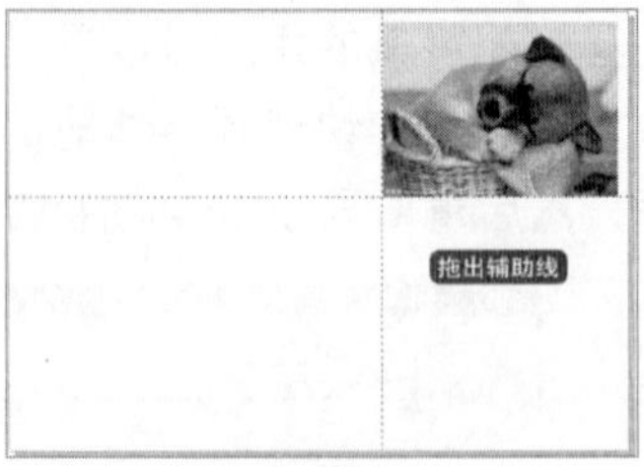

图2-33

05 按【Ctrl+I】组合键打开【导入】对话框，选择随书附带光盘中“素材与源文件”\“素材”\“第2天”\“045.jpg”，单击“导入”按钮，如图2-34所示。

06 将素材导入到页面中，并配合【Shift】键对其进行缩放，将素材右上角的顶点与两条辅助线相交的左下角的顶点重合，如图2-35所示。

图2-34

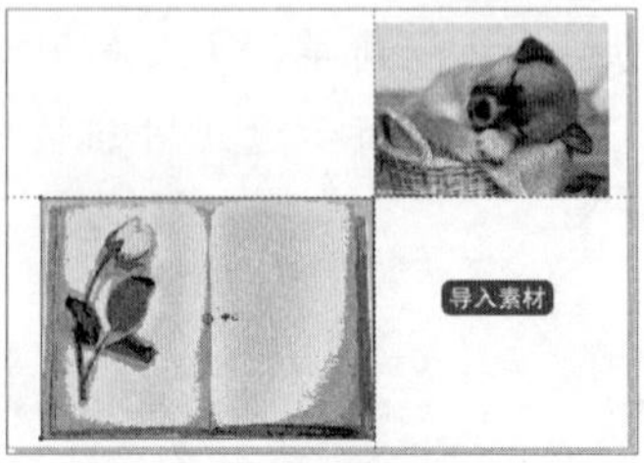

图2-35

07 在竖直的辅助线上按下鼠标左键向左拖动到适当位置时右击，复制辅助线，调整两条辅助线的位置，如图2-36所示。

08 按【Ctrl+I】快捷键导入素材，并配合【Shift】键对其进行缩放，将素材移到图2-37所示的位置。

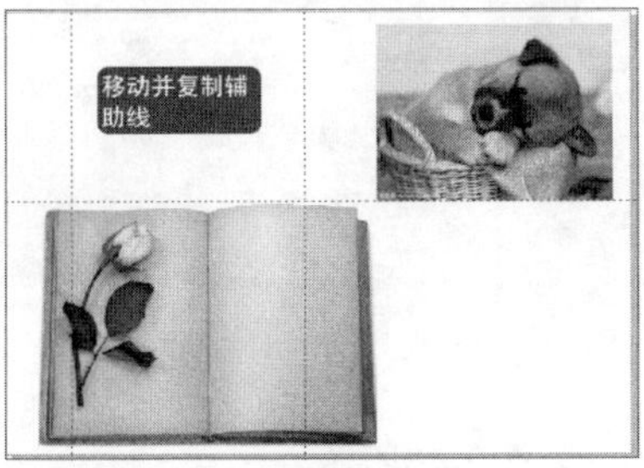

图2-36

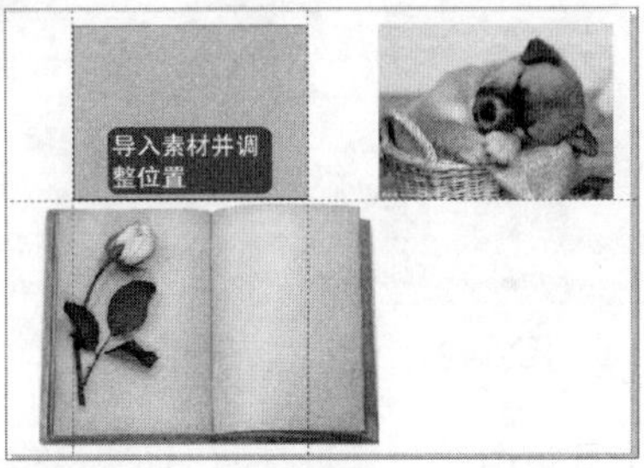

图2-37

09 继续移动两条竖的辅助线，把它们移到图2-38所示的位置。

10 按【Ctrl+I】快捷键导入素材，并配合【Shift】键对其进行缩放，将素材移到图2-39所示的位置。

图2-38

图2-39

11 选择工具箱中的“文本工具字”，在绘图页中输入文本，将“字体”设置为宋体，将“字体大小”设置为60pt，如图2-40所示。

12 确定新输入的文本处于选择状态，在水平方向上进行缩放，如图2-41所示。

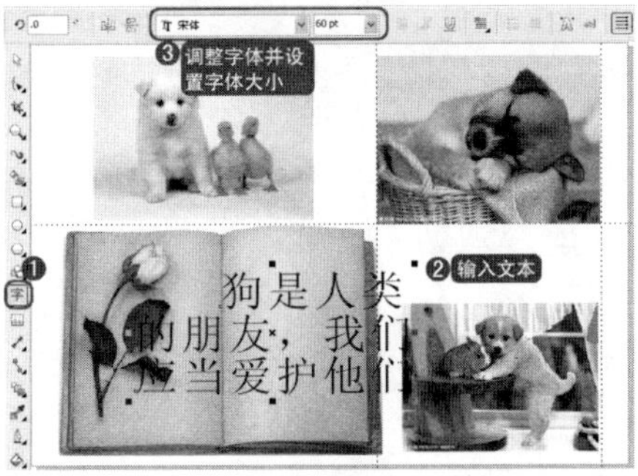

图2-40

图2-41

13 选择工具箱中的“艺术笔工具”，在属性栏中选择“喷涂”按钮，将“喷涂对象大小”设置为60，将“类别”设置为“脚印”，将“喷射图样”设置为“ ”，在绘图页中绘制图案如图2-42所示。

14 继续使用工具箱中的“艺术笔工具”，在图2-43所示的位置绘制图案。

⑮ 将三条辅助线删除，如图2-44所示。

图2-42

图2-43

图2-44

⑯ 选择工具箱中的“矩形工具□”，在绘图页中绘制矩形，如图2-45所示。

⑰ 为新绘制的矩形填充颜色，将其填充色的CMYK设置为40、0、0、0，取消轮廓线的填充。如图2-46所示。

⑱ 确定新绘制的矩形处于选择状态，按【Ctrl+End】快捷键，调整矩形的图层，如图2-47所示。

图2-45

图2-46

图2-47

⑲ 按【Ctrl+A】快捷键、【Ctrl+G】快捷键将对象群组，如图2-48所示。

⑳ 至此，利用辅助线设置页面就制作完成了，将效果导出并保存场景文件。

图2-48

第03天 常用插画工具1

在CorelDRAW X5中，提供了大量丰富的插画工具，使用这些插画工具，可以很容易地绘制出一些基本形状，如矩形、正方形、圆形、椭圆、弧形、曲线和折线等。用户还可以使用调色板来设置图形的颜色。

3.1 矩形工具

使用“矩形工具”可以通过沿对角线拖动鼠标指针的方式来绘制矩形或方形，或者通过工具属性栏指定宽度和高度的方式来调整矩形的位置与大小。绘制矩形或方形之后，可以通过将某个或所有边角变成圆角的方法来改变其形状，从而制作成圆角矩形对象。绘制完成后，即可显示属性工具栏，如图3-1所示。

图3-1　矩形工具属性栏

下面将介绍属性栏中各项属性的含义与作用。

- 对象的位置：指定矩形对象在绘图区域中X（水平）与Y（垂直）的位置。
- 对象的大小：指定矩形对象的宽、高尺寸。
- 缩放因子：指定矩形对象的缩放比例，当数值少于100%时缩小对象，反之则放大；当右上边的按钮呈状态时，指按目前的宽高比例缩放对象；若按钮呈状态时，则取消保持宽高比例状态，也就是说可以只对宽度或者高度进行单独的缩放处理。
- 旋转角度：在此文本框中可以输入对象的旋转角度，按【Enter】键即可根据指定的数值旋转对象。
- 镜像：单击可以进行水平镜像，单击“按钮”可以进行垂直镜像。
- 圆角半径：设置微调框中的数值将矩形设置成不同程度的圆角矩形，当按下“全部圆角按钮”时，则对4个角度起效，否则可以只针对单个边角进行圆角设置。
- 段落文本换行：单击此按钮即可展开列表，在此可以设置文本围绕矩形对象排列的样式。
- 轮廓宽度：在此可以设置矩形对角的轮廓宽度，包括“无”、“细线”与预设的多个数值，此外还可以直接输入指定的数值并按【Enter】键来自定轮廓宽度。
- 调整图层顺序：单击“到图层前面按钮”，可以将当前选取的对象移至文件中所有图层的前面；而单击“到图层后面按钮”，则可以将图层移至所有图层的后面。
- 转换为曲线：单击此按钮，可以将矩形对象的属性变为曲线对象，以便使用其他工具进行编辑处理。

3.1.1 绘制矩形

下面介绍矩形的绘制。在千纸鹤的图像上绘制一个矩形轮廓。

01 首先导入千纸鹤的素材文件，如图3-2所示。

02 在工具箱中选择“矩形工具□”，或者按【F6】键，然后在绘图页中绘制矩形，如图3-3所示。

图3-2

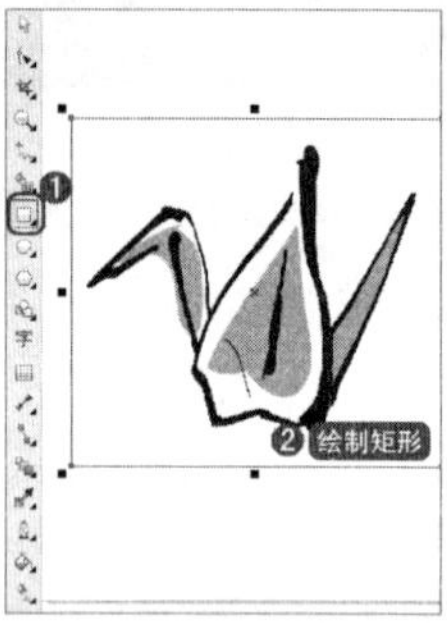

图3-.3

03 确定新绘制的矩形处于选择状态，在属性栏中将轮廓宽度设置为1.5mm，如图3-4所示。

04 在“CMYK调色板”中，右击“粉”色块，将矩形轮廓线设置为粉色，如图3-5所示。

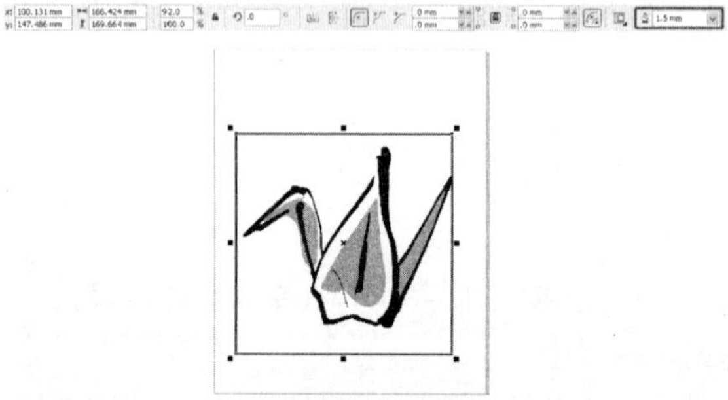

图3-4

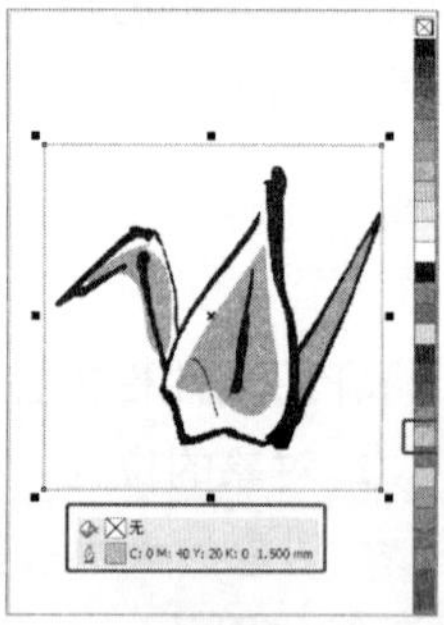

图3-5

3.1.2 绘制正方形

继续使用前面的素材进行讲解。

01 在工具箱中选择“矩形工具□”，或者按【F6】键，然后在绘图页中配合键盘上的【Ctrl】键绘制正方形，如图3-6所示。

02 参照前面设置矩形的方法对绘制的正方形进行设置，完成后的效果如图3-7所示。

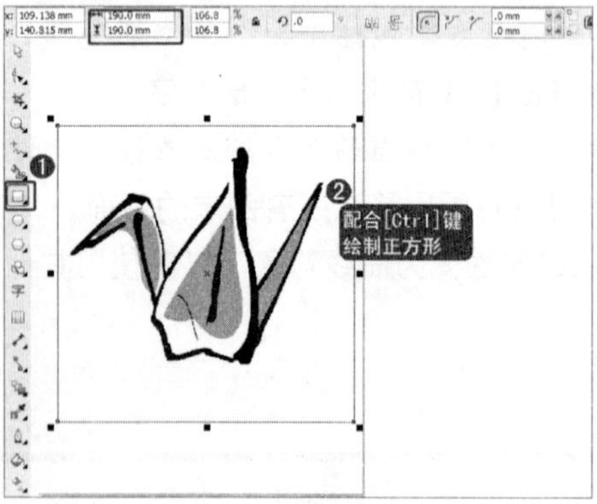

图3-6

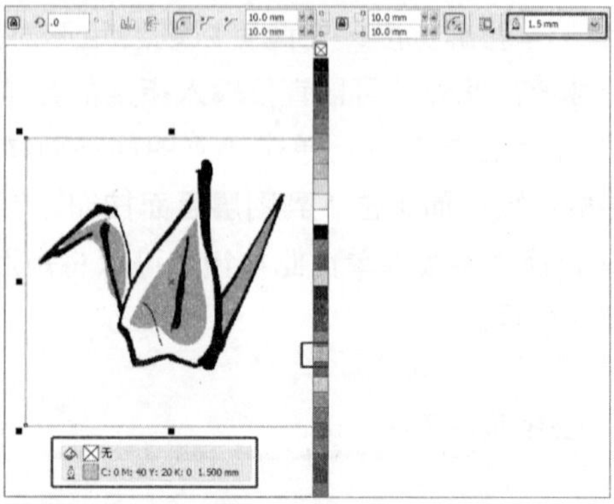

图3-7

3.1.3 绘制圆角矩形

继续使用前面的素材介绍圆角矩形的绘制。

01 在工具箱中选择“矩形工具”。

02 在矩形属性栏中单击“按钮”，使其处于选中状态，将圆角参数设置为20，如图3-8所示。

图3-8

03 在绘图页中配合【Ctrl】键绘制矩形，并将其轮廓线设置为1.5mm的粉色，设置后的效果如图3-9所示。

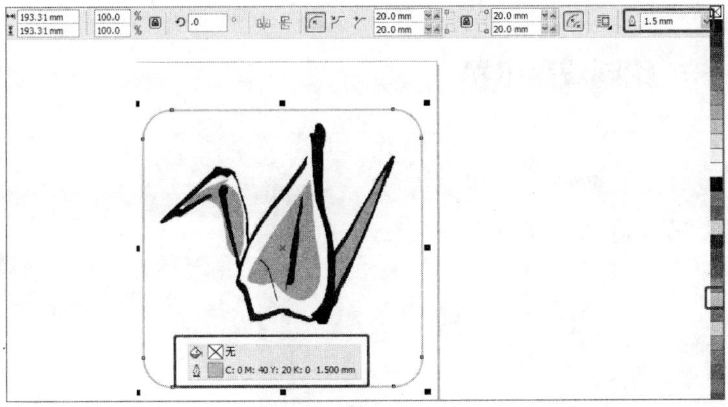

图3-9

3.1.4 使用3点矩形工具绘图

“3点矩形工具”可以通过3个点来确定矩形的长度、宽度与旋转位置，其中前两个点可以指定矩形的一条边长与旋转角度，最后一点用来确定矩形宽度。此工具的属性栏与“矩形工具”完全相似。继续在前面的素材上，使用“3点矩形工具”绘制一个倾斜的矩形对象。

01 在工具箱中选择“3点矩形工具”，在属性栏中单击“按钮”，使其处于选中状态，将圆角参数设置为20，如图3-10所示。

02 在绘图页中按下鼠标左键不放，指向要开始绘制矩形的位置，拖动鼠标以确定宽度，如图3-11所示。

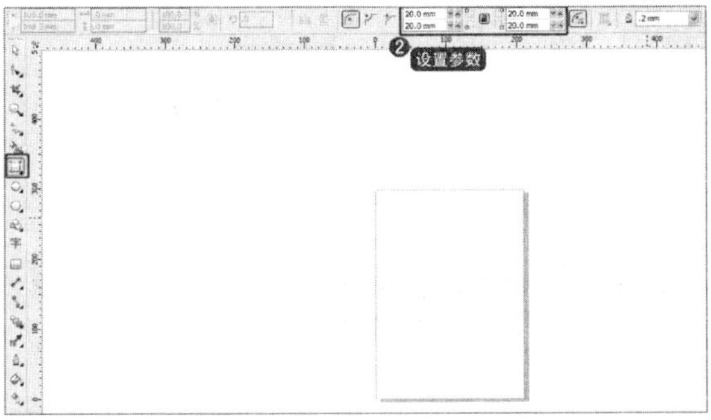

图3-10

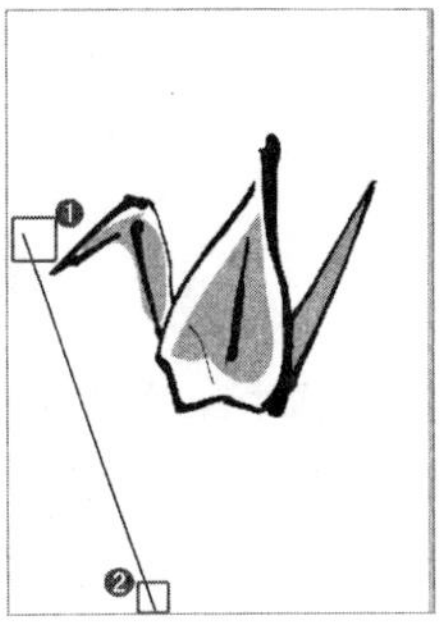

图3-11

03 松开鼠标左键，并移动鼠标指针绘制高度，如图3-12所示。最后单击鼠标确定高度，调整矩形的位置并对轮廓线进行设置，完成后的效果如图3-13所示。

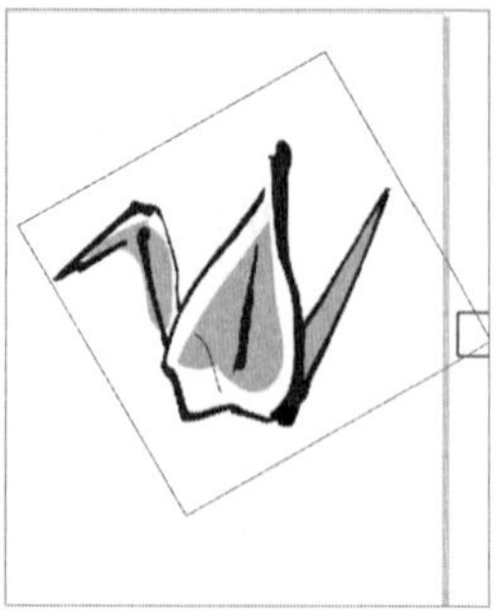

图3-12

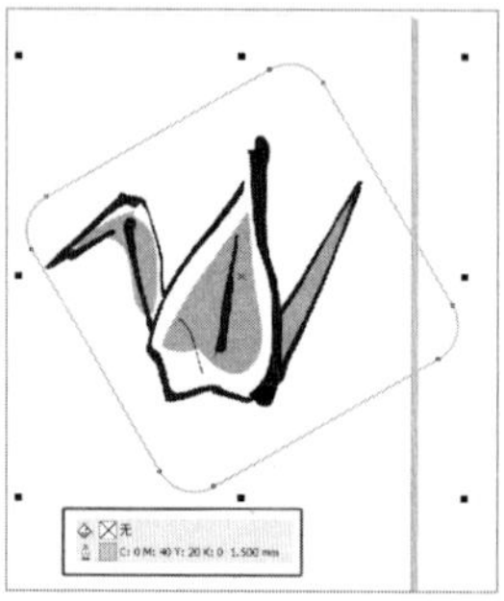

图3-13

提 示

使用“3点矩形工具”拖动鼠标指针时按住【Ctrl】键，可以设置基线的角度以15°的增量变化。

【单元练习】——绘制液晶电视

通过前面对矩形工具的学习，下面再来绘制液晶电视，完成后的效果如图3-14所示。

图3-14

01 按【Ctrl+N】快捷键新建文档，在属性栏中单击“按钮”，将页面转换为横向，如图3-15所示。

02 在工具箱中选择“矩形工具”，在绘图页中参照属性栏中的参数绘制矩形，如图3-16所示。

图3-15

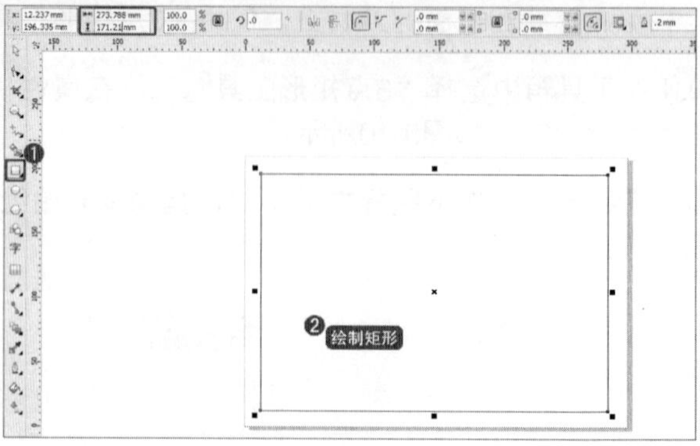

图3-16

03 在工具箱中单击“填充工具”，在弹出的快捷菜单中选择“渐变填充”命令，弹出【渐变填充】对话框，将“选项”区域下的“角度”值设置为-32，选择“颜色调和”选项区域下的“自定义”单选按钮，设置渐变颜色，单击“确定”按钮，如图3-17所示。

提　示

用户也可以按键盘上的【F11】键打开【渐变填充】对话框。

04 填充完渐变颜色后，在“对象管理器”泊坞窗中将新绘制的矩形重新命名为“底层”，如图3-18所示。

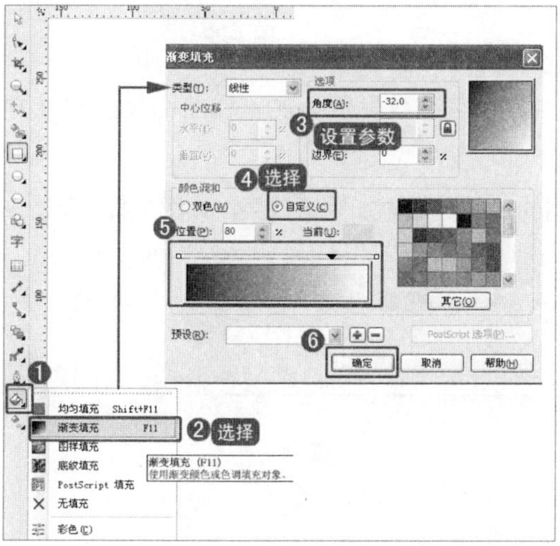

图3-17

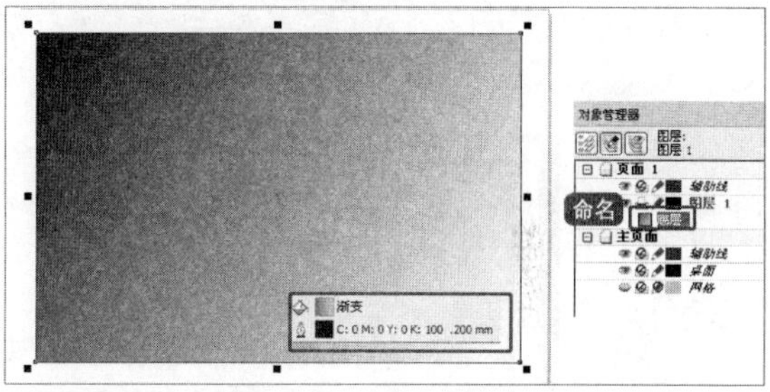

图3-18

05 选择“矩形工具”，在绘图页中绘制矩形，将其命名为“银边层”，并将其填充色设置为C：5、M：4、Y：4、K：0，然后在绘图页中调整“银边层”的位置，如图3-19所示。

06 在工具箱中选择“3点矩形工具”，在绘图页中绘制矩形，并将其命名为“3层灰边”，如图3-20所示。

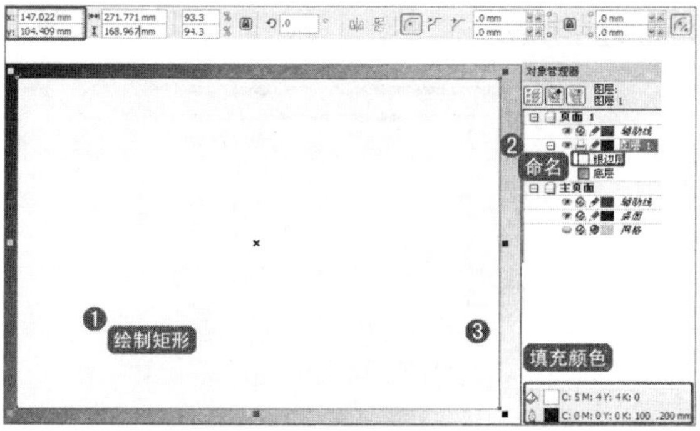

图3-19

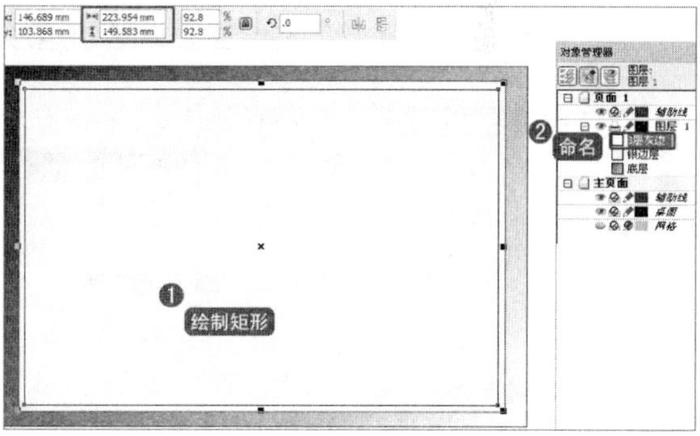

图3-20

07 按【F11】键，弹出【渐变填充】对话框，在“选项”区域下将“角度”值设置为-29.8，选择“颜色调和”选项区域下的“自定义”单选按钮，并设置渐变颜色，设置完成后单击“确定”按钮，如图3-21所示。

08 再次使用“3点矩形工具”在绘图页中绘制矩形，将其命名为“上层灰边”，并将其填充为“10%黑”，如图3-22所示。

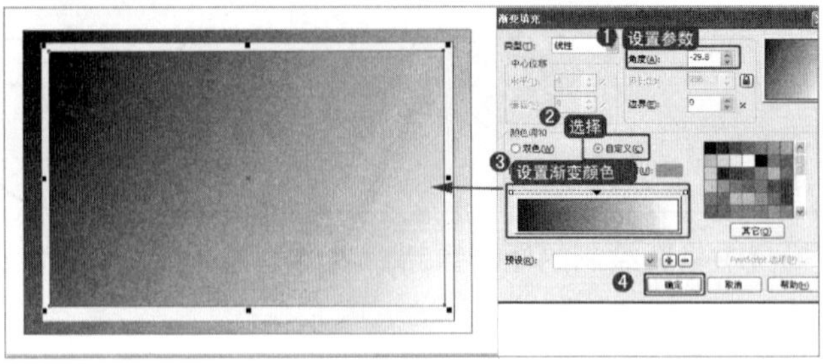

图3-21

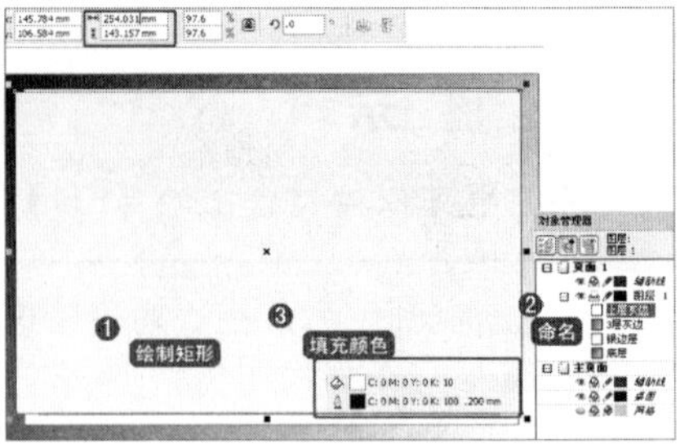

图3-22

(09) 使用“矩形工具”，在属性栏中单击“按钮”，将圆角参数设置为20，在绘图页的右下方绘制圆角矩形，作为电视的开关按钮，如图3-23所示。

(10) 在工具箱中选择“阴影工具”，在绘图页中为新绘制的圆角矩形添加阴影效果，如图3-24所示。

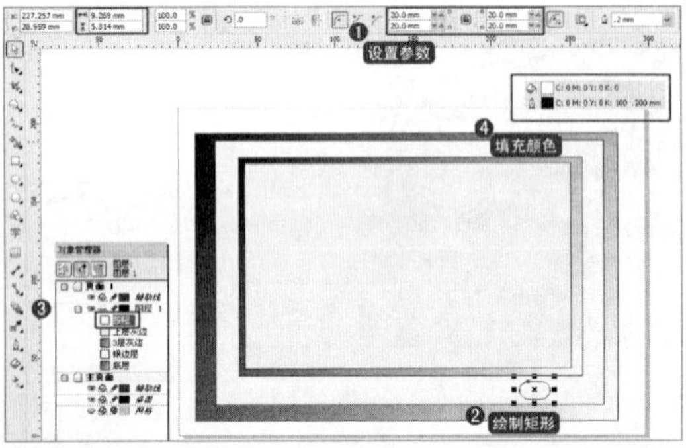

图3-23

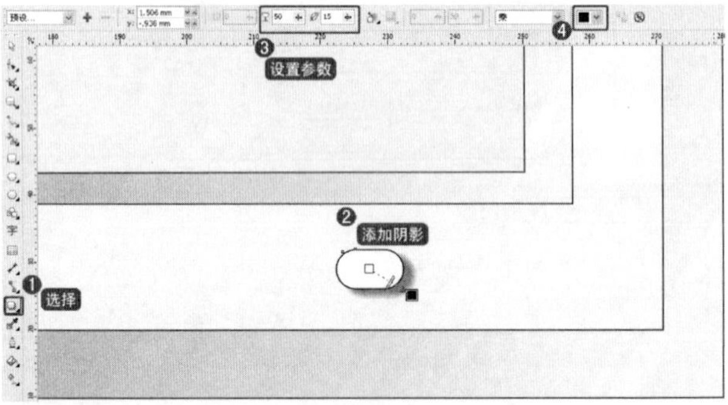

图3-24

(11) 确定新绘制的矩形处于选择状态，按【F11】键弹出【渐变填充】对话框，将“选项”区域下的“角度”参数设置为-30.8，在“颜色调和”选项区域下设置颜色，单击“确定”按钮，如图3-25所示。

(12) 使用“3点矩形工具”在绘图页中绘制矩形，如图3-26所示。

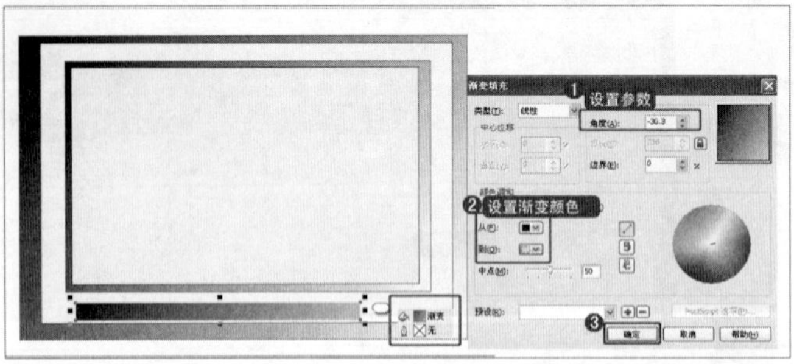

图3-25

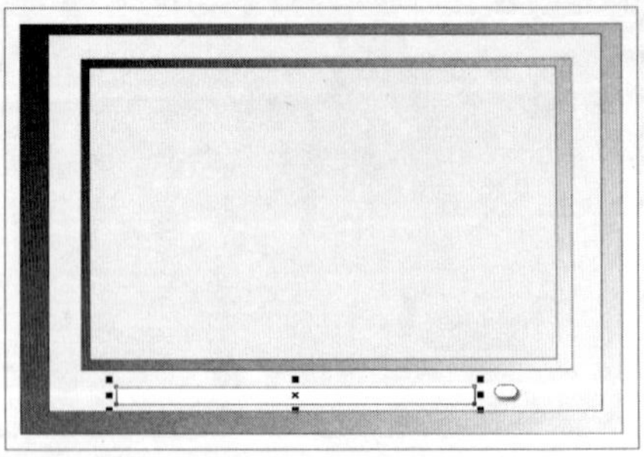

图3-26

(13) 在菜单栏中选择“排列”\“顺序”\“到图层后面”命令，将新创建的矩形调整到图层的后面，如图3-27所示。

(14) 继续使用“3点矩形工具”在绘图页中绘制填充色为90%黑的矩形，并取消轮廓线的填充如图3-28所示。

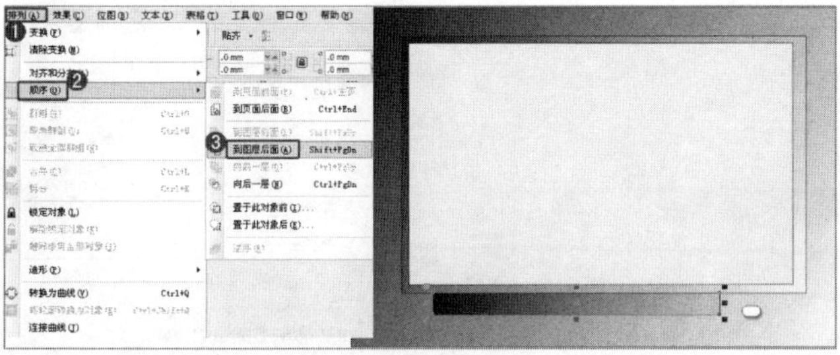

图3-27

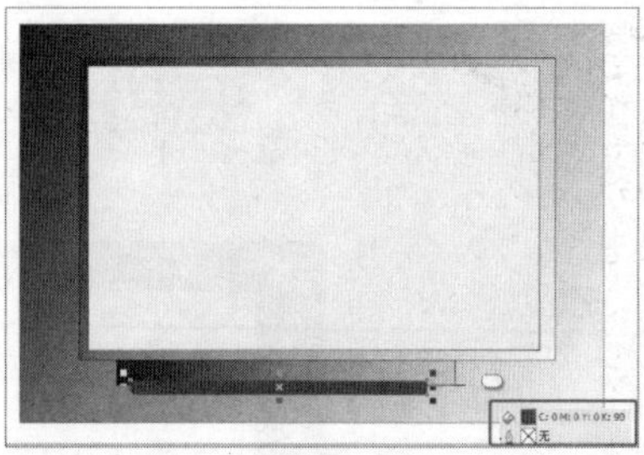

图3-28

⑮ 在菜单栏中选择“排列”\“顺序”\“置于此对象前”命令，在绘图页中选择图3-29所示的图形。

⑯ 调整完位置后的效果如图3-30所示。

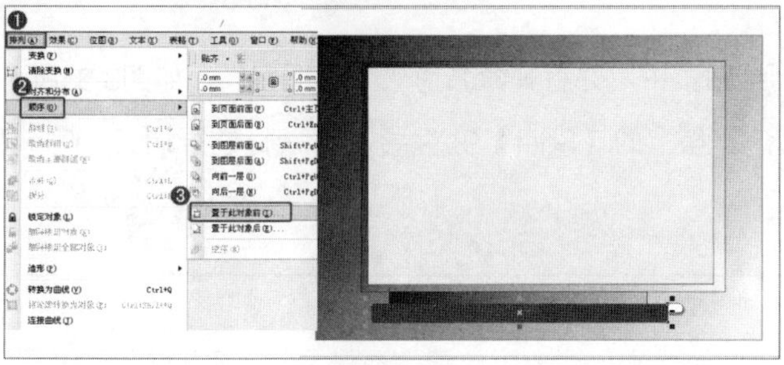

图3-29

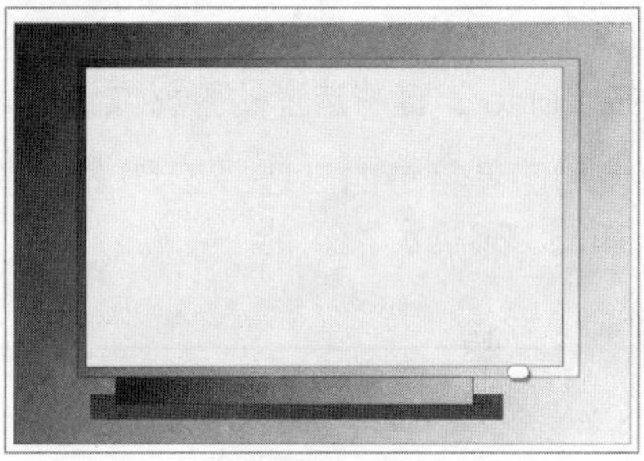

图3-30

⑰ 在【对象管理器】面板中选择图3-31所示的矩形，在属性栏中单击“群组按钮”，将选择的对象成组，如图3-31所示。

⑱ 确定成组后的对象处于选择状态，选择工具箱中的“阴影工具”，为成组的对象添加阴影效果，在属性栏中将“阴影的不透明度”参数设置为40，将“阴影羽化”参数设置为20，如图3-32所示。

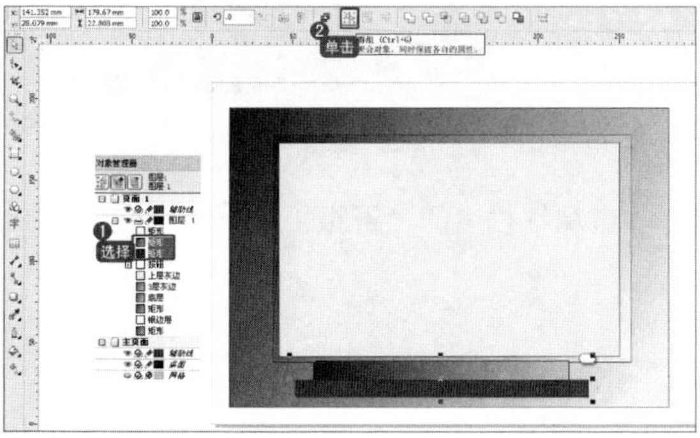

图3-31

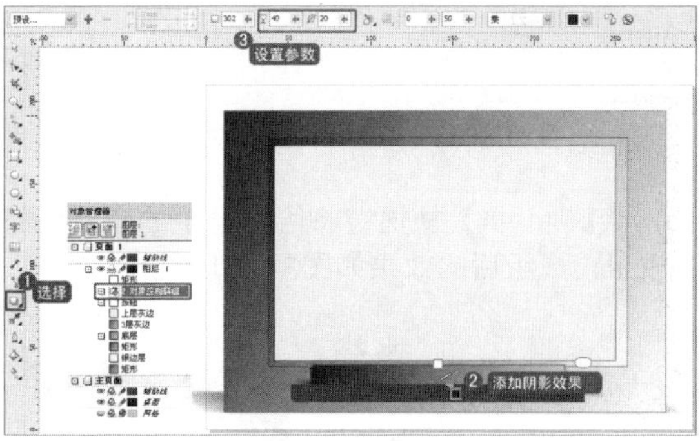

图3-32

⑲ 选择工具箱中的“文本工具”， 在绘图页中创建文本，然后在属性栏中将“字体“设置为Victorian LET，将“字体大小”设置为26.211pt，如图3-33所示。

⑳ 按【Ctrl+I】快捷键，弹出【导入】对话框，在“查找范围”内选择路径“素材与源文件”\“素材”\“第3天”\“心形图案.jpg”，将“排序类型”定义为位图，单击“导入”按钮，如图3-34所示。

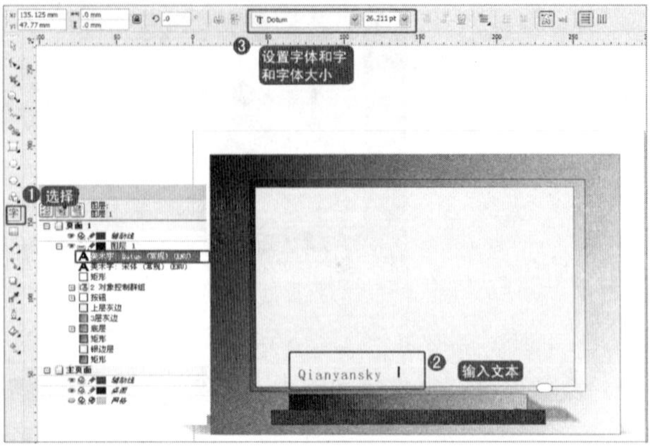

图3-33

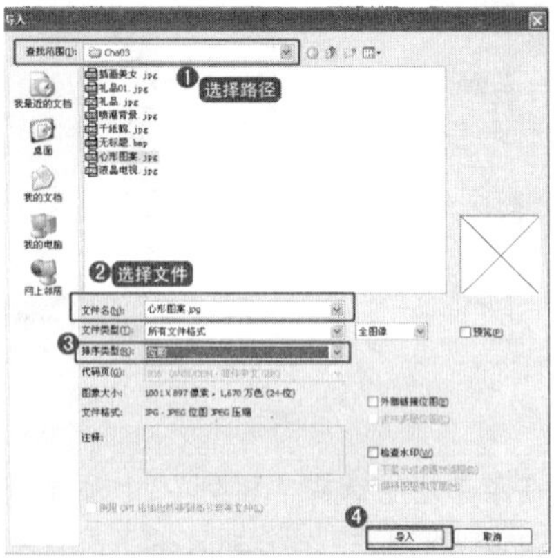

图3-34

(21) 按【Enter】键将选择的素材文件导入到绘图页中，并将其命名为“心形图案”，如图3-35所示。

(22) 使用工具箱中的“选择工具”并配合键盘上的【Shift】键对导入的素材进行调整，完成后的效果如图3-36所示。

提 示

导入素材文件时，按键盘上的【Enter】键，即可将导入的文件放置到页面的中心。

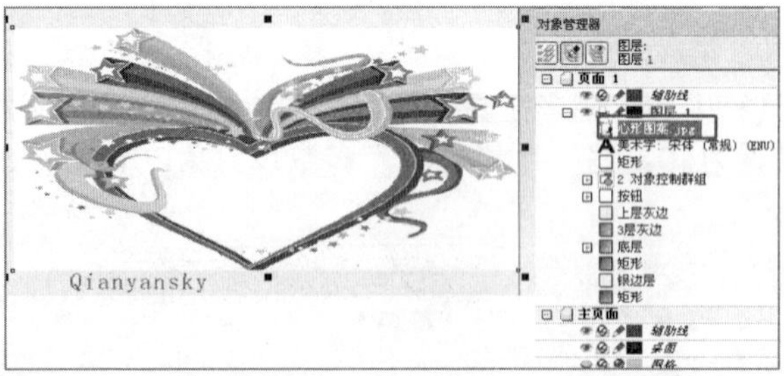

图3-35

图3-36

(23) 按【Ctrl+A】快捷键将绘图页中的对象全部选择，单击属性栏中的“群组工具”，将选择的对象成组，成组后的效果如图3-37所示。

图3-37

3.2 通过调色板简单设置图形颜色

在CorelDRAW中用户可以通过使用固定或自定义调色板、颜色查看器、颜色和谐或颜色调和，来为对象选择填充颜色和轮廓颜色。如果用户要使用对象或文档中已有的颜色，可以使用滴管工具对颜色取样，再使用颜料桶工具进行填充，达到完全匹配的效果。

在画面中已经选择了一个或多个矢量对象，如果用户直接在默认CMYK调色板中单击某颜色，则将该对象填充为所单击的颜色。如果用户直接在默认CMYK调色板中右击某颜色，则将该对象轮廓色设为所右击的某颜色。

在画面中没有选择任一对象，如果用户直接在默认CMYK调色板中单击某颜色，会弹出图3-38所示的【均匀填充】对话框，用户可根据需要选择所需的选项，选择好后单击“确定”按钮，即可将新对象的填充颜色设为所单击时的颜色。如果直接在默认CMYK调色板中右击某颜色，会弹出图3-39所示的【轮廓色】对话框，用户可根据需要选择所需的选项，然后单击“确定”按钮，即可将新对象的轮廓色设为所右击时的颜色。

如果用户需要选择与默认CMYK调色板中颜色相似的颜色，则需在默认CMYK调色板中用鼠标选中该颜色，弹出一个相似的颜色盒后松开鼠标左键，如图3-40所示，然后再移动鼠标指针到所需的颜色上单击或右击，如图3-41所示，用户即可用所单击或右击时的颜色为对象进行颜色设置。

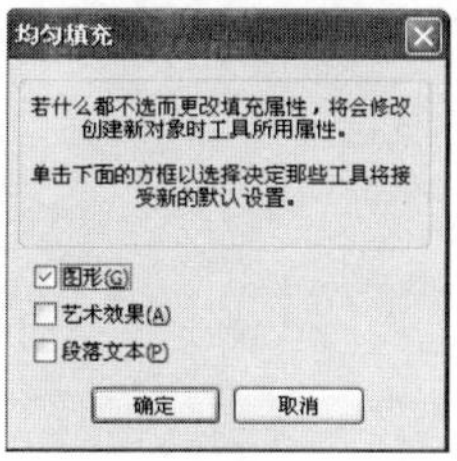

图3-38

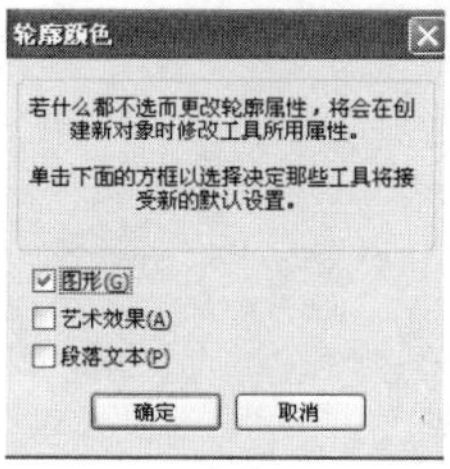

图3-39

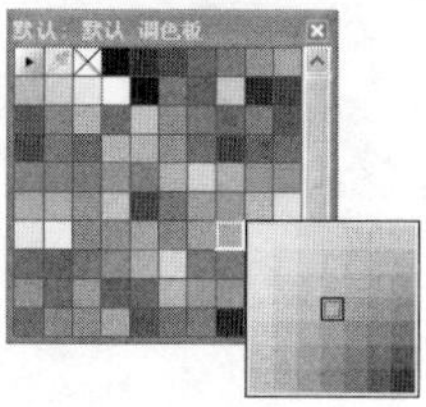

图3-40

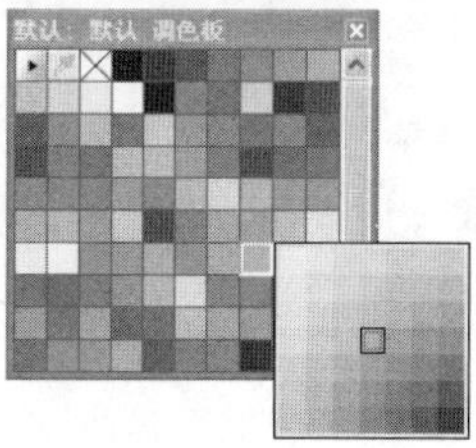

图3-41

3.3 椭圆工具

使用椭圆形工具可以绘制出各种大小不同的椭圆、圆形、饼形和弧线。

如果画面中没有选择任何对象，在工具箱中选择“椭圆工具”，则属性栏中就会显示图3-42所示的选项。可先在其中确定要绘制椭圆＼饼形＼弧线，以及饼形与弧线的起始和终止角度，然后再在画面中按下鼠标左键向对角拖动来绘制所需的图形；也可以直接在画面中按下鼠标左键向对角拖动来绘制所需的图形，如果所绘制的图形形状与大小不满意，可在属性栏中进行更改。

图3-42

3.3.1 绘制椭圆

下面介绍椭圆的绘制：

01 新建一个横向的文档，导入一个素材文件，如图3-43所示，在该素材的基础上绘制椭圆。

02 选择工具箱中的“椭圆工具”，在绘图页中绘制椭圆，如图3-44所示。

03 按【F11】键弹出【渐变填充】对话框，在“选项”区域下将“角度”参数设置为90，将“颜色调和”选项区域的“从”的颜色设置为“黄色”，设置完成后单击“确定”按钮，如图3-45所示。

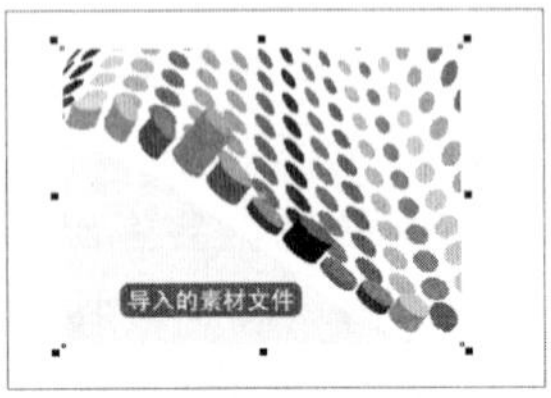

图3-43

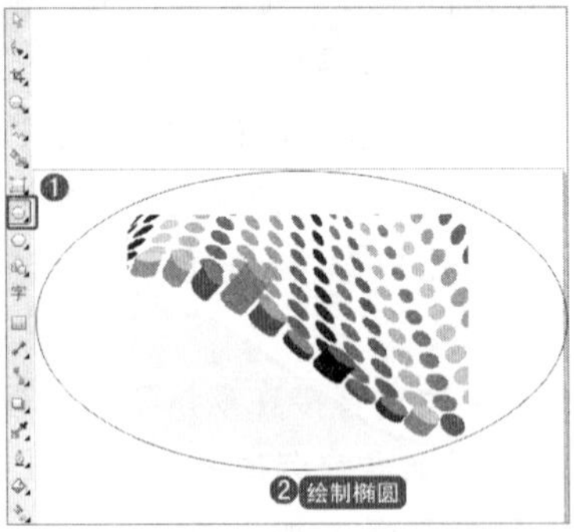

图3-44

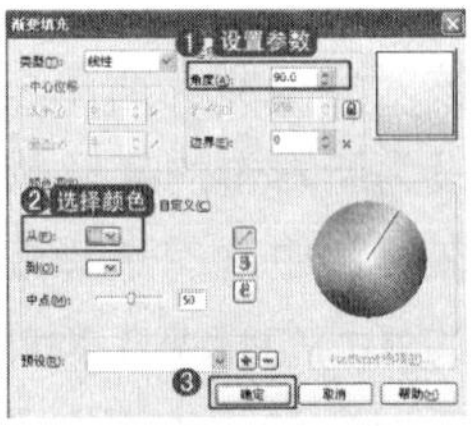

图3-45

04 填充完渐变颜色后，在“CMYK调色板”中右击“☒色块”，取消轮廓线，如图3-46所示。

05 选择工具箱中的“透明度工具”，在绘图页中为椭圆对象添加交互式透明效果，并调整透明中心点的位置，如图3-47所示。

06 添加完透明后的效果如图3-48所示。

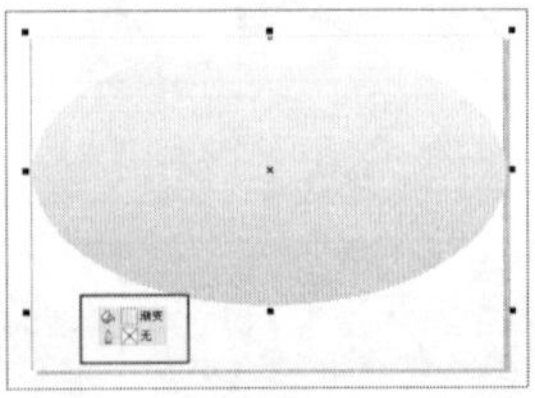

图3-46

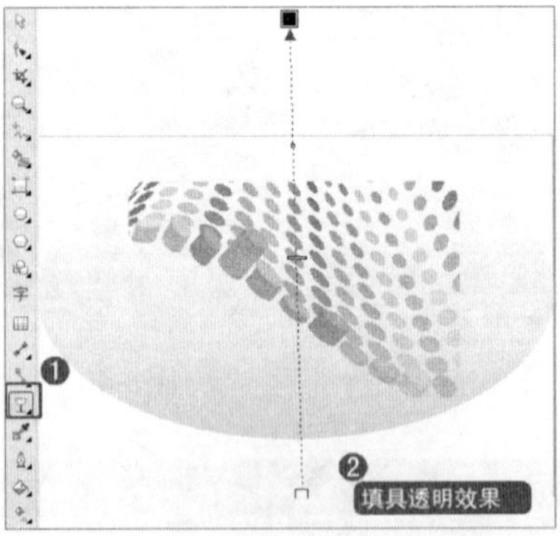

图3-47

图3-48

提　示

“透明度工具”的应用，在后面的章节中将进行详细的介绍，可用用户进行参考。

3.3.2　绘制正圆

继续使用前面的素材进行讲解。

01 选择工具箱中的“椭圆工具”，在绘图页中配合键盘上的【Ctrl】键绘制正圆，如图3-49所示。

02 按【F11】键弹出【渐变填充】对话框，在“选项”区域下将“角度”参数设置为90，将“颜色调和”选项区域的“从”的颜色设置为“黄色”，将“中点”参数设置为30，设置完成后单击“确定”按钮，如图3-50所示。

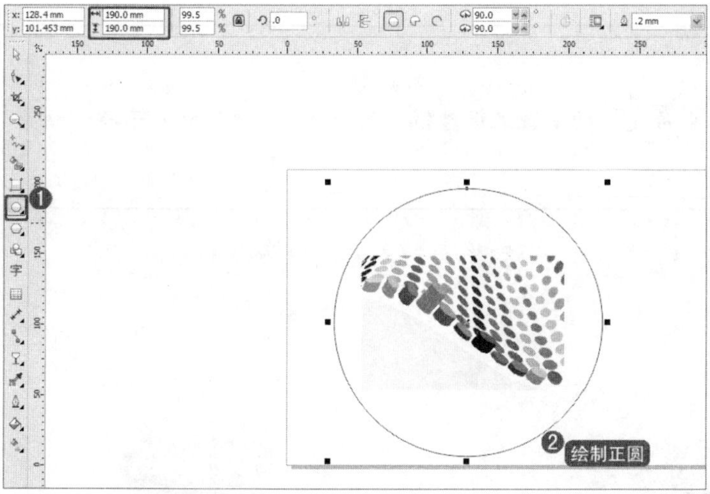

图3-49

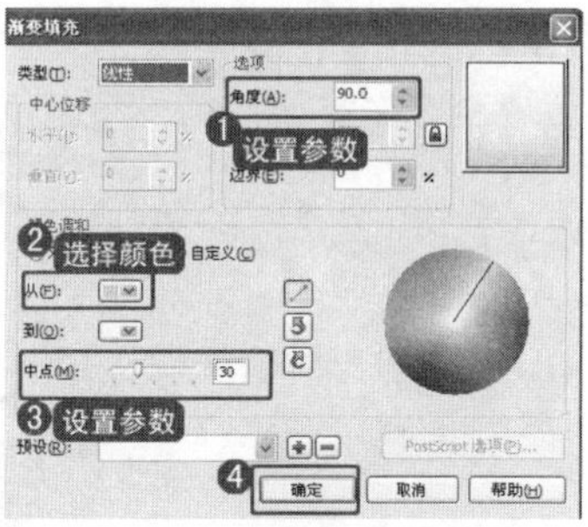

图3-50

03 填充完渐变颜色后，在“CMYK调色板”中右击“☒色块”，取消轮廓线，如图3-51所示。

04 选择工具箱中的“透明度工具”，在绘图页中为圆形对象添加交互式透明效果，并调整透明中心点的位置，如图3-52所示。

05 添加完透明后的效果如图3-53所示。

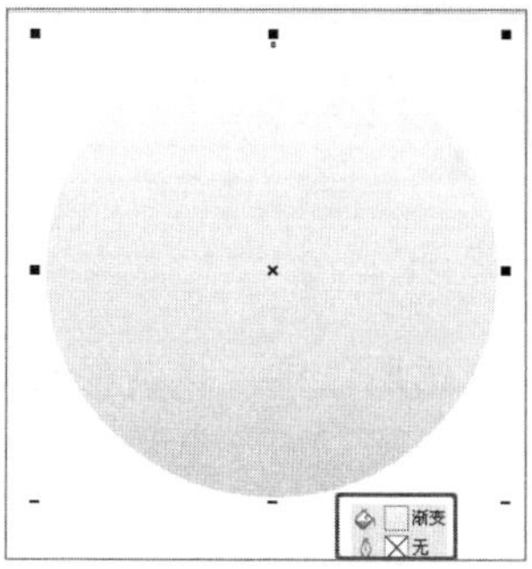

图3-51

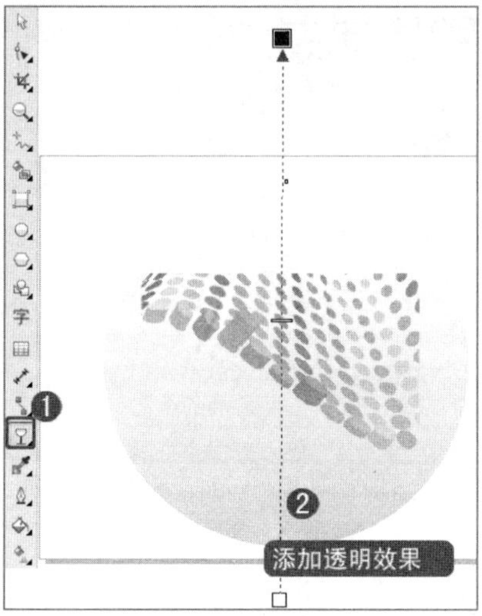

图3-52

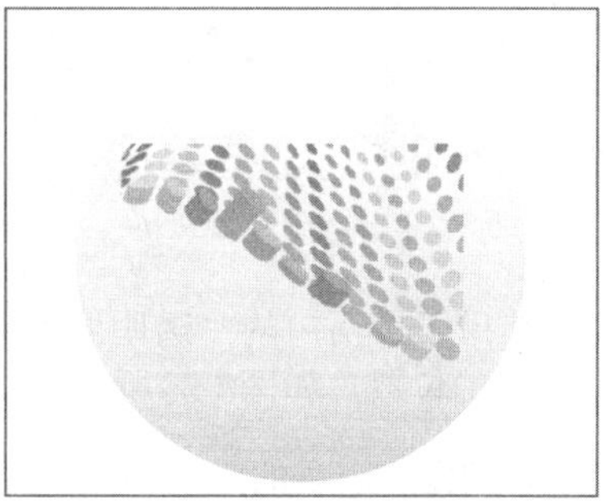

图3-53

3.3.3 绘制饼形和弧形

前面介绍了绘制椭圆和正圆的方法，下面再来介绍饼形和弧形的绘制。

首先新建一个页面为横向的文件，并导入一个素材文件，如图3-54所示。

图3-54

01 选择工具箱中的“椭圆工具”，在属性栏中选择“饼形按钮”，其他使用默认参数，然后在绘图页中绘制饼形，如图3-55所示。

提 示

在属性栏中可以通过设置“结束角度”的参数来调整饼形的形状，如图3-56所示将“结束角度”的参数设置为235。

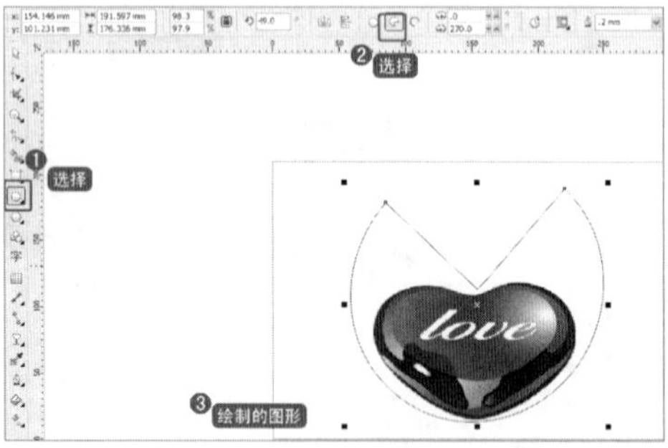

图3-55

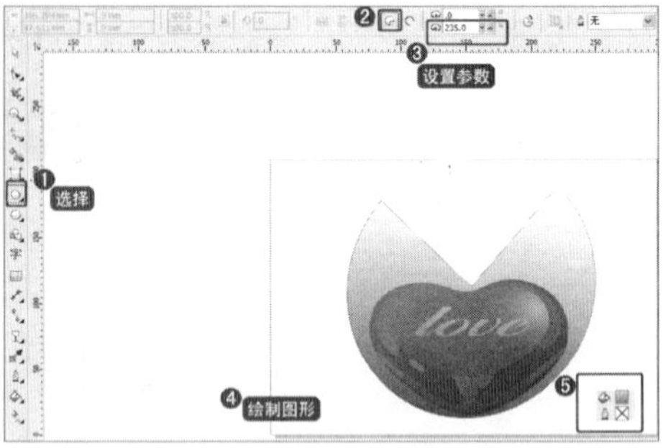

图3-56

02 按【F11】键弹出【渐变填充】对话框，在“选项”区域下将“角度”参数设置为90，在“颜色调和”选项区域下将“从”的颜色设置为“洋红”，设置完成后单击“确定”按钮，如图3-57所示。

03 填充完渐变颜色后，在“CMYK调色板”中右击“☒色块”，取消轮廓线，如图3-58所示。

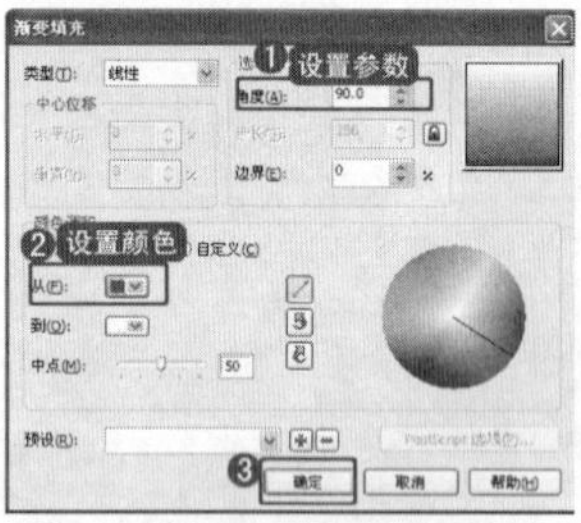

图3-57

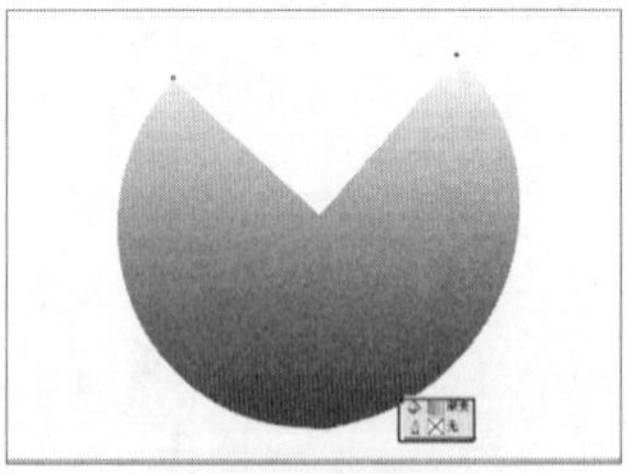

图3-58

04 选择工具箱中的“透明度工具”，在绘图页中为饼形对象添加交互式透明效果，并调整透明中心点的位置，如图3-59所示。

05 添加完透明后的效果如图3-60所示。

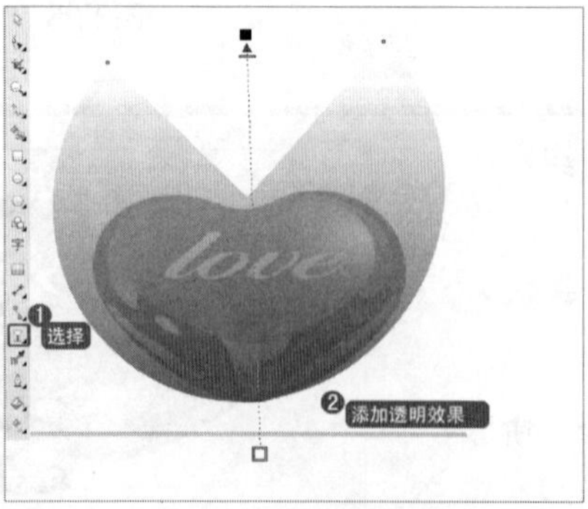

图3-59

图3-60

下面再来介绍弧形的绘制：

01 在工具箱中选择“椭圆工具”，在属性栏中选择“弧形工具”，其他使用默认参数，然后在绘图页中进行绘制，如图3-61所示。

02 确定新绘制的弧形处于选择状态，在“CMYK调色板”中右击“■色块”，将其轮廓线设置为红色，并将其轮廓线设置为2mm，如图3-62所示。

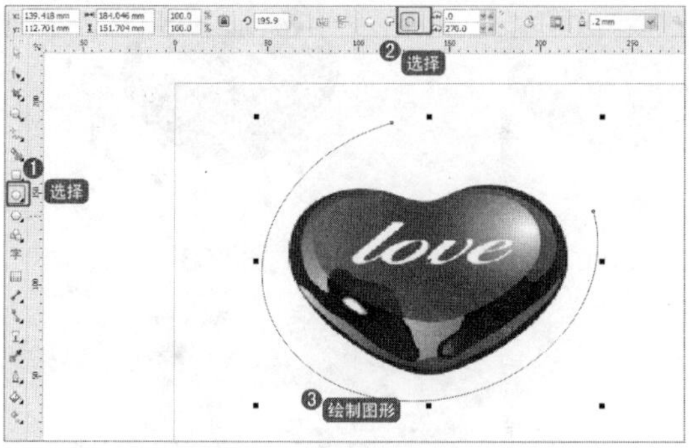

图3-61

图3-62

> **提 示**
>
> 同样在属性栏中设置“结束角度”的参数，可以绘制不同的弧形效果，如图3-63所示，“结束角度”参数为200的效果。

图3-63

3.3.4 使用3点椭圆工具绘图

3点椭圆的绘制与3点矩形的绘制方法类似，利用“3点椭圆工具”，可以快速地绘制出任意角度的椭圆形。

继续使用前面的素材，使用“3点椭圆工具”，在绘图页中绘制椭圆。

01 在工具箱中选择“3点椭圆工具”，在属性栏中单击“椭圆工具”，如图3-64所示。

图3-64

> **提 示**
>
> 同样使用“3点椭圆工具”，也可以绘制正圆、饼形和弧形，其绘制方法与椭圆工具的绘制方法基本相同，读者可参照前面的方法进行练习。

02 在绘图页中确定椭圆的起点位置，如图3-65所示。

03 当鼠标指针变为+○时，在绘图页中单击并拖动，确定椭圆的第二点，如图3-66所示。

04 再次拖动鼠标确定椭圆的宽度，如图3-67所示。

05 单击鼠标，完成椭圆的绘制，如图3-68所示。

图3-65

图3-66

图3-67

图3-68

【单元练习】——绘制圆形按钮

本例将介绍圆形按钮的制作，该例的制作比较简单，主要是通过“椭圆工具○”绘制图形，并使用“透明度工具☐”和“阴影工具☐”为椭圆添加不同的效果，然后导入素材文件，并为其添加文字效果。制作完成后的效果如图3-69所示。

图3-69

01 按【Ctrl+N】快捷键新建一个空白文档，选择工具箱中的“椭圆工具○”，配合键盘上的【Ctrl】键在绘图页中绘制一个正圆，如图3-70所示。

02 按【Fll】键，在弹出的【渐变填充】对话框中，设置“角度”为-88、“边界”为1，选择“自定义”单选按钮，设置0%位置颜色的CMYK值为95、69、16、0和43%位置颜色的CMYK值为7l、1、1、0和100%位置颜色的CMYK值分别为19、4、7、0，设置完成后单击“确定”按钮，如图3-71所示。

03 为图形填充渐变颜色，并删除其轮廓，效果如图3-72所示。

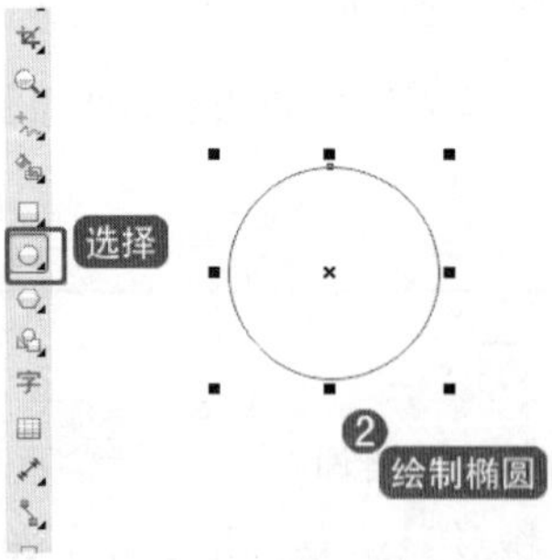

图3-70

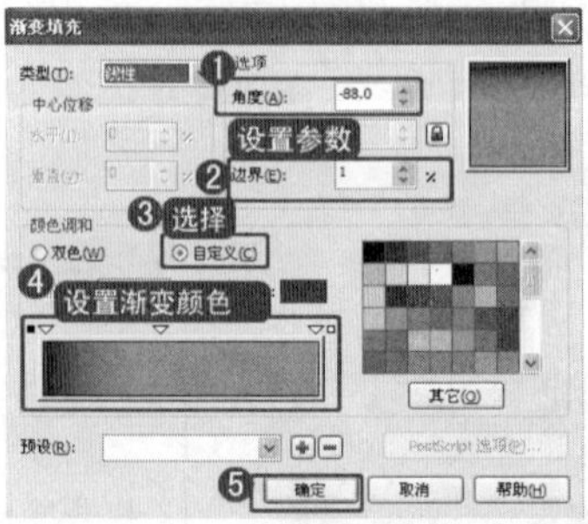

图3-71

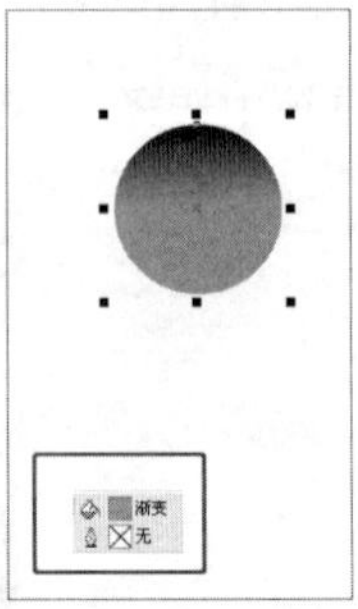
图3-72

04 选取椭圆形工具，绘制一个椭圆，填充其颜色为白色，并删除其轮廓，效果如图3-73所示。

05 选择工具箱中的“透明度工具”，在其属性栏中设置“透明度类型”为“线性”、“角度和边界”分别为-90和9，为椭圆添加透明效果，如图3-74所示。

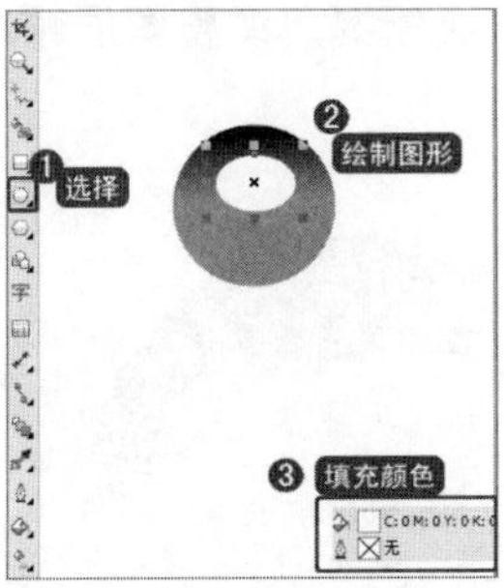

图3-73

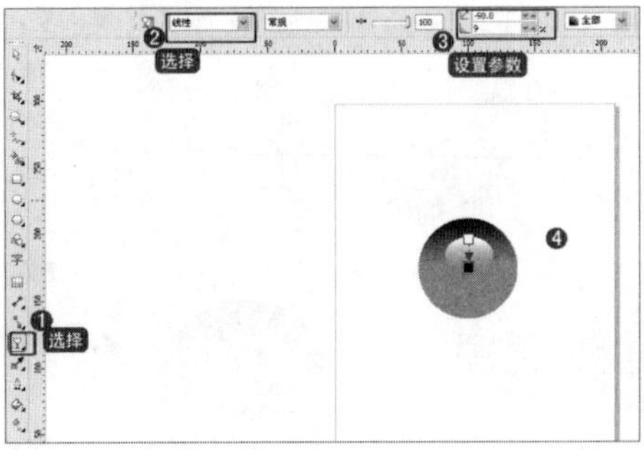

图3-74

06 参照第5步的操作方法，绘制椭圆，并填充白色，删除其轮廓，如图3-75所示。

07 选择工具箱中的“阴影工具”，在属性栏中设置“预设列表”为“中等辉光”，如图3-76所示。

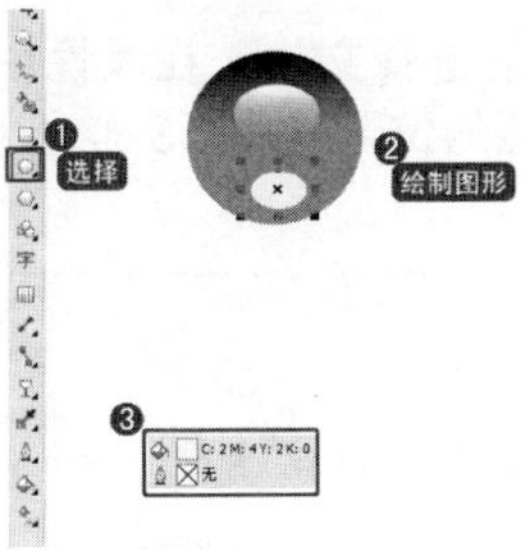

图3-75

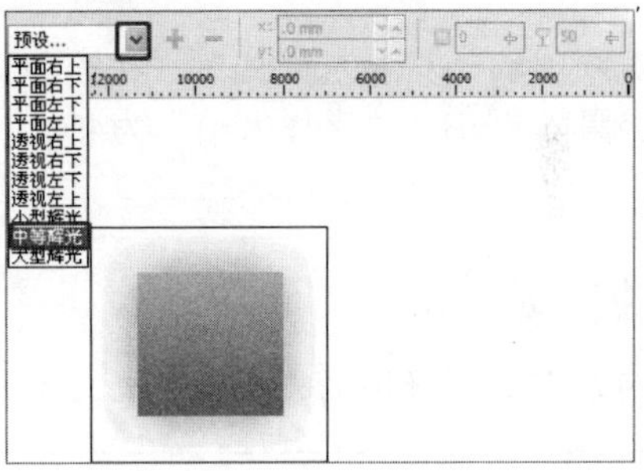

图3-76

08 在属性栏中将“阴影的不透明”参数设置为80、“阴影羽化”设置为40、“阴影颜色”为白色，如图3-77所示。

09 按【Ctrl+K】快捷键，拆分阴影；选择椭圆图形，按【Delele】键，删除椭圆图形，如图3-78所示。

10 按【Ctrl+I】快捷键，打开【导入】对话框，选择随书附带光盘中“素材与源文件”\“素材”\“第3天”\“礼品盒.jpg”文件，单击“导入”按钮，导入素材。按【Enter】键将选择的素材导入到页面中心，配合【Shift】键调整素材的大小，如图3-79所示。

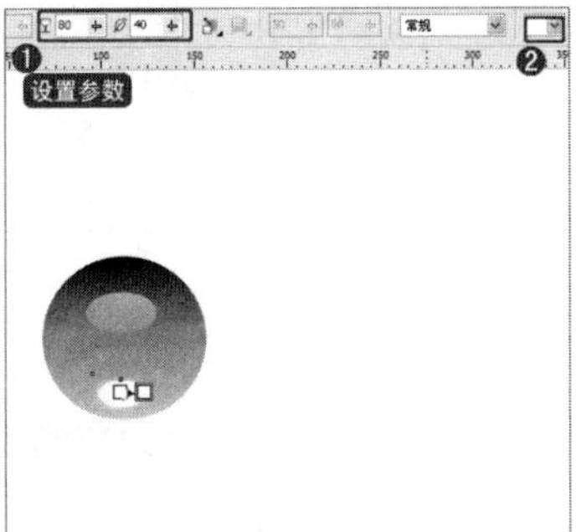

图3-77

图3-78

图3-79

⑪ 选取“透明度工具”，在其属性栏中设置“透明度类型”为“标准”，为图像添加透明效果，如图3-80所示。

⑫ 确定新导入的礼品素材处于选择状态，按【Ctrl+PageDown】快捷键，调整图层顺序，效果如图3-81所示。

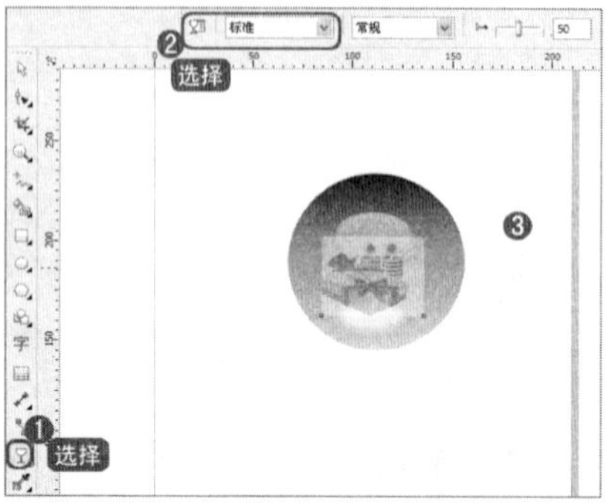

图3-80

图3-81

⑬ 选择工具箱中的“文本工具”，在绘图页中输入文本，然后选择文本，在属性栏中设置“字体”为Adobe黑体 stdR、“字体大小”为45pt，并将其放置到合适的位置，如图3-82所示。

提 示

用户可根据绘制椭圆的大小来设置文本的大小，这里的文本参数仅供参考。

⑭ 按【Ctrl+A】快捷键，将绘图页中的图形全部选中，按【Ctrl+G】快捷键，将选择的图形成组，如图3-83所示。

图3-82

图3-83

⑮ 选取“阴影工具”，在其属性栏中设置“预设列表”为“中等辉光”、阴影颜色的CMYK参数为20、5、7、0，其余使用默认参数，为图形添加阴影，效果如图3-84所示。

⑯ 按【Ctrl+I】快捷键，选择随书附带光盘中“素材与源文件”\“素材”\“第3天”\“按钮.jpg”文件，单击“导入”按钮，如图3-85所示。

图3-84

图3-85

⑰ 按【Enter】键将选择的礼品盒子素材导入到页面的中心，并按【Shift】键将其进行缩放，如图3-86所示。

⑱ 按【Ctrl+End】快捷键，将导入的素材移动到最底层，然后调整按钮的大小，并对按钮进行复制，完成后的效果如图3-87所示。

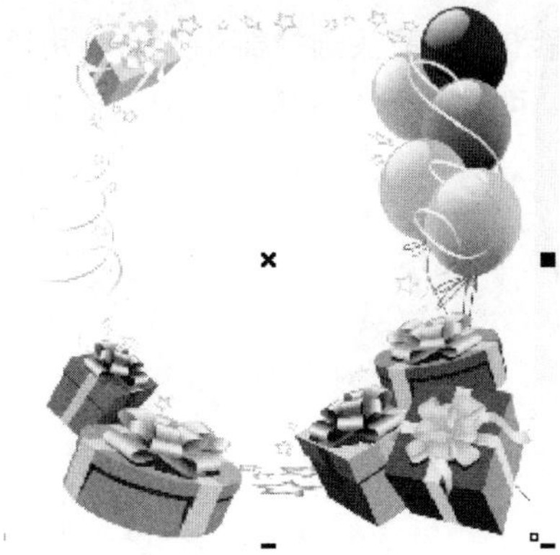

图3-86

图3-87

3.4 手绘工具

使用手绘工具可以绘制出各种图形、曲线、折线，它就像我们日常生活中使用铅笔绘制图样，而且它比用铅笔更方便，可以不用尺子就可以绘制直线。用户还可以通过先设定轮廓的样式与宽度来绘制所需的图形与线条。

手绘工具如图3-88所示，主要用于绘制曲线或直线，配合数位板和压感笔的使用效果会更好。

如图3-89所示为“手绘工具”属性栏，其中各选项的功能如下：

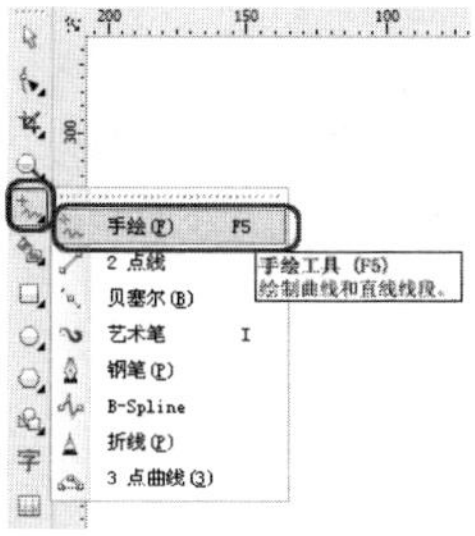

图3-88

图3-89

- “起始箭头选择器”：该命令主要用于设置当前线段起始箭头的形状，单击旁边的小箭头可打开“起始箭头选择器”下拉列表框，如图3-90所示，在工具栏中选择轮廓笔工具点击轮廓笔选择箭头下面的选项点击编辑，如图3-91所示。

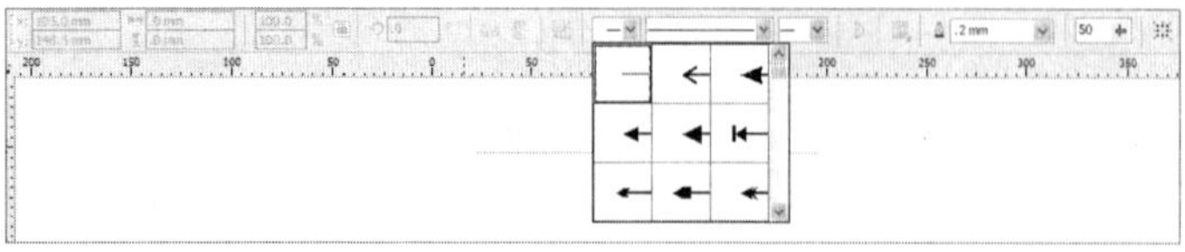

图3-90

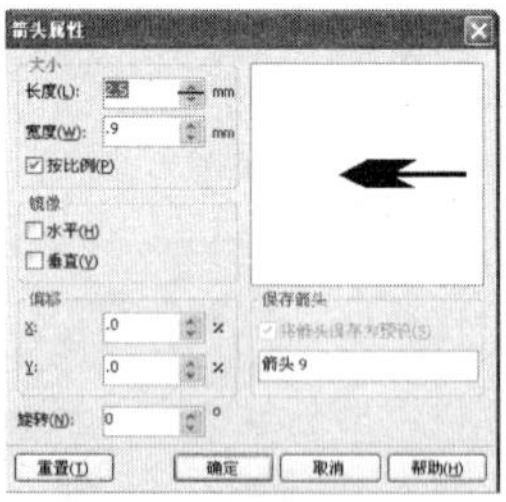

图3-91

- “轮廓样式选择器”：该命令可以用于选择各种各样的轮廓样式来满足各种不同的需要。单击旁边的小箭头可弹出样式列表，如图3-92所示。如果对现有轮廓样式不满意，还可以通过单击“其他”按钮，在打开的“编辑线条样式”来编辑自己需要的轮廓样式，如图3-93所示。
- “终止箭头选择器”：如图3-94所示，该命令刚好和起始箭头选择器相反，利用该命令可以设置终止箭头的形状，如果对系统提供的不满意，可以通过“编辑箭头尖”来编辑自己需要的箭头形状。

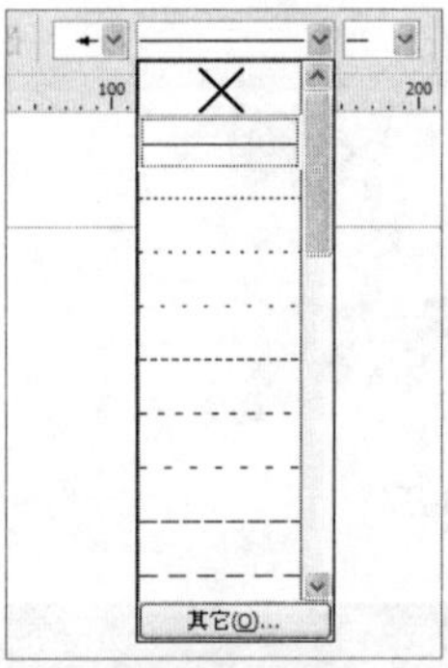

图3-92

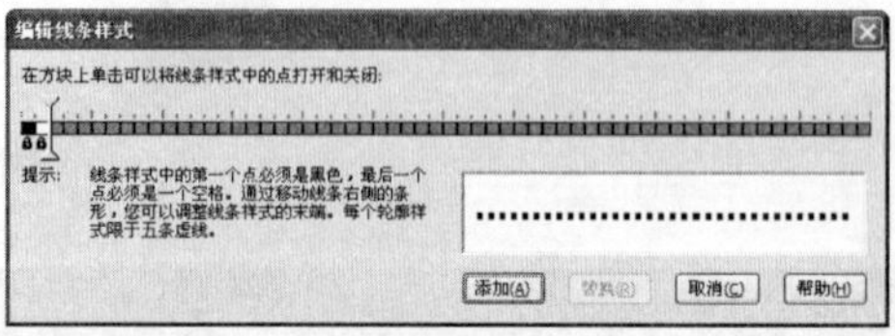

图3-93

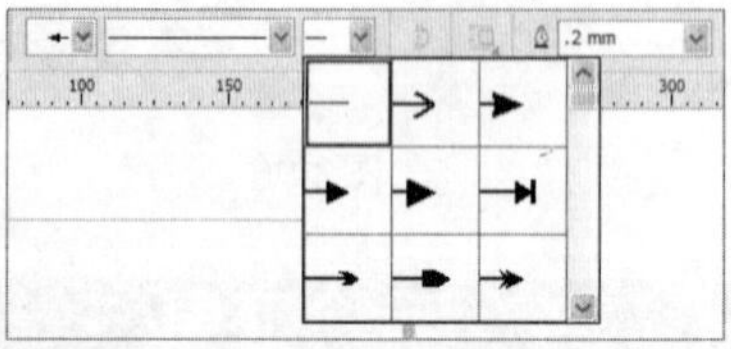

图3-94

- “闭合曲线”：遇到两个未连接的节点时，单击该按钮可使两个节点迅速连接在一起，形成闭合路径。
- “文本换行”：该命令主要应用于文本绕图上。当手绘的曲线形成闭合路径的时候，才可应用该命令。
- “轮廓宽度”：主要用于控制轮廓线的粗细大小，单击旁边的小箭头，可打开“轮廓宽度”列表，如图3-95所示。
- “手绘平滑度”：用于控制手绘线条的平滑度，数值范围在0～100之间，数值越小，平滑度越低，手绘的线条节点就越多；反之节点则越少，曲线也更为平滑。如图3-96所示为平滑值为0和100的对比效果。

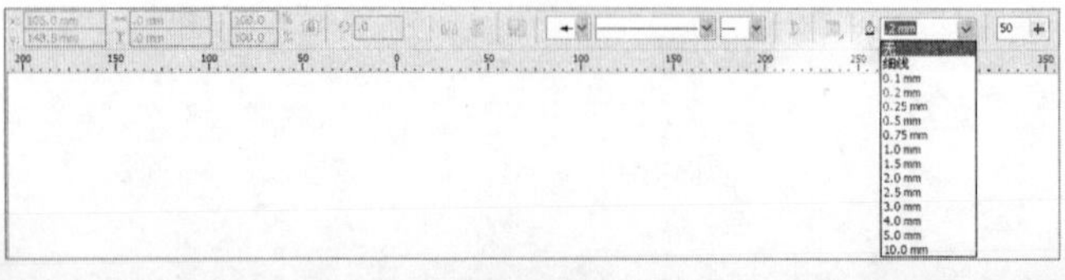

图3-95

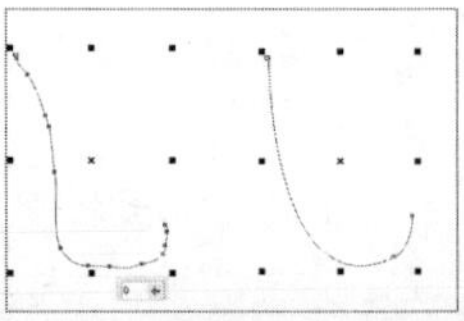

图3-96

3.4.1 绘制曲线

在工具箱中选择“手绘工具”，移动指针到画面中按下鼠标左键向所需的方向拖移，得到所需的长度与形状后松开鼠标左键，即可绘制出一条曲线（同时它还处于选择状态，这样以便于用户对其进行修改），如图3-97所示。

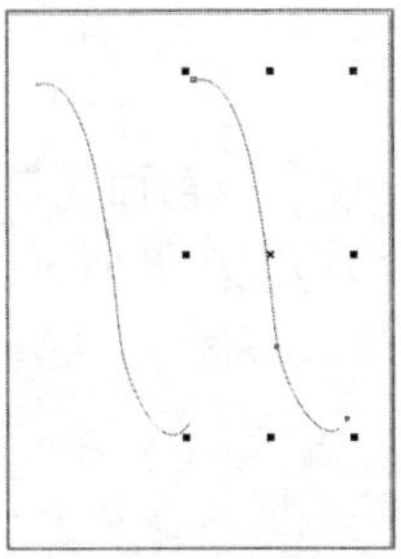

图3-97

3.4.2 绘制直线和折线

保持手绘工具的选择，移动鼠标指针到画面中并在适当位置单击确定起点，再移动鼠标指针到直线的终点处单击，即可完成直线的绘制，如图3-98所示。

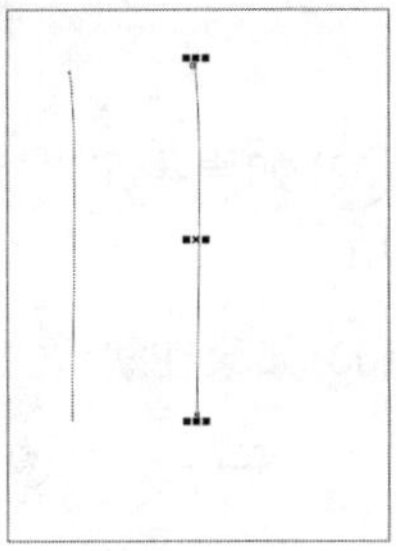

图3-98

折线工具主要用于绘制连续的折线线段和曲线路径，也可形成闭合路径，如图3-99所示。

“折线工具”属性栏和“手绘工具”属性栏相同，在此不再赘述，用户可参照前面的介绍，下面来介绍“折线工具”的工作原理。操作步骤如下：

01 单击工具箱中的“折线工具”，当前鼠标指针状态会自动变成，此状态为“折线工具”工作状态。

02 要绘制线段，直接在起始位置单击，然后在需要结束的位置单击，双击可结束线条的绘制，如图3-100所示。在没形成闭合路径的情况下，按【Esc】键可以取消全部线段的绘制工作。

03 使用“折线工具”，拖动鼠标可以绘制连续的曲线路径。双击可结束曲线的绘制，如图3-101所示，在没形成闭合路径的情况下，按【Esc】键可以取消全部线段的绘制工作。

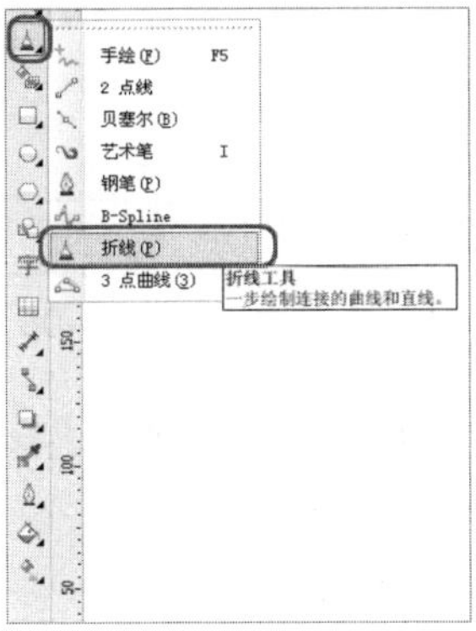

图3-99

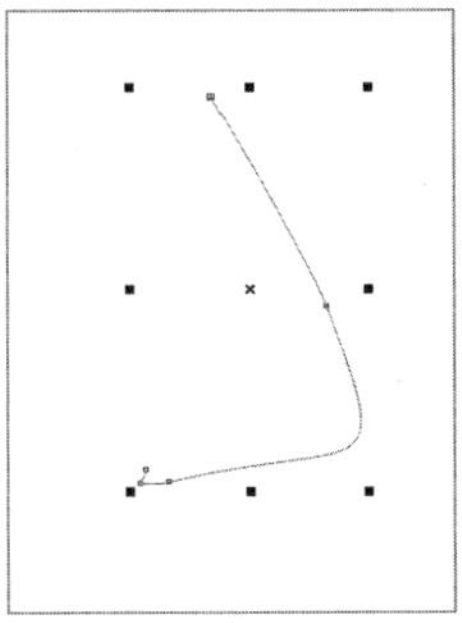

图3-100

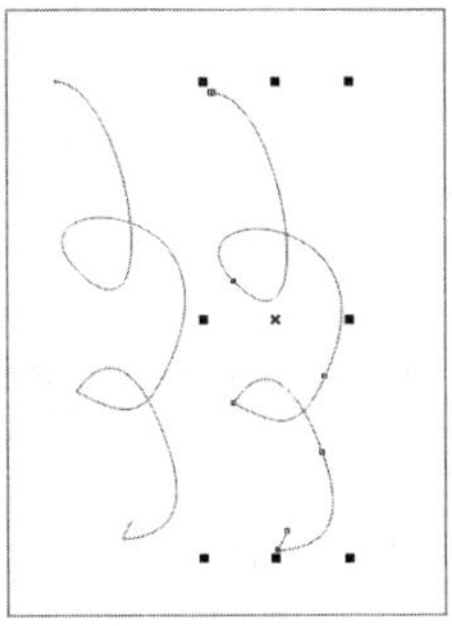

图3-101

3.4.3 修改曲线的样式

当用手绘工具绘制好对象后，它的属性栏就会自动显示与所绘制图形相关的选项，如图3-102所示，这样以便于用户随时更改曲线的样式，例如大小、位置、旋转角度、轮廓宽度等。

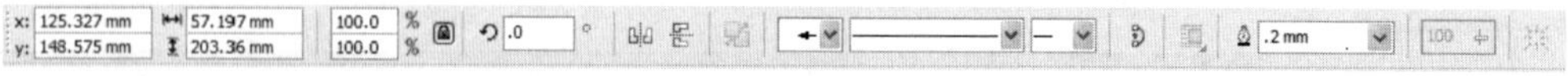

图3-102

01 以前面绘制的曲线为例，在属性栏中设定“轮廓宽度”为2mm，如图3-103所示，即可将箭头的轮廓宽度加宽，如图3-104所示。

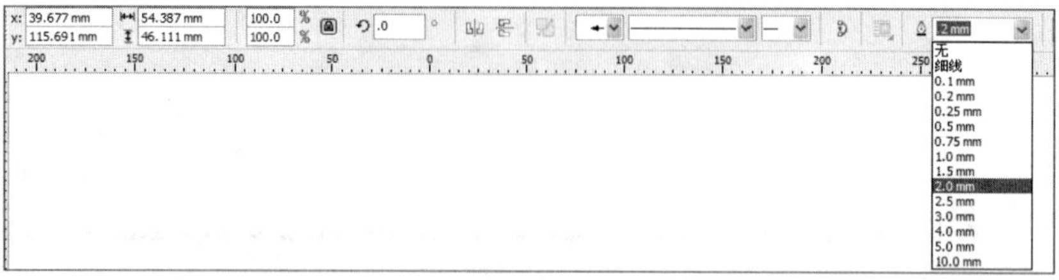

图3-103

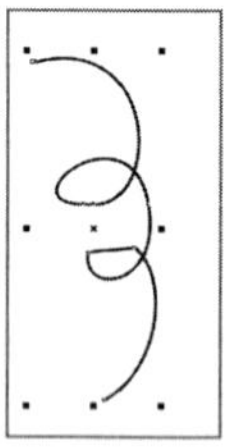

图3-104

02 如果再在“旋转角度”文本框中输入“30”后按【Enter】键，可将箭头旋转30°，效果如图3-105所示。

03 如果在默认CMYK调色板中右击红色块，即可将对象的轮廓色改为红色，效果如图3-106所示。

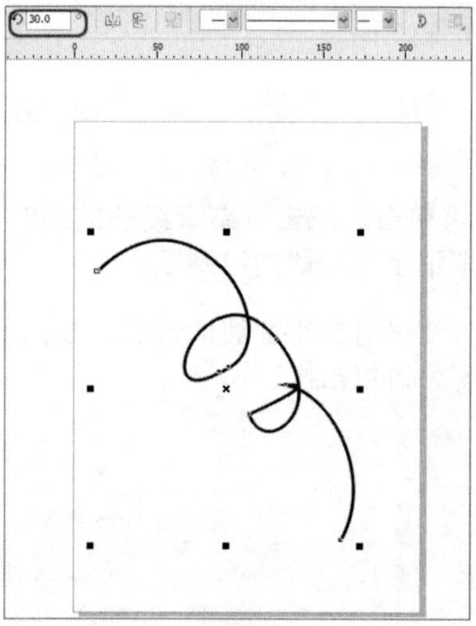

图3-105

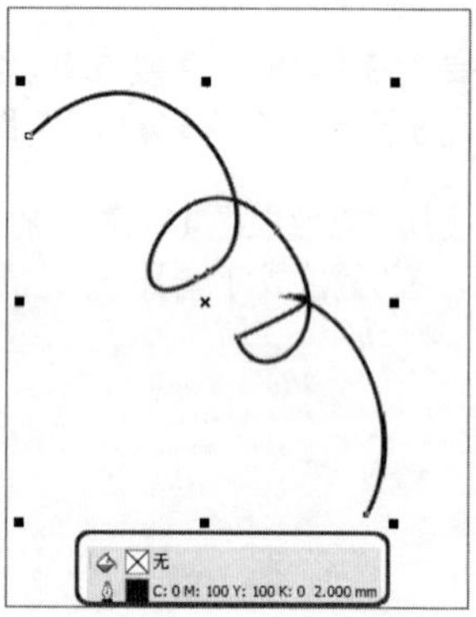

图3-106

04 在属性栏的“轮廓样式选择器”中选择图3-107所示的虚线，即可将实线改为虚线，如图3-108所示。

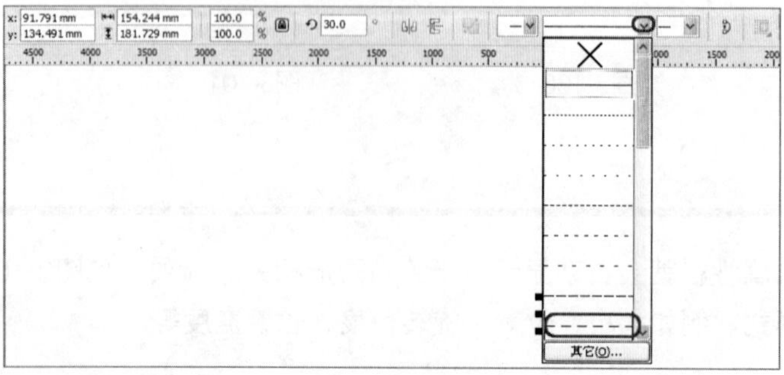

图3-107

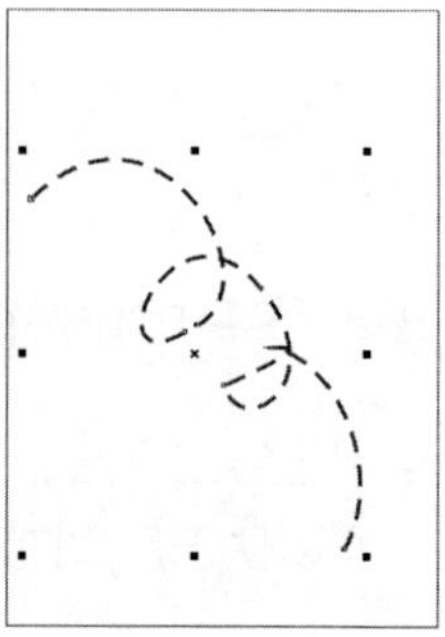

图3-108

【每日一练】——绘制彩色气球 >>>

下面介绍彩色气球的制作，该例的制作比较简单，主要是通过绘制形状并对形状进行调整，然后为其添加渐变颜色并添加交互式透明效果，最后复制其他气球并设置渐变颜色，完成后的效果如图3-109所示。

图3-109

01 选择工具箱中的“工具”，在绘图页中绘制一个椭圆，如图3-110所示。

02 按【F11】键，弹出【渐变填充】对话框，在“选项”区域下将“边界”参数设置为1%，将渐变颜色设置为“从”黄“到”淡黄，设置完成后单击“确定”按钮，如图3-111所示。

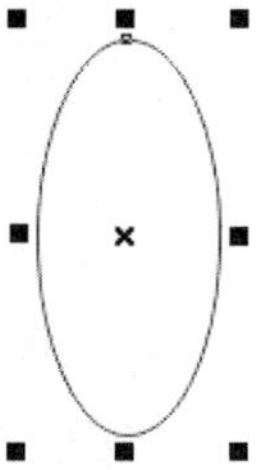

图3-110

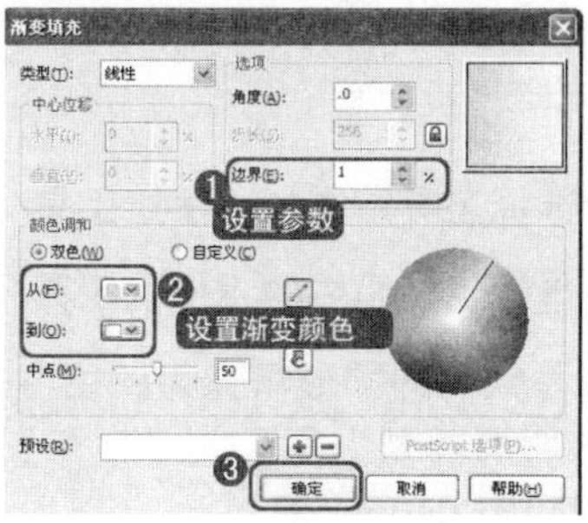

图3-111

03 添加完渐变后将椭圆的轮廓线删除，效果如图3-112所示。

04 选择工具箱中的“多边形工具”，在属性栏中将边数设置为5，在绘图页中的椭圆上绘制五边形，如图3-113所示。

05 选择工具箱中的“形状工具”，在绘图页中任选一节点，调整多边形的形状，如图3-114所示。

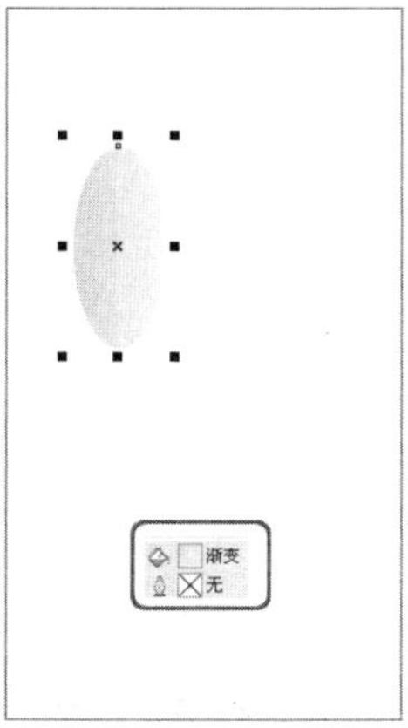

图3-112

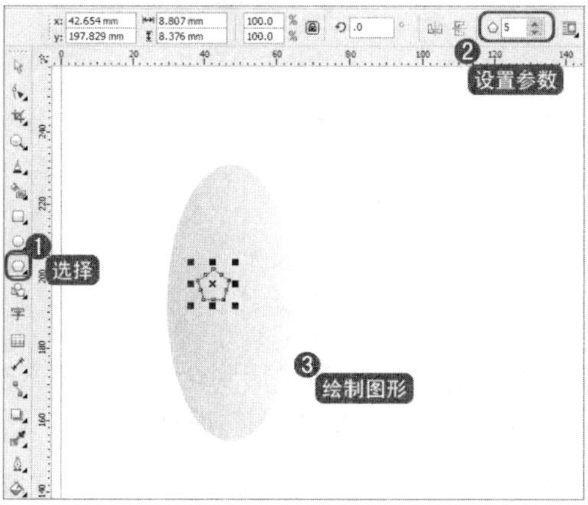

图3-113

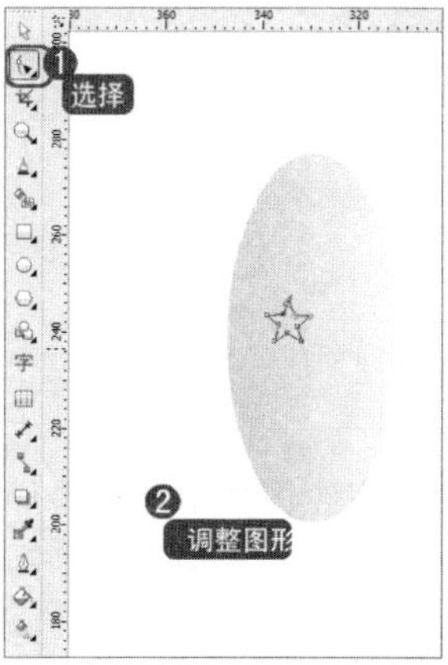

图3-114

06 调整完形状后，为图形填充白色，并将其轮廓线删除，如图3-115所示。

07 选择工具箱中的“透明度工具”，在属性栏中将“透明度类型”定义为“标准”，将“开始透明度”参数设置为20，为星形图形添加透明效果，如图3-116所示。

08 确定星形图形处于选择状态，再次单击该图形，使其处于选择状态，然后对其进行旋转，如图3-117所示。

图3-115

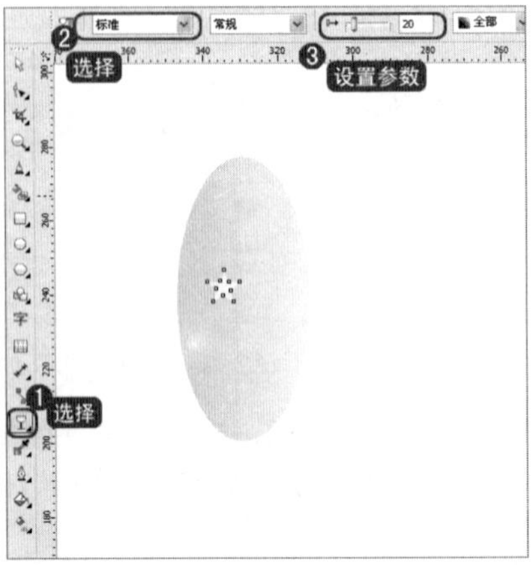

图3-116

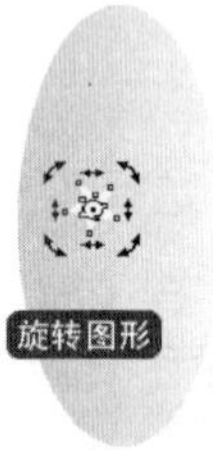

图3-117

09 选择工具箱中的“手绘工具”，绘制如图3-118所示的图形。

10 选择工具箱中的“形状工具”，对新绘制的图形进行调整，如图3-119所示。

11 将绘制的图形填充为白色，并去除轮廓线，选择工具箱中的“透明度工具”，在属性栏中将“透明度类型”定义为“标准”，将“开始透明度”参数设置为20，为新绘制的图形添加透明效果，如图3-120所示。

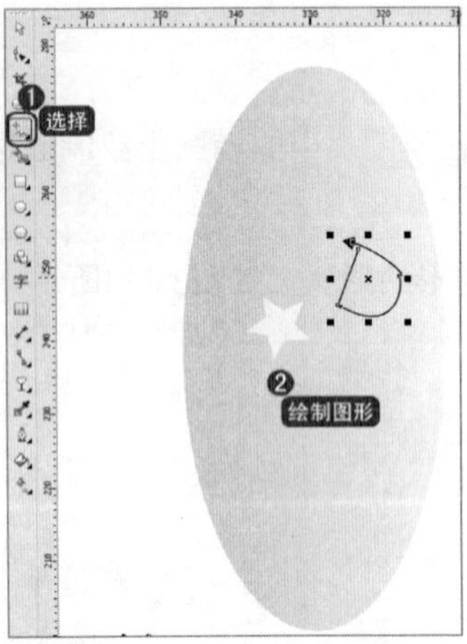

图3-118

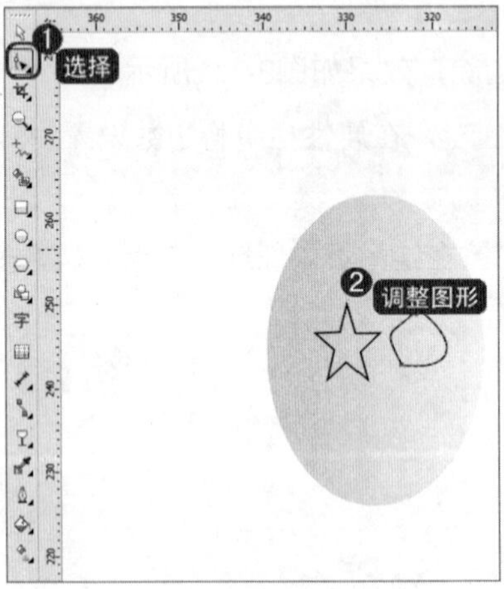

图3-119

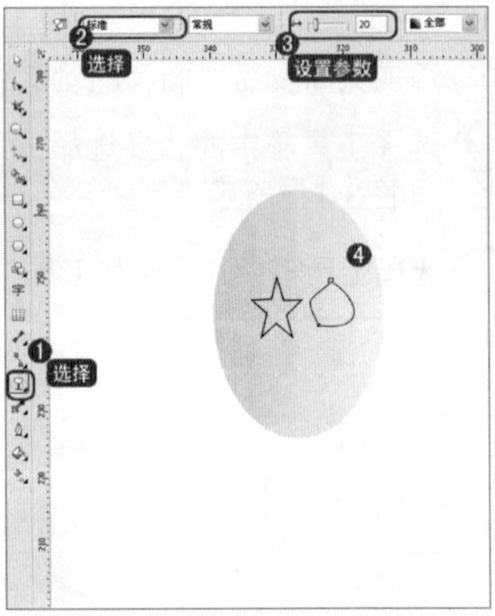

图3-120

12 在绘图页中选择星形图形，按住鼠标左键拖动星形到合适的位置右击，对图形进行复制，并旋转该图形，然后将“开始透明度”参数设置为40，如图3-121所示。

13 选择工具箱中的“多边形工具”，在属性栏中将多边形的边数设置为8，然后在绘图页中绘制八边形，如图3-122所示。

图3-121

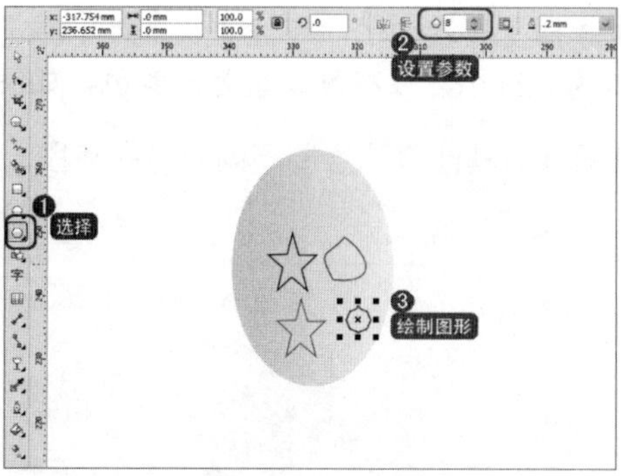

图3-122

⑭ 选择工具箱中的“形状工具”，在绘图页中任选一节点，对图形进行调整，如图3-123所示。

⑮ 调整完图形后将图形填充为白色，并删除轮廓线，然后调整图形的位置，如图3-124所示。

⑯ 使用工具箱中的“手绘工具”在绘图页中绘制形状，并使用“形状工具”调整节点，如图3-125所示。

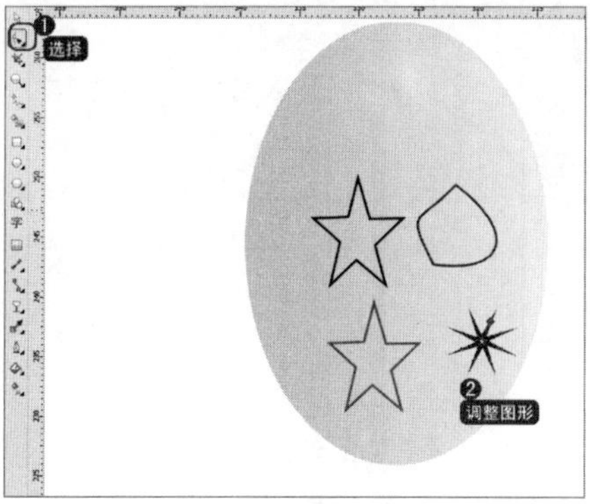

图3-123

图3-124

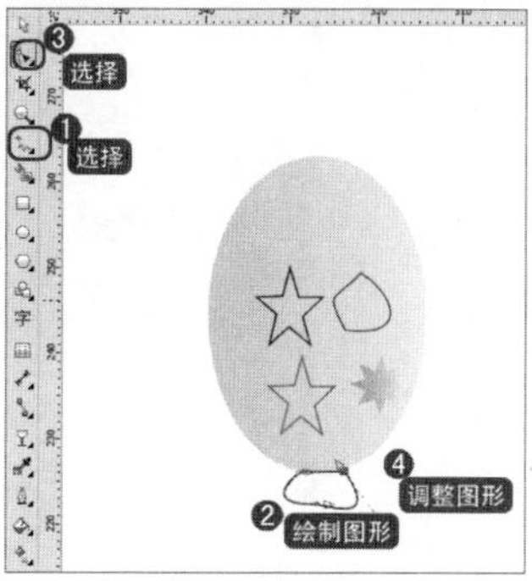

图3-125

⑰ 同样为新绘制的形状填充“从”黄“到”淡黄的渐变颜色，如图3-126所示。

⑱ 使用工具箱中的“手绘工具”在绘图页中绘制形状，并使用“形状工具”调整节点，如图3-127所示。

⑲ 这样气球效果基本绘制完成了，下面再来对其进行复制，并设置渐变颜色，完成后的效果如图3-128所示。

图3-126

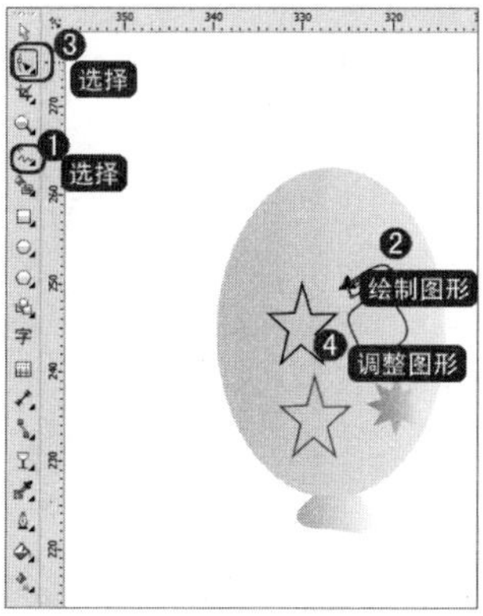

图3-127

图3-128

(20) 选择工具箱中的“手绘工具”，在蓝色气球的下方绘制线段，在属性栏中将其【轮廓宽度】设置为1.2mm，并将其设置为蓝颜色，如图3-129所示。

(21) 同样为其他气球绘制不同颜色的线段，最终效果如图3-130所示。

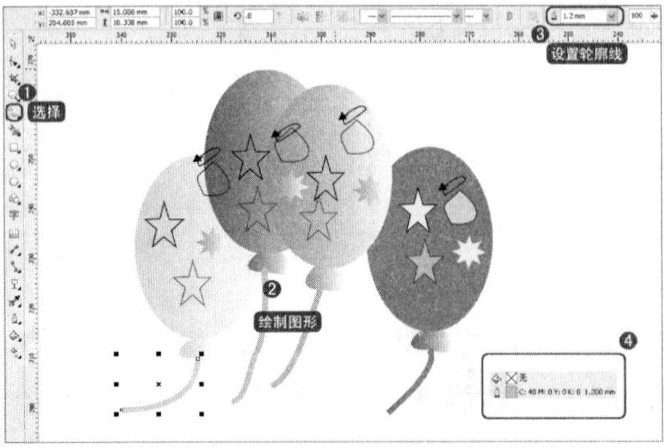

图3-129

图3-130

第04天 常用插画工具2

本章继续介绍CorelDRAW X5提供的强大的插画工具，使用这些插画工具，可以很容易地绘制出一些如星形、多边形和正多边形等形状。用户还可以在CorelDRAW X5中使用形状符号工具绘制各种形状图形、箭头、流程图和标注形状等图形。

4.1 形状工具

形状工具可让用户对绘制好的线条、文本、位图、矩形和椭圆等形状进行修整和编辑，形状工具其实就是编辑工具，它是图形编辑最首要的工具。

4.1.1 选取与取消选取节点

本节将介绍选取与取消选取节点的方法。

01 选择工具箱中的“星形工具”，在绘图页中绘制星形，并将其填充为黄色，如图4-1所示。

02 确定新绘制的图形处于选择状态，在图形上单击鼠标右键，在弹出的快捷菜单中选择“转换为曲线”命令，如图4-2所示。

03 在工具箱中选择“形状工具”，在绘图页中单击节点进行选择，如图4-3所示。

提 示

配合键盘上的【Alt+Shift】快捷键可以对多个节点进行选择。

04 在绘图页的空白处单击鼠标左键，即可取消节点的选取，如图4-4所示。

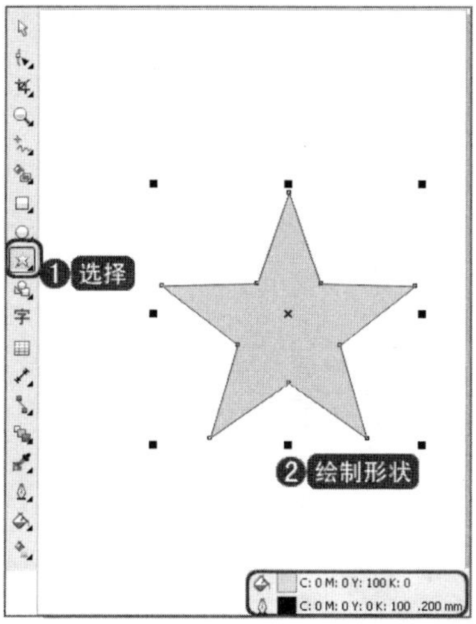

图4-1

图4-2

图4-3

图4-4

4.1.2 移动节点

继续使用前面绘制的星形进行讲解。

01 选择工具箱中的“形状工具”，在绘图页中选择需要移动的节点，如图4-5所示。

02 确定节点处于选择状态，拖动鼠标对其进行移动，如图4-6所示。

图4-5

图4-6

4.1.3 增加或删除节点

使用前面绘制的星形进行讲解。

01 在绘图页中图形的右上方适当位置按下左键向对角拖出一个虚框，如图4-7所示。

02 框住要选择的节点，松开左键后即可选择这两个节点，如图4-8所示。

03 在属性栏中单击“添加节点按钮”，即可添加节点，如图4-9所示。

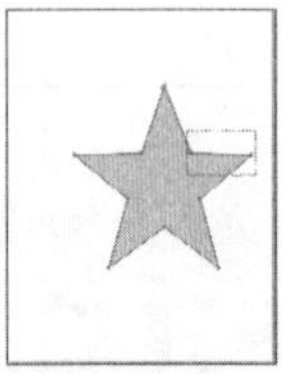

图4-7

图4-8

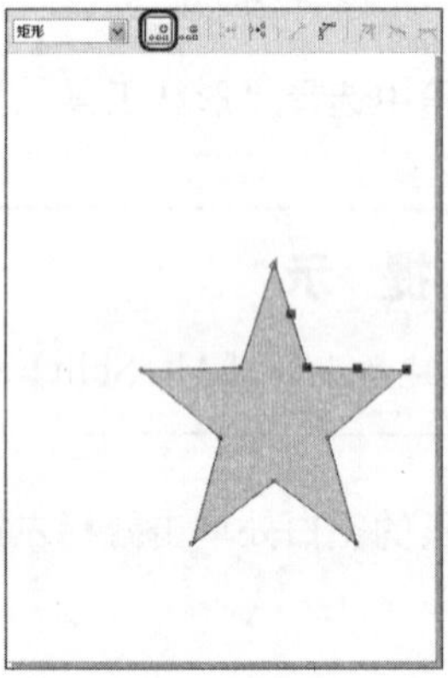

图4-9

提 示

用户也可以在需要添加节点的直线上单击添加一个黑点，再在属性栏中单击“添加节点按钮”，即在对象上添加一个节点，如图4-10所示。

图4-10

04 在绘图页中选择需要删除的节点，如图4-11所示。

05 再在属性栏中单击“删除节点按钮”（也可在键盘上按【Delete】键删除所选节点），即可将选择的节点删除，如图4-12所示。

图4-11

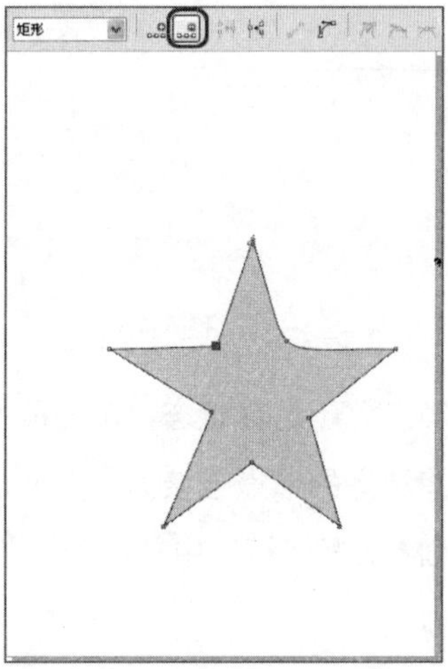

图4-12

4.1.4 对齐节点

在前面删除节点的图形上来介绍对齐节点的方法。

01 在绘图页中选择如图4-13所示的节点。

02 确定节点处于选择状态，单击属性栏中的“断开曲线按钮”，在弹出的对话框中只保留选择“垂直对齐”复选框，单击“确定”按钮，如图4-14所示。

03 对齐后的效果如图4-15所示。

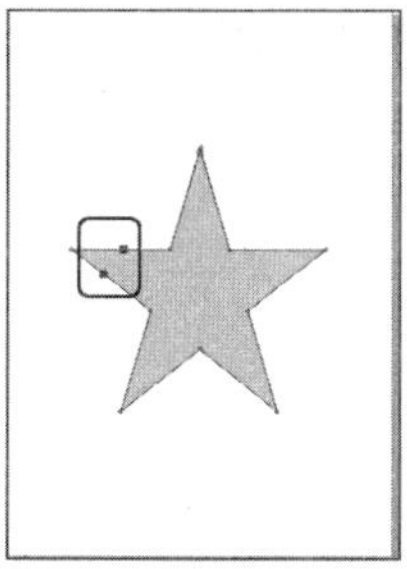

图4-13

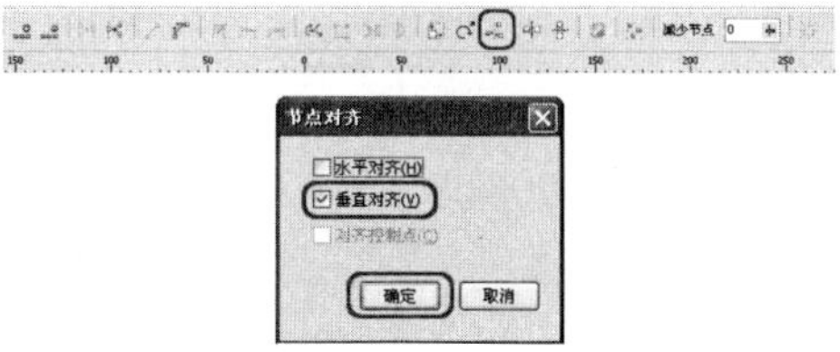

图4-14

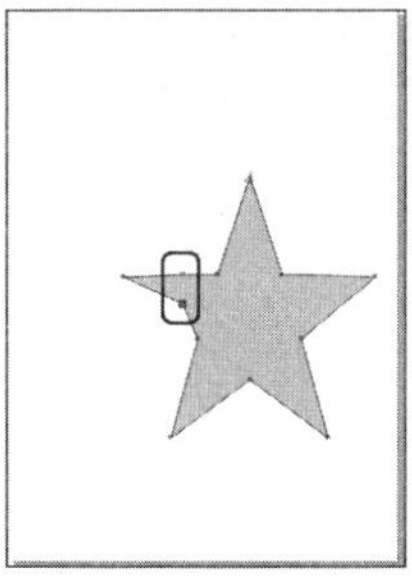

图4-15

4.1.5 连接和断开节点

下面将对连接和断开节点进行讲解。

01 在工具箱中选择“折线工具”，在绘图页中绘制图4-16所示的形状。

02 选择工具箱中的“形状工具”，在绘图页中选择左上角的节点，如图4-17所示。

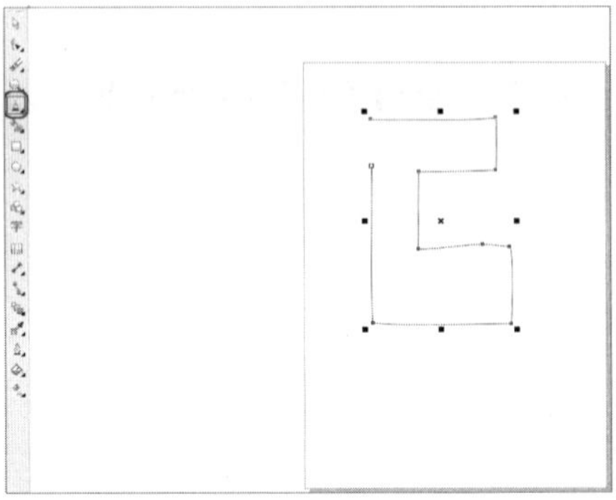

图4-16

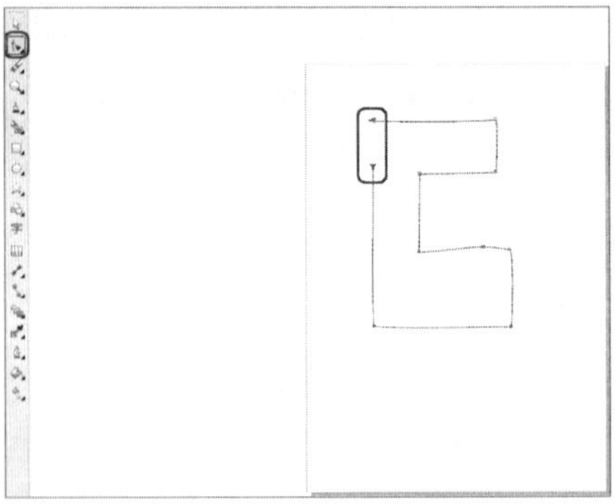

图4-17

03 确定节点处于选择状态，单击属性栏中的“连接两个节点”，如图4-18所示。

04 即可将选择的节点连接为一个节点，并且曲线也可自动封闭起来，如图4-19所示。

05 在“CMYK调色板”中单击粉色色块，为形状填充粉色，如图4-20所示。

图4-18

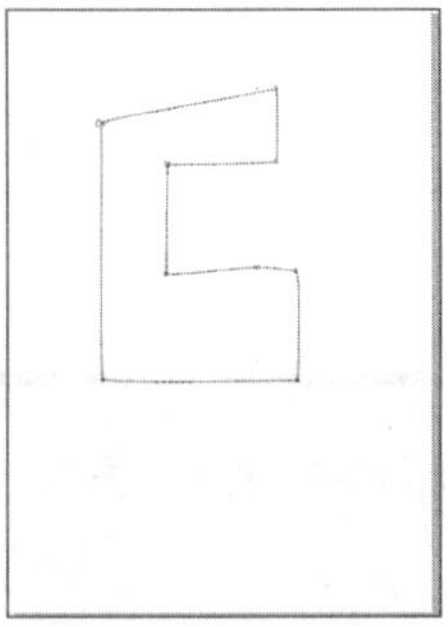

图4-19

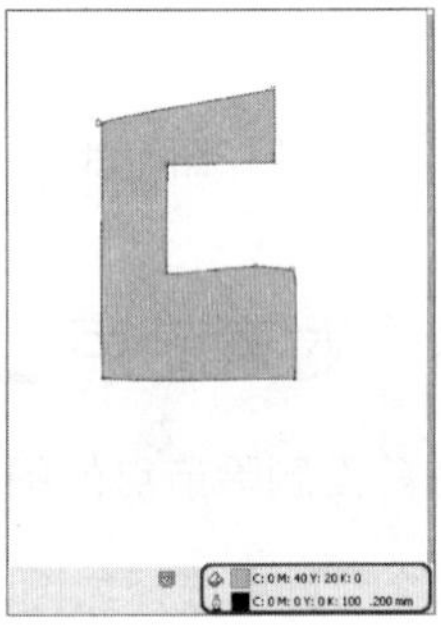

图4-20

06 使用工具箱中的“形状工具”，在绘图页中选择右上角的节点，如图4-21所示。

07 确定节点处于选择状态，单击属性栏中的“断开曲线按钮”，如图4-22所示。即可将封闭式曲线转成开放式曲线，原来已经填充的颜色同时也被自动清除了，如图4-23所示。

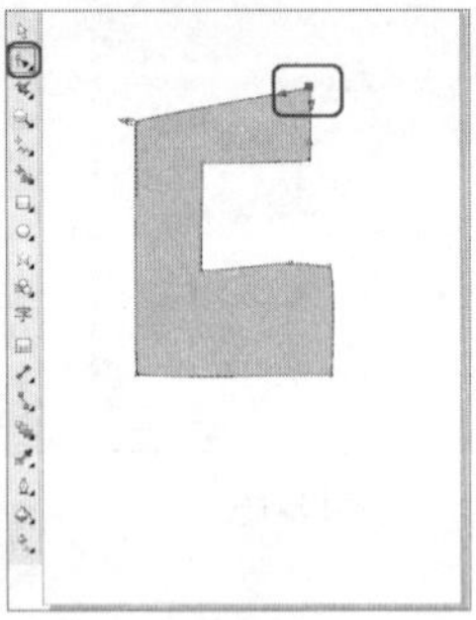

图4-21

图4-22

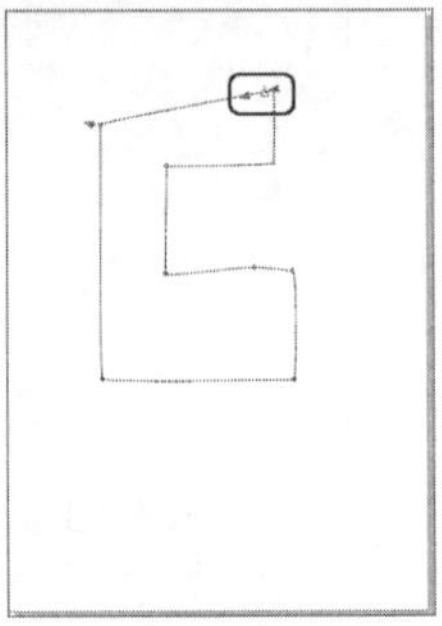

图4-23

4.1.6 直线和曲线间的转换

下面来介绍直线和曲线之间的转换。

01 选择工具箱中的“复杂星形工具”，在绘图页中绘制图形，如图4-24所示。

02 确定新绘制的图形处于选择状态，在图形上单击鼠标右键，在弹出的快捷菜单中选择“转换为曲线”命令，如图4-25所示。

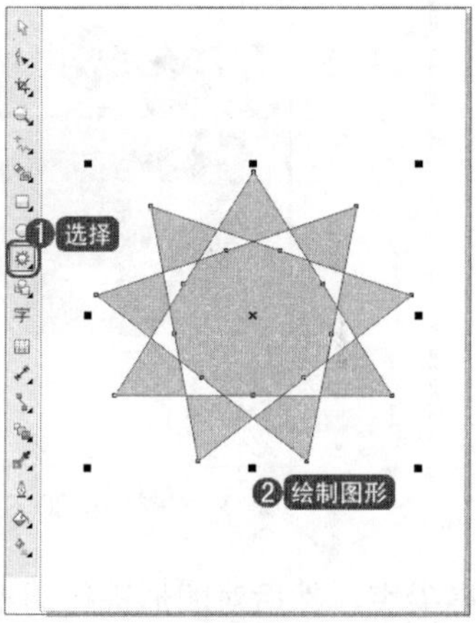

图4-24

图4-25

03 选择工具箱中的“形状工具”，在绘图页中框选上方的3个节点，如图4-26所示。

04 确定节点处于选择状态，单击属性栏中的“转换为曲线按钮”，转换完曲线后即可对曲线进行编辑，如图4-27所示。

图4-26

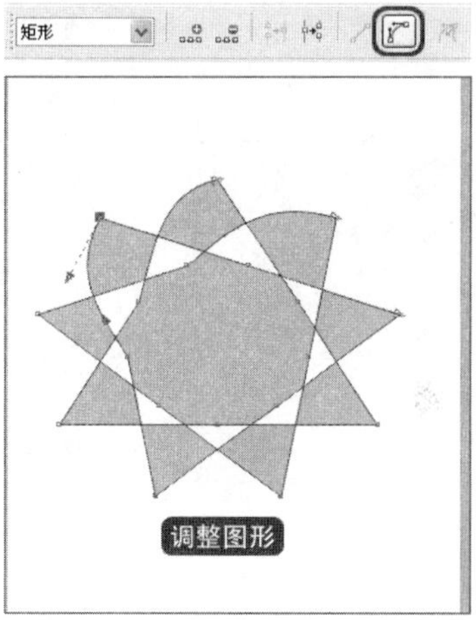

图4-27

4.1.7 尖突、平滑和对称节点

参照前面绘制图形的方法，绘制图形并将其转换为曲线来介绍尖突、平滑和对称节点。

01 在绘图页中选择全部的节点，在属性栏中单击“转换为曲线按钮”，将直线转换为曲线，如图4-28所示。

02 确定全部节点处于选择状态，在属性栏中单击“平滑节点按钮”，将节点转换为平滑节点，如图4-29所示。

03 在绘图页中框选图4-30所示的节点。

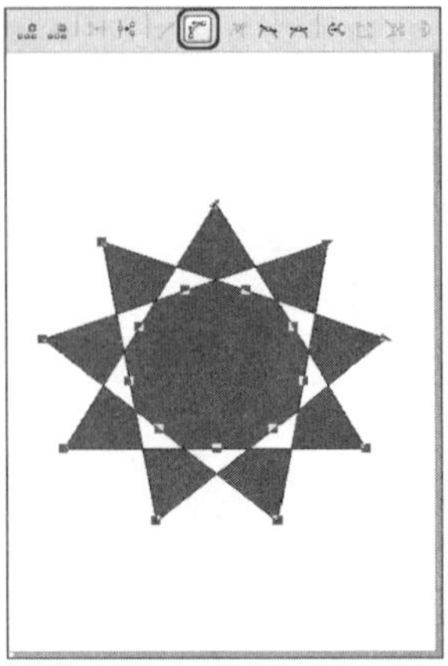

图4-28

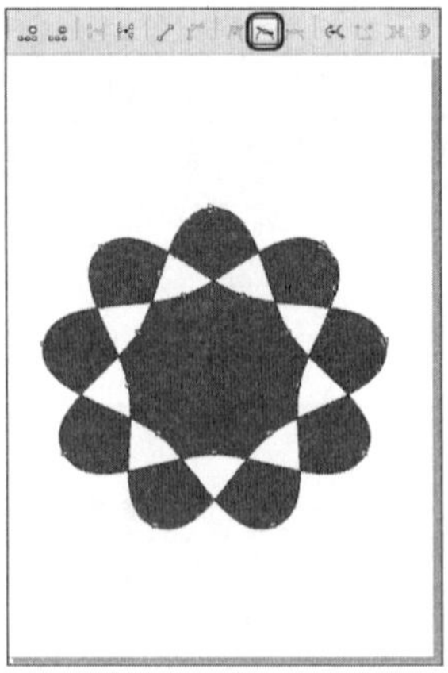

图4-29

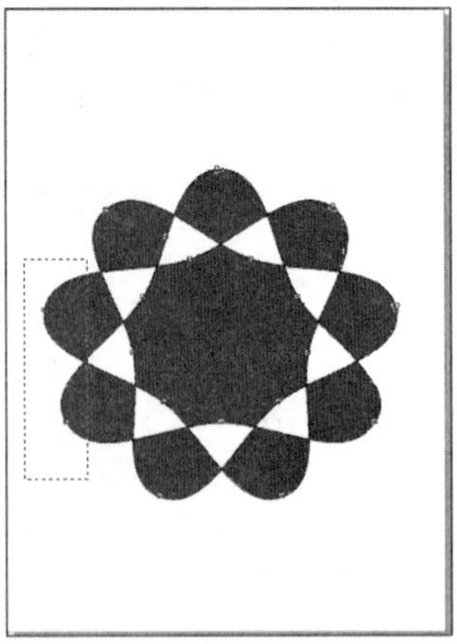

图4-30

04 在属性栏中单击“尖突节点按钮”，即可将节点变得尖突，然后对图形进行调整，调整后的效果如图4-31所示。

05 在绘图页中框选全部节点，如图4-32所示。

06 在属性栏中单击“对称节点按钮”，即可将选择的节点转换为两边对称的平滑节点，并对节点进行调整，完成后的效果如图4-33所示。

图4-31

图4-32

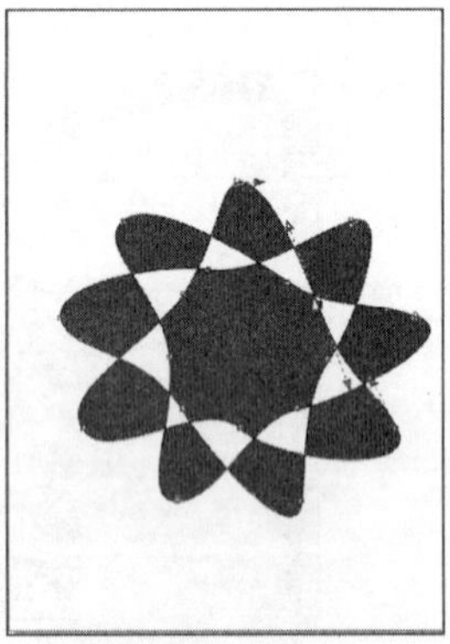

图4-33

4.1.8 自动封闭路径

下面再来对“形状工具”中的“闭合曲线按钮”进行简单的介绍。

01 在绘图页中绘制图4-34所示的图形，并使用工具箱中的形状工具选择两端的节点。

02 确定节点处于选择状态，在属性栏中单击“闭合曲线按钮”，如图4-35所示。将开放式曲线转为封闭式曲线，如图4-36所示。

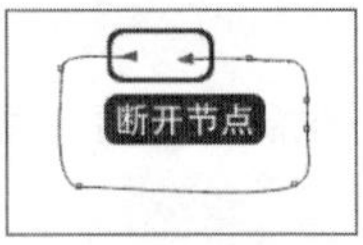

图4-34

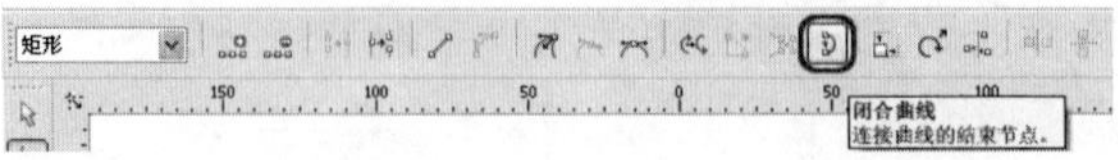

图4-35

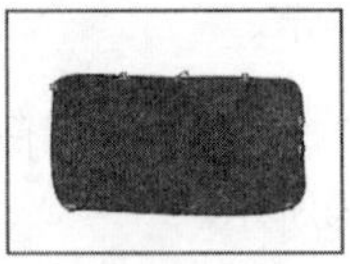

图4-36

【单元练习】——绘制海星

通过前面对形状工具的介绍，下面再来通过调整形状绘制海星，完成后的效果如图4-37所示。

图4-37

01 按【Ctrl+N】快捷键，新建文档，在属性栏中单击“按钮”，将文档转换为横向，如图4-38所示。

02 选择工具箱中的“星形工具”，在绘图页中绘制星形图形，如图4-39所示。

03 确定创建的图形处于选择状态，单击鼠标右键，在弹出的快捷菜单中选择“转换为曲线”命令，如图4-40所示。

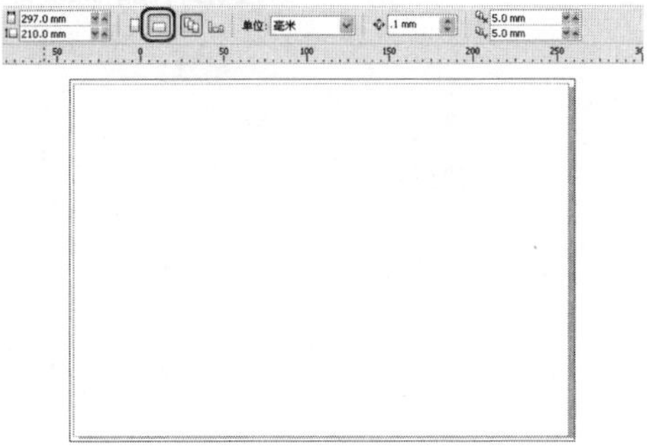

图4-38

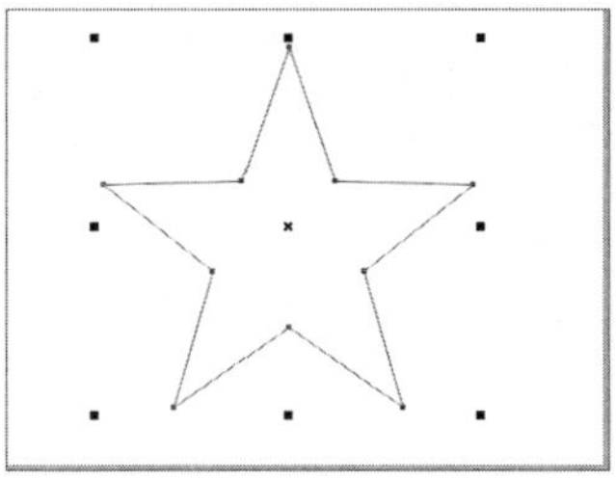

图4-39

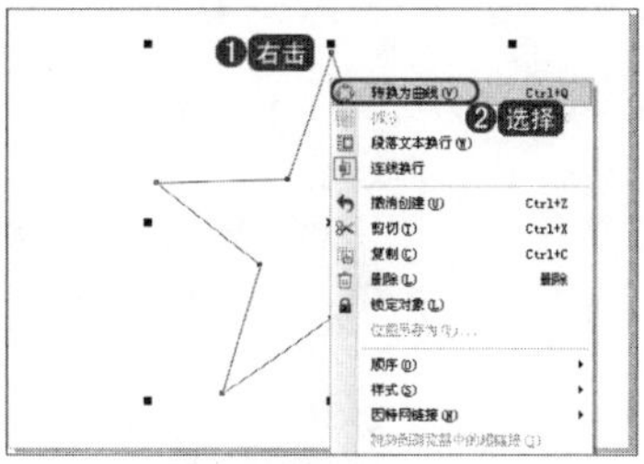

图4-40

04 选择工具箱中的“形状工具”，按【Ctrl+A】快捷键将节点全部选择，在属性栏中单击“转换为曲线按钮”和“对称节点按钮”，将节点转换为平滑节点，如图4-41所示。

05 这时可随意，对节点进行相应的调整，如图4-42所示。

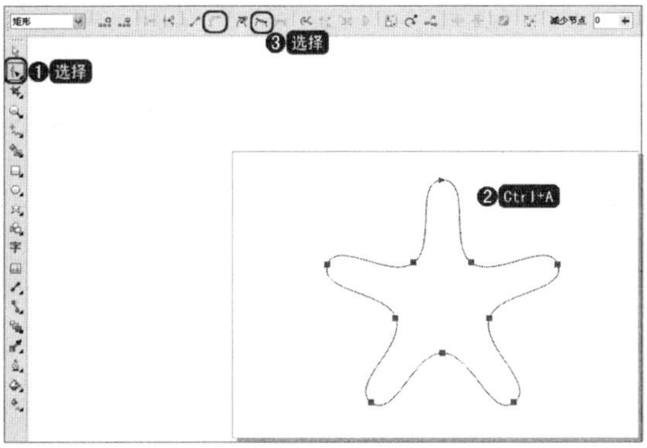

图4-41

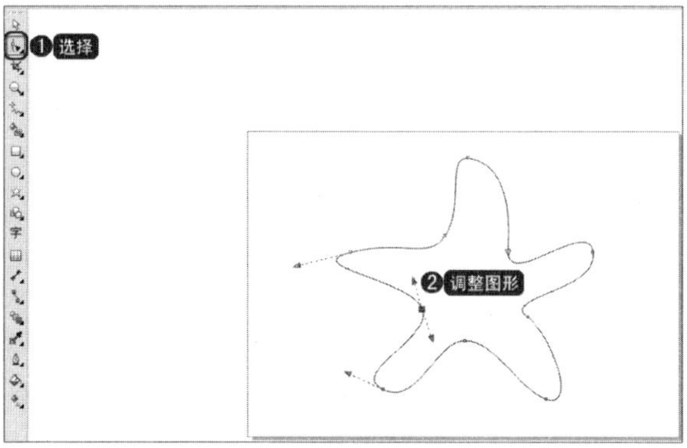

图4-42

06 将图形填充色的CMYK参数设置为52、98、96、11，如图4-43所示。

07 确定图形处于选择状态，按【Ctrl+D】快捷键复制图形，并使用“形状工具”对图形进行调整，然后将其填充色设置为红色，并取消轮廓线的填充，如图4-44所示。

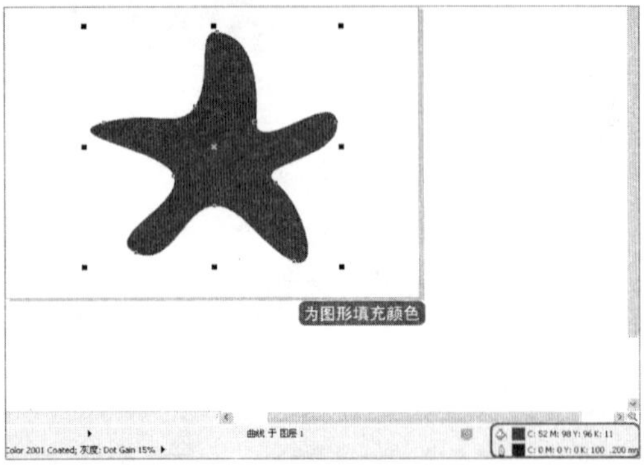

图4-43

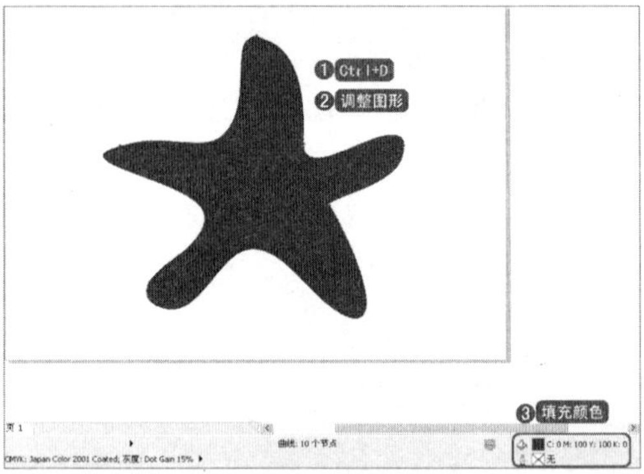

图4-44

08 确定红色图形处于选择状态，选择工具箱中的“填充工具”，在弹出的快捷菜单中选择“底纹填充”命令，并在弹出的对话框中将“底纹库”设置为“样本9”，在“底纹列表”中选择“气泡”选项，然后在右侧列表中设置参数，如图4-45所示。单击“确定”按钮即可为图形添加底纹效果，如图4-46所示。

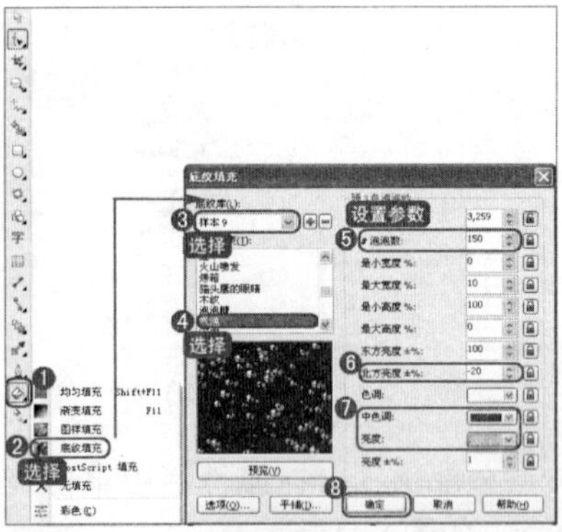

图4-45

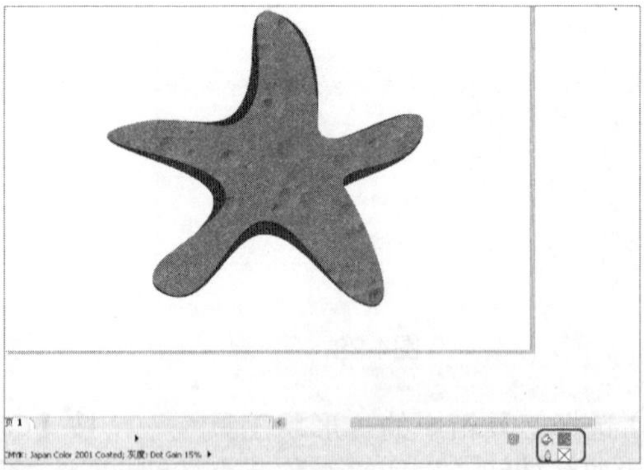

图4-46

09 选择工具箱中的“椭圆工具”，在绘图页中绘制白色圆形，将其轮廓线设置为1.5mm，如图4-47所示。

10 确定白色椭圆处于选择状态，将其转换为曲线，并使用“形状工具”对椭圆进行调整，如图4-48所示。

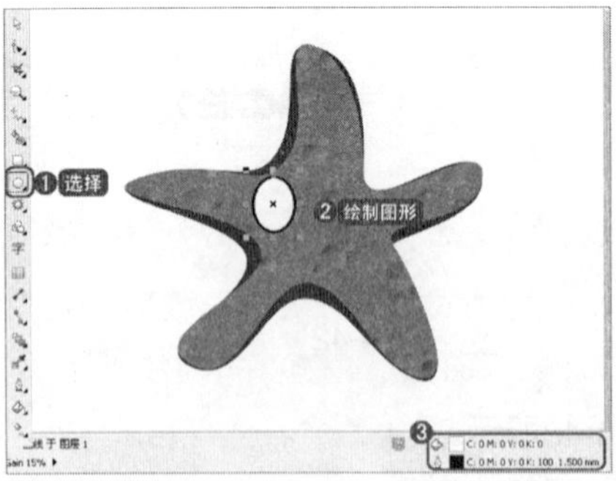

图4-47

图4-48

11 在白色图形上绘制蓝色圆形，并将其转换为曲线，然后调整其形状，完成后的效果4-49所示。

12 继续绘制黑色图形，并对形状进行调整，如图4-50所示。

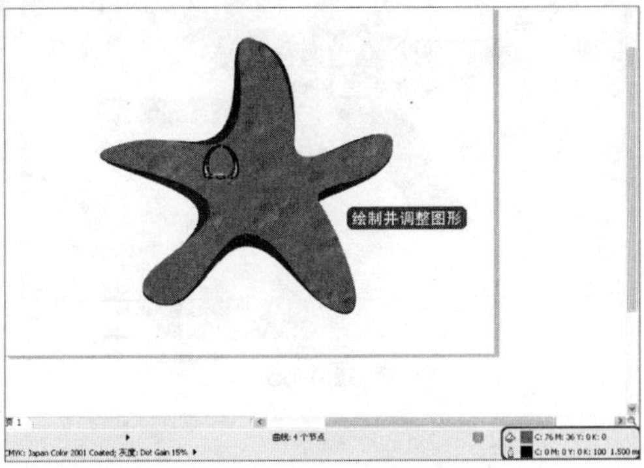

图4-49

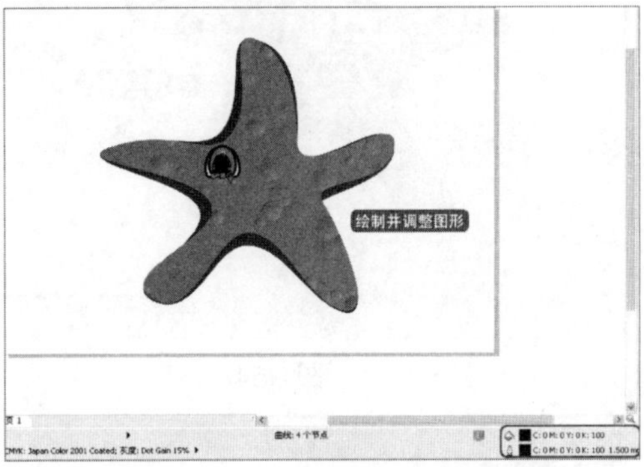

图4-50

13 将新绘制的图形放大显示，继续绘制三个白色椭圆形，并调整它们的位置，如图4-51所示。

14 在绘图页中选择除两个大图形之外的所有小图形，并将它们成组，作为眼睛对象，然后对其进行镜像复制，如图4-52所示。

15 选择工具箱中的“钢笔工具”，在绘图页中绘制轮廓线为2mm的线段，并对其进行调整，如图4-53所示。

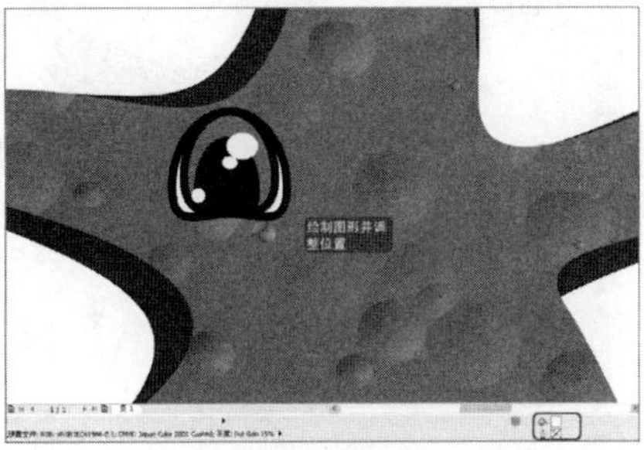

图4-51

图4-52

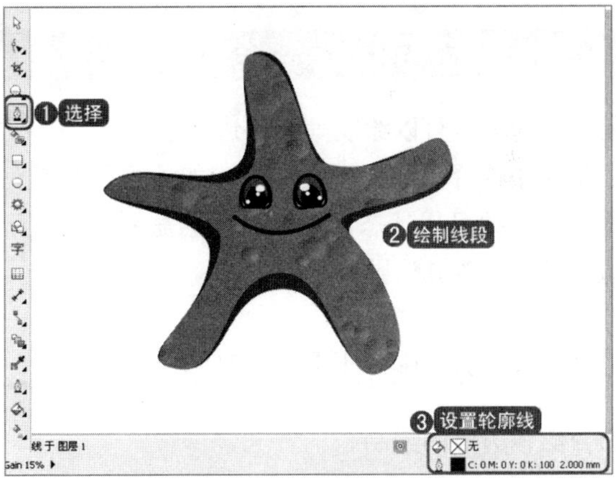

图4-53

16 选择工具箱中的“手绘工具”，绘制轮廓线为1mm的线段，并将其进行镜像复制，然后调整它们的位置，如图4-54所示。

17 选择工具箱中的“椭圆工具”，在眼睛的下方绘制两个大小相同的黑色椭圆，如图4-55所示。

18 选择工具箱中的“钢笔工具”，在绘图页中绘制形状，并使用“形状工具”对形状进行调整，然后将其填充色的CMYK参数设置为2、95、28、0，将其轮廓线设置为1.4mm，如图4-56所示。

19 选择海星的两个眼睛，按【Shift】键将其放大显示，并调整它们的位置，如图4-57所示。

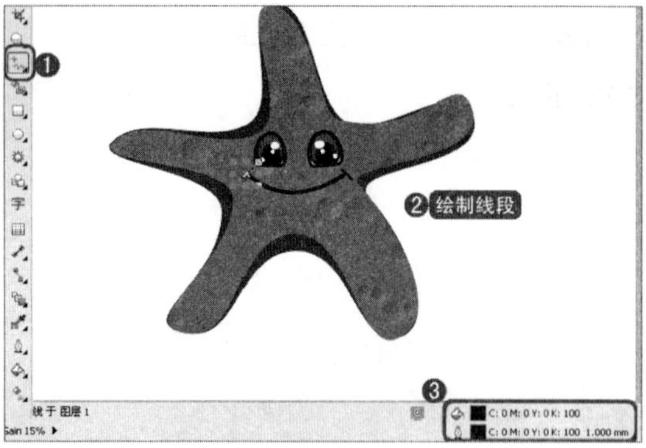

图4-54

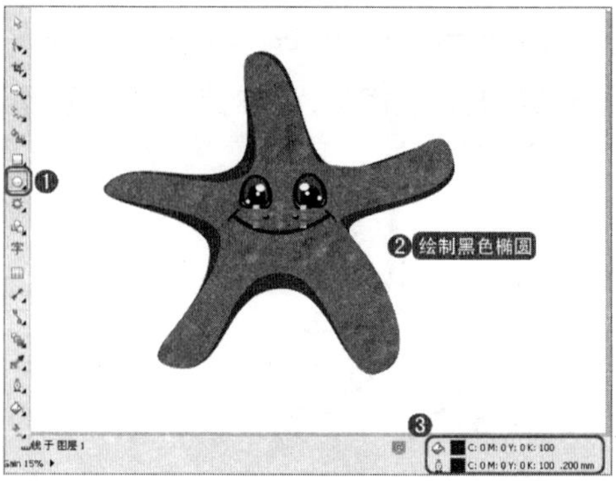

图4-55

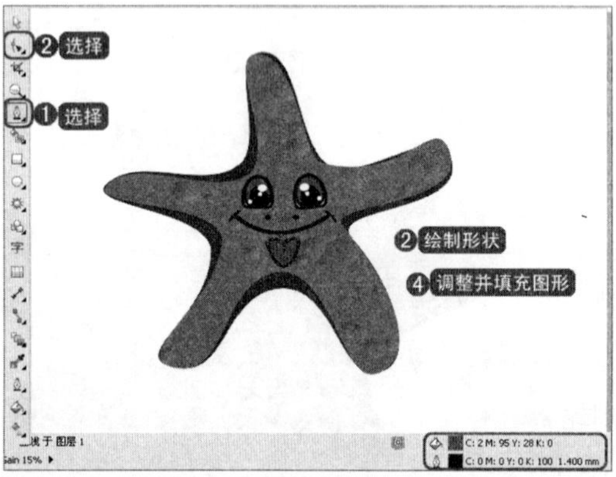

图4-56

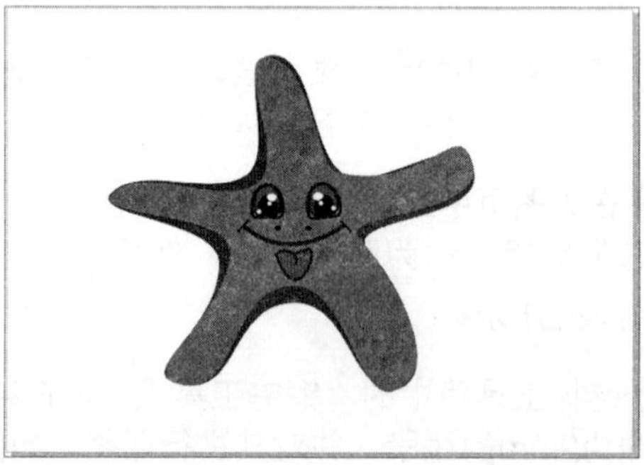

图4-57

4.2 多边形工具

使用多边形工具可以绘制等边多边形。

在工具箱中选择"椭圆工具"，如果画面中没有选择任何对象，则属性栏中就只有（多边形边数）选项为活动可用状态，用户可根据需要先设定所需的多边形边数，也可直接在画面中拖动出一个多边形后再更改其边数。

4.2.1 绘制多边形和正多边形

下面介绍多边形的绘制。

01 在工具箱中选择"多边形工具"，如果画面中没有选择任何对象，则属性栏中就只有（多边形边数）选项为活动可用状态，如图4-58所示。

图4-58

提 示

可根据需要先设定所需的多边形边数，也可直接在画面中拖出一个多边形后再更改其边数。

02 移动鼠标指针到绘图页适当的位置按住鼠标左键向对角拖动，如图4-59所示，达到所需的大小后松开鼠标左键，即可绘制出一个五边形，如图4-60所示，同时属性栏中会显示它的相关属性，如图4-61所示。

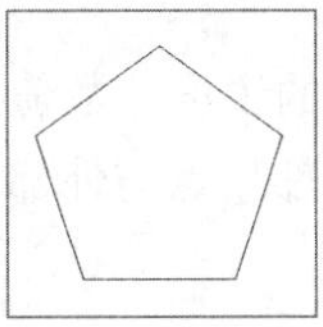
图4-59

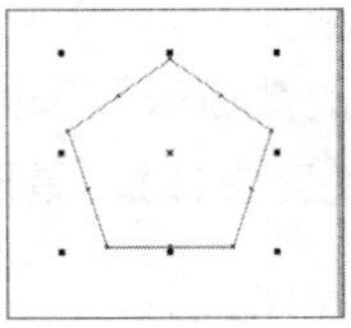
图4-60

图4-61

03 在属性栏中单击"按钮"，先解锁，再在 200.0 mm 中输入"200 mm"并按【Enter】键，则将五边形大小改为200mm，结果如图4-62所示。

04 在"多边形边数"文本框中输入"7"并按【Enter】键，以将五边形改为七边形，结果如图4-63所示，再在默认CMYK调色板单击"黄"，使它填充为黄色，画面效果如图4-64所示。还可根据需要在属性栏中设置它的轮廓宽度、旋转角度等属性。

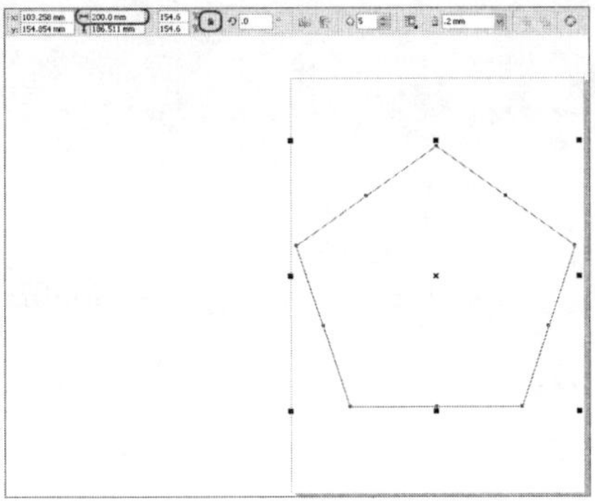
图4-62

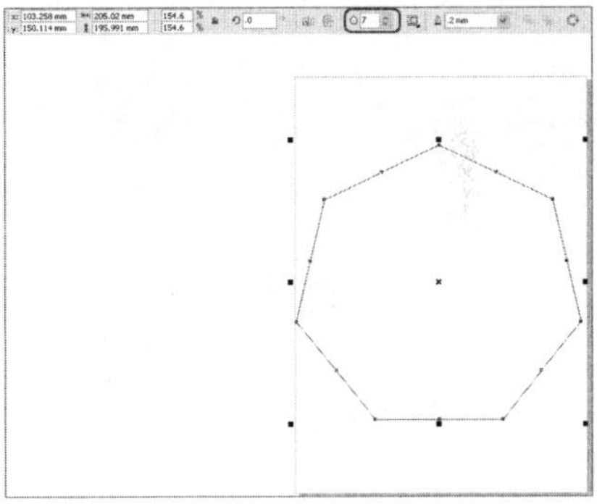
图4-63

提　示

拖动鼠标时按【Shift】键，可从中心开始绘制多边形。在绘制多边形时，配合键盘上的【Ctrl】键即可绘制出正多边形。

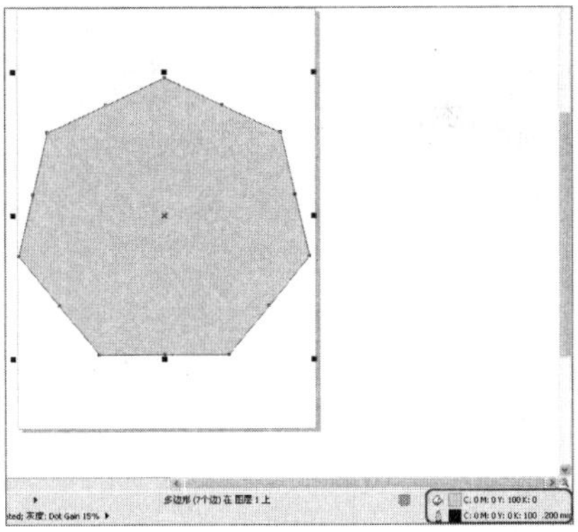
图4-64

4.2.2 绘制星形

下面对"星形工具"的使用进行简单的介绍。

01 在工具箱中选择"星形工具"，如果画面中没有选择任何对象，则属性栏如图4-65所示，可以在其中指定星形的点数与锐度，也可以直接在绘图窗口中绘制好星形后再在属性栏中更改其大小、点数、位置与锐度等属性。

属性栏中各选项功能说明如下：

- （星形点数）选项：在该文本框中可以输入3～500之间的数值来设置星形的点数（也就是星形的外部顶点数），数值越大，星形点数越多，否则相反。
- （星形锐度）选项：在该文本框中可以输入1～100之间的数值来设置星形的锐度，数值越大，星形内部顶点越向中心点靠近，否则相反；当星形锐度为1时，星形内部顶点与外部顶点在一条直线上，即绘制的星形为多边形。

02 移动鼠标指针，在画面中七边形的适当位置按住鼠标左键向对角拖动，如图4-66所示，达到所需的大小后松开鼠标左键，即可绘制出一个五角星，如图4-67所示，同时属性栏中就会显示它的属性，如图4-68所示。

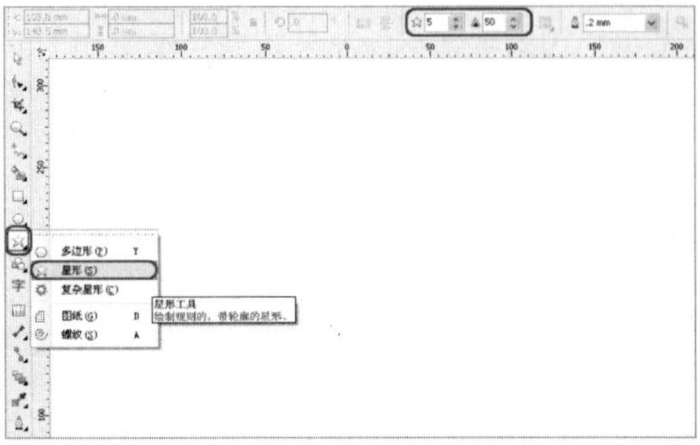

图4-65

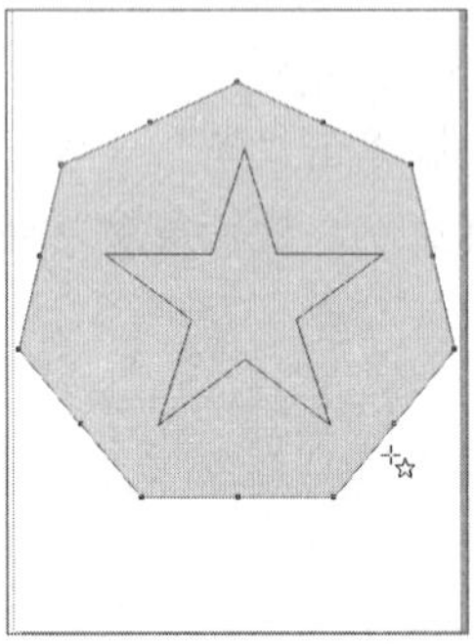

图4-66

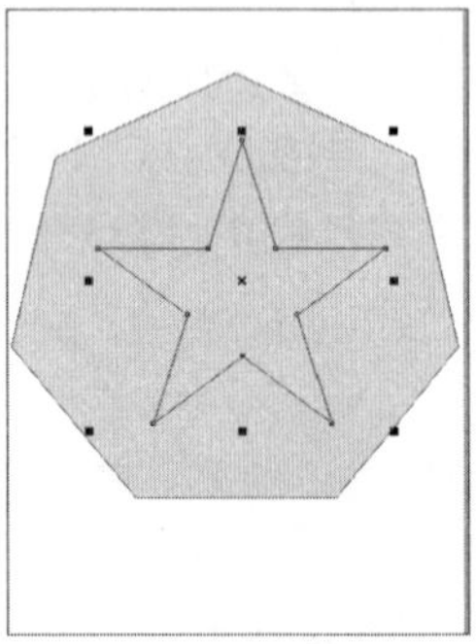

图4-67

图4-68

03 在属性栏的“点数或边数”文本框中输入“10”并按【Enter】键，得到图4-69所示的星形，接着在“点数或边数”文本框中输入“20”并按【Enter】键，得到图4-70所示的星形；然后在默认色板中右击“红”，使它的轮廓色为红色，画面效果如图4-71所示，再单击“冰蓝”，使它的填充色为冰蓝，画面效果如图4-72所示。

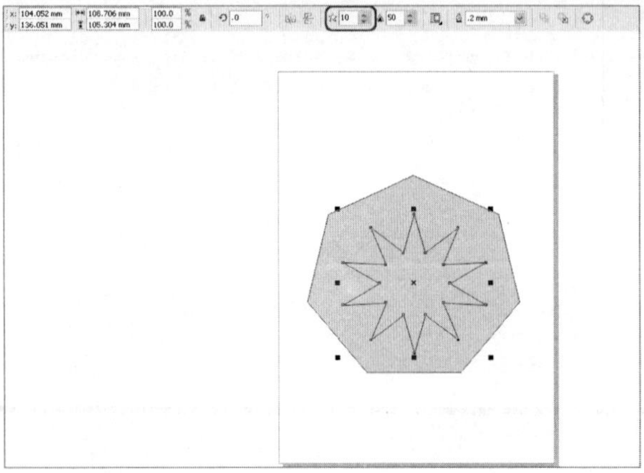

图4-69

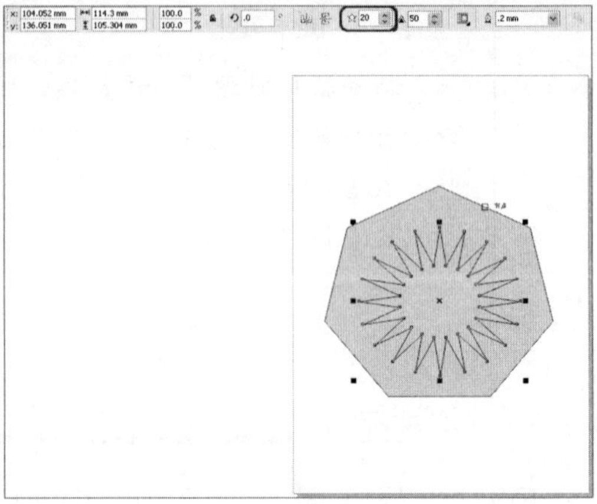

图4-70

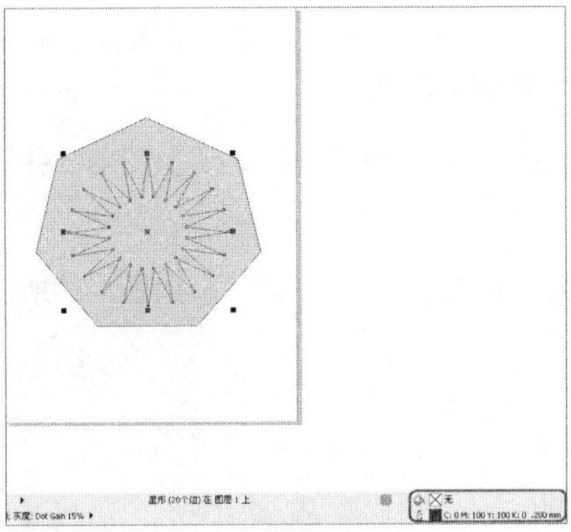

图4-71

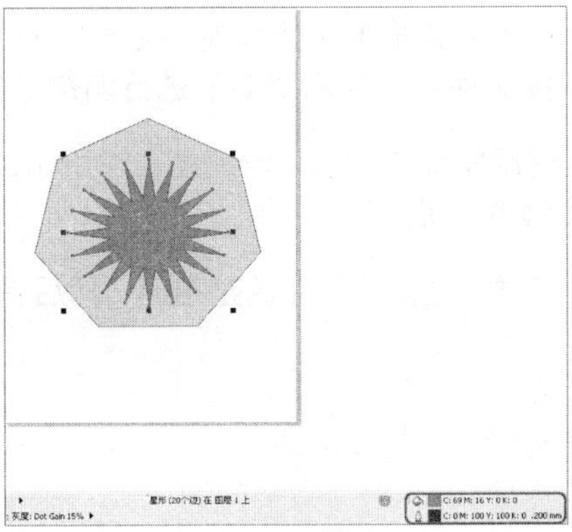

图4-72

【单元练习】——绘制礼品盒

本例将介绍礼品盒的制作，该例的制作比较简单，主要是通过绘制矩形并将其转换为曲线，再调整其形状制作盒子效果，在盒子上使用两个星形图形制作调和效果，作为盒子的包装，然后在盒子的上方绘制星形并为星形图形添加立体化效果，完成后的效果如图4-73所示。

图4-73

01 在工具箱中选择“矩形工具□”，在绘图页中绘制矩形，如图4-74所示。

02 按【F11】键，弹出【渐变填充】对话框，在“颜色调和”选项区域下将渐变颜色设置为“从”洋红“到”CMYK参数为5、54、6、0，设置完成后单击“确定”按钮，如图4-75所示。并取消轮廓线的填充。

03 再次在绘图页中绘制洋红色矩形，单击鼠标右键在弹出的快捷菜单中选择“转换为曲线”命令，将其转换为曲线，选择工具箱中的“形状工具”，在绘图页中调整节点的位置，并取消轮廓线的填充，如图4-76所示。

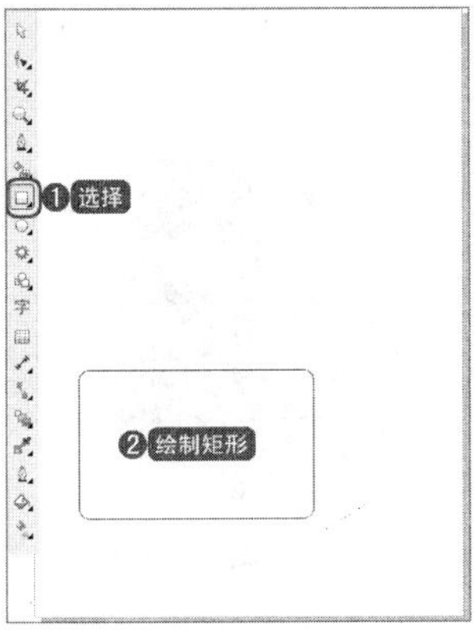

图4-74

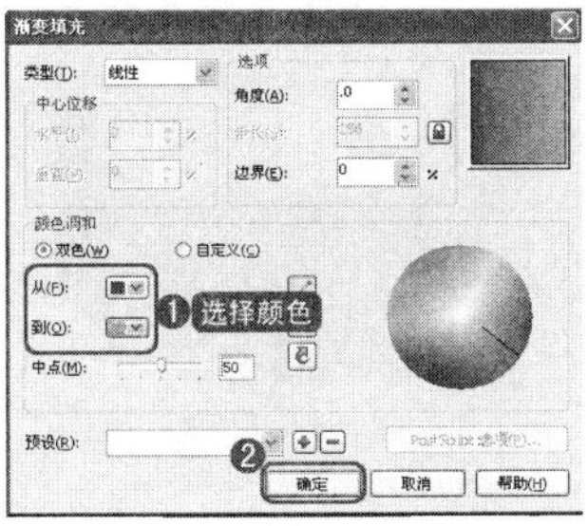

图4-75

图4-76

04 在渐变矩形的上方绘制小矩形，将其填充色的CMYK参数设置为4、56、6、0，单击鼠标右键将其转换为曲线，然后对图形进行调整，并取消轮廓线的填充，如图4-77所示。

05 使用同样的方法，绘制图4-78所示的图形，并将其填充色的CMYK设置为4、42、10、0，并取消轮廓线的填充。

06 同样在左侧绘制并调整图形，然后将其填充色的CMYK参数设置为5、67、14、0，如图4-79所示。

图4-77

图4-78

图4-79

07 再在绘图页中绘制矩形并将其转换为曲线，使用“形状工具”对图形进行调整，然后将其填充色的CMYK参数设置为4、56、6、0，如图4-80所示。

08 在绘图页中选择右侧的洋红色图形，按【Ctrl+D】快捷键复制图形，将其填充色的CMYK参数设置为4、88、4、0，然后调整其位置，将其作为盒子的内壁，并使用“形状工具”调整节点，如图4-81所示。

09 在绘图页中选择渐变矩形，按【Ctrl+D】快捷键复制图形，将其填充色的CMYK参数设置为2、98、35、0，然后调整图形的形状，并调整图形的位置，如图4-82所示。

注　意

在绘制图形的过程中，需要注意图形的位置，可配合【Ctrl+End】快捷键或【Ctrl+PageDown】快捷键进行调整。

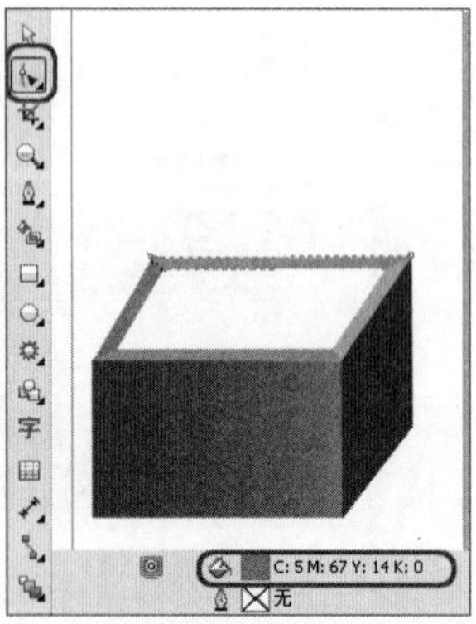

图4-80

图4-81

图4-82

⑩ 选择工具箱中的“星形工具”，在属性栏中将多边形边数设置为5，在绘图页中绘制黄色星形，如图4-83所示。

⑪ 确定星形处于选择状态，单击鼠标右键在弹出的快捷菜单中选择【转换为曲线】命令，选择工具箱中的“形状工具”，按【Ctrl+A】快捷键选择所有的节点，在属性栏中单击“转换为曲线按钮”和“平滑节点按钮”，将节点转换为平滑节点，如图4-84所示。

图4-83

图4-84

⑫ 再次使用“星形工具”，在黄色星形的上方绘制白色星形，如图4-85所示。

⑬ 确定新绘制的星形处于选择状态，选择工具箱中的“调和工具”，将两个星形进行调和，在属性栏中使用默认的参数，如图4-86所示。

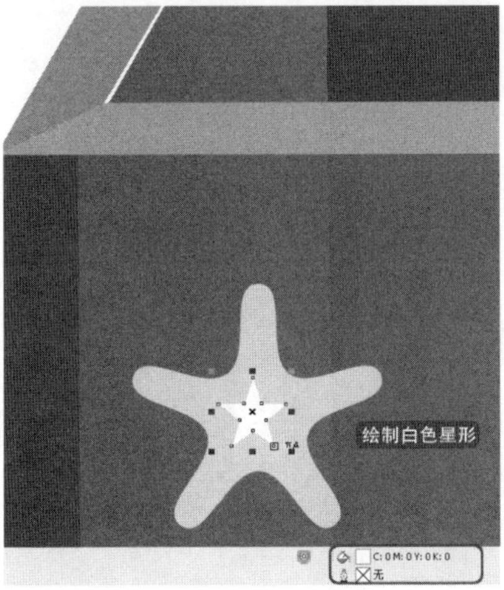

图4-85

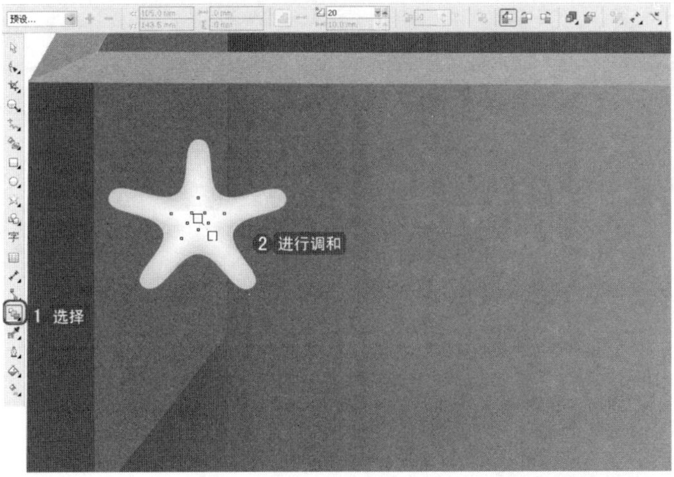

图4-86

⑭ 选择调和后的图形，多次对其进行复制，然后对图形进行调整，最后选择所有的星形将其成组，如图4-87所示。

⑮ 选择工具箱中的“矩形工具”，在绘图页中绘制垂直相交的图形，将其填充为黄色，并取消轮廓线的填充，如图4-88所示。

⑯ 同样在盒子的侧面绘制黄色矩形，并将其转换为曲线，然后调整曲线的形状，如图4-89所示.

图4-87

图4-88

图4-89

⑰ 在盒子的上方绘制黄色星形，将其转换为曲线，选择所有的节点，在属性栏中单击“转换为曲线按钮”和“平滑节点按钮”，将节点转换为平滑节点，如图4-90所示。

⑱ 在工具箱中选择“立体化工具”，在星形上按下鼠标左键向下方拖动，给星形添加立体化效果，在属性栏中将“深度”参数设置为95，单击“按钮”，弹出选项面板，单击“使用递减的颜色按钮”设置“从”的颜色为“黄色”，设置“到”的颜色为白色，关闭该面板；单击“按钮”，弹出选项面板，单击左边的“光源1按钮”添加一个光源，将其“强度”设置为57，单击“光源2按钮”添加一个光源，调整光源的位置，将其“强度”设置为28，然后单击“光源3按钮”添加一个光源，调整光源的位置，将其“强度”设置为48，如图4-91所示。

图4-90

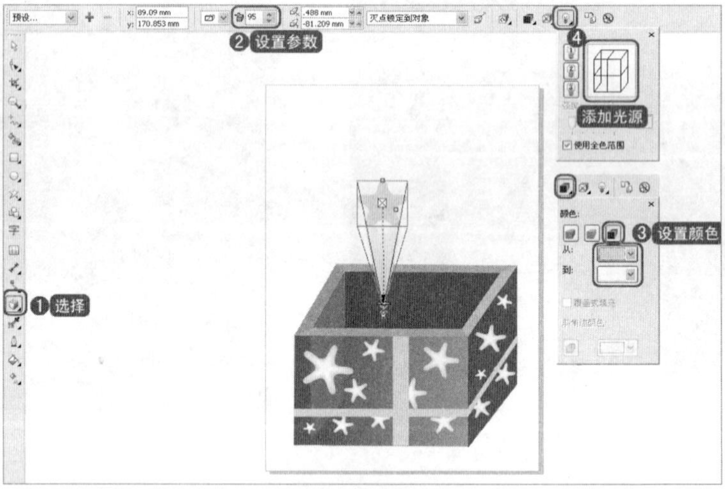

图4-91

⑲ 在绘图页中将立体化星形进行复制，并调整其位置，然后在立体化属性栏中调整光源的“强度”参数，如图4-92所示。这里不再赘述，用户可根据自己的喜好进行设置。

⑳ 按【Ctrl+A】快捷键，选择绘图页中的所有图形，按【Ctrl+G】快捷键将选择的图形成组，然后将其放大显示，如图4-93所示。

图4-92

图4-93

21 礼品盒效果绘制完成了，将完成后的效果导出，然后将该场景进行保存。

4.3 使用符号形状工具绘制预设形状

利用基本形状工具可以绘制出各种各样的基本形状：

4.3.1 用基本形状工具绘制形状图形

下面介绍使用基本形状工具绘制形状：

01 在工具箱中选择“基本形状工具”，然后在其属性栏中单击“按钮”，弹出图4-94所示的面板，并在其中选择“形状”，然后在绘图区按下鼠标左键向对角拖动，如图4-95所示，到达所需的大小后松开鼠标左键，即可绘制一个如图4-96所示的形状。

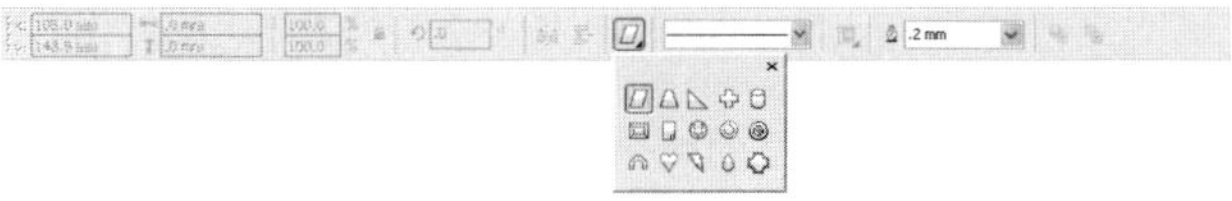

图4-94

图4-95

02 用户也可以改变其形状，将鼠标指针指向心形再按下鼠标左键向上拖动，得到所需的形状后松开鼠标左键，即可将绘制的心形进行改变，效果如图4-97所示。

03 在默认CMYK调色板中单击“红”色块，将其填充为“红”色，如图4-98所示。

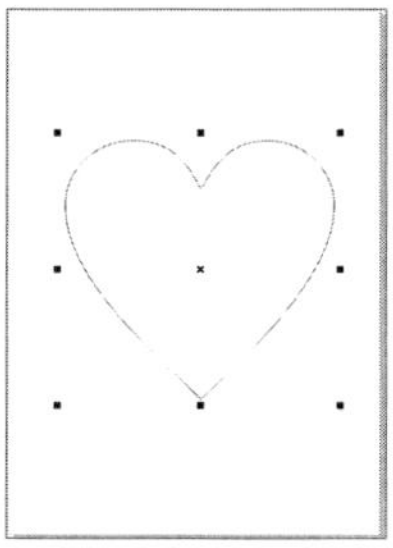

图4-96

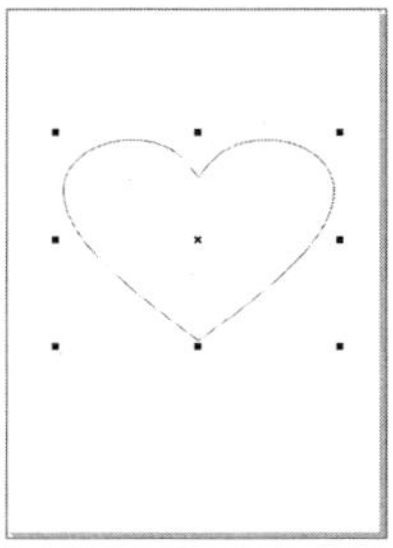

图4-97

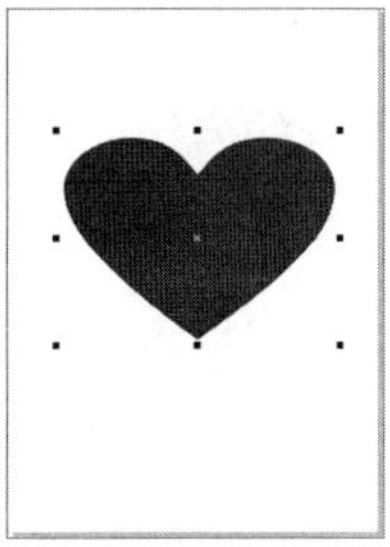

图4-98

4.3.2 用箭头形状工具绘制箭头

利用箭头形状工具可以绘制各种箭头

01 在工具箱中选择“箭头形状工具”，在其属性栏中单击“按钮”，会弹出图4-99所示的面板，然后在其中选择“形状”。

02 在绘图区中适当的位置拖动鼠标，绘制一个图4-100所示的形状，到适当的位置松开鼠标键，即可绘制一个图4-101所示的形状。

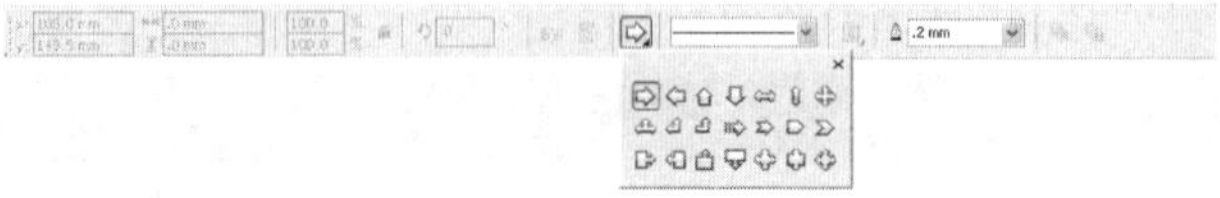

图4-99

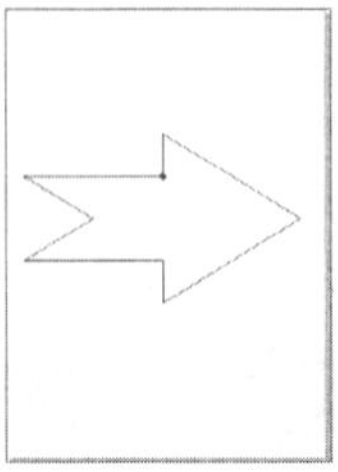

图4-100

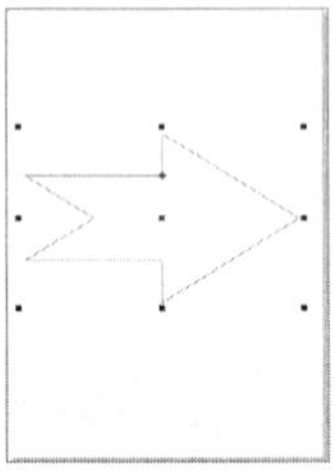

图4-101

03 在默认的CMYK调色板中单击“黄”色块，为其填充“黄色”，如图4-102所示。

04 也可以对形状进行调整，将鼠标指针放在图形的下方按下鼠标左键向上拖动，如图4-103所示，得到所需的形状后松开鼠标左键，即可将绘制的箭头形状进行改变，效果如图4-104所示。

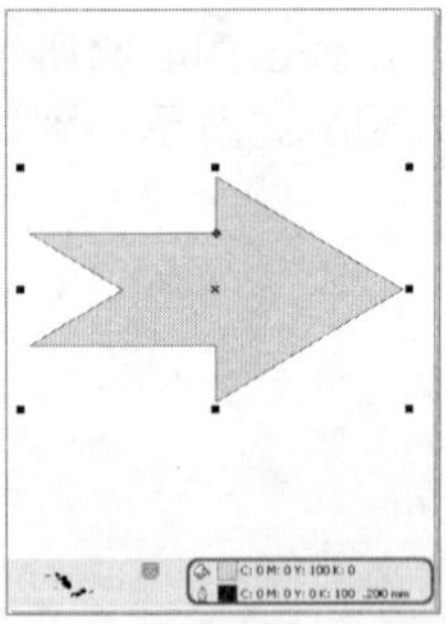

图4-102

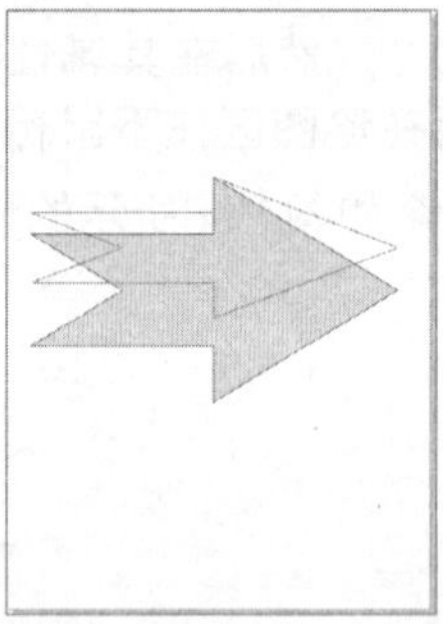

图4-103

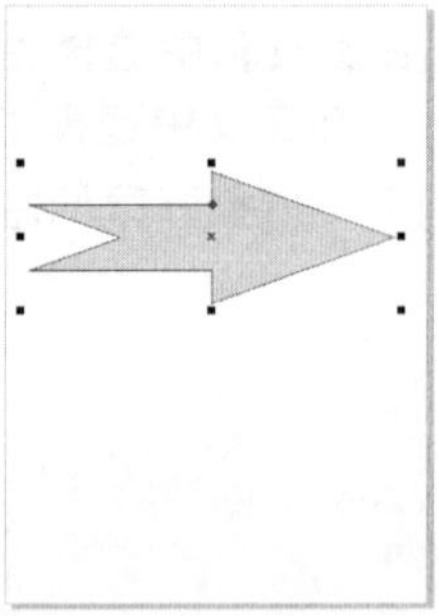

图4-104

4.3.3 用流程图工具绘制流程图

下面使用流程图工具绘制公司运作流程图，完成后的效果如图4-105所示。

01 在工具箱中选择文本工具，在绘图页中适当的位置单击并输入“市场调查产品策划”文字，再选择“选择工具”确认文字输入，然后在属性栏中使用默认的字体和字体大小，在默认CMYK调色板中单击蓝色块，将文字填充为蓝色，如图4-106所示。

02 使用同样的方法，在绘图页中输入其他文本，如图4-107所示。

03 在工具箱中选择“流程图形状工具”，如图4-108所示。

04 在属性栏中单击“按钮”，在弹出的面板中单击“按钮”，如图4-109所示。

05 在绘图页的左上角绘制形状，如图4-110所示。

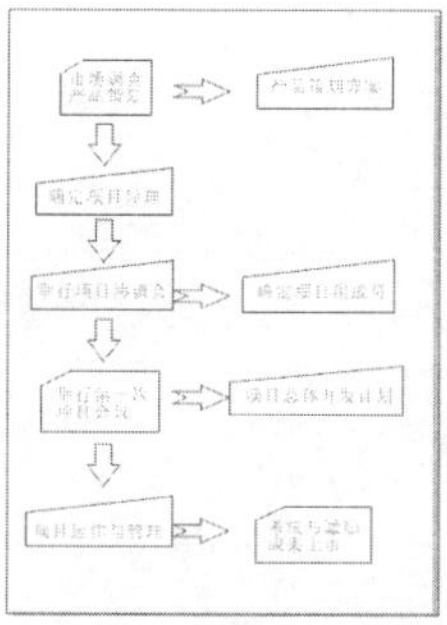

图4-105

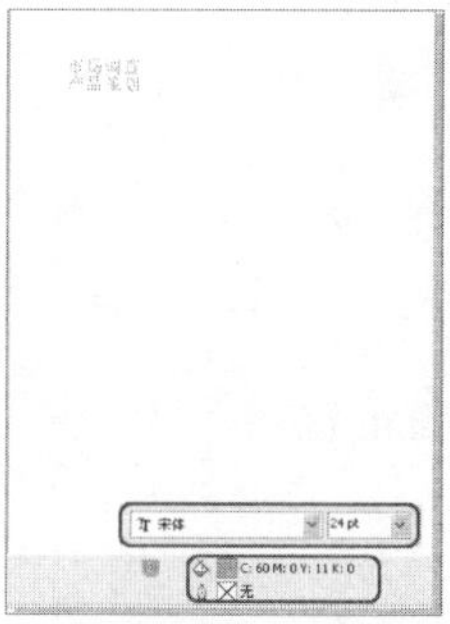

图4-106

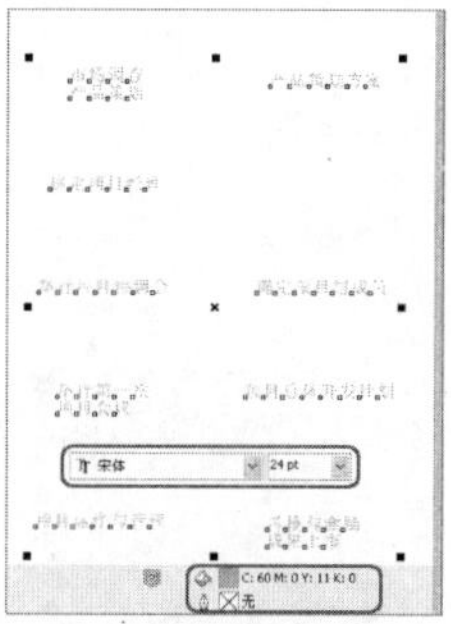

图4-107

图4-108

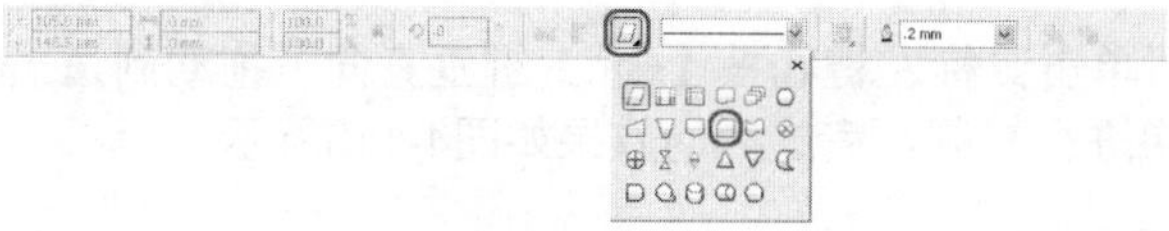

图4-109

图4-110

06 接着在属性栏的形状面板中选择所需的形状，如图4-111所示。再在绘图页中第二个美术字处绘制出该形状，如图4-112所示；然后再在其他相应的文字处绘制出该形状，如图4-113所示。

图4-111

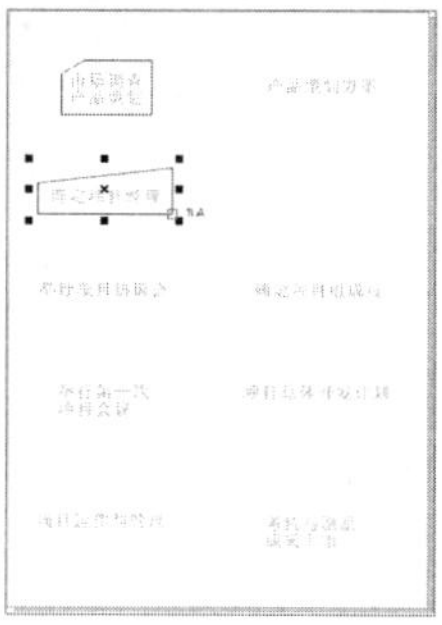

图4-112

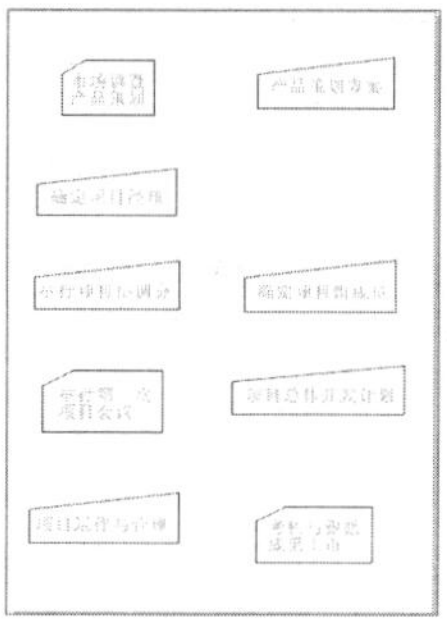

图4-113

07 在工具箱中选择“箭头形状工具”，如图4-114所示。

08 在属性栏的完美形状面板中选择向下的箭头，在绘图页中绘制出该形状，如图4-115所示。

09 确定新绘制的箭头图形处于选择状态，单击鼠标左键并按【Ctrl】键垂直向下拖动到适当的位置右击，再复制一个副本，使用同样的方法多次进行复制，完成后的效果如图4-116所示。

提　示

按【Ctrl+D】快捷键也可以对选择的图形进行复制。

图4-114

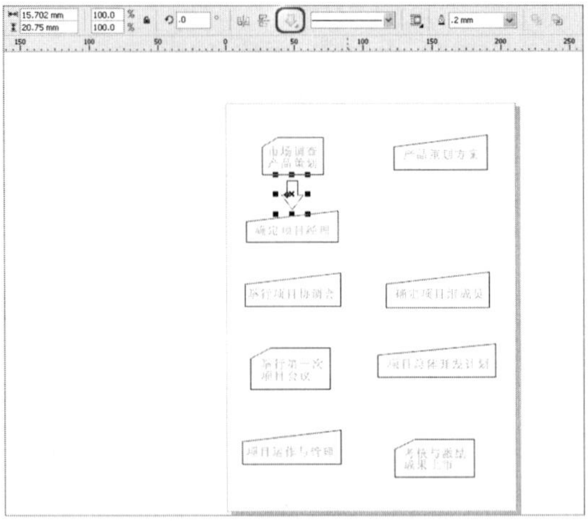

图4-115

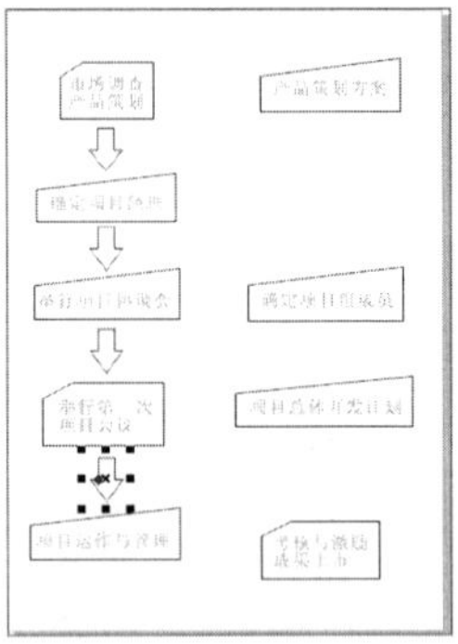

图4-116

(10) 在属性栏的完美形状面板中选择图4-117所示的箭头，在绘图页中绘制出该形状，如图4-117所示。

(11) 确定新绘制的箭头图形处于选择状态，单击鼠标左键和按【Ctrl】键垂直向下拖动到适当的位置右击，复制一个副本，使用同样的方法多次进行复制，完成后的效果如图4-118所示。

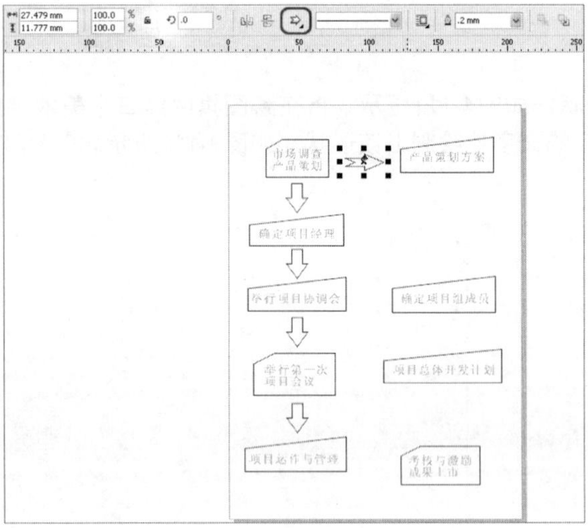

图4-117

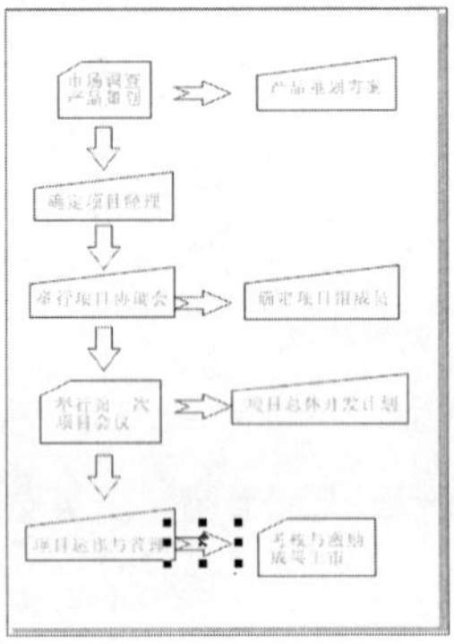

图4-118

4.3.4 用星形工具绘制星形

下面以一个小实例，来介绍星形工具的应用。

(01) 按【Ctrl+N】快捷键新建一个空白文档，按【Ctrl+I】快捷键导入一张图片，如图4-119所示。

(02) 在工具箱中选择“标题形状工具”，并在其属性栏中单击“按钮”，在弹出的面板中选择“形状”。

(03) 接着在绘图区中单击鼠标并左键向对角拖动，如图4-120所示，绘制出所需的形状，确定图形的大小后松开鼠标左键，即可绘制出图形，如图4-121所示。

图4-119

图4-120

图4-121

04 将新绘制的图形填充为黄色，并取消轮廓线的填充，如图4-122所示。

05 选择工具箱中的“文本工具字”，在星形图形上创建文本，选择新创建的文本，在属性栏中将“字体”设置为黑体，将“字体大小”设置为40pt，然后将文本填充为红色，如图4-123所示。

06 在绘图页的空白处单击鼠标，取消文本的填充，如图4-124所示。

图4-122

图4-123

图4-124

4.3.5 用标注形状工具绘制标注形状

可用标注形状工具来对某个图形进行批注。

01 按【Ctrl+I】快捷键，导入素材文件，如图4-125所示。

02 在工具箱中选择“标注形状工具”，如图4-126所示。在其属性栏中单击“按钮”，在弹出的面板中选择“形状”，如图4-127所示。

图4-125

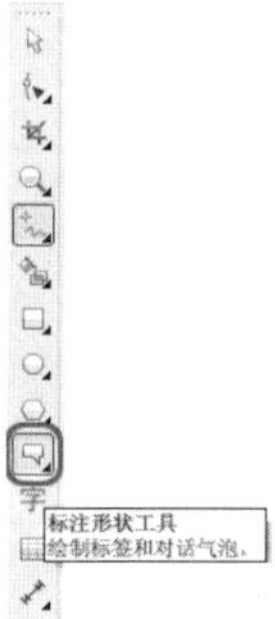

图4-126

图4-127

03 在导入的素材上拖动鼠标，到适当的位置松开鼠标键，即可绘制出一个理想的形状，如图4-128所示。

04 然后将其“轮廓”颜色设置为“蓝色”，如图4-129所示。

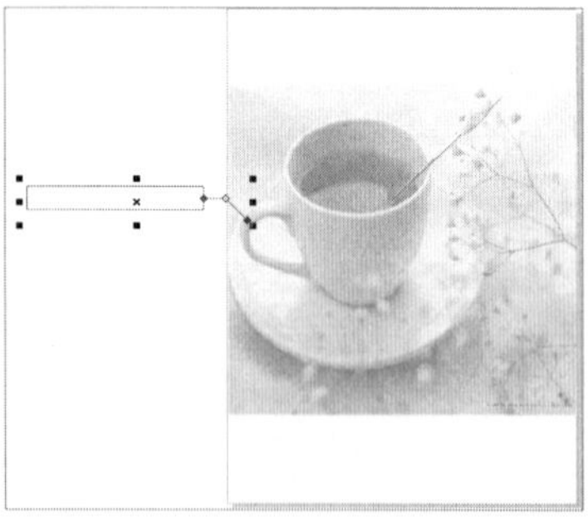
图4-128

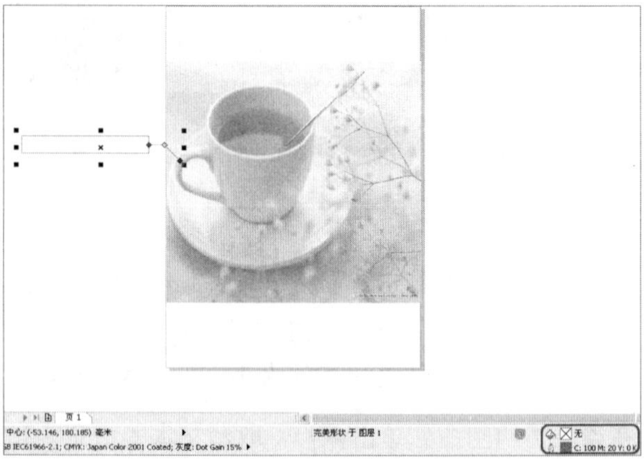
图4-129

05 在工具箱中选择“文本工具字”，在新绘制的图形上输入文本，在其属性栏中将“字体”设置为宋体，设置“字体大小”参数为25.5 pt，如图4-130所示。

06 确定文本处于选择状态，在默认CMYK调色板中单击“洋红”色块，将文本填充为洋红，如图4-131所示。

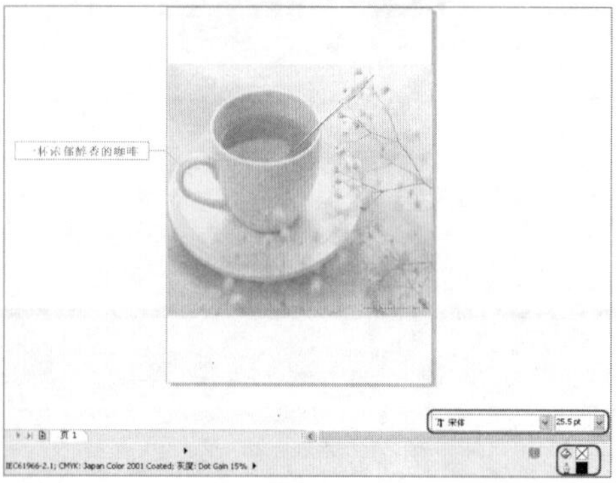
图4-130

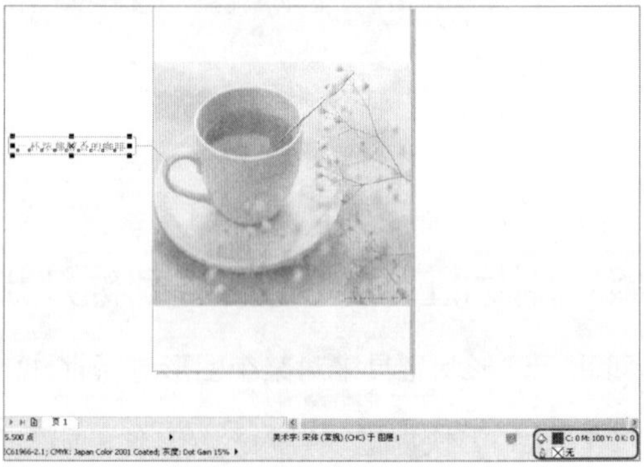
图4-131

07 在空白处单击鼠标左键，取消选择，完成后的效果如图4-132所示。

图4-132

【单元练习】——绘制丘比特之箭

本例将介绍丘比特之箭的绘制，该例的制作比较简单，主要是通过工具箱中的形状工具绘制心形和箭头，并通过“形状工具”调整箭头的形状，然后导入一张素材作为背景，完成后的效果如图4-133所示。

图4-133

01 按【Ctrl+N】快捷键新建一个空白文档，在属性栏中单击“横向按钮”，将页面转换为横向，如图4-134所示。

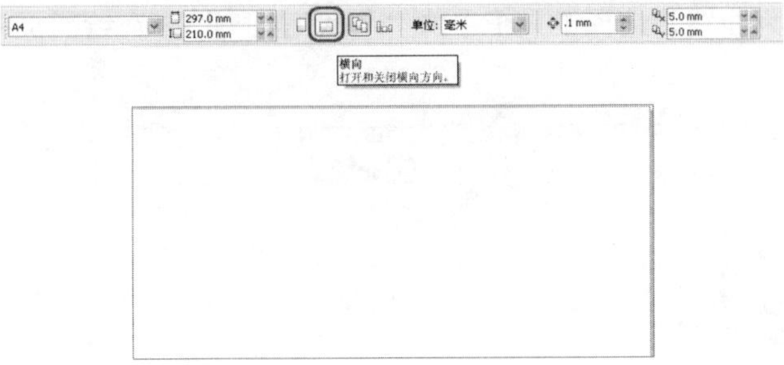

图4-134

02 选择工具箱中的“基本形状工具”，在属性栏中单击“按钮”，在绘图页中绘制红色心形，将轮廓线设置为1.5mm的白色，如图4-135所示。

03 确定新绘制的心形处于选择状态，按【Ctrl+D】快捷键复制心形，并调整心形的位置，如图4-136所示。

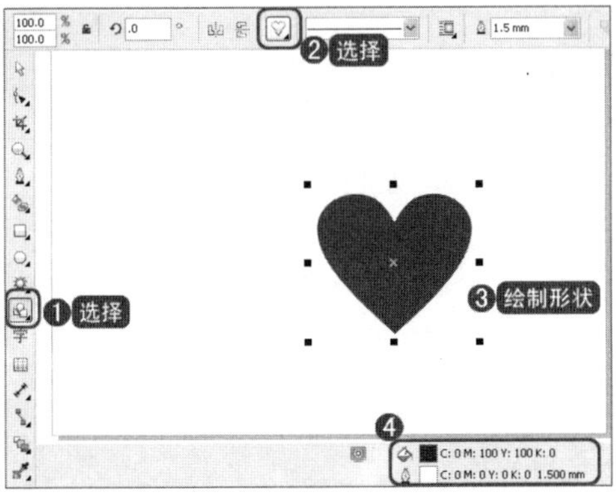

图4-135

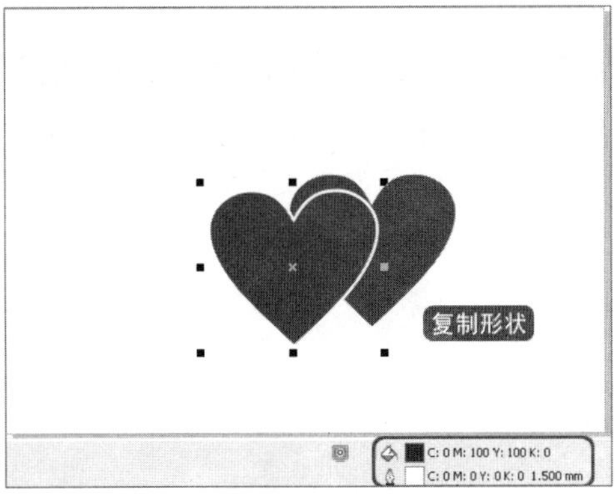

图4-136

04 选择工具箱中的“工具”，在属性栏中单击“按钮”，在绘图页中绘制箭头图形，如图4-137所示。

05 按【F11】键弹出【渐变填充】对话框，在该对话框中将“颜色调和”选项区域下的渐变色设置为“从”黄色“到”月光绿，单击“确定”按钮，如图4-138所示。

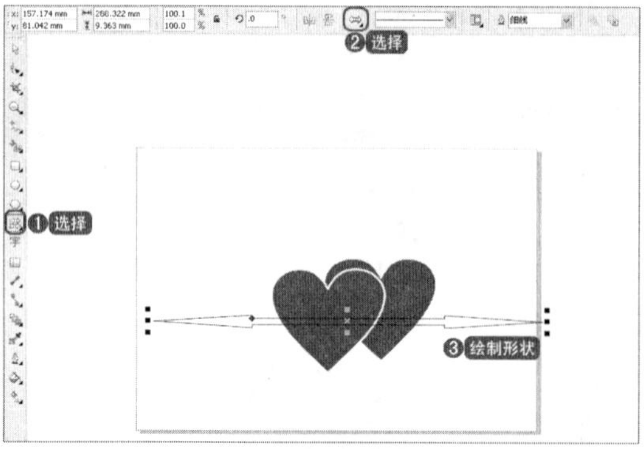

图4-137

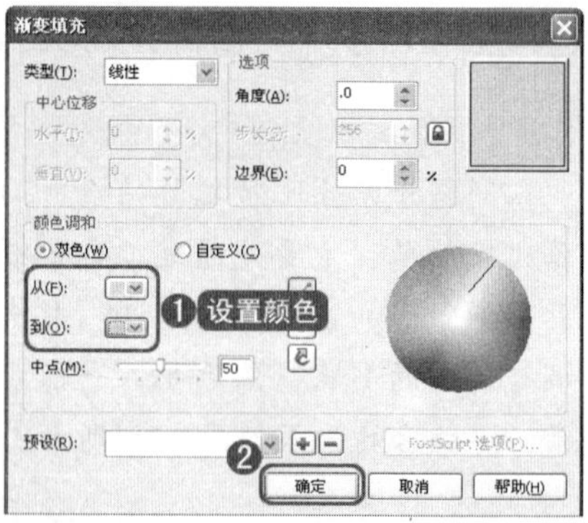

图4-138

06 为新绘制的图形填充渐变颜色，并取消轮廓线的填充，如图4-139所示。

07 确定新绘制的图形处于选择状态，单击鼠标右键，在弹出的快捷菜单中选择“转换为曲线”命令，将绘制的箭头转换为曲线，选择工具箱中的“形状工具”，在绘图页中调整节点，如图4-140所示。

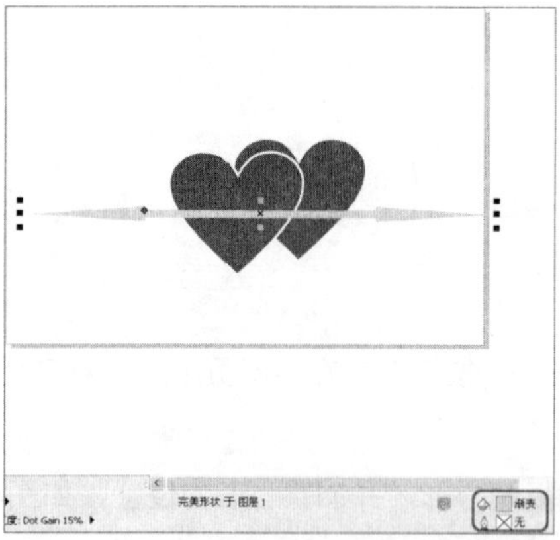

图4-139

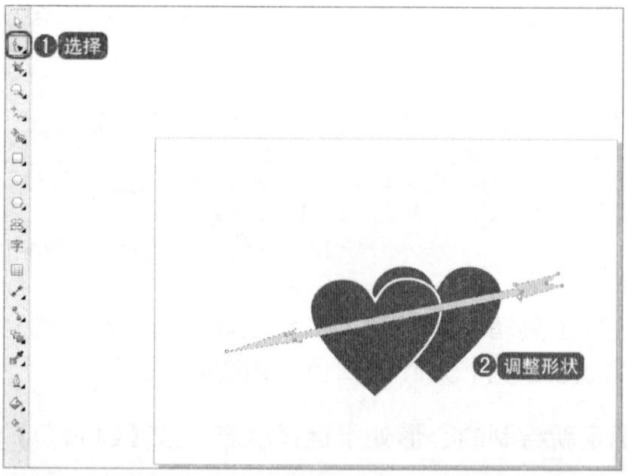

图4-140

08 按【Ctrl+End】快捷键，将调整后的箭头放置到心形图形的下面，如图4-141所示。

09 选择工具箱中的“文本工具字”，在心形图形上输入文本，选择文本，在属性栏中将“字体”设置为Arial，将“字体高度”设置为60pt，然后将文本设置为白色，如图4-142所示。

图4-141

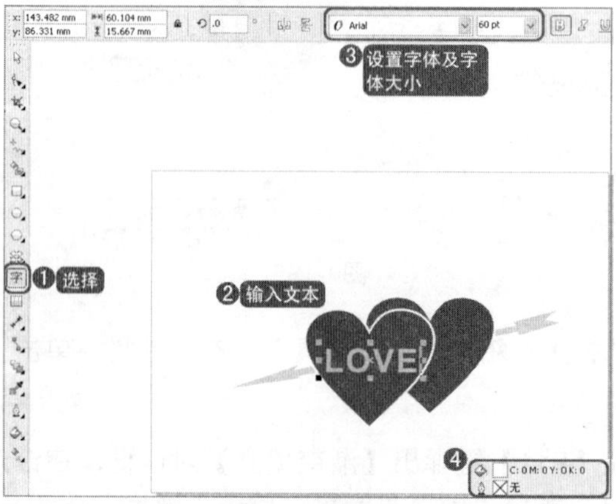

图4-142

⑩ 按【Ctrl+I】快捷键打开【导入】对话框，选择随书附带光盘中“素材与源文件”\“素材”\“第4天”\“背景.cdr”，单击“导入”按钮，如图4-143所示。

⑪ 按【Enter】键将素材导入到页面的中心，并配合【Shift】键对其进行缩放，如图4-144所示。

图4-143

图4-144

⑫ 确定导入的素材处于选择状态，按【Ctrl+End】快捷键将素材放置到最底层，如图4-145所示。

⑬ 选择除背景之外的所有对象，按【Shift】键进行缩放，并将它们放置到合适的位置，如图4-146所示。

图4-145

图4-146

【每日一练】——绘制卡通玩具促销海报 >>>

本例将介绍卡通玩具促销海报的制作，该例的制作比较简单，主要是由“矩形工具”、“椭圆形工具”、“多边形工具”、“钢笔工具”、“文本工具”、“基本形状工具”、“标题形状工具”绘制完成的，效果如图4-147所示。

图4-147

01 按【Ctrl+N】快捷键新建一个空白文档，选择工具箱中的“矩形工具”，在绘图页中绘制矩形，并为矩形填充红色，取消轮廓线的填充，如图4-148所示。

02 选择工具箱中的“椭圆形工具”，按【Ctrl】键绘制正圆，如图4-149所示。

图4-148

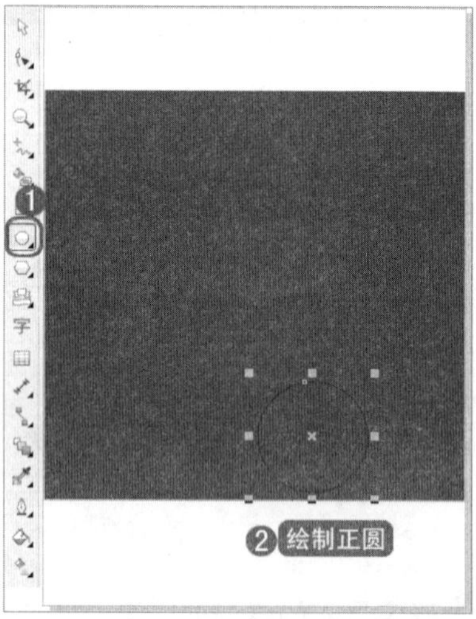

图4-149

03 确定新绘制的正圆处于选择状态，按【Ctrl+D】快捷键进行复制，调整其位置，如图4-150所示。

04 为正圆填充黄色，取消轮廓线的填充。如图4-151所示。

05 选择工具箱中的“多边形工具”，在属性栏中设置边数为8，在绘图页中按【Ctrl】键绘制正多边形，如图4-152所示。

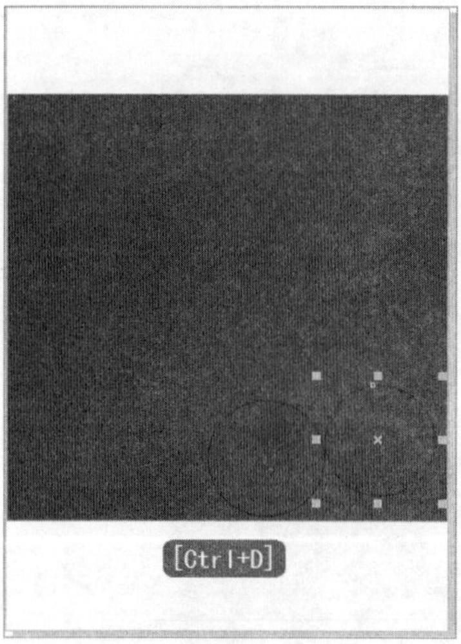

图4-150

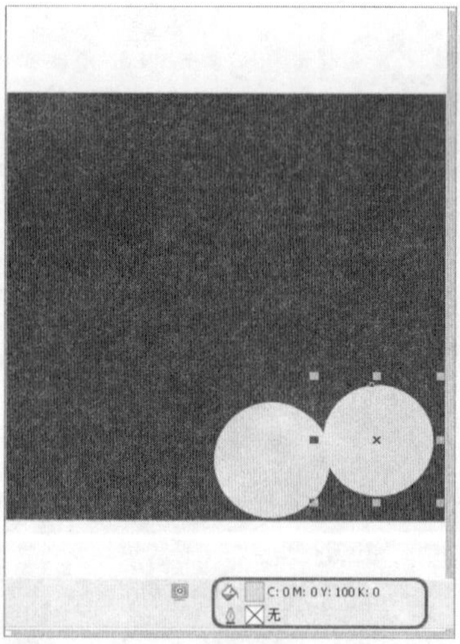

图4-151

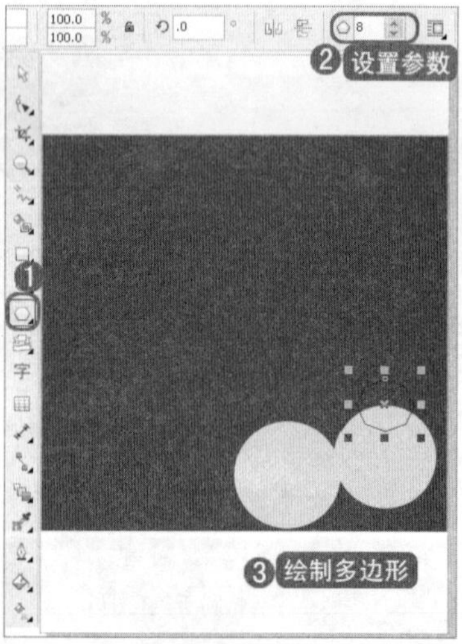

图4-152

06 选择工具箱中的“变形工具”，把鼠标指针放在多边形的中心，拖动鼠标向外侧拉，为正多边形添加扭曲效果，如图4-153所示。

07 确定扭曲后的多边形处于选择状态，按【Ctrl+D】快捷键进行复制，调整其位置。并将填充色的CMYK设置为0、0、40、0，取消轮廓线的填充，如图4-154所示。

08 选择工具栏中的“钢笔工具”，绘制曲线，设置轮廓宽度为1mm，如图4-155所示。

图4-153

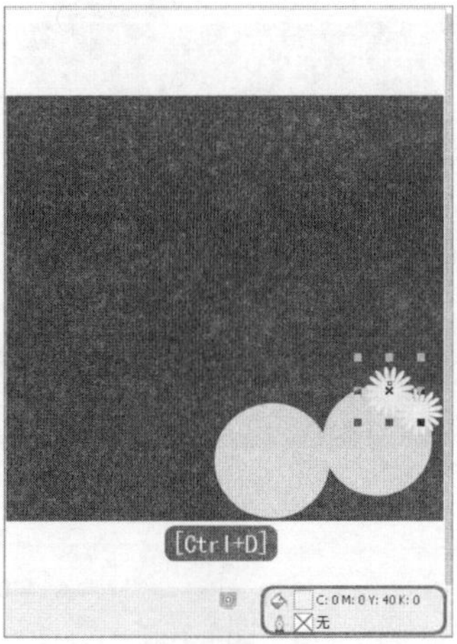

图4-154

图4-155

09 选择工具箱中的“基本形状工具”，在属性栏中单击“按钮”，在绘图页中绘制不同的心形，调整他们的位置，如图4-156所示。

10 为心形填充黄色和红色，取消轮廓线的填充，如图4-157所示。

11 选择工具箱中的“文本工具”，在绘图页中输入文本，在属性栏中设置“字体”为黑体，“字体大小”为60pt，并为字体填充黄色，将轮廓线设置为1mm的黄色，如图4-158所示。

图4-156

图4-157

图4-158

12 选择工具箱中的“标题形状工具”，在属性栏中单击“按钮”，在绘图页中绘制图形，为新绘制的图形填充轮廓线为1.5mm的黄色，如图4-159所示。

13 选择文具箱中的“文本工具”，在绘图页中输入文本，将“字体”设置为黑体，将“字体大小”设置为70pt，为文本填充黄色，并将轮廓线设置为2mm的黄色，如图4-160所示。

14 选择文具箱中的“文本工具”，在绘图页中输入文本，将“字体”设置为黑体，将数字“2”的“字体大小”设置为150pt，将文字的“字体大小”设置为70pt，为文本填充黄色，并将轮廓线设置为2mm的黄色，如图4-161所示。

图4-159

图4-160

图4-161

⑮ 继续使用“文本工具字”，在绘图页中输入文本，将“字体”设置为黑体，将“字体大小”设置为50pt，为文本“动”填充红色，将其轮廓线设置为0.5mm的红色。为文本“不如行动”填充黄色，将轮廓线设置为0.5mm的黄色，如图4-162所示。

⑯ 按【Ctrl+A】快捷键、【Ctrl+G】快捷键将对象进行群组，如图4-163所示。至此，卡通玩具促销海报的绘制完成了，将完成后的效果导出，保存场景文件。

图4-162

图4-163

第05天 常用插画工具3

本章继续介绍CorelDRAW X5提供的强大的插画工具，使用这些插画工具，可以很容易地绘制出如螺纹盒网格纸等形状的图形。用户还可以在CorelDRAW X5中使用自然笔工具绘制各种艺术图案。

5.1 螺旋形工具

怎样将直线做成漩涡状？有了螺纹工具，实现这个效果将变得非常容易。运用螺纹工具，可以很方便地制作对称式螺纹和对数式螺纹。

下面将分别介绍对称式螺纹和对数式螺纹的绘制方法。

5.1.1 绘制对称式螺纹

下面介绍对称式螺纹的绘制：

01 在工具箱中按住“多边形工具”不放，在弹出的快捷菜单中选择螺纹命令，在其属性栏中单击“对称式螺纹按钮”，如图5-1所示。

02 在绘图页中按【Ctrl】键向对角拖移，确定图形的大小，如图5-2所示。

03 达到需要的大小后松开鼠标左键，即可得到图5-3所示的效果。

提 示

用户也可以通过在属性栏中设置螺纹回圈的参数，对螺纹进行设置，如图5-4所示为螺纹回圈参数为10的效果。

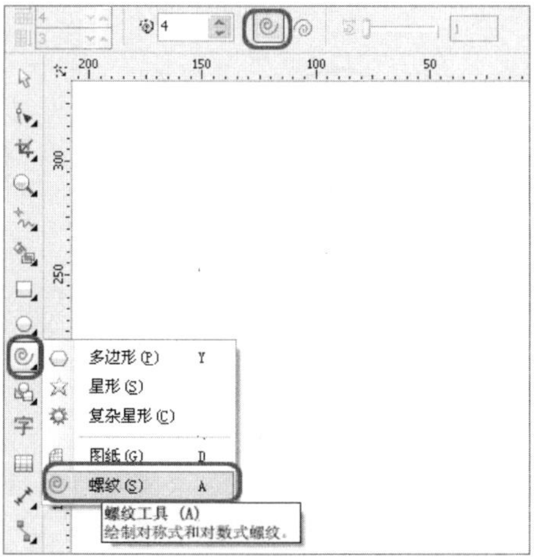

图5-1

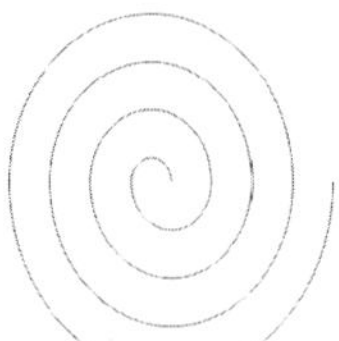
图5-2

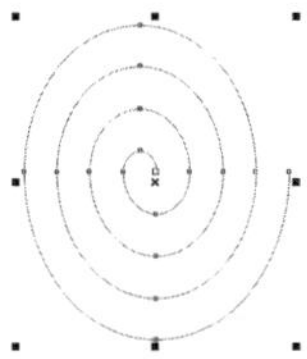
图5-3

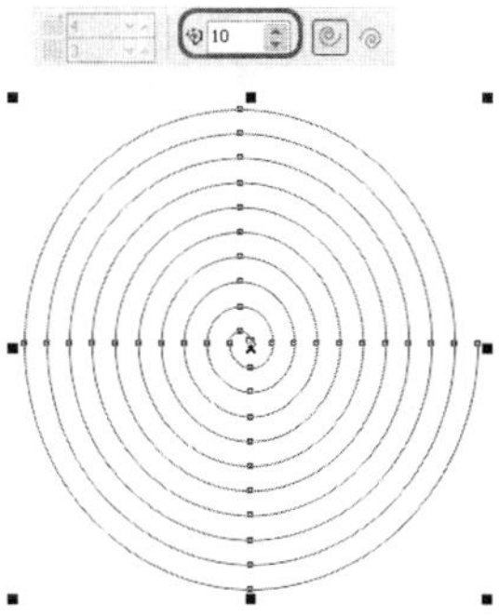
图5-4

提　示

按【Ctrl】键，可以绘制正圆形螺纹。按住【Shift】键可同时将螺纹向中心或四周及逆向缩放。按【F12】键，弹出“轮廓笔”对话框，在该对话框中可改变螺纹的轮廓粗细和线条样式。

5.1.2　绘制对数式螺纹

下面介绍对数式螺纹的绘制：

01 确定螺纹工具处于选择状态，在属性栏中单击“对数式螺纹工具”，在绘图页中绘制图形，如图5-5所示。

02 在属性栏中将螺纹回圈的参数设置为10，将“螺纹扩展参数”设置为50，然后在绘图页中绘制图形，完成后的效果如图5-6所示。

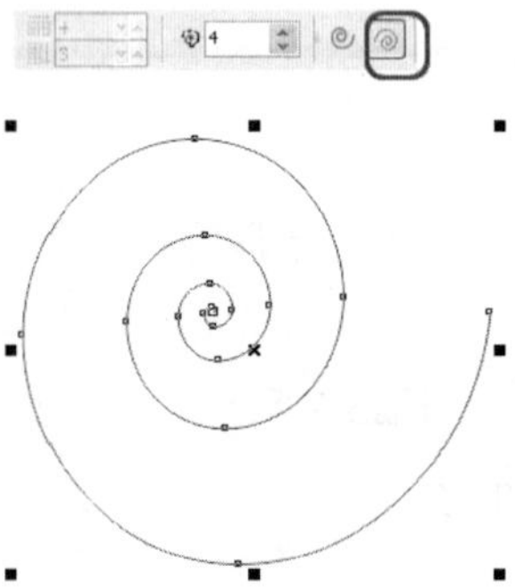

图5-5

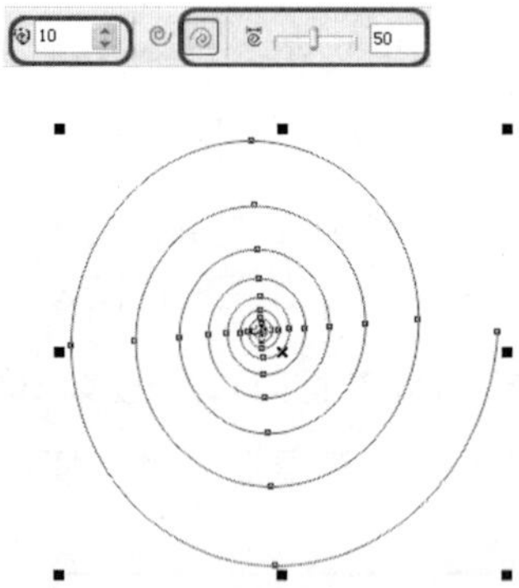

图5-6

【单元练习】——绘制蚊香

本例将介绍蚊香效果的绘制，该例的制作比较简单，主要是通过“螺纹工具”绘制蚊香图形，并为蚊香添加轮廓线，然后为其添加交互式透明效果，绘制完蚊香后的效果如图5-7所示。

图5-7　蚊香效果

01 选择工具箱中的“螺纹工具”，在属性栏中将“螺纹回圈”设置为8，单击“对称式螺纹”按钮，在绘图页中按【Ctrl】键绘制正螺纹效果，如图5-8所示。

02 确定新绘制的螺纹处于选择状态，在信息行中双击轮廓颜色，弹出【轮廓笔】对话框，在该对话框中将轮廓宽度设置为4.5mm，单击“确定”按钮，如图5-9所示。

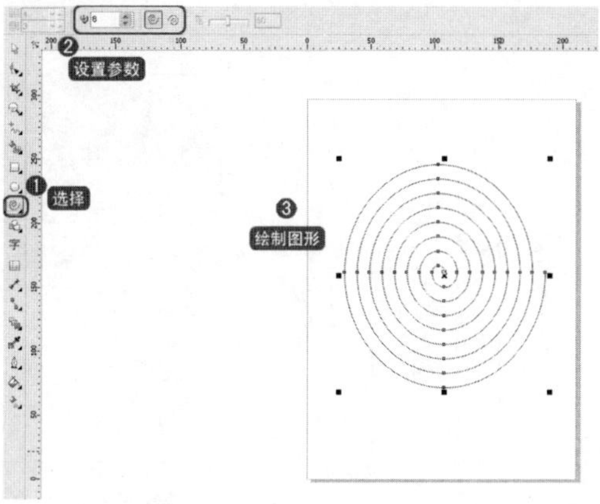

图5-8

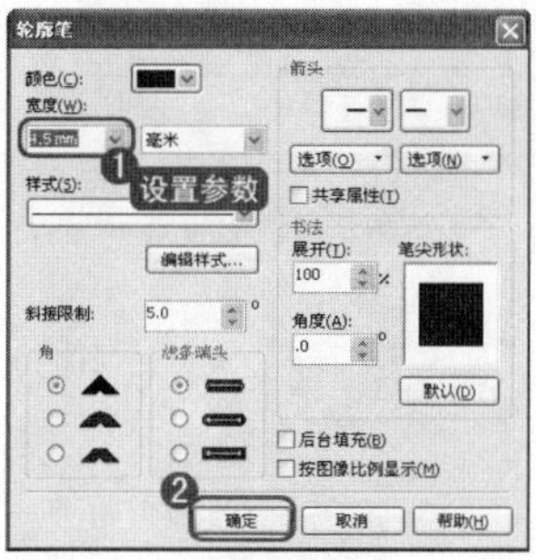

图5-9

03 选择工具箱中的“透明度工具”，在绘图页中为图形添加透明效果，在属性栏中使用默认参数，如图5-10所示。

04 添加完交互式透明效果后的效果如图5-11所示。

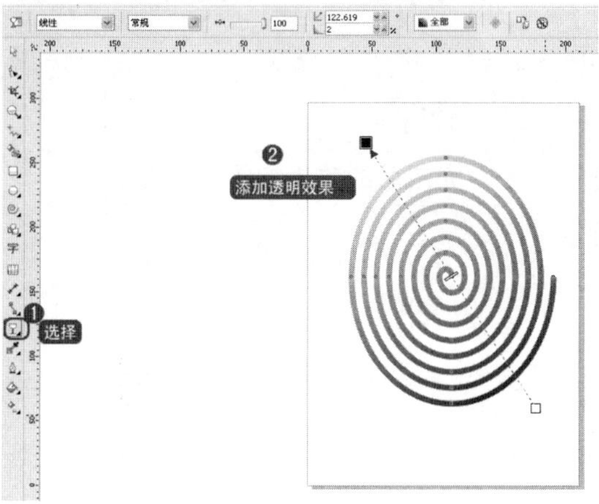

图5-10

图5-11

5.2 网格工具

本节将介绍使用图纸工具绘制网格，并将绘制的网格进行拆分。

5.2.1 绘制网格纸

下面将介绍网格的绘制：

01 在工具箱中选择“图纸工具”，在其属性栏中就会显示与其相关的选项，如图5-12所示。用户需要在“图纸行和列数”文本框中输入所需的行数与列数，这里使用默认的参数。

02 在绘图页中拖动鼠标左键绘制图形，并确定图形的大小，如图5-13所示。

03 在适当的位置单击鼠标，绘制图形，完成后的效果如图5-14所示。然后为图形填充黄色，如图5-15所示。

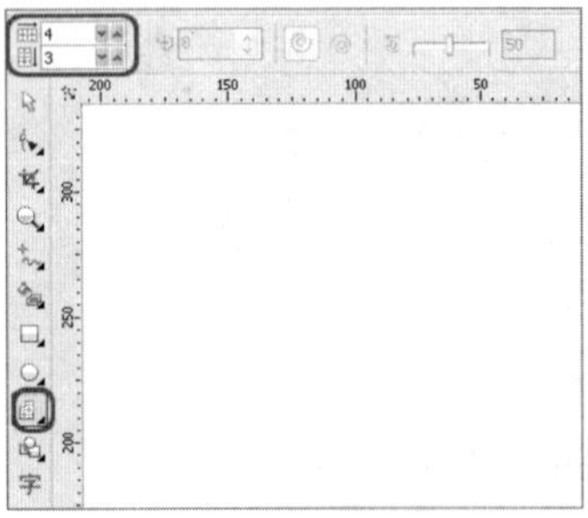

图5-12

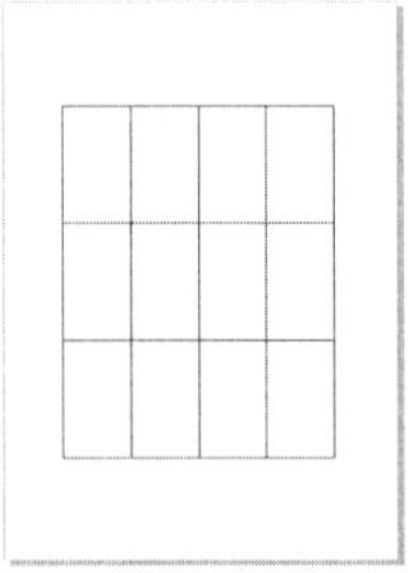

图5-13

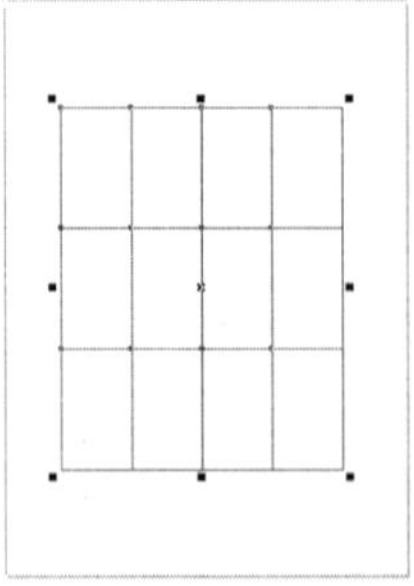

图5-14

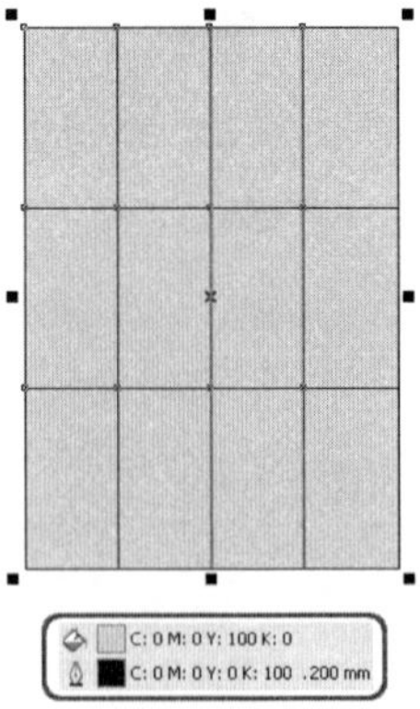

图5-15

5.2.2 拆分网格

继续在前面绘制的图形上介绍拆分网格。

01 在绘图页中选择前面绘制的图形，如图5-16所示。

02 在菜单栏中选择“排列”\“取消群组”命令，如图5-17所示。

03 执行完“取消群组”命令后，即可将网格进行拆分，完成后的效果如图5-18所示。

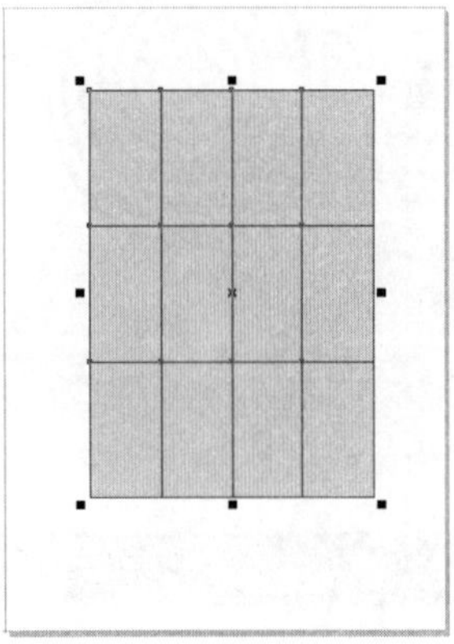

图5-16

图5-17

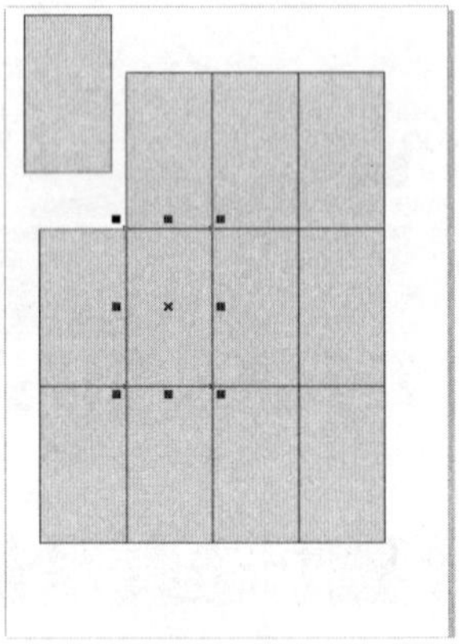

图5-18

提　示

按【Ctrl+U】快捷键，也可以将网格进行拆分。按住【Ctrl】键，可以绘制方形网格；按住【Shift】键，可以从中心向外绘制图形。

【单元练习】——绘制象棋棋盘

下面将介绍象棋棋盘效果的制作，该例主要是通过“图纸工具”绘制网格效果，并使用“钢笔工具”和“折线工具”为棋盘添加装饰效果，然后复制棋盘的另一半，并为其添加文本，完成后的效果如图5-19所示。

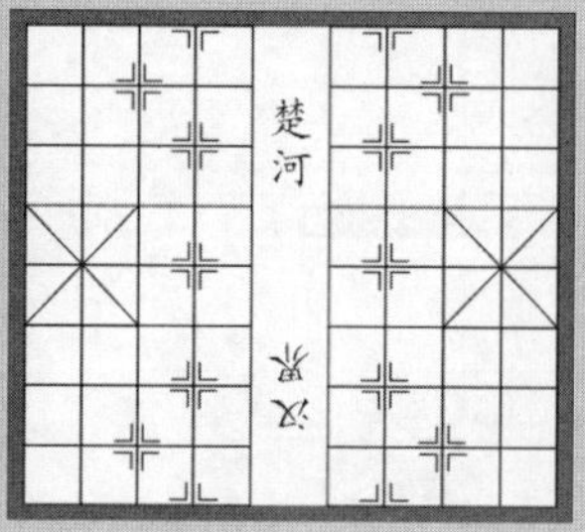

图5-19

01 新建一个横向页面的文档，如图5-20所示。

02 选择工具箱中的“图纸工具”，在属性栏中将“图纸行和列数”分别设置为4、8，将其填充色的CMYK参数设置为1、1、5、0，并将其轮廓线设置为0.8mm，如图5-21所示。

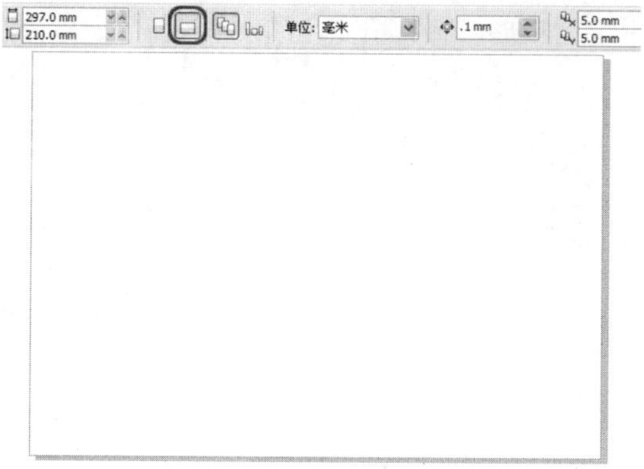

图5-20

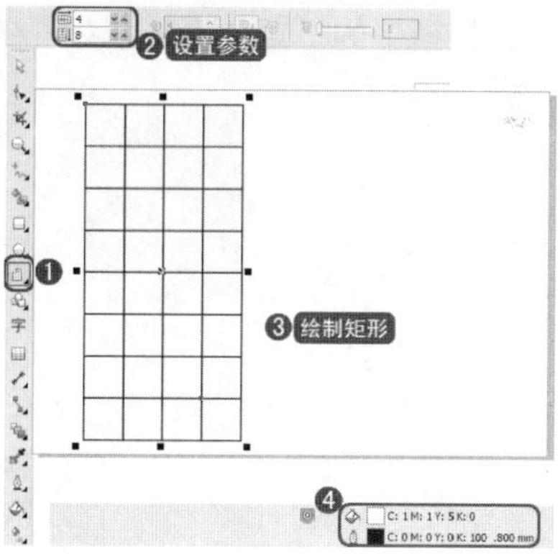

图5-21

03 选择工具箱中的“钢笔工具”，在属性栏中将“轮廓宽度”设置为0.8mm，在如图5-22所示的位置绘制两条相交的线段，如图5-22所示。

04 选择工具箱中的“折线工具”， 在属性栏中将“轮廓宽度”设置为0.8mm，在如图5-23所示的位置绘制折线，如图5-23所示。

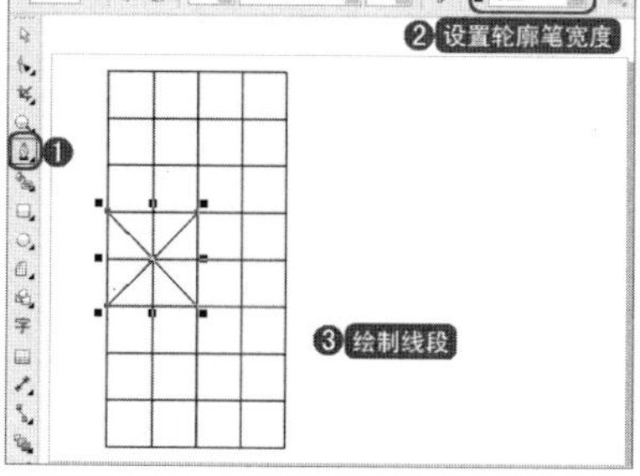

图5-22

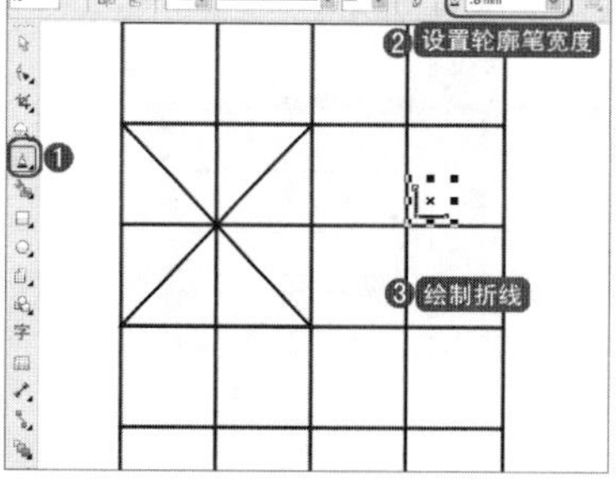

图5-23

05 选择新绘制的折线，对其进行复制并旋转，如图5-24所示。

06 选择新复制的几条折线，对它们进行移动复制，完成后的效果如图5-25所示。

07 按【Ctrl+A】快捷键，将场景中的对象全部选中；按【Ctrl+G】快捷键将选中的对象成组，如图5-26所示。

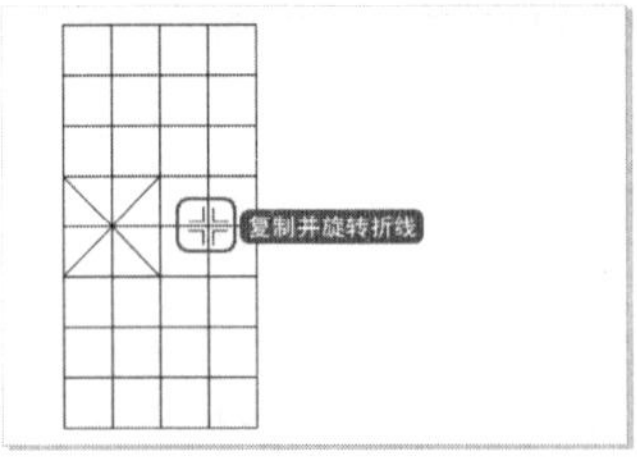

图5-24

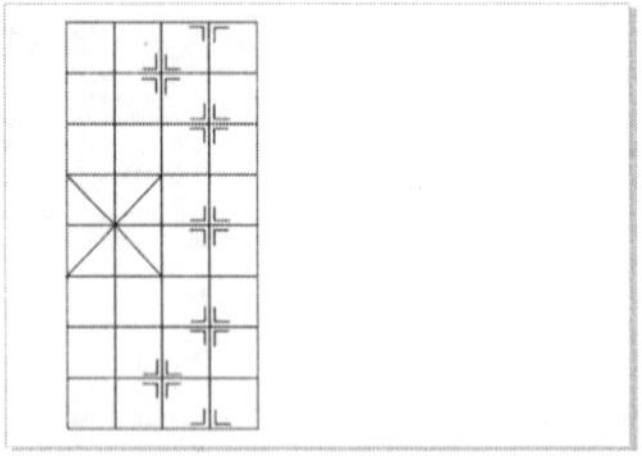
图5-25

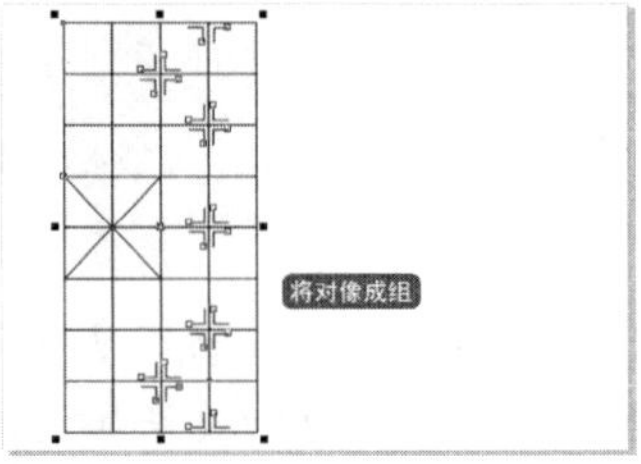

图5-26

08 确定成组后的对象处于选择状态，配合【Ctrl】键将其向右移动，移动到适当的位置单击鼠标右键对其进行复制，如图5-27所示。

09 确定复制后的对象处于选择状态，选择工具箱中的“选择工具”，在属性栏中单击“水平镜像按钮”，将复制的对象水平镜像，如图5-28所示。

10 选择工具箱中的“矩形工具”，在绘图页中绘制矩形，将其填充色的CMYK参数设置为1、1、5、0，如图5-29所示。

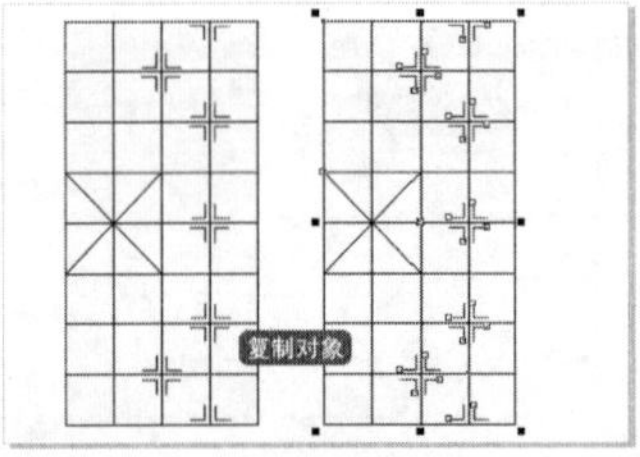

图5-27

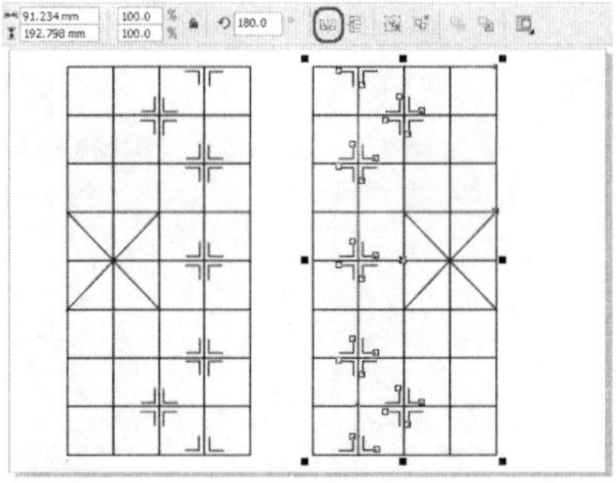
图5-28

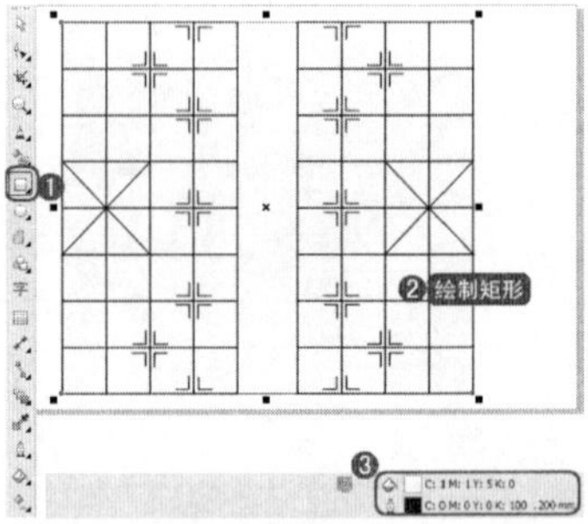

图5-29

11 将新绘制的矩形进行复制，然后按【Shift】键将其放大显示，并将其填充为“蓝紫色”，如图5-30所示。

12 选择工具箱中的“文本工具字”，在属性栏中单击按钮，在棋盘格中间输入文本，并将文本选中，在属性栏中将其“字体列表”设置为楷体，将“文本高度”设置为50pt，然后在场景中调整文本的位置，如图5-31所示。

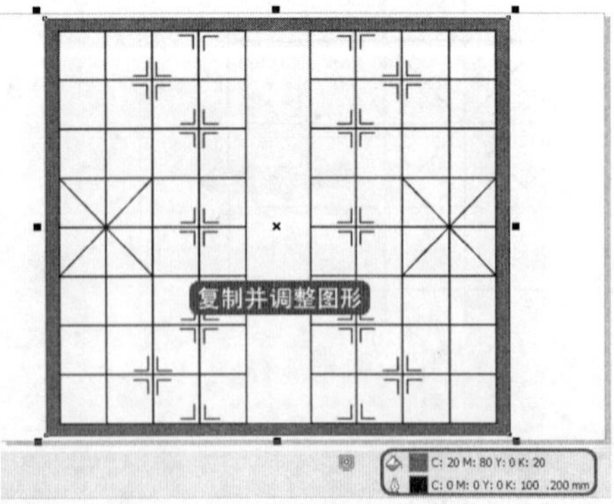

图5-30

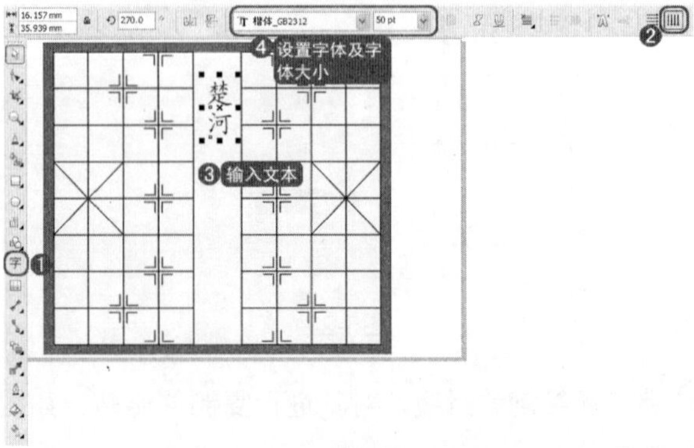

图5-31

⑬ 确定新创建的文本处于选择状态，按【Ctrl】键将其向下移动，移动到适当的位置单击鼠标右键将其复制，如图5-32所示。

⑭ 选择复制的文本处于选择状态，再次单击鼠标，使其处于旋转状态，在属性栏中将旋转参数设置为90°，如图5-33所示。

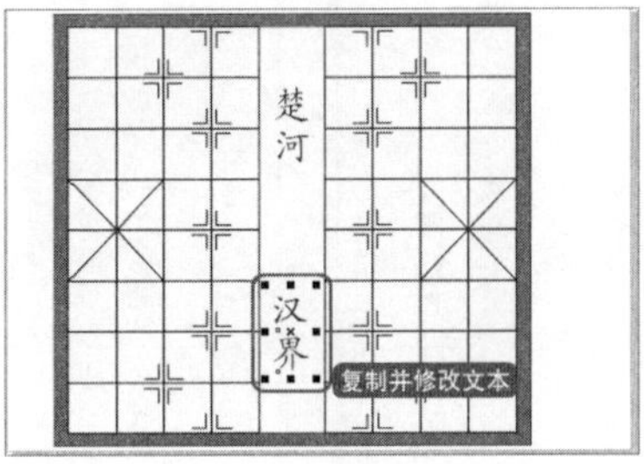

图5-32

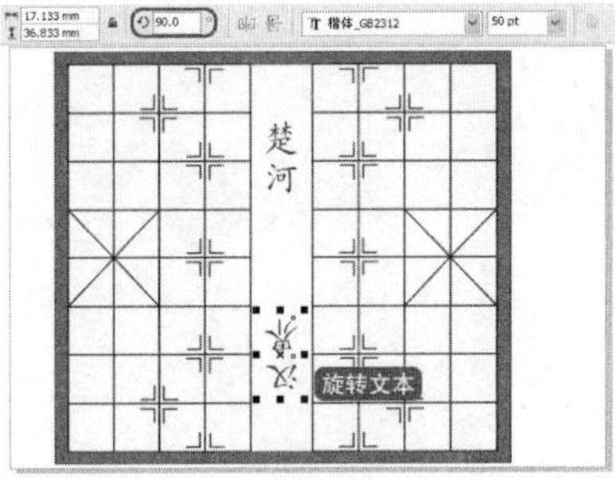

图5-33

⑮ 按【Ctrl+A】快捷键将场景中的对象全部选择；按【Ctrl+G】快捷键将选择的对象成组，如图5-34所示。

⑯ 在菜单栏选择“排列”\“对齐和分布”\“在页面水平居中”命令。

⑰ 将成组后的对象在页面中水平居中，完成后的效果如图5-35所示。

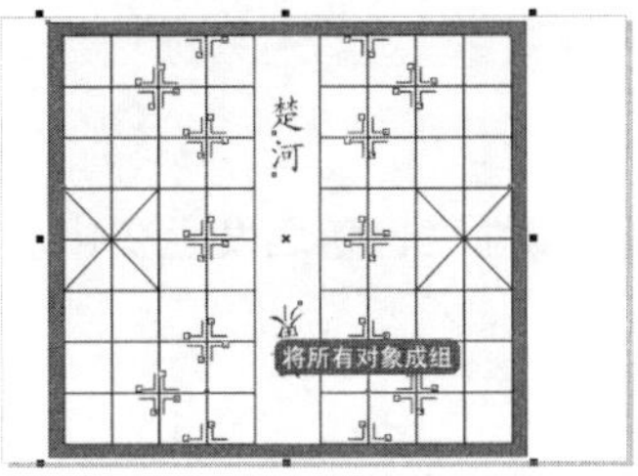

图5-34

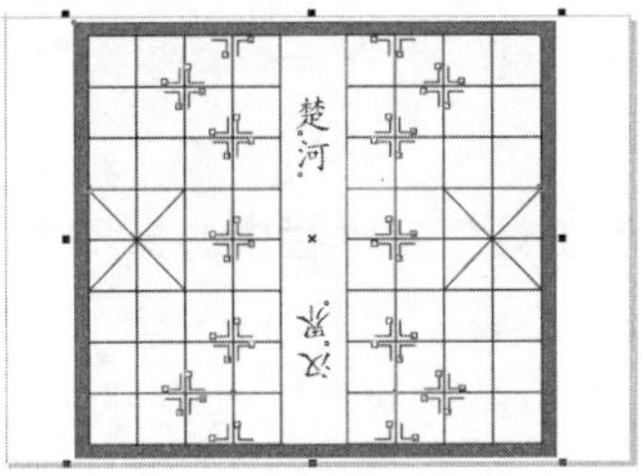

图5-35

5.3 自然笔工具

“艺术笔工具”（如图5-36所示）主要包含一些基于矢量图形的笔刷、笔触，是创作人员必不可少的常用工具之一，它可以为创作提供现成的艺术图案，还可大大提高图形设计工作效率。

可以通过以下方法来打开“艺术笔工具”。

- 单击工具箱中的“艺术笔工具”。
- 按【I】键，即可切换到“艺术笔工具”。

在使用“艺术笔工具”绘制艺术效果时，鼠标的光标会自动变成。直接在工作区单击，即可绘制相关效果。

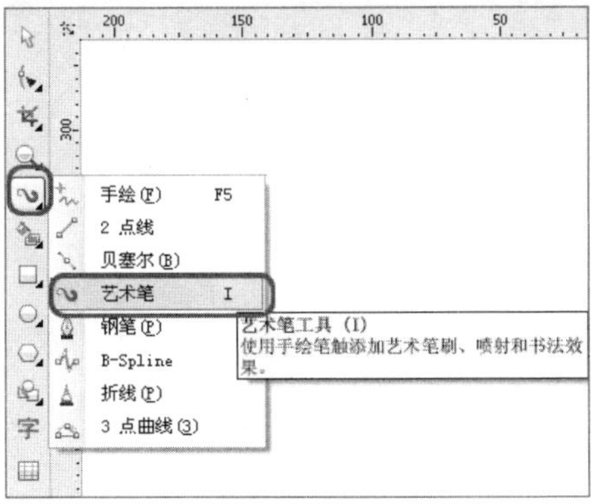

图5-36

在“艺术笔工具”属性栏中包含“预设”、“笔刷”、“喷涂”、“书法”和“压力”5种艺术笔效果。除去“书法”和“压力”两种艺术笔效果之外，其他的3种艺术笔效果都是在一条曲线的前提下建立的。当绘制一种艺术笔效果后，使用“选择工具”拖动时，这条曲线就会出现，如图5-37和图5-38所示。选择菜单栏中的“排列”\“拆分艺术笔群组”命令，可以解除该曲线和艺术效果之间的关系，使之分离，如图5-39所示。

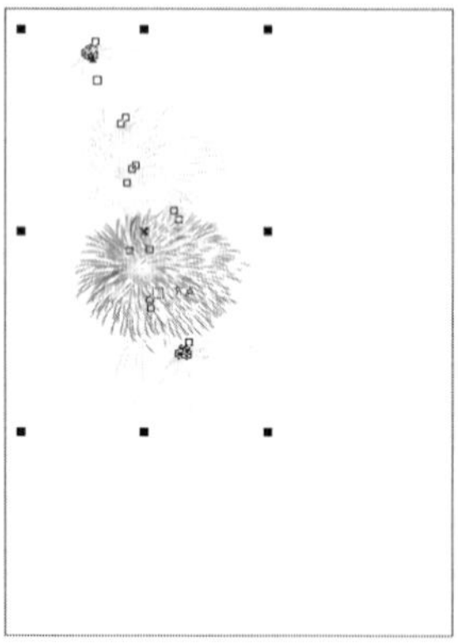

图5-37

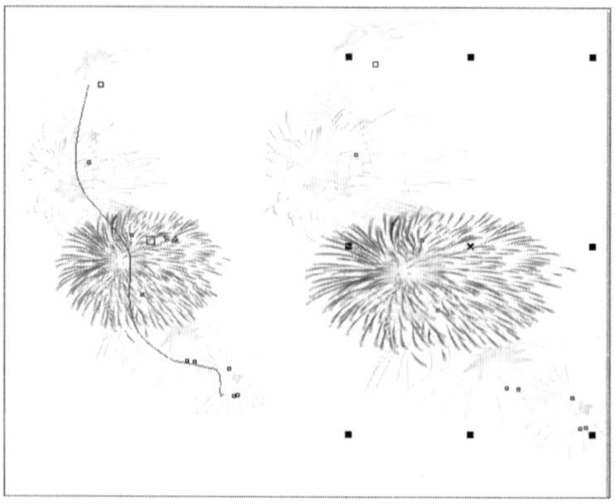

图5-38

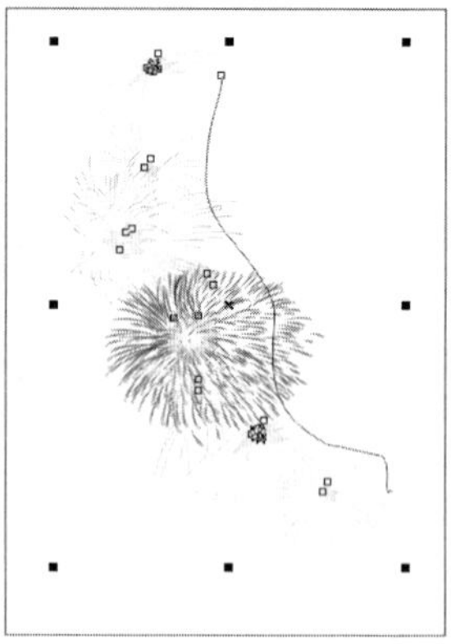

图5-39

5.3.1 预设模式自然笔

如图5-40所示为“预设”艺术笔工具属性栏，其中各选项的功能如下。

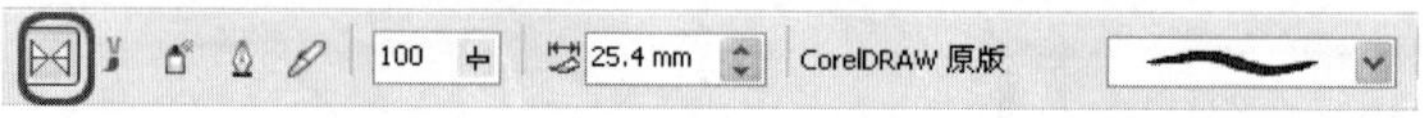

图5-40

在“艺术笔工具”属性栏中选择不同的艺术笔效果，其属性栏也随之发生变化，下面介绍各艺术笔效果的属性。

- “预设”：艺术笔工具的一种效果形式。
- “手绘平滑度”100：主要用于控制笔触的平滑度，数值在0～100之间，平滑度数值越低，笔触路径就越复杂，节点就越多；反之笔触路径就越简单，节点就越少，路径就越平滑，如图5-41所示。

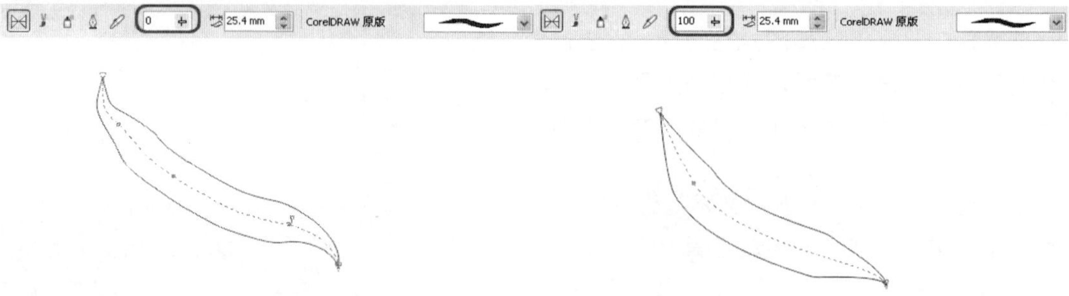

图5-41

- “笔触宽度”17.9 mm：用于控制笔触的大小。控制范围在0.762mm～254mm之间。如图5-42所示分别是设置笔触大小为30mm和60mm的笔刷效果。
- “预设笔触列表”：CorelDRAW X5提供了23种不同的艺术笔触效果，可以充分释放用户的创作灵感，如图5-43所示。

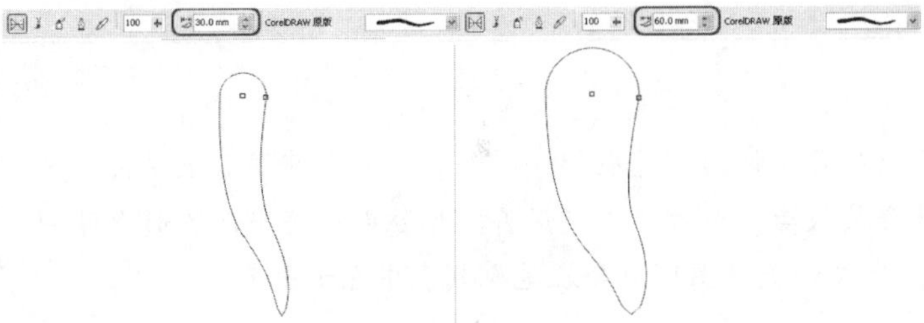

图5-42

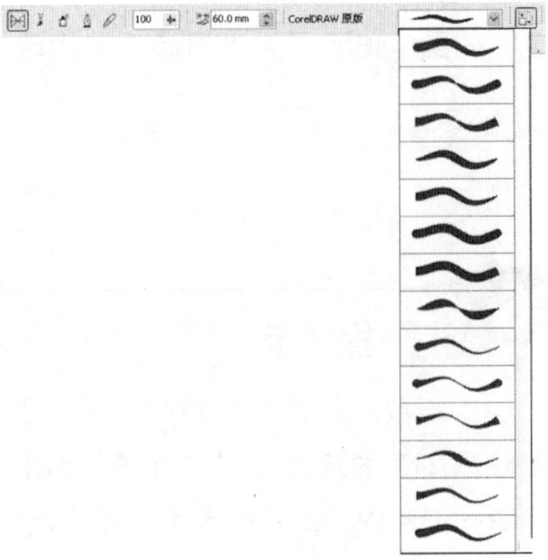

图5-43

5.3.2 笔刷模式自然笔

如图5-44所示为“笔刷”艺术笔工具属性栏，其中各选项功能如下：

- “笔刷”：艺术笔工具的一种效果形式。
- “浏览”：浏览系统文件夹中的笔刷文件。
- “笔刷笔触”：利用CorelDRAW X5中现有的笔刷样式，可以绘制多种风格的艺术作品。单击旁边的小箭头可弹出笔触列表，如图5-45所示。
- “保存艺术笔触”：保存笔刷命令。用户可以自己进行图形的绘制，也可以将任意矢量图形定义保存为笔刷格式，方便下次调用。笔刷文件格式为.cmx。
- “删除”：删除笔刷命令，主要用于删除自定义的笔刷，CorelDRAW X5系统笔刷库中的笔刷是不可以被删除掉的。单击笔触列表，选择自定义的笔刷后，原本是灰度的“删除”命令就会被激活，单击即可删除笔刷。

图5-44

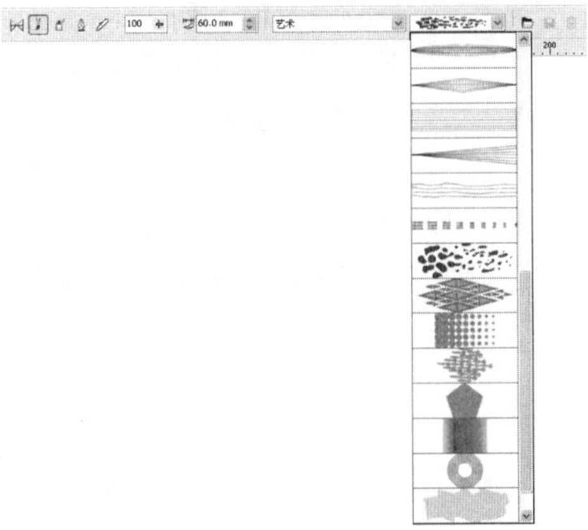

图5-45

5.3.3 喷涂模式自然笔

如图5-46所示为“喷涂”艺术笔工具属性栏，其中各选项功能如下。

图5-46

提　示

绘制或打开一幅图形，然后将当前工具切换到“笔刷”状态，并在当前图形上单击，这时原本呈灰度显示的“保存”按钮就会被激活，然后单击“保存”按钮即可将当前图形存储到CorelDRAW X5笔刷库中，保存之后，定义的矢量图形就会在笔刷列表中显示出来。

- “喷涂”：艺术笔工具的一种效果形式。
- “要喷涂的对象大小”：主要用于控制当前喷涂对象的大小。如图5-47所示分别是“喷涂”数值为75、150的对比效果。
- “喷射图样”：该命令即可展开喷涂列表，如图5-48所示，CorelDRAW X5新增了多种不同的喷涂样式可供选择使用。

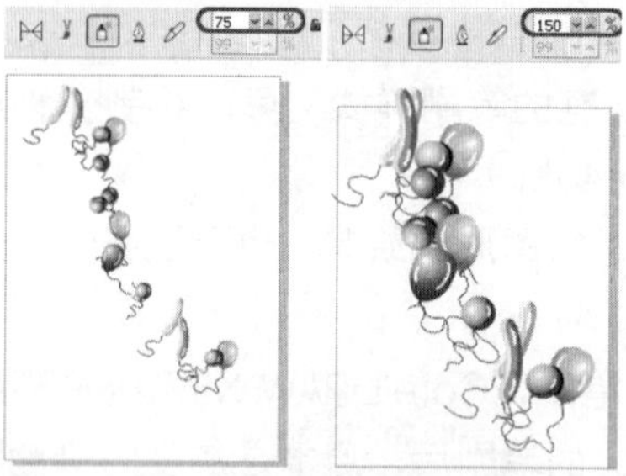

图5-47

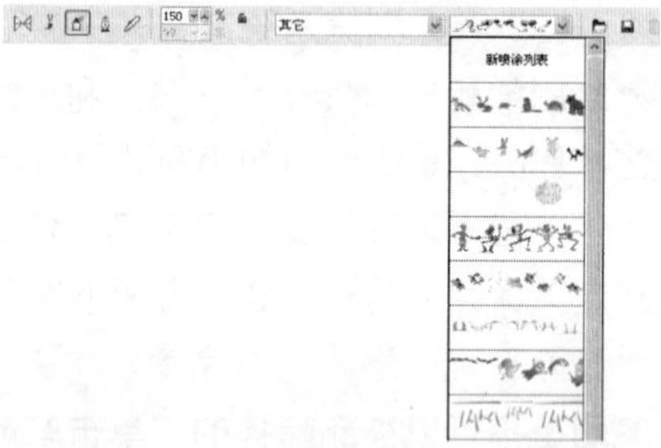

图5-48

- “选择喷涂顺序”随机：CorelDRAW X5系统提供了3种不同的喷涂顺序可供选择，它们分别是随机、顺序和按方向，如图5-49所示。
- “添加到喷涂列表”：该命令同“保存为艺术笔触”的原理相同，都是将任意矢量图形定义保存为笔刷格式，方便下次调用。笔刷文件格式为.cmx。使用方法与保存笔刷命令相同。
- “喷涂列表选项”：该命令即可打开【创建播放列表】对话框，如图5-50所示，该命令主要用于当前喷涂图形的添加和删除工作。

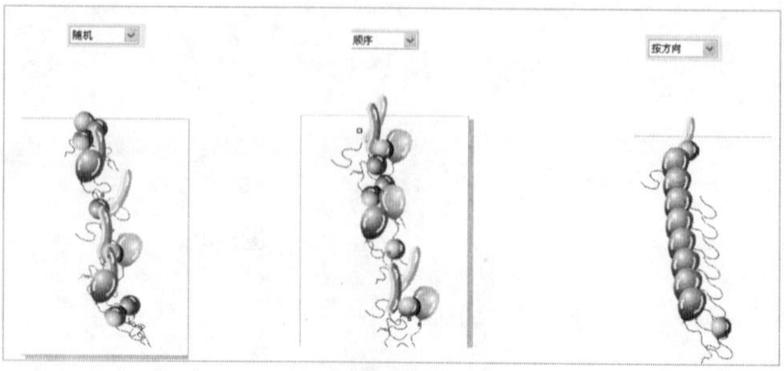

图5-49

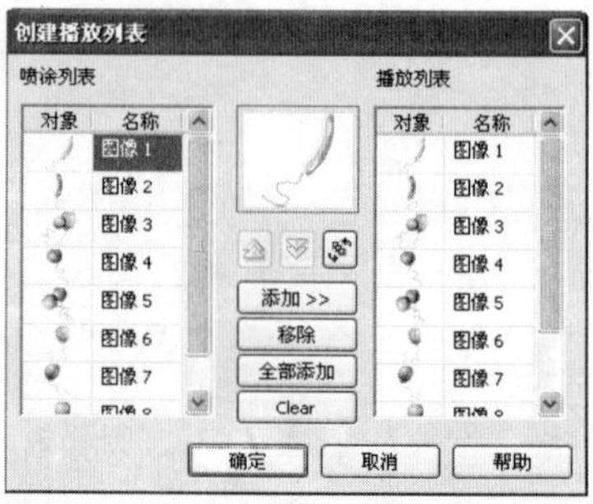

图5-50

- “每个色块中的图像数和图像间距”：该命令主要用于控制当前喷涂对象的密度大小和分布距离，上面的数值主要控制密度大小。数值越大，密度越大；反之则越小。如图5-51所示为密度值设置为1和5的对比效果。下面的数值主要用于控制喷涂对象的分布距离，数值越大，之间的距离就越大；反之则越小。如图5-52所示为分布距离值设置为30和42的对比效果。

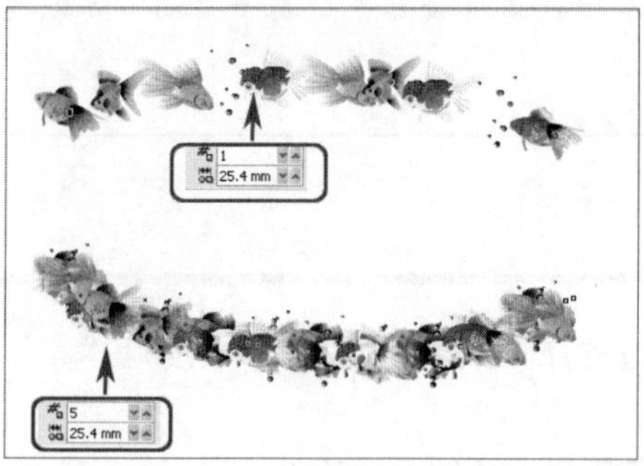

图5-51

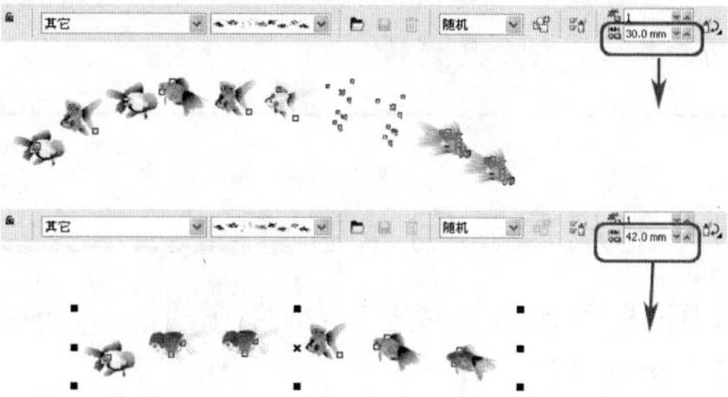

图5-52

- “旋转”：该命令主要用于控制当前喷涂对象的角度。单击该命令即可打开相应的对话框，如图5-53所示，在“角”文本框中直接输入角度值即可改变当前喷涂对象的角度。选择“使用增量”复选框后，“增加”选项才可使用。如图5-54所示为旋转90°的前后对比效果。

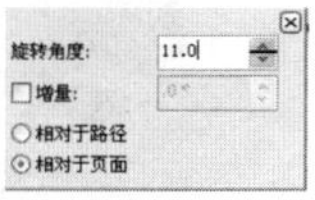

图5-53

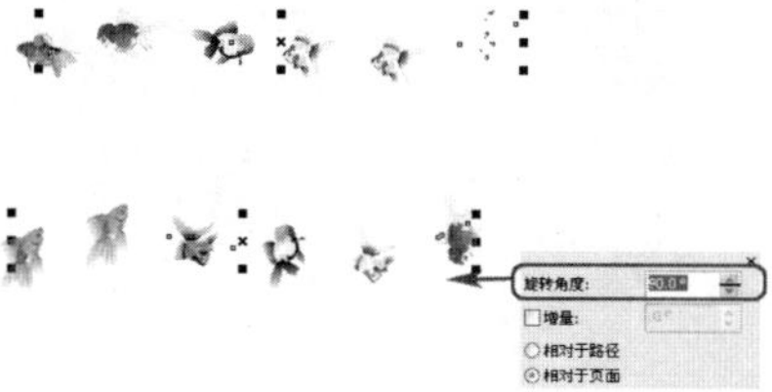

图5-54

- “偏移”：该命令可以控制当前喷涂对象的偏移大小，单击该按钮，即可打开【偏移】对话框，直接设置“偏移”数值即可完成偏移工作。如图5-55所示为设置偏移值为l0mm和30mm的对比效果。偏移方向有4种，分别是随机、替换、左部和右部，如图5-56所示为执行后的对比效果。

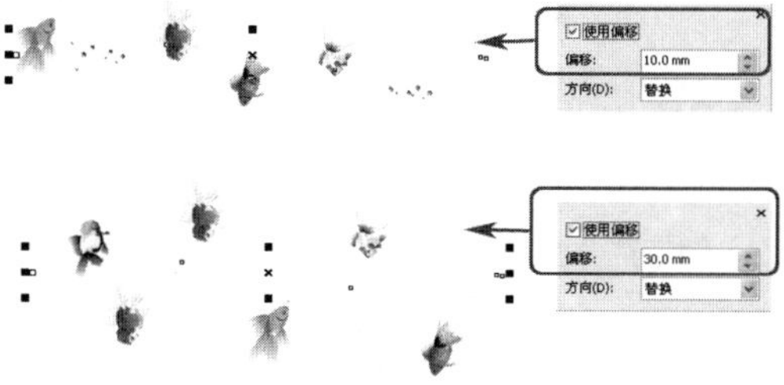

图5-55

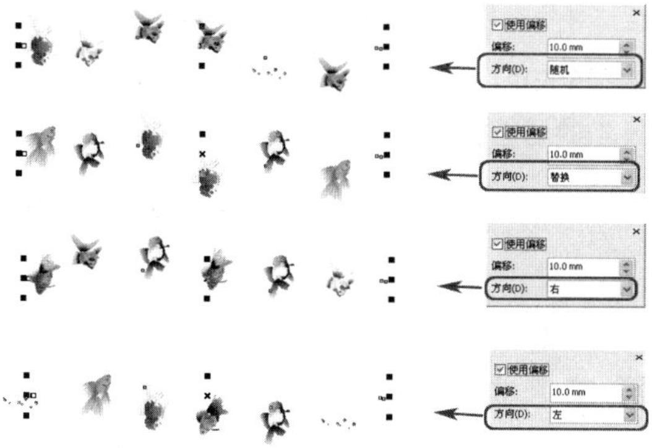

图5-56

● “重置值”：该命令可以取消当前执行的旋转和偏移命令，使喷涂图形回到初始状态。

提　示

“基于路径”是以当前喷涂对象的曲线路径为基准进行角度旋转，“基于页面”是以当前页面为基准进行角度旋转。

5.3.4　书法模式自然笔

如图5-57所示为“书法”艺术笔属性栏，之前介绍过的属性不再赘述，具体可参考本章“艺术笔工具”的属性栏设置。

“书法艺术笔工具”：艺术笔形式的一种，主要用于模拟传统书法效果。

“书法角度”：主要用于控制书法的路径角度。如图5-58所示为设置书法角度为0°和150°的对比效果。

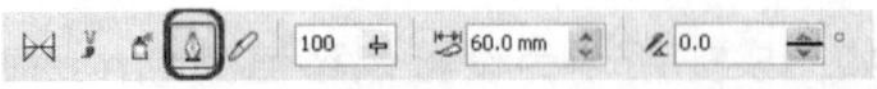

图5-57

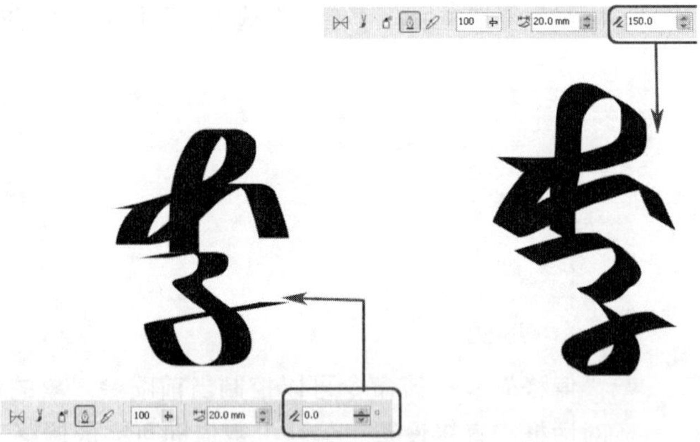

图5-58

5.3.5　压力模式自然笔

如图5-59所示为“压力”艺术笔属性栏，之前介绍过的属性不再赘述，具体可参考本章“艺术笔工具”的属性栏设置。

图5-59

“压力艺术笔工具”：如果想使用该工具，那么必须要有压感笔和绘图板的支持。其他属性同“预设”艺术笔工具属性。

【单元练习】——绘制游动的鱼

本例将在CorelDRAW中绘制游动的鱼的效果，该例的制作比较简单，首先绘制矩形，为其填充底纹和渐变颜色，并添加交互式透明效果制作水面效果，然后在海底绘制图形，并为其添加位图图样，最后使用画笔工具绘制金鱼效果，将它们拆分并调整位置，完成后效果如图5-60所示。

图5-60

01 新建一个横向页面的文档，如图5-61所示。

02 选择工具箱中的“矩形工具□”，在绘图页中绘制矩形，如图5-62所示。

03 在工具箱中选择“填充工具”，在弹出的快捷菜单中选择“底纹填充”命令，弹出【底纹填充】对话框，在“底纹库”下拉列表框中选择“样式”，在“底纹列表”列表框中选择“5色水彩”，将“底纹#”设置为7376，“波浪柔和%”设置为25，“波浪密度%”设置为60，“透视%”设置为95，其中“下”、“中底部”、“中间”、“中部表面”选择白色，“表面”选择蓝色，设置完成后单击“确定”按钮，如图5-63所示。

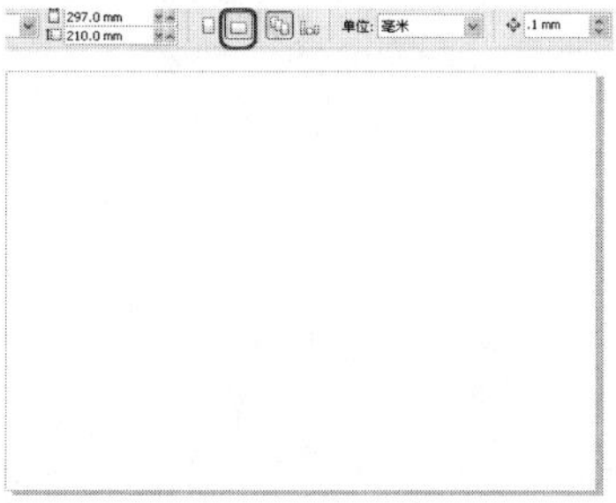
图5-61

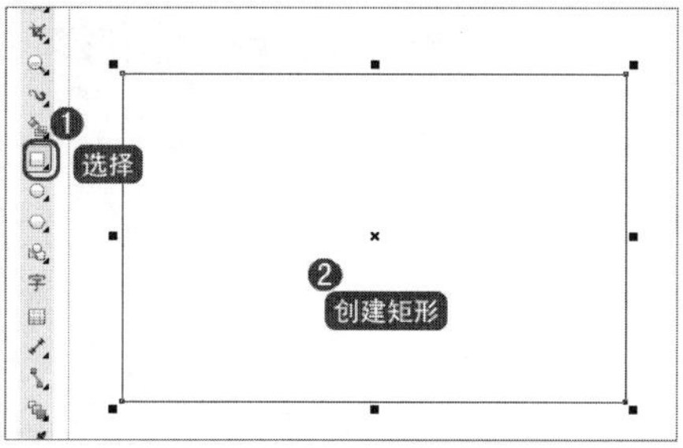

图5-62

图5-63

04 填充完底纹后的效果如图5-64所示。

05 在填充图案的矩形上面复制一个大小相同的矩形，确定复制的矩形处于选择状态，按【F11】键弹出【渐变填充】对话框，将“选项”区域下的“角度”文本框设置为180，将“从”的CMYK参数设置为40、0、0、0，将“到”的CMYK参数设置为100、100、0、0，设置完成后单击“确定”按钮，如图5-65所示。

06 填充完渐变后的效果如图5-66所示。

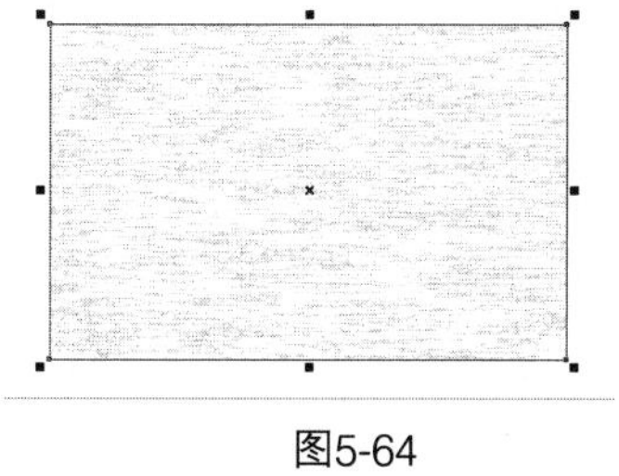
图5-64

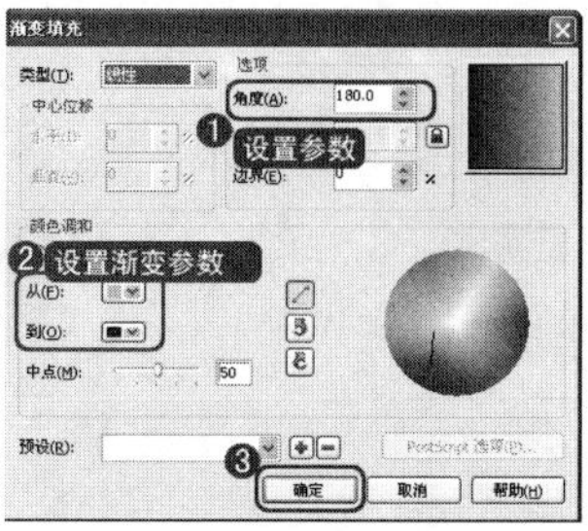

图5-65

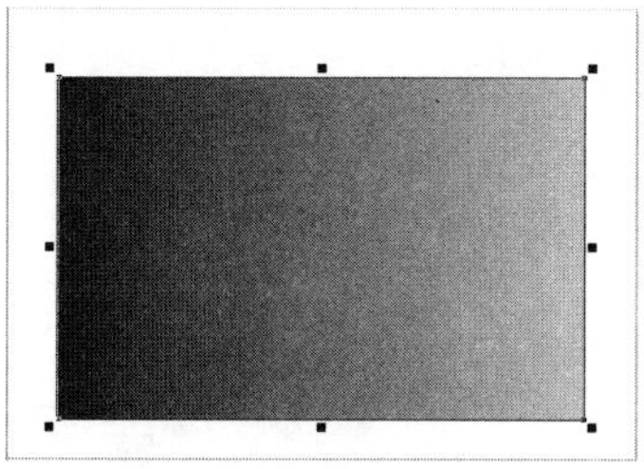
图5-66

07 选择工具箱中的“透明度工具”，在绘图页中为渐变图形添加透明效果，如图5-67所示。

08 选择工具箱中的“手绘工具”，在矩形的下方绘制图形，并使用“形状工具”对图形进行调整，如图5-68所示。

09 在工具箱中选择“填充工具”，在弹出的快捷菜单中选择“图样填充”命令，弹出【图样填充】对话框，选择“位图”单选按钮，在位图中选择鹅卵石图案，在“变化”选项区域下将“旋转”参数设置为115°，单击“确定”按钮，如图5-69所示。

图5-67

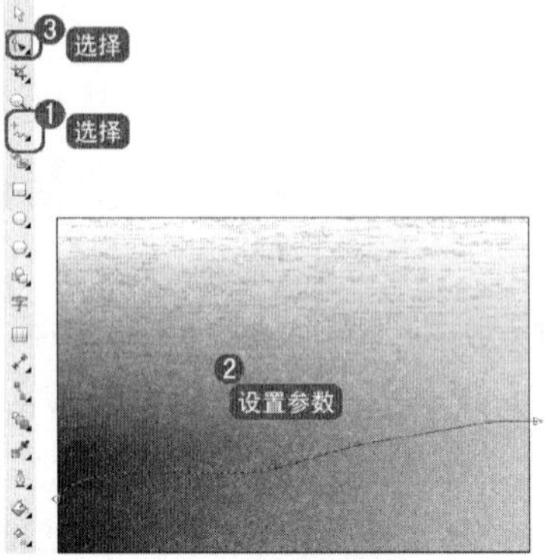

图5-68

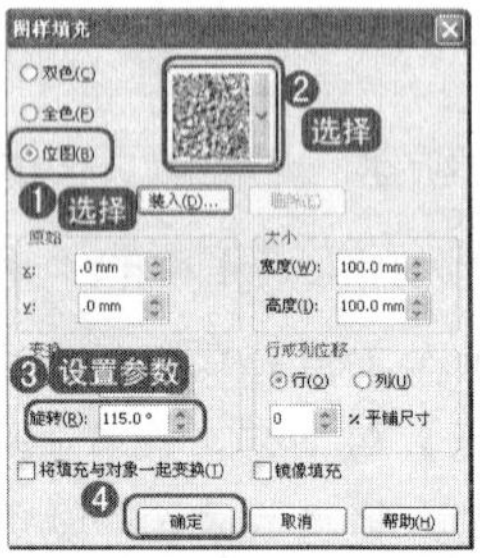

图5-69

10 填充完图样后的效果如图5-70所示。

11 选择工具箱中的“透明度工具”，在绘图页中为渐变图形添加透明效果，如图5-71所示。

图5-70

图5-71

12 选择工具箱中的“艺术笔工具”，在属性栏中选择“喷涂按钮”，将“喷涂大小”设置为60，在“喷射图样”中选择金鱼图案，将“喷涂顺序”定义为“顺序”，如图5-72所示。

13 在绘图页中按住鼠标左键拖动，绘制鱼的图案，如图5-73所示。

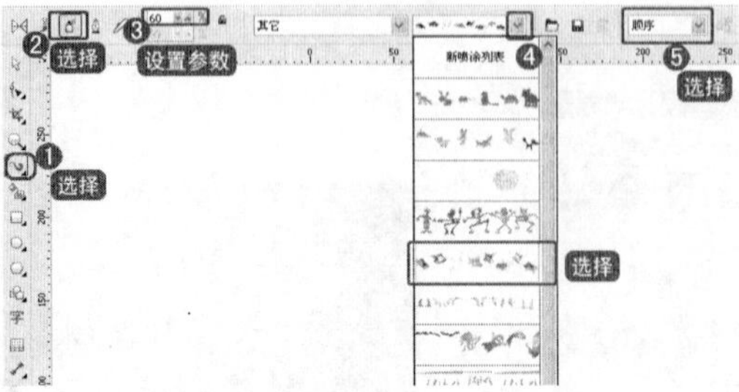

图5-72

图5-73

⑭ 确定“艺术笔工具”处于选择状态，在属性栏中将“喷涂顺序”定义为“随机”，然后在绘图页中绘制金鱼，如图5-74所示。

⑮ 按【Ctrl+K】快捷键将金鱼图案分离成两个独立的图形，然后将分离后的路径删除，选择金鱼图形，按【Ctrl+U】快捷键将其分离成若干个独立的图形，最后复制金鱼和泡泡并调整它们的位置，如图5-75所示。

图5-74

图5-75

【每日一练】——绘制卡通男孩 >>>

本例将介绍卡通男孩的制作，该例的制作比较简单，主要是通过“钢笔工具”和“椭圆工具”绘制图形，并使用“形状工具”对图形进行调整，然后为图形填充不同的颜色，在绘制图形的过程中需要注意图层的位置，完成后的效果如图5-76所示。

图5-76

01 新建空白文档，选择工具箱中的“椭圆工具”，在绘图页中绘制椭圆形状，如图5-77所示。

02 确定椭圆图形处于选择状态，单击鼠标右键，在弹出的快捷菜单中选择“转换为曲线”命令，如图5-78所示。

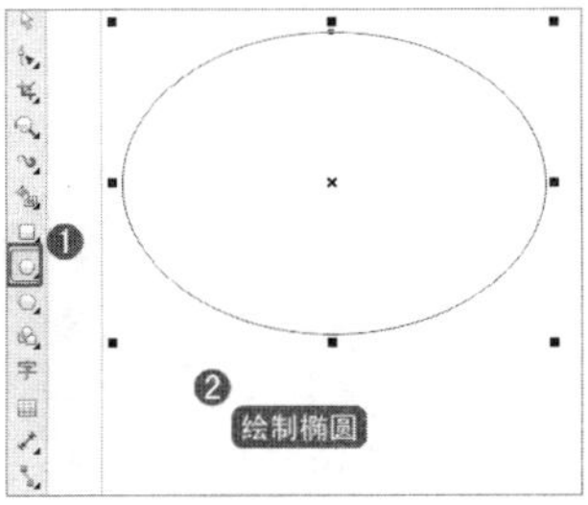

图5-77

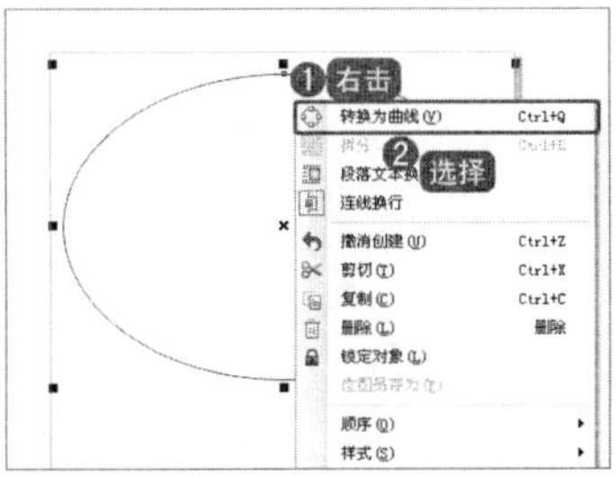

图5-78

03 选择工具箱中的“形状工具”，按【Ctrl+A】快捷键选择所有的节点，单击属性栏中的“转换为曲线按钮”，然后调整图形的形状，如图5-79所示。

04 将新绘制的图形填充为青色，并将其轮廓线设置为3mm，如图5-80所示。

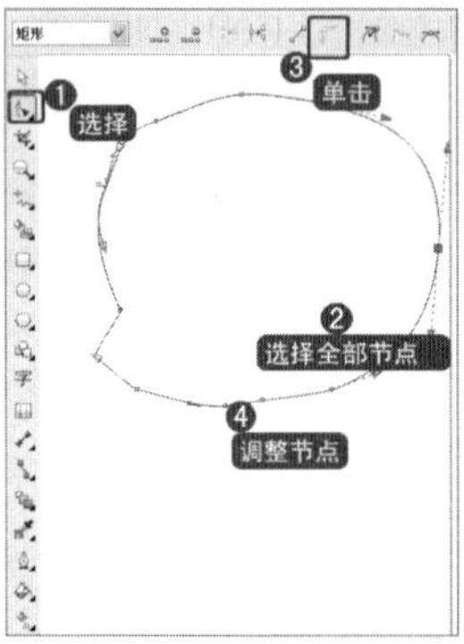

图5-79

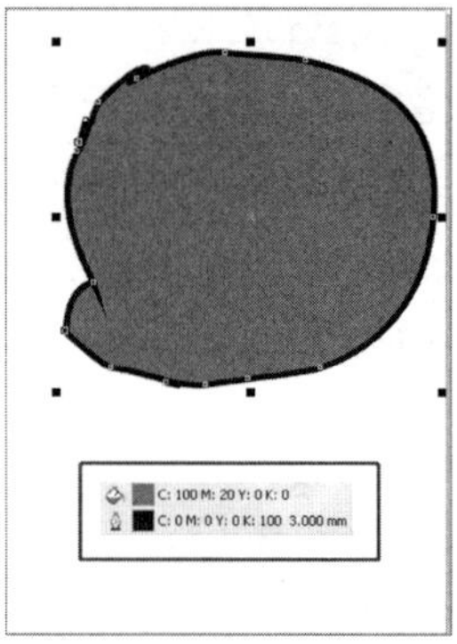

图5-80

05 选择工具箱中的“钢笔工具”，在绘图页中绘制图形，如图5-81所示。

06 选择工具箱中的“形状工具”，单击属性栏中的“转换为曲线按钮”，然后调整图形的形状，如图5-82所示。

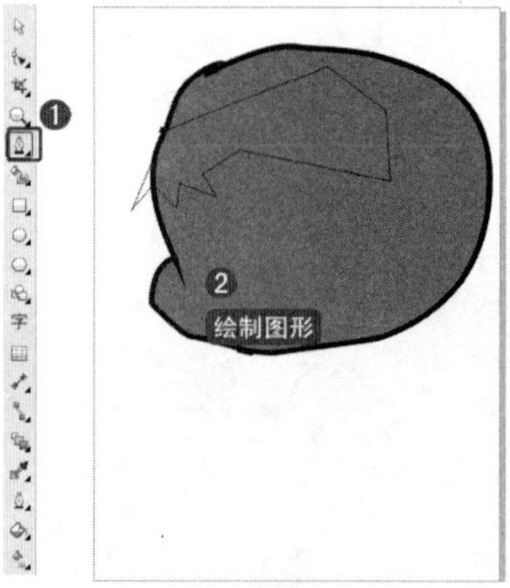

图5-81

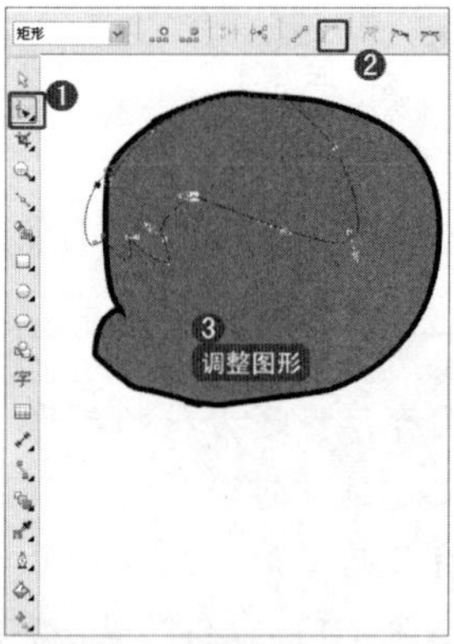

图5-82

07 将新绘制的图形填充为RGB颜色为146、201、255的颜色，并取消轮廓线的填充，如图5-83所示。

08 选择工具箱中的“钢笔工具”，在绘图页中绘制形状，然后选择工具箱中的“形状工具”，按【Ctrl+A】快捷键选择所有的节点，单击属性栏中的“转换为曲线按钮”，最后调整图形的形状，如图5-84所示。

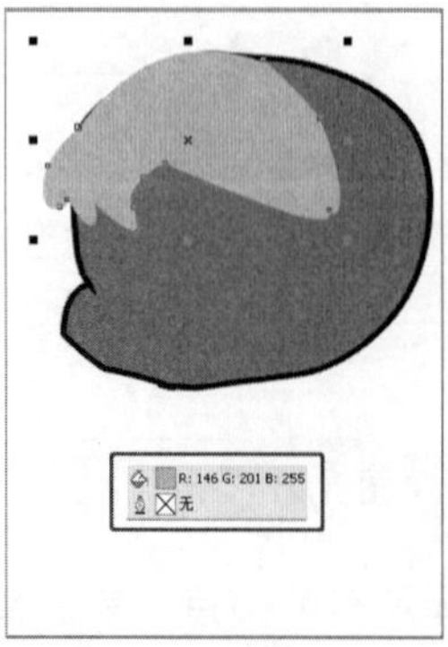

图5-83

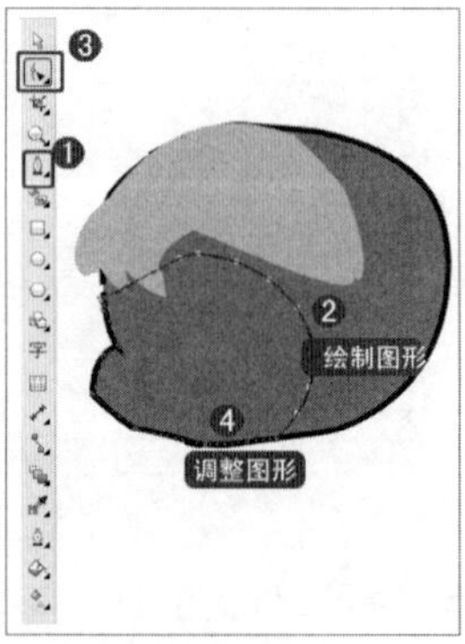

图5-84

(09) 确定新绘制的图形处于选择状态，将其填充色的RGB参数设置为255、224、193，并取消轮廓线的填充，按【Ctrl+PageDown】快捷键调整涂层的位置，如图5-85所示。

(10) 选择工具箱中的“钢笔工具”，在绘图页中绘制形状，然后选择工具箱中的“形状工具”，按【Ctrl+A】快捷键选择所有的节点，单击属性栏中的“转换为曲线按钮”，最后调整图形的形状，如图5-86所示。

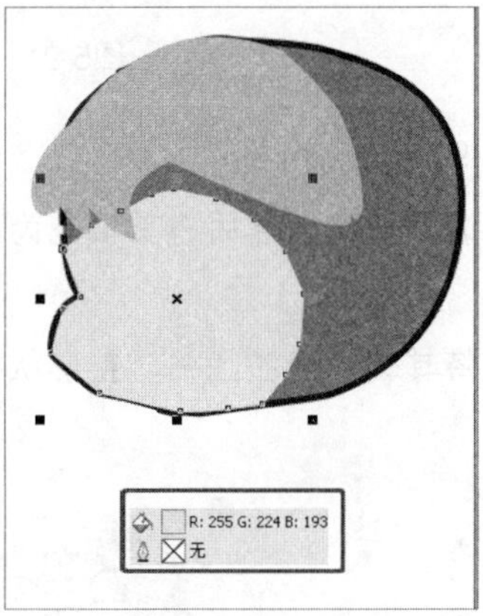

图5-85

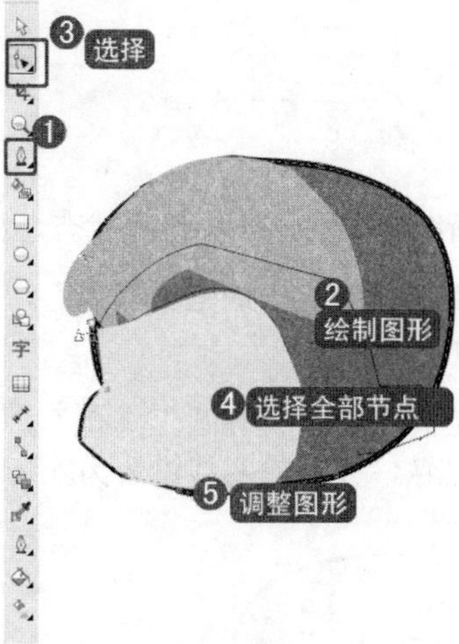

图5-86

(11) 将该图形填充色的RGB参数设置为255、195、140，在绘图页中调整图层的位置，如图5-87所示。

(12) 选择工具箱中的“钢笔工具”，在属性栏中将轮廓宽度设置为1.5mm，然后在绘图页中绘制图形，并对图形进行调整，如图5-88所示。

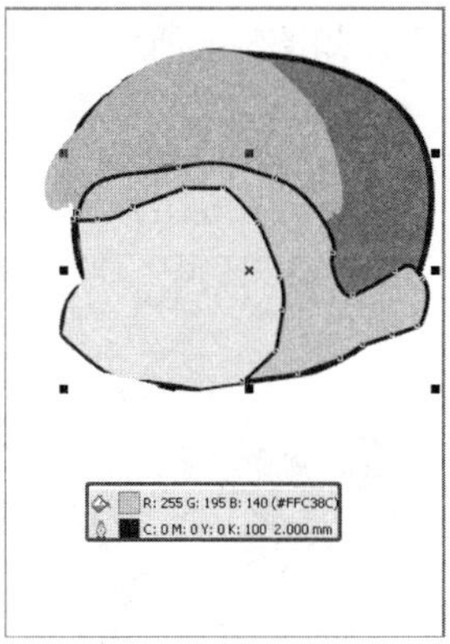

图5-87

图5-88

(13) 选择工具箱中的“椭圆工具”，在绘图页中绘制图形并将其转换为曲线，然后调整椭圆的形状，将其填充为黑色，如图5-89所示。

(14) 使用同样的方法绘制白色椭圆，并将其轮廓线删除，如图5-90所示。

(15) 选择工具箱中的“钢笔工具”，在绘图页中绘制嘴部形状，并调整形状，如图5-91所示。

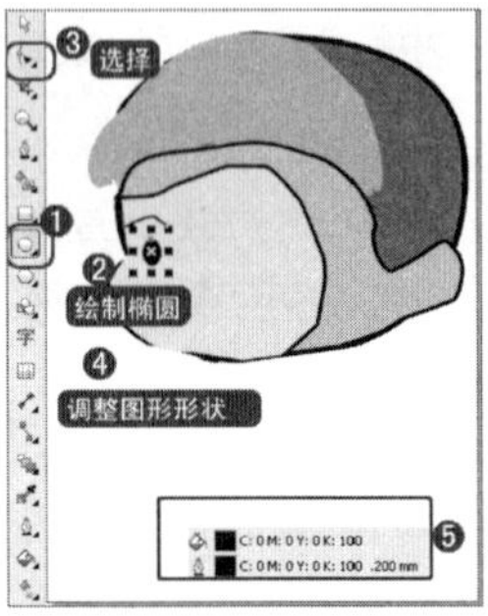

图5-89

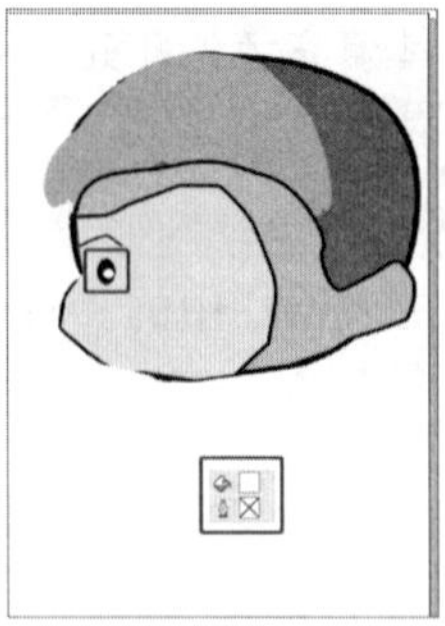

图5-90

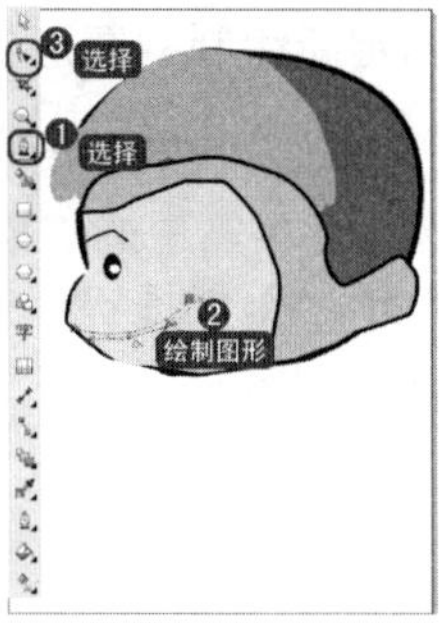

图5-91

16 确定新绘制的图形处于选择状态，将其填充为黑色，如图5-92所示。

17 选择工具箱中的“钢笔工具”，在耳朵处绘制形状，并调整形状，然后将其填充为黑色，如图5-93所示。

18 选择工具箱中的“椭圆工具”，在绘图页中绘制椭圆，将其转换为曲线并调整形状，然后将其填充为红色，并将轮廓线设置为2mm，如图5-94所示。

图5-92

图5-93

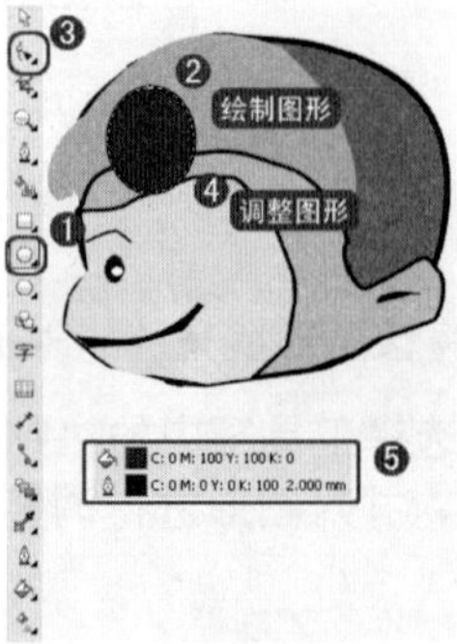

图5-94

19 使用“椭圆工具”和“钢笔工具”绘制并调整图形作为眼镜，如图5-95所示。

20 使用同样的方法绘制眼镜的另一半，如图5-96所示。

21 选择工具箱中的“钢笔工具”，在绘图页中绘制图形作为眼镜架，如图5-97所示。

图5-95

图5-96

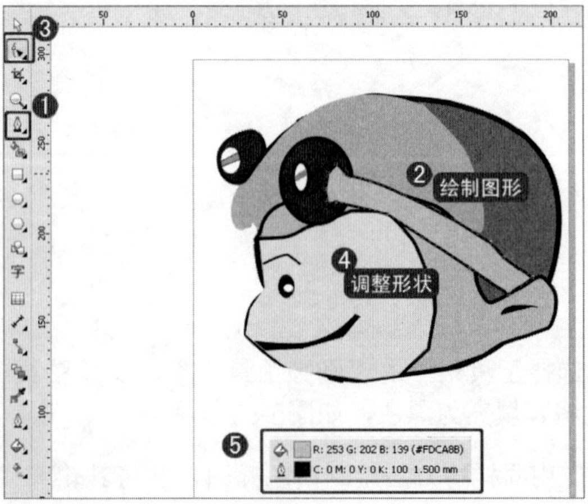

图5-97

22 继续在绘图页中绘制图形，如图5-98所示。

23 使用"钢笔工具"，在属性栏中将轮廓宽度设置为2mm，在属性栏中绘制线段，作为男孩的头发，如图5-99所示。

图5-98

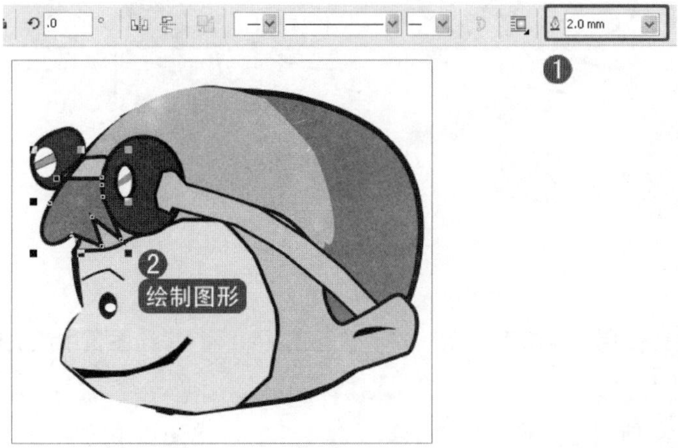

图5-99

24 使用"钢笔工具"，绘制图5-102所示的形状作为男孩的颈部，如图5-100所示。

25 为颈部填充颜色，并将其轮廓线设置为2mm，如图5-101所示。

26 继续在颈部绘制图形作为颈部高光，如图5-102所示。

图5-100

图5-101

图5-102

27 使用工具箱中的"钢笔工具"，在绘图页中绘制围巾和衣服图形，如图5-103所示。

28 同样在绘图页中绘制男孩的鞋子，如图5-104所示。

29 使用"钢笔工具"和"形状工具"，在绘图页中绘制手臂形状，如图5-105所示。

30 使用"钢笔工具"和"形状工具"，在绘图页中绘制小船形状，注意调整小船图层的位置，如图5-106所示。

图5-103

图5-104

图5-105

图5-106

31 使用“钢笔工具”和“椭圆工具”，在绘图页中绘制船桨，将其调整至手臂的下方，如图5-107所示。

32 使用工具箱中的“钢笔工具”，在绘图页中绘制图5-108所示的形状作为衣褶，并将其填充为黑色。

33 按【Ctrl+A】快捷键将绘图页中的图形全部选中，按【Ctrl+G】快捷键将选择的图形成组，如图5-109所示。

34 至此，卡通男孩绘制完成了，将效果输出并保存场景文件。

图5-107

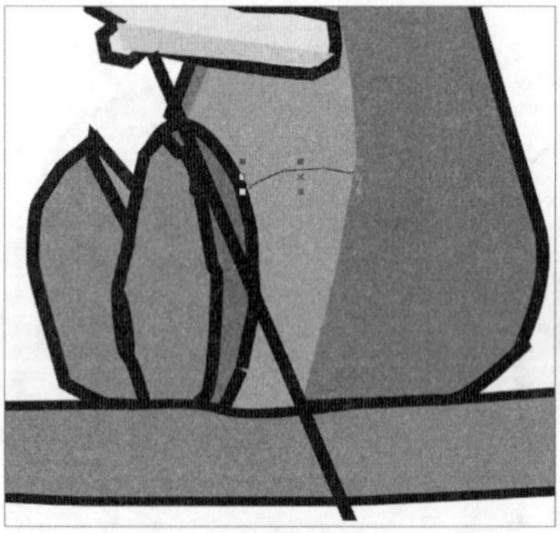

图5-108

图5-109

第06天 着色工具

CorelDRAW X5提供了强大的着色工具，主要包括标注填充工具、渐变式填充工具、图样填充工具、底纹填充工具、颜色滴管工具等。【颜色】泊坞窗主要用于颜色和专色的定义控制，使用交互式填充工具可以方便为图形更换颜色。

6.1 使用填充工具

CorelDRAW X5新的填充功能可以非常方便地为图形添加渐变填充、图样填充、底纹填充和PostScript底纹填充；其加强的智能填充使工作效率大大提高，下面将对各种填充工具进行简单介绍。

6.1.1 标准填充

【均匀填充】对话框主要用于进行颜色的设置与填充，单击工具箱中的“填充工具”，在弹出的快捷菜单中选择“均匀填充”命令（或者按【Shift+F11】快捷键），即可打开【均匀填充】对话框，如图6-1所示。

1. 模型

如图6-2所示为【填充】对话框中的“模型”选项卡，可以通过拖动颜色区域旁边彩虹色上的控制条，进行颜色选择；直接按住鼠标左键在颜色区域中进行选择；还可以在右侧的“组件”选项区域中输入颜色值进行颜色值的精确定位。

“模型”对话框中各选项功能如下：

- “模型”：用于选择不同的色彩类型，单击可弹出下拉列表，其中包括CMY、CMYK、RGB、HSB、HLS、Lab、YIQ、灰度和注册色9种色彩类型。
- “参考”：提供了原来的颜色和新选择的颜色的对比。“旧的”显示原来的颜色预览，“新建”显示新选择的颜色预览。
- “组件”：针对不同的色彩类型，可以输入相关的值进行色彩精确定位。
- “名称”：该下拉列中由包含CorelDRAW X5自带的些色彩体系，可以自主选择。

2. 混合器

如图6-3所示为【填充】对话框中的“混合器”选项卡，各选项功能如下：

- “模型”：用于选择不同的颜色类型，单击可弹出下拉列表，其中包括CMY、CMYK、RGB、HSB、HLS、Lab和YIQ共7种色彩类型。
- “色度”：以三角形、五角形和矩形等来控制左边圆形彩虹条的色彩关系。随着选择色度的不同，下面的颜色色块也会随之改变。可以通过拖动左边的圆形彩虹条来获得不同的颜色效果。
- “变化”：用于调节颜色的冷暖程度。单击可弹出下拉列表，其中包含调冷色调，调暖色调、调亮、调暗和降低饱和度，单击任一选项，下侧的颜色块都会随之改变。如选择“调亮”选项后，下面的色块列表中则是针对当前颜色慢慢调亮的色块。

- “大小”：用于控制显示的色块列数。
- “组件”：用于控制各个色值，便于进行精确调节。
- “名称”：该下拉列表中包含CorelDRAW X5自带的一些色彩体系，可以自主选择。

图6-1

图6-2

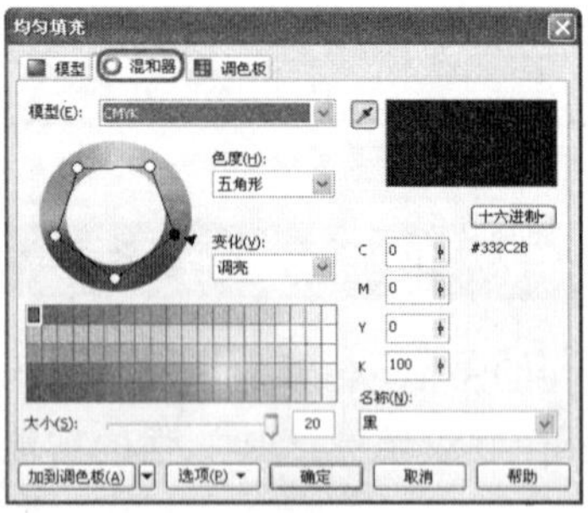

图6-3

3. 调色板

如图6-4所示为【填充】对话框中的“调色板”选项卡，单击可展开下拉列表，里面包含固定的调色板、自定义调色板、用户的调色板和默认的RGB调色板。在“调色板”选项卡中主要进行印刷上专色的设置。

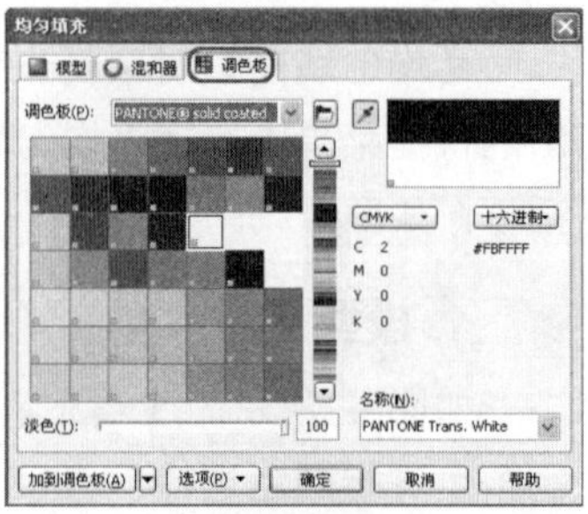

图6-4

6.1.2 渐变填充

“渐变填充”是填充工具中使用最频繁的工具之一，同时它的功能也是最强大的，通过【渐变填充】对话框，可以非常方便地设置渐变的类型、角度、方向和颜色等，进而形成一些特殊的渐变效果。

单击工具箱中的“填充工具”，在弹出的快捷菜单中选择“渐变填充”命令，如图6-5所示，即可打开【渐变填充】对话框，也可以在键盘上按【F11】键打开，如图6-6所示，其中各选项功能如下。

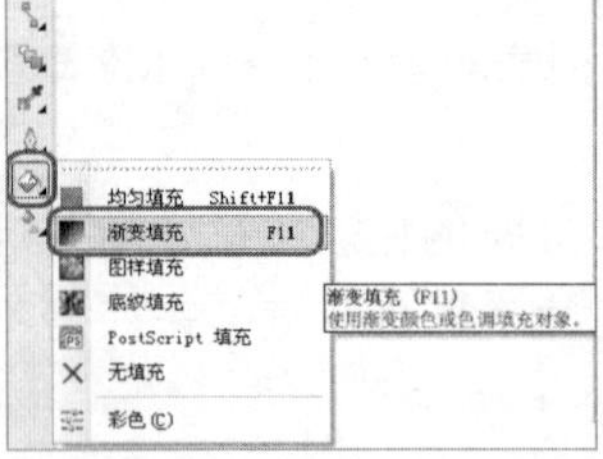

图6-5

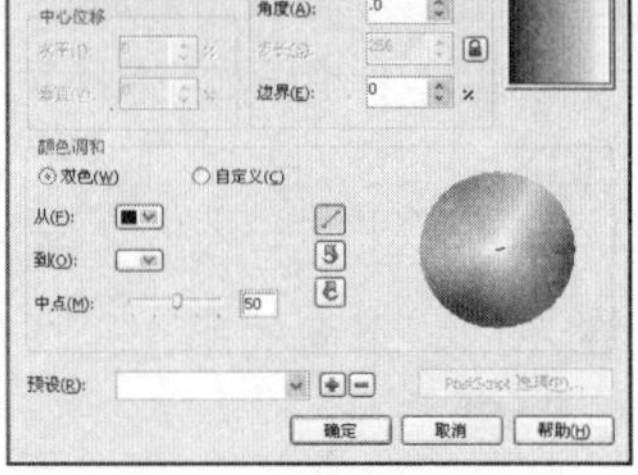

图6-6

- “类型”：用于选择渐变的方式，包含线性、辐射、圆锥和正方形共4种方式，效果如图6-7所示。
- “中心位移”：用于水平和垂直的百分比来控制渐变的中心点。也可以直接在右侧的预览框中进行拖动来控制中心点的位置。如图6-8所示，图中右上角的预览框产生变化。

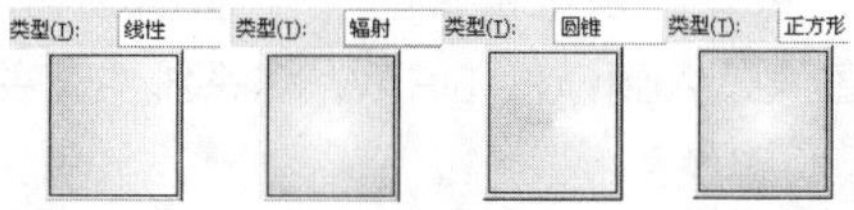

图6-7

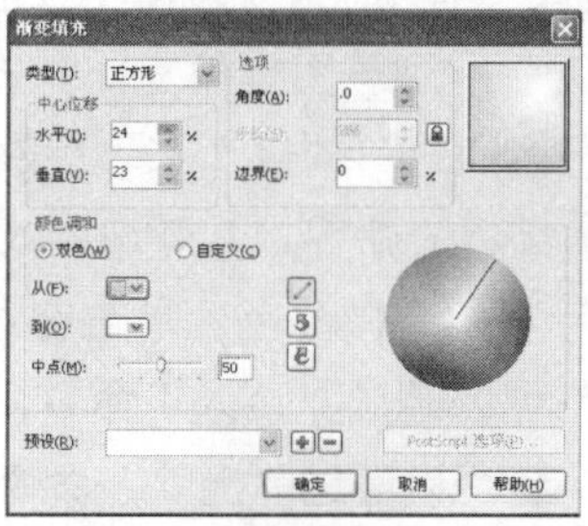

图6-8

- “选项”：主要用于角度、步长和边界的调整。“角度”即中心点的角度，“步长”即渐变步长，这两个选项一般处于锁定状态，单击旁边的小锁图标，即可解锁。“边界”即控制中心点向四周扩散的远近距离，边界越大，扩散的越大。如图6-9所示，两幅图分别设置角度为100，步长为256，边界为10%和角度为50，步长为6，边界为20%的对比效果。

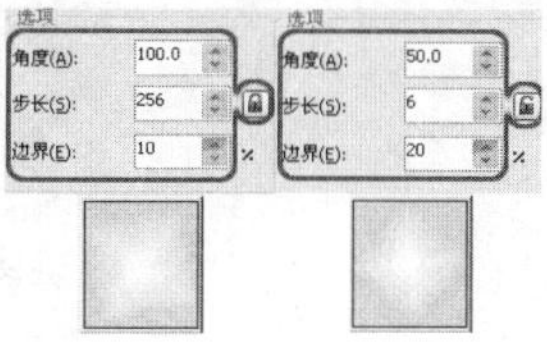

图6-9

图6-10

- “颜色调和”：包括双色调和自定义调和。“双色调和”用于在两种颜色之间进行渐变调和，可以设置从一种颜色到另一种颜色来执行渐变效果，如图6-10所示设置的是从蓝到冰蓝执行的线性渐变效果。“自定义调和”用于在两种或两种以上颜色之间进行渐变调和，在颜色条上双击，即可添加颜色，在右边的颜色库中选择合适的颜色，如图6-11 所示，或单击“其他”按钮，进入【选择颜色】对话框进行自定义颜色。直接在小三角上双击，或在小三角上单击并按【Delete】键，即可删除已添加的颜色。
- “预设”：该选项提供了丰富的渐变样式，可以直接选择并进行应用，如图6-12所示。其右侧的“+”图标可以将当前设置的渐变样式添加到“预设”效果中，“-”图标则可以删除现有“预设”效果中的一些样式。

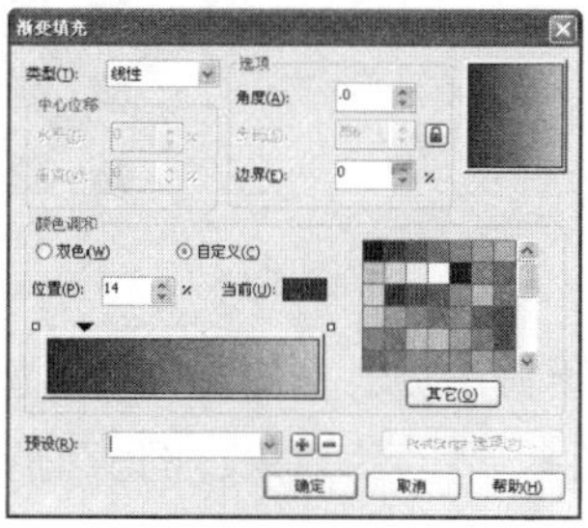

图6-11

图6-12

6.1.3 图样填充

运用“图样填充”可以非常方便地为图形添加双色、全色或位图图样。

单击工具箱中的“填充工具”，在弹出的快捷菜单中选择“图样填充”命令，如图6-13所示，即可打开【图样填充】对话框，如图6-14所示，其中各选项功能如下：

- “双色”：双色图样填充，单击可打开其下拉列表，如图6-14所示。系统默认的是黑白双色，可以通过“前部”和“后部”选项来设置两种不同的颜色进行填充，包括彩色，也可以通过“装入”命令，从外部装入对象进行应用。
- “全色”：选择全色，单击旁边的小箭头，可弹出系统自带的一些全色图样，如图6-15所示。也可以通过“装入”命令，将图形或图像装入到CorelDRAW X5系统中，并应用到当前对象，还可以通过“删除”命令来删除装入的图像。
- “位图”：选择位图，单击旁边的小箭头，可弹出系统自带的一些位图图样，如图6-16所示。也可以通过“装入”命令，将图形或图像装入到CorelDRAW X5系统中，并应用到当前对象，还可以通过“删除”命令来删除装入的图像。

图6-13

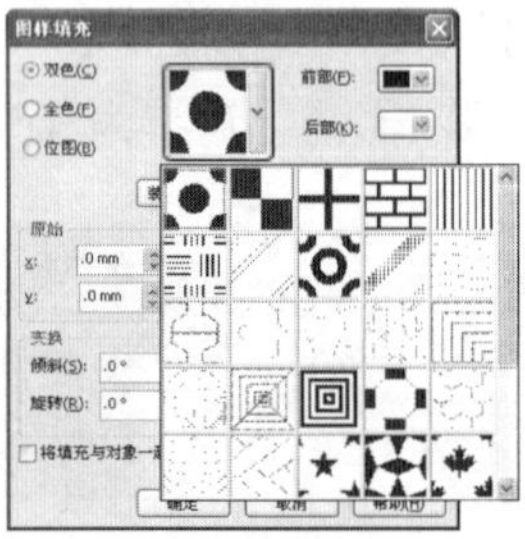
图6-14

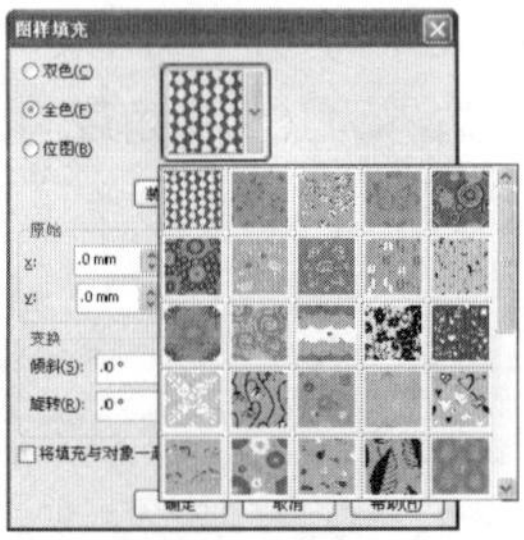
图6-15

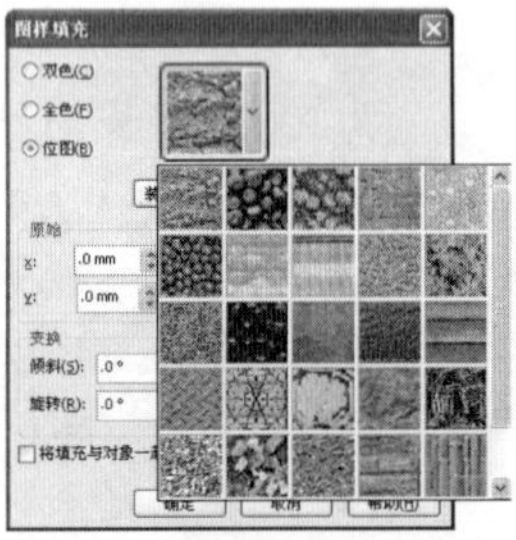
图6-16

- “原始”：代表着填充后的对象在工作区中的位置，分别用X和Y来表示在工作区的水平或垂直距离。
- “大小”：用于设置填充图样的大小，分别用“宽度”和“高度”来表示。如图6-17所示为填充双色图案并将“宽度”和“高度”均设置为50的效果，如图6-18所示为填充双色图案并将“宽度”和“高度”均设置为30的效果。

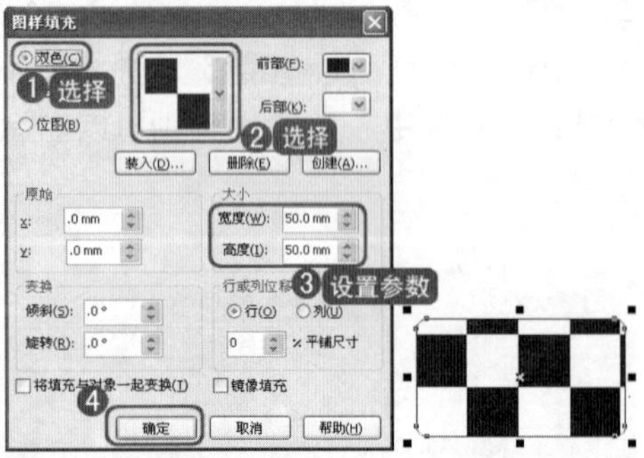

图6-17

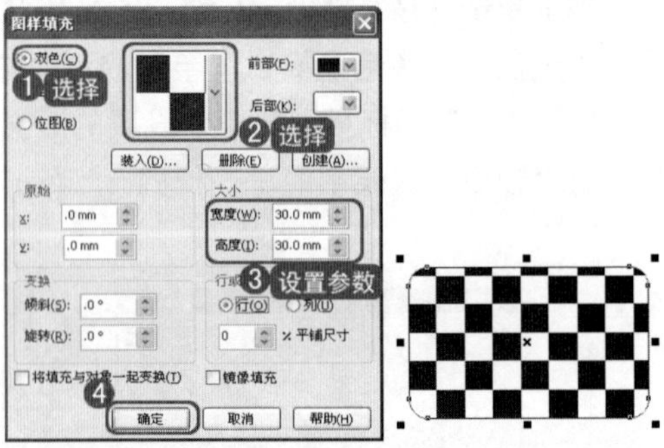

图6-18

- “交换”：将图样对象进行倾斜或旋转。正值是向左倾斜，负值是向右倾斜。旋转应对图样对象按角度进行旋转。如图6-19所示为设置倾斜20°的前后对比效果；图6-20所示为设置旋转80°的前后对比效果。

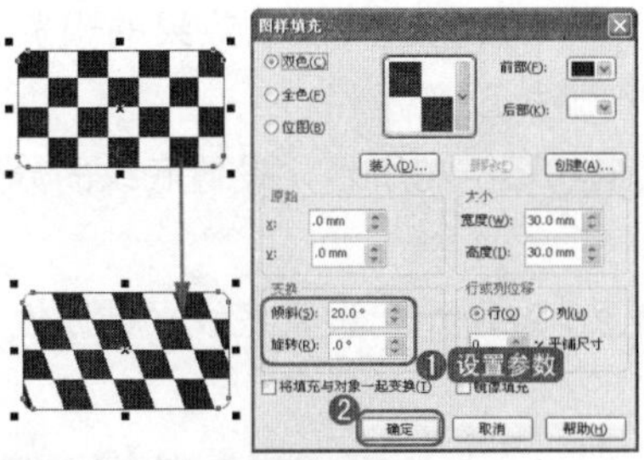

图6-19

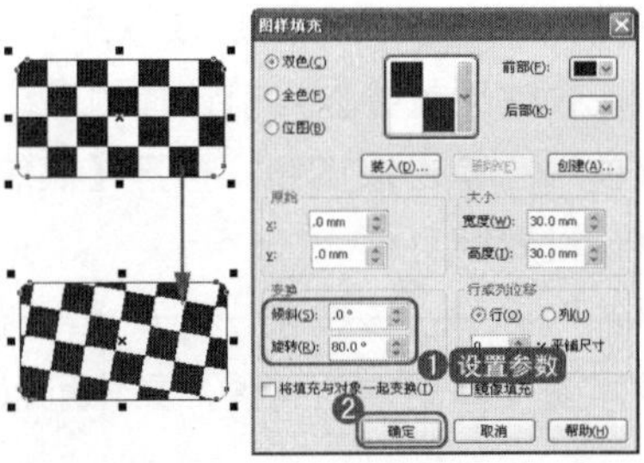

图6-20

- “行或列位移”：按百分比来进行行或列的平移位移。如图6-21所示为对行进行40%平铺位移后的效果；图6-22所示为对列进行40%平铺位移后的效果。
- “将填充与对象一起变换”：勾选该复选框可以将填充的图样和对象一起变换。
- “镜像填充”：镜像填充图样。

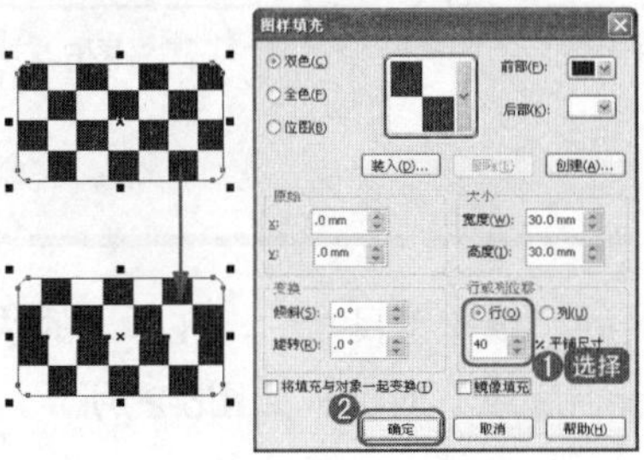

图6-21

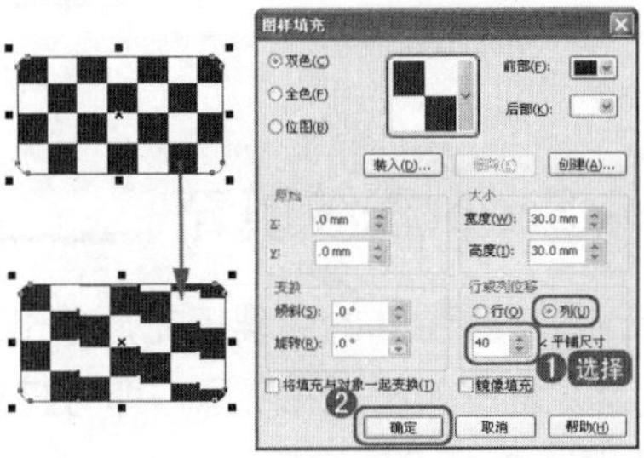

图6-22

6.1.4 底纹填充

CorelDRAW X5中包含了丰富的底纹材质库，通过底纹填充，可以给平面的图形添加一些材质，使其更具有立体感。单击工具箱中的“填充工具”，在弹出的快捷菜单中选择“底纹填充”命令，如图6-23所示，即可打开【底纹填充】对话框，如图6-24所示，其中各选项功能如下：

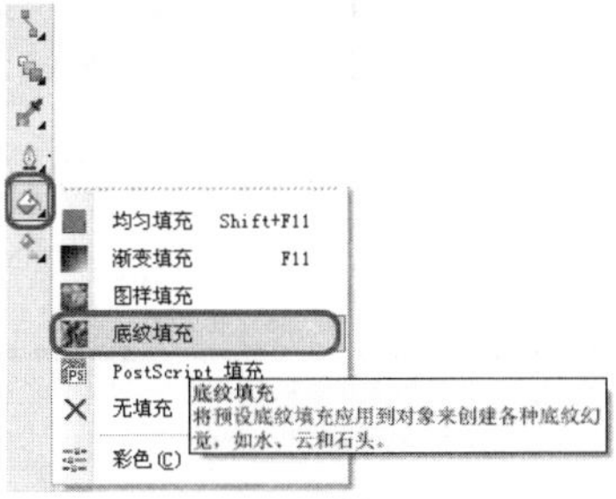

图6-23

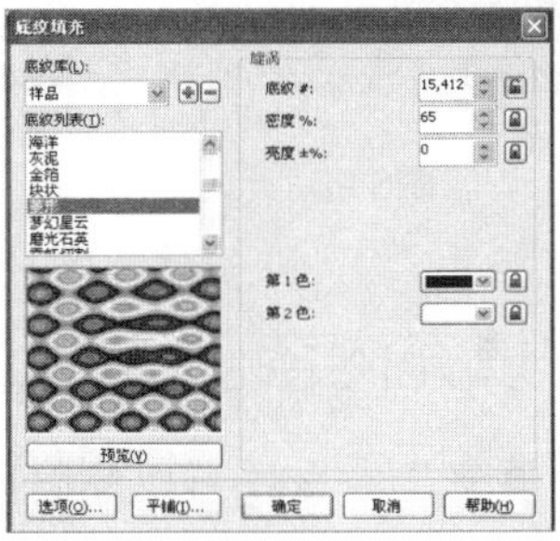

图6-24

- “底纹库”：用于选择底纹库的样式，单击“底纹库”下拉列表，从弹出的下拉菜单中可以选择底纹样式。利用底纹库旁边的“+”和“-”图标可以进行底纹库的添加或删除工作。
- “底纹列表”：当选择不同的底纹库时，下面的底纹列表也会随之改变。
- “样式名称”：用于显示各种底纹的属性，包括底纹的亮度、密度，宽度、高度和软度等，还可以自定义这些属性。如图6-25所示为改变色调和亮度后的对比效果。

- “预览”：每改变一种底纹效果，可以单击“预览”按钮进行底纹效果的预览。每单击一次，底纹效果就会以当前选择的底纹为基准，进行随机改变。
- “选项”：单击该按钮，打开【底纹选项】对话框如图6-26所示，设置底纹的分辨率，一般按默认设置即可。
- “平铺”：单击该按钮，打开【平铺】对话框如图6-27所示，设置底纹平铺属性，底纹平铺属性同图样填充中的属性，具体可以参考6.1.3节。

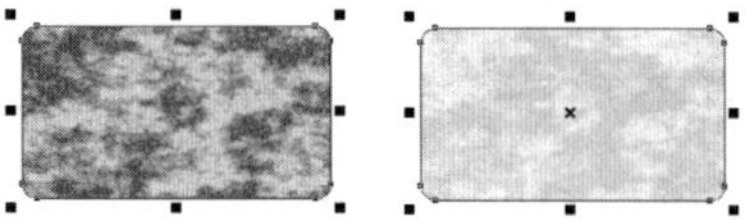
图6-25

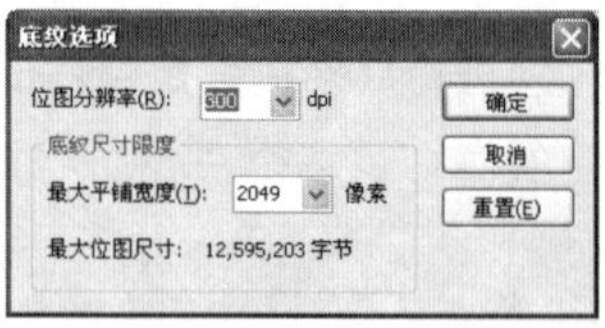

图6-26

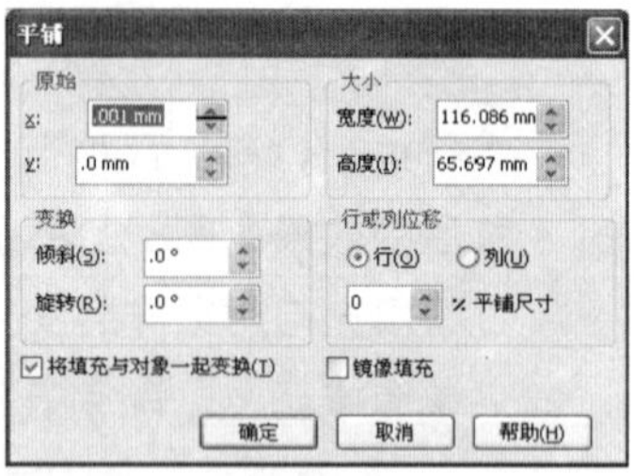

图6-27

6.1.5 PostScript底纹填充

PostScript是一种特殊的纹理填充，单击工具箱中的的“填充工具”，在弹出的快捷菜单中选择“PostScript”命令如图6-28所示，即可打开【PostScript底纹】对话框如图6-29所示，应用彩色鱼鳞后的效果如图6-30所示。

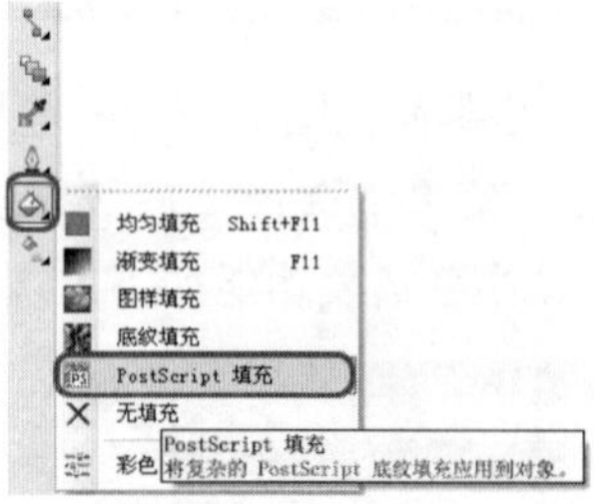

图6-28

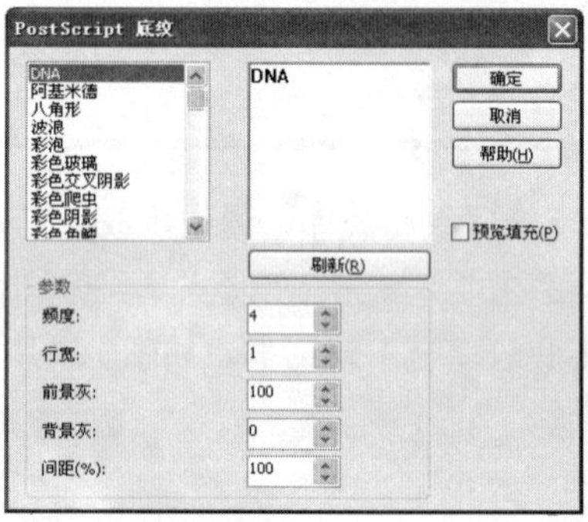

图6-29

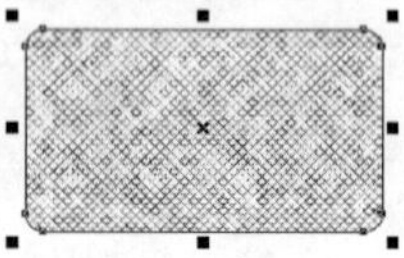
图6-30

6.1.6 清除填充内容

运用“无填充”命令，可以删除所有的填充效果。单击“默认CMYK调色板”中的“╳按钮”，即可删除填充效果；或单击工具箱中的“填充工具”，在弹出的快捷菜单中选择“无填充”命令，如图6-31所示，也可删除填充效果。

图6-31

【单元练习】——为图形填充颜色

通过前面对颜色填充的几种方法的介绍，下面再来通过实际的练习对前面学习的知识进行巩固。

本例将对图形进行填充颜色，填充后的效果如图6-32所示。

图6-32

01 打开随书附带光盘中“素材与源文件”\“素材”\“第6天”\“填充颜色1.cdr”文件，打开如图6-33所示的图形。

02 在“对象管理器”面板中选择“颜色填充1”层，如图6-34所示。

图6-33

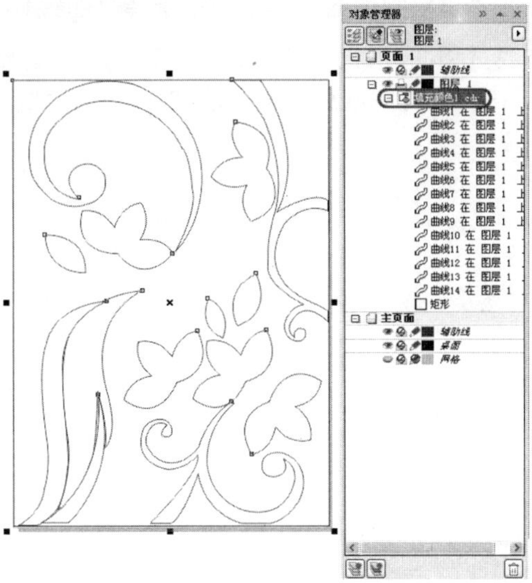

图6-34

03 在工具箱中选择“填充工具”，在弹出的快捷菜单中选择“均匀填充”命令，如图6-35所示。

04 在弹出的【均匀填充】对话框中选择“模型”选项卡，将CMYK参数设置为0、0、22、1，设置完成后单击“确定”按钮，如图6-36所示。

05 为选择的对象填充颜色，在“对象管理器”面板中选择“矩形”层，然后在“CMYK调色板”中右击“☒色块”，将对象的轮廓线删除，如图6-37所示。

图6-35

图6-36

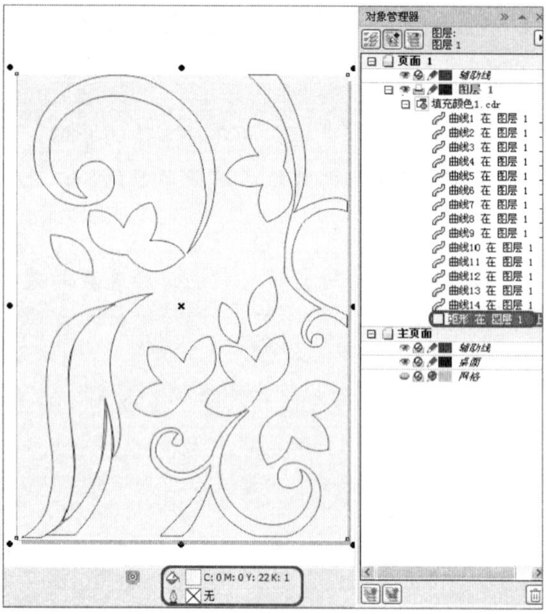

图6-37

06 选择文件，在属性栏中单击“取消全部群组”按钮，取消群组，如图6-38所示。

07 在“对象管理器”泊坞窗中选择“曲线1~2、曲线4~5、曲线14”层，如图6-39所示。

08 按【Shift+F11】快捷键，在弹出的对话框中选择“模型”选项卡，将CMYK参数设置为0、0、78、15，设置完成后单击“确定”按钮，如图6-40所示。

图6-38

图6-39

图6-40

09 为选择的对象填充颜色，然后在“CMYK调色板”中右击“╳色块”，将对象的轮廓线删除，如图6-41所示。

10 在“对象管理器”泊坞窗中选择“曲线3、曲线11~13”层，如图6-42所示。

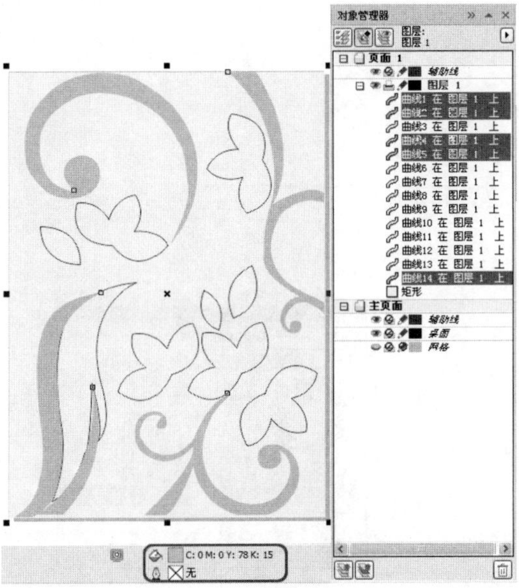

图6-41

图6-42

⑪ 按【Shift+F11】快捷键，在弹出的对话框中选择“混合”面板，将CMYK参数设置为0、0、49、4，设置完成后单击“确定”按钮，如图6-43所示。

⑫ 填充完颜色后，在“CMYK调色板”中右击“╳色块”，将对象的轮廓线删除，如图6-44所示。

图6-43

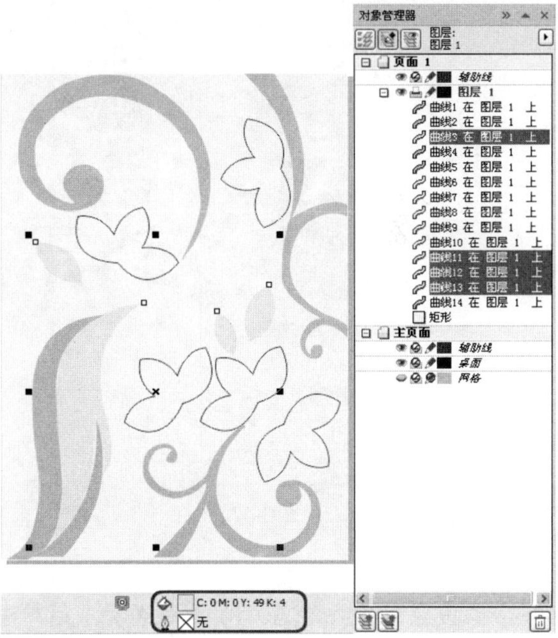

图6-44

⑬ 在“对象管理器”泊坞窗中选择“曲线7”层，如图6-45所示。

⑭ 按【Shift+F11】快捷键，在弹出的对话框中选择“混合器”面板，将“混合器”定义为“RGB”，将RGB参数设置为237、231、116，设置完成后单击“确定”按钮，如图6-46所示。

图6-45

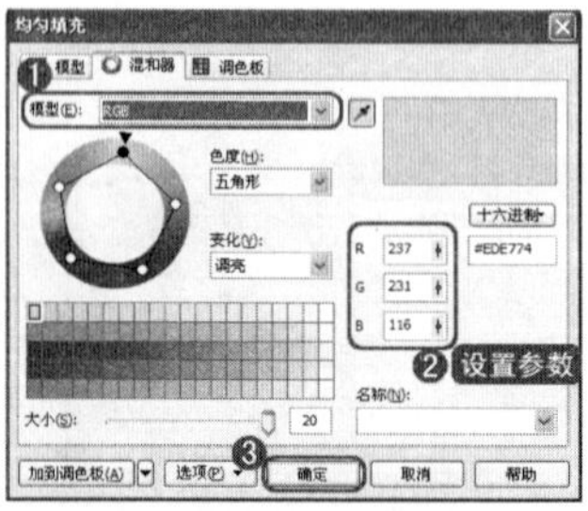

图6-46

⑮ 填充完颜色后，在“CMYK调色板”中右击“╳色块”，将对象的轮廓线删除，如图6-47所示。

⑯ 在“对象管理器”泊坞窗中选择“曲线6、曲线9”层，如图6-48所示。

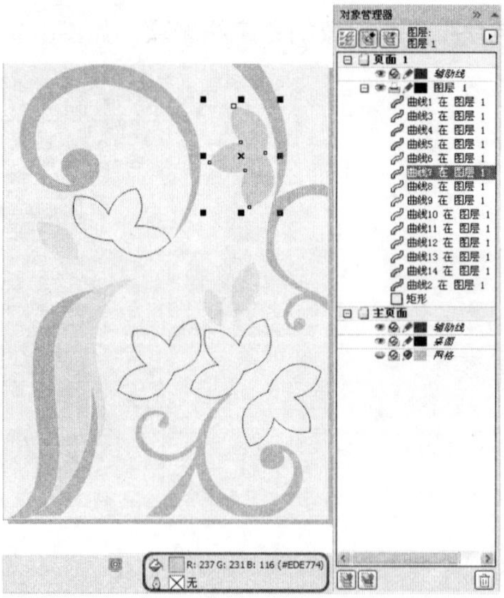

图6-47

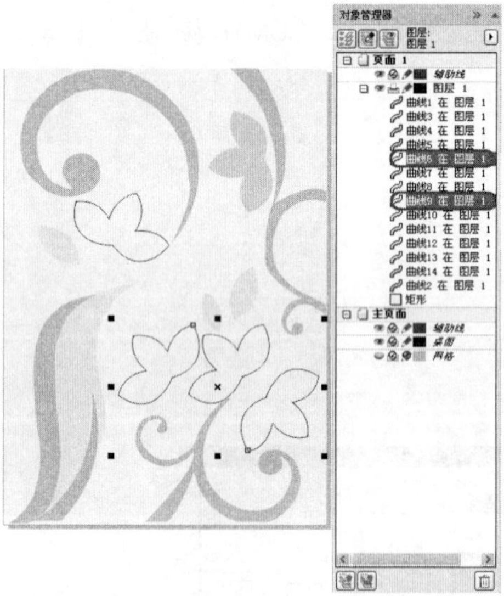

图6-48

⑰ 按【Shift+F11】快捷键，在弹出的对话框中选择“模型”面板，将“模型”定义为“RGB”，将RGB参数设置为239、205、102，设置完成后单击“确定”按钮，如图6-49所示。

⑱ 填充完颜色后，在“CMYK调色板”中右击“╳色块”，将对象的轮廓线删除，如图6-50所示。

⑲ 在【对象管理器】泊坞窗中选择“曲线10”层，如图6-51所示。

⑳ 按【Shift+F11】快捷键，在弹出的对话框中选择“模型”面板，将“模型”定义为“RGB”，将RGB参数设置为231、224、99，设置完成后单击“确定”按钮，如图6-52所示。

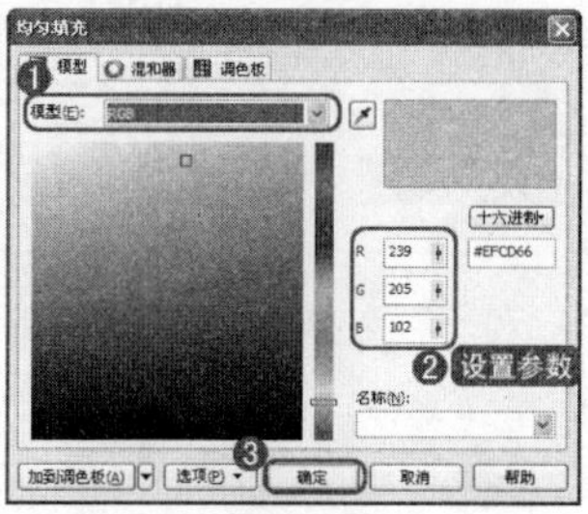

图6-49

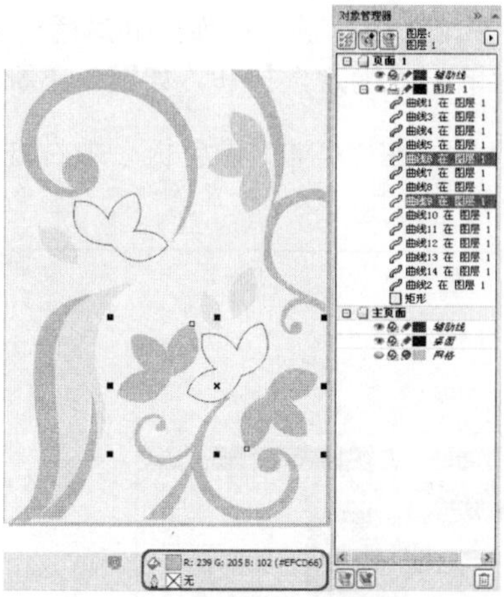

图6-50

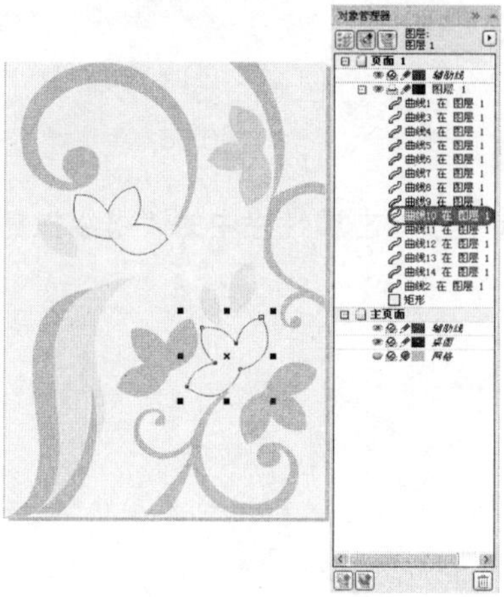

图6-51

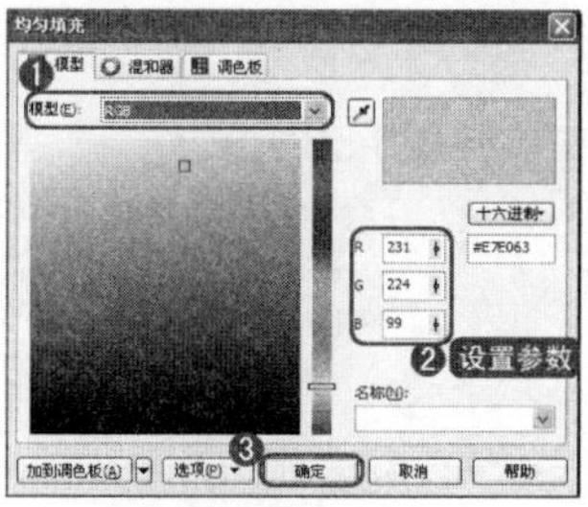

图6-52

21 填充完颜色后，在“CMYK调色板”中右击“╳色块”，将对象的轮廓线删除，如图6-53所示。

22 在“对象管理器”泊坞窗中选择“曲线8”层，如图6-54所示。

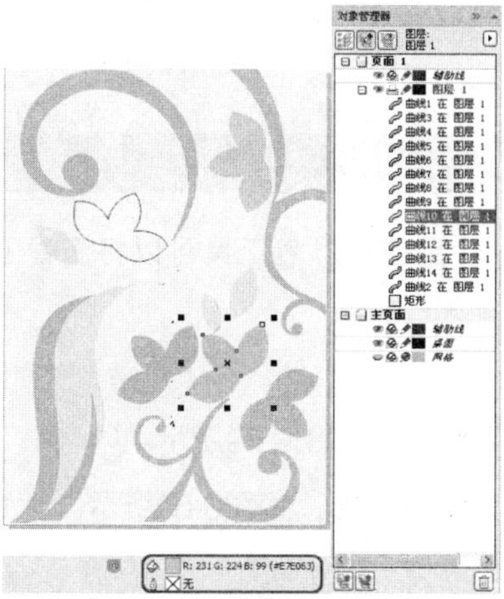

图6-53

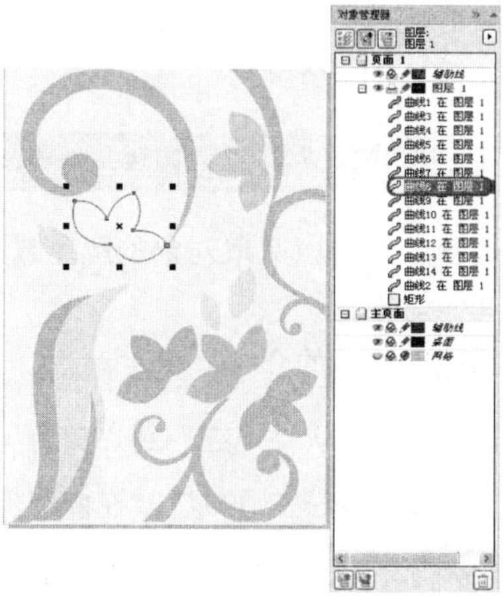

图6-54

23 按【Shift+F11】快捷键，在弹出的对话框中选择“模型”面板，将CMYK参数设置为0、0、8、0，设置完成后单击“确定”按钮，如图6-55所示。

24 填充完颜色后，在“CMYK调色板”中右击“╳色块”，将对象的轮廓线删除，如图6-56所示。

图6-55

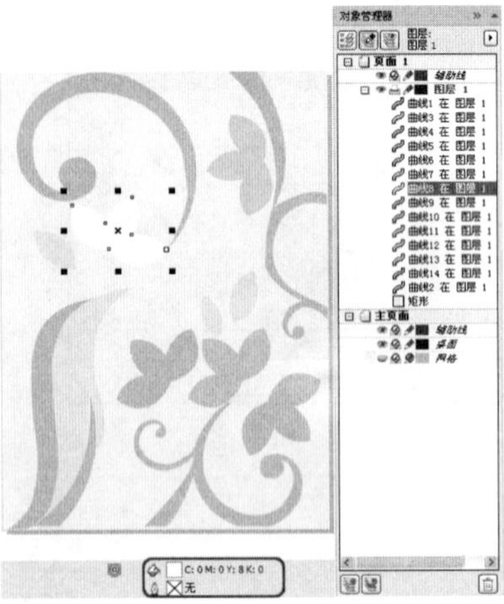

图6-56

25 按【Ctrl+A】快捷键，将绘图页中的图形全部选中，单击属性栏中的“群组按钮”，将选择的对象成组，如图6-57所示。

26 成组后的效果如图6-58所示。

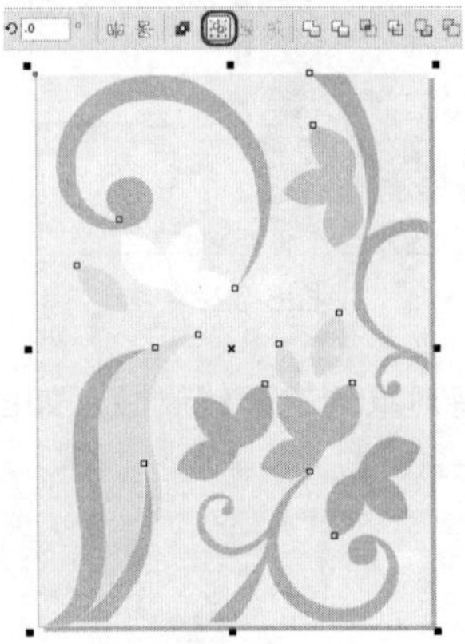
图6-57

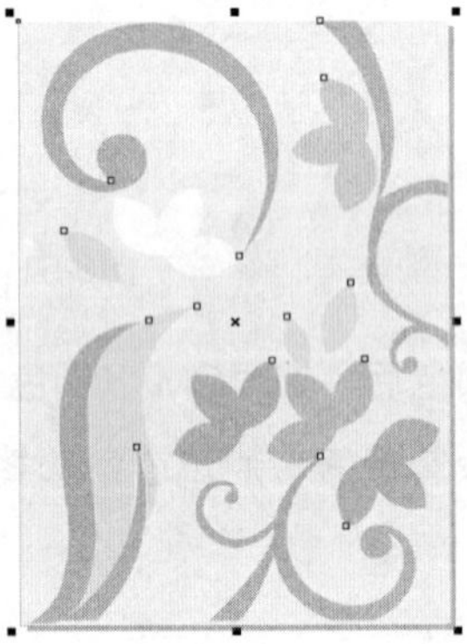
图6-58

6.2 使用颜色滴管工具

使用颜色滴管工具可以吸取对象的颜色或属性，使用应用颜色工具可以将滴管工具吸取的颜色或属性应用到其他对象上。

下面将对其进行简单的介绍：

01 在绘图页中绘制一个从“洋红”到“白色”的椭圆渐变，如图6-59所示。

02 选择工具箱中的“矩形工具”，在椭圆形的下方绘制矩形，如图6-60所示。

03 选择工具箱中的“颜色滴管”，如图6-61所示。

(04) 移动鼠标指针到绘图页中要复制的对象上单击，以吸取它的属性，如图6-62所示。

图6-59

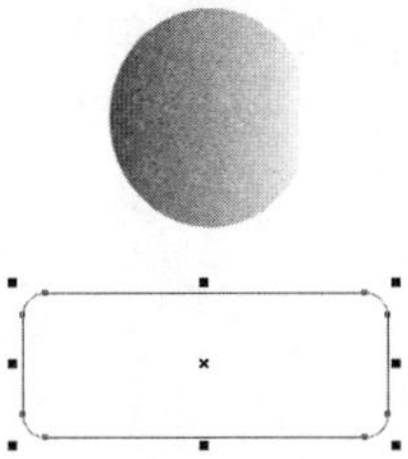

图6-60

图6-61

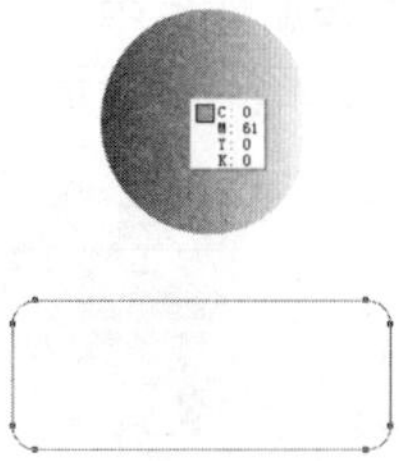

图6-62

(05) 选择工具箱中的“颜色滴管工具”，在属性栏中选择“应用颜色工具”，如图6-63所示。

(06) 移动鼠标到要应用所吸取属性的对象上单击，如图6-64所示。即可将吸取的颜色填充到所单击的对象上，完成后的效果如图6-65所示。

图6-63

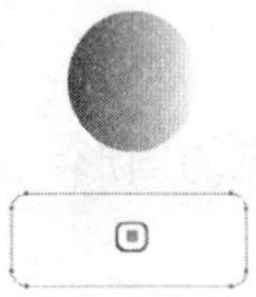

图6-64

图6-65

【单元练习】——使用颜色滴管填充颜色

本例将介绍“颜色滴管工具”和“应用颜色”的使用，主要是通过“颜色滴管工具”拾取颜色，并通过“应用颜色”进行填充，完成后的效果如图6-66所示。

图6-66

(01) 打开随书附带光盘中“素材与源文件”\“素材”\“第6天”\“填充颜色2.cdr”，打开如图6-67所示的场景文件。

(02) 按【Ctrl+I】快捷键打开【导入】对话框，选择需要导入的文件，单击“导入”按钮，导入素材后的效果如图6-68所示。

图6-67

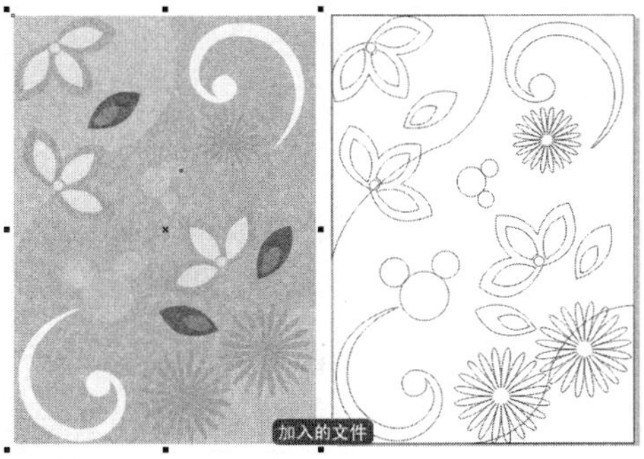

图6-68

03 选择工具箱中的“颜色滴管”，在图6-69所示的位置单击，拾取颜色。

04 选择属性栏中的“应用颜色”，在线框图6-70所示的位置上单击，将拾取的颜色填充到该图层上，如图6-71所示。

图6-69

图6-70

图6-71

05 使用“选择工具”，选择新填充的图形，在默认CMYK调色板中右击╳，取消轮廓线的填充，如图6-72所示。

06 选择工具箱中的“颜色滴管工具”，在图6-73所示的位置单击，拾取颜色。

07 选择属性栏中的“应用颜色”，在线框图6-74所示的位置单击，将拾取的颜色填充到该图层上，如图6-74所示。

图6-72

图6-73

图6-74

08 在“对象管理器”泊坞窗中选择“曲线22”层，继续使用“应用颜色”对选择的图形进行填充，然后取消轮廓线的填充，如图6-75所示。

09 选择工具箱中的“颜色滴管工具”，在图6-76所示的位置单击，拾取颜色。

10 选择属性栏中的“应用颜色”，在线框图6-77所示的位置单击，将拾取的颜色填充到该图层上，如图6-77所示。

11 在“对象管理器”泊坞窗中选择“曲线20”，继续使用“应用颜色”对选择的图形进行填充，然后取消轮廓线的填充，如图6-78所示。

12 选择工具箱中的“颜色滴管工具”，在图6-79所示的位置单击，拾取颜色。

13 在“对象管理器”泊坞窗中选择“曲线4、曲线8、曲线12”，使用“应用颜色” 对选择的图形进行填充，然后取消轮廓线的填充，如图6-80所示。

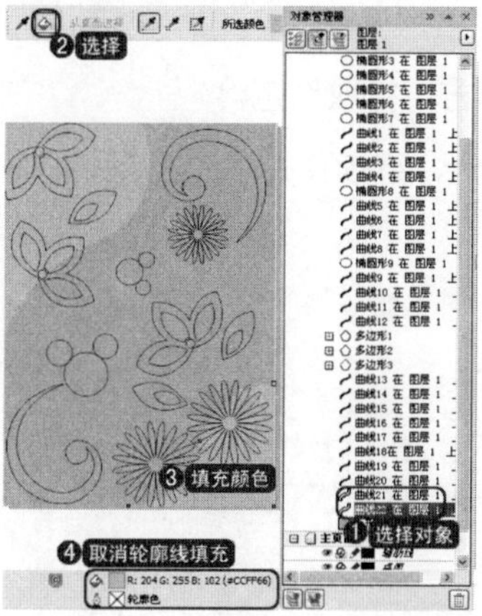

图6-75

图6-76

图6-77

图6-78

图6-79

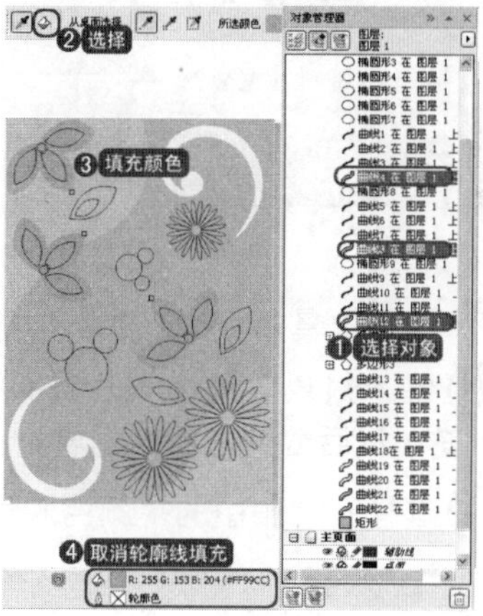

图6-80

14 选择工具箱中的“颜色滴管工具”，在图6-81所示的位置单击，拾取颜色。

15 在“对象管理器”泊坞窗中选择“椭圆形7～9、曲线1～3、曲线5～7、曲线9～11”，继续使用“应用颜色”对选择的图形进行填充，然后取消轮廓线的填充，如图6-82所示。

16 选择工具箱中的“颜色滴管工具”，在图6-83所示的位置单击，拾取颜色。

图6-81

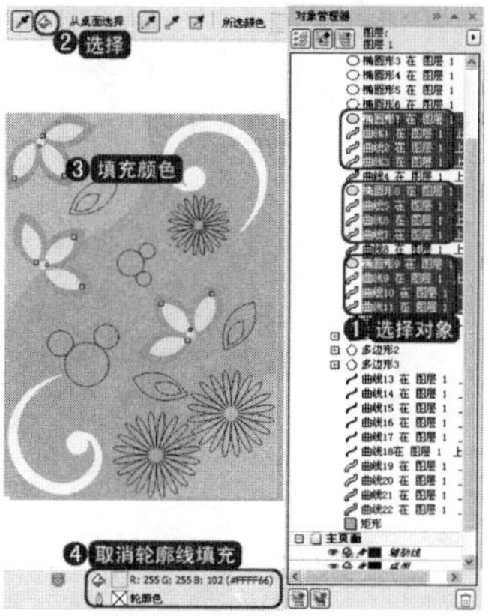

图6-82

图6-83

(17) 在“对象管理器”泊坞窗中选择“曲线14、曲线16、曲线18”，继续使用“应用颜色”对选择的图形进行填充，然后取消轮廓线的填充，如图6-84所示。

(18) 选择工具箱中的“颜色滴管工具”，在图6-85所示的位置单击，拾取颜色。

(19) 在“对象管理器”泊坞窗中选择“曲线13、曲线15、曲线17”，继续使用“应用颜色”对选择的图形进行填充，然后取消轮廓线的填充，如图6-86所示。

图6-84

图6-85

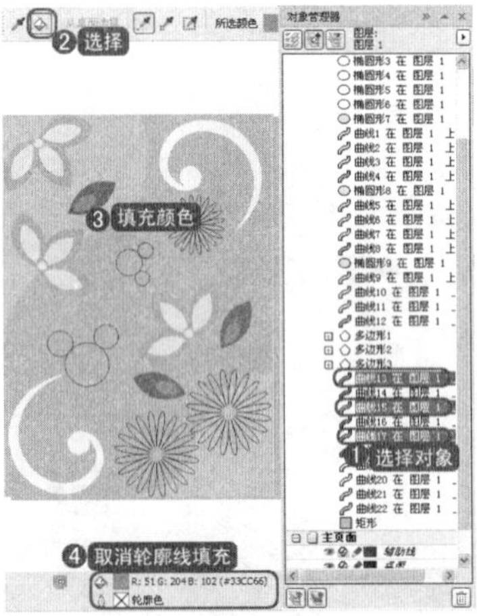

图6-86

(20) 选择工具箱中的“颜色滴管工具”，在图6-87所示的位置单击，拾取颜色。

(21) 在“对象管理器”泊坞窗中选择“多边形1~3”，继续使用“应用颜色”对选择的图形进行填充，然后取消轮廓线的填充，如图6-88所示。

(22) 选择工具箱中的“颜色滴管工具”，在图6-89所示的位置单击，拾取颜色。

图6-87

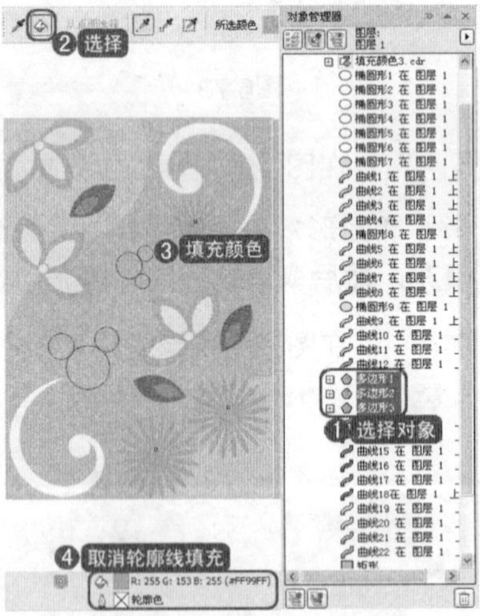

图6-88

图6-89

(23) 在“对象管理器”泊坞窗中选择“椭圆形3、椭圆形6”，继续使用“应用颜色”对选择的图形进行填充，然后取消轮廓线的填充，如图6-90所示。

(24) 选择工具箱中的“颜色滴管工具”，在图6-91所示的位置单击，拾取颜色。

(25) 在“对象管理器”泊坞窗中选择“椭圆形1~2、椭圆形4~5”，继续使用“应用颜色”对选择的图形进行填充，然后取消轮廓线的填充，如图6-92所示。

26 至此，图形就填充完成了，将填充后的图形导出，并将场景进行保存。

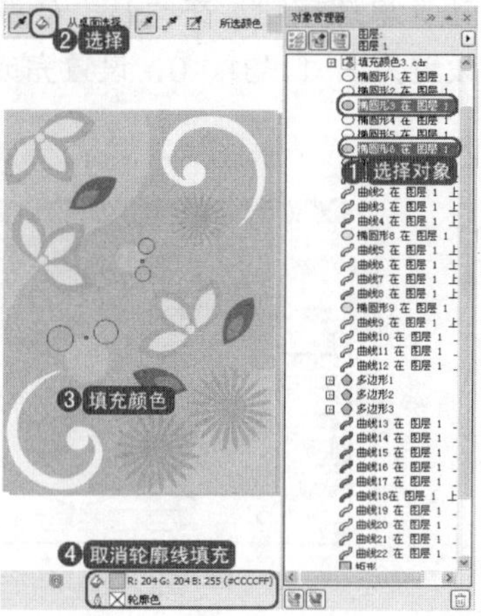

图6-90

图6-91

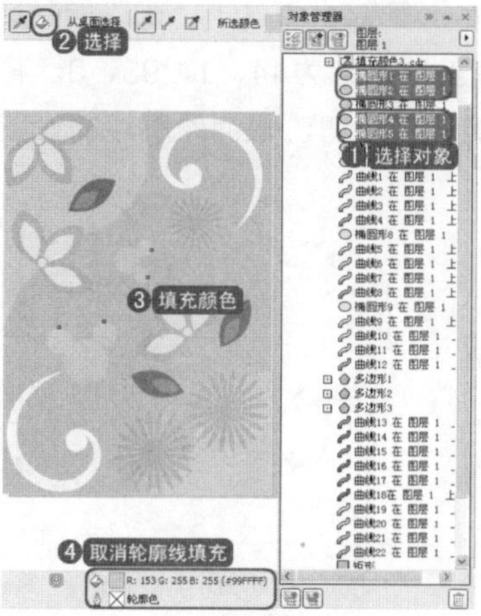

图6-92

6.3 使用颜色工具泊坞窗填充图形

“颜色”泊坞窗主要用于颜色和专色的定义控制。单击工具箱中的“填充工具”，在弹出的快捷菜单中选择“彩色”命令，如图6-93所示。即可打开“颜色”泊坞窗，如图6-94所示，在此窗口中可以进行颜色的快速设置和自定义专色等。

图6-93

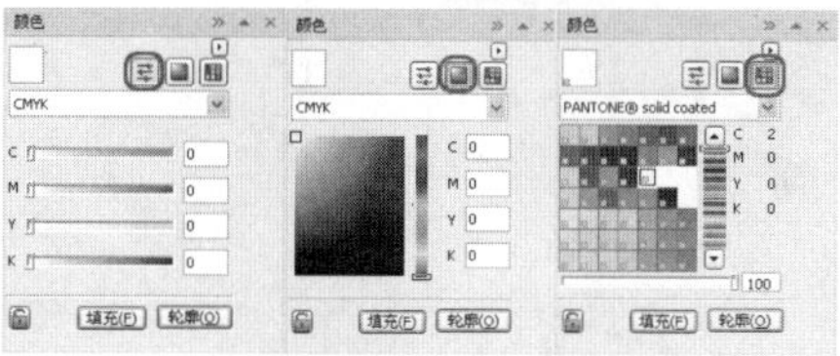

图6-94

【单元练习】——绘制调节按钮

本例将介绍调节按钮的绘制，主要是为椭圆形填充颜色，并为其添加交互式透明效果和交互式阴影效果，使用“多边形工具”绘制按键，完成后的效果如图6-95所示。

图4-95

01 按【Ctrl+N】快捷键新建空白文档，在属性栏中单击“按钮”，将页面转换为横向页面，如图6-96所示。

02 选择工具箱中的“椭圆工具”，在绘图页中配合【Ctrl】键绘制正圆形，如图6-97所示。

03 按【F11】键，弹出【渐变填充】对话框，在“选项”区域下将“角度”参数设置为-88.4，将“边界”参数设置为1，在“颜色调和”选项区域下选择“双色”单选按钮，将“从”处颜色的CMYK参数设置为44、1、93、0，将“到”处颜色的CMYK参数设置为9、1、31、0，设置完成后单击“确定”按钮，取消轮廓线的设置，如图6-98所示。

图6-96

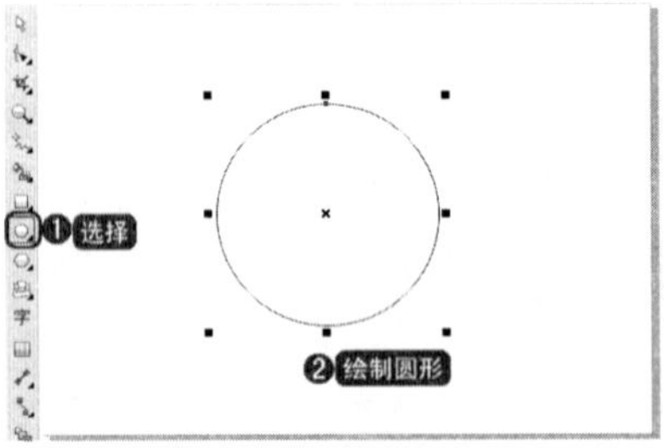

图6-97

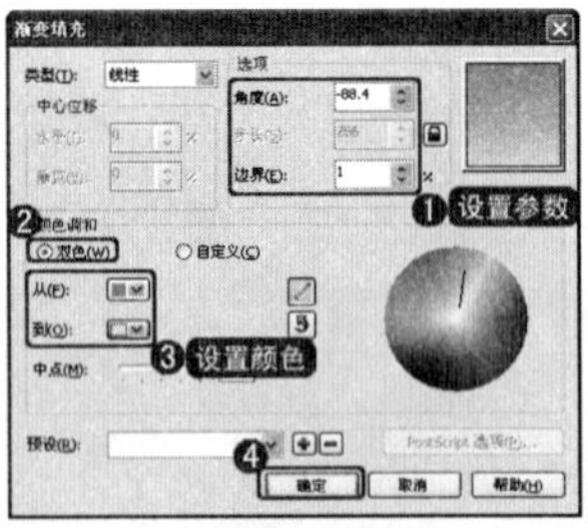

图6-98

04 选择工具箱中的“椭圆工具”，绘制白色无边框的椭圆，如图6-99所示。

05 选择工具箱中的“透明度工具”，在其属性栏中设置“透明度类型”为“线性”、“角度和边界”分别为-90和9，为椭圆添加透明效果，如图6-100所示。

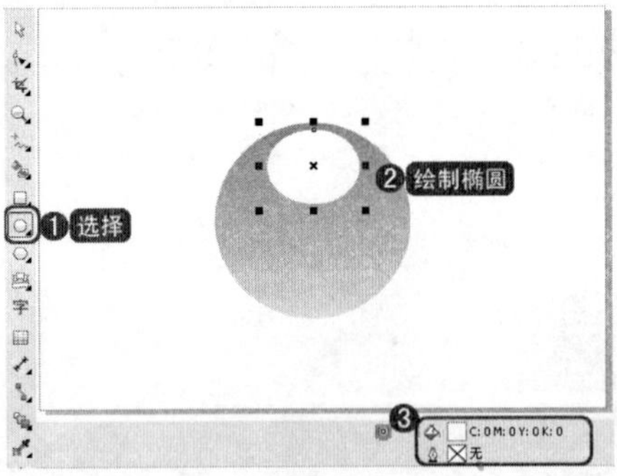

图6-99

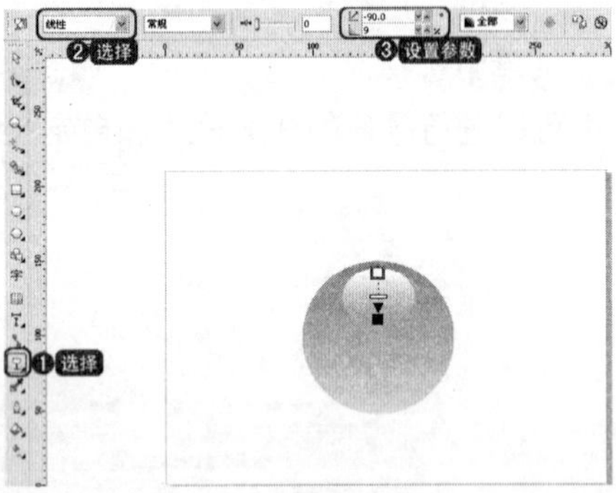

图6-100

06 同样使用“椭圆工具”在绘图页中绘制白色无边框的椭圆，如图6-101所示。

07 选择工具箱中的“阴影工具”，在属性栏中设置“预设列表”为“中等辉光”，将“阴影的不透明”参数设置为99、“阴影羽化”设置为40、“阴影颜色”为白色，如图6-102所示。

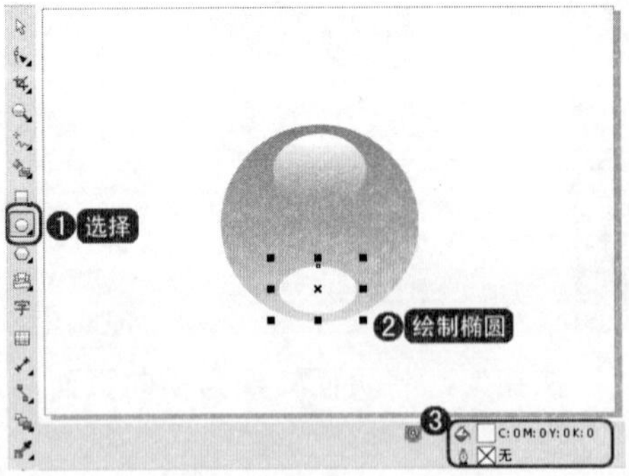

图6-101

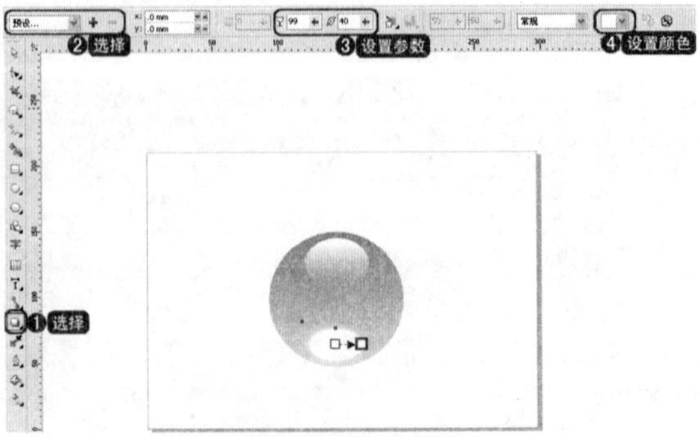

图6-102

08 确定新添加阴影的椭圆处于选择状态，按【Ctrl+K】快捷键，拆分阴影，如图6-103所示。

09 选择椭圆图形，按【Delete】键，删除椭圆图形，如图6-104所示。

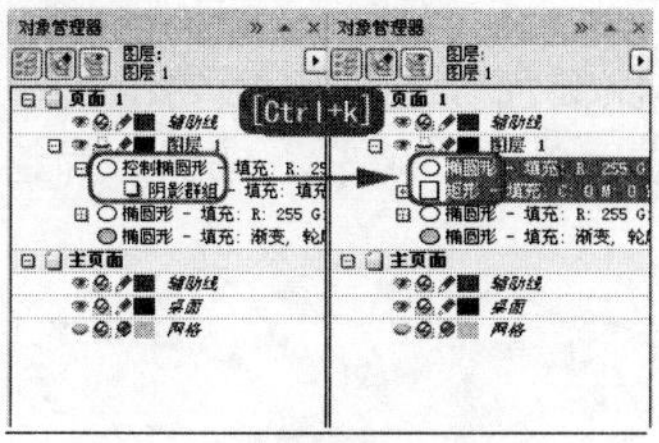

图6-103

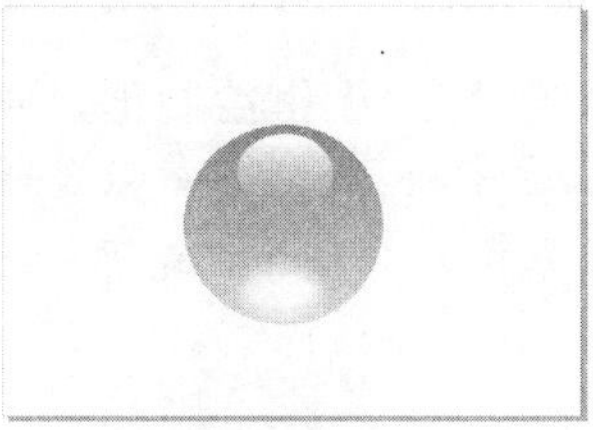

图6-104

10 选择工具箱中的“透明度工具”，在属性栏中将“开始透明度”参数设置为10，然后使用“选择工具”向下调整该图层，如图6-105所示。

11 选取椭圆形工具，按住【Ctrl】键的同时，在绘图页面中绘制一个正圆；按【F11】键，在弹出的【渐变填充】对话框中，选中“双色”单选按钮，设置“从”位置颜色的CMYK值分别为0、0、0、80，“到”位置颜色的CMYK值分别为0、0、0、10，按【Enter】键，渐变填充图形，并删除轮廓，效果如图6-106所示。

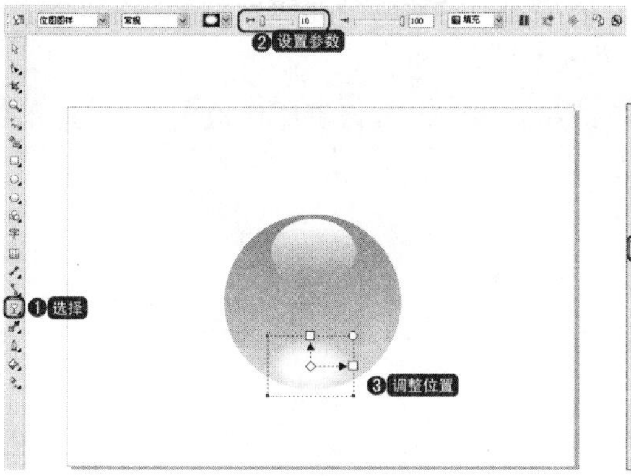

图6-105

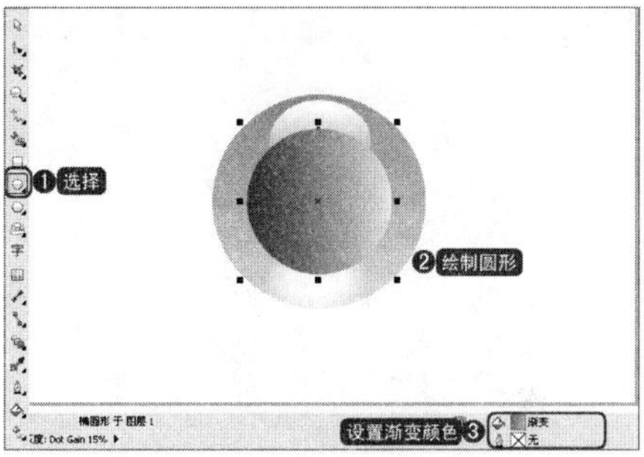

图6-106

12 按小键盘上的【+】键，复制一个正圆；在按住【Shift】键的同时，将鼠标指针放置在复制圆的四个角的任意控制柄上并拖动鼠标，等比例缩小椭圆，单击其属性栏中的“水平镜像按钮”，效果如图6-107所示。

13 选择两个渐变正圆图形，用与步骤（12）中同样的操作方法，复制并缩小图形，效果如图6-108所示。

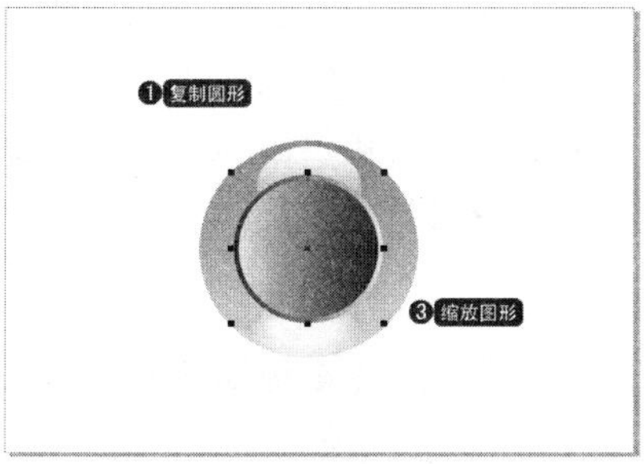

图6-107

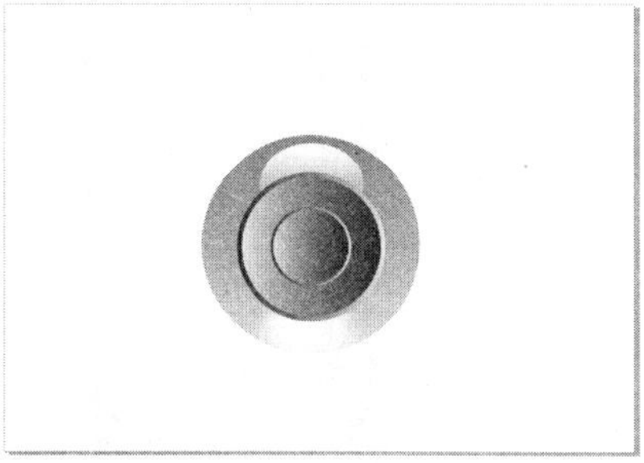

图6-108

⑭ 选取“椭圆形工具”，配合【Ctrl】键绘制正圆，然后选择菜单栏中的“窗口”\“泊坞窗”\“颜色”命令，打开【颜色】面板，将CMYK参数设置为0、0、0、30，单击“填充”按钮，为绘制的图形填充30%的黑色，并取消轮廓线的填充，如图6-109所示。

⑮ 再次配合【Ctrl】键绘制正圆形。注意，现在绘制的圆形比前面绘制的圆形要小一些，然后在【彩色】面板中将其CMYK参数设置为0、0、0、10，设置完成后单击“填充”按钮，为绘制的图形填充10%的黑色，并删除其轮廓，效果如图6-110所示。

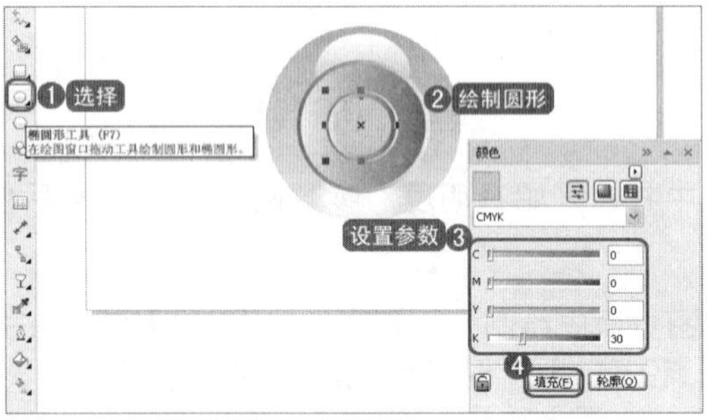

图6-109

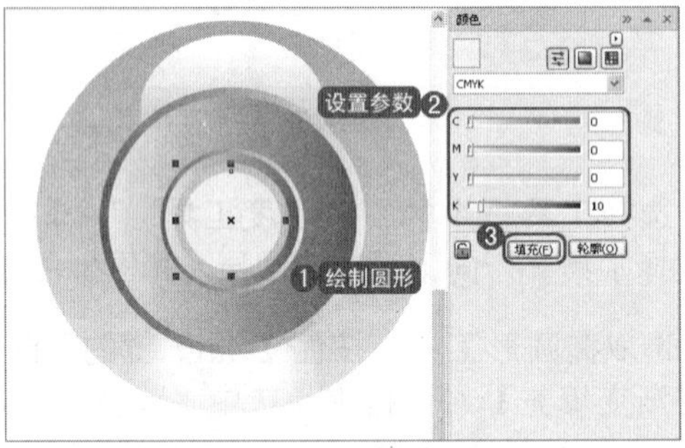

图6-110

⑯ 选取“调和工具”，在颜色为“10%黑”的正圆上按住鼠标左键并拖动鼠标至颜色为“30%黑”的正圆上，创建直线调和，效果如图6-111所示。

⑰ 使用“选择工具”，配合【Shift】键，将调和后的图形进行等比例放大，如图6-112所示。

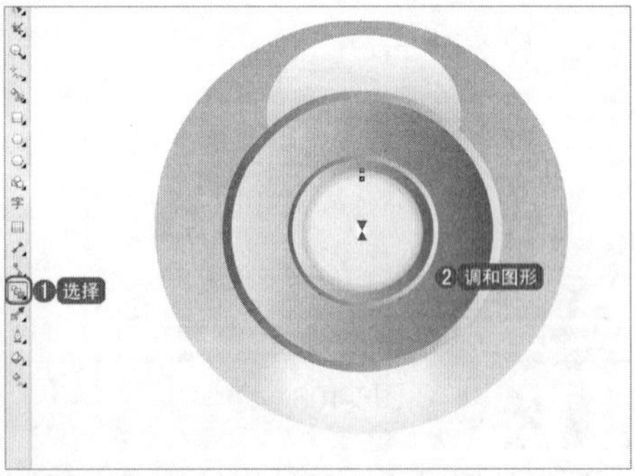

图6-111

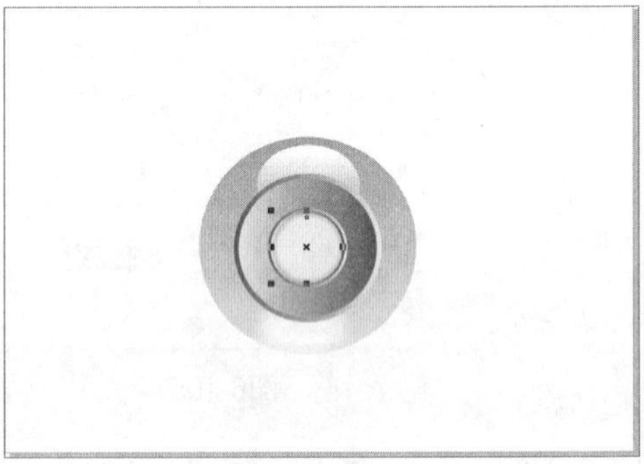

图6-112

⑱ 选取“阴影工具”，在其属性栏中设置“预设列表”为“小型辉光”，将“阴影颜色”设置为20%黑，添加阴影效果，如图6-113所示。

⑲ 选择“椭圆工具”，单击椭圆属性栏中的“饼图按钮”，设置“起始和结束角度”分别为0和90、按【Ctrl】键绘制正圆弧，然后将“旋转角度”设置为135°，按3次【Ctrl+PageDown】快捷键，调整图形的图层顺序，如图6-114所示。

⑳ 按【F11】键，在弹出的对话框中将“类型”定义为“辐射”，将“中心位移”选项区域下的“水平”和“垂直”参数分别设置为10、-2，选择“双色”单选按钮，然后设置一个渐变颜色，设置完成后单击“确定”按钮，如图6-115所示。

㉑ 按小键盘上的【+】键，复制饼形；在按住【Ctrl】键的同时，向右拖动新复制的图形，单击“水平镜像按钮”，如图6-116所示。

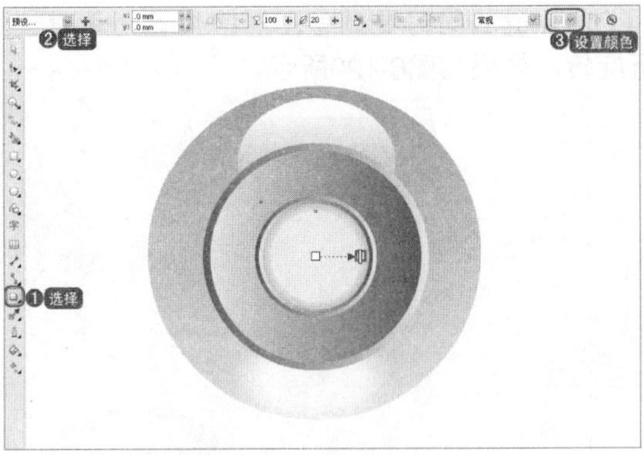

图6-113

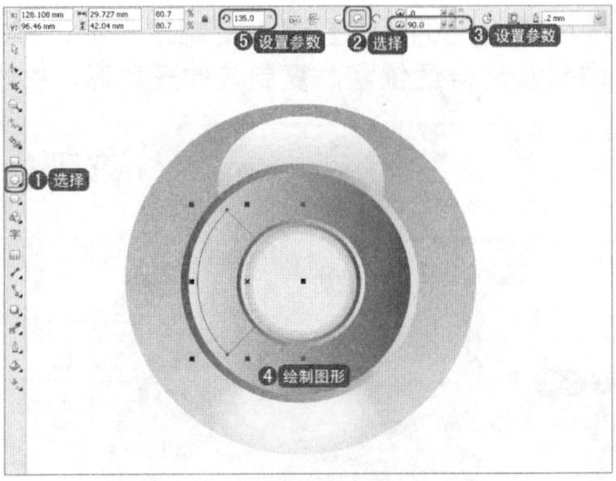

图6-114

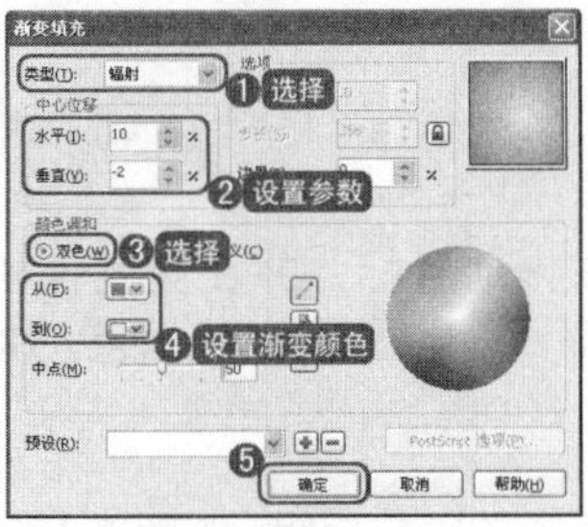

图6-115

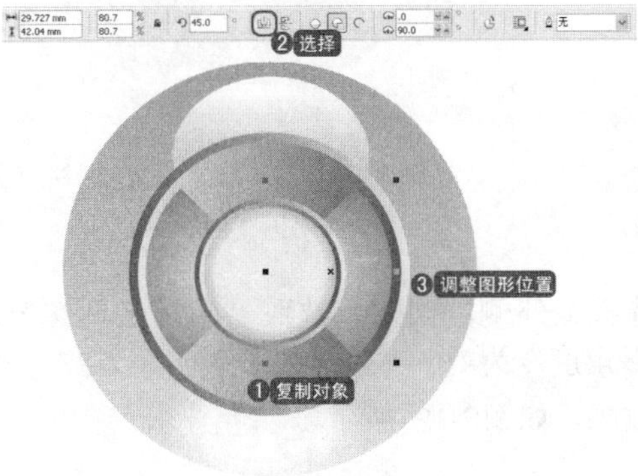

图6-116

㉒ 用同样的操作方法，复制饼形，在其属性栏中设置“旋转角度”为135°，旋转图形并调整图形的位置，如图6-117所示。

㉓ 按小键盘上的【+】键，复制旋转的图形，并垂直镜像图形，调整图形的位置，效果如图6-118所示。

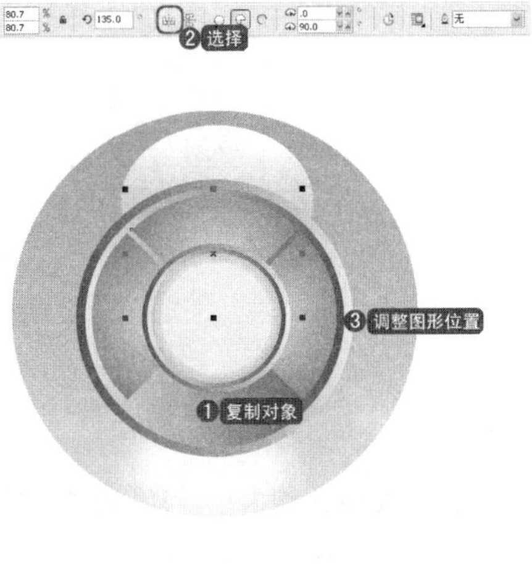

图6-117

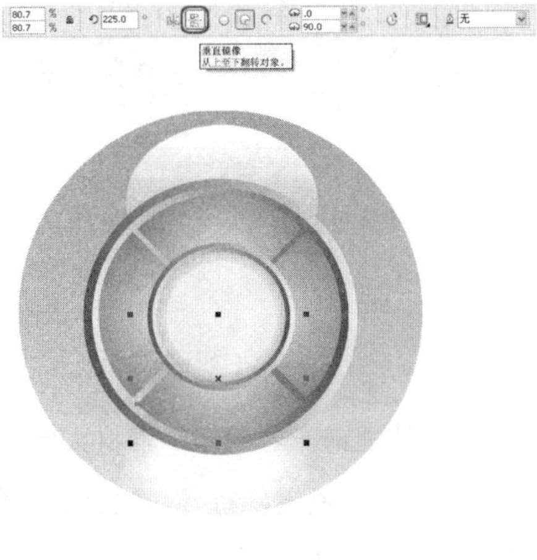

图6-118

㉔ 选择工具箱中的“多边形工具”，在属性栏中将“边数”设置为3，创建一个三角形，并将其填充为黑色，如图6-119所示。

(25) 按小键盘上的【+】键，复制三角形；按住【Ctrl】键的同时要调整图形的位置，垂直镜像图形，调整其至合适位置，复制其他三角形，并进行旋转，效果如图6-120所示。

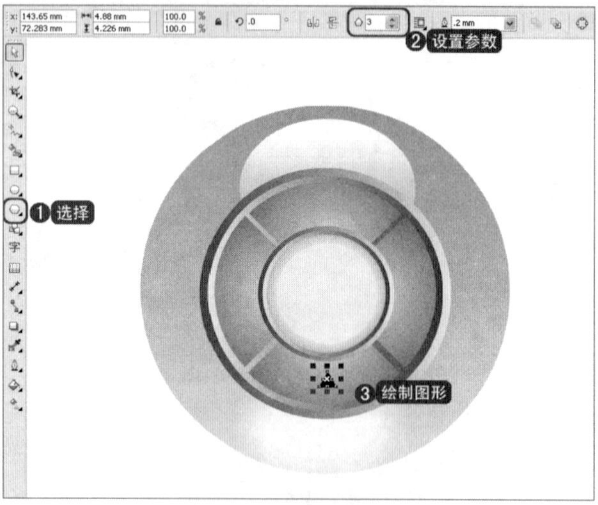

图6-119

图6-120

(26) 选择最外侧的圆形，选取“阴影工具”，从正圆左侧向右拖动鼠标，并在其属性栏中设置“阴影角度”为-3、“阴影的不透明”为37、“阴影羽化”为10、“阴影颜色”为黑色，为其添加阴影效果，如图6-121所示。

(27) 按【Ctrl+A】快捷键选择所有的图层，按【Ctrl+G】快捷键将选择的图层成组，如图6-122所示。

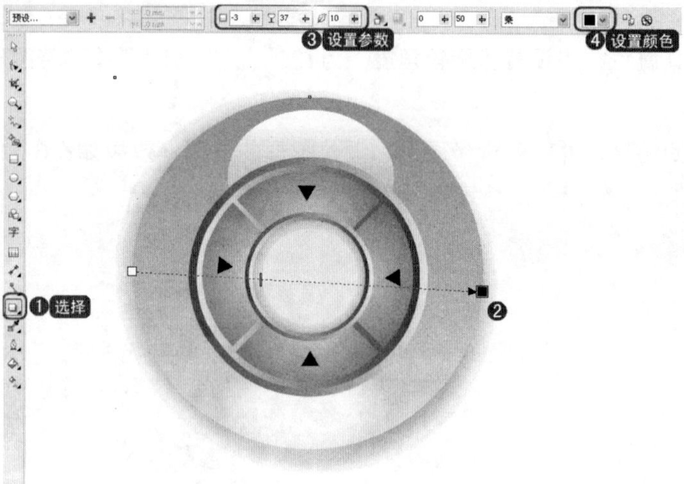

图6-121

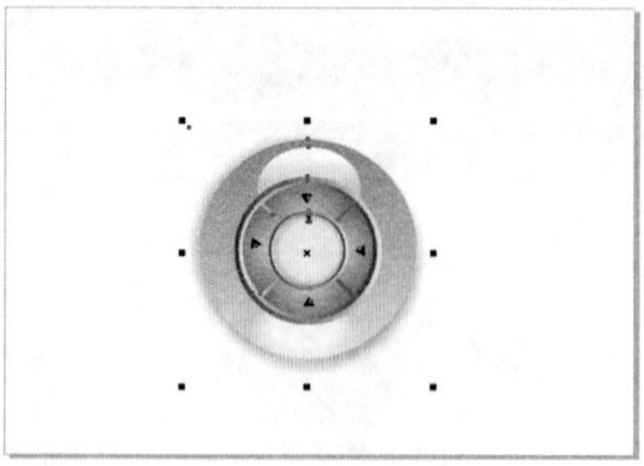

图6-122

(28) 按【Ctrl+I】快捷键，导入一个素材文件，如图6-123所示。

(29) 按【Ctrl+End】快捷键，将导入的素材调整至最底层，并调整按钮的大小，如图6-124所示。

(30) 复制按钮，调整按钮的颜色，并调整按钮的大小和位置，完成后的效果如图6-125所示。

(31) 至此，调节按钮绘制完成了，将效果导出并将场景文件保存。

图6-123

图6-124

图6-125

6.4 交互式填充

如果说前面不同的填充效果是一个单独的对象的话，那么交互式填充则是把这些众多的填充效果都集合到了一起。单击工具箱中的“交互式填充工具”，如图6-126所示。

“交互式填充工具”属性栏中集合了11种填充方式。分别是无填充、均匀填充、线性填充、射线填充、圆锥填充、方角填充、双色图样填充、全色图样填充、位图图样填充、底纹填充和PostScript填充。

这些填充效果的具体方法已经在前面的章节中做了具体的讲解，在此不再赘述，使用方法可以参考前面的内容。

图6-126

【单元练习】——为图形更换颜色

本例将使用“交互式填充工具”为花图形更换颜色，完成后的效果如图6-127所示。

图6-127

01 打开随书附带光盘中“素材与源文件”\“素材”\“第6天”\“为图形更换颜色.cdr”文件，打开如图6-128所示的图形。

(02) 选择工具箱中的“选择工具”，在绘图页中选择红色的花形，如图6-129所示。

图6-128

图6-129

(03) 选择工具箱中的“交互式填充工具”，在花形的右上方向左下方按住鼠标左键向下拖动，然后在属性栏中设置颜色，如图6-130所示。

(04) 用户也可以在虚线上双击鼠标添加颜色块，并调整颜色，如图6-131所示。

图6-130

图6-131

6.5 【重点突击】网状填充

通过设置网格可以改变和加强图形的填充效果。单击工具箱中的“填充工具”，在弹出的对话框中选择“网状填充”命令，如图6-132所示。即可激活“交互式网状填充工具”。如图6-133所示为“网状填充工具”属性栏，其中各选项功能如下：

- “网格大小”：用于设置默认网格的行和列。
- “选取范围模式”：选择网格的模式，包括矩形和手绘。矩形用于框选网格上的节点，手绘则用于随意的进行拉动进行选择，如图6-134所示。

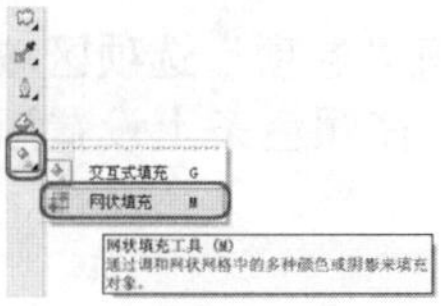
图6-132

图6-133

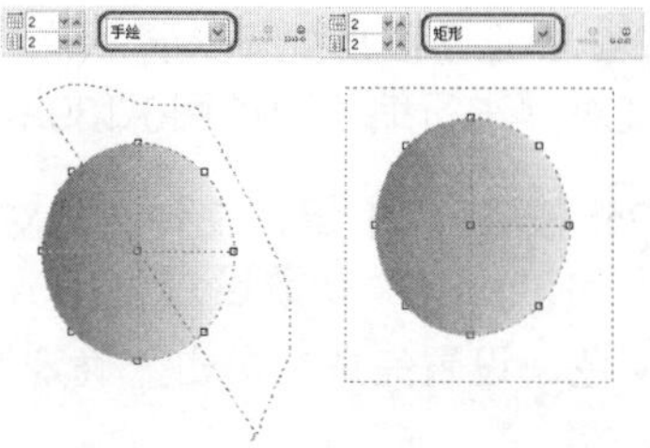
图6-134

- “添加交叉点”：单击该按钮可在图形中添加网格交叉节点。
- “删除节点”：删除图形中的节点。其他网格中的曲线调节方法可以参考4.5节。
- “曲线平滑度”：用手控制网格路径中的曲线平滑度。
- “复制网状填充属性自”：用于复制网状填写效果到新的图形上。
- “清除网状”：用于清除当前图形应用的网状效果，使图形回到初始状态。

【每日一练】——绘制按钮 >>>

本例将使用“填充工具”为花图形更换颜色，完成后的效果如图6-135所示。

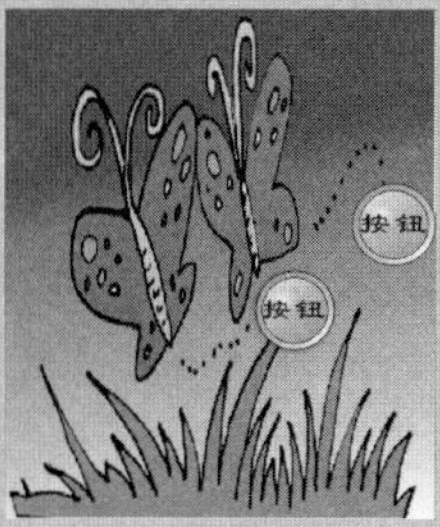

图6-135

01 选择工具箱中的“椭圆工具”，配合【Ctrl】键在画面中绘制一个正圆形，如图6-136所示。

02 按【F11】键，在弹出的对话框中将“类型”下拉列表框中设置为“辐射”，将“中心位移”组下的“水平”和“垂直”参数分别设置为28、-30，在“颜色调和”选项区域下将“从”的颜色设置为“153, 255, 0”，将“中点”值设置为35，设置完成后单击“确定”按钮，如图6-137所示。

03 将轮廓线填充为40%的黑色，如图6-138所示。

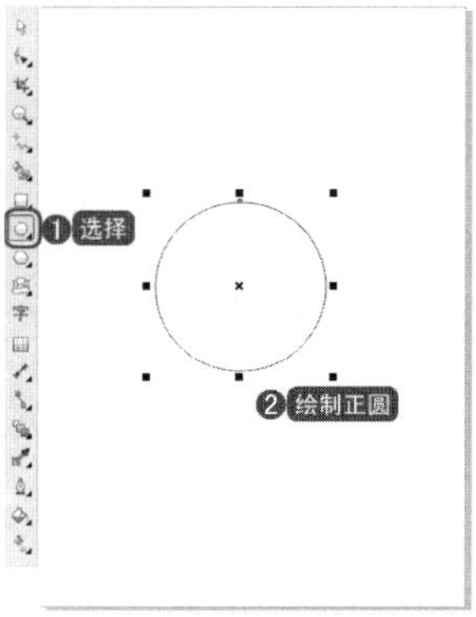

图6-136

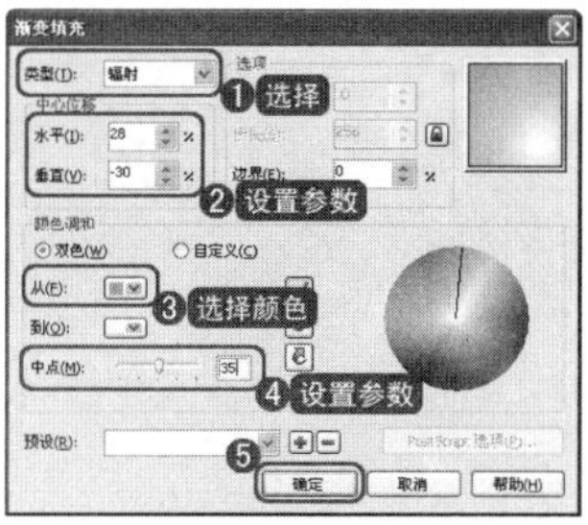

图6-137

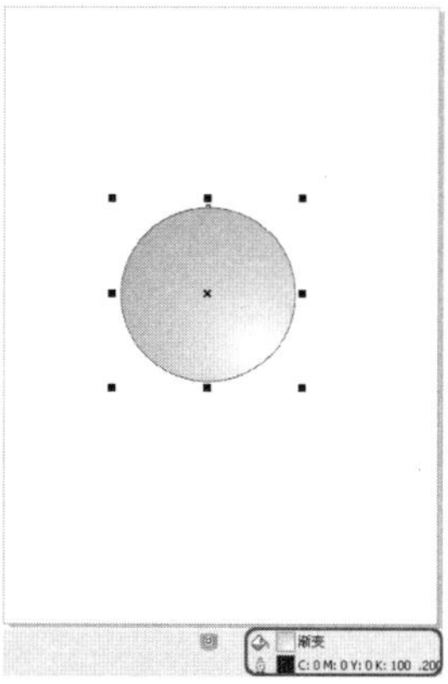
图6-138

04 确定正圆形处于选择状态，按小键盘上的【+】键，将选择的对象进行复制，然后配合【Shift】键对其进行缩放，如图6-139所示。

05 按【F11】键，在弹出的对话框中将“类型”下拉列表框设置为“线性”，将“选项”选项区域下的“角度”参数设置为135，选择“颜色调和”区域下“自定义”单选按钮，在颜色条上设置渐变色，设置完成后单击“确定”按钮，如图6-140所示。

06 设置完渐变后的效果如图6-141所示。

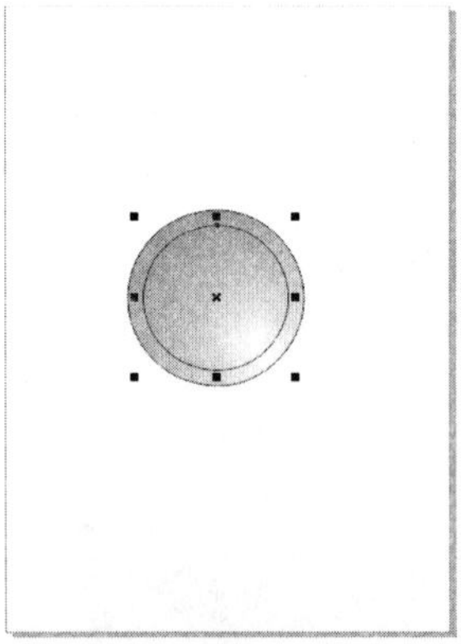

图6-139

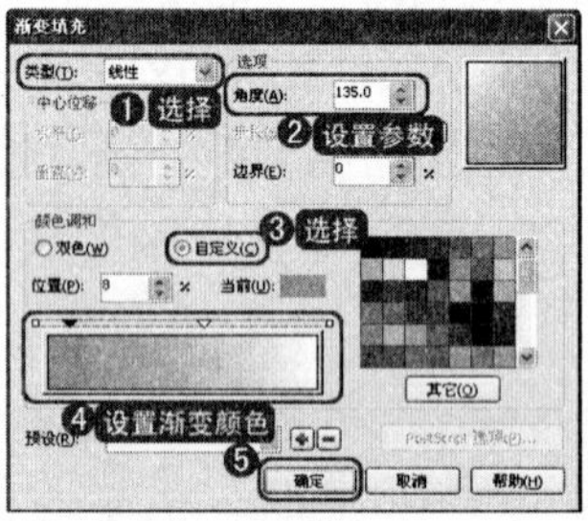

图6-140

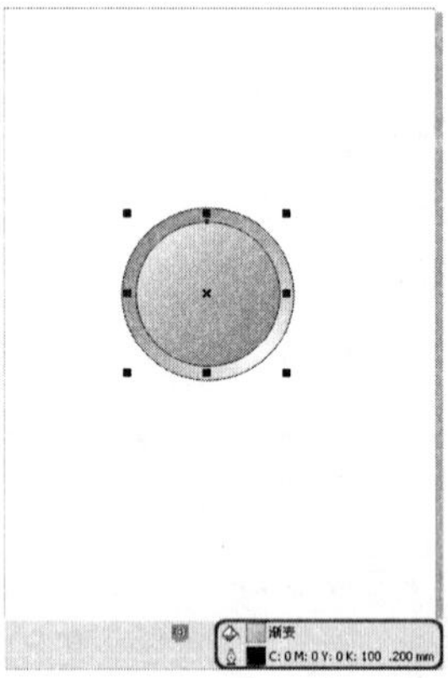

图6-141

07 按【M】键，此时选择对象上就会显示出网格，如图6-142所示。

08 对添加的网格进行编辑，在画面中要选择的控制点左上方按下鼠标左键向右下方拖动，拖出一个虚框，如图6-143所示。

提 示

如果用户需要添加网格线，可以在网格线上双击添加一条穿过该网格线的网格线，也可以在网格中双击添加两条穿过所双击点的网格线。

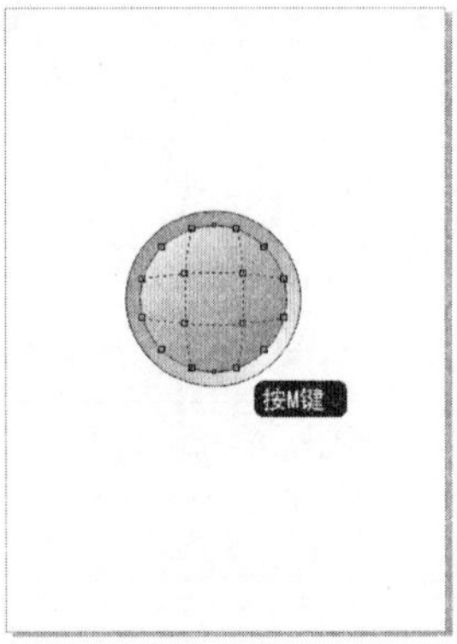

图6-142

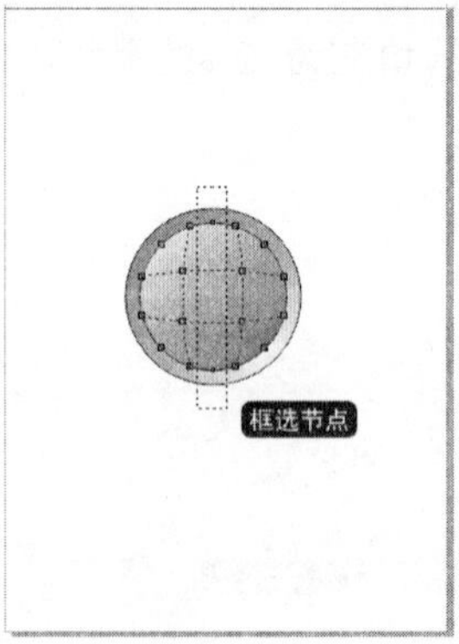

图6-143

09 松开鼠标左键，即可选择框住的控制点，如图6-144所示。然后按【Delete】键，将选择的控制点删除，如图6-145所示。

10 使用同样的方法将横向的控制点进行选择，如图6-146所示，然后按【Delete】键，将选择的控制点删除，如图6-147所示。

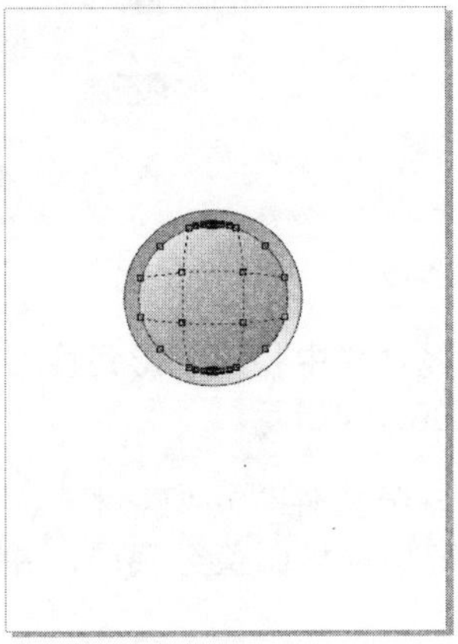
图6-144

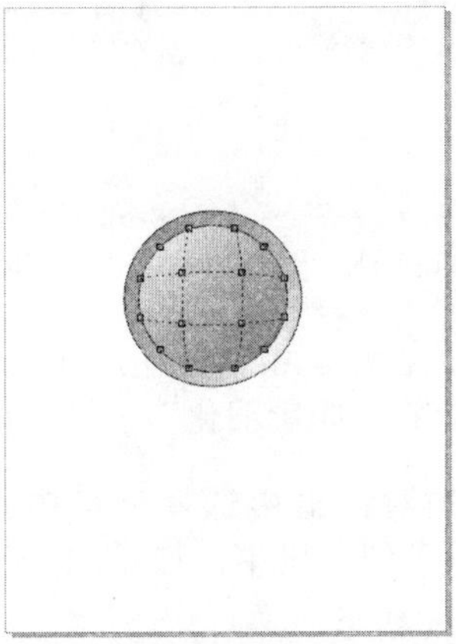
图6-145

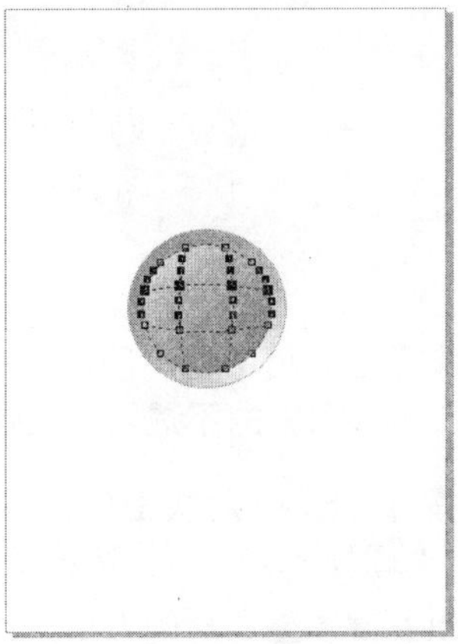
图6-146

11 在网格线上双击添加一条穿过该点的网格线，如图6-148所示。然后使用同样的方法在网格中其他的网格线上双击，添加多条网格线，如图6-149所示。

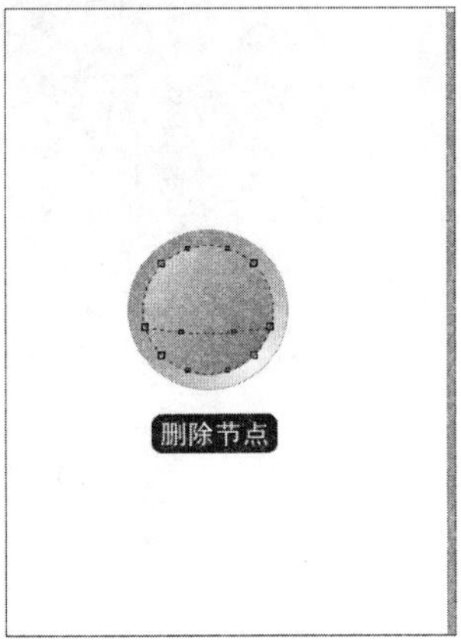

图6-147

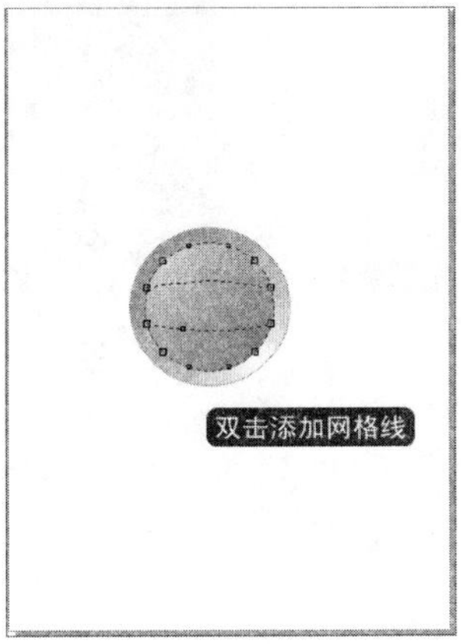

图6-148

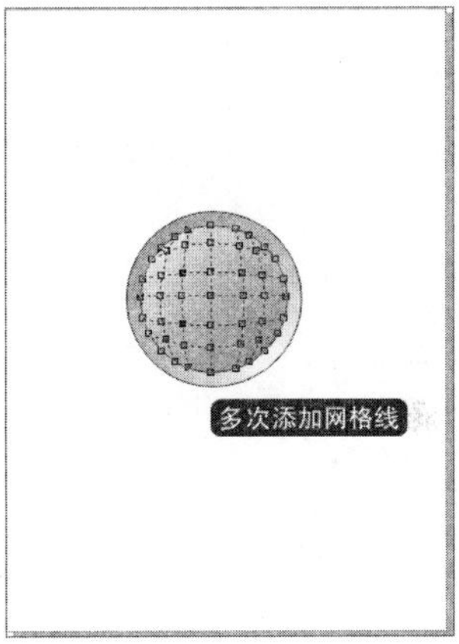

图6-149

12 先在网格中单击一个要填充颜色的节点，然后在默认CMYK调色板中单击白色色块，即可将该点填充为白色，如图6-150所示。

13 在画面中多次移动控制点的位置，调整渐变色，如图6-151所示。

14 在工具箱中选择“选择工具”确认网格填充，再在空白处单击取消选择，然后选择工具箱中的“文本工具字”，在画面中输入“按钮”，在属性栏中将“字体类型”设置为隶书，将“大小”设置为125pt，将文本颜色的CMYK参数设置为69、81、91、37，如图6-152所示。

15 按【Ctrl+A】快捷键，将场景中的对象全部选择，按【Ctrl+G】快捷键将选择的对象成组，如图6-153所示。

至此，按钮效果就制作完成了，下面为按钮添加阴影效果，使其更真实。

图6-150

图6-151

图6-152

图6-153

⑯ 选择工具箱中的“阴影工具”，在画面中为按钮添加阴影，在属性栏中将“阴影角度”设置为-3，将“阴影的不透明”设置为37，将“阴影羽化”设置为10，如图6-154所示。

⑰ 按【Ctrl+I】快捷键，在弹出的对话框中选择光盘中“素材与源文件”\“素材”\“第6天”\“蝴蝶.cdr”，将选择的素材导入到场景中，按【Ctrl+End】键将素材调整至底层，并配合【Shift】键调整素材的大小，如图6-155所示。

⑱ 复制并调整按钮的大小，完成后的效果如图6-156所示。

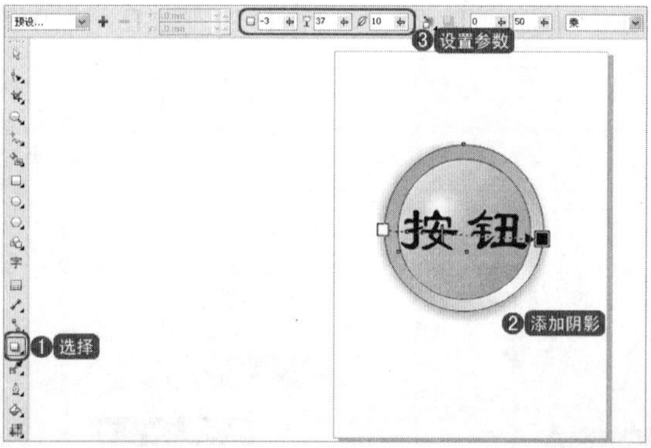

图6-154

图6-155

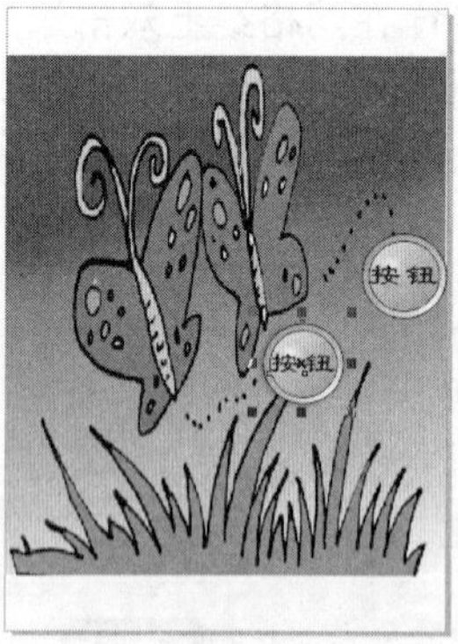
图6-156

第07天 编辑颜色

编辑颜色是平面设计中最常见操作之一。CorelDRAW X5提供了强大的颜色编辑功能，用户可以方便快捷地修改轮廓的暗色、线形和线宽等属性，设置各种线段和箭头样式，制作各种描边效果。

7.1 编辑轮廓颜色

轮廓笔工具是设计工作中使用最频繁的工具之一，运用轮廓笔工具，可以非常方便地为图形或文字添加轮廓效果。编辑轮廓颜色的方法有多种，下面将分别对它们进行简单的介绍。

7.1.1 用轮廓笔编辑轮廓颜色

在【轮廓笔】对话框中编辑轮廓线的颜色。

01 在绘图页中绘制一个图形如图7-1所示，在该图形中为文本添加轮廓颜色。

02 在绘图页中选择如图7-2所示的文本，为其添加轮廓颜色。

图7-1

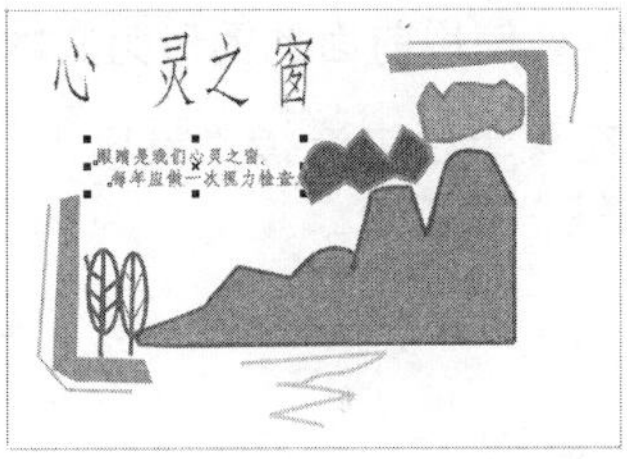

图7-2

03 单击工具箱中的“轮廓笔工具”，在弹出的快捷菜单中选择“轮廓笔”命令，在弹出的对话框中将“宽度”设置为“细线”，将“颜色”定义为“黄色”，单击“确定”按钮，如图7-3所示。

04 即可为选择的文字添加轮廓线，完成后的效果如图7-4所示。

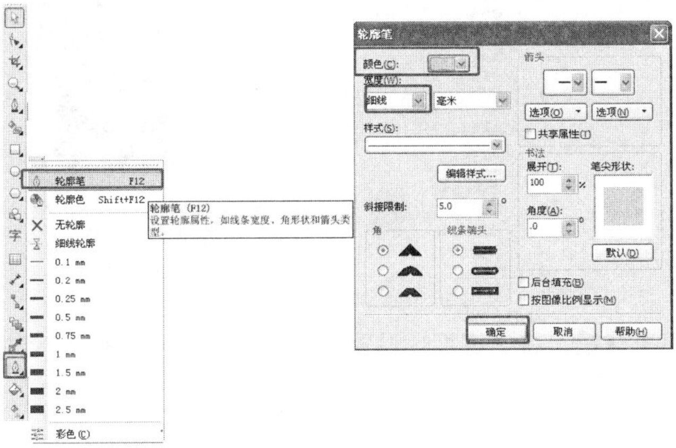

图7-3

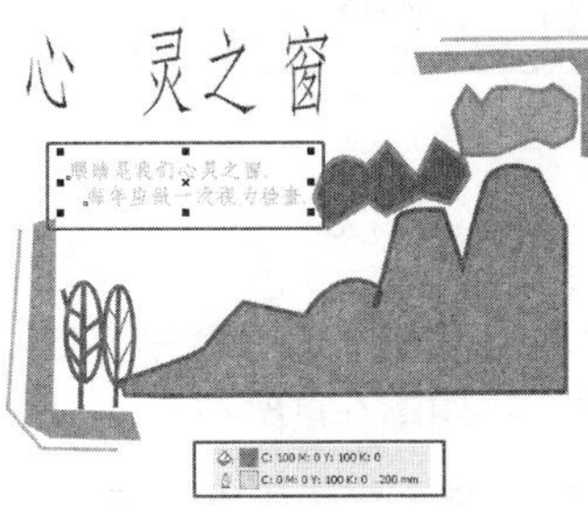

图7-4

7.1.2 用调色板编辑轮廓颜色

继续使用上面的文本进行讲解。

01 选择需要填充的文本，如图7-5所示。

02 在“默认CMYK调色板”中，右击黄色色块，如图7-6所示。

03 填充完轮廓线后的效果如图7-7所示。

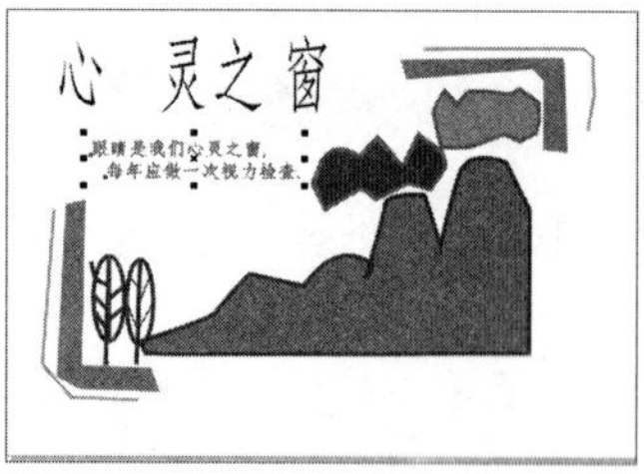

图7-5

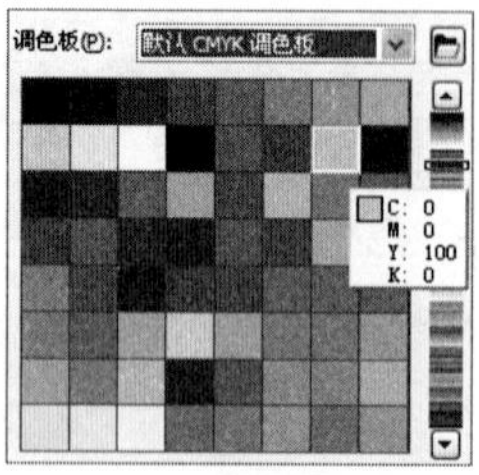

图7-6

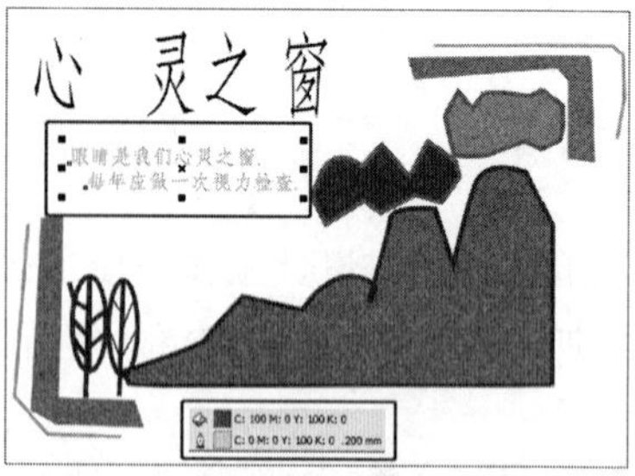

图7-7

7.1.3 用“对象属性”泊坞窗编辑轮廓颜色

使用【对象属性】泊坞窗编辑轮廓线颜色。

01 继续使用前面的图形为文本添加轮廓颜色，选择如图7-8所示的文本，为其添加轮廓线。

02 在菜单栏中选择“窗口”\“泊坞窗”\“属性”命令，如图7-9所示。打开如图7-10所示的“对象属性”泊坞窗。

图7-8

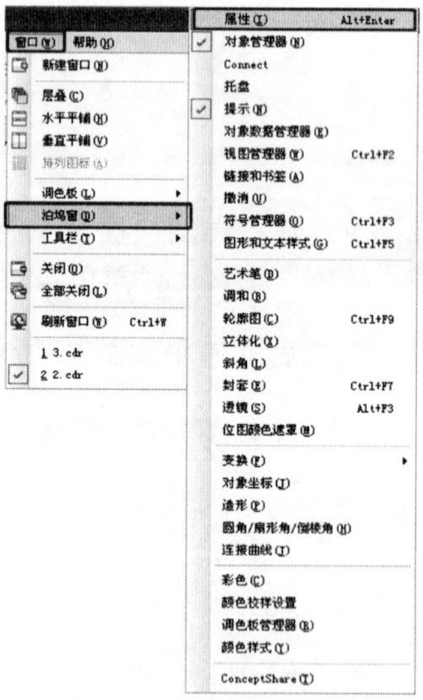

图7-9

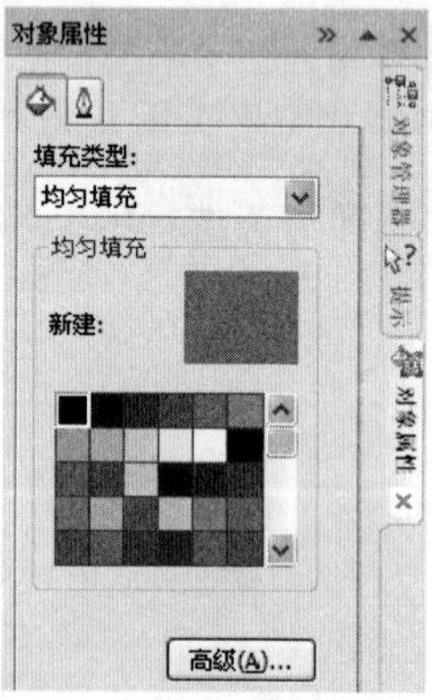

图7-10

03 在“对象属性”泊坞窗中单击“轮廓”按钮，将“宽度”设置为“细线”，将“颜色”定义为“月光绿”，如图7-11所示。

04 添加完轮廓线后的效果如图7-12所示。

图7-11

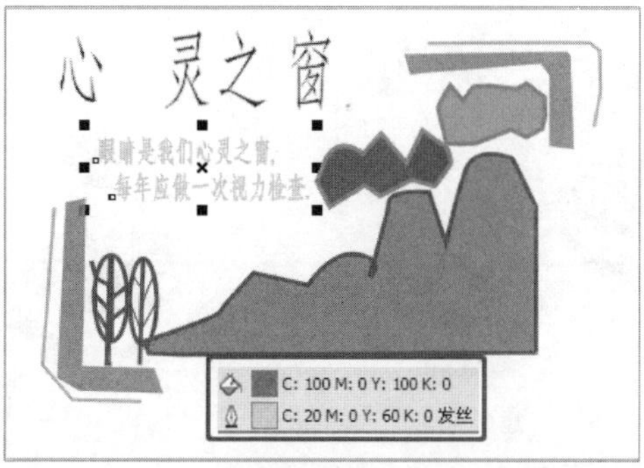

图7-12

【单元练习】——制作描边字

本例将介绍描边字效果的制作，该例的制作比较简单，主要通过为文本添加轮廓线来表现，完成后的效果如图7-13所示。

图7-13

01 按【Ctrl+N】快捷键新建文档，在属性栏中单击“□”按钮，将文档页面转换为横向页面，如图7-14所示。

02 按【Ctrl+I】快捷键，在弹出的对话框中选择光盘中“素材与源文件”\“素材”\“第7天”\“ 蛋糕.jpg”，将选择的素材导入到场景中，并配合【Shift】键调整素材的大小，如图7-15所示。

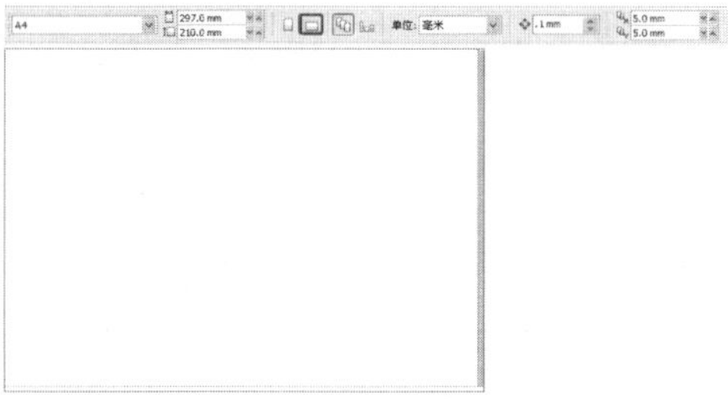

图7-14

图7-15

03 选择工具箱中的“文本工具字”，在素材的右下方创建“蛋糕”文本，在属性栏中将“字体类型”设置为文鼎齿轮体，将“字体大小”设置为125pt，如图7-16所示。

04 在场景中对文本进行调整，如图7-17所示。

05 确定新创建的文本处于选择状态，单击CMYK调色板中的黄色色块，将文本填充为黄色，右击CMYK调色板中的酒绿色色块，将其轮廓线填充为酒绿色，并将其轮廓宽度设置为0.75mm，如图7-18所示。

图7-16

图7-17

图7-18

06 至此，描边字制作完成了，将效果导出，并将场景文件进行存储。

7.2 设置线端和箭头样式

在【轮廓笔】对话框中可以对线条端头和箭头样式进行设置，下面将对其进行简单的介绍。

在工具箱中单击“轮廓笔工具”，在弹出的快捷菜单中选择“轮廓笔”命令，打开【轮廓笔】对话框，在该对话框中的“线条端头”选项区域下选择不同类型的线端，所表现的效果也不尽相同。

01 使用工具箱中的“轮廓笔工具”在绘图页中绘制图7-19所示的形状。

02 按下工具箱中的“轮廓笔工具”，在弹出的快捷菜单中选择“轮廓笔”命令，打开【轮廓笔】对话框如图7-20所示。

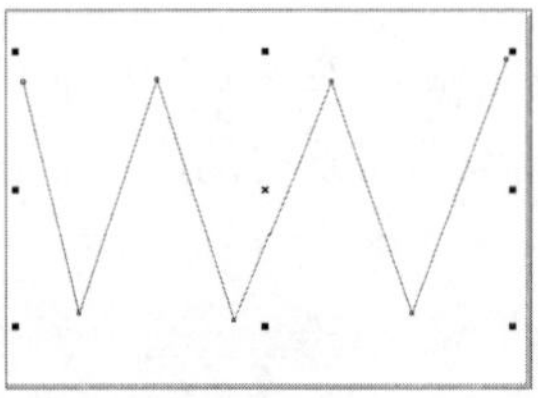

图7-19

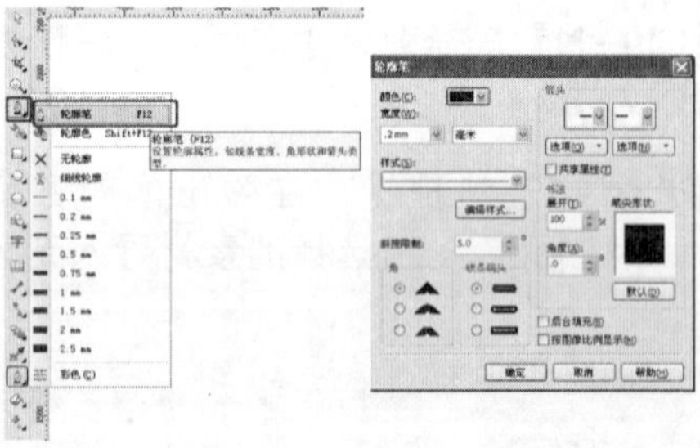

图7-20

03 在弹出的对话框中将“宽度”参数设置为10mm，在“线条端头”选项区域下使用默认的选项，然后单击“确定”按钮，如图7-21所示。即可为图形添加默认端头的效果，如图7-22所示。

04 按【F12】键，打开【轮廓笔】对话框，在“线条端头”选项区域下选择选项，单击“确定”按钮，如图7-23所示。即可为图形设置端头效果，如图7-24所示。

图7-21

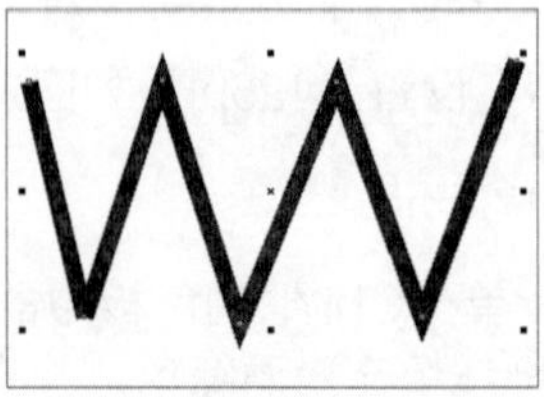

图7-22

图7-23

05 按【F12】键，打开【轮廓笔】对话框，在“线条端头”选项区域下选择 选项，单击“确定”按钮，如图7-25所示。即可为图形设置端头效果，如图7-26所示。

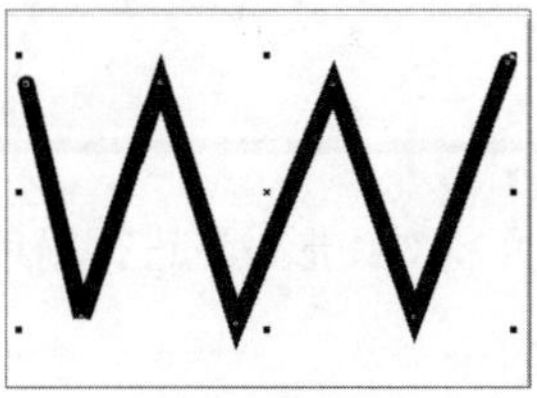

图7-24

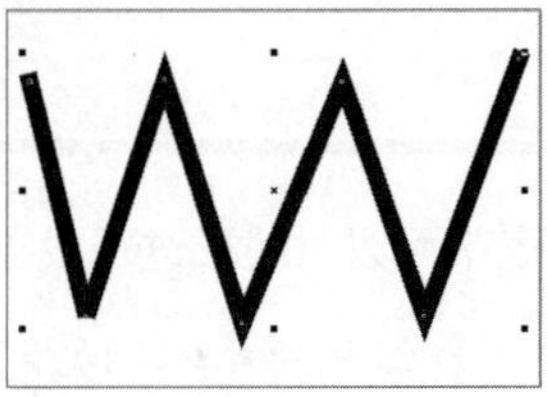

图7-25

图7-26

下面对箭头样式进行简单的介绍。

在【轮廓笔】对话框中单击“箭头”选项区域下的“按钮”，即可展开箭头样式列表，如图7-27所示，从中可以设置轮廓线的起始箭头。

提　示

此选项对闭合路径无任何效果，只对单轮廓线起作用。

继续使用前面绘制的图形进行讲解。

01 按【F12】键，弹出【轮廓笔】对话框，在“箭头”选项区域下单击“按钮”，在弹出的列表中选择图7-28所示的箭头。单击“确定”按钮，即可在图形的起始位置添加箭头效果，如图7-29所示。

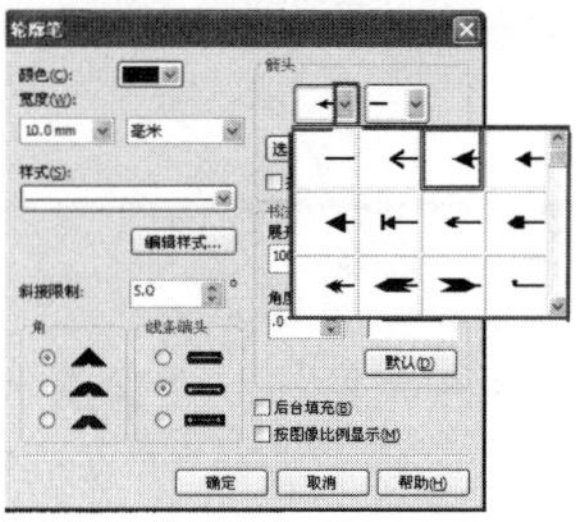

图7-27

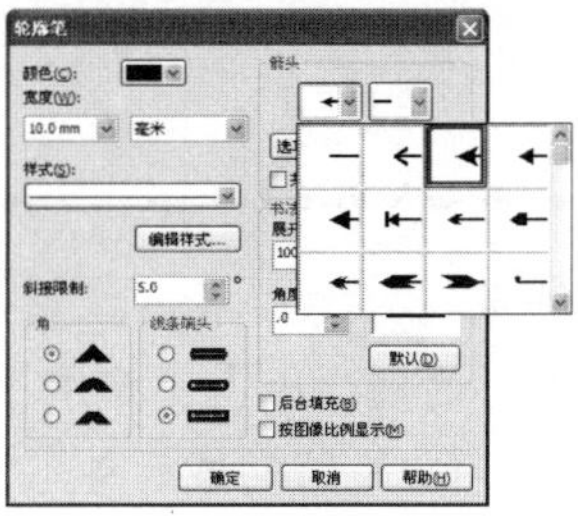

图7-28

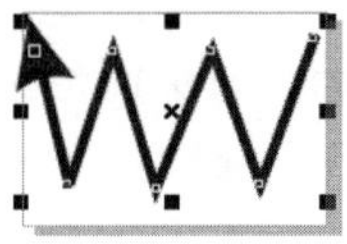

图7-29

02 按【F12】键，弹出【轮廓线】对话框，将“颜色”设置为黄色，单击“按钮”，在弹出的列表中选择图7-30所示的箭头，单击“确定”按钮，即可为图形添加终止箭头，完成后的效果如图7-31所示。

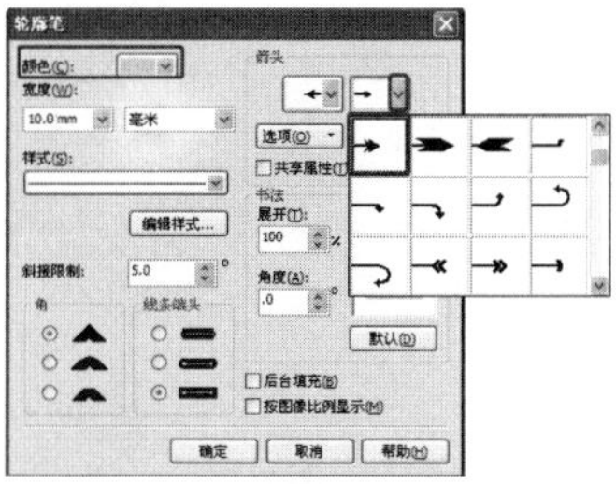

图7-30

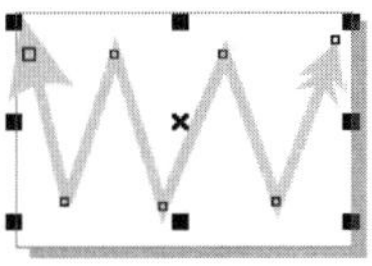

图7-31

7.3 设置轮廓的线形和线宽

通过对轮廓的线形和线宽进行设置，可以绘制出各种各样的图形。在本节中，将对轮廓线形和线宽的设置作为重点内容进行介绍。

7.3.1 设置线型

在【轮廓笔】对话框的“样式”列表中可以对线形进行设置，下面将对线形设置进行简单的介绍。

01 选择工具箱中的“轮廓笔工具”，在绘图页中绘制如图7-32所示。

02 按【F12】键弹出【轮廓笔】对话框，在该对话框中将“颜色”设置为蓝色，单击“样式”列表后的三角按钮，在弹出的列表中选择一种样式，如图7-33所示。单击“确定”按钮，即可将选择的线形指定到绘制的图形上，完成后的效果如图7-34所示。

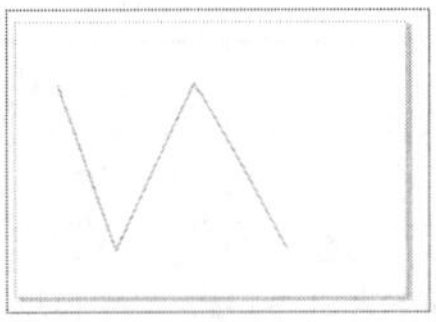

图7-32

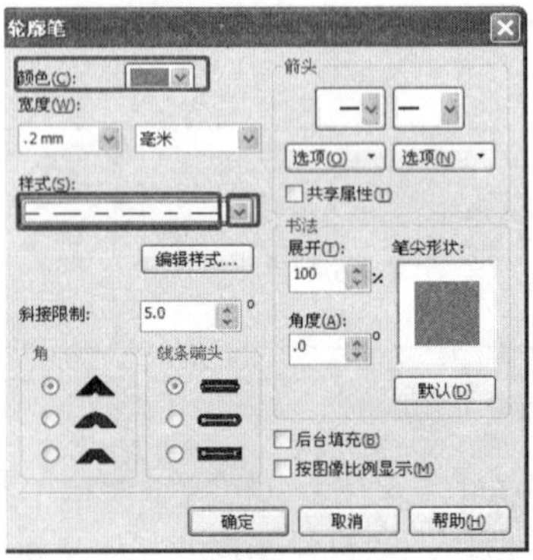

图7-33

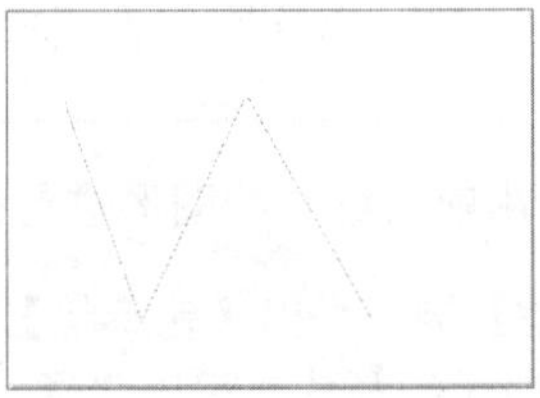

图7-34

7.3.2 设置线宽

接着前面设置的图形设置其线宽。

按【F12】键打开【轮廓笔】对话框，单击“宽度”列表框后的三角按钮，在弹出的下拉列表框中选择“0.75mm”，如图7-35所示。设置完成后单击“确定”按钮，即可对绘制的曲线图形设置线宽效果，如图7-36所示。

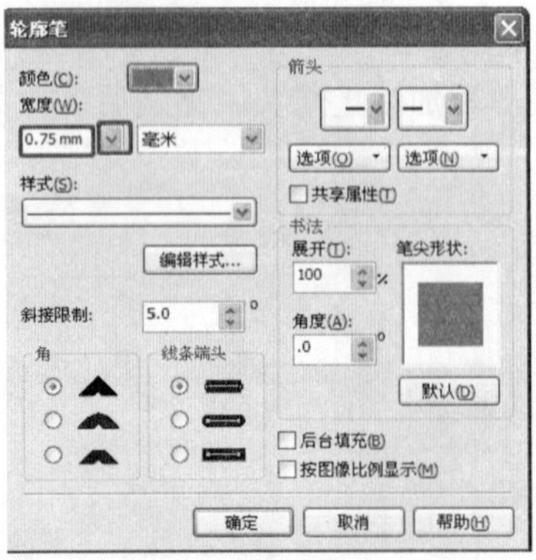

图7-35

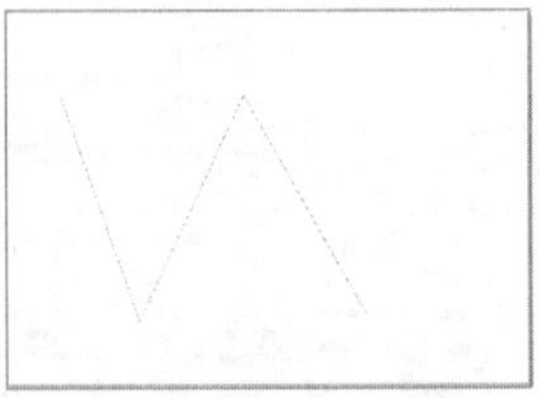

图7-36

【单元练习】——绘制鸭子

通过前面对轮廓的线形和线宽的介绍，下面再来绘制一个鸭子图像，以巩固前面学习的基础知识。完成后的效果如图7-37所示。

图7-37

01 新建一个空白文档，然后选择工具箱中的“钢笔工具”，在绘图页中绘制形状，并配合“形状工具”进行调整，作为鸭子的身体，然后将该形状填充为浅黄色，将轮廓宽度设置为4mm，如图7-38所示。

02 使用“钢笔工具”，在浅黄色图形上绘制形状，作为鸭嘴，并配合“形状工具”进行调整，然后将该形状填充为深黄色，将轮廓宽度设置为3mm，如图7-39所示。

03 使用“钢笔工具”在鸭嘴的图形上绘制黑色图形，并配合“形状工具”进行调整，如图7-40所示。

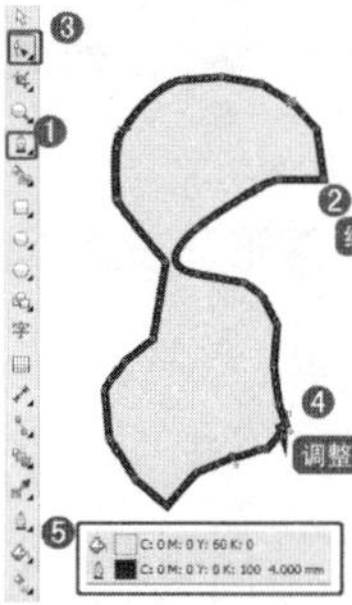

图7-38

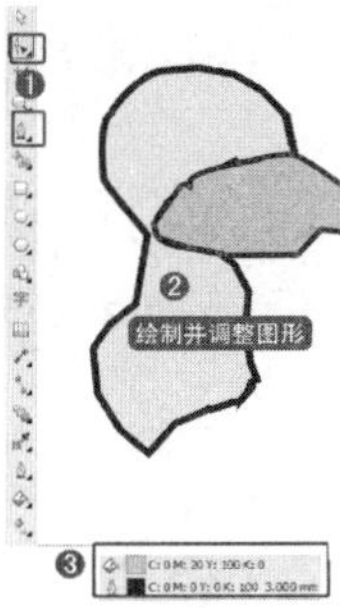

图7-39

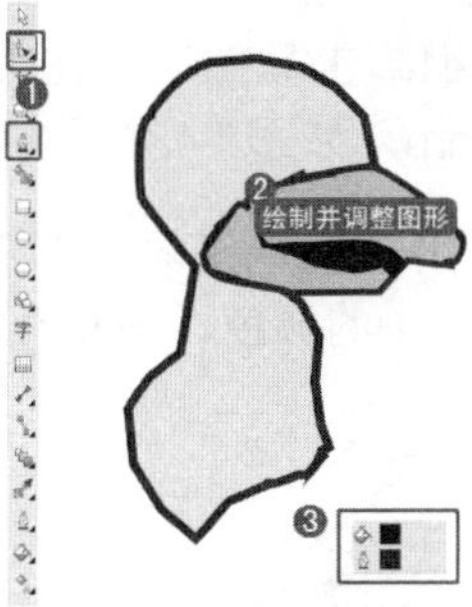

图7-40

04 继续使用“钢笔工具”在适当的位置绘制黑色图形，将其作为眼睛，如图7-41所示。

05 在黑色图形上绘制深黄色图形，如图7-42所示。

06 使用同样的方法绘制另一眼睛对象，完成后的效果如图7-43所示。

图7-41

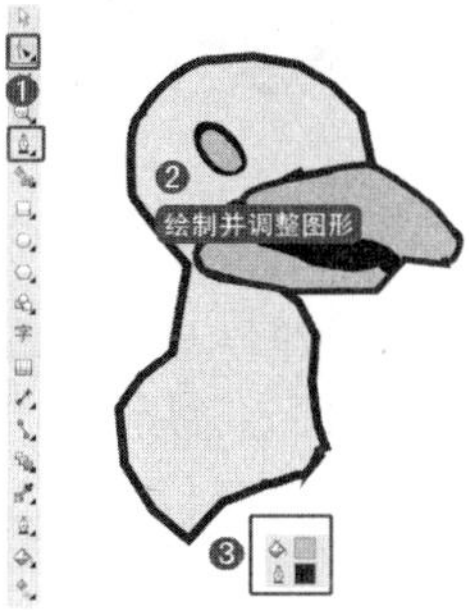

图7-42

图7-43

(07) 继续使用工具箱中的“钢笔工具”，绘制黑色图形作为鼻孔，如图7-44所示。

(08) 选择工具箱中的“钢笔工具”，在身体的上方绘制图形，并将其填充为黑色，如图7-45所示。

(09) 继续使用“钢笔工具”，在绘图页中绘制黄色形状，作为翅膀，并将该形状的轮廓线设置为2mm，如图7-46所示。

图7-44

图7-45

图7-46

(10) 选择“钢笔工具”在绘图页中绘制图形作为尾巴，将该图形填充为深黄色，将轮廓宽度设置为2.5mm，然后将它们调整至身体的下方，如图7-47所示。

(11) 选择“钢笔工具”，在身体上绘制形状，并使用“形状工具”进行调整，然后将其轮廓宽度设置为4mm，如图7-48所示。

(12) 继续使用“钢笔工具”在身体的下方绘制图形，作为脚掌，将该图形填充为CMYK参数为13、37、97、0的颜色，将轮廓宽度设置为2mm，如图7-49所示。

图7-47

图7-48

图7-49

(13) 使用“钢笔工具”和“形状工具”绘制另一脚掌，将该图形填充为CMYK参数为13、37、97、0的颜色，将轮廓宽度设置为2mm，如图7-50所示。

(14) 按【Ctrl+A】快捷键全选图形，再按【Ctrl+G】快捷键将选择的图形成组，如图7-51所示。

(15) 至此，鸭子效果制作完成了，将完成后的效果导出，并将场景文件进行保存。

图7-50

图7-51

7.4 复制和移除轮廓属性

CorelDRAW允许将轮廓属性复制到其他对象。还可以将轮廓转换为对象，并且可以移除轮廓。将轮廓转换为对象即可创建一个具有轮廓形状的未填充闭合对象。您可以对新的对象应用填充和特殊效果。将轮廓转换为对象用于为绘图仪、蚀刻机和乙烯树脂切割机等无法解释CorelDRAW文件中的轮廓的设备创建可剪切的轮廓问题。

7.4.1 复制轮廓属性

复制轮廓属性的操作方法如下：

01 在绘图页中绘制两个图形，并将圆形的轮廓线设置为0.75mm的红色，如图7-52所示。下面将圆形的轮廓线复制到矩形上。

02 选择工具箱中的“选择工具”，在绘图页中选择黄色的圆形对象，如图7-53所示。

03 在黄色圆形上单击鼠标右键，然后拖至蓝色矩形上，如图7-54所示。

图7-52

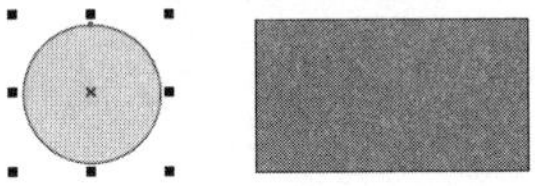

图7-53

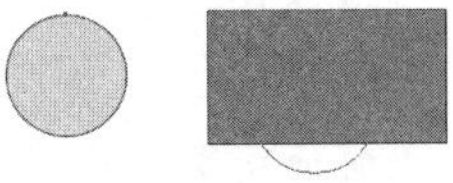

图7-54

04 当鼠标指针变成⊕时，松开鼠标键，在弹出的快捷菜单中选择“复制轮廓”命令，如图7-55所示。

05 即可将圆形上的轮廓复制到矩形上，完成后的效果如图7-56所示。

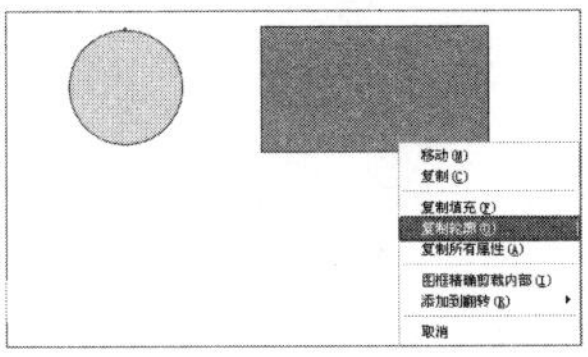

图7-55

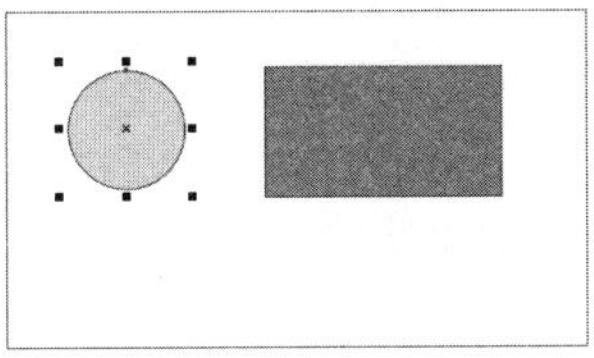

图7-56

提 示

也可以通过工具箱中的“颜色滴管”和“填充工具”进行复制轮廓。

7.4.2 移除轮廓属性

继续使用前面绘制的图形介绍移除轮廓属性的方法。

01 选择黄色的圆形单击鼠标右键，在弹出的快捷菜单中选择“属性”命令，弹出图7-57所示的“对象属性”泊坞窗。

02 在弹出的泊坞窗中单击“按钮”，并将宽度设置为“无”，如图7-58所示。

03 设置完成后即可将圆形的轮廓线删除，如图7-59所示。

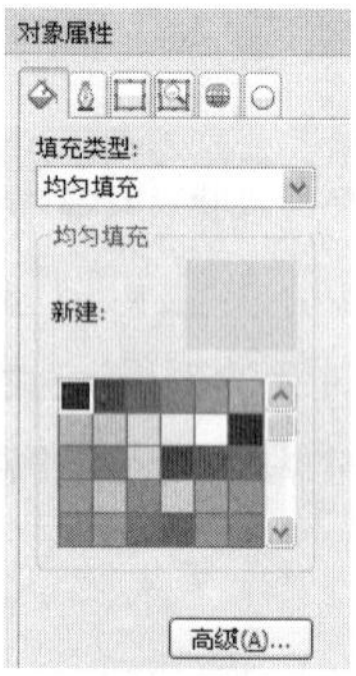

图7-57

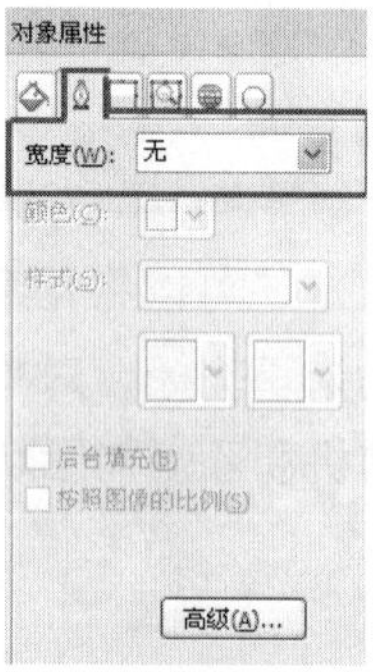

图7-58

图7-59

提 示

用户也可以右击“默认CMYK调色板”中的“☒色块”，将图形的轮廓线移除。

【单元练习】——添加描边效果

通过前面对复制轮廓属性的复制，下面再来介绍描边效果的制作，完成后的效果如图7-60所示。

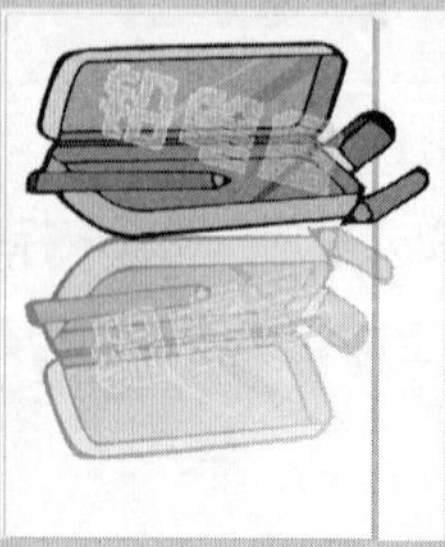

图7-60

01 新建一个空白文档，然后导入光盘中“素材与源文件”\“素材”\“第7天”\“铅笔盒.cdr”素材，导入素材后调整素材的大小和位置，如图7-61所示。

02 选择工具箱中的“文本工具”，在绘图页中创建文本，在属性栏中将“字体”设置为方正综艺简体，将“字体大小”设置为130pt，将文本颜色设置为黄色，如图7-62所示。

图7-61

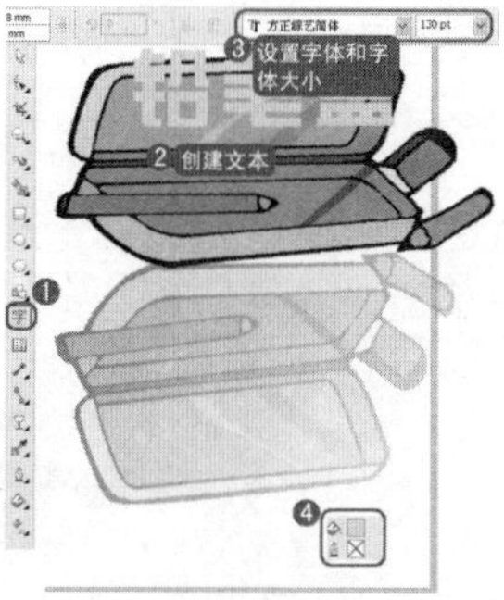

图7-62

03 确定新创建的文本处于选择状态，在属性栏中将“旋转角度”设置为345，将文本进行旋转，如图7-63所示。

04 按小键盘上的【+】键复制文本，单击属性栏中的“垂直镜像按钮”，将新复制的文本垂直镜像，并向下调整文本的位置，如图7-64所示。

05 使用“选择工具”选择上面的文本，选择工具箱中的“轮廓笔工具”，在弹出的快捷菜单中选择“轮廓笔”命令，在弹出的对话框中将“颜色”定义为淡黄，将轮廓宽度设置为1.6mm，选择一种轮廓样式，然后单击“确定”按钮，如图7-65所示。

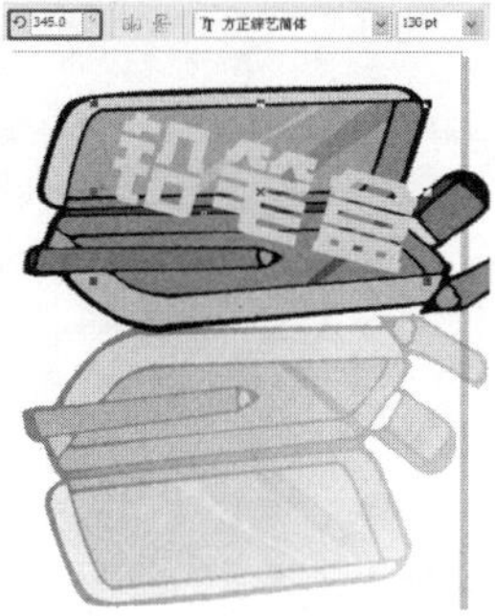

图7-63

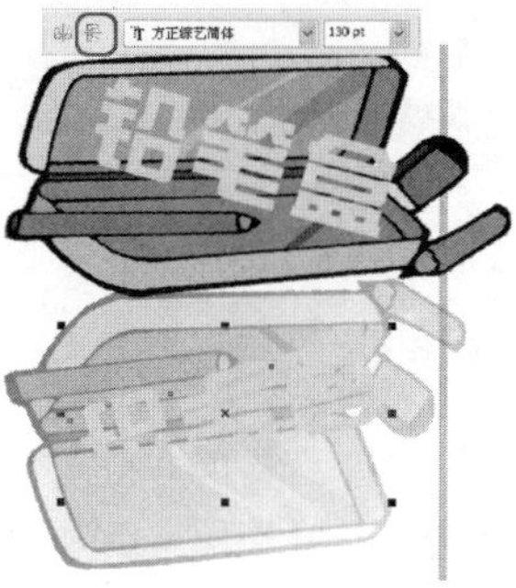

图7-64

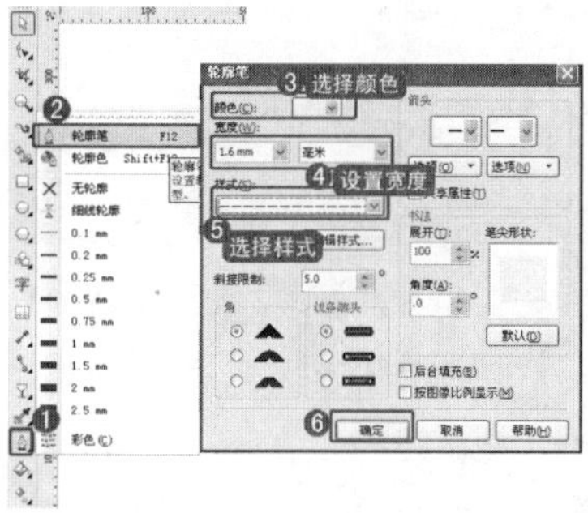

图7-65

06 添加完轮廓后的效果如图7-66所示。

07 确定添加轮廓的文本处于选择状态，在该文本上按住鼠标右键不放将其向下拖动，拖到下面的文本上松开鼠标键，在弹出的快捷菜单中选择“复制所有属性”命令，如图7-67所示。

08 复制完轮廓后的效果如图7-68所示。

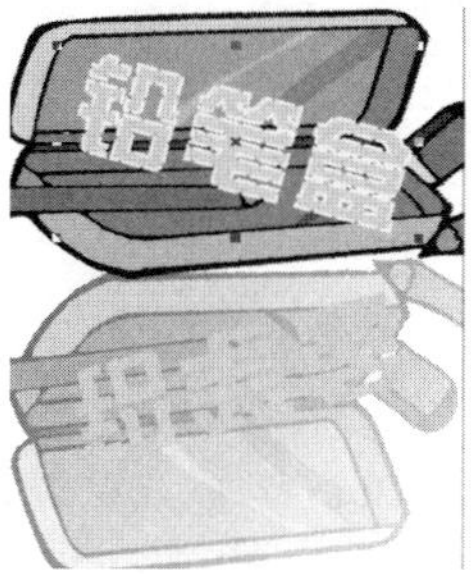

图7-66

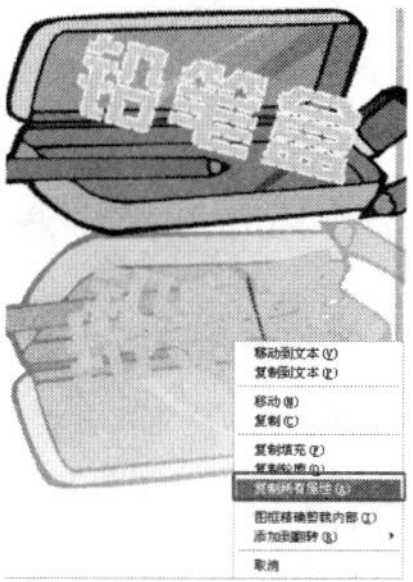

图7-67

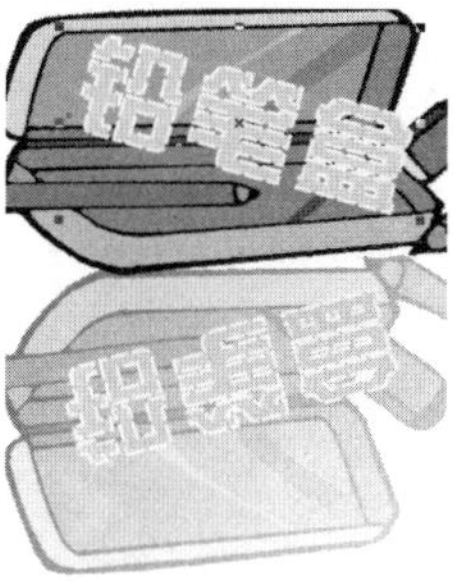

图7-68

(09) 选择工具箱中的“透明度工具”，为下面的文本添加透明效果，如图7-69所示。

(10) 选择工具箱中的“矩形工具”，在下方绘制矩形，如图7-70所示。

(11) 确定新创建的矩形处于选择状态，配合【Shift】键选择下方的文本，选择“选择工具”在属性栏中单击“修剪按钮”，　如图7-71所示。

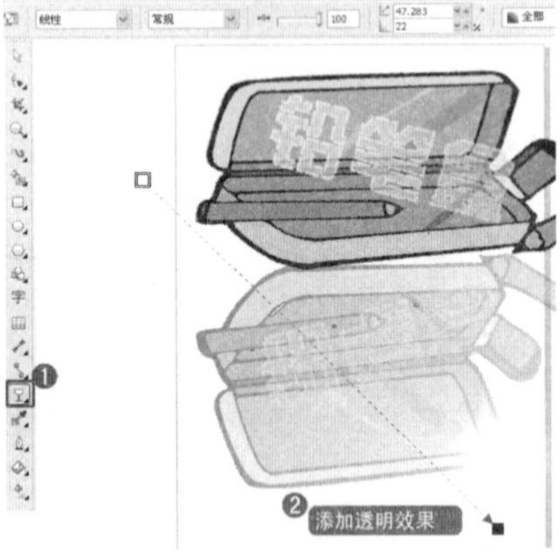

图7-69

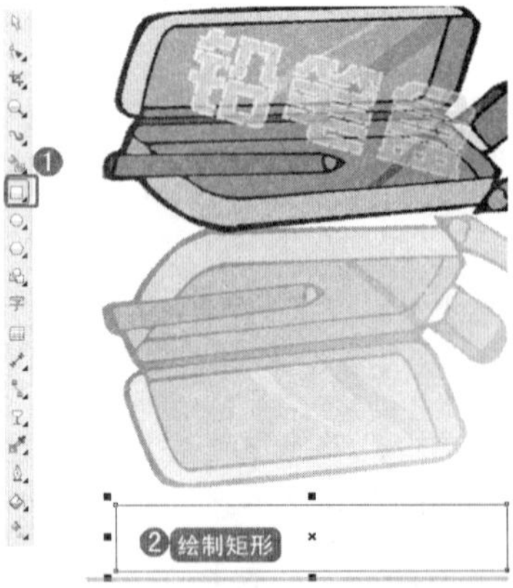

图7-70

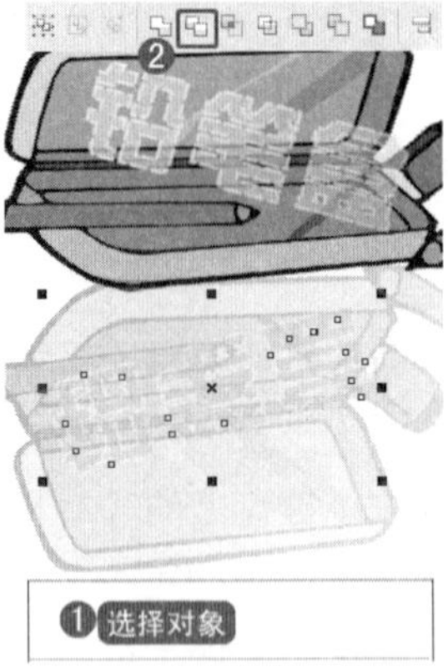

图7-71

(12) 至此，添加描边效果制作完成了，将完成后的效果导出，并将场景文件进行保存。

【每日一练】——绘制装饰画 >>>

本例将介绍装饰画效果的制作，该例的制作比较简单，主要是通过“钢笔工具”绘制图形，配合“形状工具”调整图形，并为图形填充渐变颜色，然后通过“调和工具”和“轮廓笔工具”制作装饰效果，最后为装饰画添加框架，完成后的效果如图7-72所示。

图7-72

(01) 新建一个空白文档，选择工具箱中的“矩形工具”，在绘图页中绘制矩形，如图7-73所示。

(02) 确定新绘制的矩形处于选择状态，按【F11】键在弹出的对话框中将“角度”参数设置为42.1，将“边界”设置为5，选择“自定义”选项，设置一个渐变颜色，将0%处的CMYK参数设置为20、0、35、0，在57%处添加色标，并将该颜色的CMYK设置为60，0，60，20，将100%处的CMYK参数设置为15、3、5、0，设置完成后单击“确定”按钮，如图7-74所示。

图7-73

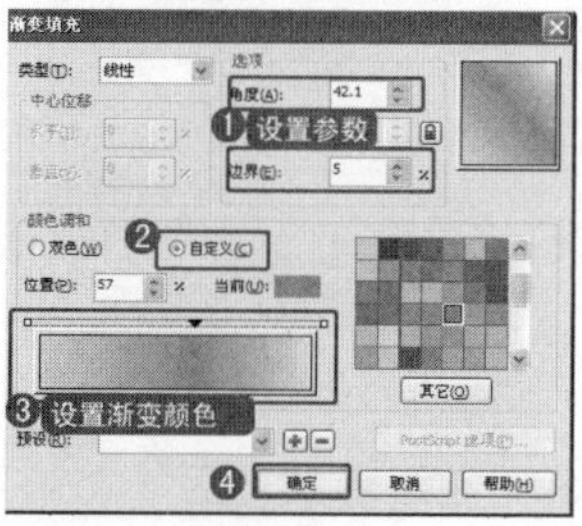

图7-74

03 填充完渐变颜色后，将该图形的轮廓线取消填充，如图7-75所示。

04 选择工具箱中的“钢笔工具”，在绘图页的下方绘制形状，如图7-76所示。

05 确定新绘制的图形处于选择状态，按【F11】键在弹出的对话框中将“从”的颜色设置为绿色，将“到”的CMYK参数设置为25、0、92、0，将“中点”参数设置为65，设置完成后单击“确定”按钮，如图7-77所示。

图7-75

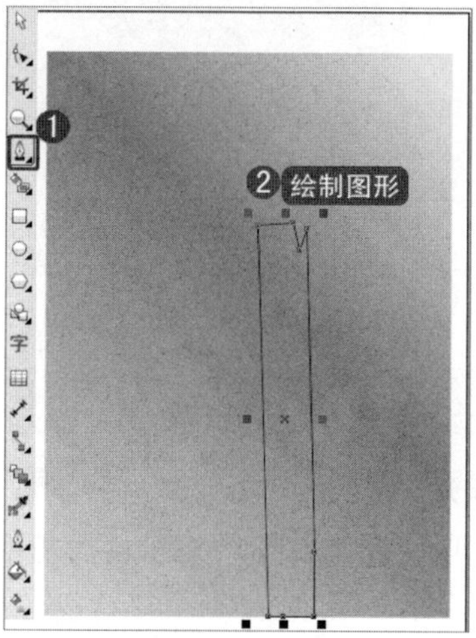

图7-76

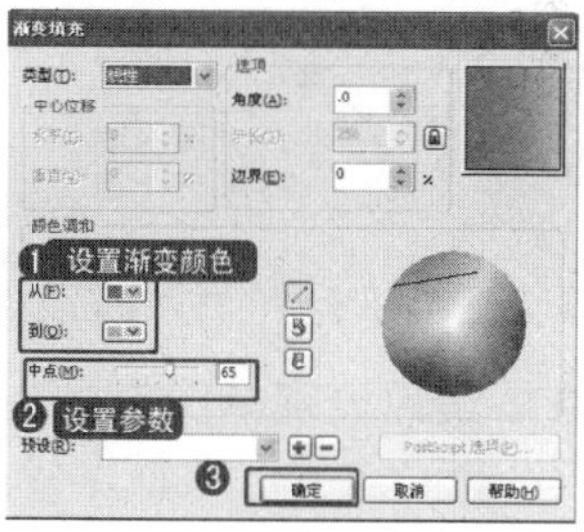

图7-77

06 填充完渐变颜色后，将该图形的轮廓线填充为0.7mm，如图7-78所示。

07 选择工具箱中的“钢笔工具”，在绿色渐变图形的上方绘制图形，如图7-79所示。

08 确定新绘制的矩形处于选择状态，按【F11】键在弹出的对话框中将“角度”参数设置为28.6，将“边界”设置为6，选择“自定义”选项，设置一个渐变颜色，将0%处颜色设置为绿色，在23%处添加色标，并将该颜色的CMYK参数设置为30、0、41、0；在27%处添加色标，并将该颜色的CMYK参数设置为20、0、33、0；在44%处添加色标，并将该颜色的CMYK参数设置为4、1、19、0；在72%处添加色标，并将该颜色的CMYK参数设置为29、0、41、0；将100%处添加色标，并将该颜色的CMYK参数设置为2、2、18、0；设置完成后单击“确定”按钮，如图7-80所示。

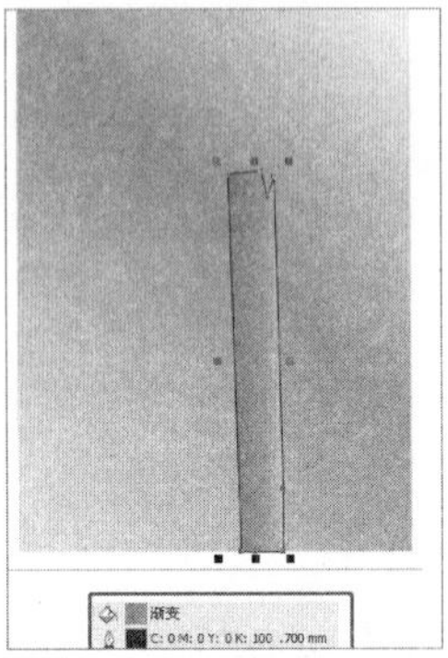

图7-78

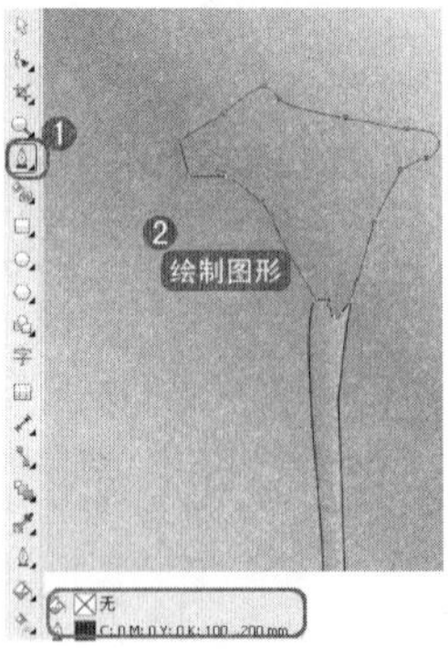

图7-79

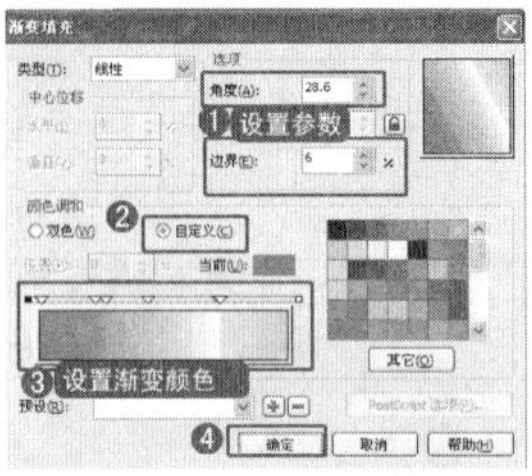

图7-80

(09) 填充完渐变颜色后，将该图形的轮廓线填充为0.7mm，如图7-81所示。

(10) 选择工具箱中的“钢笔工具”，在渐变图形上方绘制图形，如图7-82所示。

(11) 确定新绘制的图形处于选择状态，按【F11】键在弹出的对话框中将“角度”参数设置为103.1，将“边界”设置为11，将“从”的CMYK参数设置为28、6、88、0，将“到”的颜色设置为淡黄色，设置完成后单击“确定”按钮，如图7-83所示。

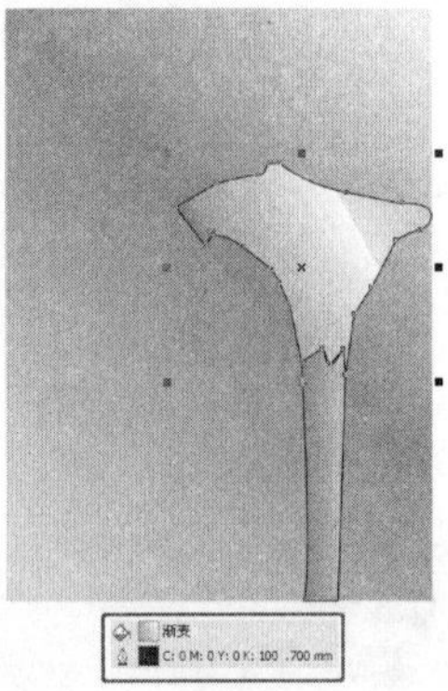

图7-81

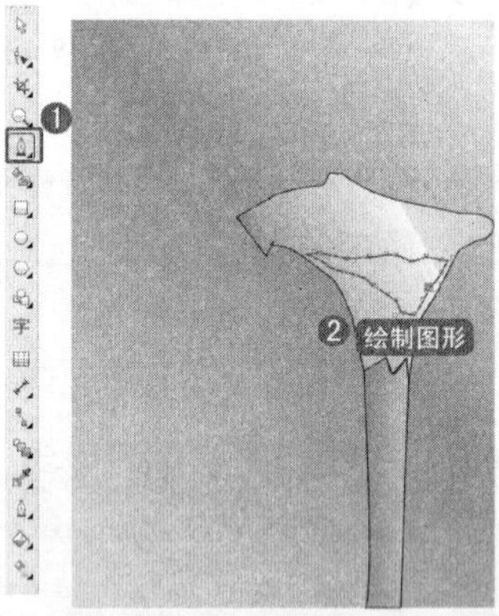

图7-82

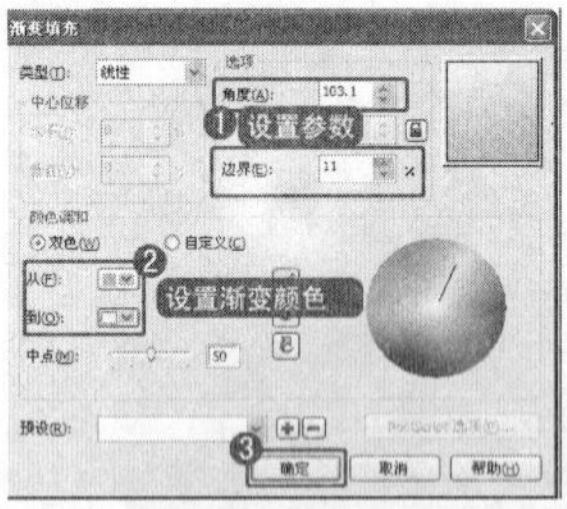

图7-83

(12) 填充完渐变颜色后，将该图形的轮廓线填充为0.7mm，如图7-84所示。

(13) 继续使用“钢笔工具”绘制图形，按【F11】键在弹出的对话框中将“角度”参数设置为-103.7，将“边界”设置为12，将“从”的CMYK参数设置为21、6、97、0，将“到”的颜色设置为淡黄色，设置完成后单击“确定”按钮，然后将该图形的轮廓线填充为0.7mm，如图7-85所示。

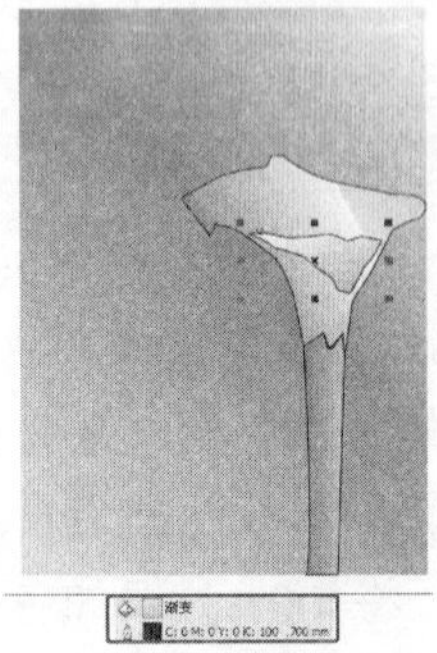

图7-84

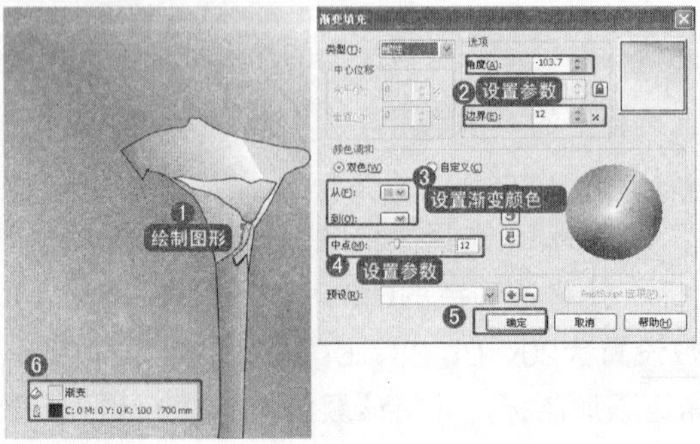

图7-85

⑭ 使用“钢笔工具”绘制图形，按【F11】键在弹出的对话框中将“角度”参数设置为38.9，将“边界”设置为10，将“从”的颜色设置为绿色，将【到】的颜色设置为淡黄色，设置完成后单击“确定”按钮，然后将该图形的轮廓线填充为0.7mm，如图7-86所示。

⑮ 使用“钢笔工具”绘制图形，按【F11】键在弹出的对话框中将“从”的颜色设置为绿色，将“到”的颜色设置为白色，将“中点”参数设置为12，设置完成后单击“确定”按钮，然后将该图形的轮廓线填充为0.7mm，如图7-87所示。

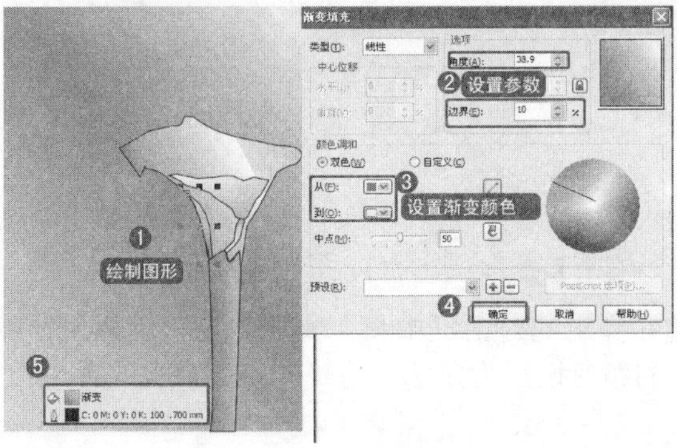

图7-86

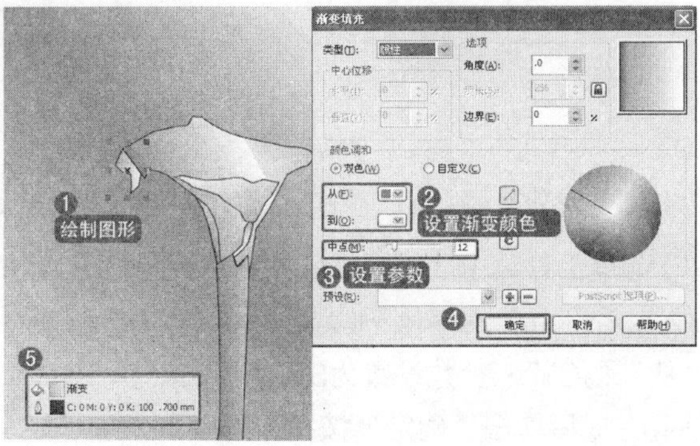

图7-87

⑯ 使用“钢笔工具”绘制图形，按【F11】键在弹出的对话框中将“角度”参数设置为17.7，将“边界”设置为19，“从”的颜色设置为绿色，将“到”的颜色设置为白色，将“中点”参数设置为1，设置完成后单击“确定”按钮，然后将该图形的轮廓线填充为0.7mm，如图7-88所示。

⑰ 继续使用“钢笔工具”绘制图形，按【F11】键在弹出的对话框中将“角度”参数设置为174.7，将“边界”设置为8，将“从”的CMYK参数设置为5、35、87、0，将“到”的CMYK参数设置为58、66、91、12，将“中点”参数设置为67，设置完成后单击“确定”按钮，然后将该图形的轮廓线填充为0.7mm，如图7-89所示。

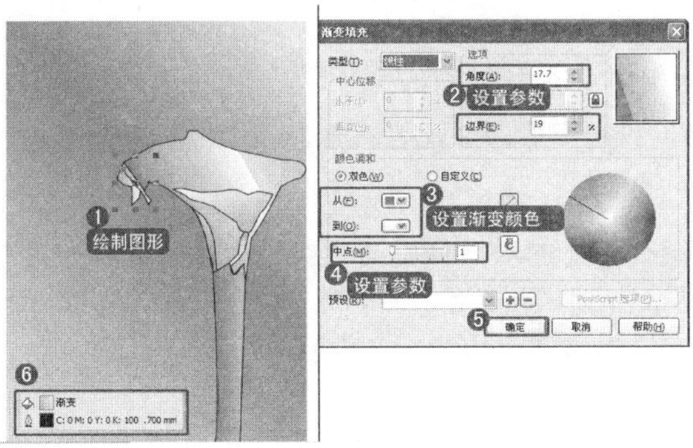

图7-88

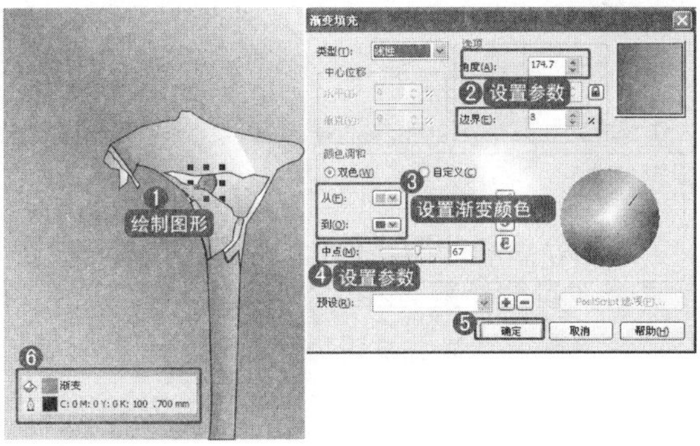

图7-89

⑱ 缩放绘图页观察图形的整体效果，如图7-90所示。

⑲ 选择工具箱中的“钢笔工具”，在绘图页中绘制图形，如图7-91所示。

⑳ 确定新绘制的图形处于选择状态，按【F11】键在弹出的对话框中将“从”的颜色设置为绿色，将“到”的CMYK参数设置为25、0、92、0，将“中点”参数设置为17，设置完成后单击“确定”按钮，如图7-92所示。

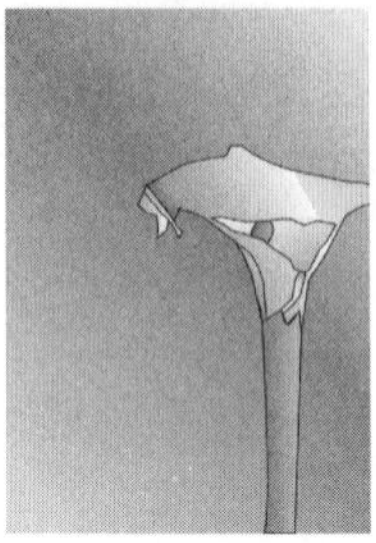

图7-90

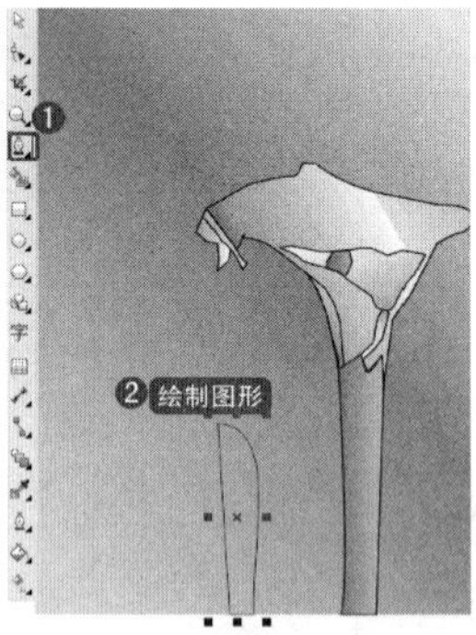

图7-91

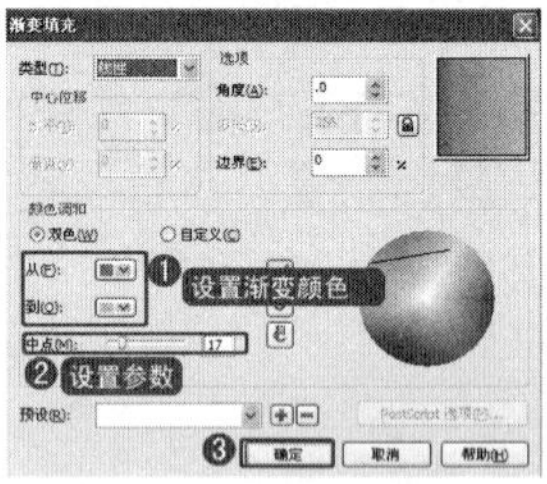

图7-92

(21) 填充完渐变颜色后，将该图形的轮廓线填充为0.7mm，如图7-93所示。

(22) 选择工具箱中的“钢笔工具”，在绿色渐变图形的上方绘制图形，如图7-94所示。

(23) 确定新绘制的图形处于选择状态，按【F11】键在弹出的对话框中将“类型”定义为辐射，将“从”的CMYK参数设置为35、0、45、0，将“到”的颜色设置为白色，将“中点”参数设置为1，设置完成后单击“确定”按钮，如图7-95所示。

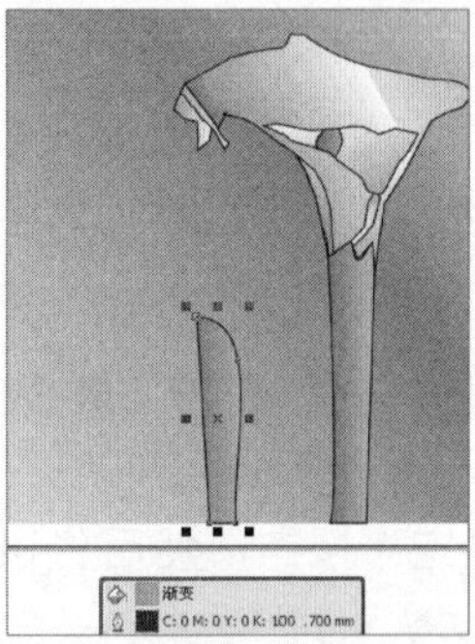

图7-93

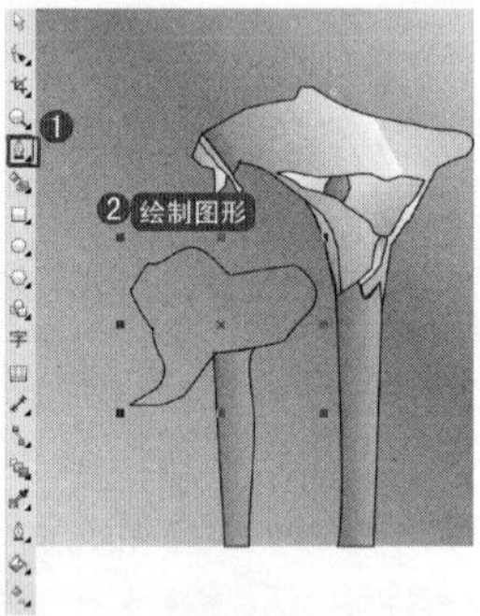

图7-94

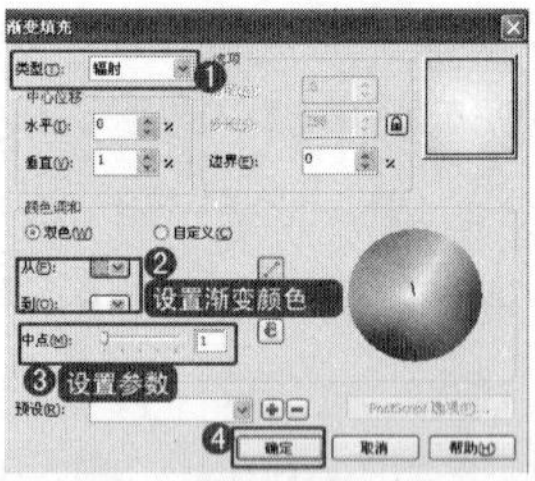

图7-95

(24) 填充完渐变颜色后，将该图形的轮廓线填充为0.7mm，如图7-96所示。

(25) 选择工具箱中的“钢笔工具”，在渐变图形上绘制图形，并配合“形状工具”对图形进行调整，如图7-97所示。

(26) 确定新绘制的图形处于选择状态，按【F11】键在弹出的对话框中将“类型”定义为辐射，将“垂直”参数设置为22，将“从”的CMYK参数设置为38、3、98、0，将“到”的颜色设置为白色，将“中点”参数设置为72，设置完成后单击“确定”按钮，如图7-98所示。

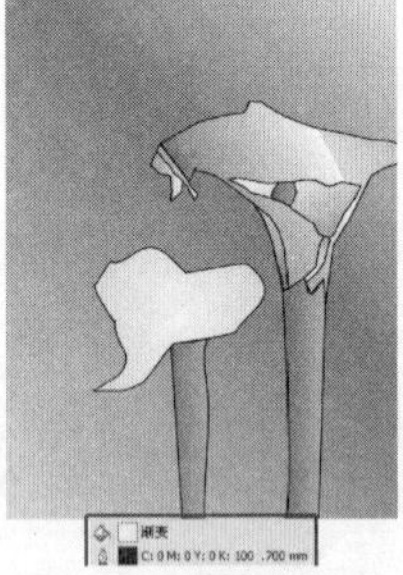

图7-96

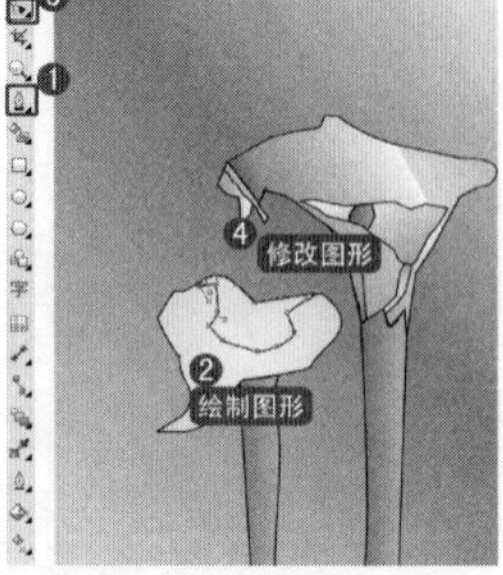

图7-97

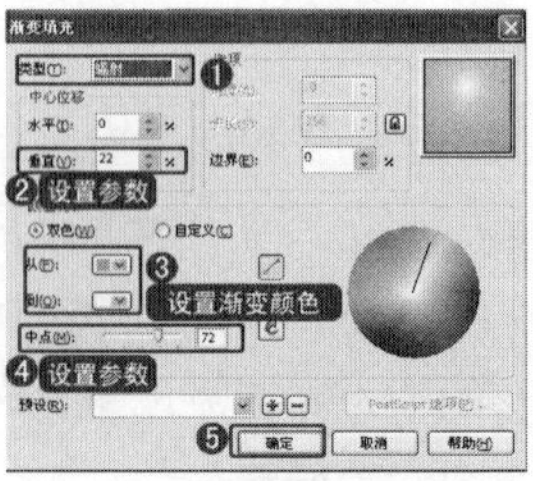

图7-98

(27) 填充完渐变颜色后，将该图形的轮廓线填充为0.7mm，如图7-99所示。

(28) 选择工具箱中的“钢笔工具”，在渐变图形上绘制图形，并配合“形状工具”对图形进行调整，如图7-100所示。

(29) 确定新绘制的图形处于选择状态，按【F11】键在弹出的对话框中将“角度”参数设置为45.7，将“边界”参数设置为2，将“从”的CMYK参数设置为53、0、63、0，将“到”的颜色设置为白色，将“中点”参数设置为30，设置完成后单击“确定”按钮，如图7-101所示。

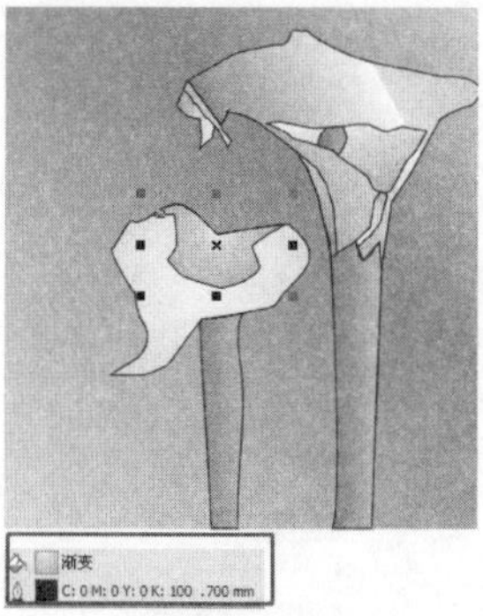

图7-99

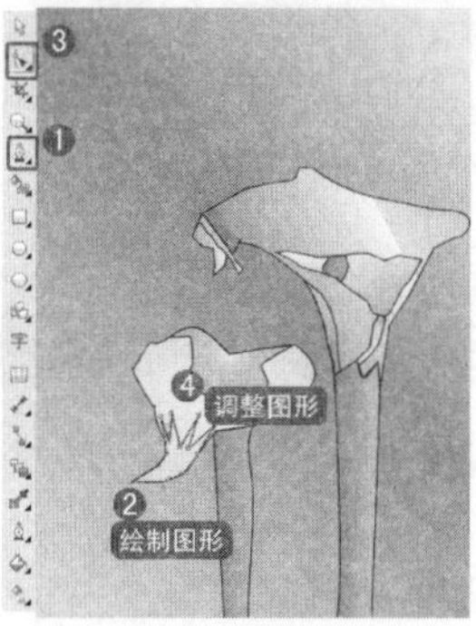

图7-100

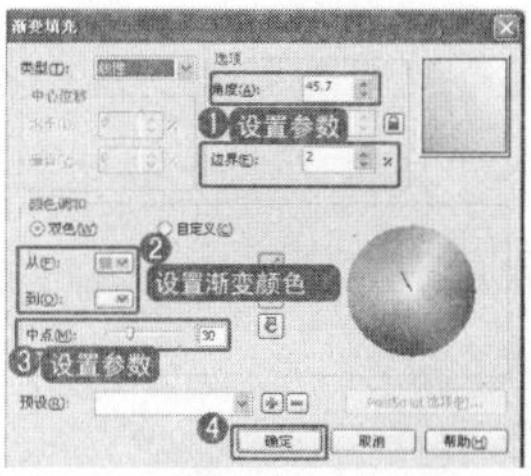

图7-101

(30) 填充完渐变颜色后，将该图形的轮廓线填充为0.7mm，如图7-102所示。

(31) 使用“钢笔工具”绘制图形，按【F11】键在弹出的对话框中将“角度”参数设置为-173.7，将“边界”设置为9，选择“自定义”单选按钮，将0%处的颜色设置为深黄色，将100%处的CMYK参数设置为33、47、100、33，设置完成后单击“确定”按钮，然后将该图形的轮廓线填充为0.7mm，如图7-103所示。

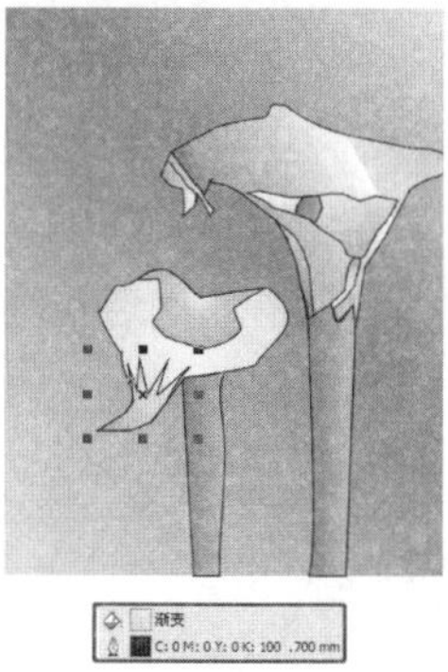

图7-102

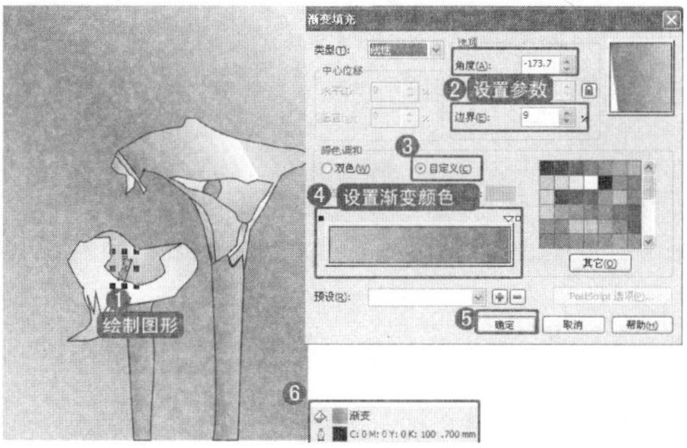

图7-103

(32) 选择工具箱中的“椭圆工具”，在绘图页中绘制椭圆，如图7-104所示。

(33) 确定新绘制的图形处于选择状态，按【F11】键在弹出的对话框中将“角度”参数设置为3.8，将“边界”参数设置为7，将“从”的颜色设置为月光绿，将“到”的CMYK参数设置为13、5、61、0，将“中点”参数设置为77，设置完成后单击“确定”按钮，如图7-105所示。

(34) 填充完渐变颜色后将该图形的轮廓颜色填充为浅黄色，将轮廓宽度设置为发丝，如图7-106所示。

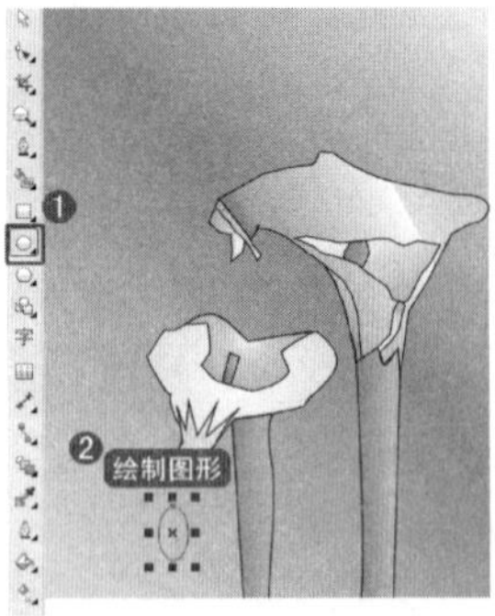

图7-104

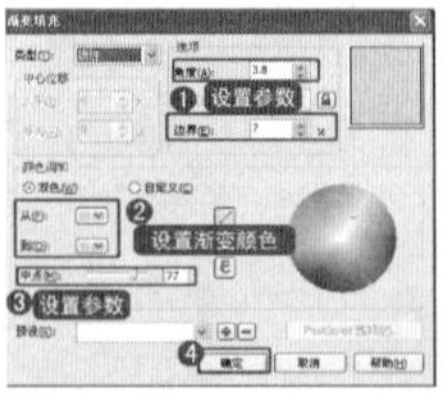

图7-105

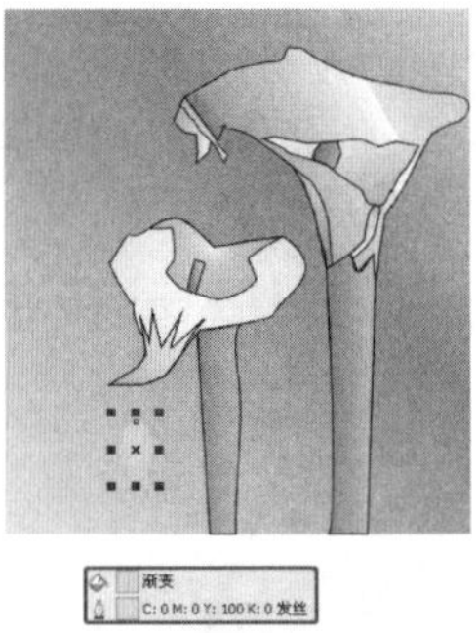

图7-106

35 确定渐变椭圆形处于选择状态，将图形向左上方移动复制，如图7-107所示。

36 选择工具箱中的“调和工具”，为两个椭圆图形添加调和效果，在属性栏中将“步长”设置为12，如图7-108所示。

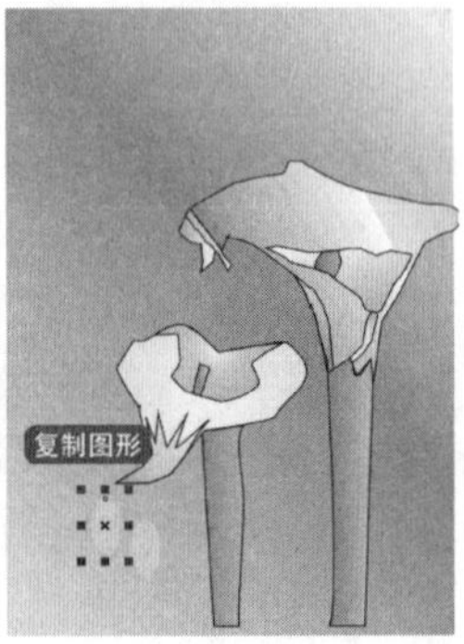

图7-107

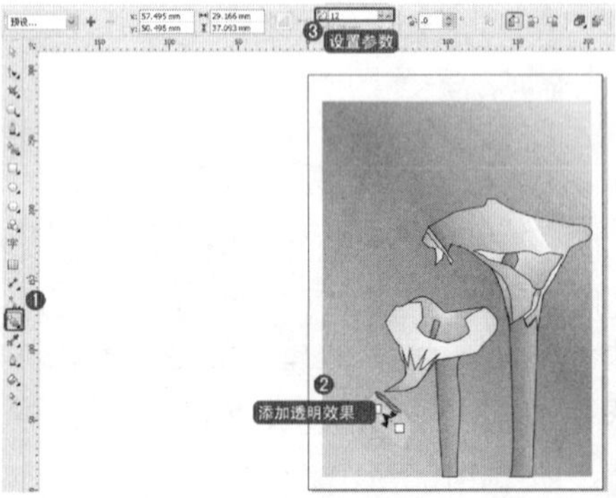

图7-108

37 选择工具箱中的“椭圆工具”，配合【Ctrl】键在调和图形的下方绘制正圆形，作为调和路径，如图7-109所示。

38 在属性栏中单击“路径属性按钮”，在弹出的面板中选择“新路径”命令，然后在场景中选择作为路径的正圆形，指定路径后的效果如图7-110所示。

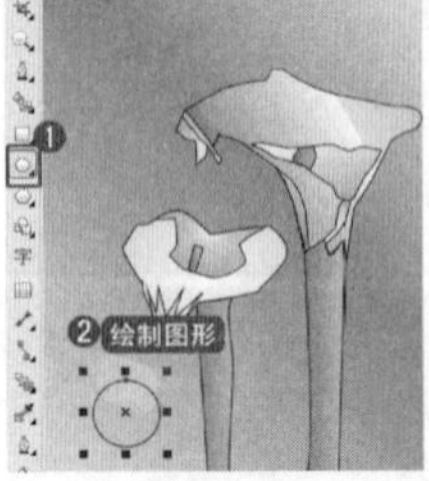

图7-109

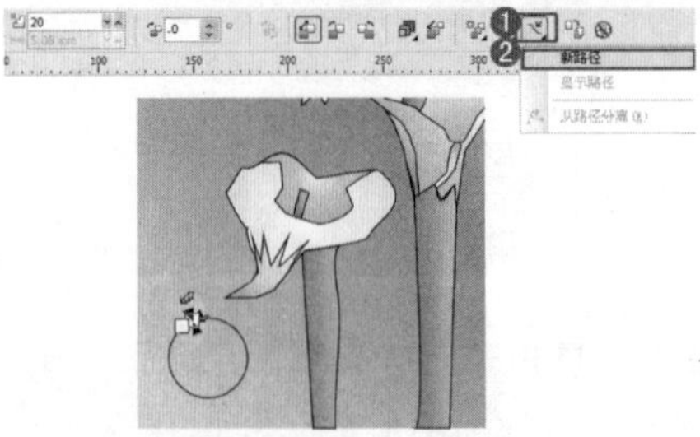

图7-110

39 再在属性栏中单击“更多调和选项”按钮，在弹出的面板中选择“沿全路径调和”和“旋转全部对象”复选框，将调和选项沿路径旋转放置，如图7-111所示。

40 按【Ctrl+K】快捷键打散调和效果，选择圆形路径，按【Delete】键将路径删除，如图7-112所示。

41 将前面调和的图形成组，并将成组后的对象进行复制，然后缩放图形，如图7-113所示。

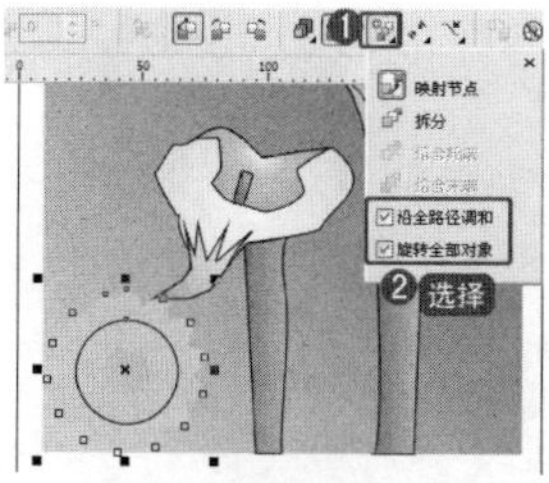

图7-111

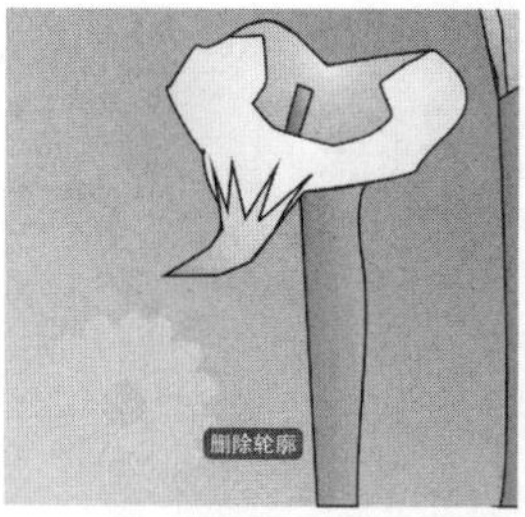

图7-112

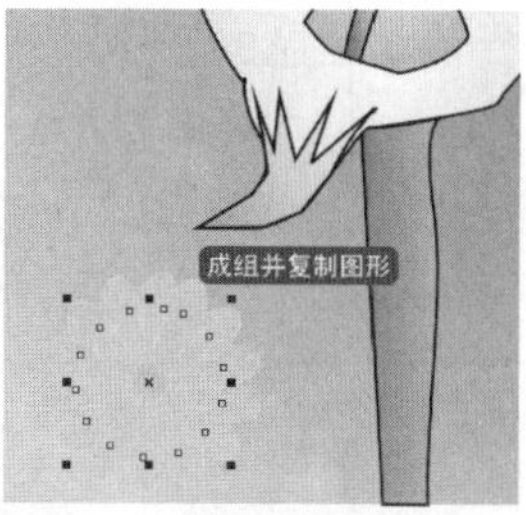

图7-113

(42) 继续对图形进行复制，并对复制的图形进行调整，如图7-114所示。

(43) 将制作的花形图形成组，对成组后的图形多次进行复制，并设置填充颜色，如图7-115所示。

(44) 选择工具箱中的“椭圆工具”，配合【Ctrl】键在绘图页中绘制正圆形，将其填充为白色，并取消轮廓线的填充，如图7-116所示。

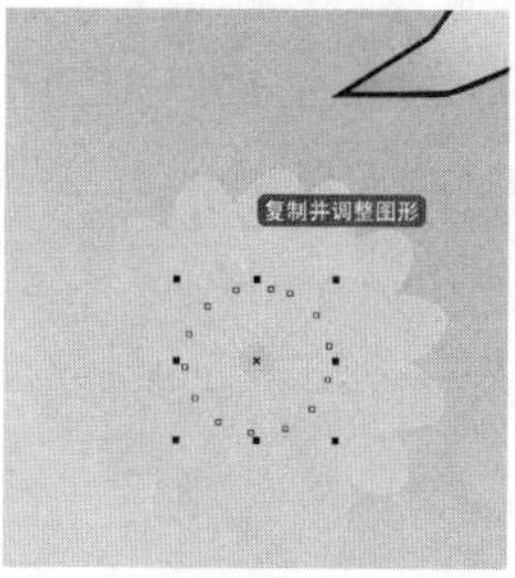

图7-114

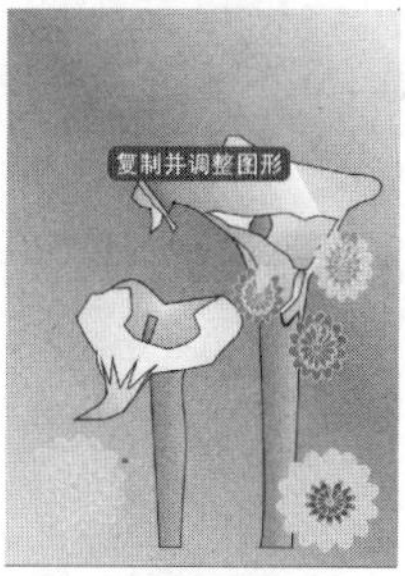

图7-115

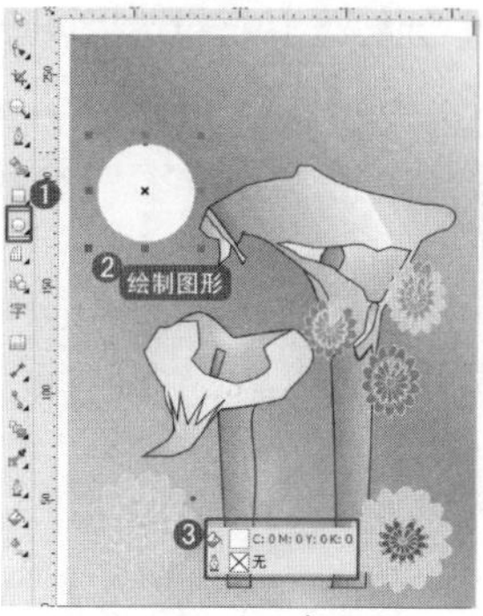

图7-116

(45) 确定新绘制的图形处于选择状态，选择工具箱中的“轮廓笔工具”，在属性栏中单击“到中心按钮”，将“轮廓图偏移”参数设置为0.125mm，将“轮廓颜色”和“填充色”分别填充为白色和月光绿，如图7-117所示。

(46) 选择工具箱中的“椭圆工具”，配合【Ctrl】键在轮廓图图形上绘制正圆形，将其填充为CMYK参数为14、2、28、0的颜色，并取消轮廓线的填充，如图7-118所示。

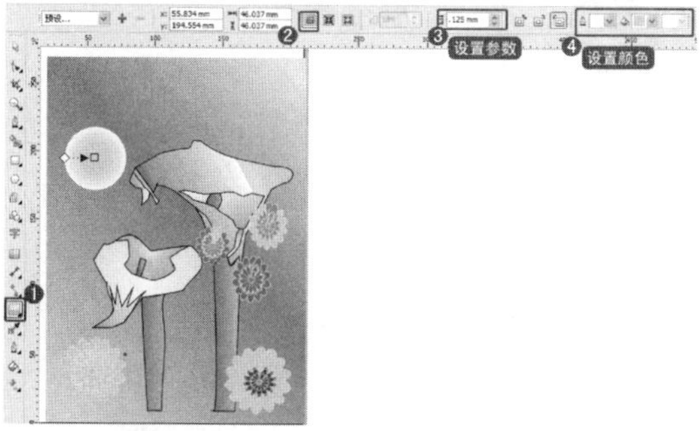

图7-117

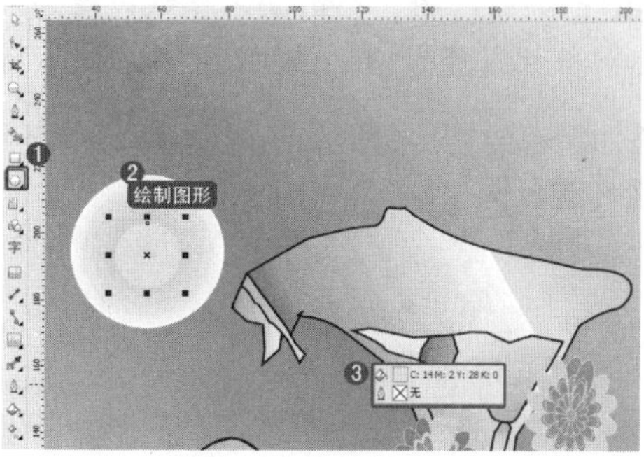

图7-118

(47) 确定新绘制的图形处于选择状态，选择工具箱中的“轮廓笔工具”，在属性栏中单击“内部轮廓”图标，将“轮廓图步长”设置为27，将“轮廓图偏移”参数设置为0.125，将“轮廓颜色”和“填充色”分别填充为白色和浅黄色，如图7-119所示。

48 选择前面绘制的两个圆形，复制图形并缩放图形，如图7-120所示。

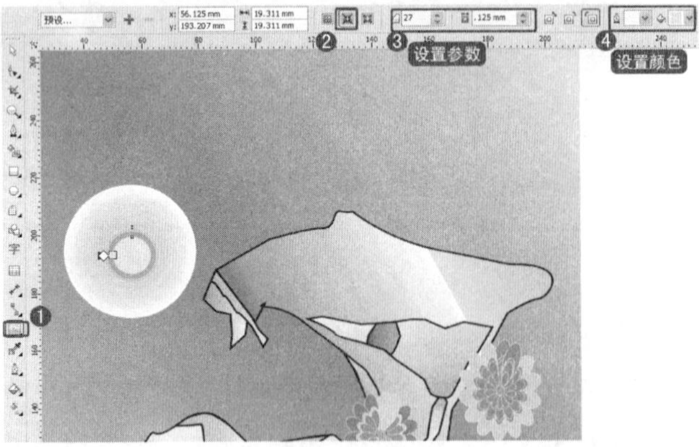

图7-119

图7-120

49 按【Ctrl+A】快捷键选择场景中的所有对象，按【Ctrl+G】快捷键将选择的对象成组，如图7-121所示。

50 确定成组后的对象处于选择状态，执行菜单栏中的“位图”\“转换为位图”命令，在弹出的对话框中将“分辨率”参数设置为200dpi，设置完成后单击“确定”按钮，如图7-122所示。

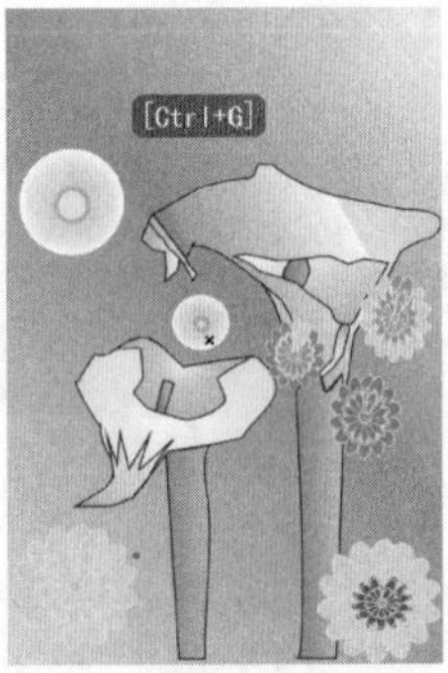

图7-121

图7-122

51 继续执行菜单栏中的“位图”\“创造性”\“框架”命令，在弹出的对话框中单击“预览”按钮右侧的“按钮”，选择一种框架，再选择“修改”选项卡，将“颜色”设置为RGB参数为255、255、51的颜色，将“不透明”参数设置为98，将“模糊/羽化”参数设置为8，将“水平”和“垂直”的参数都设置为140，设置完成后单击“确定”按钮，如图7-123所示。

52 添加完框架后的效果如图7-124所示。至此，装饰画效果制作完成了，将完成后的效果导出并将场景文件进行保存。

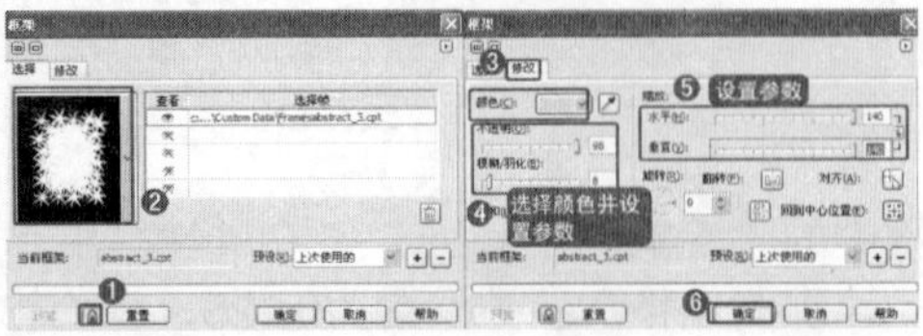

图7-123

图7-124

第08天 透明度工具

对图形进行适当的透明处理可以制作出各种艺术效果，在按钮制作、服装底纹图案制作和立体化文字制作等方面都有着广泛地应用。本章就重点介绍线性、辐射、圆锥和正方形等渐变透明工具以及双色图案、全色图样和位图图样等图案透明工具的具体应用方法。

8.1 标准透明

整体性的在当前图形或图像的平面进行透明度处理。可以通过“开始透明”控制对象整体的透明度。

01 按【Ctrl+N】快捷键，新建一个横向的文档，按【Ctrl+I】快捷键导入一个素材文件，并调整其大小，如图8-1所示。

02 在工具箱中选择“透明度工具”，如图8-2所示。在属性栏中将“透明度类型”定义为“标准”，其余使用默认参数，如图8-3所示。

图8-1

图8-2

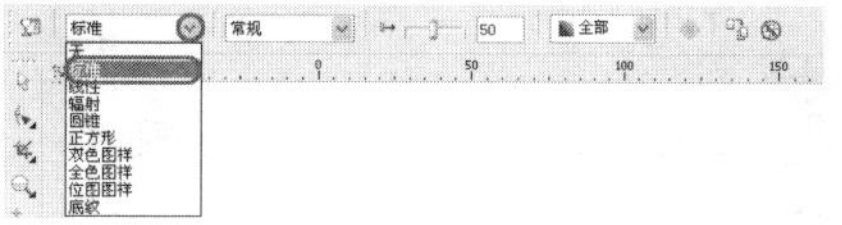

图8-3

03 添加标准透明后的效果如图8-4所示。

04 在属性栏中将“开始透明度”参数设置为80，调整整体的透明度，如图8-5所示。

图8-4

图8-5

【单元练习】——制作透明标版文字

通过前面对标准透明类型的介绍，下面再来通过制作简单的实例来巩固前面基础知识的学习。

图8-6

01 按【Ctrl+N】快捷键新建文档，在属性栏中单击“□按钮”，将文档转换为横向，如图8-7所示。

02 选择工具箱中的“矩形工具□”，在绘图页中创建矩形，如图8-8所示。

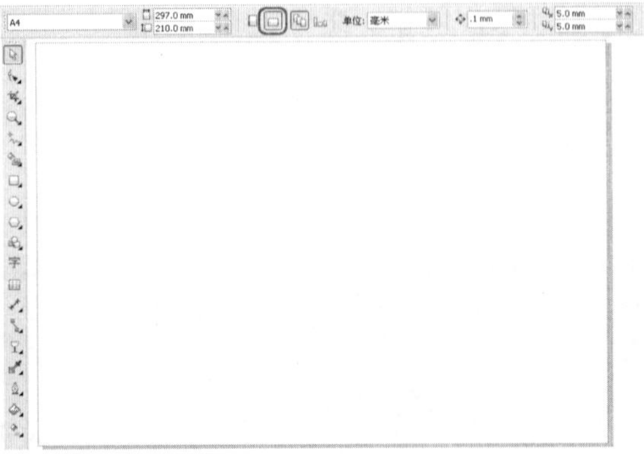

图8-7

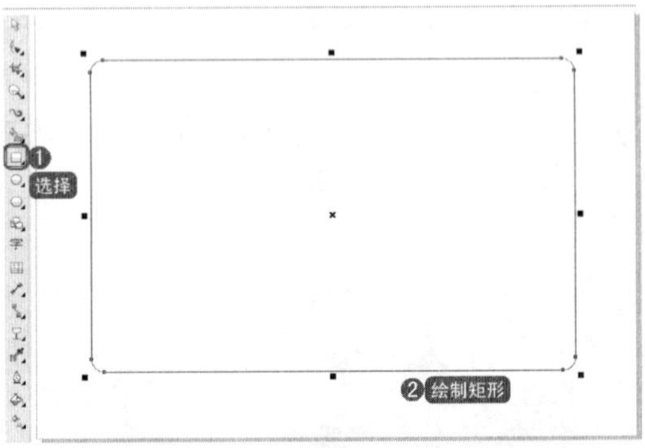

图8-8

03 确定矩形处于选择状态，选择工具箱中的“艺术笔工具”，在“喷涂列表”中选择一种笔触，此时图形将以矩形为路径进行排列，在属性栏中将“喷涂的对象大小”设置为80，如图8-9所示。

04 选择工具箱中的“矩形工具□”，在中间创建黄色无边框矩形，如图8-10所示。

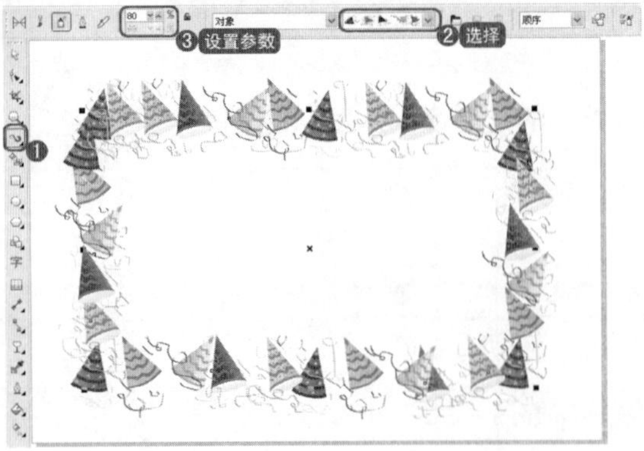

图8-9

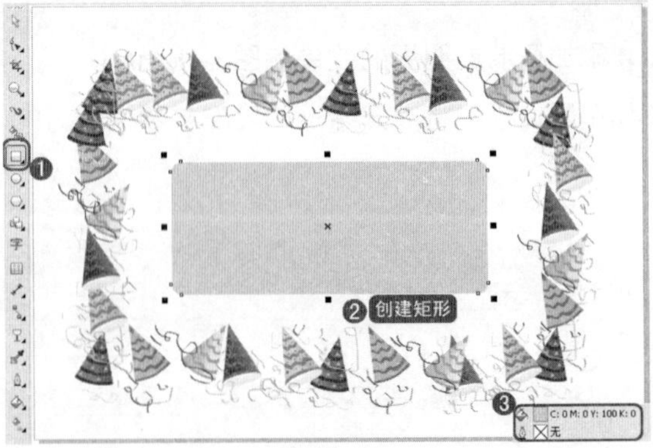

图8-10

05 确定新创建的矩形处于选择状态，选择工具箱中的“轮廓工具”，在属性栏中单击“内部轮廓按钮”，将“轮廓图步长”设置为30，将“轮廓图偏移”设置为0.4mm，将“轮廓色”和“填充色”填充为白色和橘红色，如图8-11所示。

06 选择“文本工具字”，在矩形上创建文本，在属性栏中将“字体”设置为宋体，将“字体大小”设置为75pt，然后将文本颜色填充为蓝色，如图8-12所示。

图8-11

图8-12

07 确定文本处于选择状态，选择工具箱中的“透明度工具”，在属性栏中将“透明度类型”定义为标准，将“开始透明度”设置为30，如图8-13所示。

08 选择外侧的图形，按住【Shift】键对其进行缩放，然后在属性栏中将“要喷涂的对象大小”设置为83，如图8-14所示。

09 将制作完成后的效果导出并将场景文件进行保存。

图8-13

图8-14

8.2 渐变透明

渐变透明包括“线性渐变”、“辐射渐变”、“圆锥渐变”和“正方形渐变”，下面分别对它们进行简单的介绍。

8.2.1 线性

选择工具箱中的“透明度工具”，在属性栏中将“透明度类型”定义为线性，即可形成线性模式的透明效果，如图8-15所示。

图8-15

8.2.2 辐射

选择工具箱中的“透明度工具”，在属性栏的“透明度类型”下拉列表中选择“辐射”选项即可形成辐射模式的透明效果，如图8-16所示。默认的辐射效果是自图像中心向四周发散的一种透明效果。

通过拖动控制点，可以很方便地控制射线的中心和透明密度，运用此功能可以很方便地为图形或图像添加光晕效果。效果如图8-17所示。（此方法同样适用于圆锥和正方形模式）。

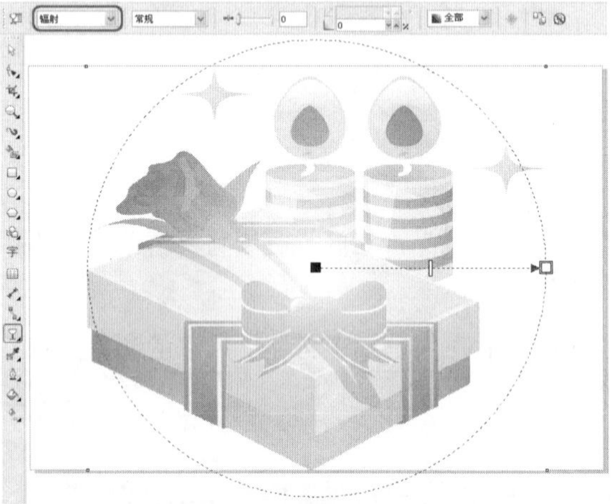

图8-16

图8-17

8.2.3 圆锥

在绘图页中重新导入一个素材文件，如图8-18所示。选择工具箱中的“透明度工具”，在属性栏的“透明度类型”下拉列表中选择“圆锥”选项。即可形成圆锥模式的透明效果，如图8-19所示。默认的圆锥效果是自图像中心向四周发散的一种透明效果，和辐射效果基本类似。

图8-18

图8-19

8.2.4 正方形

继续使用前面导入的素材文件进行讲解。

选择工具箱中的“透明度工具”，在属性栏的“透明度类型”下拉列表中选择“正方形”选项即可形成辐射模式的透明效果，如图8-20所示。默认的正方形是自图像中心向四周发散的一种透明效果，效果同辐射和圆锥基本类似。

图8-20

8.3 图案透明

图案透明包括“双色图样”、“全色图样”和“位图图样”，下面对图案透明进行简单的介绍。

8.3.1 双色图样

双色图样即黑白图案，继续使用前面导入的素材文件进行介绍。

01 选择工具箱中的“透明度工具”，在属性栏的“透明度类型”下拉列表中选择“双色图样”选项，并在“双色图样选择器”中选择一种双色图案（如图8-21所示）。

02 在属性栏中将“结束透明度”的参数设置为78，设置双色图样模式的透明效果，如图8-22所示。

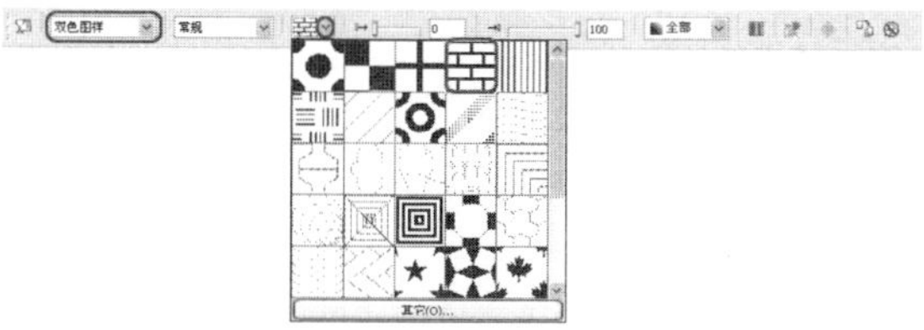

图8-21

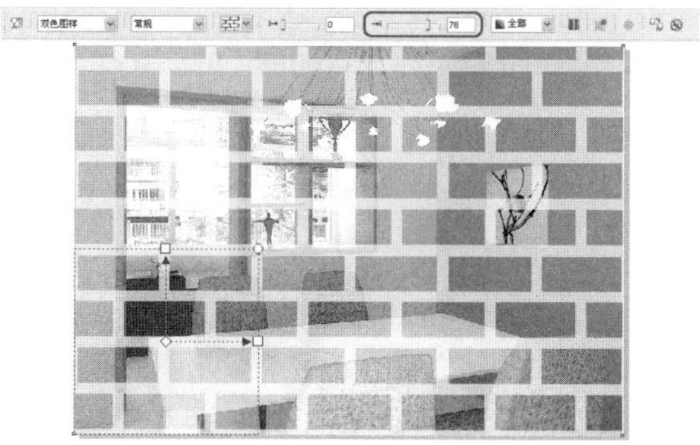

图8-22

8.3.2 全色图样

全色图样即彩色图案。继续使用前面导入的素材文件进行介绍。

01 选择工具箱中的“透明度工具” ，在属性栏的“透明度类型”下拉列表中选择“全色图样”选项，并在“全色图样选择器”中选择一种全色图案，如图8-23所示。

02 在属性栏中将“结束透明度”的参数设置为50，设置全色图样模式的透明效果，如图8-24所示。

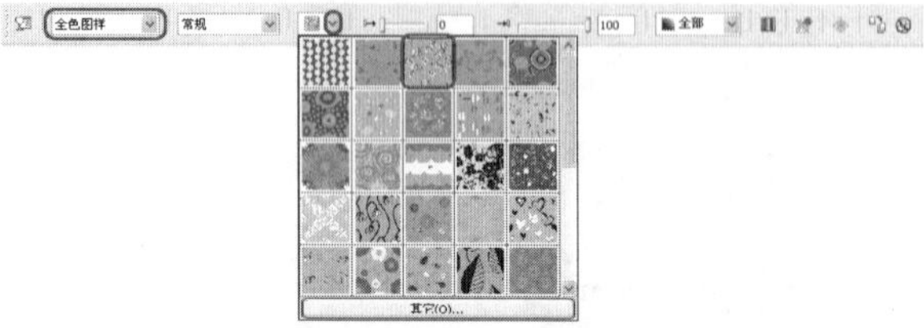

图8-23

图8-24

8.3.3 位图图样

下面对位图图样进行介绍。

01 选择工具箱中的“透明度工具”，在属性栏的“透明度类型”下拉列表中选择“位图图样”选项，并在“位图图样选择器”中选择一种全色图案，如图8-25所示。

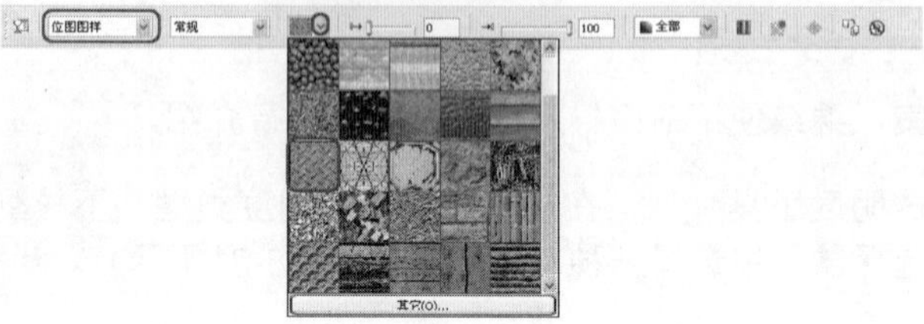

图8-25

02 在属性栏中将“结束透明度”的参数设置为50，设置位图图样模式的透明效果，如图8-26所示。

图8-26

【单元练习】——为服装添加图案

本例将为服装添加图案效果，该例的制作比较简单，主要是在透明度属性栏中选择一种透明类型，并定义一种图案类型即可，完成后的效果如图8-27所示。

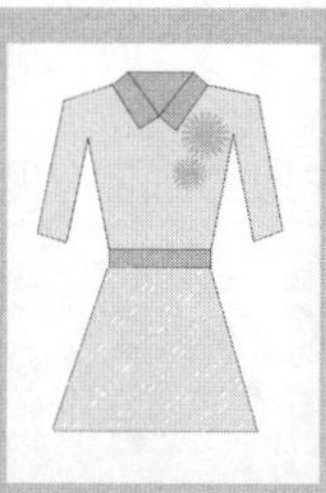

图8-27

01 首先新建一个空白文档，按【Ctrl+I】快捷键，在弹出的对话框中选择光盘中“素材与源文件”\“第8天”\“连衣裙.cdr”文件，将选择的素材导入到场景中，并在场景中调整素材的大小和位置，如图8-28所示。

02 选择导入的对象，在属性栏中单击“取消全部群组按钮”，将选择的对象取消群组，如图8-29所示。

图8-28

图8-29

03 使用“选择工具”选择裙子对象，如图8-30所示。

04 选择工具箱中的“透明度工具”，在属性栏中将“透明度类型”定义为双色图样，在“双色图样选择器”中选择一种图案，如图8-31所示。

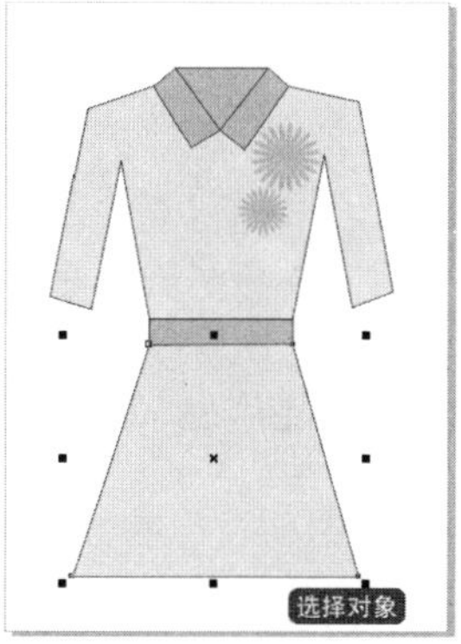

图8-30

图8-31

05 用鼠标拖动图案框来改变图案的形状，如图8-32所示。

06 按【Ctrl+A】组合键，选择场景中的所有对象，按【Ctrl+G】组合键将选择的对象成组，如图8-33所示。

07 至此，为衣服添加完了图案效果，将完成后的效果导出并将场景文件进行保存。

图8-32

图8-33

8.4 【重点突击】底纹透明

CorelDRAW X5提供了丰富的底纹素材，可以在“透明度工具”属性栏的“底纹库”中找到。

下面对图形进行底纹透明填充。

01 新建横向文档，按【Ctrl+I】组合键导入一个素材文件，如图8-34所示。

02 选择工具箱中的“透明度工具”，在属性栏中 “透明度类型”下拉列表中选择“底纹”选项，如图8-35所示。

图8-34

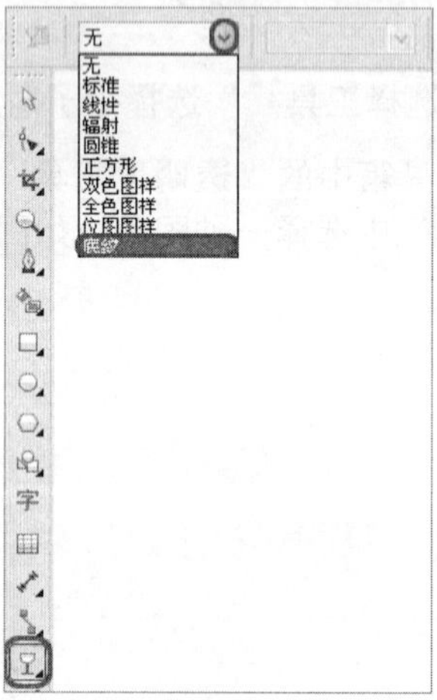

图8-35

03 在“底纹库”中选择一种底纹图案，如图8-36所示，调整“结束透明度”参数为80，即可形成底纹图案模式的透明效果，如图8-37所示。

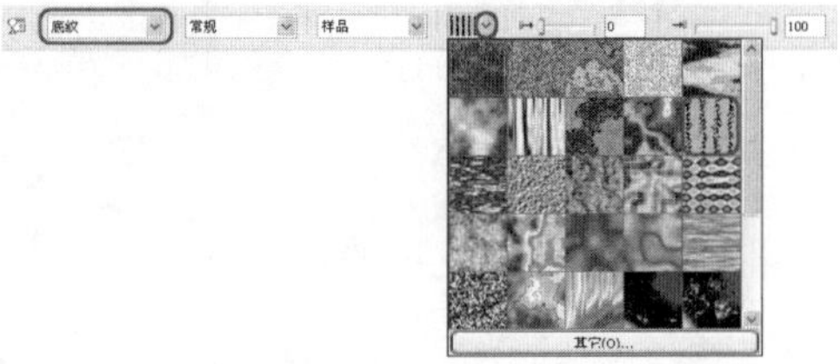

图8-36

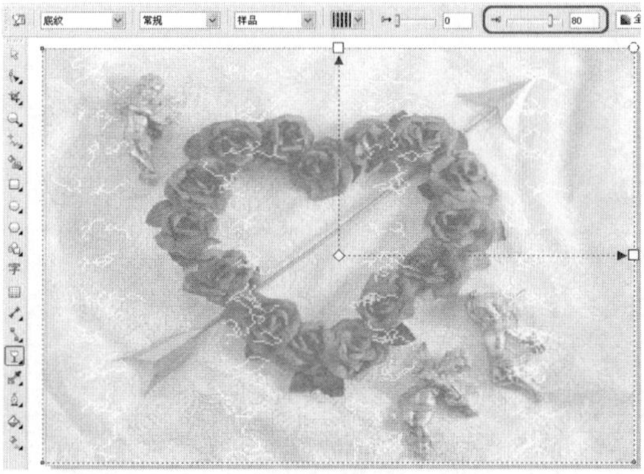

图8-37

【单元练习】——制作爱心速递

本例将介绍邮票效果的制作，该例的制作比较简单，主要是讲解底纹透明效果的填充，完成后的效果如图8-38所示。

图8-38

01 首先新建一个横向页面的文档，选择工具箱中的“矩形工具”，在绘图页中绘制矩形，如图8-39所示。

02 选择工具箱中的“椭圆工具”，按住【Ctrl】键在矩形的左上角绘制正圆形，如图8-40所示。

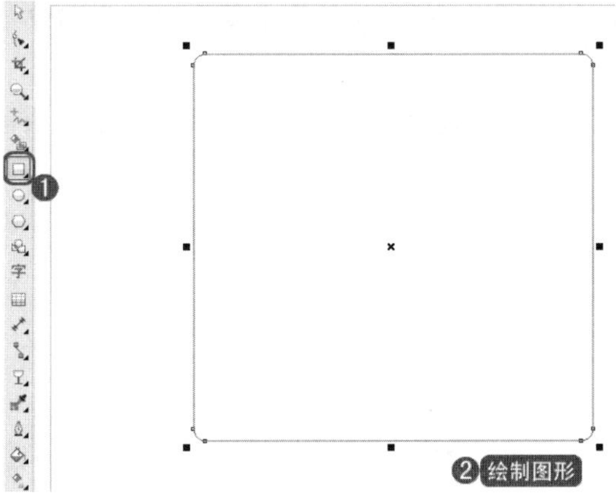

图8-39

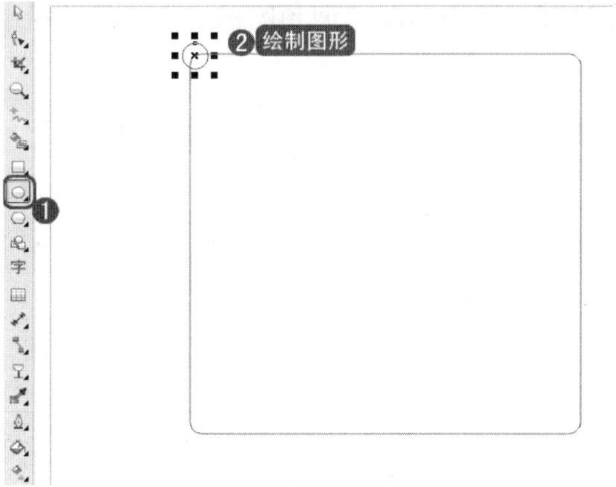

图8-40

03 确定新绘制的图形处于选择状态，对圆形进行复制，并调整复制后的位置，如图8-41所示。

04 选择工具箱中的“调和工具”，为左侧的两个圆形添加调和效果，在属性栏中将“步长”参数设置为12，如图8-42所示。

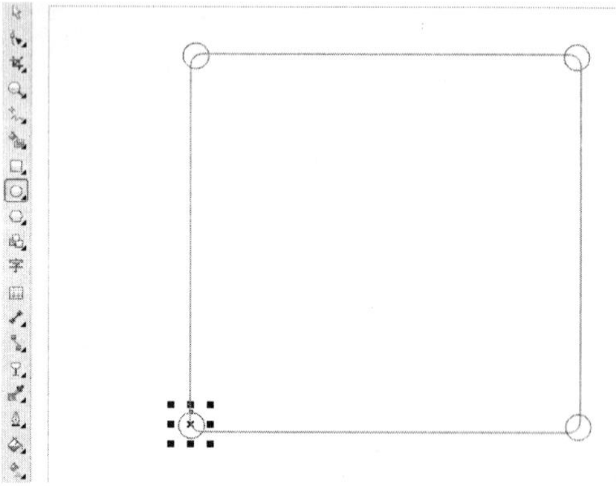

图8-41

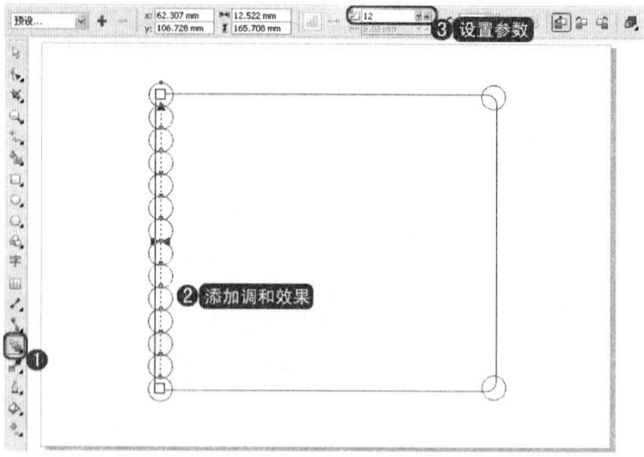

图8-42

05 继续使用工具箱中的“调和工具”，为上面的两个圆形添加调和效果，在属性栏中将“步长”参数设置为13，如图8-43所示。

06 继续使用“调和工具”为其他图形添加调和效果，完成后的效果如图8-44所示。

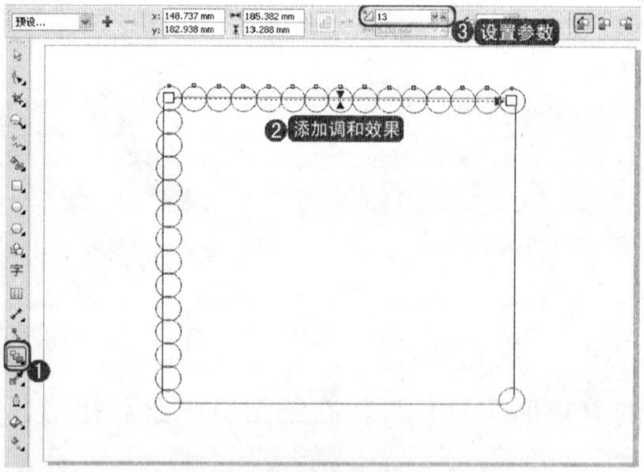

图8-43

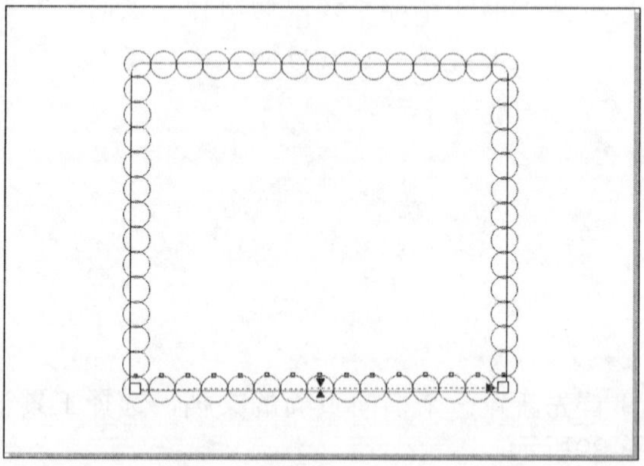

图8-44

07 选择场景中的所有调和图形，执行菜单栏中的“排列”\“拆分8 元素的复合对象”命令，如图8-45所示。

08 选择左侧的调和图形和矩形对象，在属性栏中单击“修剪按钮”，将选择的对象进行修剪，修剪完成后的效果如图8-46所示。

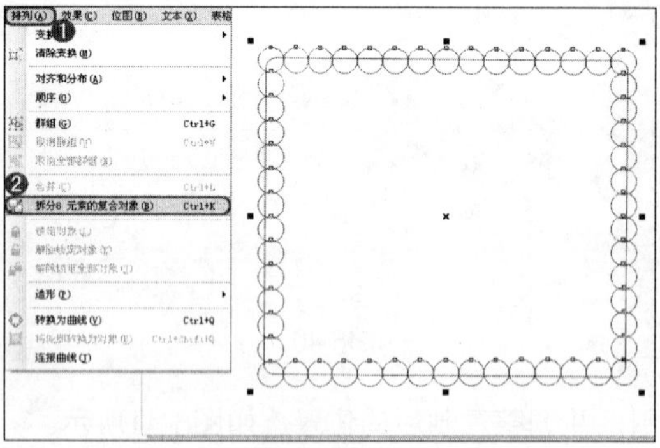

图8-45

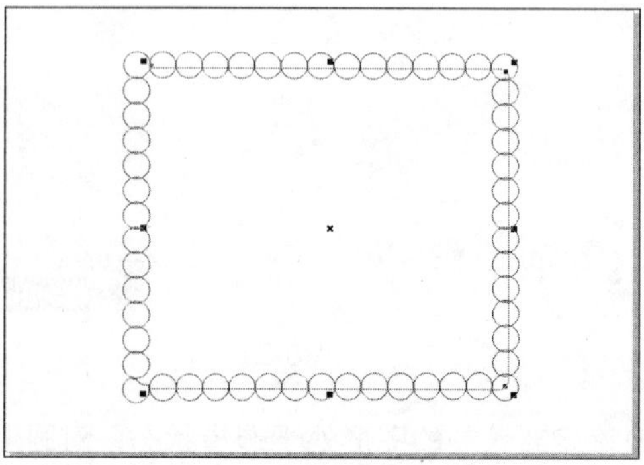

图8-46

提 示

也可以按【Ctrl+K】组合键，将选择的对象拆分。

09 修剪完成后将调和图形删除，如图8-47所示。

10 选择下方的调和图形和矩形对象，在属性栏中单击“修剪按钮”，将选择的对象进行修剪，修剪完成后将调和图形删除，如图8-48所示。

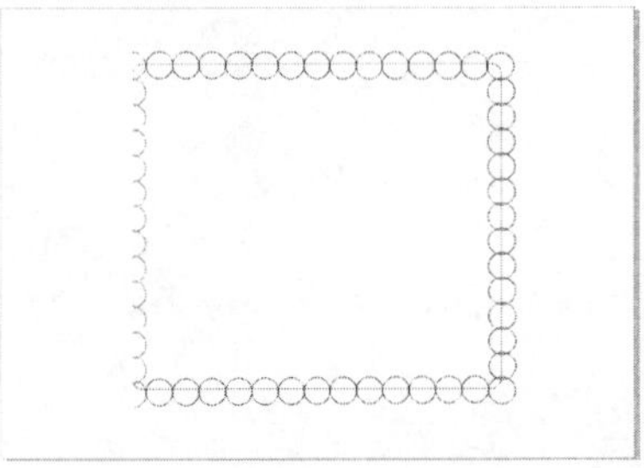

图8-47

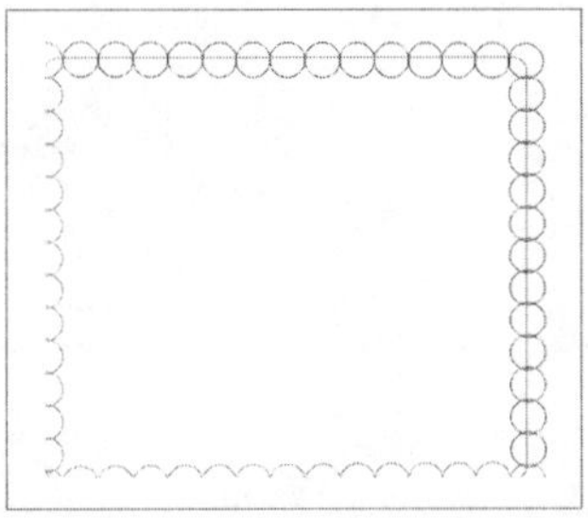

图8-48

11 使用同样的方法修剪其他图形，完成后的效果如图8-49所示。

12 选择修剪后的图形对象，将该曲线图形填充为白色，如图8-50所示。

图8-49

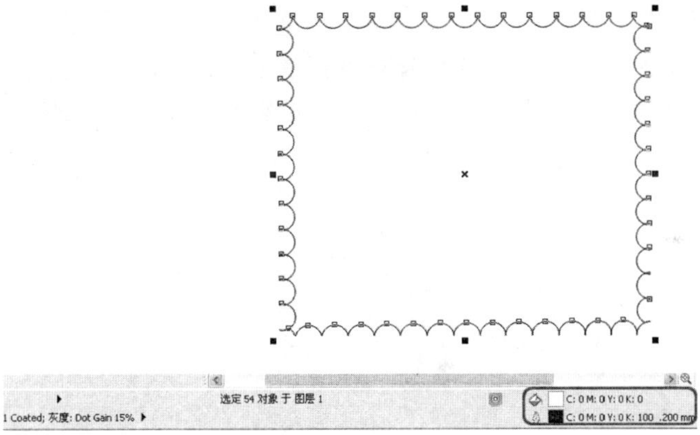

图8-50

13 确定填充颜色后的图形处于选择状态，选择菜单栏中的“排列”\“对齐和分布”\“在页面居中”命令，将选择的对象在页面中居中，如图8-51所示。

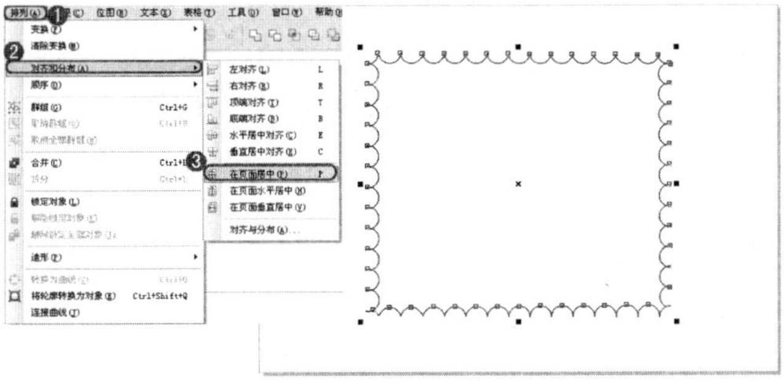

图8-51

⑭ 选择工具箱中的“矩形工具□”，在场景中绘制黄色无边框的图形，如图8-52所示。

⑮ 确定黄色图形处于选择状态，选择工具箱中的“透明度工具♀”，在属性栏中将“透明度类型”定义为底纹，在“底纹库”中选择样本6，然后选择一种底纹类型，如图8-53所示。

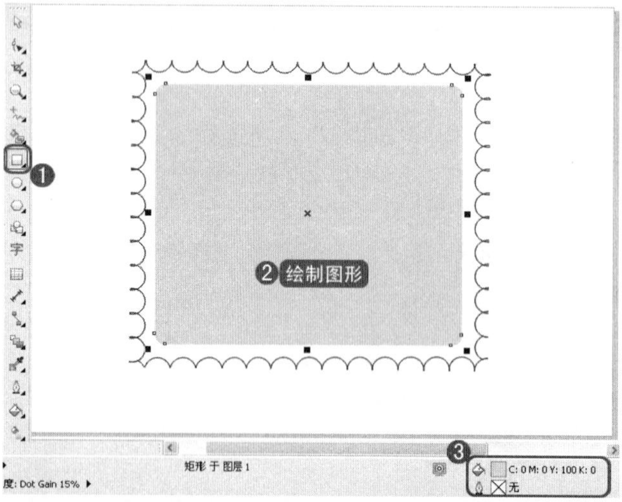

图8-52

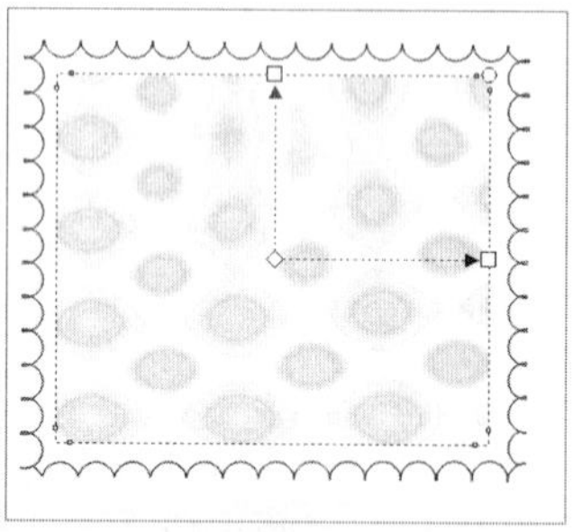

图8-53

⑯ 按【Ctrl+I】快捷键，在弹出的对话框中选择光盘中“素材与源文件”\“第8天”\“邮票”文件，单击“导入”按钮，按【Enter】键将选择的素材导入到页面中心，并调整素材的大小，如图8-54所示。

⑰ 确定导入的素材处于选择状态，选择工具箱中的“透明度工具♀”，在属性栏中将“透明度类型”定义为标准，将“透明度操作”定义为“乘”，如图8-55所示。

图8-54

图8-55

⑱ 选择工具箱中的“文本工具字”，在属性栏中单击“将文本更改为垂直方向按钮Ⅲ”，在邮票的右上方创建文本，在属性栏中将“字体”设置为黑体，将“字体大小”设置为30pt，将文本颜色设置为黑色，如图8-56所示。

⑲ 选择工具箱中的“文本工具字”，在属性栏中单击“将文本更改为水平方向按钮☰”，在邮票的左上方创建文本，在属性栏中将“字体”设置为Kartika，将“字体大小”设置为45pt，将文本颜色设置为黑色，如图8-57所示。

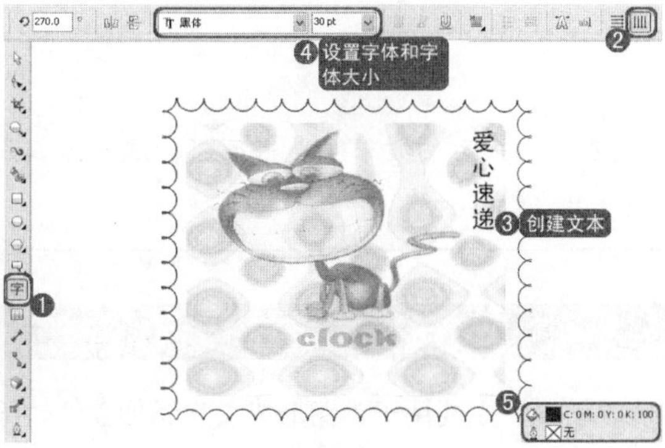

图8-56

图8-57

⑳ 继续使用“文本工具字”在文本的右下方创建文本，在属性栏中将“字体”设置为宋体，将“字体大小”设置为24pt，将文本颜色设置为黑色，如图8-58所示。

㉑ 按【Ctrl+A】组合键，将场景中的对象全部选中，按【Ctrl+G】组合键将选择的对象成组，选择工具箱中的“阴影工具”，为成组的对象添加阴影效果，在属性栏中将“阴影不透明”参数设置为25，如图8-59所示。

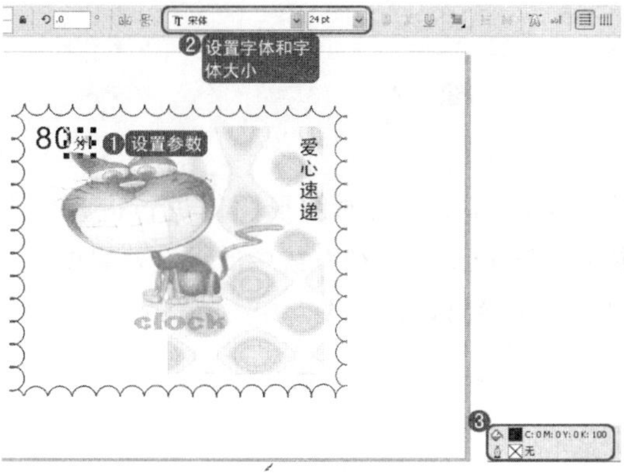

图8-58

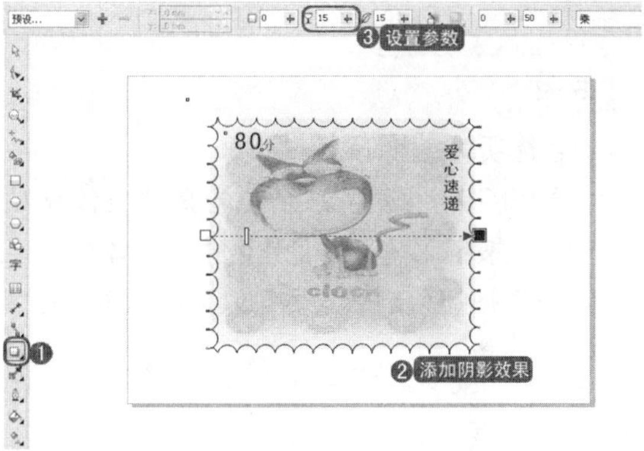

图8-59

㉒ 按【Ctrl+I】组合键，在弹出的对话框中选择光盘中“素材与源文件”\“素材”\“第8天”\“邮票背景.cdr”文件，按【Enter】键将选择的素材导入到页面中心，并调整素材的大小。如图8-60所示。

㉓ 按【Ctrl+End】快捷键将素材调整至最底端，然后调整邮票对象的大小和位置，完成后的效果如图8-61所示。

图8-60

图8-61

提 示

在制作邮票的过程中，为其添加了底纹透明效果，导出后的效果不是很理想，这里建议用户直接将完成后的场景文件进行保存，效果就不要导出了。

8.5 立体化工具

“立体化工具”是CorelDRAW X5中最强大的功能之一，主要用于为图形或文字添加立体效果。

在工具箱中选择“调和工具”，在弹出的快捷菜单中选择“立体化”命令，如图8-62所示。即可进入立体化属性栏，如图8-63所示。

图8-62

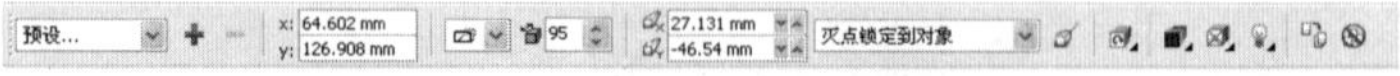

图8-63

其中各选项功能如下：

- “预设”：系统内置的立体化预设效果，可以直接对图形图像进行应用。单击“+”按钮可将目前工作区中的立体化效果添加到CorelDRAW X5系统中的预设效果中；单击“－”按钮可删除立体化效果；单击下拉式菜单，可弹出预设列表，如图8-64所示。

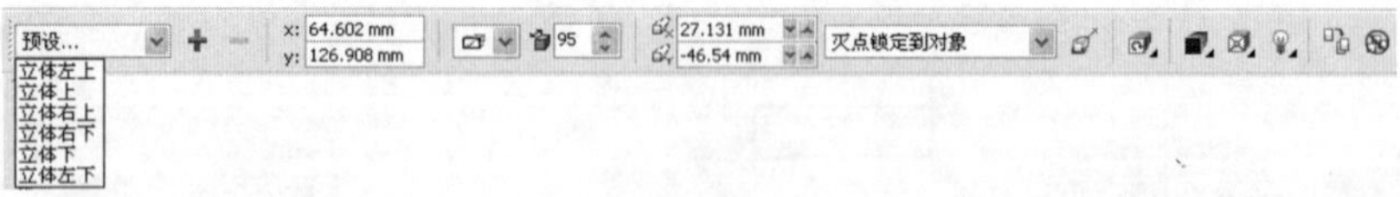

图8-64

- “立体化类型”：总共包括6种不同的类型效果。单击“立体化类型”下拉列表可弹出类型列表，如图8-65所示。在同一对象中应用6种不同的立体化效果如图8-66所示。

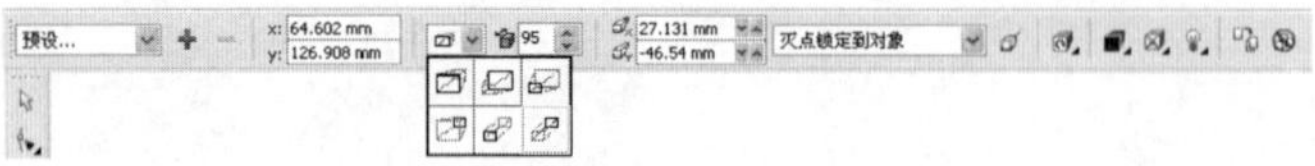

图8-65

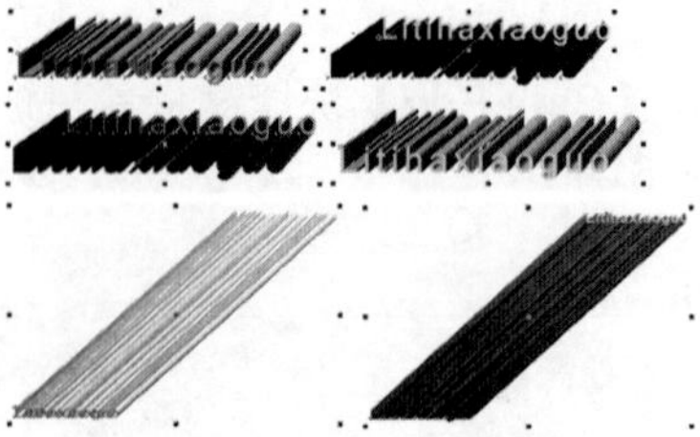

图8-66

- “深度”10：主要用于控制图形的立体延展度。如图8-67所示，拖动滑块即可随意控制图形的深度。可参考立体化原理图示。
- “灭点坐标”：用于控制灭点的坐标位置。效果如图8-68所示。

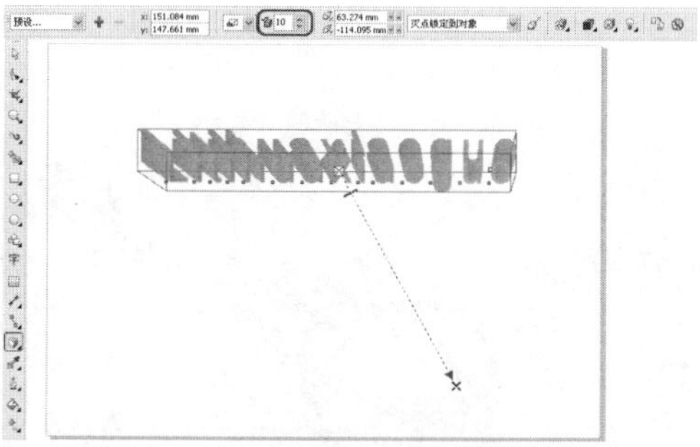

图8-67

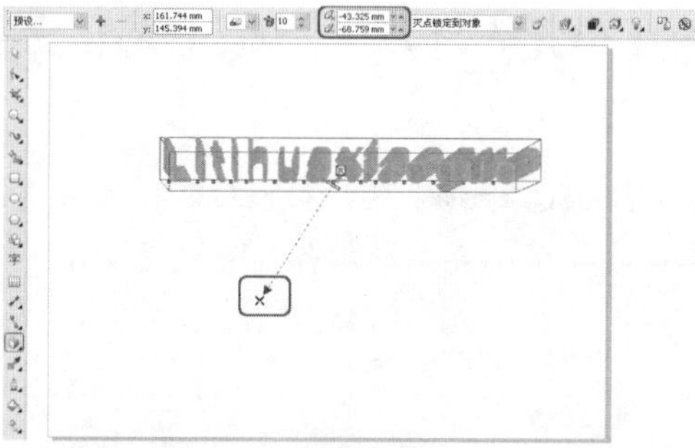

图8-68

- “灭点属性”：用来设置灭点的当前属性。包含锁到对象上的灭点、锁到页上的灭点、复制灭点自和共享灭点等4种属性。“锁到对象上的灭点”选项将灭点锁定到当前应用的对象上，无论图形怎么移动，都不会改变立体化属性。“锁到页上的灭点”选项将灭点锁到页面上，对象的移动相应地立体化属性也会随之发生改变。“复制灭点自”选项从其他立体化对象复制灭点位置。“共享灭点”选项让多个对象共享一个灭点。
- “页面式对象灭点”：激活此选项后，灭点位置将会随着当前对象的移动而不断改变。
- “立体方向”：主要用来进行3D旋转的设置。单击该按钮可以打开3D旋转操作界面，如图8-69所示。直接用“小手”拖动“3”的标志进行旋转即可，也可以通过旋转值进行旋转角度的控制。
- “立体化颜色”：主要用来设置立体化属性的颜色值。单击可弹出设置界面，如图8-70所示，里面有3种模式供你选择，分别是使用对象填充、使用纯色和使用递减的颜色；单击颜色色块可弹出颜色库进行颜色选择。

图8-69

图8-70

- “立体化倾斜”：给图形边缘应用斜角效果。单击可弹出设置界面，如图8-71所示。其中“斜角修饰边深度”控制斜角的深度。“斜角修饰边角度”控制斜角的角度。图8-72所示为应用深度1、角度20后的效果。

图8-71

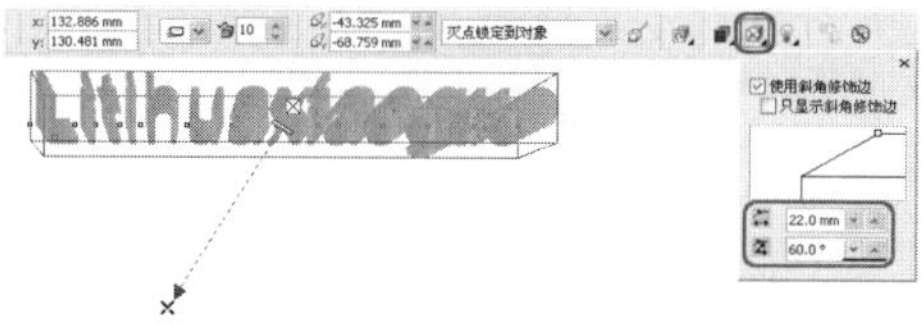

图8-72

- “立体化照明”：用于控制光源方向。单击可弹出设置界面。其中共包括3个光源方向可供选择。如图8-73所示。
- “复制立体化属性”：将当前立体化属性应用到另外的图形当中。
- “清除立体化”：清除当前应用的立体化效果。

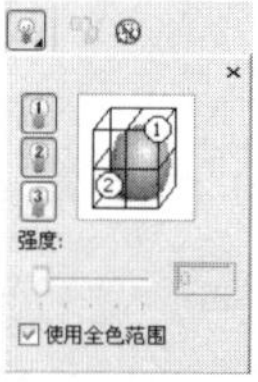

图8-73

【单元练习】——制作立体化文字

通过前面对“立体化工具”基础内容的学习，下面再来通过简单小实例的制作，来巩固立体化工具的应用，制作完成后的效果如图8-74所示。

图8-74

01 新建一个横向页面的文档，按【Ctrl+I】快捷键，在弹出的对话框中选择光盘中“素材与源文件”\“素材”\“第8天”\“立体化文字素材.jpg”，单击“导入”按钮，如图8-75所示。

02 将素材导入到场景中，按住【Shift】键对素材进行缩放，如图8-76所示。

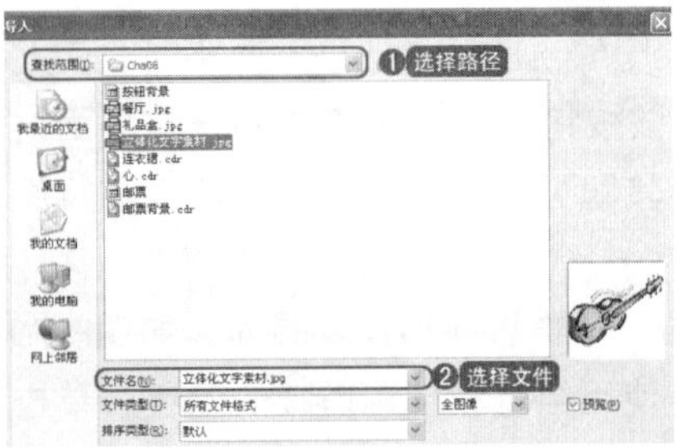

图8-75

图8-76

03 选择工具箱中的“文本工具”，在场景的右下方创建文本，将文本垂直创建，在属性栏中将“字体”设置为黑体，将“字体大小”设置为140pt，然后将文本颜色填充为橘红，如图8-77所示。

04 确定新创建的文本处于选择状态，选择工具箱中的“立体化工具”，为文本添加立体化效果，在属性栏中将“深度”参数设置为12，单击“立体化颜色按钮”，在弹出的面板中单击“使用递减的颜色按钮”，将“从”的颜色设置为橘红色，将“到”的颜色设置为黄色；单击“照明按钮”然后分别单击光源1、光源2和光源3，并分别调整光源的位置，完成后的效果如图8-78所示。

图8-77

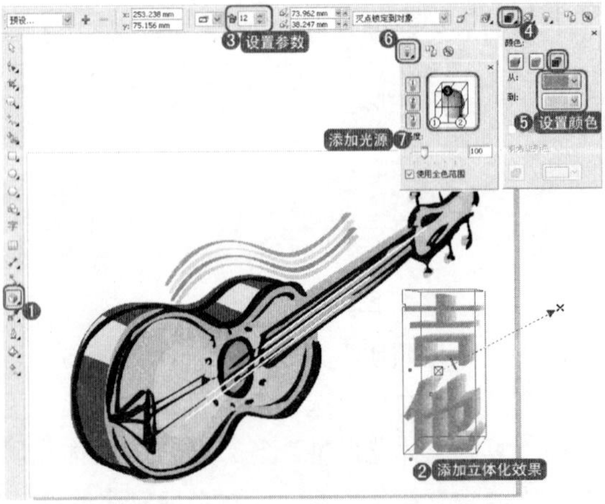

图8-78

(05) 至此，立体化文字效果就制作完成了，如图8-79所示。将完成后的效果导出并将场景文件进行保存。

图8-79

【每日一练】——制作按钮 >>>

本例将介绍按钮效果的制作，该例的制作比较简单，首先是创建渐变圆形，并为圆形添加透明效果和调和效果，然后创建立体化文本，最后为完成后的对象添加阴影效果，完成后的效果如图8-80所示。

图8-80

(01) 首先新建一个空白文档，选择工具箱中的“椭圆工具”，按住【Ctrl】键在绘图页中绘制正圆形，如图8-81所示。

(02) 确定新绘制的图形处于选择状态，按【F11】键，在弹出的对话框中将“角度”参数设置为-90，将“从”的RGB参数设置为255、102、0，将“到”的RGB参数设置为255、255、204，设置完成后单击“确定”按钮，如图8-82所示。

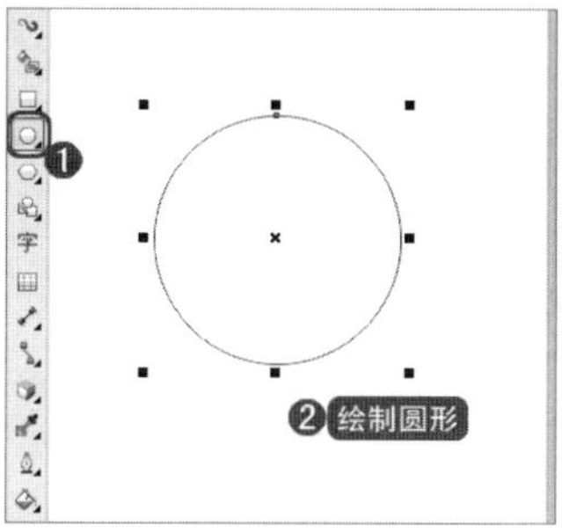

图8-81

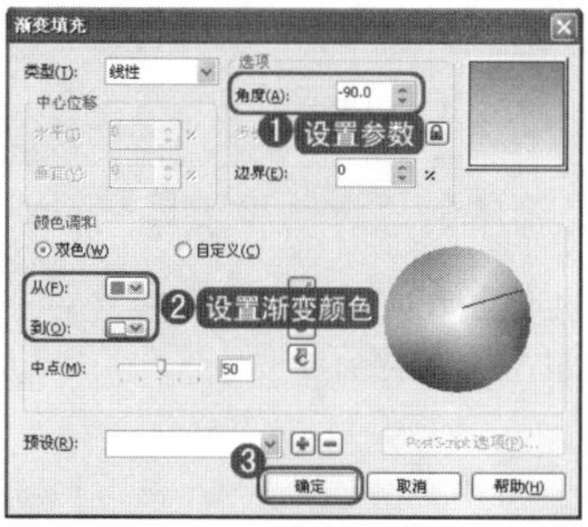

图8-82

03 填充完渐变颜色后，将该图形的轮廓线取消填充，如图8-83所示。

04 选择工具箱中的“椭圆工具”，在渐变图形的下方绘制椭圆形，如图8-84所示。

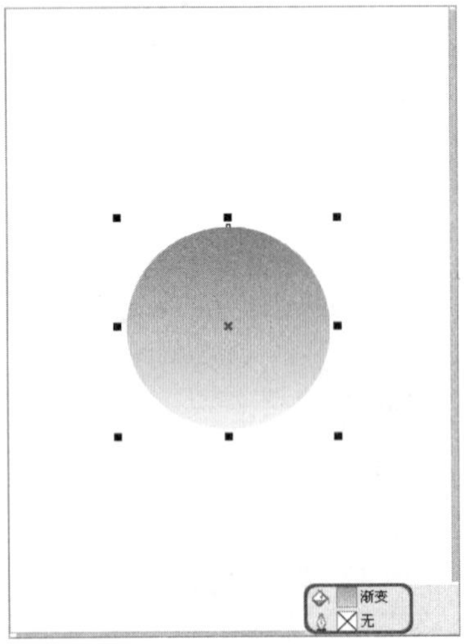

图8-83

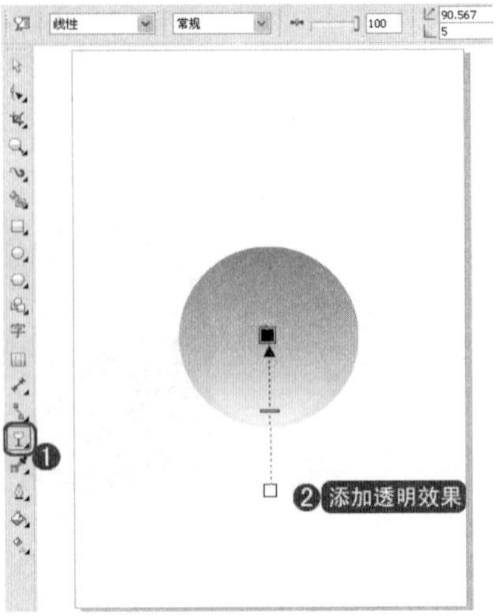

图8-84

05 确定新绘制的椭圆处于选择状态，按【F11】键，在弹出的对话框中将“角度”参数设置为-90，将“从”的颜色设置为黄色，将“到”的颜色设置为白色，设置完成后单击“确定”按钮，如图8-85所示。

06 填充完渐变颜色后，将该图形的轮廓线取消填充，如图8-86所示。

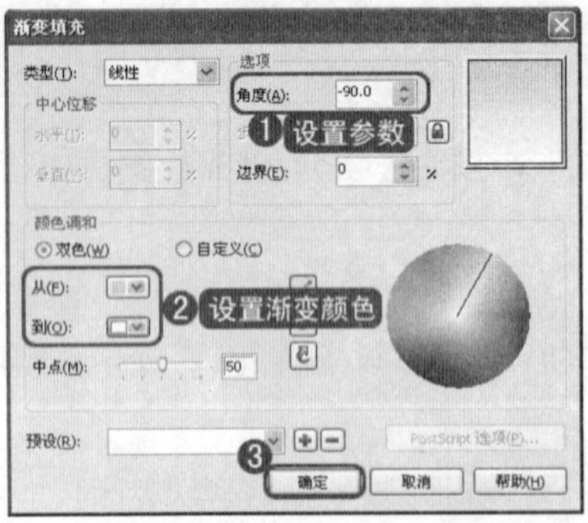

图8-85

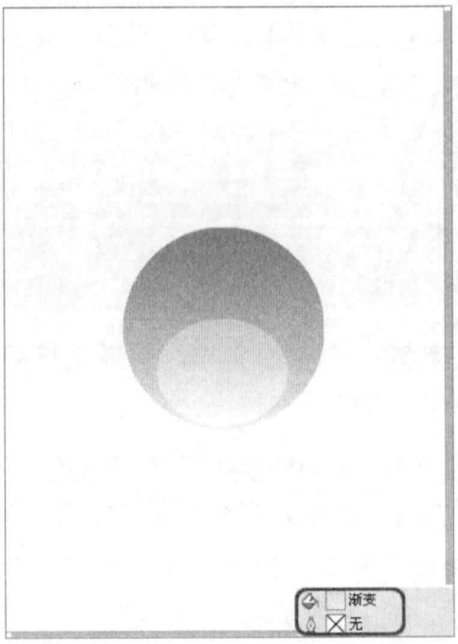

图8-86

07 选择工具箱中的“透明度工具”，为黄色渐变图形添加透明效果，如图8-87所示。

08 选择工具箱中的“调和工具”，在画面中从白色渐变椭圆向红色渐变椭圆拖动，给它们添加调和效果，如图8-88所示。

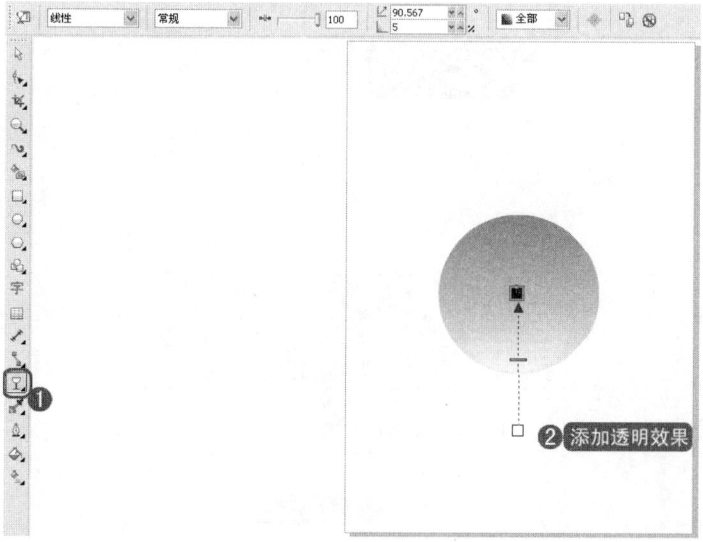

图8-87

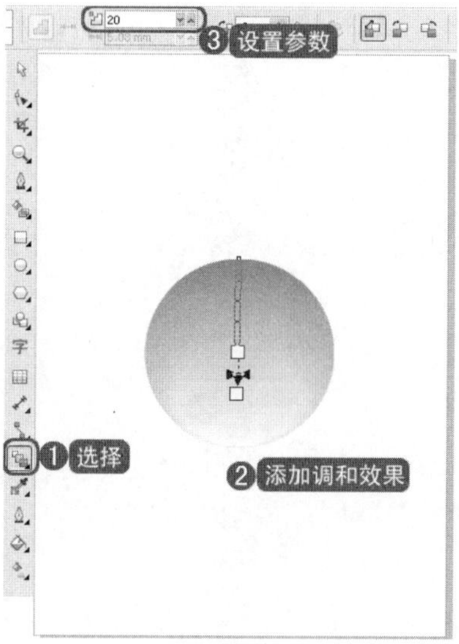

图8-88

09 选择工具箱中的“椭圆工具”，在调和图形上绘制椭圆形，按【F11】键，在弹出的对话框中将“角度”参数设置为90，将“从”的RGB参数设置为255、204、0，将“到”的颜色设置为白色，设置完成后单击“确定”按钮，然后取消轮廓线的填充，如图8-89所示。

10 选择工具箱中的“透明度工具”，为黄色渐变图形添加透明效果，如图8-90所示。

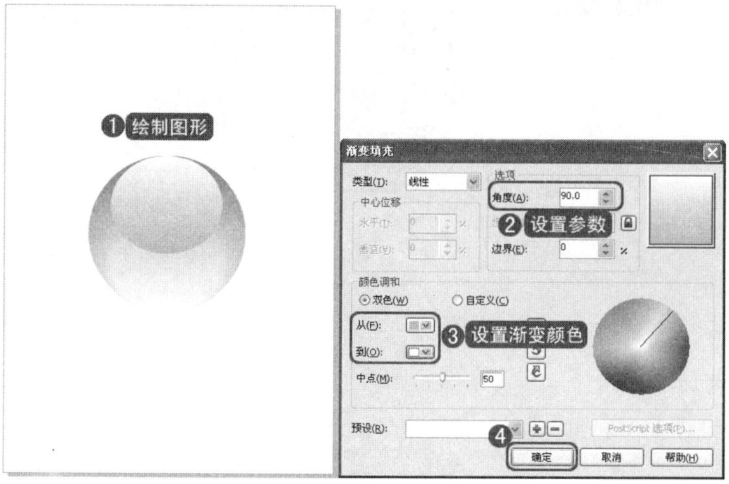

图8-89

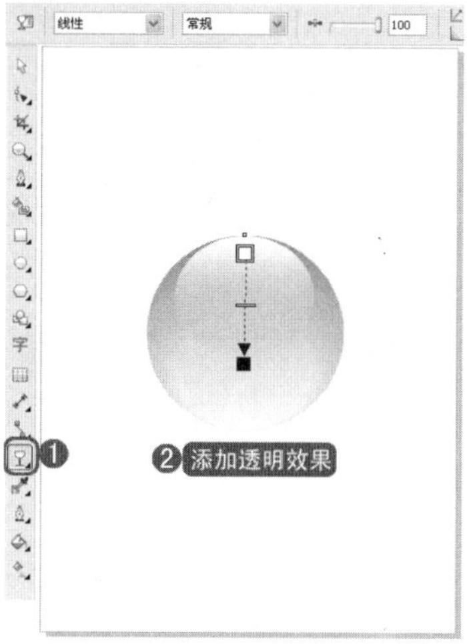

图8-90

11 选择工具箱中的“文本工具”，在渐变图形上创建文本，在属性栏中将“字体”设置为黑体，将“字体大小”设置为275pt，将文本颜色设置为冰蓝色，如图8-91所示。

12 确定新创建的文本处于选择状态，选择工具箱中的“立体化工具”，为文本添加立体化效果，在属性栏中将“深度”参数设置为11，单击“颜色按钮”，在弹出的面板中单击“使用递减的颜色按钮”，将“从”的颜色设置为冰蓝色，将“到”的颜色设置为白色；单击“照明按钮”然后分别单击“光源1”和“光源2”，调整光源2的位置，并将光源2的“强度”参数设置为68，完成后的效果如图8-92所示。

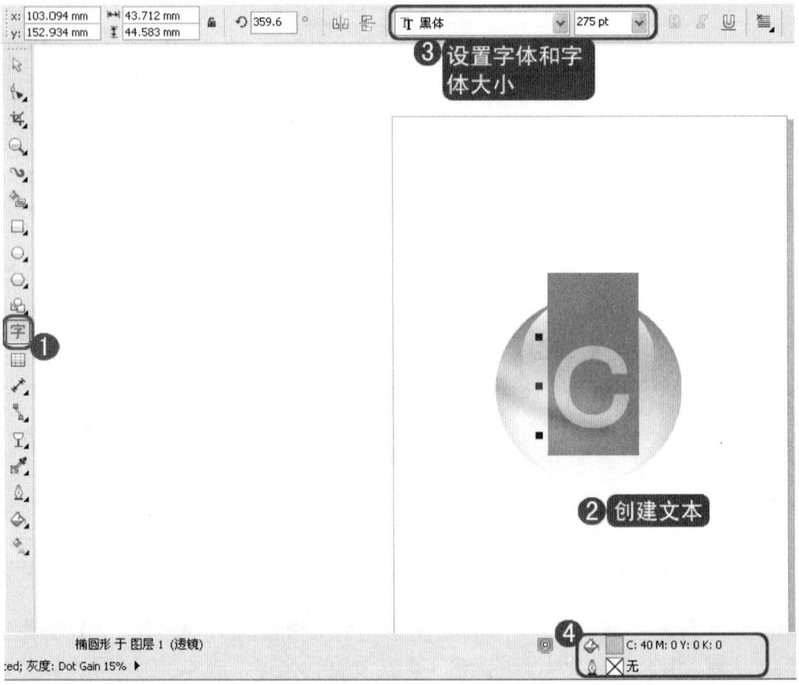

图8-91

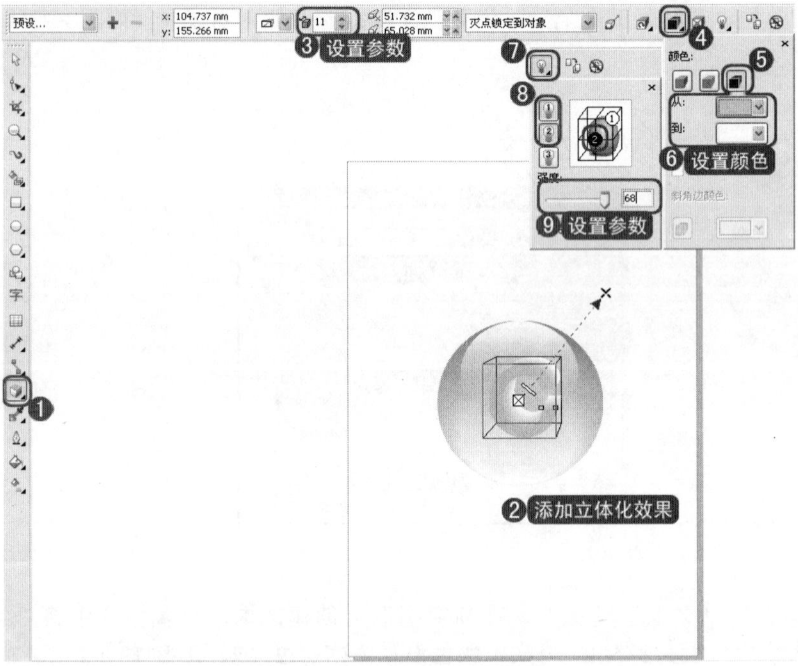

图8-92

⑬ 选择工具箱中的“椭圆工具”，在绘图页中绘制白色正圆形，如图8-93所示。

⑭ 确定新创建的圆形处于选择状态，选择工具箱中的“透明度工具”，在属性栏中将“开始

透明度类型”定义为标准，将“透明度操作”设置为绿色，将“开始透明度”参数设置为31，如图8-94所示。

图8-93

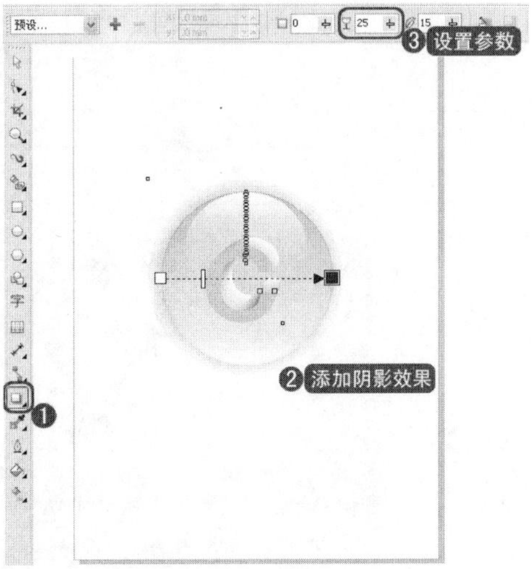

图8-94

(15) 按【Ctrl+A】快捷键，将场景中的对象全部选中，按【Ctrl+G】快捷键将选择的对象成组，选择工具箱中的“阴影工具”，为成组的对象添加阴影效果，在属性栏中将“阴影不透明”参数设置为25，如图8-95所示。

(16) 使用“选择工具”在空白处单击，在属性栏中单击“按钮”，将页面转换为横向，按【Ctrl+I】快捷键，在弹出的对话框中选择光盘中“素材与源文件”\“素材”\“第8天”\“按钮背景”文件，按【Enter】键将选择的素材导入到页面中心，并调整素材的大小。如图8-96所示。

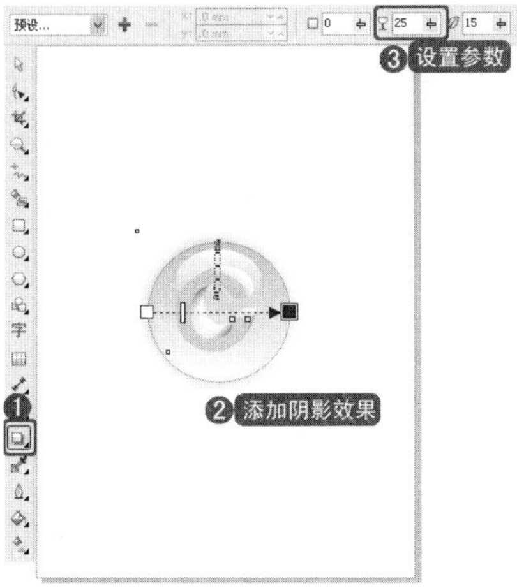

图8-95

图8-96

(17) 按【Ctrl+End】快捷键将素材调整至最底端，然后调整按钮对象的大小和位置，完成后的效果如图8-97所示。

(18) 至此，按钮效果制作完成了，将完成后的效果导出并将场景文件进行保存。

图8-97

第09天 文本排版工具

在设计工作中，用户经常在作品中根据自己的需要添加各种文字和段落，CorelDRAW X5为用户提供了强大的文本排版功能，如文本的特殊编排、将文本适用于框架、文本绕图设置和文本的对齐操作。设计者通过将文字沿图像路径排列的功能，可以制作出灵活多变、美观大方的版式。

9.1 文本的特殊编排

选择“文本”\“编辑文本”命令对文本进行编辑的操作步骤如下：

01 选择工具箱中的“选择工具”或者“文本工具字”，然后在绘图页中选择需要编辑的文本，如图9-1所示。

02 在菜单栏中选择“文本”\“编辑文本”命令，弹出【编辑文本】对话框，如图9-2所示。在该对话框中用户可以对文本的字体、字号和对齐方式等进行设置。

图9-1

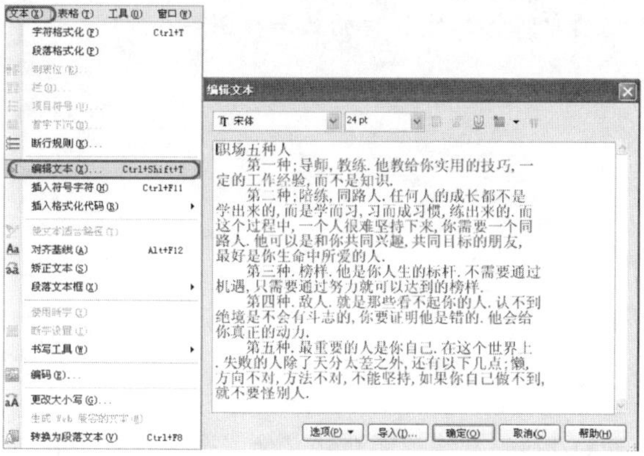

图9-2

【编辑文本】对话框中各个选项的功能如下：

- “无按钮”：单击此按钮不做任何对齐操作。
- “左按钮”：单击此按钮可以使文字靠左对齐。
- “中按钮”：单击此按钮可以使文字居中对齐。
- “右按钮”：单击此按钮可以使文字靠右对齐。
- “全部调整按钮”：单击此按钮可以使文字两端对齐。
- “强制调整按钮”：单击此按钮可以使文字全部强制性对齐。

03 设置完成后单击“确定”按钮即可应用编辑的文本效果。

提 示

选择文本工具后，单击其属性栏中的“编辑文本按钮”，也可以弹出【编辑文本】对话框。

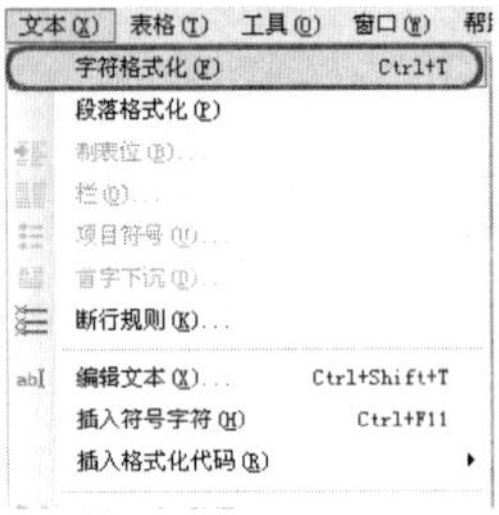

图9-3

图9-4

在CorelDRAW中可以对美术文字和段落文本对象进行文本格式编排，例如设置字体、字号、缩进以及分栏等。可以在【字符格式化】对话框中设置文本格式。选择“文本”\“字符格式化”命令，如图9-3所示，或者单击文字属性栏中的“字符格式化按钮”，即可弹出【字符格式化】对话框，如图9-4所示，在该对话框中可以对文本的格式进行全面的调整。

【单元练习】——制作宣传单

本例将介绍宣传单的制作，该例的制作比较简单，主要是介绍文本的创建以及对文本的简单编辑，完成后的效果如图9-5所示。

图9-5

01 按【Ctrl+N】快捷键新建文档，在属性栏中将“纸张宽度”参数设置为115，如图9-6所示。

02 选择工具箱中的“矩形工具”，在绘图页中绘制图形，如图9-7所示。

图9-6

图9-7

03 确定新创建的图形处于选择状态，按【F11】键，在弹出的对话框中将“角度”参数设置为-90，将“边界”参数设置为10，将“从”的RGB参数设置为255、153、0，将“到”设置为黄色，将“中点”参数设置为30，设置完成后单击“确定”按钮，如图9-8所示。

04 填充完渐变颜色后，将该图形的轮廓线取消填充，如图9-9所示。

05 选择工具箱中的“钢笔工具”，在绘图页中绘制图形，如图9-10所示。

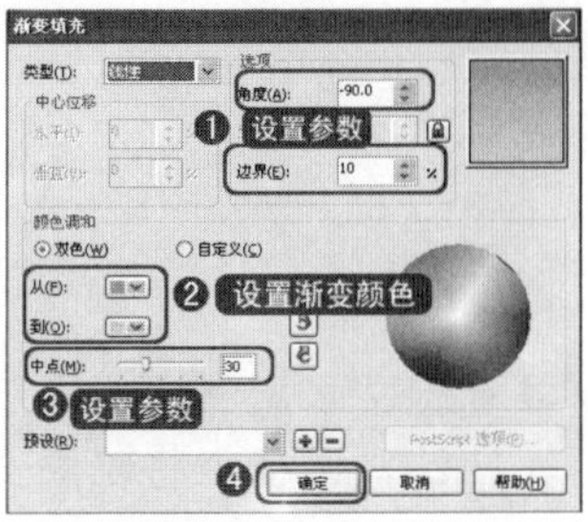

图9-8

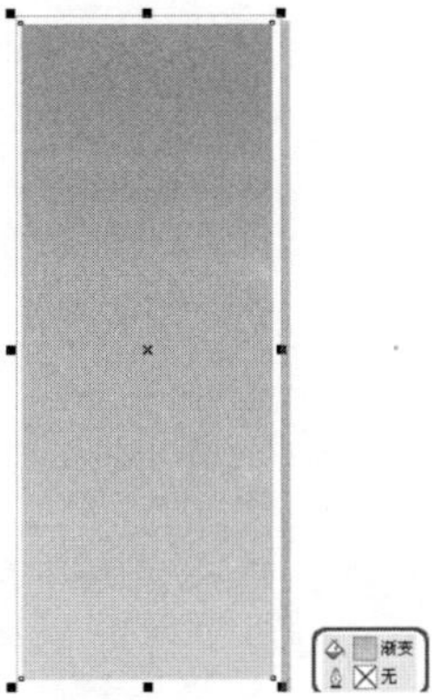

图9-9

图9-10

06 确定新绘制的图形处于选择状态，将该图形填充为白色，并取消轮廓线的填充，如图9-11所示。

07 继续使用“钢笔工具”绘制图形，将图形填充为白色，并取消轮廓线的填充，如图9-12所示。

08 将绘制的白色图形成组，选择工具箱中的“透明度工具”，为成组的对象添加透明效果，如图9-13所示。

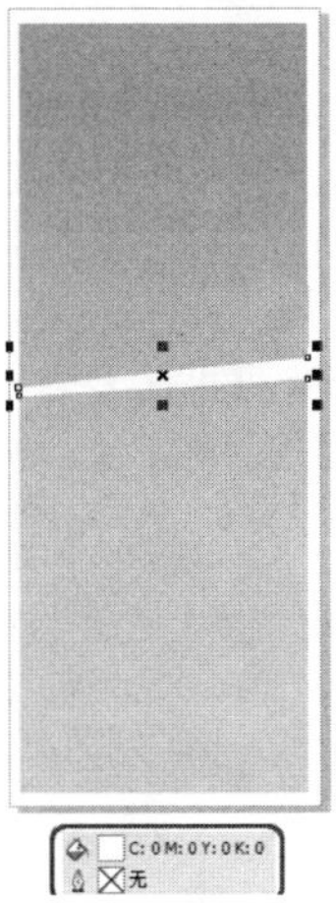

图9-11

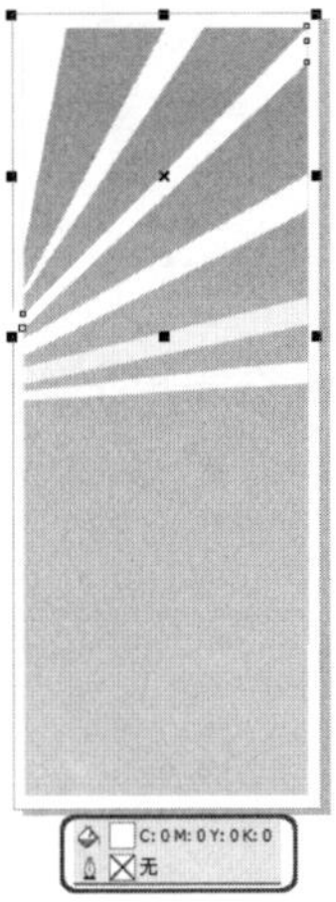

图9-12

图9-13

09 按【Ctrl+I】快捷键，在打开的对话框中选择光盘中“素材与源文件”\“素材”\“第9天”\“学习用品.psd”文件，单击“导入”按钮，将选择素材导入到场景中，并调整素材的大小和位置，如图9-14所示。

10 选择工具箱中的“文本工具”，在场景中创建文本，在属性栏中将“字体”设置为汉仪菱心体简，将“字体大小”设置为40pt，将文本颜色填充为红色，如图9-15所示。

图9-14

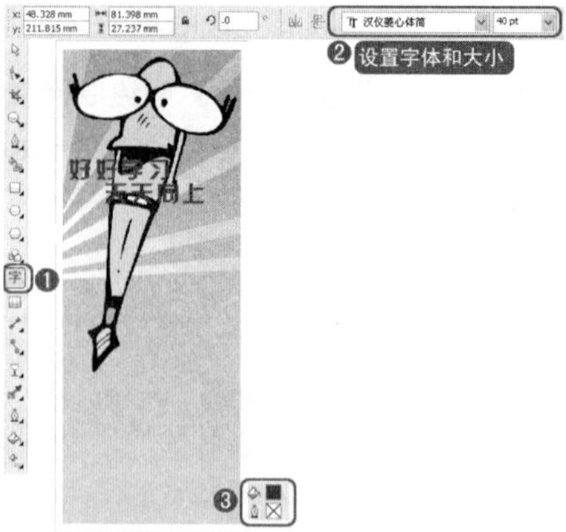

图9-15

⑪ 确定新创建的文本处于选择状态，按小键盘上的【+】键并复制文本，然后选择下面的红色文本，将其填充为白色，按【F12】键弹出【轮廓笔】对话框，在该对话框中将轮廓宽度设置为2 mm，将颜色设置为白色，设置完成后单击“确定”按钮，如图9-16所示。

⑫ 选择工具箱中的“文本工具字”，继续创建文本，在属性栏中将“字体”设置为汉仪综艺体简，将“字体大小”设置为90pt，如图9-17所示。

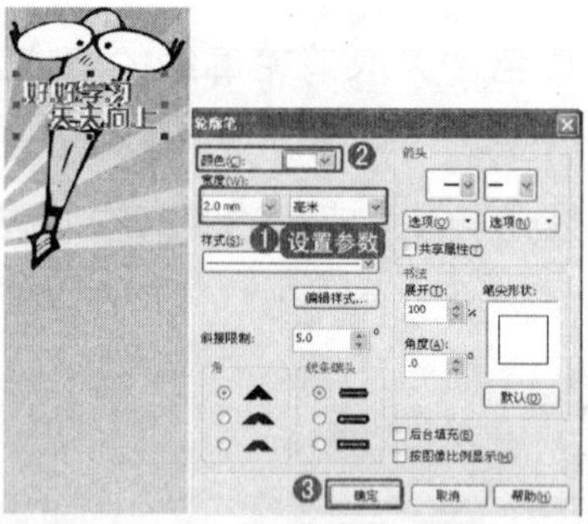

图9-16

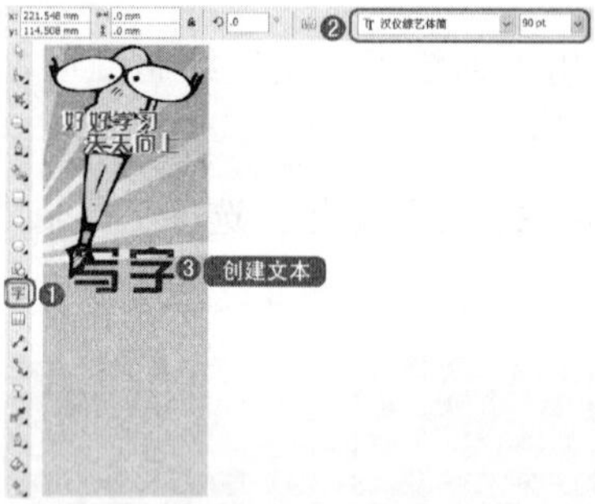

图9-17

⑬ 确定新创建的文本处于选择状态，在属性栏中单击“编辑文本按钮abl”，弹出【编辑文本】对话框，在该对话框中对文本进行编排，编辑完成后单击“确定”按钮，如图9-18所示。编辑完文本后的效果如图9-19所示。

图9-18

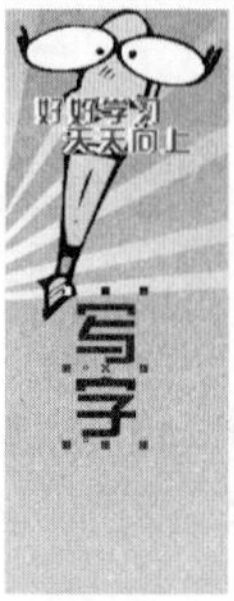

图9-19

⑭ 确定编辑的文本处于选择状态，将该文本填充为洋红色，如图9-20所示。

⑮ 按小键盘上的【+】键将洋红色文本进行复制，然后选择下面的洋红色文本，将其填充为白色，将轮廓线填充为白色，将轮廓宽度设置为2mm，如图9-21所示。

⑯ 选择工具箱中的“文本工具字”，在渐变图形的下方创建文本，在属性栏中将“字体”设置为Script Bold，将“字体大小”设置为150pt，将文本颜色设置为红色，如图9-22所示。

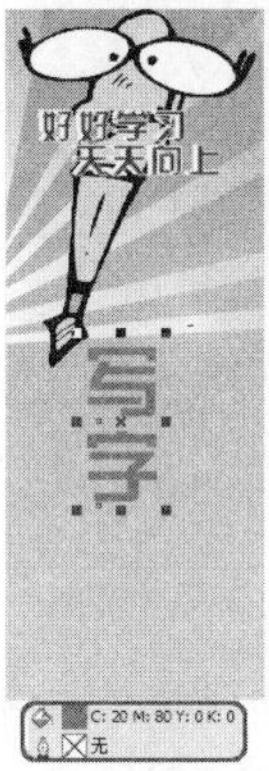

图9-20

图9-21

图9-22

⑰ 确定新创建的红色文本处于选择状态，按小键盘上的【+】键将文本进行复制，然后选择下面的红色文本，将其填充为白色，将轮廓线填充为白色，将轮廓宽度设置为4mm，如图9-23所示。

⑱ 继续使用“文本工具字”，在渐变图形的右下方创建文本，在属性栏中将“字体”设置为汉仪雁翎体简，将“字体大小”设置为80pt，将文本颜色设置为霓虹紫色，如图9-24所示。

⑲ 确定新创建的霓虹紫色文本处于选择状态，按小键盘上的【+】键将文本进行复制，然后选择下面的霓虹紫色文本，将其填充为白色，将轮廓线填充为白色，将轮廓宽度设置为3mm，如图9-25所示。

图9-23

图9-24

图9-25

⑳ 选择工具箱中的“艺术笔工具”，在属性栏中单击“喷涂工具”，在“喷涂列表”中选择一种笔刷样式，在绘图页中按住鼠标左键拖动，绘制雪花的图案，如图9-26所示。

㉑ 确定新绘制的图案处于选择状态，将其填充为白色，如图9-27所示。

(22) 按【Ctrl+K】快捷键，打散艺术群组，然后将曲线路径删除，如图9-28所示。

图9-26

图9-27

图9-28

(23) 选择雪花的群组对象，选择工具箱中的“透明度工具”，在属性栏中将“透明度类型”定义为标准，将“透明中心点”参数设置为35，为选择的对象添加透明效果，如图9-29所示。

(24) 按【Ctrl+U】快捷键将雪花取消群组，调整单个雪花图形的位置，并对图形进行复制，调整完成后将雪花图形成组，完成后的效果如图9-30所示。

(25) 至此，宣传单效果制作完成了，如图9-31所示，将完成后的效果导出并将场景文件进行存储。

图9-29

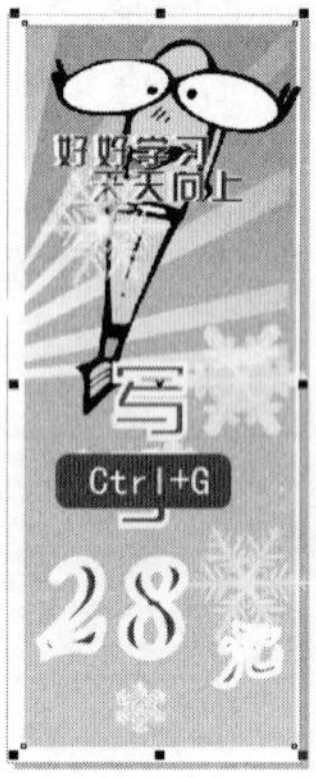

图9-30

图9-31

9.2 将文本适用于框架

当用户在段落文本框或者图形对象中输入文字后，其中的文字大小不会随文本框或者图形对象的大小而变化。为此可以通过“文本适合框架”命令或者调整图形对象来让文本适合框架。

9.2.1 使段落文本适合框架

要使段落文本适合框架，可以通过缩放字体大小使文字框架填满，也可以选择“文本”\“段落文本框”\“使文本适合框架”命令来实现，如图9-32所示。如果文字超出了文本框的范围，文字的字体会自动缩小以适应框架；如果文字未填满文本框，文字会自动放大填满框架；如果在段落文本里使用了不同的字体大小，将保留差别并相应地调整大小以填满框架：如果有链接的文本框使用该项命令，将调整所有的链接的文本框中的文字直到填满这些文本框。具体的操作步骤如下：

01 选择工具箱中的“文本工具字”，在属性栏中设置好字体和字体大小，然后在页面中输入一段段落文本，如图9-33所示。

02 选择工具箱中的“选择工具”将文本对象选中，然后选择“文本”\“段落文本框”\“使文本适合框架”命令，此时系统会按一定的缩放比例自动地调整文本框中文字的大小，使文本对象适合文本框架，完成后的效果如图9-34所示。

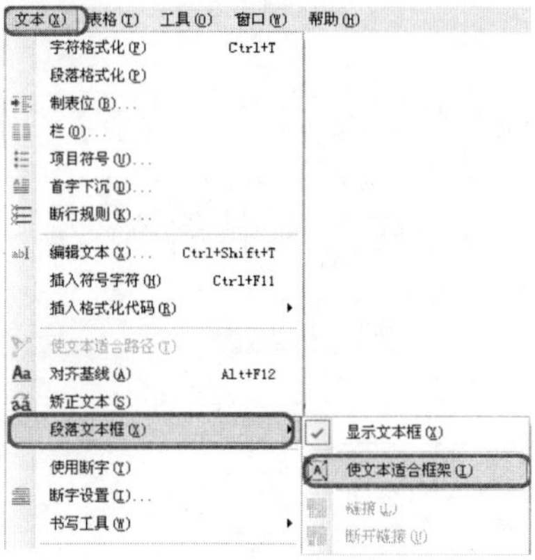

图9-32

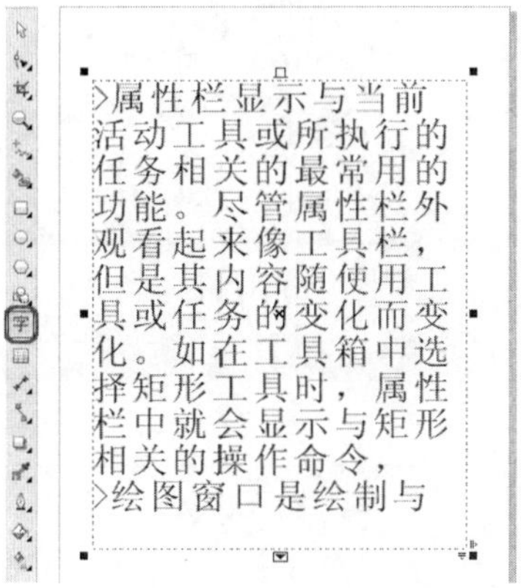

图9-33

图9-34

9.2.2 将段落文本置入对象中

将段落文本置入对象中，就是将段落文本嵌入到封闭的图形对象中。将图形对象作为段落文本使用，这样可以使文字的编排更加灵活多样。在图形对象中输入的文本对象，其属性和其他的文本对象一样。具体的操作步骤如下：

01 选择工具箱中的“手绘工具”，在绘图页中绘制一个图形对象，并配合工具箱中的“形状工具”对绘制的形状进行调整，完成后的效果如图9-35所示。

02 选择“文本工具字”，在图形左侧输入一段段落文本，如图9-36所示。

03 移动鼠标光标到文本对象上，按住鼠标右键将文本对象拖动到绘制的图形对象上，如图9-37所示。

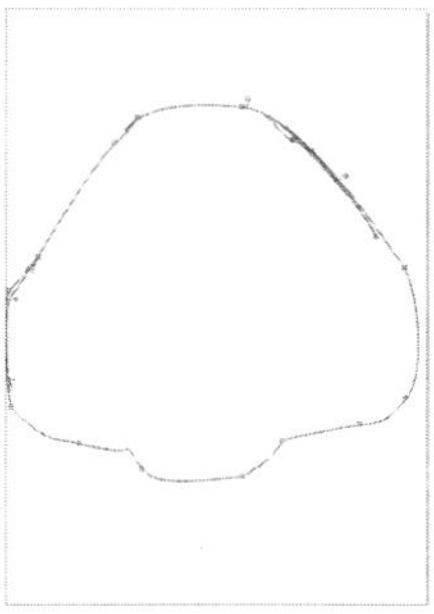

图9-35

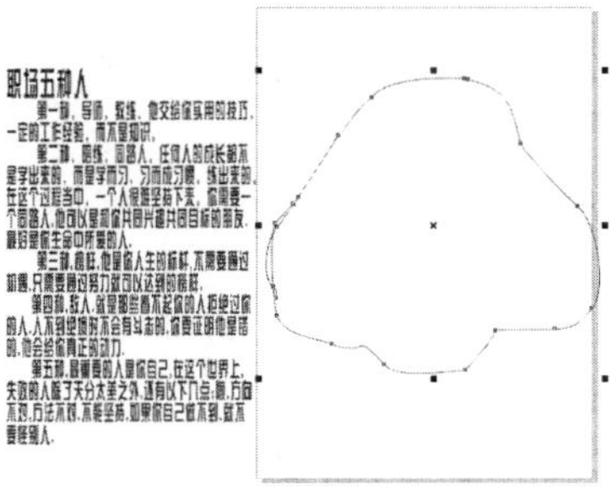

图9-36

图9-37

04 等光标变为十字环状后释放鼠标，从弹出的快捷菜单中选择“内置文本”命令，如图9-38所示。

05 此时段落文本便会置入到图形对象中，如图9-39所示。

如果其中的文本并没有完全显示出来，可以拖动周围的控制点，等控制框下面的实心控制点变成空心控制点时松开鼠标左键，这样图形中的文本就会完全显示出来了，如图9-40所示。

图9-38

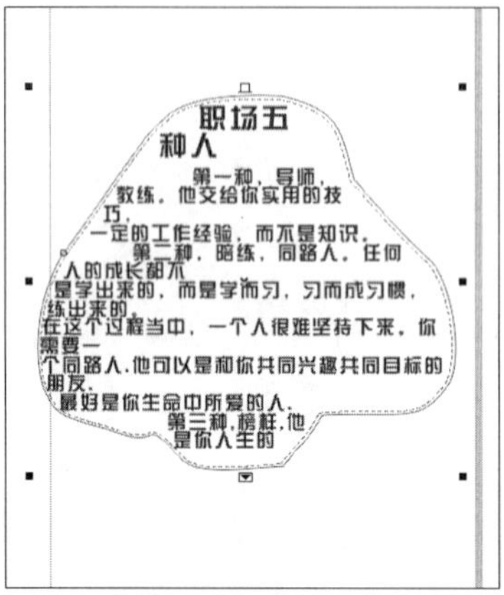

图9-39

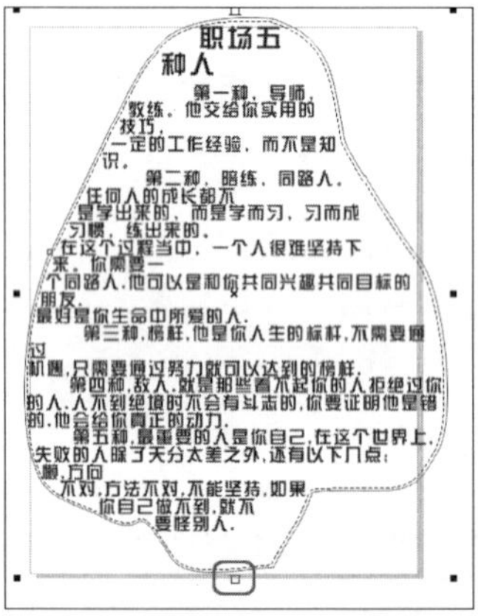

图9-40

9.2.3 分割对象与段落文本

将段落文本置入图形对象中后，文字将会随着图形对象的变化而变化。如果不想让图形对象和文本对象一起移动，则可分隔它们。具体的操作步骤如下：

01 使用选择工具同时选取文本和图形对象，如图9-41所示。

02 选择“排列”\“拆分路径内的段落文本”命令，如图9-42所示，即可分隔文字和图形对象，接下来即可单独对文本对象或者图形对象进行操作，如图9-43所示。

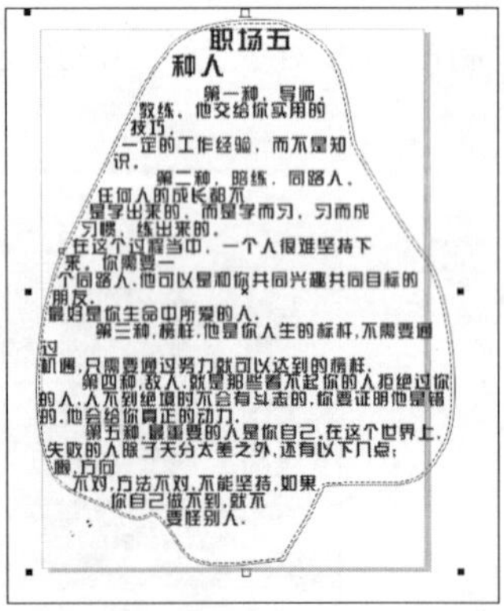

图9-41

图9-42

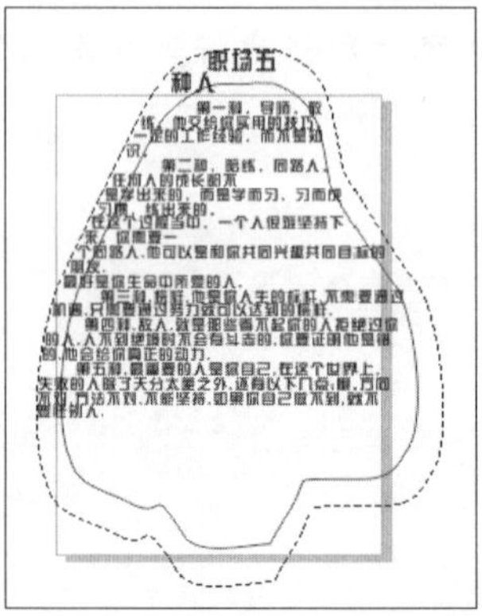

图9-43

【单元练习】——制作书签

本例将介绍书签的制作，该例的制作比较简单，主要是介绍将文本放置到心形图形中，完成后的效果如图9-44所示。

图9-44

01 按【Ctrl+N】组合键，新建文档，在属性栏中将“纸张宽度”参数设置为100，如图9-45所示。

02 选择工具箱中的“矩形工具□”，在新建的文档中沿绘图页绘制图形，如图9-46所示。

03 确定新创建的图形处于选择状态，将该图形填充为白色，并取消轮廓线的填充，如图9-47所示。

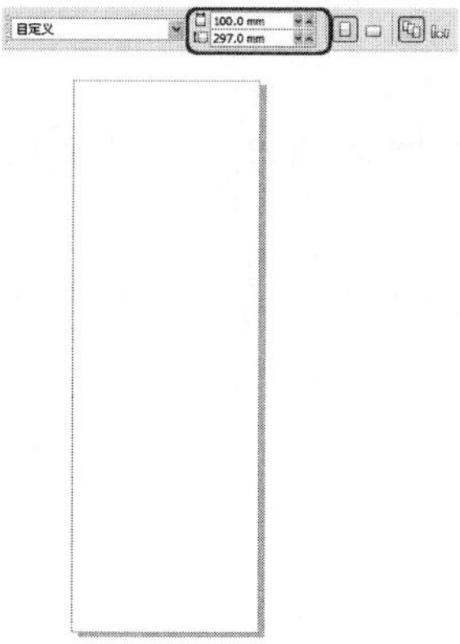

图9-45

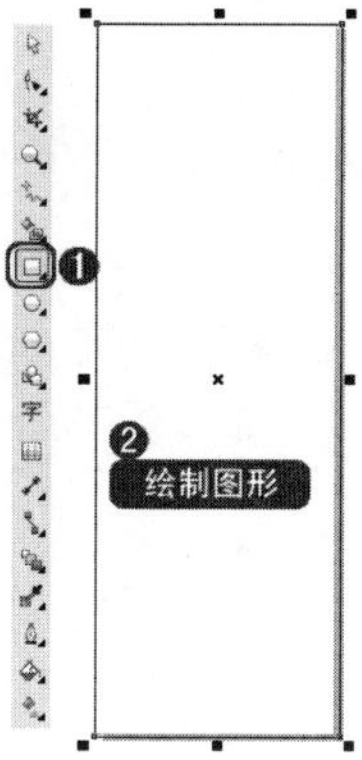

图9-46

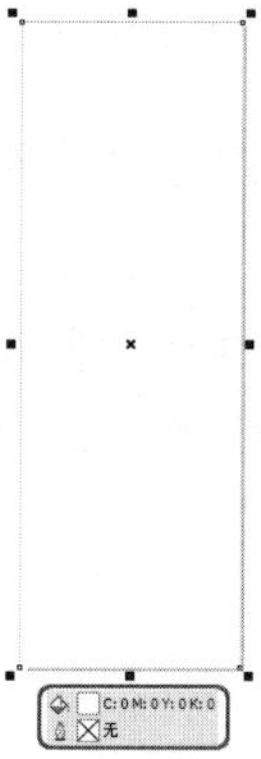

图9-47

04 继续使用“矩形工具□”在白色图形上创建白黄色无边框图形，完成后的效果如图9-48所示。

05 选择工具箱中的“矩形工具□”，在白黄色图形的上方绘制矩形，将其填充为CMYK参数为71、4、90、0的颜色，取消轮廓线的填充，如图9-49所示。

图9-48

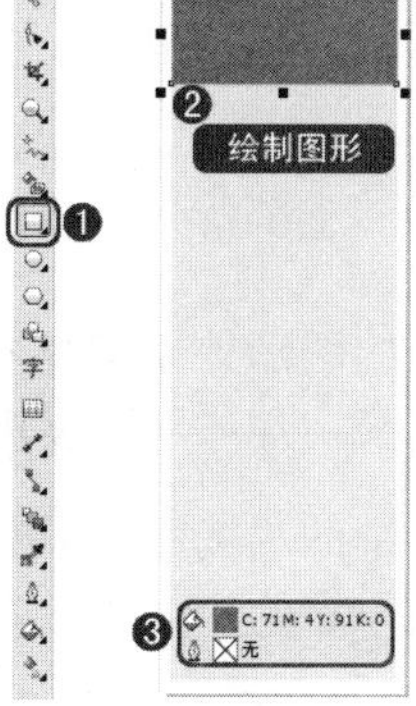

图9-49

(06) 继续使用“矩形工具□”绘制图形，将矩形填充为CMYK参数为34、2、93、0的颜色，并取消轮廓线的填充，如图9-50所示。

(07) 继续绘制矩形，将其填充为薄荷绿色，并取消轮廓线的填充，完成后的效果如图9-51所示。

图9-50

图9-51

(08) 使用同样的方法绘制其他矩形图形，并分别填充不同的颜色，完成后的效果如图9-52所示。

(09) 选择工具箱中的“椭圆工具○”，在绘图页的下方创建椭圆形，在轮廓笔面板中将轮廓线填充为月光绿色，将轮廓宽度设置为2mm，如图9-53所示。

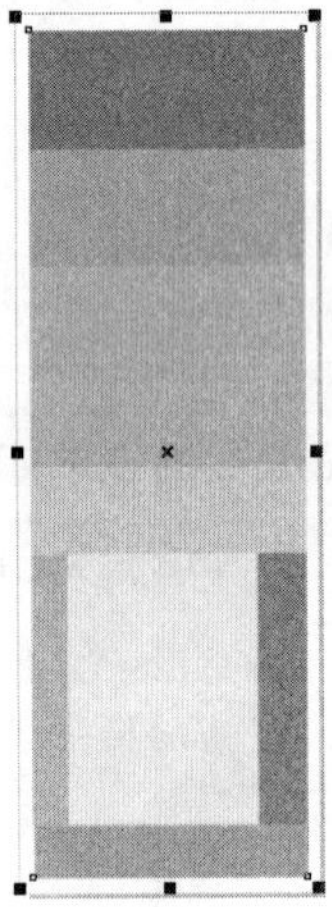

图9-52

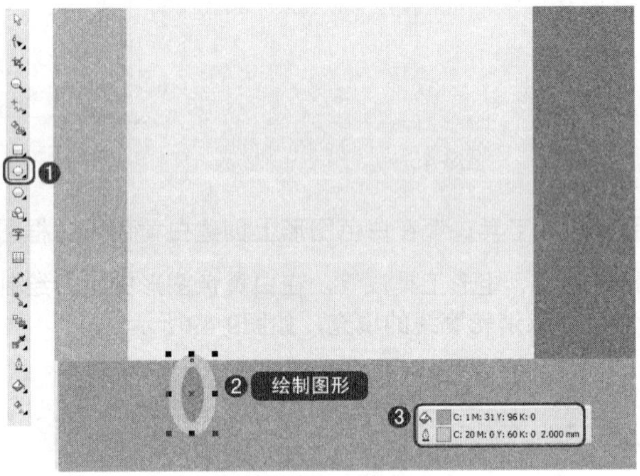

图9-53

(10) 确定新绘制的图形处于选择状态，按小键盘上的【+】键，复制图形，将其填充为橘红色，并取消轮廓线的填充，然后对图形进行调整，完成后的效果如图9-54所示。

(11) 选择工具箱中的“椭圆工具○”，在绘图页中绘制椭圆形，轮廓笔面板中将轮廓线填充为冰蓝色，将轮廓宽度设置为1.5mm，如图9-55所示。

(12) 确定新绘制的椭圆处于选择状态，按小键盘上的【+】键，复制图形，将其填充为白黄色，并取消轮廓线的填充，然后对图形进行调整，完成后的效果如图9-56所示。

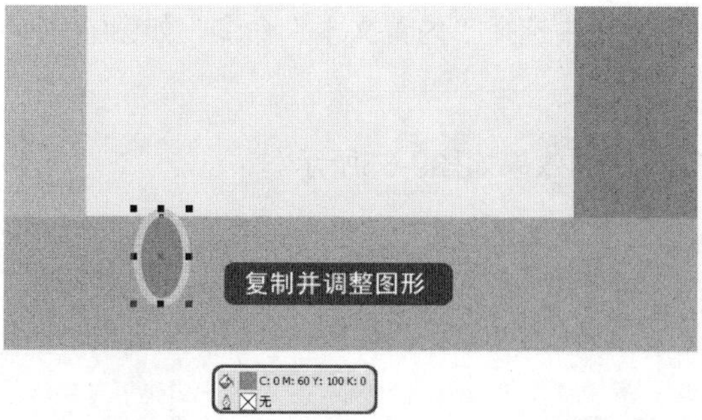

图9-54

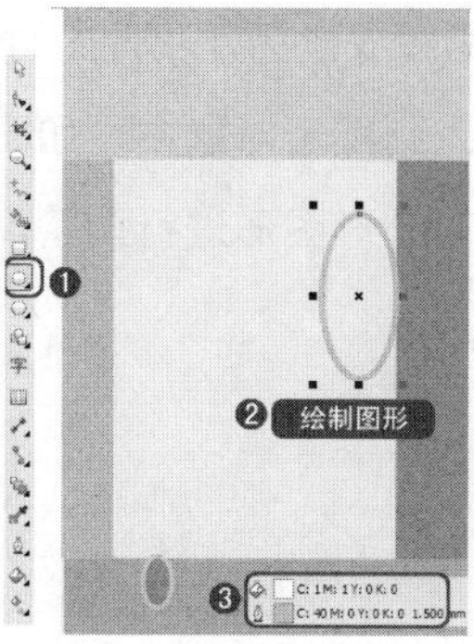

图9-55

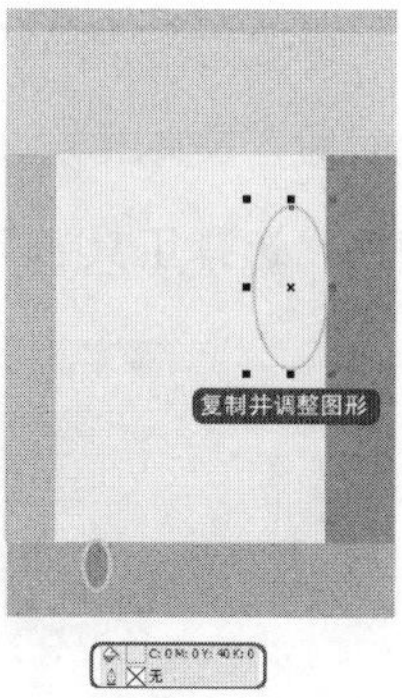

图9-56

⑬ 使用同样的方法绘制其他椭圆图形，完成后的效果如图9-57所示。

⑭ 选择工具箱中的“基本形状工具”在属性栏中将完美形状定义为“心形”，在绘图页中绘制图形，将其填充为红色，并取消轮廓线的填充，如图9-58所示。

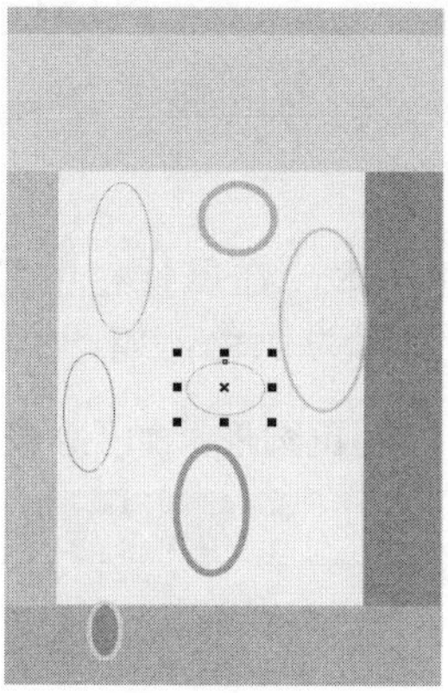
图9-57

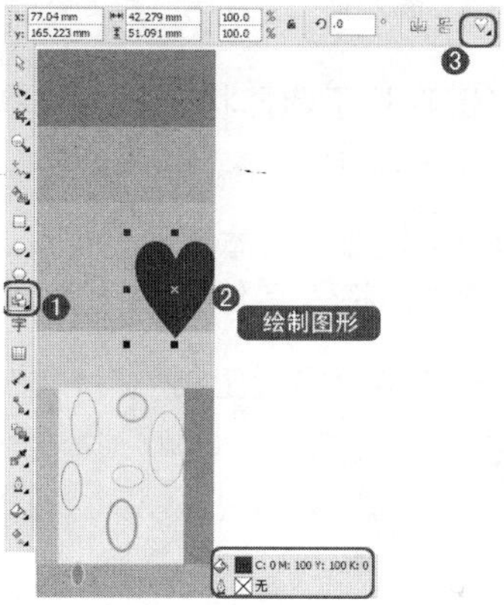

图9-58

⑮ 选择工具箱中的“文本工具”，在属性栏中创建文本，在属性栏中将“字体”设置为汉仪圆叠体简，将“字体大小”设置为30pt，将文本颜色设置为黄色，如图9-59所示。

⑯ 确定文本处于选择状态，按住鼠标右键拖动鼠标，将其放置到心形图形上，如图9-60所示。

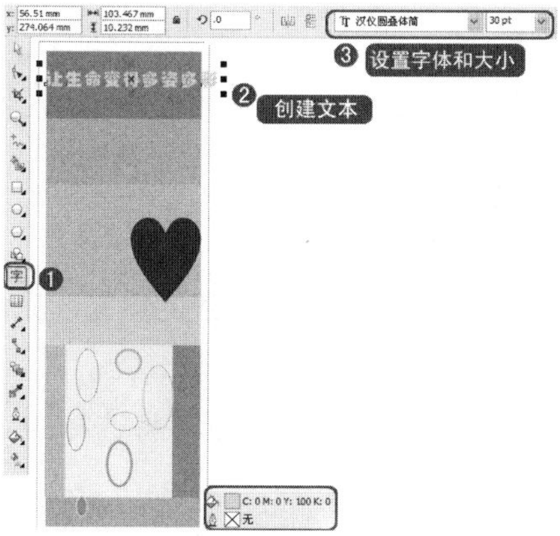

图9-59

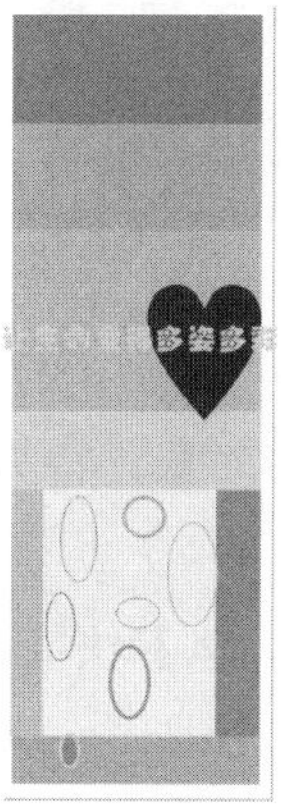
图9-60

17 等光标变为十字环状后释放鼠标，从弹出的快捷菜单中选择“内置文本”命令，如图9-61所示。

18 此时段落文本便会置入到图形对象中，如图9-62所示。

19 使用“选择工具”对心形图形进行调整，完成后的效果如图9-63所示。

图9-61

图9-62

图9-63

20 确定心形图形处于选择状态，再次单击图形，使其处于旋转状态，对图形进行旋转，并调整心形图形，如图9-64所示。

21 选择工具箱中的“文本工具”，在绘图页的右下方创建文本，在属性栏中将“字体”设置为迷你简雪君，将“字体大小”设置为140pt，将文本颜色设置为黑色，如图9-65所示。

22 选择工具箱中的“椭圆工具”，按住【Ctrl】键在绘图页中绘制正圆形，如图9-66所示。

图9-64

图9-65

图9-66

23 将圆形与其下面的矩形水平和垂直对齐，完成后的效果如图9-67所示。

24 选择圆形对象，将其向上水平移动，将其填充为白色，并取消轮廓线的填充，完成后的效果如图9-68所示。

25 按【Ctrl+A】快捷键选择场景中的所有对象，按【Ctrl+G】快捷键将选择的对象成组，如图9-69所示。

26 至此，书签效果制作完成了，将完成后的效果导出并将场景文件进行保存。

图9-67

图9-68

图9-69

9.3 文本绕图设置

本节将介绍“文本绕图”命令的使用方法和操作技巧，该命令是文字排版中使用最频繁的命令之一，运用好该命令，可以在版面设计中起到画龙点睛的作用。

9.3.1 “文本绕图”命令的使用

下面以简单的小实例介绍“文本绕图”命令的使用。

01 在绘图页中使用“文本工具字”，创建段落文本，如图9-70所示。

02 按【Ctrl+I】组合键导入一张素材图片，并将其放置在段落文字上，如图9-71所示。

图9-70

图9-71

03 单击属性栏中的“文本换行按钮”，打开【换行样式】对话框，如图9-72所示。

图9-72

04 该对话框中共包括8种文本绕图方式可供选择。当鼠标光标放置在不同的选项上时，在工作区中可以实时预览效果，如图9-73～图9.80所示。

图9-73

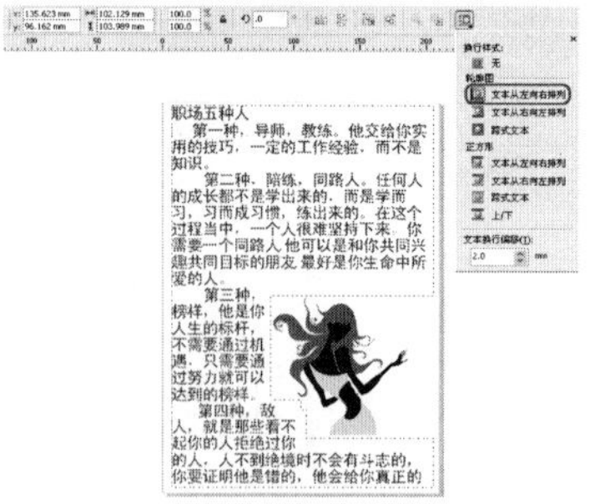

图9-74

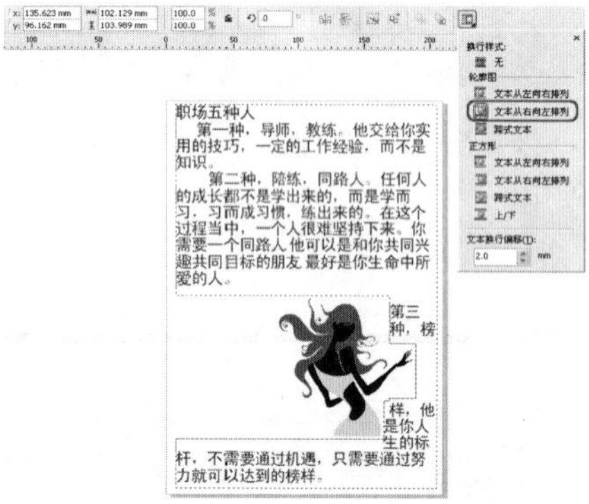

图9-75

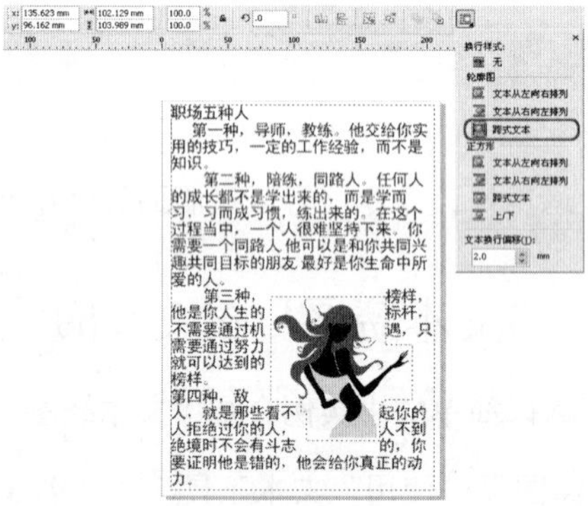

图9-76

图9-77

图9-78

图9-79

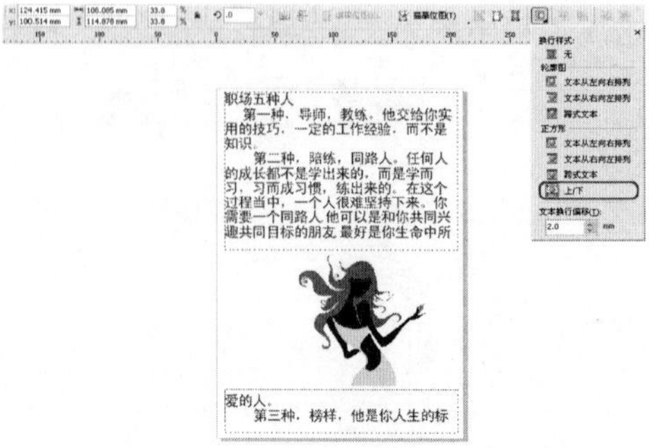

图9-80

9.3.2 将文字沿图像路径排列

将文字沿图像路径排列，可以很方便地使人物或图像在众多的文字中脱颖而出，如图9-81所示。操作步骤如下：

01 处理素材。启动Photoshop，打开素材图，如图9-82所示。

图9-81

图9-82

02 选择工具箱中的“魔棒工具”，在属性栏中将“容差”参数设置为0，选择“连续”复选框，如图9-83所示。

03 单击图像的白色区域，将其选择，如图9-84所示。

图9-83

图9-84

04 选择工具箱中的“魔棒工具”，在属性栏中单击按钮，选择素材中的剩余白色区域，如图9-85所示。

05 按【Ctrl+Shift+I】组合键，将选区反选，如图9-86所示。

06 确定选区处于选择状态，按【Ctrl+J】组合键将选区复制到一个新的图层上，如图9-87所示。

07 按住【Ctrl】键不放，单击“图层1”前的预览窗口，将该图层载入选区，如图9-88所示。

图9-85

图9-86

图9-87

图9-88

08 切换到“路径”面板，单击按钮，将选区转换为路径，如图9-89所示。

09 在“图层”面板中将“背景”图层删除，如图9-90所示。

图9-89

图9-90

10 选择菜单栏中的“文件”\“存储为”命令，在弹出的对话框中选择保存的路径，为文件命名，并将文件格式设置为“psd”，单击“保存”按钮，将修改的图形保存，如图9-91所示。

11 选择菜单栏中的“文件”\“导出”\“路径到Illustrator”命令，在弹出的对话框中使用默认的路径和名称，导出路径为“AI”格式，单击“保存”按钮，如图9-92所示。

图9-91

图9-92

⑫ 启动CorelDRAW X5，使用“文本工具字”，在绘图页中绘制文本，如图9-93所示。

⑬ 按【Ctrl+I】组合键将前面导出的路径，导入到CorelDRAW X5中，并右击颜色板中的黑色色块，将其轮廓线填充为黑色，如图9-94所示。

⑭ 确定导入的路径处于选择状态，在属性栏中将“缩放因素”参数设置为45%，如图9-95所示。

图9-93

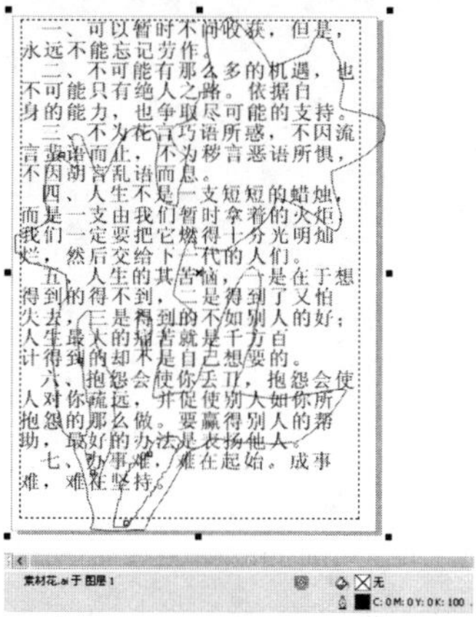

图9-94

图9-95

⑮ 将路径放置在段落文本上，单击属性栏中的“文本换行按钮”，在打开的“换行样式”下拉列表框中选择“跨式文本”选项，调整图像在段落文本中的位置，如图9-96所示。

⑯ 按【Ctrl+I】快捷键，在弹出的对话框中选择“素材花.psd”文件，单击“导入”按钮，如图9-97所示。

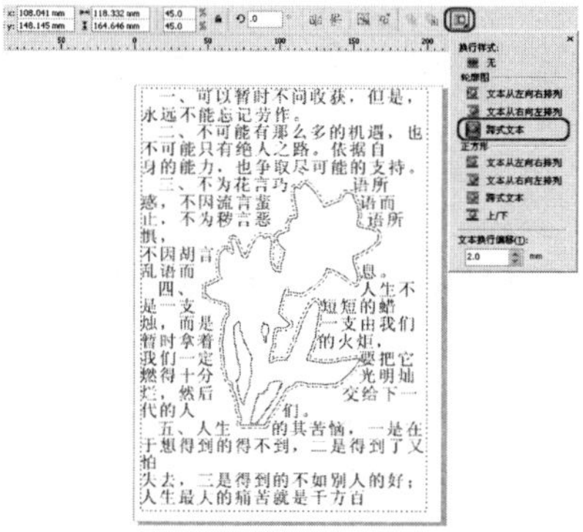

图9-96

图9-97

(17) 将保存的psd文件导入到CorelDRAW X5中，如图9-98所示。

(18) 同样在属性栏中设置“缩放因素”为45%，如图9-99所示。

(19) 选择菜单栏中的“效果”\“图框精确剪裁”\“放置在容器中”命令，如图9-100所示。

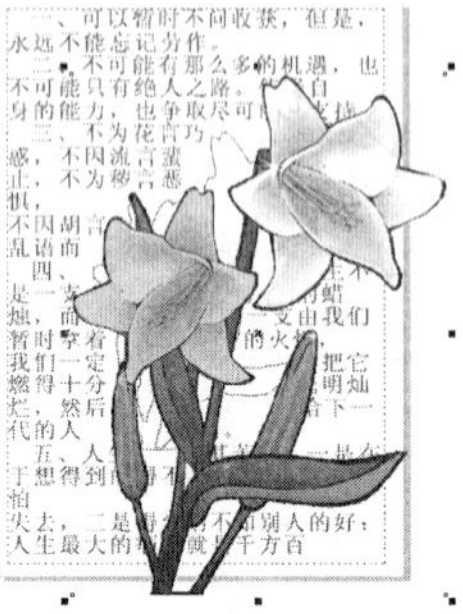

图9-98

图9-99

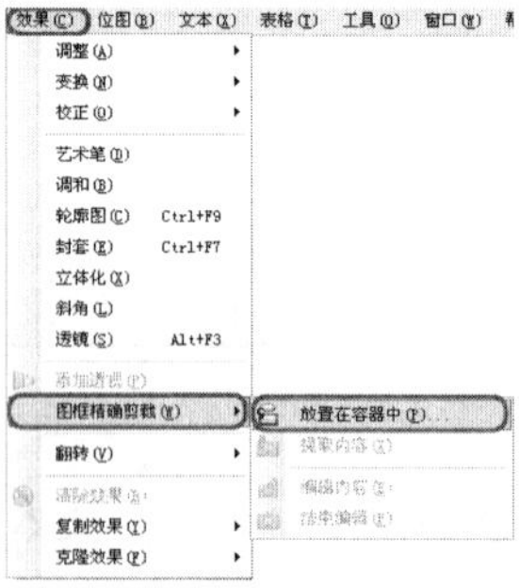

图9-100

(20) 这时鼠标将变成粗箭头的形状，如图9-101所示，在路径上单击即可将足球放置到路径当中，如图9-102所示。

图9-101

图9-102

【单元练习】——预防手足口病宣传页

本例将介绍预防手足口病宣传页的制作，该例的制作比较简单，主要是介绍“文本绕图”命令的使用，制作完成后的效果如图9-103所示。

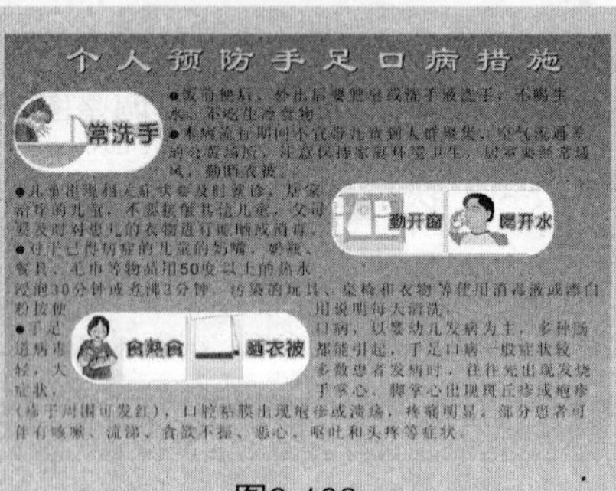

图9-103

(01) 首先新建一个横向页面的文档，选择工具箱中的“矩形工具□”，在绘图页中创建矩形，如图9-104所示。

(02) 确定新创建的图形处于选择状态，按【F11】键，在弹出的对话框中将“角度”参数设置为-90，将“从”的颜色设置为深绿色，将“到”的颜色设置为淡绿，设置完成后单击“确定”按钮，如图9-105所示。

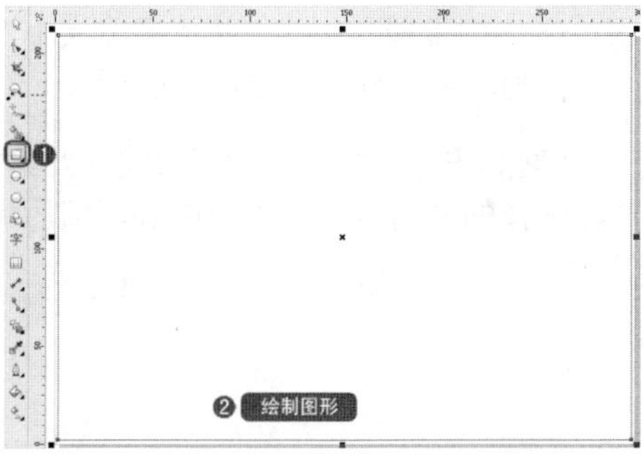

图9-104

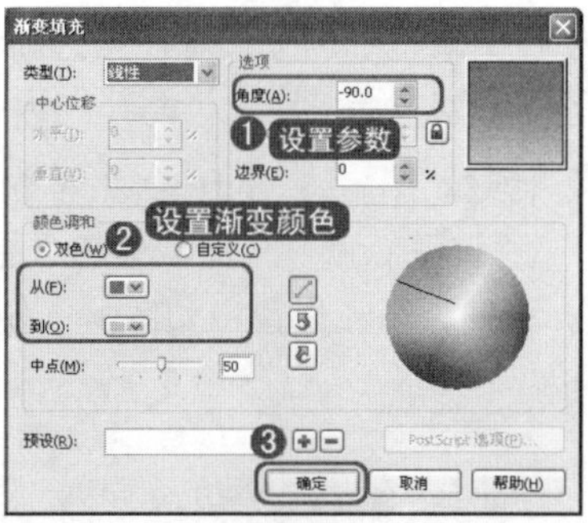

图9-105

03 填充完渐变颜色后，取消该轮廓线的填充，如图9-106所示。

04 选择工具箱中的“文本工具字”，在渐变图形的上方创建文本，在属性栏中将“字体”设置为隶书，将“字体大小”设置为50pt，按【Ctrl+T】快捷键打开字符格式化，设置“字距调整范围”为60%，文本颜色设置为黄色，如图9-107所示。

图9-106

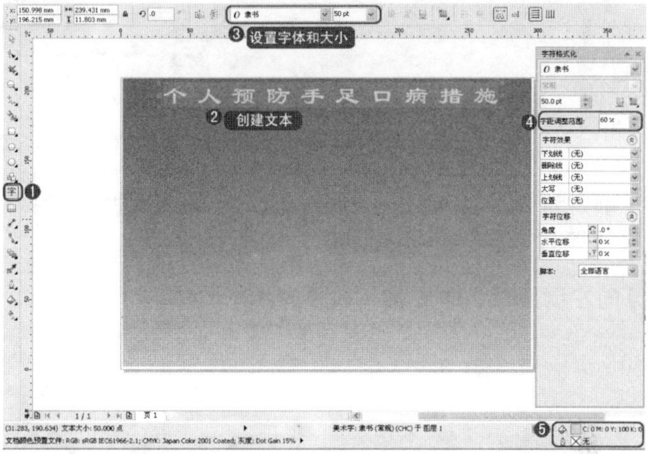

图9-107

05 确定新创建的文本处于选择状态，按小键盘上的【+】键，将选择的文本进行复制，然后选择下面的黄色文本，将其填充为黑色，将轮廓颜色填充为黑色，将轮廓宽度设置为0.2mm，如图9-108所示。

06 选择工具箱中的“文本工具字”，在绘图页中绘制一个文本框，如图9-109所示。

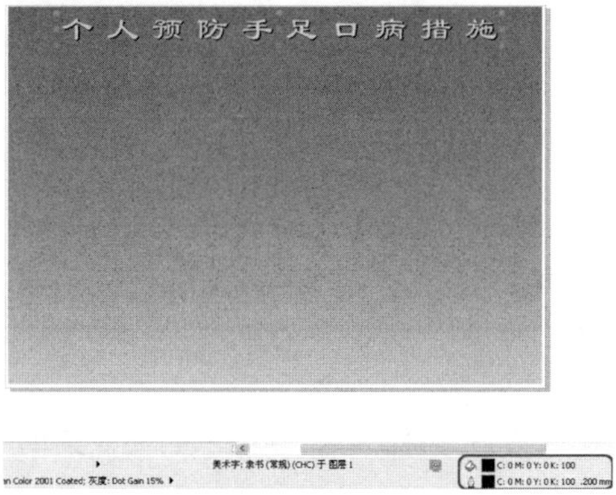

图9-108

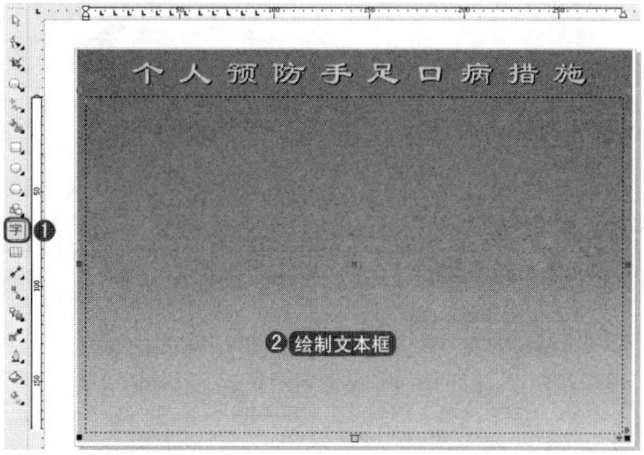

图9-109

(07) 在文本框中创建文本，全选新创建的文本，在属性栏中将“字体”设置为宋体，将“字体大小”设置为22pt，在“段落格式化”中，设置段落前、后为120，行为130，字符为0，如图9-110所示。

(08) 按【Ctrl+I】快捷键，在弹出的对话框中选择光盘中“素材与源文件”\“素材”\“第9天”\“洗手.psd”文件，单击“导入”按钮，按【Enter】键将选择的素材导入到页面中心，然后调整素材的大小和位置，如图9-111所示。

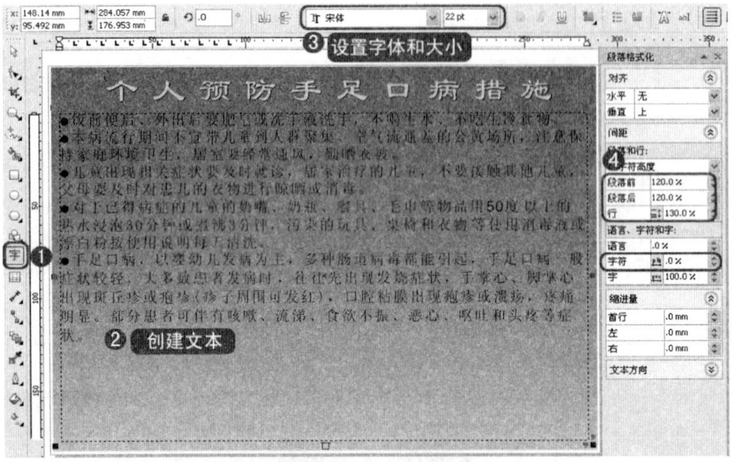

图9-110

图9-111

(09) 确定新导入的素材处于选择状态，单击属性栏中的“文本换行按钮”，在弹出的快捷菜单中选择“跨式文本”命令，如图9-112所示。

(10) 向左调整素材的位置，如图9-113所示。

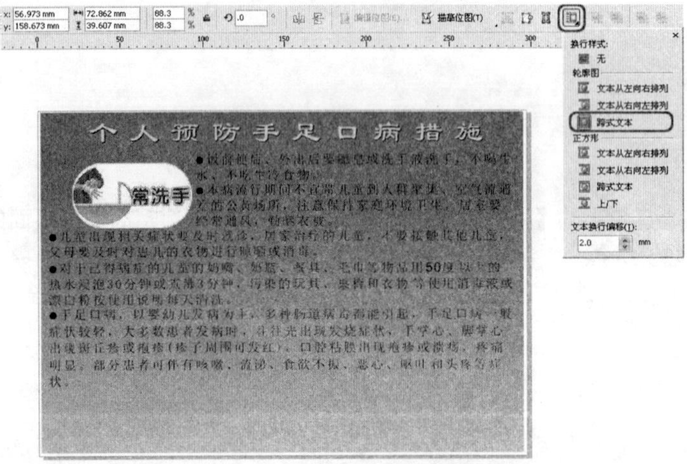

图9-112

图9-113

(11) 按【Ctrl+I】快捷键，在弹出的对话框中选择光盘中“素材与源文件”\“素材”\“第9天”\“勤开窗.psd”文件，单击“导入”按钮，按【Enter】键将选择的素材导入到页面中心，然后调整素材的大小和位置，如图9-114所示。

(12) 确定新导入的素材处于选择状态，单击属性栏中的“文本换行按钮”，在弹出的快捷菜单中选择“跨式文本”命令，如图9-115所示。

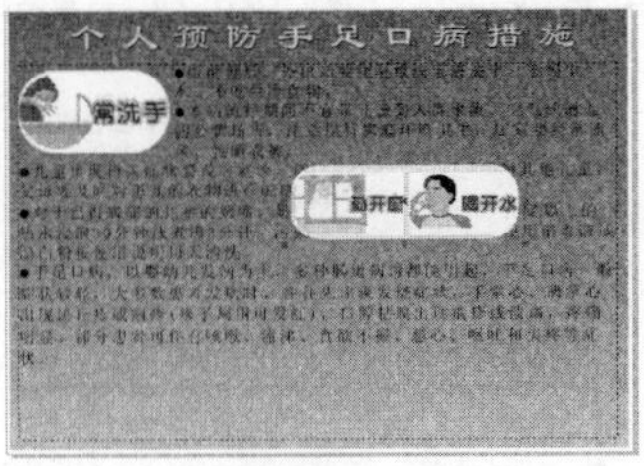

图9-114

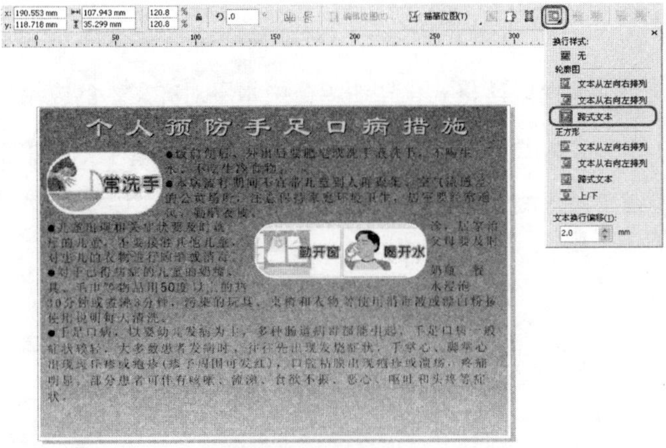

图9-115

⑬ 调整素材的位置，完成后的效果如图9-116所示。

⑭ 使用同样的方法将“晒衣被.psd”素材导入到场景中，并调整素材的大小和位置，然后将其图文混排，如图9-117所示。

⑮ 按【Ctrl+A】快捷键，选择场景中的所有对象，按【Ctrl+G】快捷键将选择的对象成组，如图9-118所示。

⑯ 至此，该效果制作完成了，将完成后的效果导出并将场景文件进行保存。

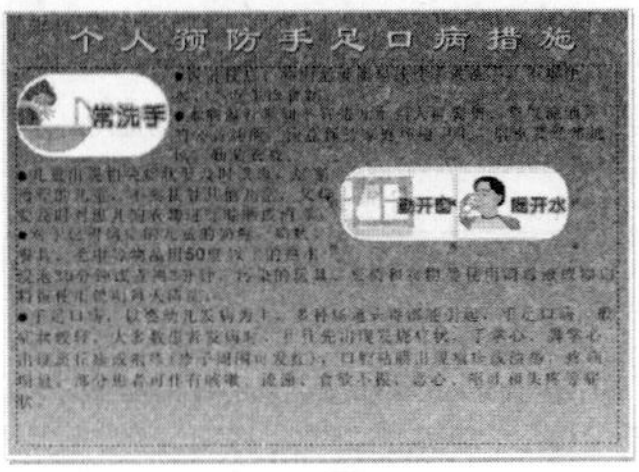

图9-116

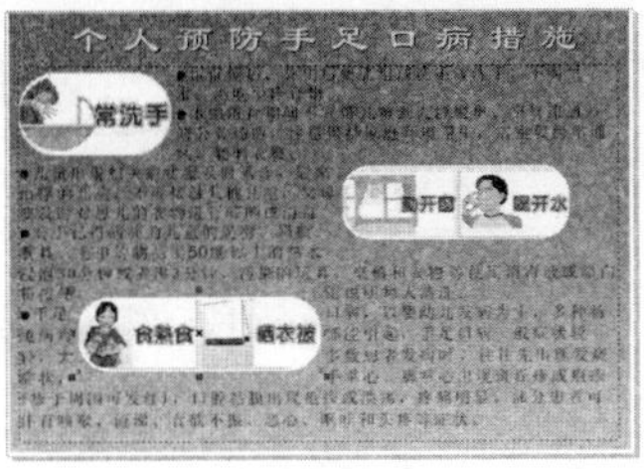

图9-117

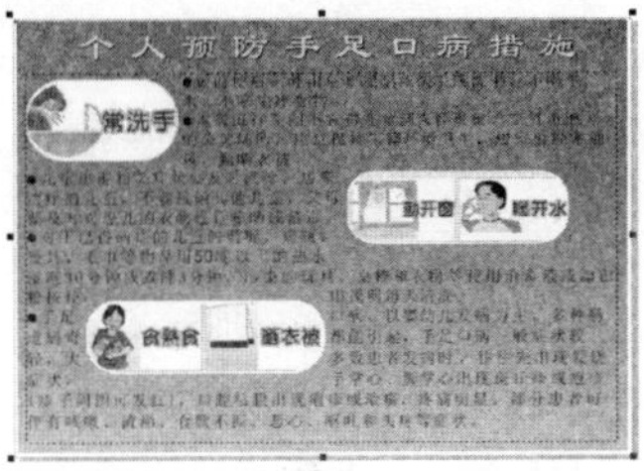

图9-118

9.4 文本的对齐操作

可以水平对齐段落文本和美术字文本。对齐段落文本参照段落文本框来放置文本。可以水平对齐段落文本框中的所有段落，也可以只对齐几个选定的段落。可以垂直对齐段落文本框内的所有段落，也可以将文本与其他对象对齐。

美术字文本只能水平对齐，不能垂直对齐。对齐美术字文本时，整个文本对象相对于边框对齐。如果字符未发生水平位移，应用不对齐所产生的结果与左对齐一样。

可以更改选定段落、整个段落文本框或美术字文本对象中的字符间距和字间距。更改字符对之间的间距又称为“调整间距”；更改一组字符或整个文本块中的字符之间的间距又称为“跟踪”。用户可以更改文本行之间的间距，这又称为“前导”。更改美术字文本的前导适用于由【Enter】符分隔的各文本行的间距。对于段落文本，前导仅适用于同一段落内的文本行，也可以更改段落文本中段前或段后的间距；还可以调整选定字符的间距。调整字距可以平衡字母间的视觉空间。

9.4.1 水平对齐文本

下面对“段落格式化”泊坞窗中水平对齐文本的应用进行讲解。

01 使用“选择工具”，选择需要对齐的文本对象，如图9-119所示。

02 在“段落格式化”泊坞窗的“对齐”区域中，从“水平”列表框中选择一个对齐选项，这里选择的是“中”，如图9-120所示。

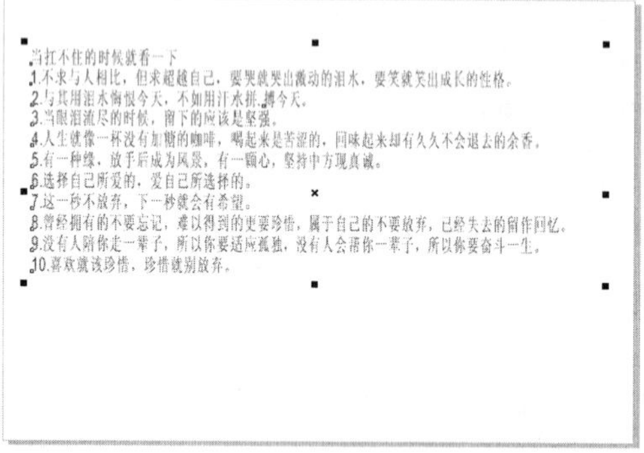

图9-119

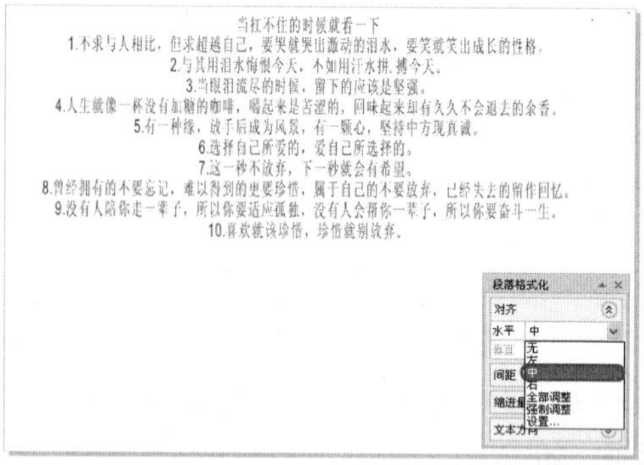

图9-120

提　示

如果“段落格式化”泊坞窗尚未打开，选择菜单栏中的“文本”\“段落格式化”命令，即可打开“段落格式化”泊坞窗。

9.4.2 垂直对齐文本

下面对“段落格式化”泊坞窗中垂直对齐文本的应用进行讲解。

01 选择需要对齐的文本对象。

02 在“段落格式化”泊坞窗的“对齐”区域中，从“垂直”列表框中选择一个对齐选项。

提　示

垂直对齐只是用于段落文本。通过单击属性栏上的“水平对齐按钮”，可以从列表框中选择对齐样式，如图9-121所示。也可以使文本水平对齐。属性栏上显示与当前对齐样式相对应的对齐图标。要对齐段落文本框中的选定段落，可以使用“文本工具字”选择段落。

下面将文本与对象对齐。

01 按住【Shift】键，选择需要对齐的文本，如图9-122所示。

02 在菜单栏中选择“排列”\“对齐和分布”\“对齐与分布”命令，如图9-123所示，在弹出的对话框中选择垂直居中复选框，单击“应用”按钮，如图9-124所示。对齐后的效果如图9-125所示。

图9-121

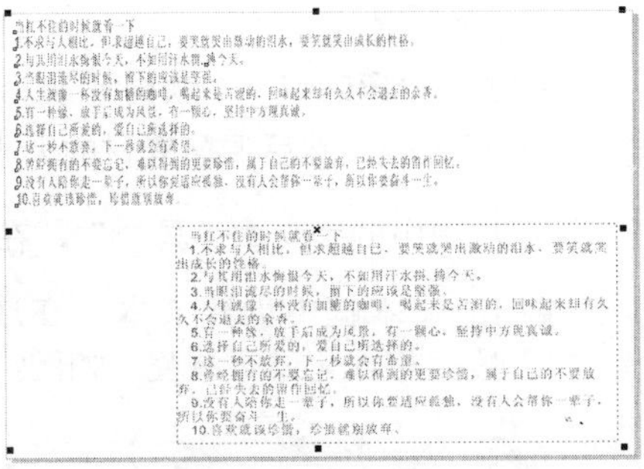

图9-122

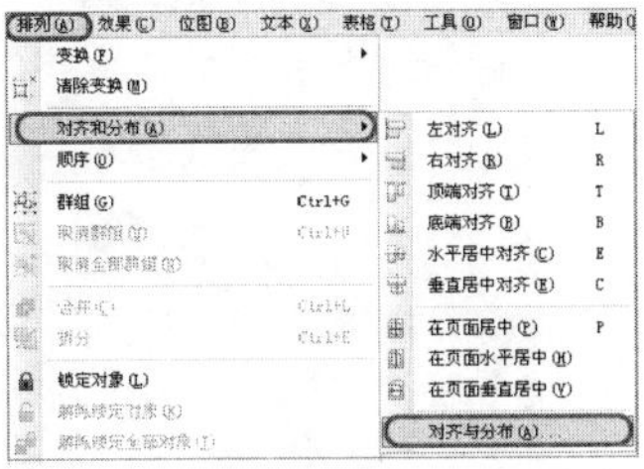

图9-123

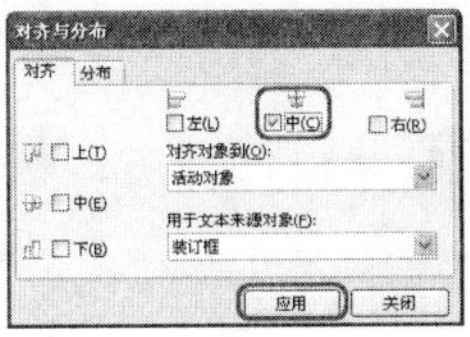

图9-124

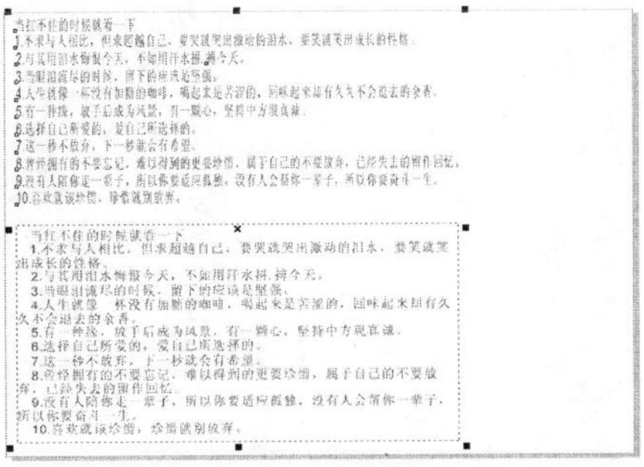

图9-125

提　示

【对齐与分布】对话框用来对齐左、右、顶部或底部边缘的对象是由创建顺序或选择顺序决定的。如果在对齐对象之前已经圈选对象，则将使用最后创建的那个对象。如果每次选择一个对象，最后选定的对象将成为对齐其他对象的参考点。如果已经对文本应用了线性变换（如旋转）并且要与基线对齐，则对象将与文本对象起始边缘的基线点进行对齐。

【单元练习】——制作歌词

本例将介绍歌词的制作，该例的制作比较简单，主要是介绍文本的对齐，完成后的效果如图9-126所示。

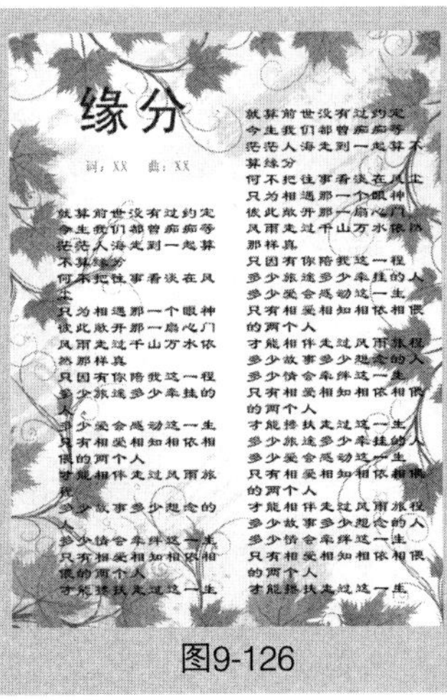

图9-126

01 首先新建一个文档，按【Ctrl+I】组合键，在弹出的对话框中选择光盘中“素材与源文件”\“素材”\“第9天”\“歌词背景.jpg”素材，单击“导入”按钮，按【Enter】键，将选择的素材导入到页面中心，然后调整素材的大小和位置，如图9-127所示。

02 选择工具箱中的“文本工具字”，在素材中绘制文本框，如图9-128所示。

03 在绘制的文本框中创建文本，在属性栏中将“字体”设置为隶书，将“字体大小”设置为22pt，打开段落格式化进行调整，如图9-129所示。

图9-127

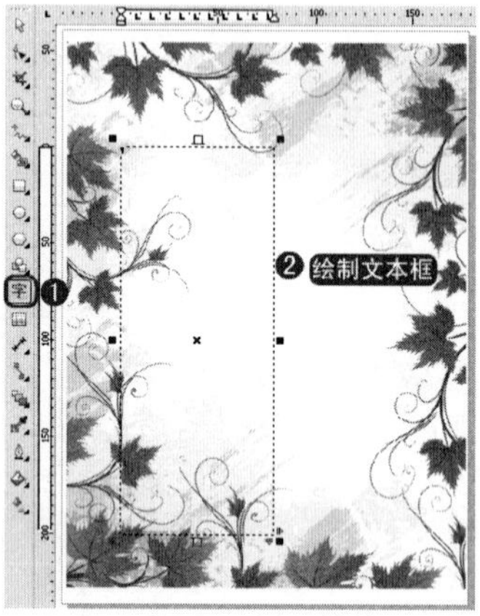

图9-128

图9-129

04 继续使用“文本工具字”在文本框的右侧绘制文本框，如图9-130所示。

05 继续在文本框中创建文本，在属性栏中将“字体”设置为隶书，将“字体大小”设置为22pt，如图9-131所示。

06 选择场景中的两个文本框，选择菜单栏中的“排列”\“对齐和分布”\“对齐与分布”命令，在弹出的对话框中选择垂直方向上的“下”复选框，单击“应用”按钮，如图9-132所示。

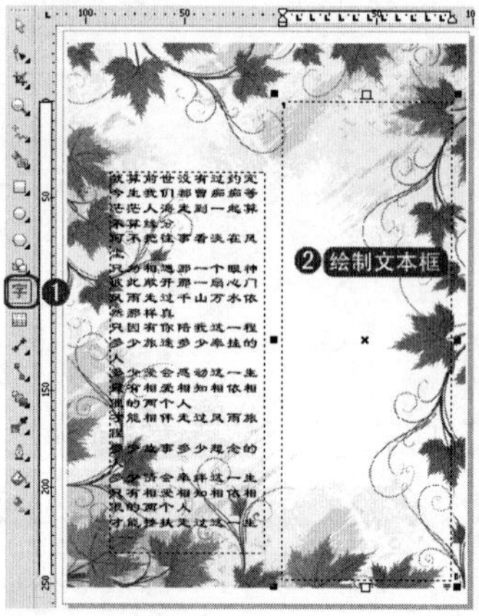

图9-130

图9-131

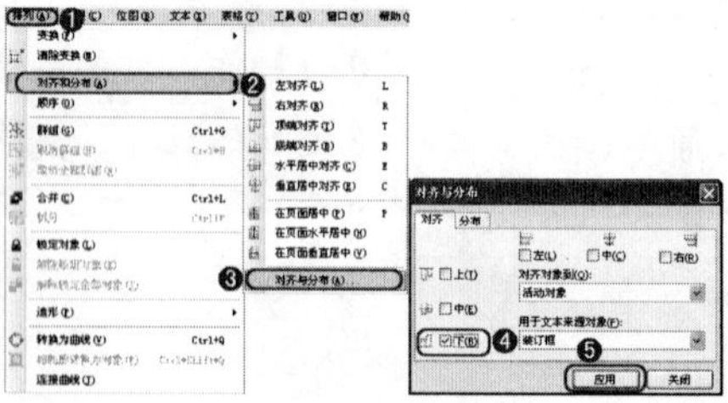

图9-132

07 将选择的文本框底端对齐，效果如图9-133所示。

08 确定文本框处于选择状态，选择菜单栏中的“文本”\“段落格式化”命令，弹出【段落格式化】泊坞窗，在“对齐”区域中将“垂直”定义为下，如图9-134所示。

图9-133

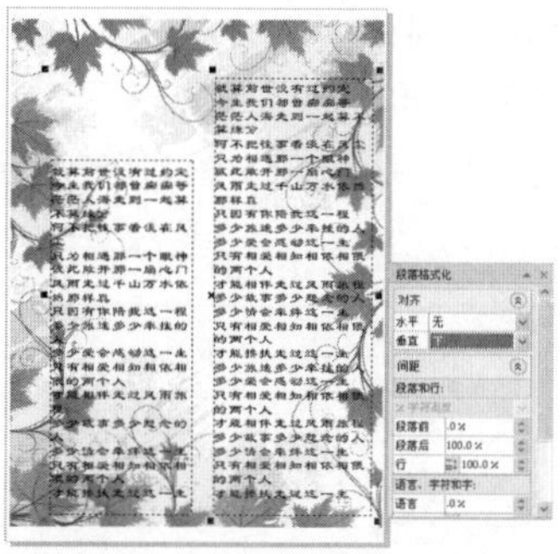

图9-134

09 选择工具箱中的“文本工具字”，继续绘制文本框，并在文本框中创建文本，在属性栏中将“字体”设置为黑体，将“字体大小”设置为72pt，如图9-135所示。

10 确定新创建的文本框处于选择状态，按住【Shift】键选择左侧的文本框，选择菜单栏中的“排列”\“对齐和分布”\“对齐与分布”命令，在弹出的对话框中选择水平方向上的“中”复选框，单击“应用”按钮，如图9-136所示。

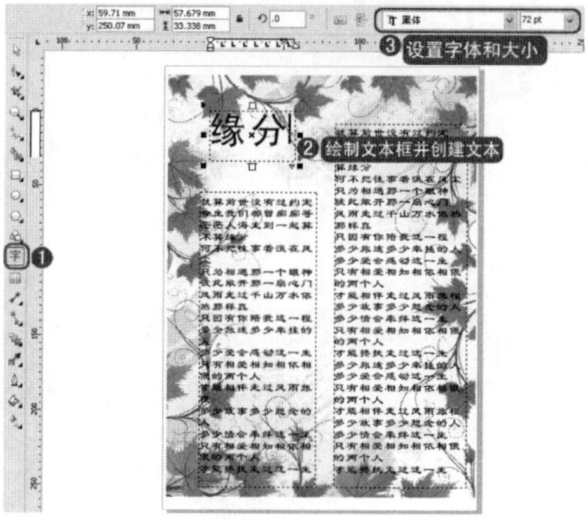

图9-135

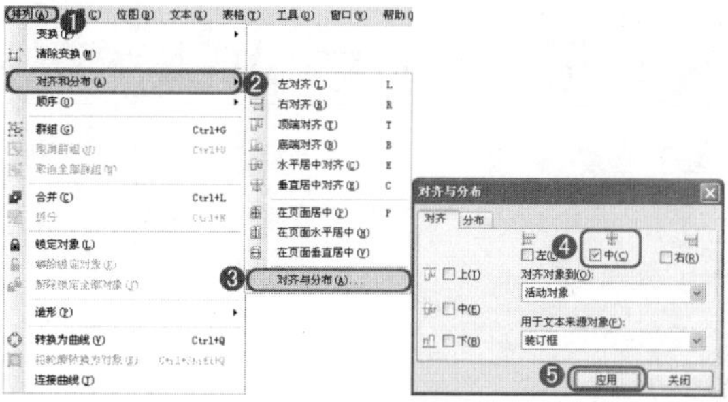

图9-136

11 对齐后的效果如图9-137所示。

12 选择工具箱中的“文本工具字”，创建文本，在属性栏中将“字体”设置为宋体，将“字体大小”设置为18pt，如图9-138所示。

图9-137

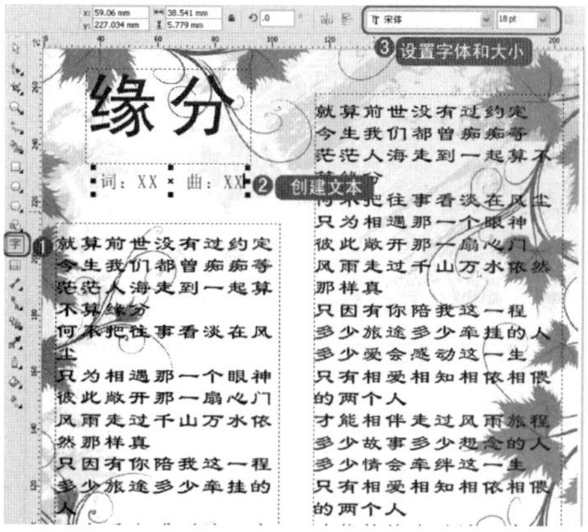

图9-138

⑬ 确定新创建的文本处于选择状态，按住【Shift】键选择上面的文本框，选择菜单栏中的“排列”\“对齐和分布”\“对齐与分布”命令，在弹出的对话框中选择水平方向上的“左”复选框，单击“应用”按钮，如图9-139所示。

⑭ 对齐后的效果如图9-140所示。至此，歌词效果制作完成了，将完成后的效果导出，并将场景文件进行保存。

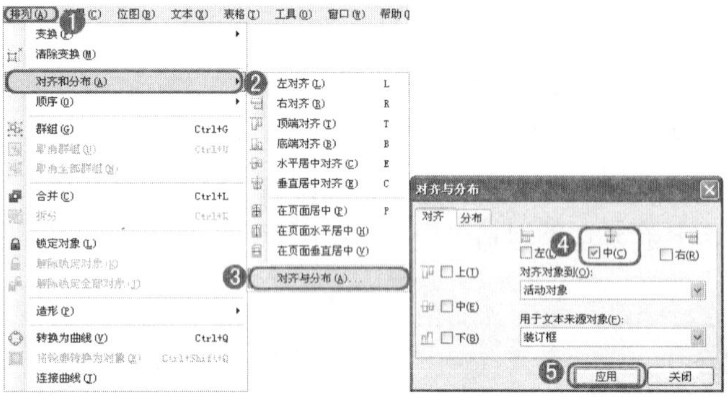

图9-139

图9-140

【每日一练】——制作家具广告 >>>

本例将介绍家具广告的制作，该例的制作比较简单，主要是对文本的排版进行介绍，以便巩固前面学习的知识，完成后的效果如图9-141所示。

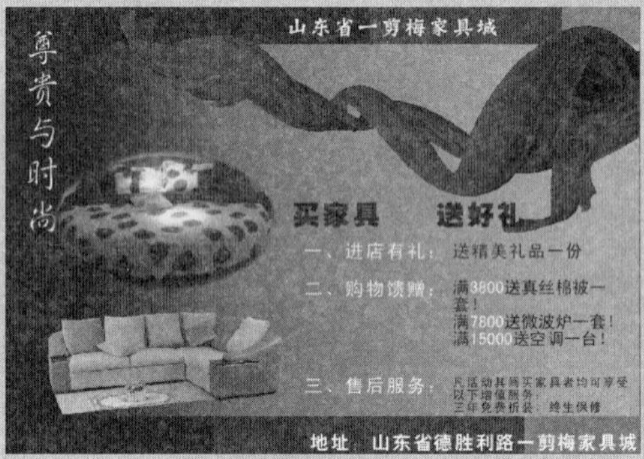

图9-141

01 首先新建一个横向页面的文档，选择工具箱中的“矩形工具”，在绘图页中创建矩形。

02 确定新创建的矩形处于选择状态，按【F11】键，在弹出的对话框中将“边界”参数设置为10，将“从”的RGB参数设置为99、0、0，将“到”的RGB参数设置为255、172、48，将“中点”参数设置为30，设置完成后单击“确定”按钮，如图9-142所示。

03 填充完渐变颜色后，取消该图形轮廓线的填充，如图9-143所示。

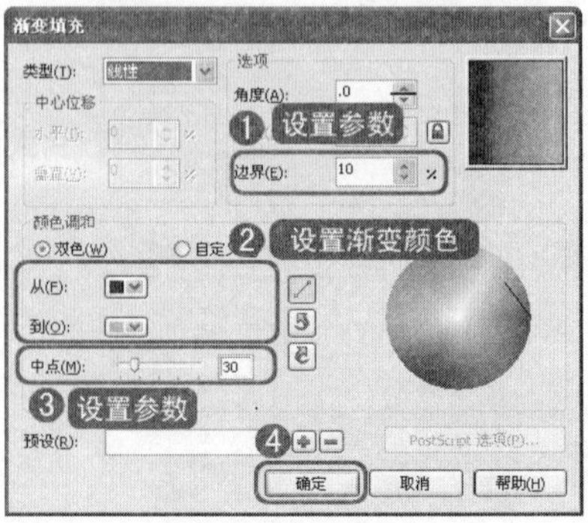

图9-142

04 选择工具箱中的“矩形工具”，在渐变图形的左上方绘制图形，将其填充为黑色，并取消轮廓线的填充，如图9-144所示。

图9-143

图9-144

05 继续在黑色图形的后面绘制矩形，将其填充为CMYK参数为24、100、98、0的颜色，并取消轮廓线的填充，如图9-145所示。

06 继续使用“矩形工具”在绘图页中创建矩形，将其填充为红色，并取消轮廓线的填充，如图9-146所示。

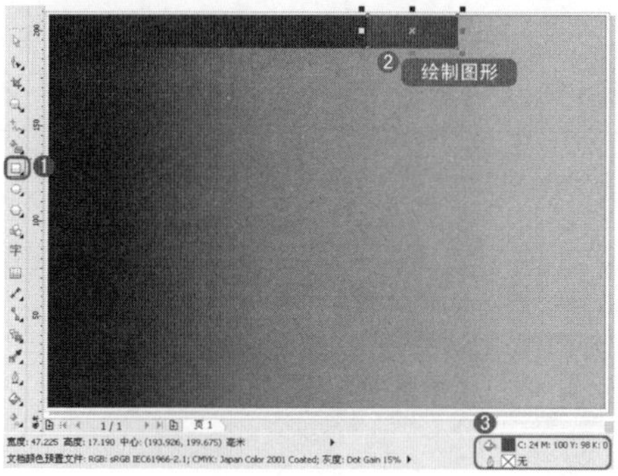

图9-145

图9-146

07 继续使用“矩形工具”在绘图页中创建矩形，将其填充为CMYK参数为0、78、72、0的颜色，并取消轮廓线的填充，如图9-147所示。

08 选择渐变图形上的所有小矩形，按【Ctrl+G】快捷键，将选择的图形进行成组，如图9-148所示。

图9-147

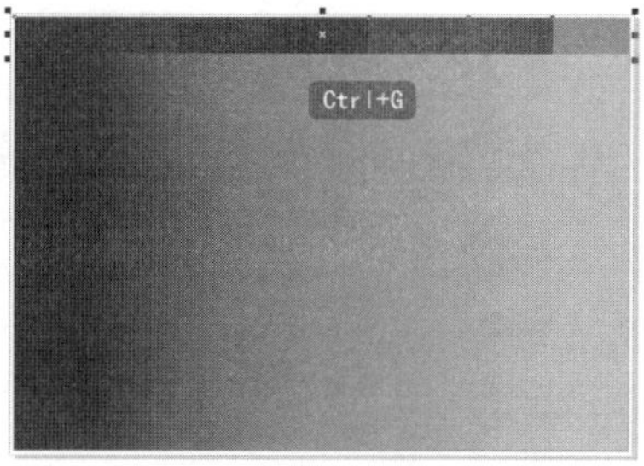

图9-148

09 使用同样的方法在渐变图形的下方绘制矩形，并将绘制的图形成组，如图9-149所示。

10 按【Ctrl+I】快捷键，在弹出的对话框中选择光盘中“素材与源文件”\“素材”\“第9天”\“飘带01.psd”文件，单击“导入”按钮，按【Enter】键将选择的素材导入到页面中心，并按住【Shift】键调整素材的大小，然后调整该图形的位置，如图9-150所示。

11 按【Ctrl+I】快捷键，在弹出的对话框中选择“素材与源文件”\“素材”\“第9天”\“床.psd”文件，单击“导入”按钮，按【Enter】键将选择的素材导入到页面中心，并按住【Shift】键调整素材的大小，然后将其调整至飘带的下方，如图9-151所示。

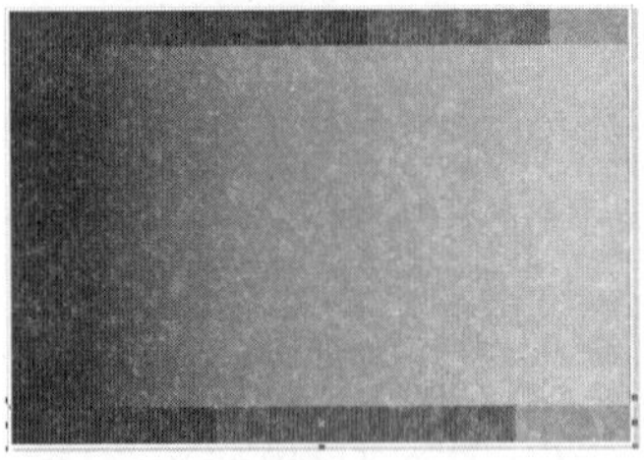
图9-149

图9-150

图9-151

12 选择工具箱中的“文本工具字”，在属性栏中单击“将文本更改为垂直方向按钮”，在绘图页中创建文本，在属性栏中将“字体”设置为经典行书简，将“字体大小”设置为50pt，然后将文本颜色填充为白色，如图9-152所示。

13 继续使用“文本工具字”，在属性栏中单击“将文本更改为水平方向按钮”，在绘图页中创建文本，在属性栏中将“字体”设置为汉仪书魂体简，将“字体大小”设置为28pt，然后将文本颜色填充为白色，如图9-153所示。

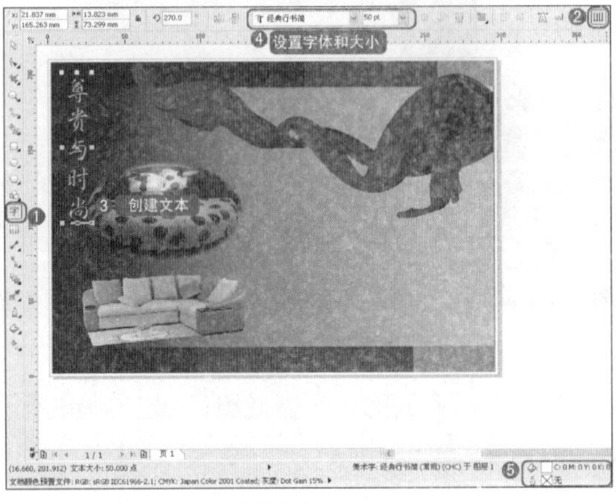

图9-152

图9-153

14 使用“文本工具字”在绘图页中创建文本，在属性栏中将“字体”设置为设置为“经典特黑简”，将“字体大小”设置为36pt，然后将文本颜色填充为黑色，如图9-154所示。

15 选择工具箱中的“文本工具字”，在绘图页中绘制文本框，然后在文本框中输入文本，在属性栏中将“字体”设置为黑体，将“字体大小”设置为24pt，然后将文本颜色填充为白色，如图9-155所示。

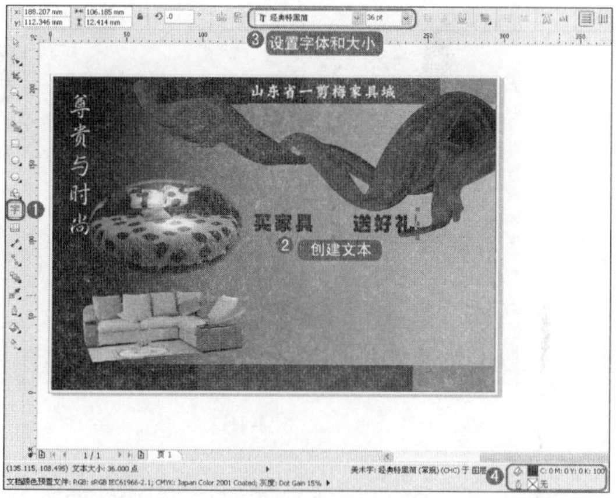

图9-154

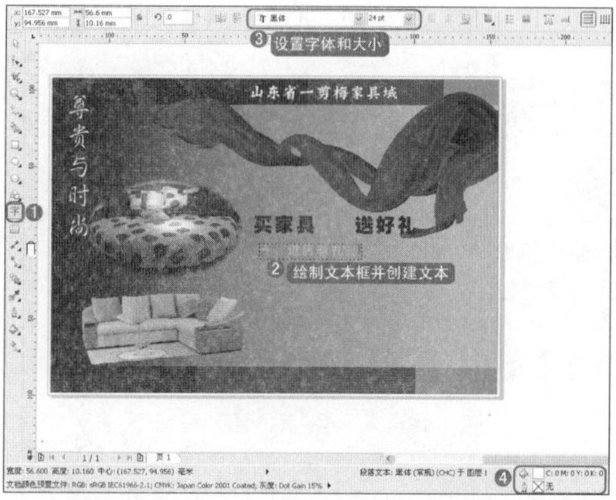

图9-155

⑯ 确定新创建的文本框处于选择状态，将其向下移动复制，然后更改文本框中的文字，如图9-156所示。

⑰ 继续对文本框进行复制，并更改文本框中的文本，完成后的效果如图9-157所示。

图9-156

图9-157

⑱ 选择新创建的三个文本框，选择菜单栏中的“排列”\“对齐和分布”\“对齐与分布”命令，在弹出的对话框中选择垂直方向上的“左”复选框，单击“应用”按钮，如图9-158所示。

⑲ 对齐后的效果如图9-159所示。

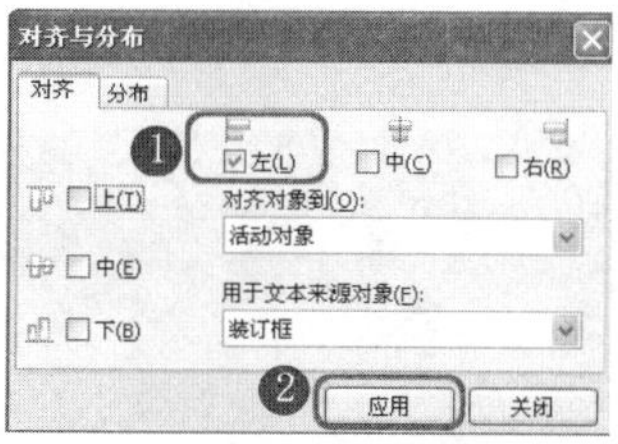

图9-158

图9-159

⑳ 选择工具箱中的“文本工具字”，在绘图页中绘制文本框，然后在文本框中输入文本，在属性栏中将“字体”设置为黑体，将“字体大小”设置为22pt，然后将文本颜色填充为黑色，如图9-160所示。

㉑ 选择图9-161所示的文本框。

图9-160

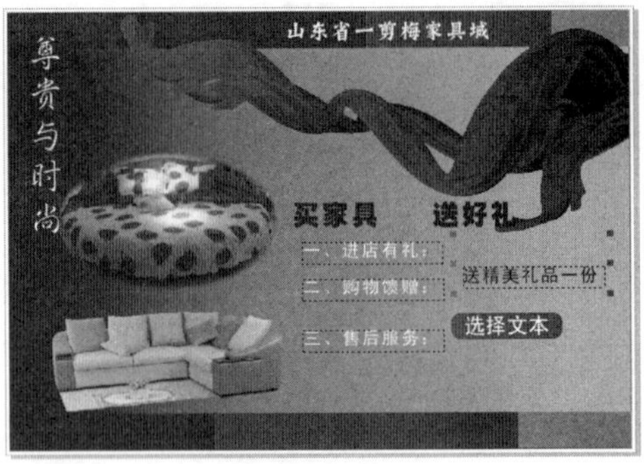

图9-161

(22) 选择菜单栏中的“排列”\“对齐和分布”\“对齐与分布”命令，在弹出的对话框中选择水平方向上的顶对齐选项，单击“应用”按钮，如图9-162所示。

(23) 对齐后的效果如图9-163所示。

(24) 选择工具箱中的“文本工具字”，在绘图页中绘制文本框，然后在文本框中输入文本，在属性栏中将“字体”设置为黑体，将“字体大小”设置为22pt，然后将文本颜色填充为黑色，将数字文本设置为白色，如图9-164所示。

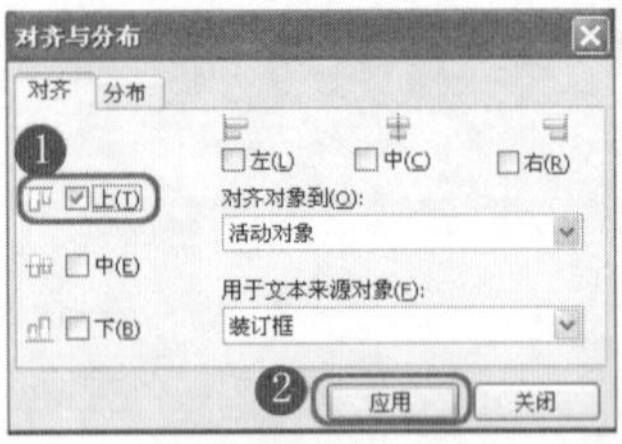

图9-162

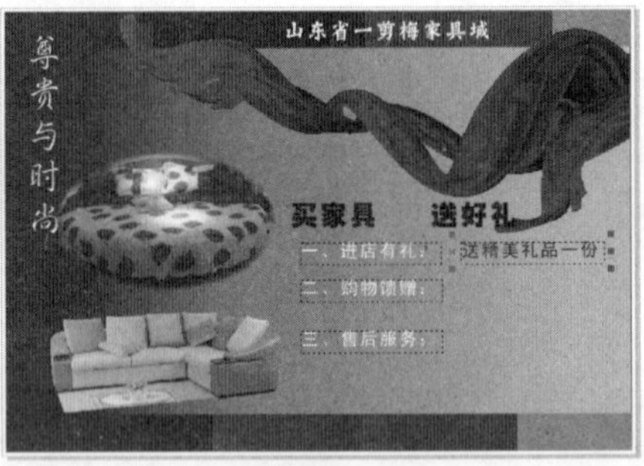

图9-163

图9-164

(25) 确定新创建的文本框处于选择状态，选择菜单栏中的“文本”\“段落格式化”命令，在“对齐”区域下将“垂直”参数定义为“上”，如图9-165所示。

(26) 选择工具箱中的“文本工具字”，在绘图页中绘制文本框，然后在文本框中输入文本，在属性栏中将“字体”设置为黑体，将“字体大小”设置为16pt，然后将文本颜色填充为黑色，如图9-166所示。

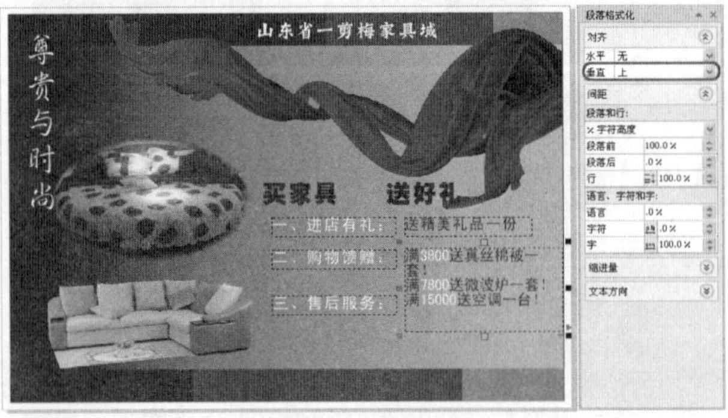

图9-165

图9-166

(27) 在绘图页中选择右侧的文本框，选择菜单栏中的“排列”\“对齐和分布”\“左对齐”命令，将选择的文本框左对齐，效果如图9-167所示。

(28) 使用“选择工具”调整文本框的位置，如图9-168所示。

图9-167

图9-168

(29) 选择图9-169所示的文本框，选择菜单栏中的“排列”\“对齐和分布”\“顶端对齐”命令，将选择的文本框顶端对齐，效果如图9-170所示。

图9-169

图9-170

(30) 选择工具箱中的“文本工具”，在右下方创建文本，在属性栏中将“字体”设置为经典粗黑简，将“字体大小”设置为24pt，将文本颜色设置为白色，如图9-171所示。

(31) 按【Ctrl+A】快捷键选择场景中的所有对象，按【Ctrl+G】快捷键将选择的对象成组，如图9-172所示。

图9-171

图9-172

(32) 至此，家具广告效果制作完成了，将完成后的效果导出并将场景文件进行保存。

读书笔记

第10天 绘制复杂图形

在设计中不可能总是处理一些简单的图形，如果想设计出精美的作品，还必须要掌握复杂图形的绘制方法，本章重点介绍CorelDRAW X5提供的绘制图形的技巧。主要包括使用选择工具选中、移动和旋转图形，图形的再制，对齐、分布及排列图形，合并、相交与修剪图形等内容。

10.1 使用选择工具选中、移动和旋转图形

“选择工具”主要用来选取图形和图像。当选中当前一个图形或图像时，可对其进行移动和旋转等操作。下面将对它们进行简单的介绍。

10.1.1 选中图形

可以通过以下几种方法来选中图形：

- 选择工具箱中的“选择工具”，在需要选择的图形上单击鼠标左键，即可将图形选中。
- 按【Ctrl+A】快捷键即可将绘图页中的所有图形并进行选择。
- 双击工具箱中的“选择工具”，也可以选择绘图页中的图形。

10.1.2 移动图形

使用“选择工具”选中当前对象，在对象的周围会出现8个黑色的小矩形，如图10-1所示。将光标置于8个小矩形中间，按住鼠标左键并任意拖动鼠标，可将图形移动，如图10-2所示，还可以配合方向键来移动图形。

图10-1

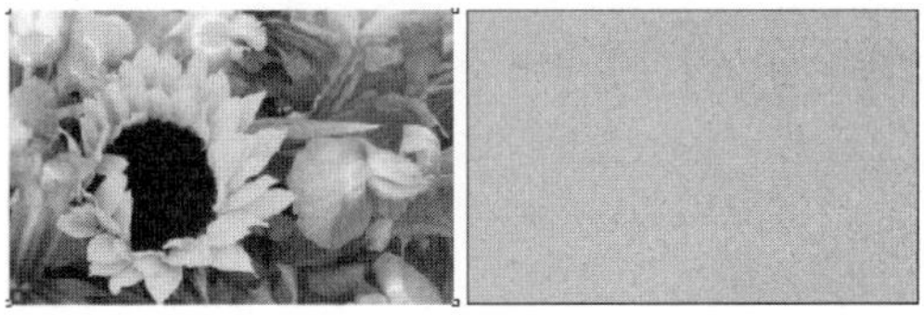

图10-2

提 示

移动图形时，按住【Shift】键或【Ctrl】键可左右平移和上下垂直移动图形。

按住【Alt】键，然后再按【↑】键，可向上移动整个画面。

按住【Alt】键，然后再按【↓】键，可向下移动整个画面。

按住【Alt】键，然后再按【←】键，可向左移动整个画面。

按住【Alt】键，然后再按【→】键，可向右移动整个画面。

10.1.3 旋转图形

下面对旋转图形进行简单介绍：

在选中图形的状态下，单击图形，图形周围出现4个可旋转的手柄，相邻两个旋转手柄之间有拉伸的小箭头；将鼠标置于手柄的边缘，光标变为，拖动鼠标即可对图形进行旋转操作，如图10-3所示。将光标置于拉伸的小箭头处，可对图形进行扭曲操作，如图10-4所示。

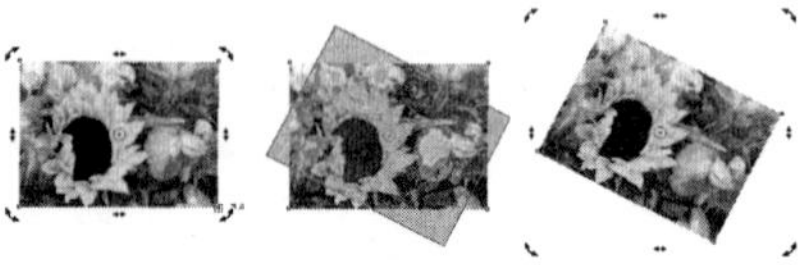

图10-3

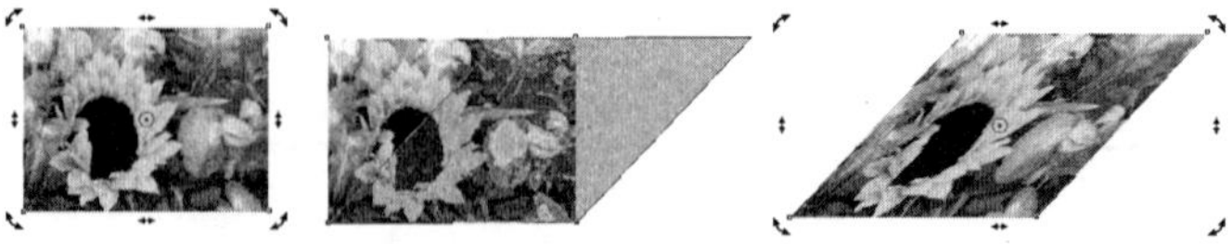

图10-4

提　示

按住【Ctrl】键可将图形按每15°的比例旋转。

【单元练习】——绘制雨伞

本例将介绍雨伞效果的绘制，该例的制作比较简单，主要是通过扇形和椭圆形结合，制作出一片伞的结构，然后对该图形进行旋转复制，完成后的效果如图10-5所示。

图10-5

01 按【Ctrl+N】快捷键，新建文档，单击属性栏中的“按钮”，将文档转换为横向，如图10-6所示。

02 分别从水平与垂直标尺栏中拖出两条相交辅助线到页面的适当位置，如图10-7所示。

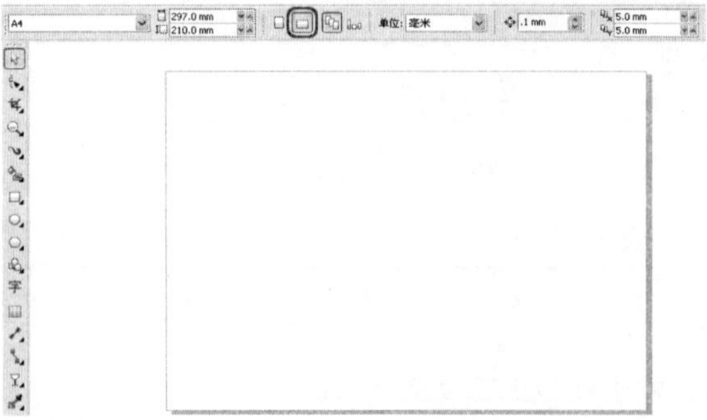

图10-6

图10-7

03 选择工具箱中的“椭圆工具”，移动指针到辅助线的交叉点上，按【Ctrl+Shift】快捷键拖出一个圆形，以交叉点为圆心绘制正圆形，如图10-8所示。

04 确定新绘制的圆形处于选择状态，在属性栏中单击“饼形按钮”，将“结束角度”设置为45°，按【Enter】键即可得到图10-9所示的扇形。

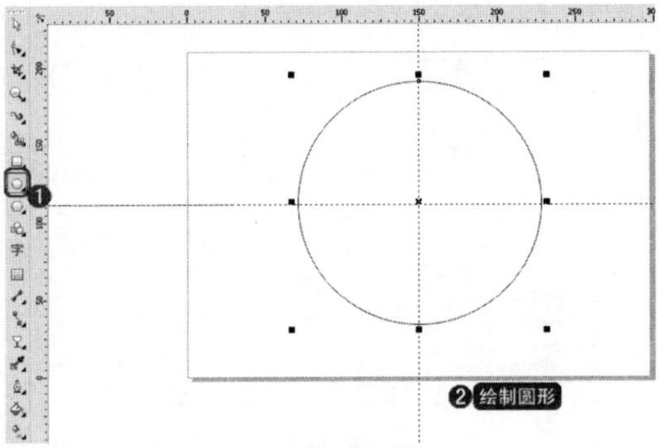

图10-8

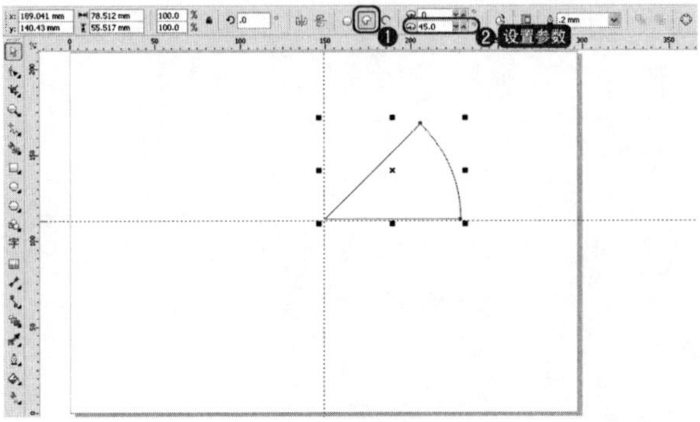

图10-9

05 选择工具箱中的“3点椭圆工具”，在画面中两对角点之间绘制一个椭圆，使它的两端点与扇形的两对角点对齐并重合，如图10-10所示。

06 选择绘图页中的扇形和椭圆形，单击属性栏中的“移除前面对象按钮”，如图10-11所示。

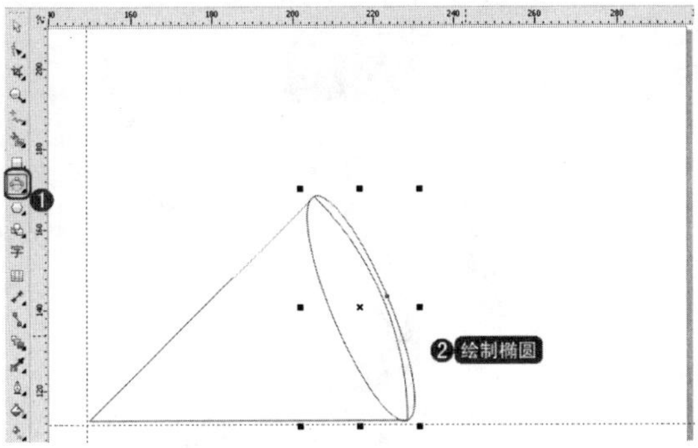

图10-10

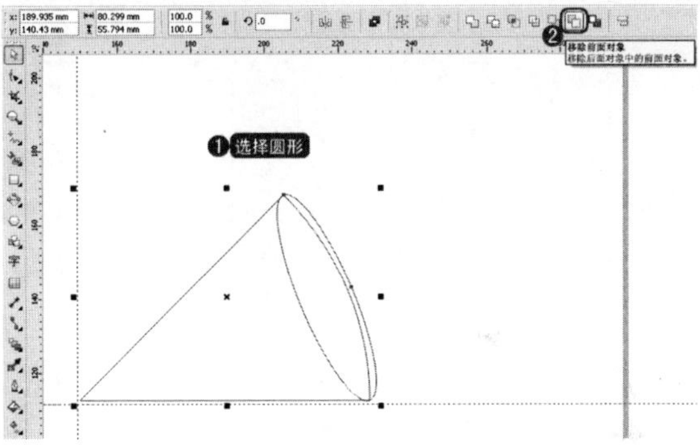

图10-11

07 修剪图形后的效果如图10-12所示。

08 在修剪所得的对象上再单击，使其进入旋转状态，再将旋转中心点拖动到辅助线的交叉点上，如图10-13所示。

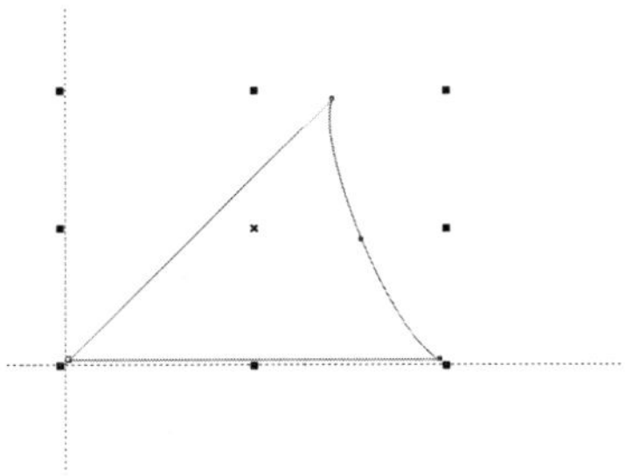

图10-12

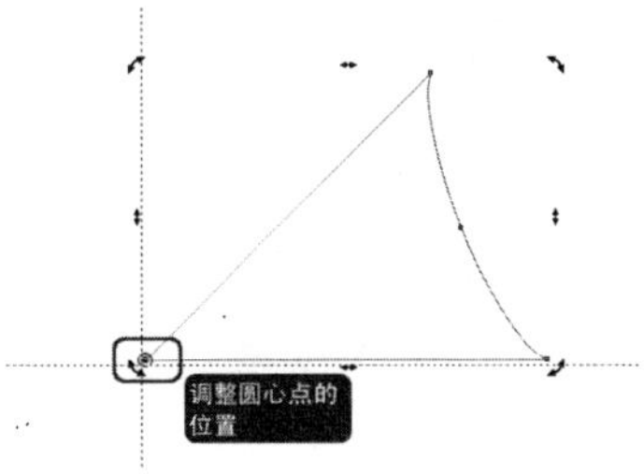

图10-13

(09) 确定需要旋转的对象处于选择状态，按住【Ctrl】键进行旋转，旋转到适当的位置单击鼠标右键进行复制，如图10-14所示。

(10) 使用同样的方法旋转复制其他图形，完成后的效果如图10-15所示。

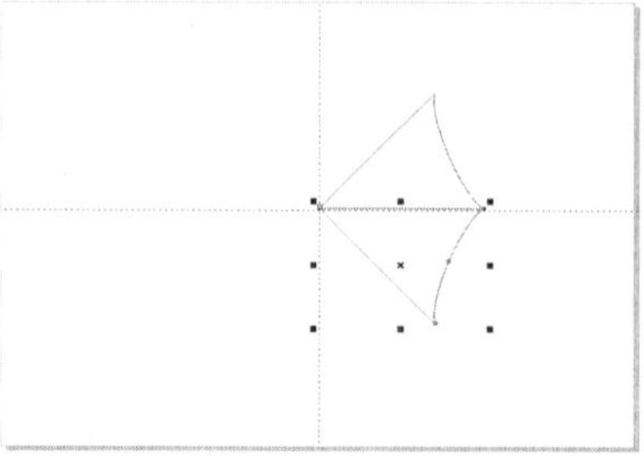

图10-14

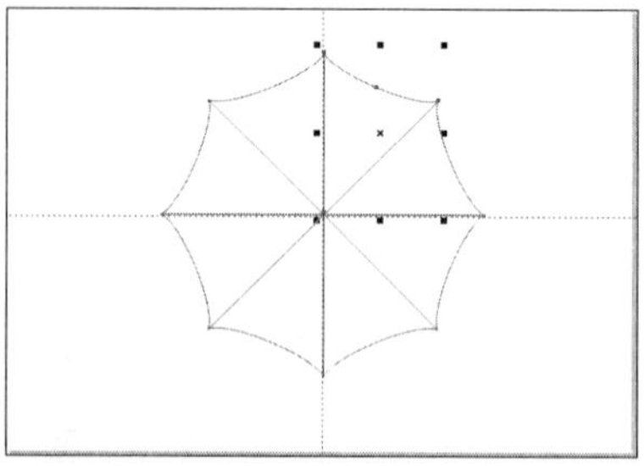

图10-15

(11) 按【Shift】键在画面中每间隔一个对象进行单击，同时选择4个不相邻的对象，在默认CMYK调色板中单击薄荷绿，将选择的对象填充为薄荷绿色，如图10-16所示。

(12) 选择工具箱中的“文本工具字”，在绘图页中绘制文本，将“字体”设置为隶书，将“字体大小”设置为24pt，将文本填充为洋红色，如图10-17所示。

(13) 至此，雨伞效果绘制完成了，将完成后的效果导出，并将场景文件进行保存。

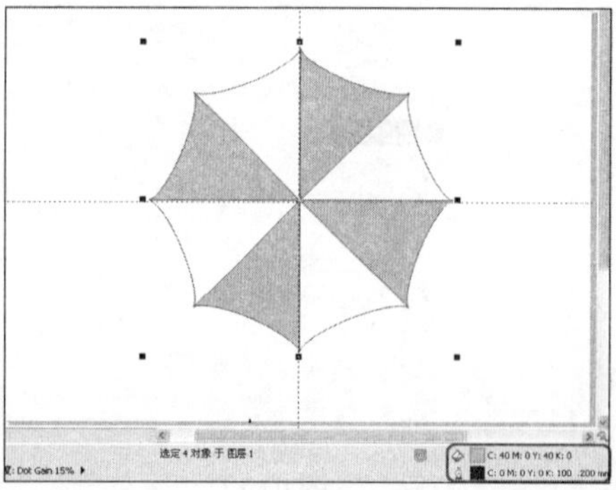

图10-16

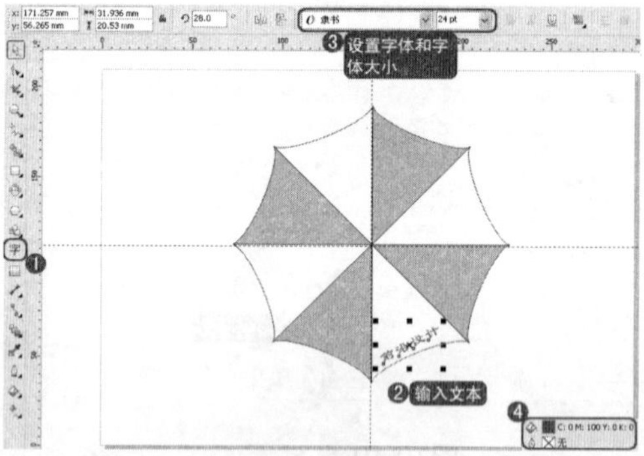

图10-17

10.2 图形的再制

使用再制功能可以快捷地生成对象副本，并把再制出来的副本对象放置在页面中。“再制”命令与“复制”命令的不同之处在于：“再制”命令不通过剪贴板来复制对象，而是直接将对象的副本生成在页面中。

再制对象的具体操作步骤如下：

(01) 在工具箱中选择“选择工具”，在属性栏中将“再制距离”设置为10mm，如图10-18所示。

(02) 按【Ctrl+I】快捷键，导入一个素材文件，如图10-19所示。

提 示

按【Ctrl+D】快捷键，也可以选择“再制”命令。

图10-18

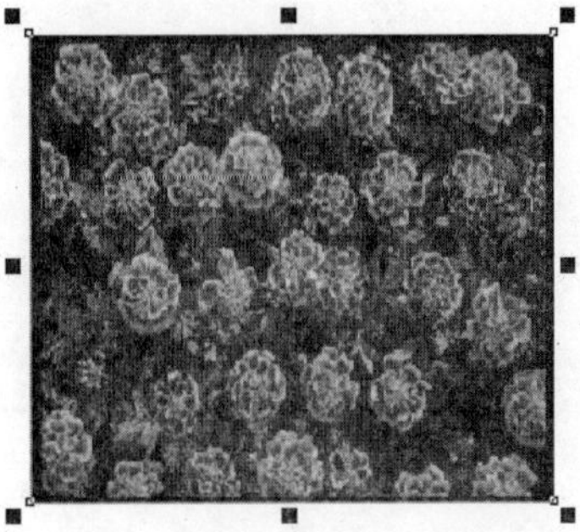

图10-19

03 在绘图页中选择导入的素材文件，在菜单栏中选择“编辑”\“再制”命令，即可将选择的对象进行再制，如图10-20所示。

04 如果多次按【Ctrl+D】快捷键，则可沿一定的方向再制多个图形对象，如图10-21所示。

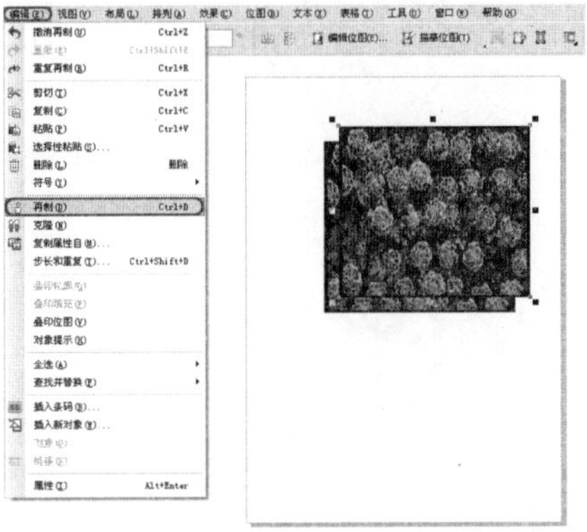

图10-20

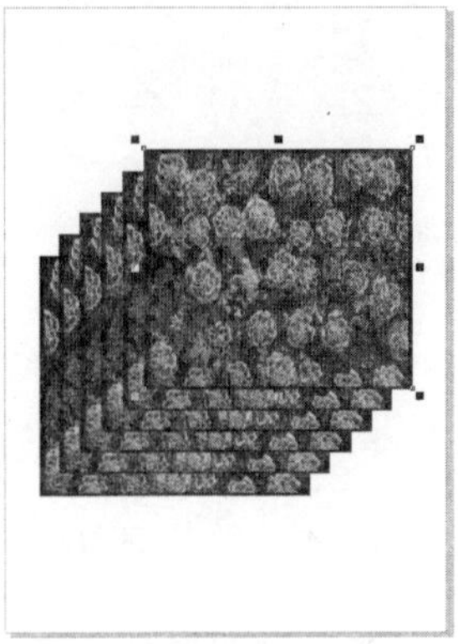

图10-21

【单元练习】——制作花形图案

本例将介绍花形图案效果的制作，该例的制作比较简单，主要是通过使用“变形工具”，调整多边形，并使用图形再制对图形进行复制并调整图形，完成后的效果如图10-22所示。

图10-22

01 按【Ctrl+N】快捷键新建文档，单击属性栏中的“按钮”，将文档转换为横向，如图10-23所示。

02 选择工具箱中的“多边形工具”，在属性栏中将边数设置为10，在绘图页中按住【Ctrl】键绘制正多边形，如图10-24所示。

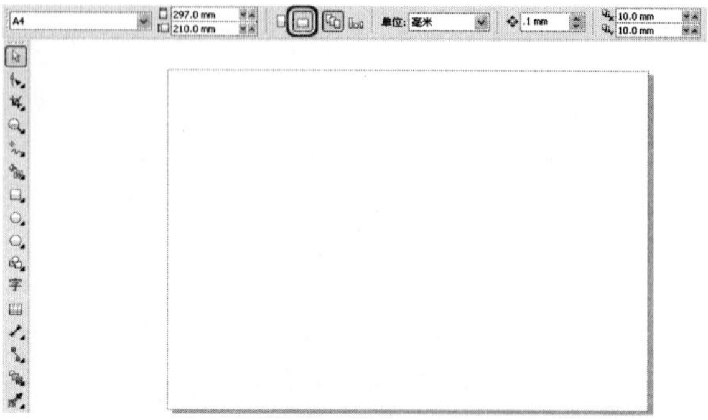

图10-23

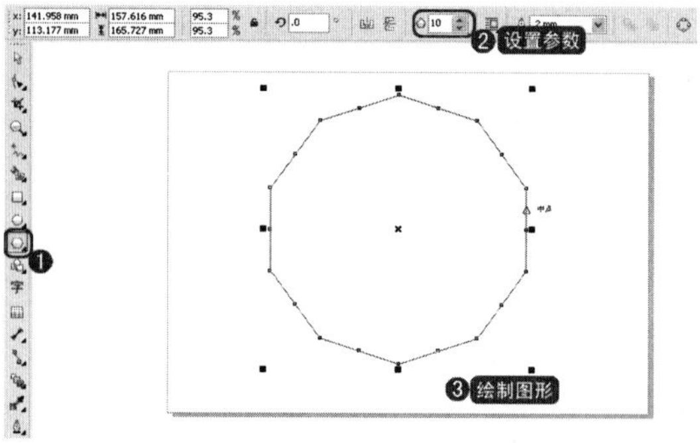

图10-24

03 选择工具箱中的“变形工具”，将鼠标光标移到图形的中心位置，按住鼠标左键从右向左拖动鼠标，对图形进行变形操作，如图10-25所示。

04 移动到合适的位置松开鼠标左键，完成后的效果如图10-26所示。

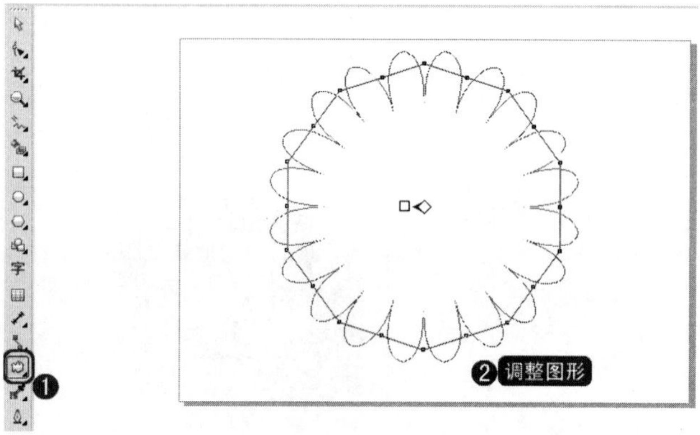

图10-25

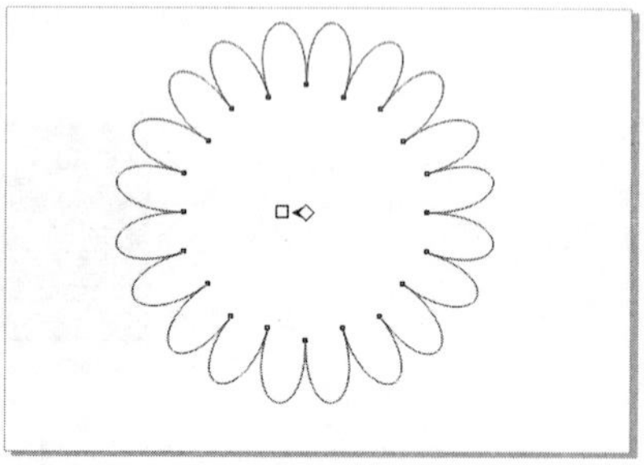

图10-26

05 确定调整后的图形处于选择状态，按【Ctrl+D】快捷键将新调整的图形再制，在属性栏中将“缩放因子”设置为90%，如图10-27所示。

06 选择下面的图形，将其填充为洋红色，如图10-28所示。

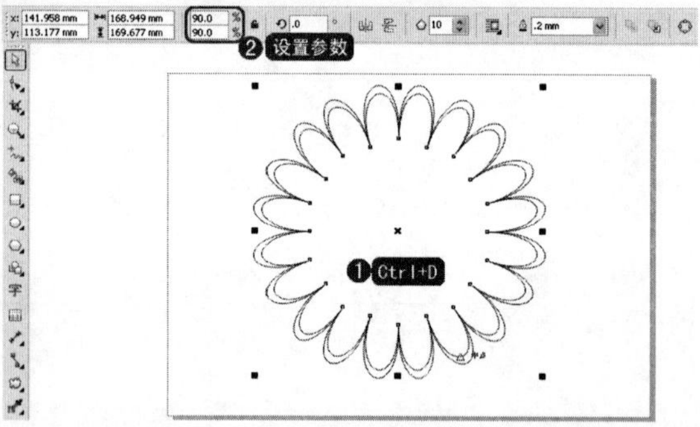

图10-27

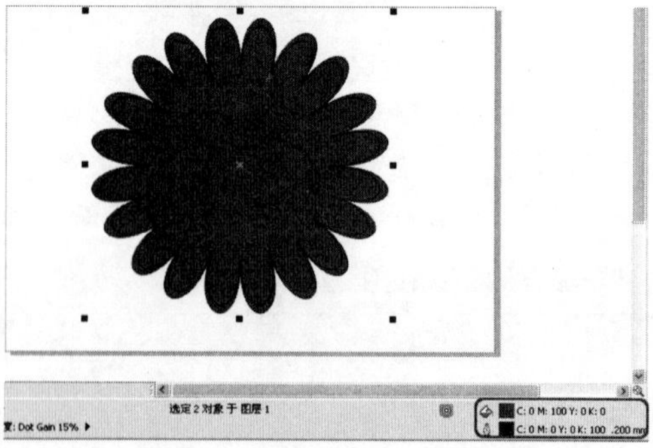

图10-28

07 选择场景中的两个图形，按【Ctrl+L】快捷键将选择的图形结合，并取消轮廓线的填充，如图10-29所示。

08 确定结合后的图形处于选择状态，按住【Shift】键将其等比例缩放，缩放到合适的位置单击鼠标右键，复制图形，如图10-30所示。

09 选择菜单栏中的“编辑”\“重复再制”命令，或者按【Ctrl+R】快捷键，将图形依次缩放复制，制作出图10-31所示的花形图案。

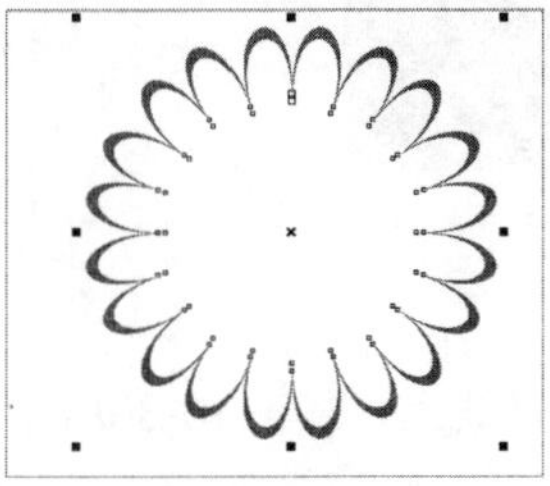

图10-29

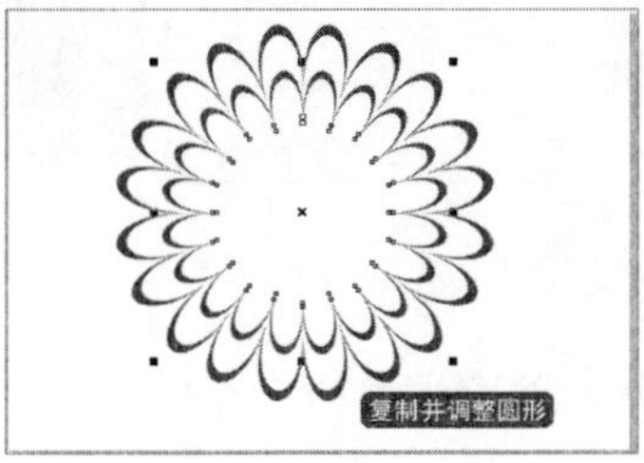

图10-30

图10-31

10 至此，花形图形效果制作完成了，将完成后的效果导出，并将场景文件进行保存。

10.3 【重点突击】对齐、分布及排列图形

在绘制图形的时候，经常需要对某些图形对象按照一定规则进行排列，以达到更好的视觉效果。在CorelDRAW中，可以将图形或者文本按照指定的方式排列，使它们按照中心或边缘对齐，也可按照中心或边缘均匀分布。

10.3.1 对齐图形对象

CorelDRAW提供有对齐图形对象的功能，可以将一系列的对象按照指定的方式排列，还可以将对象与网格或者辅助线对齐。

对齐对象时，可以将所选的对象沿水平或者垂直方向对齐，也可以同时沿水平和垂直方向对齐。对齐对象时的参考点可以选择对象的中心或者边缘。

下面将对对齐命令进行简单的介绍：

01 选择前面多次再制的对象，如图10-32所示。

02 在菜单栏中选择“排列”\“对齐和分布”命令，弹出【对齐与分布】对话框，如图10-33所示。

03 使用默认的“对齐”选项卡，选择☑中(C)、☑中(E)复选框，选择所需的对齐方式，然后单击“应用”按钮，即可将选择的对象按照指定的方式对齐，如图10-34所示。

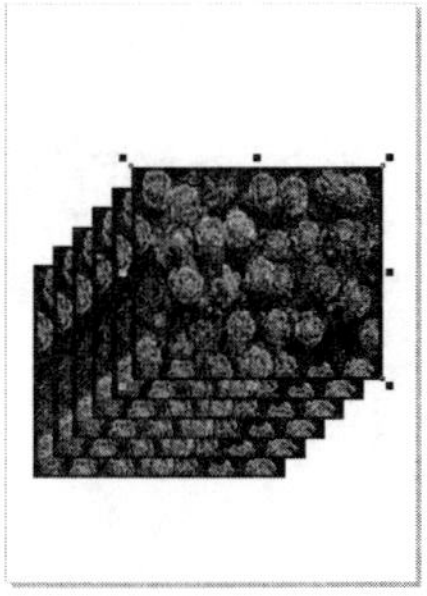

图10-32

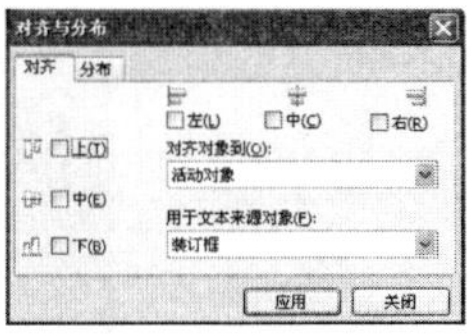

图10-33

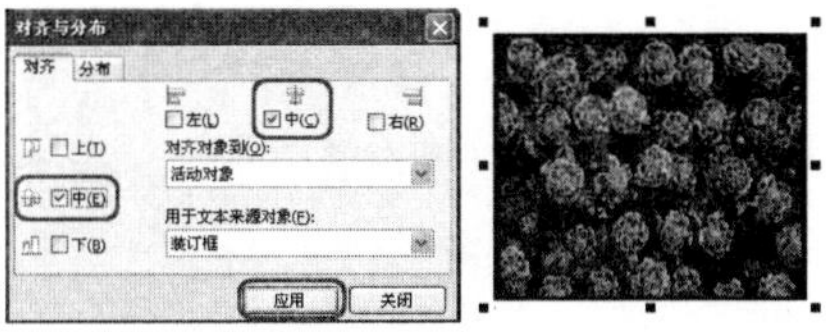

图10-34

用户可以根据需要选择对齐的方式，各个选项的含义如下：

- “上”：上部对齐，使所选对象的顶端全部对齐在同一条水平线上，如图10-35所示。

图10-35

- “中”：中心对齐，使所选对象的中心全部对齐在同一条水平线上，如图10-36所示。

图10-36

- “下”：下部对齐，使所选对象的底端全部对齐在同一条水平线上，如图10-37所示。

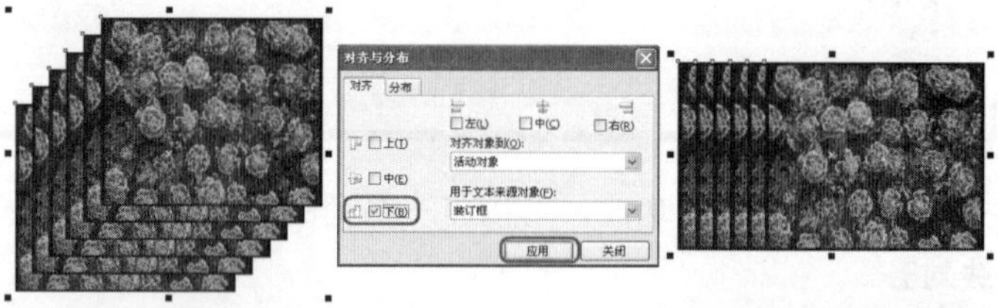

图10-37

- “左”：左部对齐，使所选对象的左边全部对齐在同一条垂直线上，如图10-38所示。

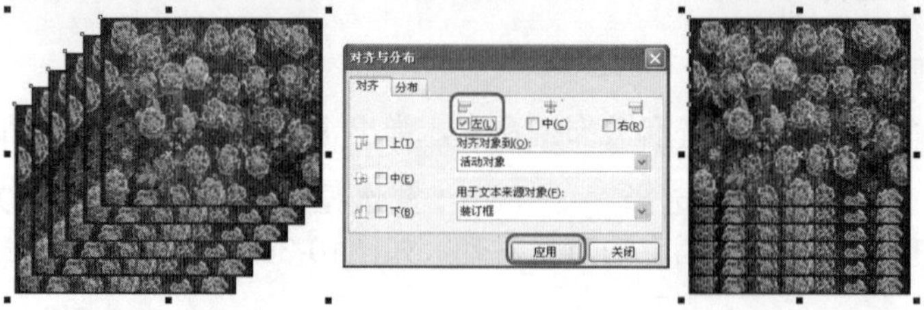

图10-38

- “中”：中心对齐，使所选对象的中心全部对齐在同一条垂直线上，如图10-39所示。

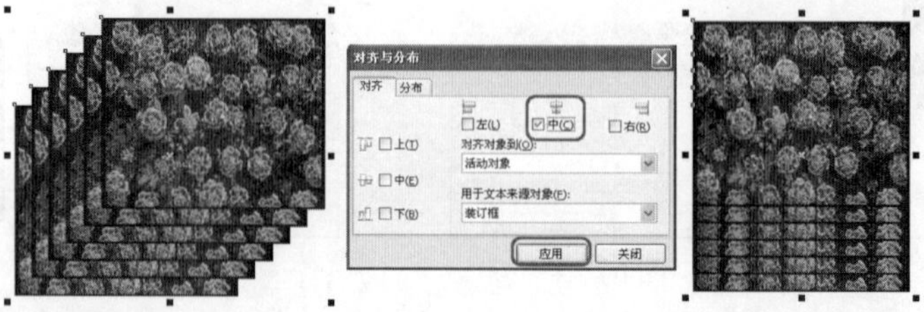

图10-39

- “右”：右部对齐，使所选对象的右边全部对齐在同一条垂直线上，如图10-40所示。

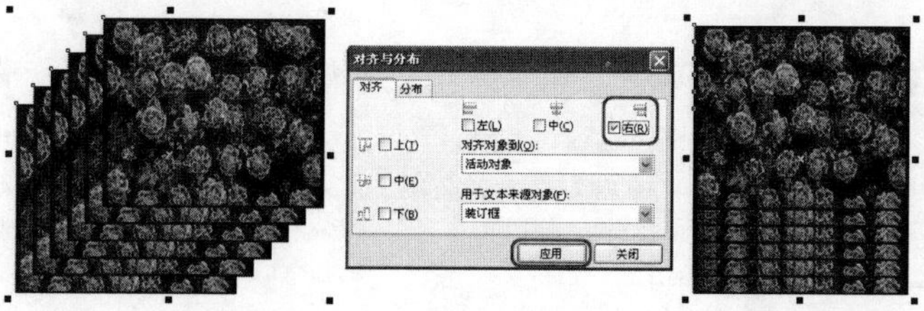

图10-40

10.3.2 分布图形对象

在CorelDRAW中，可以将所选的对象按照一定的规则分布在绘图页面中或者选定的区域中。在分布对象时可以让对象等间距排列，并且可以指定排列时的参考点，还可以将辅助线按照一定的间距进行分布。

提 示

用户也可以利用“对齐对象到”下拉列表框中的任一选项进行对齐，如图10-41所示。

首先选中要分布的对象，选择“排列”\“对齐和分布”命令，然后在弹出的【对齐与分布】对话框中选择“分布”选项卡，如图10-42所示。

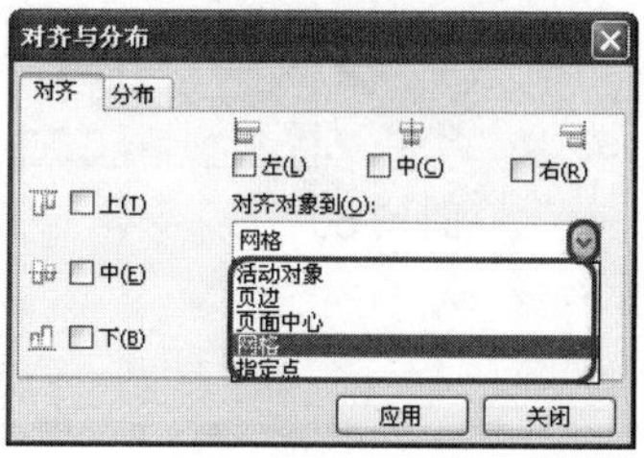

图10-41

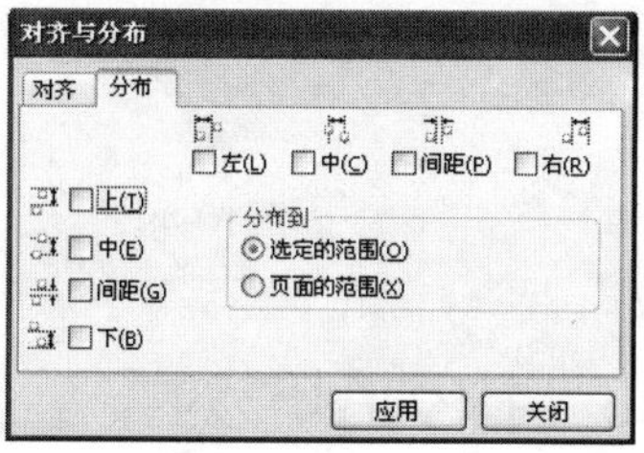

图10-42

- “上”：以对象的顶端为基准进行等间隔分布，如图10-43所示。
- “中”：以对象的水平中心为基准进行等间隔分布，如图10-44所示。

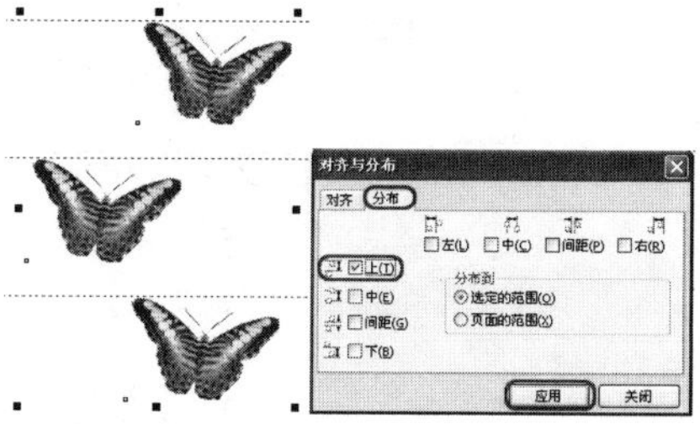

图10-43

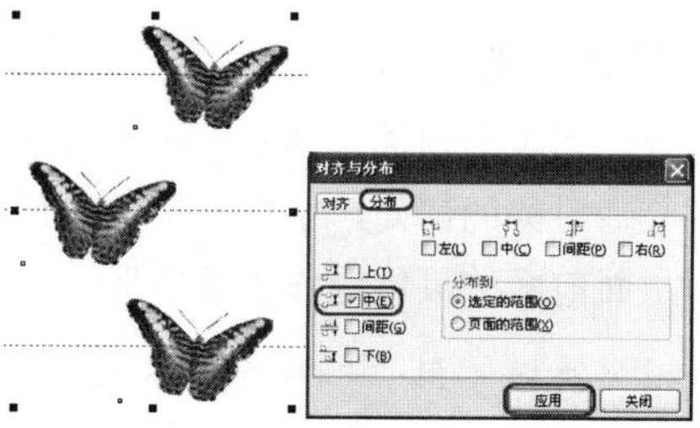

图10-44

- “间距”：以对象之间的水平间隔为基准进行等间隔分布，如图10-45所示。
- “下”：以对象的底端为基准进行等间隔分布，如图10-46所示。

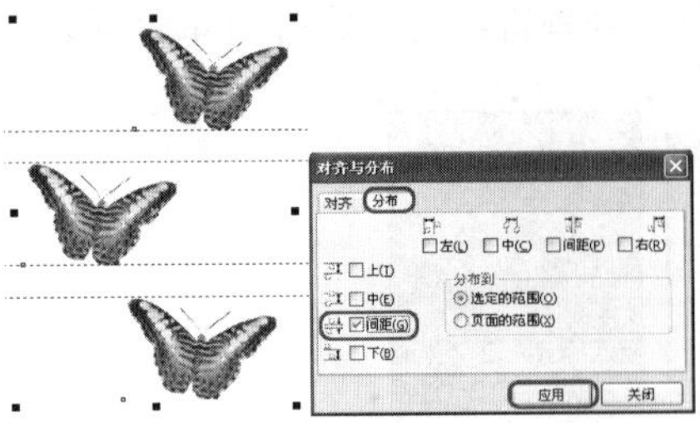

图10-45

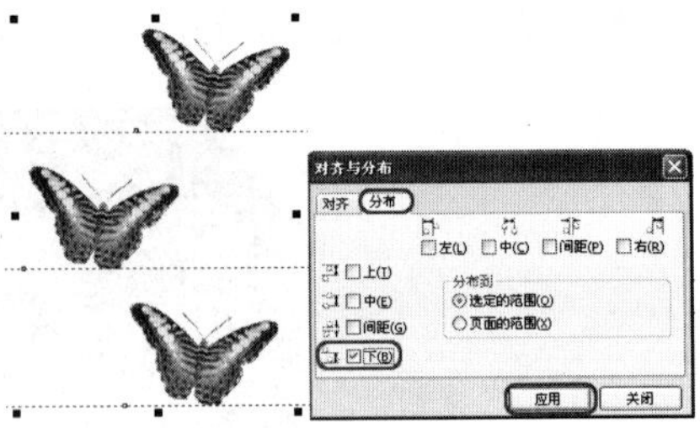

图10-46

- “左”：以对象的左边缘为基准进行等间隔分布，如图10-47所示。
- “中”：以对象的垂直中心点为基准进行等间隔分布，如图10-48所示。

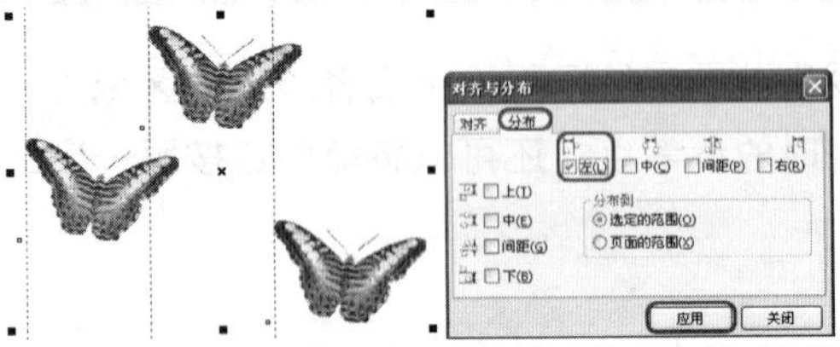

图10-47

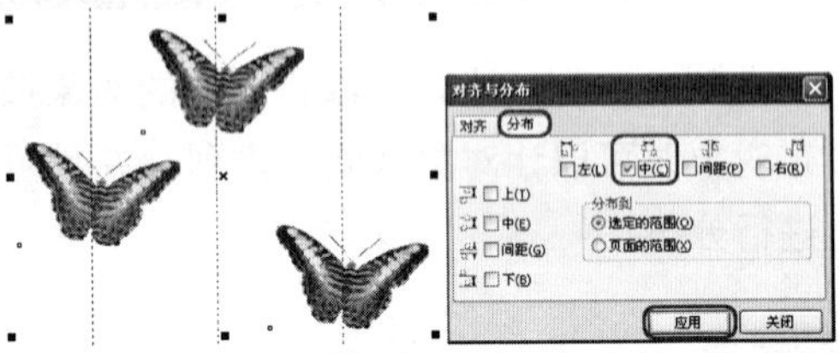

图10-48

- “间距”：以对象之间的垂直间隔为基准进行等间隔分布，如图10-49所示。
- “右”：以对象的右边缘为基准进行等间隔分布，如图10-50所示。

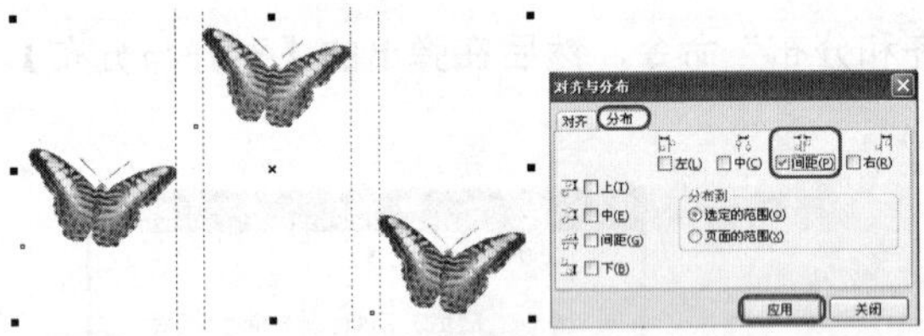

图10-49

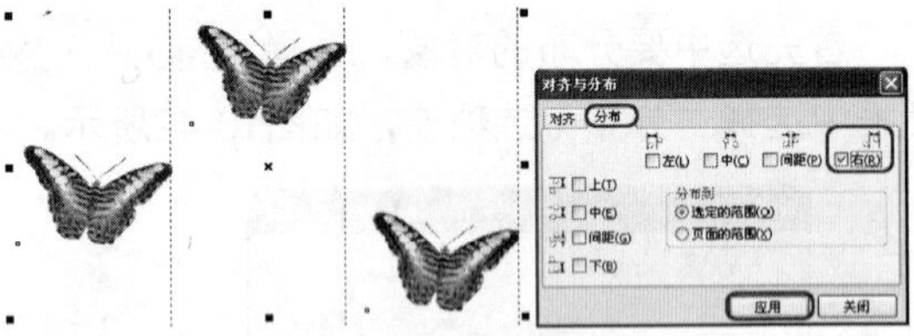

图10-50

10.3.3 排列图形对象

应用CorelDRAW中的顺序功能可以把对象有条不紊地按照前后顺序排列起来，使绘制的对象有次序。一般最后创建的那个对象排在最前面，最早建立的对象则排在最后面。选择“排列”\“顺序”命令会弹出其子菜单，如图10-51所示。

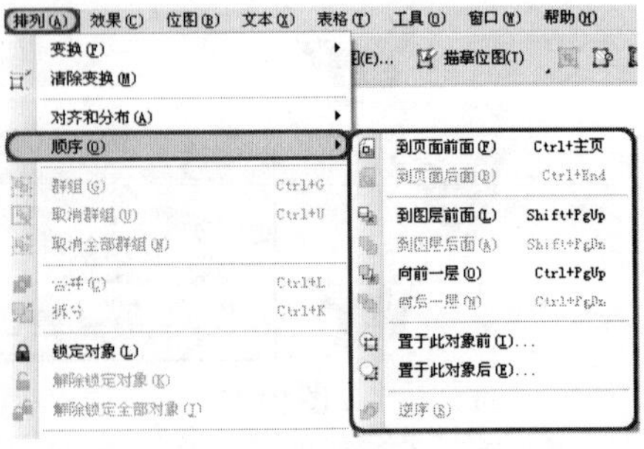

图10-51

1. 到页面的前面

选择“到页面前面”命令，可以将选定对象移到页面上所有的其他对象的前面，快捷键是【Ctrl+Home】。

到页面前面的具体操作步骤如下：

01 使用“选择工具”选择最下面的图形，如图10-52所示。随意打开两个图形文件。

02 选择“排列”\“顺序”\“到页面前面”命令，选择的图形就会移到所有对象的最前面，如图10-53所示。

图10-52

图10-53

2. 到页面的后面

选择“到页面后”命令可以将选定对象移到页面上所有的对象的后面，快捷键是【Ctrl+End】。

到页面后面具体的操作步骤如下：

01 随意打开几个图形文件，然后用选择工具将最上面的图形选中，如图10-54所示。

02 在菜单栏中选择“排列”\“顺序”\“到页面后面”命令，选择的图形就会被移到所有的对象的后面，如图10-55所示。

图10-54

图10-55

3. 到图层前面和到图层后面

选择“到图层前面”命令可以将选定对象移到活动图层上所有的对象的前面，快捷键是【Shift+PageUp】。其操作步骤和到页面前面的操作相似，这里不再赘述。

提 示

使用鼠标在“对象管理器”面板中直接拖动图层，也可以调整图层的位置。

选择“到图层后面”命令，可以将选定对象移到活动图层上所有的对象的后面，快捷键是【Shift+PageDown】。其操作步骤和到页面后面的操作相似。

4. 向前一层和向后一层

选择“向前一层”命令可以将选择的对象的排列顺序向前移动一位，快捷键是【Ctrl+PageUp】。

向前一层的具体操作步骤如下：

01 随意打开几个图形文件，然后用“选择工具”选中最下面的心形图形，如图10-56所示。

02 选择菜单栏中的“排列”\“顺序”\“向前一层”命令，心形图形就会被向前移动一层，如图10-57所示。

图10-56

图10-57

选择“向后一层”命令可以使选择的对象在排列顺序上向后移动一位，快捷键是【Ctrl+PageDown】。

其操作步骤和向前一层的操作相似。

5. 置于此对象前和置于此对象后

选择“置于此对象前”命令可以将所选对象放在指定对象的前面。具体的操作步骤如下：

01 随意打开几个图形文件，使用选择工具选择最下面的纸鹤图形，如图10-58所示。

02 选择菜单栏中的“排列”\“顺序”\“置于此对象前”命令，这时鼠标指针会变成➡形状，然后移动鼠标指针到心形图形上，此时纸鹤图形就会移动到心形图形的上方，如图10-59所示。

图10-58

图10-59

选择“置于此对象后”命令可以将所选对象放到指定对象的后面，此功能正好与“置于此对象前”命令的作用相反。其操作步骤和置于此对象前的操作相似，这里就不再赘述了。

【单元练习】——制作胶片效果

本例将介绍胶片效果的制作，该例的制作比较简单，主要是介绍【对齐与分布】对话框的应用，完成后的效果如图10-60所示。

图10-60

01 按【Ctrl+N】快捷键，新建文档，在属性栏中单击□按钮，将页面转换为横向，如图10-61所示。

02 选择工具箱中的“矩形工具□”，在绘图页中绘制矩形，如图10-62所示。

图10-61

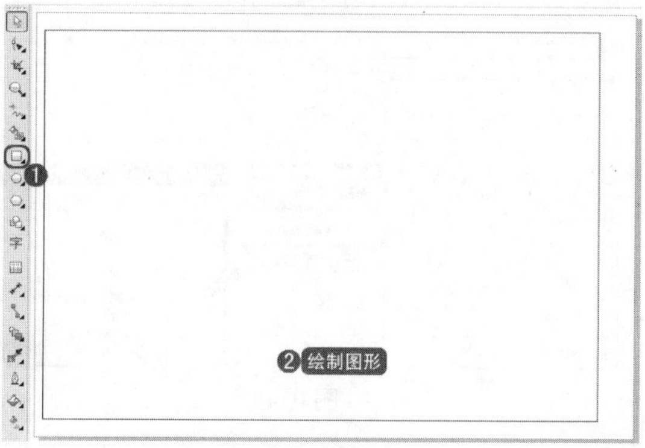

图10-62

03 确定新绘制的图形处于选择状态，选择菜单栏中的“排列”\“对齐和分布”\“在页面居中”命令，将选择的对象在页面居中，如图10-63所示。

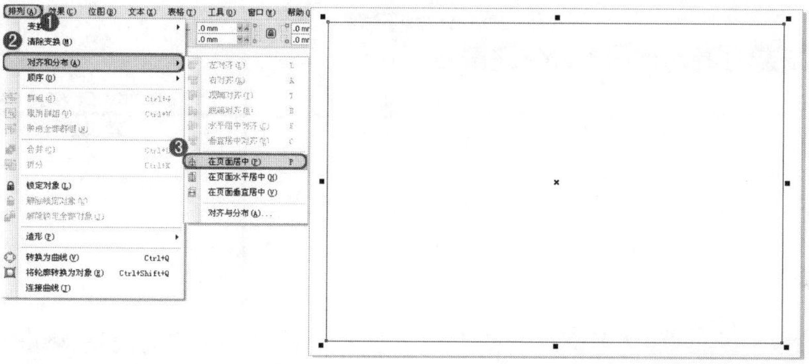

图10-63

04 将该图形填充为深褐色，并取消轮廓线的填充，如图10-64所示。

05 选择工具箱中的“矩形工具□”，在属性栏中将“圆角半径”参数设置为10，在深褐色矩形上绘制白色无边框的圆角矩形，如图10-65所示。

图10-64

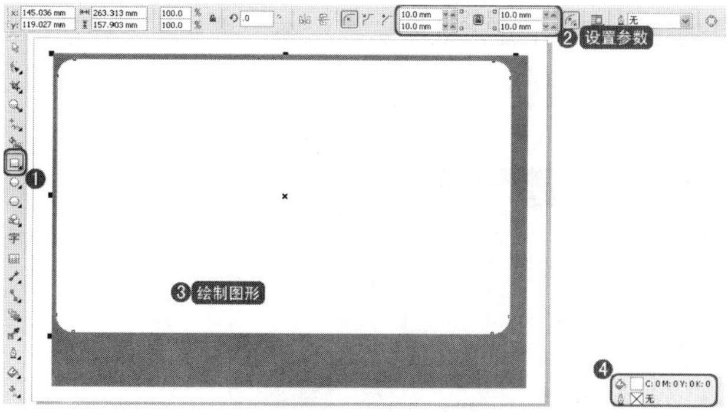

图10-65

06 按【Ctrl+A】快捷键，选择场景中的所有对象，选择菜单栏中的“排列”\“对齐和分布”\“对齐与分布”命令，在弹出的对话框中选择水平居中和垂直居中，单击“应用”按钮，如图10-66所示。然后单击“关闭”按钮，对齐后的效果如图10-67所示。

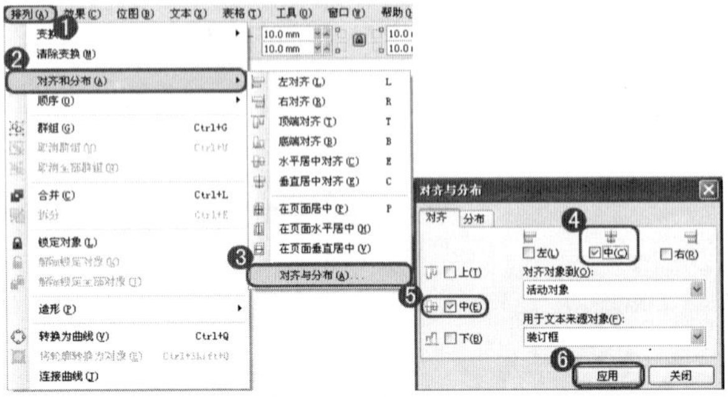
图10-66

图10-67

07 选择工具箱中的“矩形工具”，在属性栏中将“圆角半径”参数设置为0，在深褐色矩形的左上方绘制白色无边框的矩形，如图10-68所示。

08 将新绘制的矩形多次进行复制，并调整它们的位置，如图10-69所示。

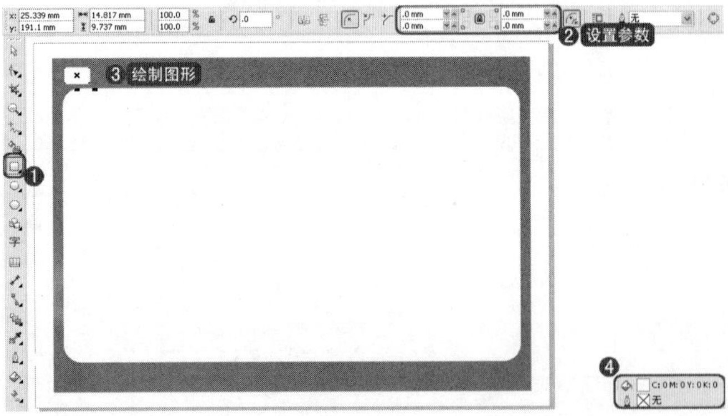

图10-68

图10-69

09 使用“选择工具”选择上面的所有小矩形，选择菜单栏中的“排列”\“对齐和分布”\“对齐与分布”命令，在弹出的对话框中选择“分布”选项卡，选择水平位置上的“间距”复选框，单击“应用”按钮，即可将选择的对象按照相同的间距进行排列，设置完成后单击“关闭”按钮，如图10-70所示。

10 确定上面的小矩形处于选择状态，将其向下移动复制，如图10-71所示。

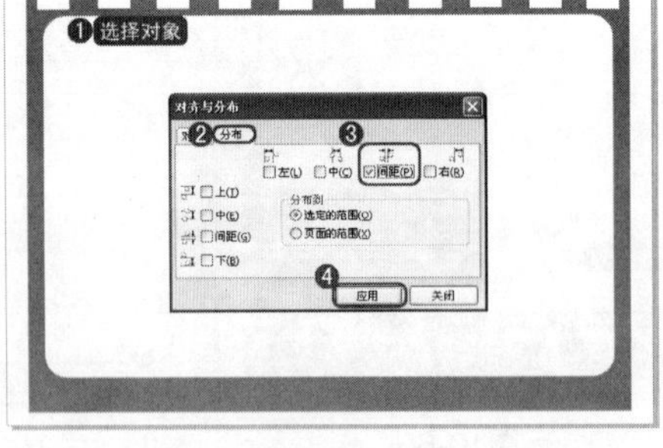

图10-70

图10-71

⑪ 按【Ctrl+I】快捷键，在弹出的对话框中选择光盘中“素材与源文件”\“素材”\“第10天\“照片01.jpg”和“照片02.jpg”，然后单击【确定】按钮，如图10-72所示。

⑫ 将选择的素材导入的场景中，并调整它们的大小和位置，如图10-73所示。

图10-72

图10-73

⑬ 按【Ctrl+A】快捷键，选择场景中的所有对象，选择菜单栏中的“排列”\“群组”命令，将选择的对象成组，如图10-74所示。

图10-74

⑭ 至此，胶片效果制作完成了，将完成后的效果导出并将场景文件进行保存。

10.4 合并、相交与修剪图形

在CorelDRAW X5中，用户可以通过修整功能灵活方便地修整图形对象，具体操作步骤如下。

选择菜单栏中的“窗口”\“泊坞窗”\“造形”命令，打开“造形”泊坞窗，如图10-75所示。

在选中两个以上的图形对象时，在选区工具的属性栏中则会出现“合并”、“修剪”、“相交”、“简化”、“移除后面对象”、“移除前面对象”和“边界”等7个造形工具按钮，如图10-76所示。在使用修整功能的时候，在最前面的和最早选中的对象是源对象，相反，在最底层的和最后选中的对象则是目标对象。

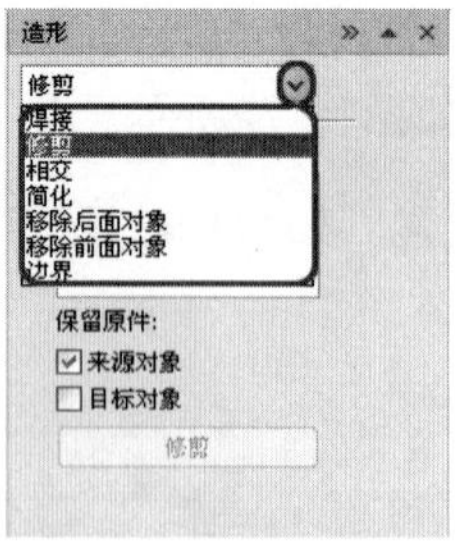

图10-75

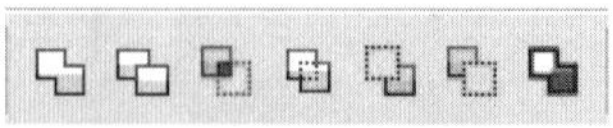

图10-76

10.4.1 合并图形对象

单击“合并按钮”，可以将多个图形对象结合成为一个图形。其具体操作步骤如下所述。

01 在绘图页中绘制两个形状，如图10-77所示，并将它们选择。

02 在属性栏中单击合并按钮，即可将选择的图形进行焊接，如图10-78所示。

提 示

也可以在“造形”泊坞窗的下拉列表框中选择“焊接”选项后单击“焊接到”按钮，然后单击要焊接到的目标对象即可完成焊接。对选中的图形合并后，轮廓及填充色彩会变成位于最底层和最后选中对象的填充属性。

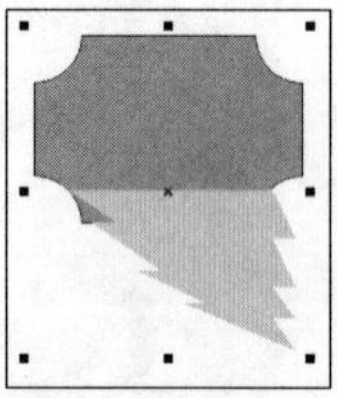

图10-77

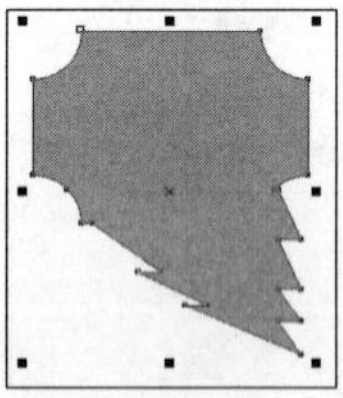

图10-78

10.4.2 相交图形对象

单击相交按钮，可以在两个或者两个以上图形对象的交叠处生成一个新的对象。其具体操作步骤如下：

01 在绘图页中绘制图10-79所示的形状，并将它们选择。

02 在属性栏中单击相交按钮，即可将选择的图形进行焊接，如图10-80所示。

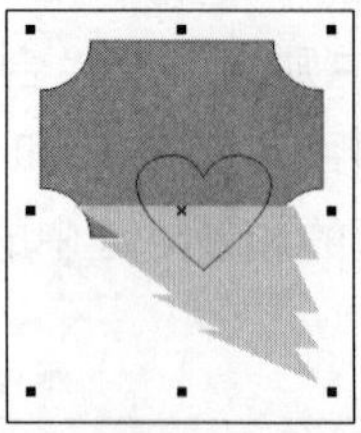

图10-79

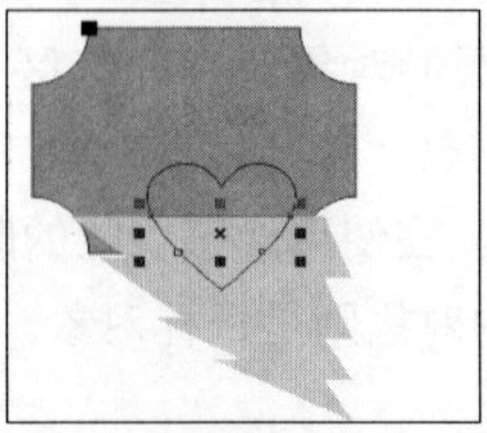

图10-80

10.4.3 修剪图形对象

下面将对修剪图形进行简单的介绍。

01 继续使用前面绘制的形状，将心形填充为红色，并取消轮廓线的填充，然后将它们全部选中，如图10-81所示。

02 确定图形处于选择状态，单击属性栏中的修剪按钮，即可将目标对象交叠在源对象上的部分修剪掉，完成后的效果如图10-82所示。

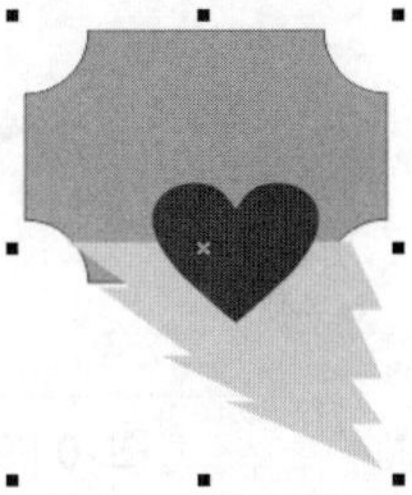

图10-81

图10-82

【每日一练】——绘制跳棋 >>>

本例将介绍跳棋效果的制作，该例的制作比较简单，主要是介绍“合并”命令的应用，完成后的效果如图10-83所示。

图10-83

01 新建一个文档，选择工具箱中的“多边形工具”，在属性栏中将“多边形边数”设置为3，然后在绘图页中绘制图形，如图10-84所示。

02 选择工具箱中的“3点椭圆工具”，在绘图页中以三角形底端的边位直径绘制椭圆，如图10-85所示。

03 使用“选择工具”选择三角形和椭圆形对象，在属性栏中单击“合并按钮”，如图10-86所示。

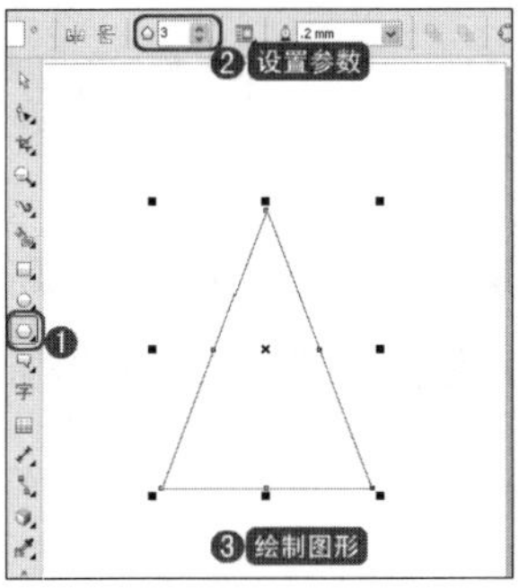

图10-84

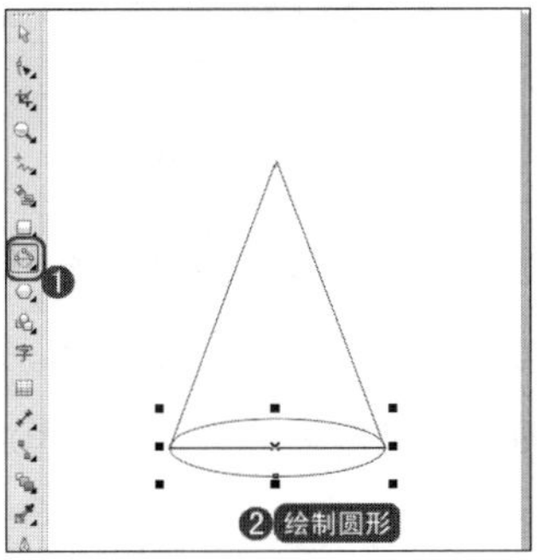

图10-85

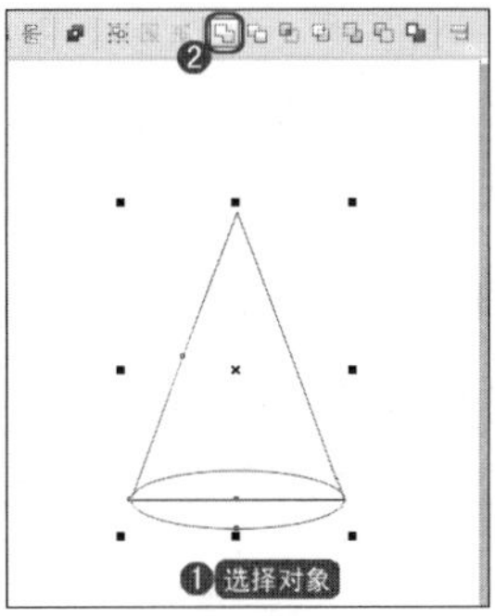

图10-86

(04) 合并完图形后的效果如图10-87所示。

(05) 确定图形处于选择状态，按【F11】键，在弹出的对话框中将“角度”参数设置为2.4，将“边界”参数设置为26，选择“自定义”单选按钮，在渐变条上设置渐变颜色，设置完成后单击“确定”按钮，如图10-88所示。

(06) 填充完渐变颜色后并取消该轮廓线的填充，如图10-89所示。

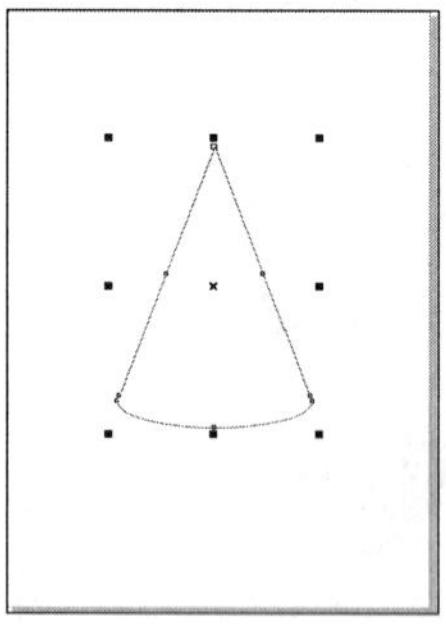
图10-87

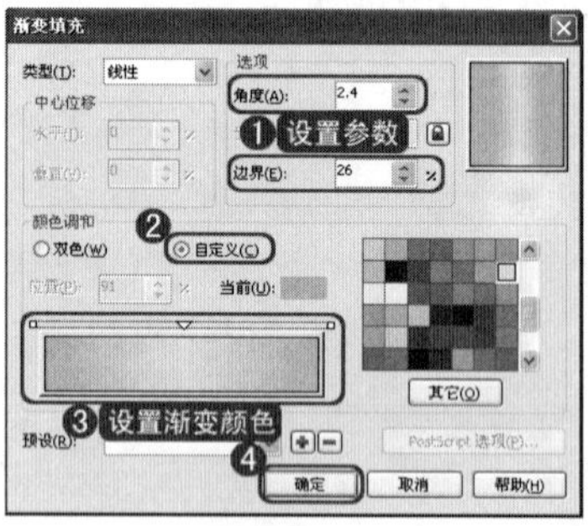

图10-88

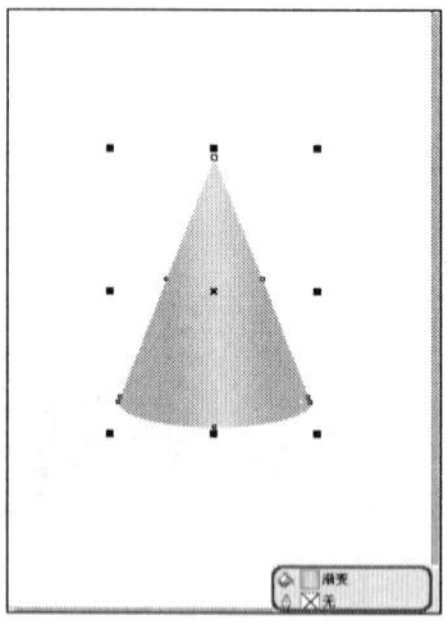
图10-89

(07) 选择工具箱中的“钢笔工具”，在渐变图形的下方绘制图形，并配合“形状工具”调整图形，如图10-90所示。

(08) 确定新绘制的图形处于选择状态，按【F11】键，在弹出的对话框中将“角度”参数设置为3，将“边界”参数设置为17，选择“自定义” 单选按钮，在渐变条上设置渐变颜色，设置完成后单击“确定”按钮，如图10-91所示。

(09) 填充完渐变颜色后并取消该轮廓线的填充，如图10-92所示。

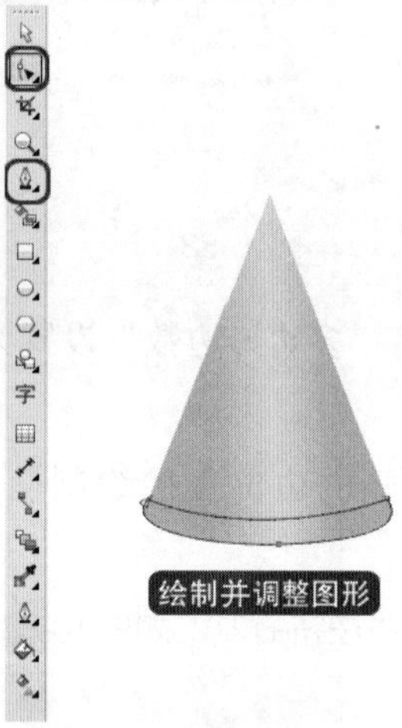

图10-90

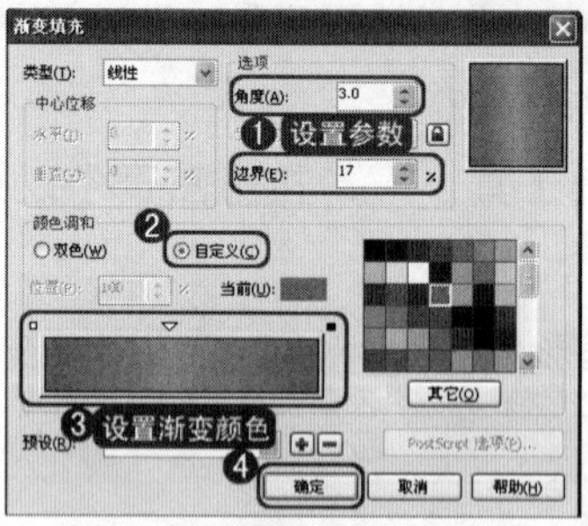

图10-91

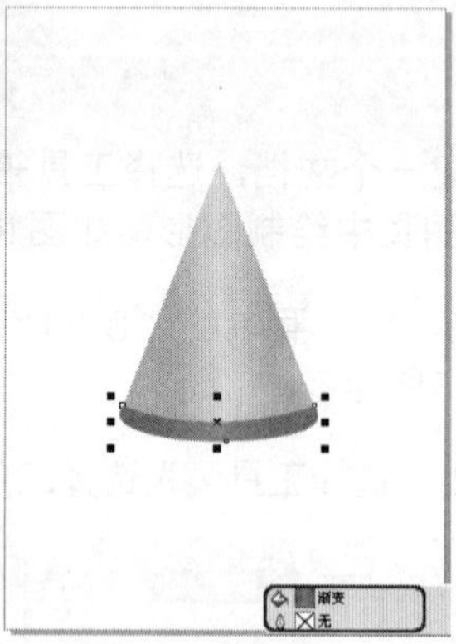
图10-92

(10) 同样使用“钢笔工具”和“形状工具”绘制渐变图形，并取消轮廓线的填充，如图10-93所示。

(11) 继续使用“钢笔工具”和“形状工具”绘制渐变图形，并取消轮廓线的填充，如图10-94所示。

(12) 使用同样的方法绘制其他渐变图形，完成后的效果如图10-95所示。

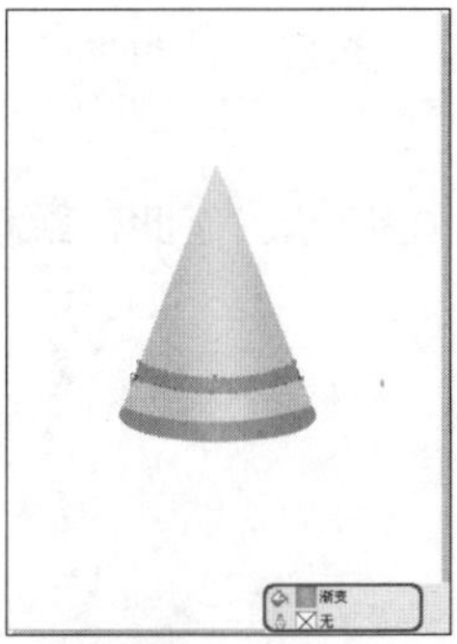

图10-93

图10-94

图10-95

⑬ 选择工具箱中的“椭圆工具”，在渐变图形的上方绘制正圆形，如图10-96所示。

⑭ 确定新创建的图形处于选择状态，按【F11】键，在弹出的对话框中将“类型”定义为辐射，将“水平”和“垂直”的参数分别设置为11、26，将“从”的CMYK参数设置为3、27、96、0，将“到”的颜色设置为白色，设置完成后单击“确定”按钮，如图10-97所示。

⑮ 填充完渐变颜色后取消该图形轮廓线的填充，如图10-98所示。

图10-96

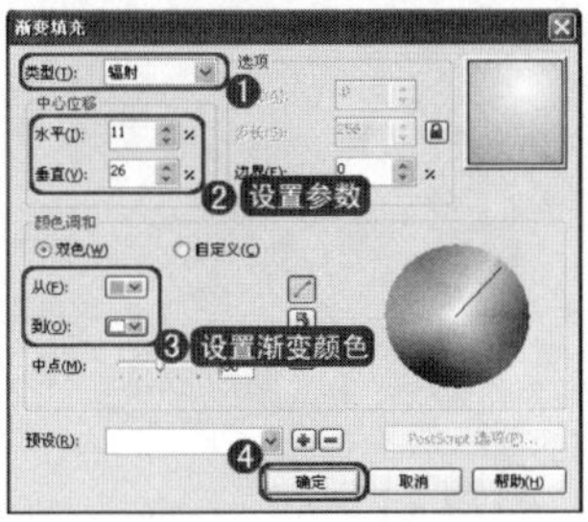

图10-97

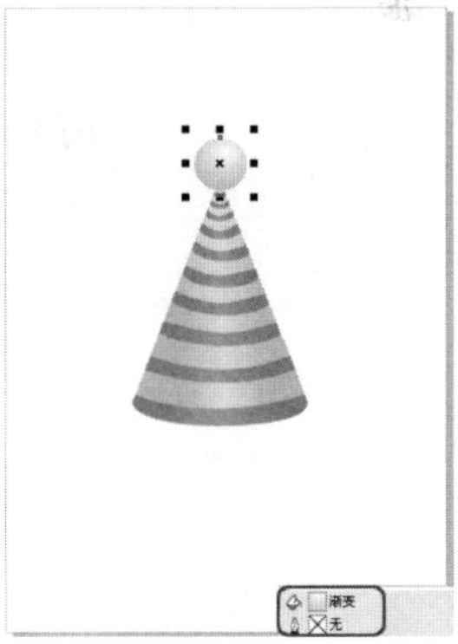

图10-98

⑯ 按【Ctrl+A】快捷键将场景中的对象全部选择，按【Ctrl+G】快捷键将选择的对象成组，然后将成组后的图形进行复制，如图10-99所示。

⑰ 确定复制的图形处于选择状态，按【Ctrl+PageDown】快捷键调整图层的位置，如图10-100所示。

图10-99

图10-100

⑱ 然后通过【色度\饱和度\亮度】对话框调整跳棋的颜色，用户可根据自己的喜好自行调整，完成后的效果如图10-101所示。

⑲ 再次复制跳棋对象，并调整它的位置和颜色，完成后的效果如图10-102所示。至此，跳棋效果制作完成了，将完成后的效果导出并将场景文件进行保存。

图10-101

图10-102

第11天 编辑复杂图形

除了绘制复杂图形之外，对复杂图形的编辑也非常重要。掌握复杂图形的绘制方法可以使作品富有创新，而掌握了复杂图形的编辑方法可以令工作效率大大提高。主要包括群组和取消组合、合并及拆分图形对象、锁定与解锁图形对象和插入条形码的操作方法。

11.1 群组和取消组合

如果用户需要对多个对象进行相同的操作，可以考虑将这些对象组合为一个整体。对象组合后，群组中的每个对象仍然保持其原始属性。移动群组对象时各个对象之间的相对位置保持不变。

在群组对象时，除了可以选择单独的对象外，还可以选择已经群组过的对象，使其再进行群组。对象群组后，组内各个对象之间的相互关系不会发生改变，例如位置关系、前后顺序等，用户可以像处理一个对象一样处理群组对象。

11.1.1 群组图形对象

选择需要群组的各个对象，然后选择“排列”\“群组”命令或者单击属性栏中的“群组按钮即可”将多个对象群组。图11-1所示为对象群组前和群组后的选中状态。

图11-1

提 示

可以使用【Ctrl+G】快捷键来完成群组。

将多个对象群组后，使用选择工具在群组中的任意对象上单击即可选中整个群组对象，并且可以对群组对象执行移动、缩放、旋转等操作。此时群组对象已经成为一个整体。

11.1.2 取消图形对象的组合

如果不再需要群组对象，如图11-2所示可以在选择对象群组以后再选择“排列”\“取消群组”命令，或者单击工具属性栏中的“取消群组按钮”。注意此方法只能解开目前所选择的这一个群组。

接着单击“取消群组按钮”，即可将按钮取消群组，如图11-3所示。然后选择花纹群组，单击“取消群组按钮”，即可将选择的群组解组，如图11-4所示。

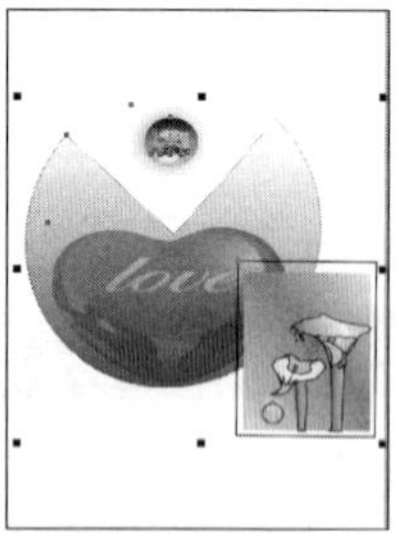

图11-2

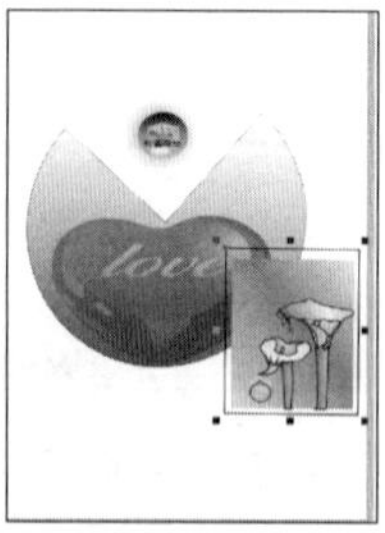

图11-3

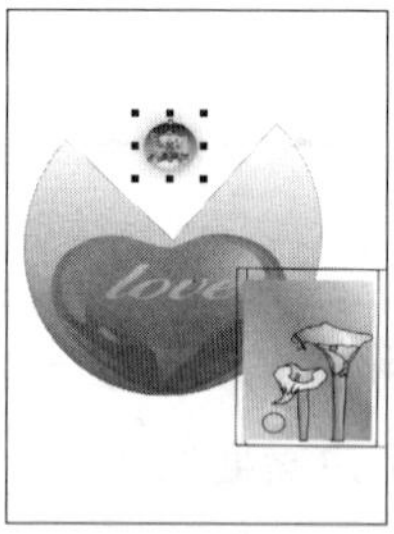

图11-4

提 示

如果一个对象由多个群组组成，那么选择“排列”\“取消全部群组”命令，或者单击属性栏中的“取消群组按钮”，即可解开目前所选对象内的所有群组。

【单元练习】——制作仙人学字

本例将介绍仙人掌字的制作，该例主要讲解群组命令的应用，完成后的效果如图11-5所示。

图11-5

01 新建一个横向的页面，按【Ctrl+I】快捷键，在弹出的对话框中选择光盘中“素材与源文件”\“素材”\“第11天”\“心形图案.jpg”，单击【导入】按钮，然后调整导入素材的大小，如图11-6所示。

02 选择工具箱中的“文本工具”，在场景中创建文本，在属性栏中将“字体”设置为方正综艺体简，将“字体大小”设置为100pt，如图11-7所示。

图11-6

图11-7

03 选择“图案”文本，在属性栏中修改“字体大小”为150pt，并调整文本的位置，如图11-8所示。

04 将文本填充为酒绿色，如图11-9所示。

图11-8

图11-9

05 选择工具箱中的“变形工具”，在属性栏中单击“拉链变形按钮”，将“拉链失真振幅”参数设置为10，将“拉链失真频率”参数设置为16，如图11-10所示。

06 按【Ctrl+A】快捷键，选择场景中的所有文件，选择菜单栏中的“排列”\“群组”命令，将选择的对象成组，如图11-11所示。

至此，仙人掌字制作完成了，将完成后的效果导出，将场景文件进行保存。

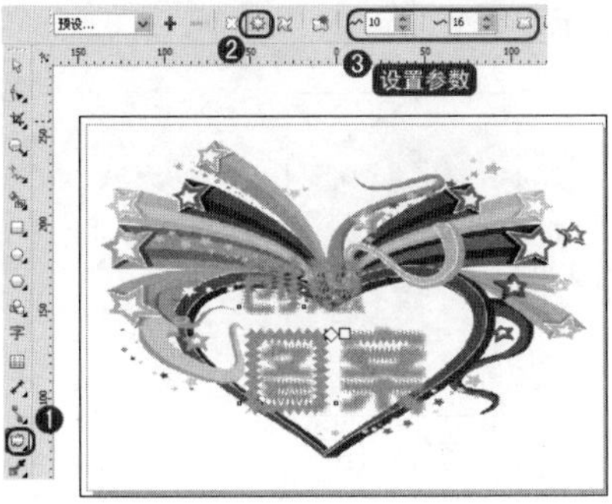

图11-10

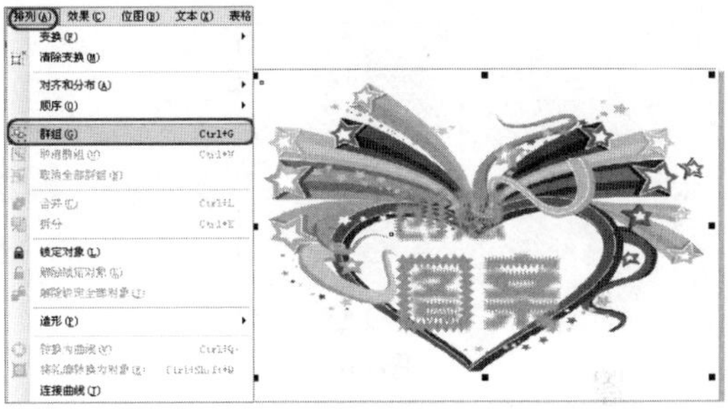
图11-11

11.2 【重点突击】合并及拆分图形对象

使用“结合”命令可以将选中的多个对象合并为一个对象，对象合并后具有相同的轮廓和填充属性。如果合并时的原始对象是重叠的，那么合并后的重叠区域将会出现透明状态。

11.2.1 合并图形对象

本节将对“合并”命令进行讲解。

01 使用工具箱中的“基本形状工具”，在绘图页中绘制两个图形，如图11-12所示。

02 选择新绘制的两个图形，然后选择“排列”\“合并”命令或者直接单击属性栏中的“结合按钮”，即可将对象结合在一起，如图11-13所示。

提 示

按【Ctrl+L】快捷键，也可以将选择的对象进行结合。

图11-12

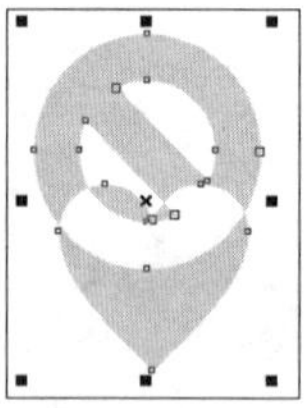

图11-13

11.2.2 拆分图形对象

继续使用前面结合的对象，介绍拆分图形的方法：

01 选择需要拆分的图形对象，如图11-14所示。

02 选择菜单栏中的“排列”\“拆分曲线”命令或者单击属性栏中的“拆分按钮”，或使用【Ctrl+K】快捷键，即可将结合的对象拆分，如图11-15所示。

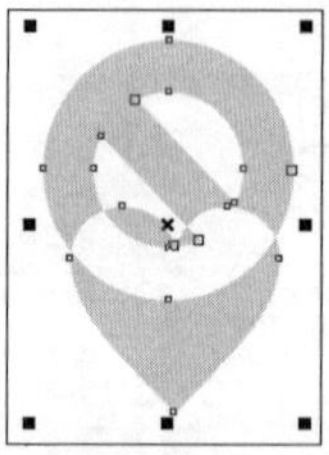

图11-14

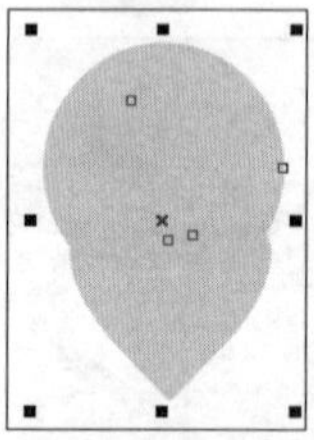

图11-15

【单元练习】——绘制齿轮

本例将介绍齿轮效果的制作，该例的制作比较简单，主要是介绍“合并”命令的应用，完成后的效果如图11-16所示。

图11-16

01 按【Ctrl+N】快捷键，新建文档，在属性栏中单击“按钮”，将页面转换为横向，如图11-17所示。

02 选择工具箱中的“椭圆工具”，按【Ctrl】键在绘图页中绘制正圆形，如图11-18所示。

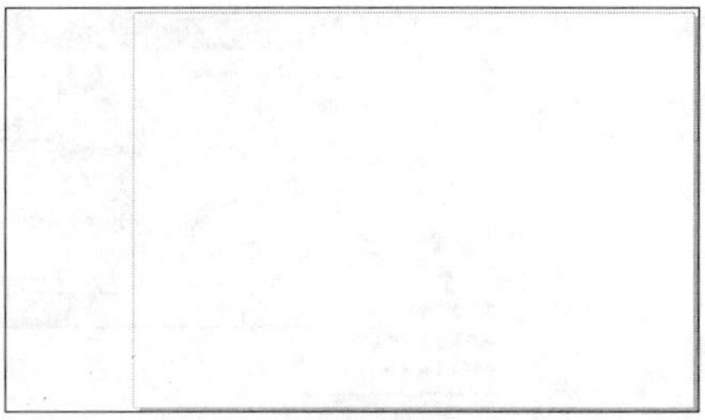

图11-17

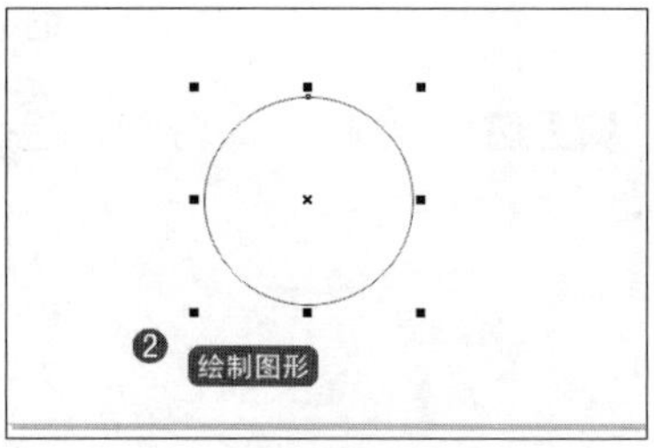

图11-18

03 确定新创建的图形处于选择状态，按小键盘上的【+】键复制图形，然后再按【Shift】键将复制的图形进行缩放，如图11-19所示。

04 按【Ctrl+A】快捷键，将场景中的对象全部选择，选择菜单栏中的“排列”\“合并”命令，将选择的图形合并为一个图形，如图11-20所示。

提 示

也可以使用【Ctrl+L】快捷键执行“合并”命令。

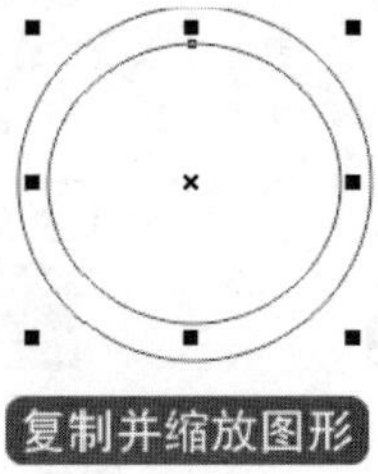

图11-19

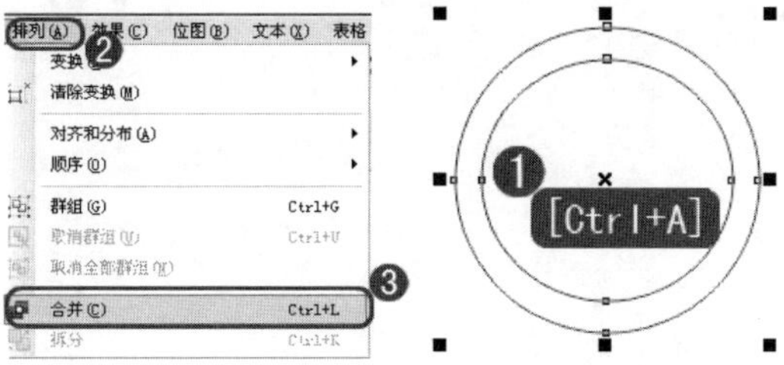

图11-20

05 选择工具箱中的“矩形工具”，在属性栏中将“圆角半径”参数设置为40，在绘图页中绘制图形，如图11-21所示。

06 确定新绘制的图形处于选择状态，单击鼠标右键，在弹出的对话框中选择“转换为曲线”命令，将矩形转换为曲线，选择工具箱中的“形状工具”，调整节点，如图11-22所示。

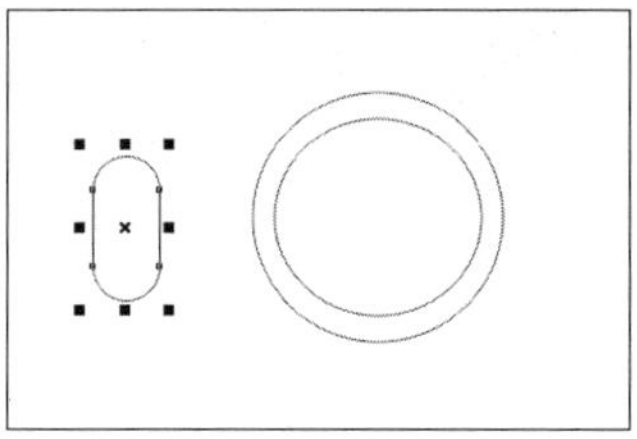

图11-21

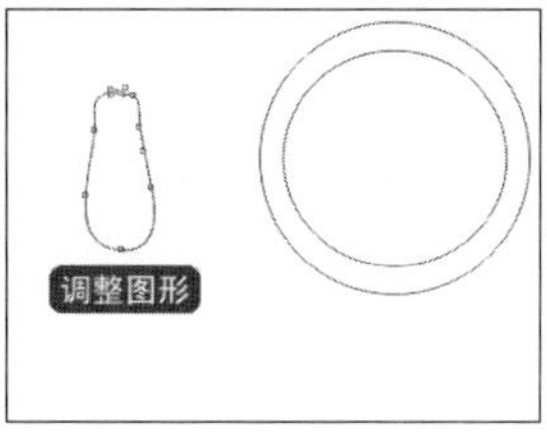

图11-22

07 使用“选择工具”移动图形的位置，并缩放图形如图11-23所示。

08 按【Ctrl+A】快捷键选择场景中的所有对象，选择菜单栏中的“排列”\“对齐和分布”\“对齐和分布”命令，在弹出的对话框中选择垂直居中分布选项，单击“应用”按钮，如图11-24所示。

图11-23

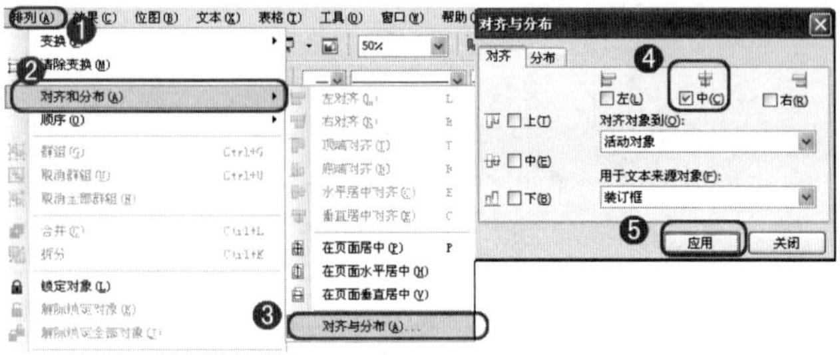

图11-24

09 对齐后的效果如图11-25所示。

10 用“选择工具”先在画面中选择圆形对象，然后从垂直标尺栏中拖出一条辅助线，到选择框的中心点上，此时对象会自动取消选择，再次点选圆形，从水平标尺栏中拖出一条辅助线到选择框的中心点上，如图11-26所示。

11 在变形矩形上双击，使其处于旋转状态，再将旋转框的中心点拖到辅助线的交叉点上，以该点为旋转的中心点，如图11-27所示。

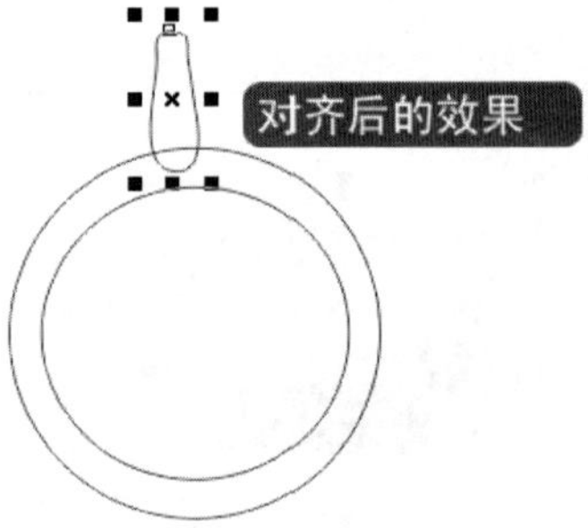

图11-25

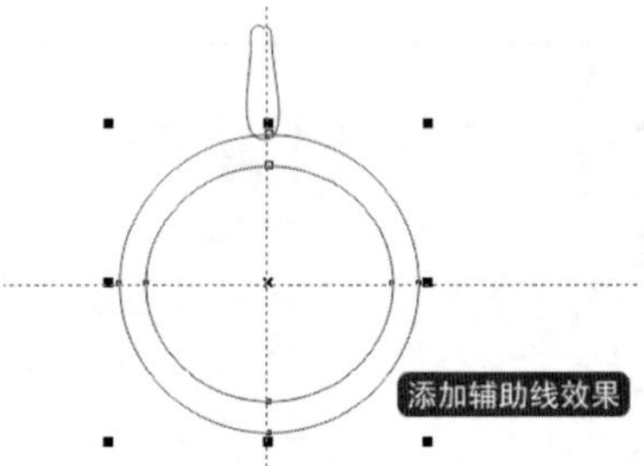

图11-26

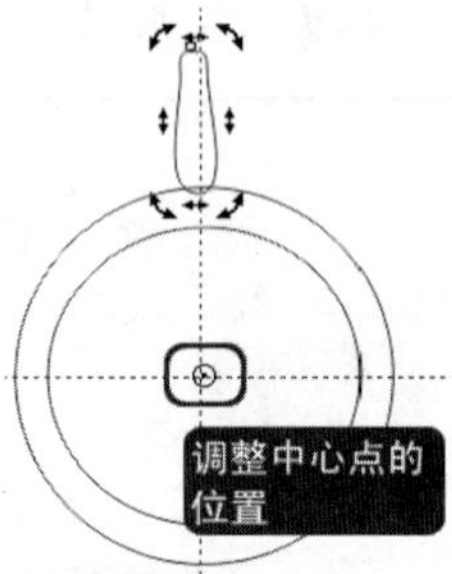

图11-27

12 在菜单栏中选择“排列”\“转换”\“旋转”命令，弹出“转换”泊坞窗，并将“角度”参数设置为15°，单击“应用”按钮，如图11-28所示。即可将文本沿中心点旋转复制。

13 在“转换”泊坞窗中单击多次“应用”按钮，即可得到图11-29所示的效果。

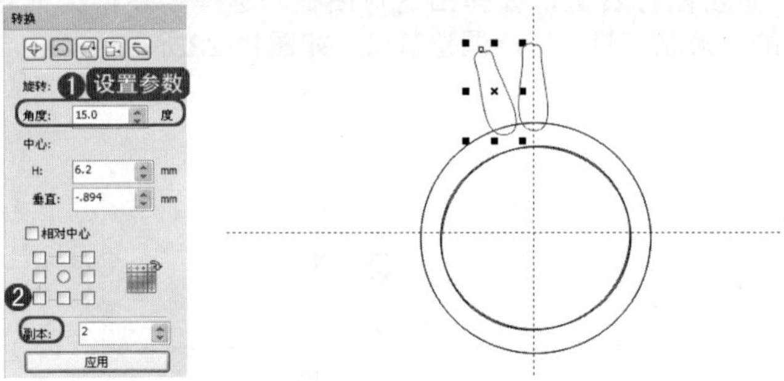

图11-28

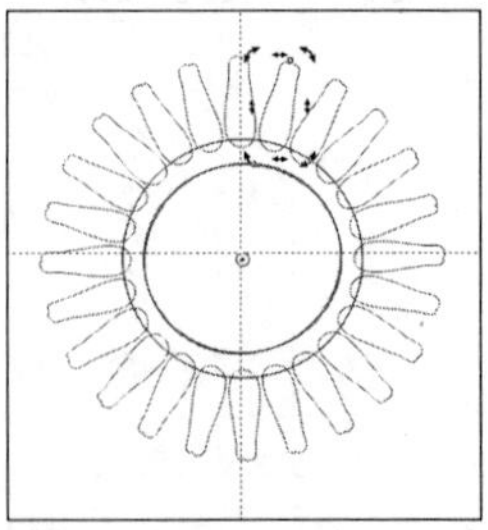

图11-29

14 按【Ctrl+A】快捷键选择场景中的所有对象，单击“选择工具”，在属性栏中单击“合并按钮”，如图11-30所示。

15 合并图形后的效果如图11-31所示。

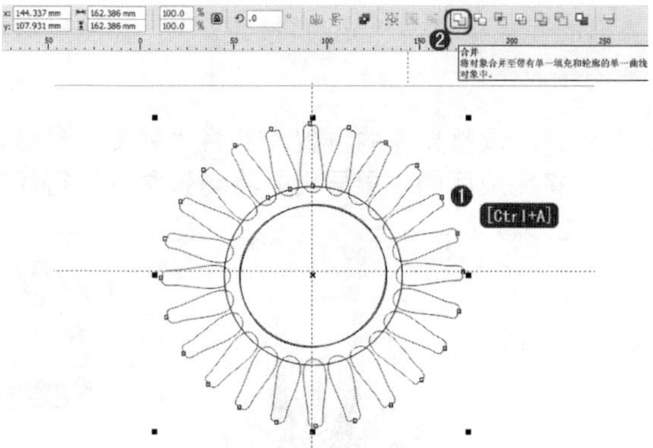

图11-30

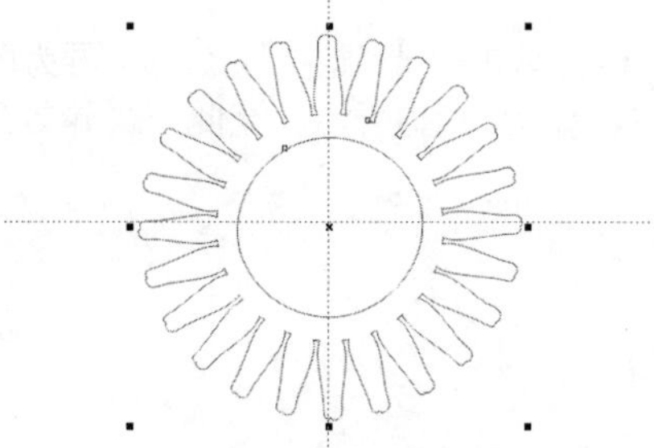

图11-31

16 选择工具箱中的“椭圆工具”，以辅助线的交叉点为圆形绘制正圆形，如图11-32所示。

17 按【Ctrl+A】快捷键选择场景中的所有对象，按【Ctrl+L】快捷键将选择的对象合并到一起，如图11-33所示。

18 确定结合后的图形处于选择状态，按【F11】键，在弹出的对话框中将“角度”参数设置为-46，选择“自定义”选项，在渐变条上添加色标设置渐变颜色，设置完成后单击“确定”按钮，如图11-34所示。

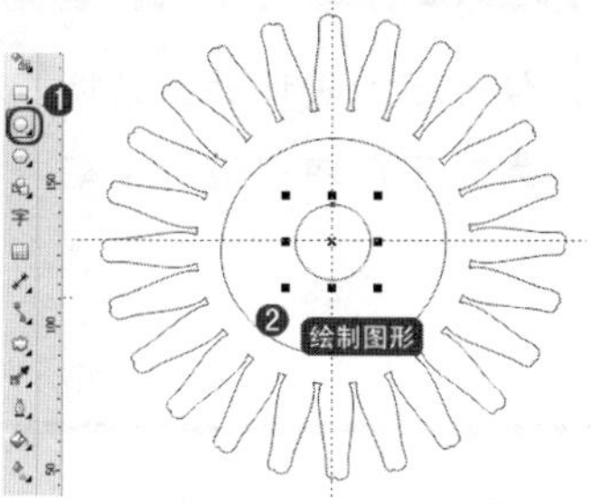

图11-32

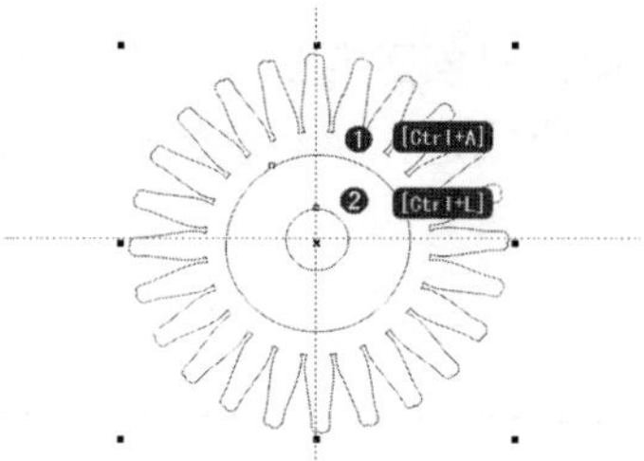

图11-33

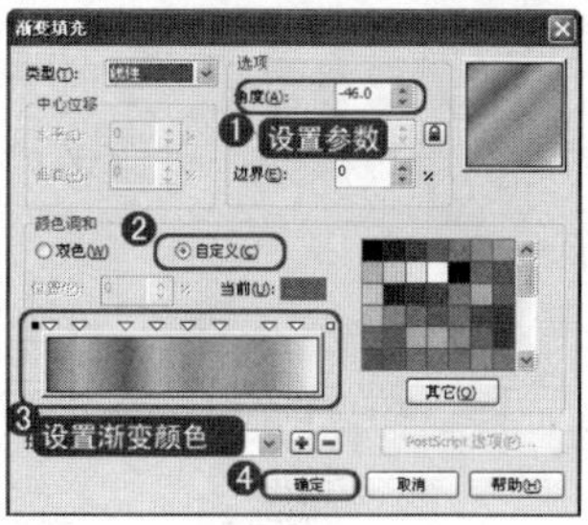

图11-34

19 填充完渐变颜色后将该图形的轮廓线取消填充，如图11-35所示。

20 选择工具箱中的“立体化工具”，为渐变图形添加立体化效果，在属性栏中将“深度”参数设置为8，如图11-36所示。

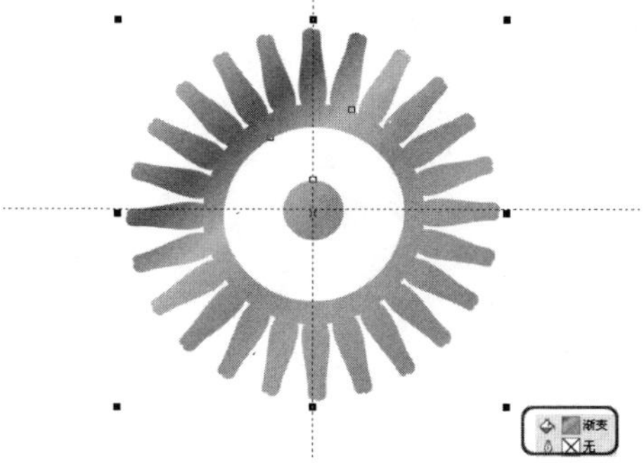

图11-35

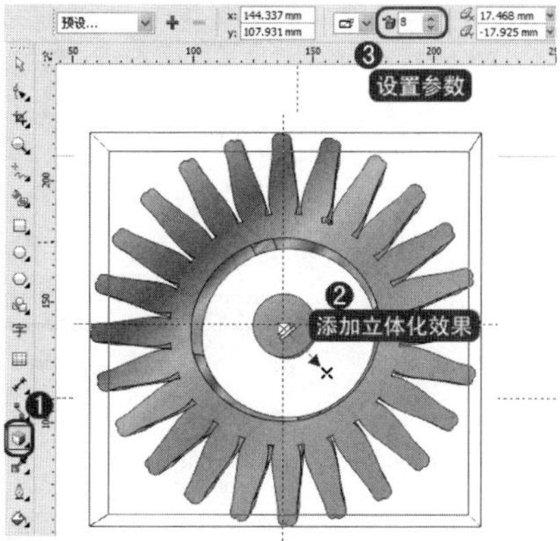

图11-36

(21) 单击属性栏上的“立体化照明按钮”，在弹出的面板中单击“光源1按钮”，为图形添加一个光源，如图11-37所示。

(22) 再次单击“光源2按钮”，再为图形添加一个光源，调整光源的位置，并将“强度”参数设置为58，如图11-38所示。至此，齿轮效果制作完成了，将完成后的效果导出并将场景文件进行保存。

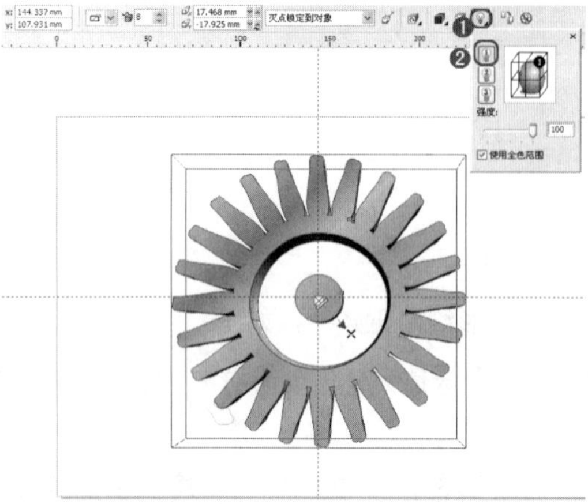

图11-37

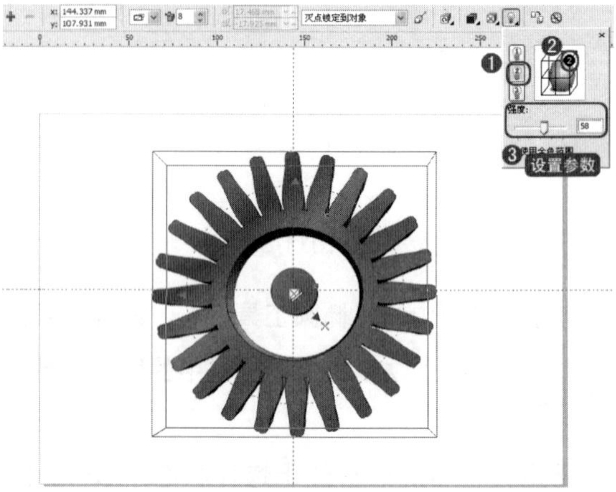

图11-38

11.3 锁定与解锁图形对象

如果需要将页面中暂时无须修改的对象固定在一个特定的位置，使其不能被移动、转换或者进行其他的编辑操作，可以考虑将该对象锁定。将对象锁定后可以避免无意中对对象进行移动等修改操作。

11.3.1 锁定图形对象

选中需要锁定的一个或者多个对象，然后选择“排列”\“锁定对象”命令，将选择的对象锁定，如图11-39所示。或者右击对象，在弹出的快捷菜单中选择“锁定对象”命令即可将对象锁定。

对象被锁定后，在对象的四周会出现8个小锁图标，表示对象当前处于不可编辑状态，如图11-39所示。

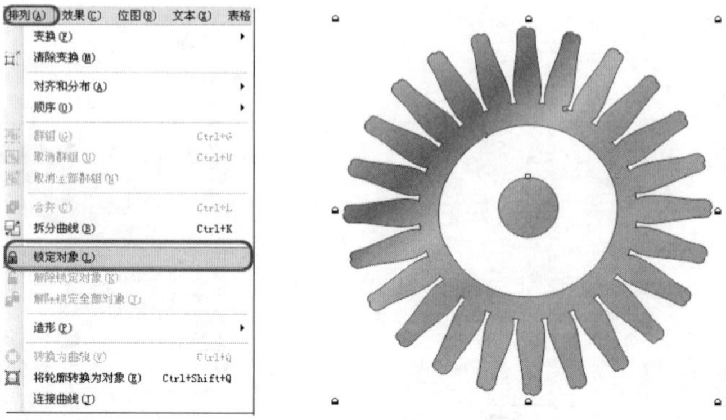

图11-39

11.3.2 解锁图形对象

本节将介绍为对象解锁的操作方法。

1. 为单个对象解锁

选中需要解锁的对象，然后选择“排列”\“解除锁定对象”命令，或者右击对象，在弹出的快捷菜单中选择“解除锁定对象”命令即可，如图11-40所示。

提示：使用框选方法无法选中锁定对象，也无法同时选中锁定和未锁定的对象.

2. 为多个对象解锁

按【Shift】键依次右击需要解除锁定的对象，然后选择菜单栏中的“排列”\“解除锁定对象”命令即可将选中的锁定对象进行解锁。也可以选择一个锁定对象，选择菜单栏中的“排列”\“解除锁定全部对象”命令，即可将锁定的对象全部解锁。

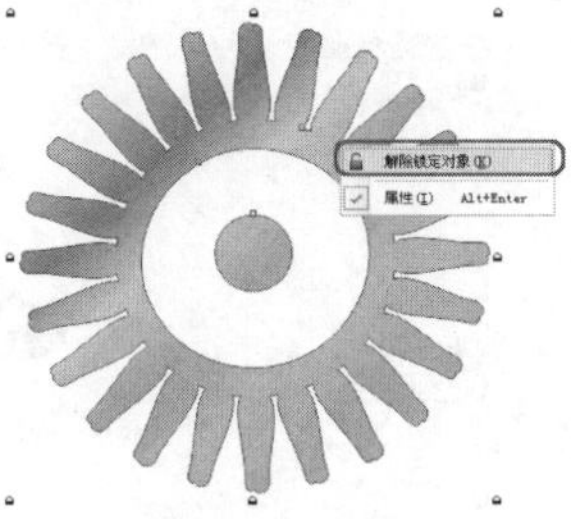

图11-40

【单元练习】——制作珍珠文字

本例将介绍珍珠文字的制作，该例主要介绍“锁定”命令的应用，完成后的效果如图11-55所示。

图11-41

01 按【Ctrl+N】快捷键，新建文档，在属性栏中单击“□按钮”，将页面转换为横向，如图11-42所示。

02 按【Ctrl+I】快捷键，在弹出的对话框中选择光盘中“素材与源文件”\“素材”\“第11天”\“铃铛.psd”，单击“导入”按钮，然后调整导入素材的大小，如图11-43所示。

图11-42

图11-43

为了便于后面的操作，这里将导入的素材进行锁定。

03 确定导入的素材处于选择状态，选择菜单栏中的“排列”\“锁定对象”命令，将选择的对象进行锁定，如图11-44所示。

04 使用工具箱中的“文本工具字”，在场景中创建文本，在属性栏中将“字体”设置为方正综艺体简，将“字体大小”设置为100pt，在“CMYK调色板”中单击“☒按钮”，取消文本的填充，右击黑色框，将轮廓线填充为黑色，如图11-45所示。

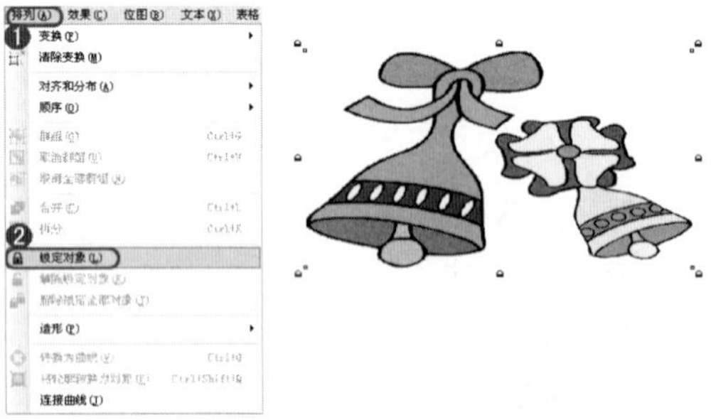

图11-44

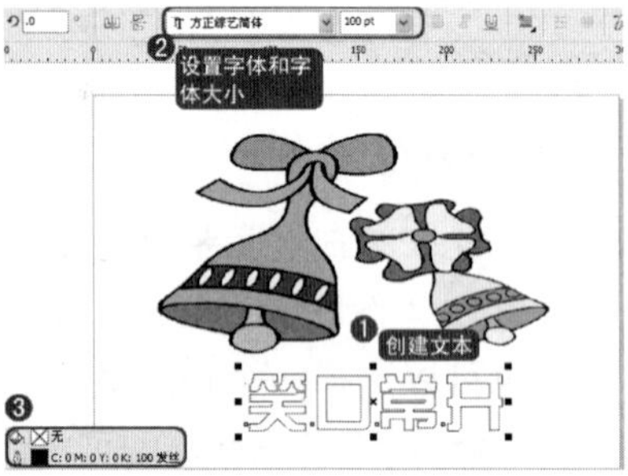

图11-45

05 选择工具箱中的“椭圆工具”，配合【Ctrl】键在绘图页中绘制正圆形，如图11-46所示。

06 确定新创建的图形处于选择状态，按【F11】键，在弹出的对话框中将“类型”定义为辐射，将“水平”和“垂直”的参数分别设置为-22、17，将“从”的RGB参数设置为0、204、255，将“到”的颜色设置为白色，设置完成后单击“确定”按钮，如图11-47所示。

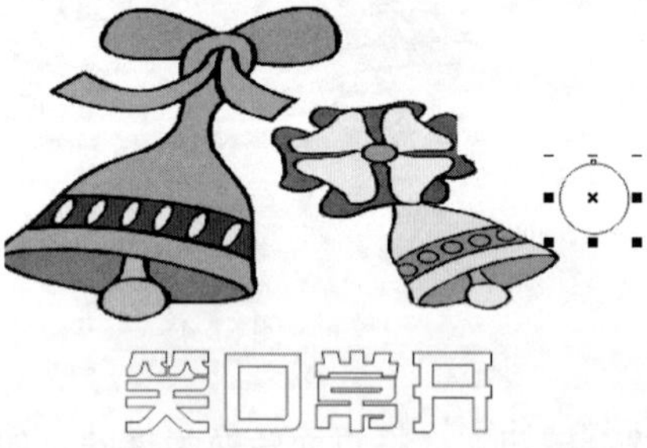

图11-46

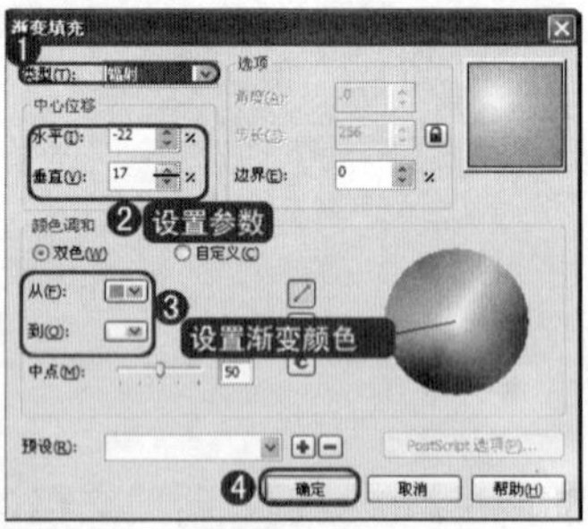

图11-47

07 填充完渐变颜色后，将该图形的轮廓线取消填充，如图11-48所示。

08 确定渐变图形处于选择状态，移动图形到适当的位置单击鼠标右键进行复制，如图11-49所示。

09 选择工具箱中的“轮廓工具”，为渐变图形添加调和效果，如图11-50所示。

图11-48

图11-49

图11-50

⑩ 添加完调和效果后，将圆形图形进行缩放，调整图形的大小，如图11-51所示。

⑪ 单击属性栏中的“路径属性按钮”，在弹出的面板中选择“新路径”命令，此时鼠标将变成形状，在文本上单击，为调和图形指定路径。如图11-52所示。

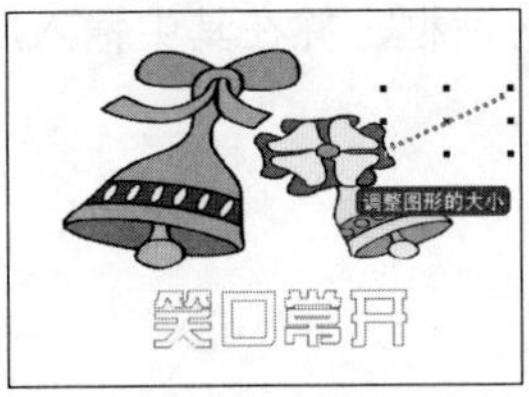

图11-51

图11-52

⑫ 指定完路径后的效果如图11-53所示。

⑬ 选择菜单栏中的“效果”\“混合”命令，在弹出的“混合”泊坞窗中单击“调和步长按钮”，将“步长”参数设置为700，选择“沿全路径调和”复选框，单击“应用”按钮，即可对调和效果进行调整，完成后的效果如图11-54所示。

图11-53

图11-54

⑭ 继续在“混合”泊坞窗中单击“调和颜色按钮”，在该面板中单击“逆时针路径按钮”，单击“应用”按钮，如图11-55所示。至此，珍珠文字效果制作完成了，将完成后的效果导出并将场景文件进行保存。

图11-55

11.4 插入条形码

条形码技术是一种使用户可以收集数据的识别方法。CorelDRAW条形码向导可以生成各种行业标准格式的条形码。用户可以更改行业标准属性，设置条形码高级选项，以及更改文本和条形码选项。更改文本和条形码选项将会改变符号的整体外观。

01 先按【Ctrl+O】快捷键打开一个要插入条形码的文件，如图11-56所示。

02 在菜单中选择“编辑”\“插入条码”命令，弹出【条码向导】对话框，并在其中输入所需的数字，如图11-57所示。单击“下一步”按钮。

图11-56

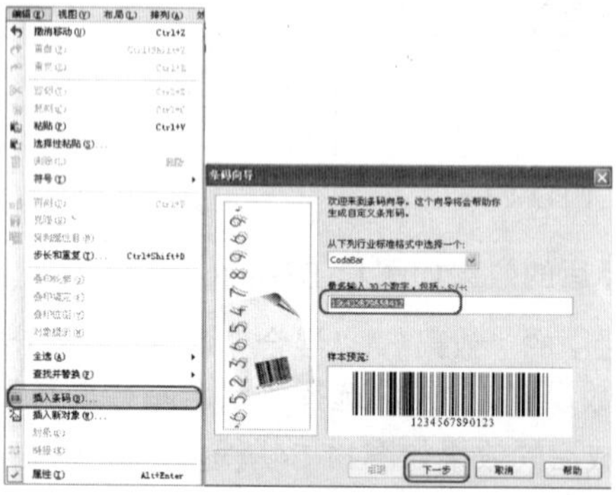

图11-57

03 弹出图11-58所示的对话框，用户可在其中根据需要设置所需的参数，也可采用默认值，单击“下一步”按钮，如图11-58所示。

04 接着再弹出图11-59所示的对话框，用户可在其中选择所需的字体、字体大小与对齐方式，也可选择将文字置于顶部、显示起始 / 结束字母等，在【条码向导】对话框中单击“完成”按钮，即可将条码插入到页面的中心，如图11-60所示。

05 接着移动鼠标指针到中心控制柄上按下左键向右下方拖到适当位置，再将其适当缩小，完成后的效果如图11-61所示。

图11-58

图11-59

图11-60

图11-61

【单元练习】——制作商品条形码

条形码在商品中用得非常多，特别在超市，CorelDraw有专门的条形码制作实用程度,制作条形码非常方便，本例将介绍条形码的制作，完成后的效果如图11-62所示。

图11-62

01 新建一个文档，选择菜单栏中的“编辑”\“插入条码”命令，弹出【条码向导】对话框，如图11-63所示。

02 在“从下列行业标准格式中选择一个”下拉列表中选择“EAN-13”格式，在中间的窗口中输入条码号，然后单击“下一步”按钮，如图11-64所示。

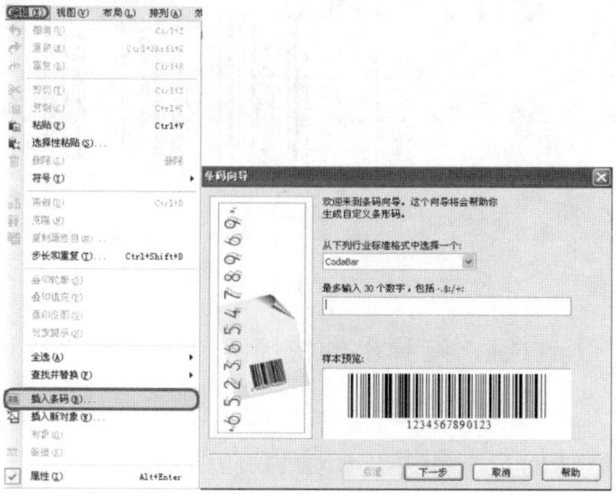

图11-63

图11-64

03 在第二个【条码向导】对话框中可以设定条形码的单位、缩放比例及高度等，这里使用默认参数，单击“下一步”按钮，如图11-65所示。

04 在第三个“条码向导”对话框中可以设定条形码的字体和对齐方式等，这里使用默认参数，单击“完成”按钮，如图11-66所示。

图11-65

图11-66

05 这时页面上就会自动生成条形码，按【Shift】键调整条形码的大小，如图11-67所示。

06 确定条形码处于选择状态，选择菜单栏中的“编辑”\“复制”命令，如图11-68所示。

⑦ 继续选择菜单栏中的“编辑”\“选择性粘贴”命令，如图11-69所示。

图11-67

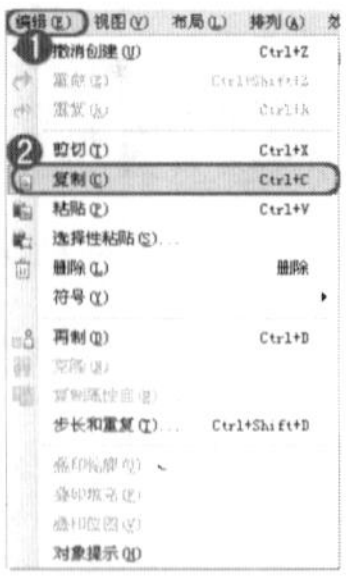

图11-68

图11-69

⑧ 在弹出的对话框中选择“图片（元文件）”选项，单击“确定”按钮，如图11-70所示。

⑨ 粘贴完成后调整条形码的大小，将原来的条形码删除，如图11-71所示。

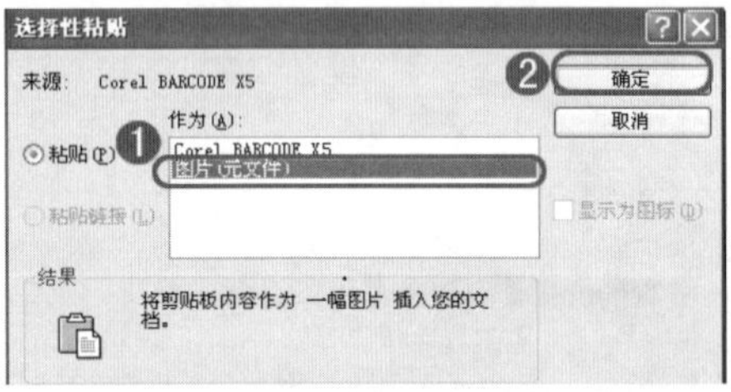

图11-70

图11-71

⑩ 确定新粘贴的条形码处于选择状态，单击鼠标右键，在弹出的快捷菜单中选择“取消全部群组”命令，将条形码取消群组，如图11-72所示。

⑪ 取消群组后即可对文本进行编辑，这里使用默认的文本即可，如图11-73所示。

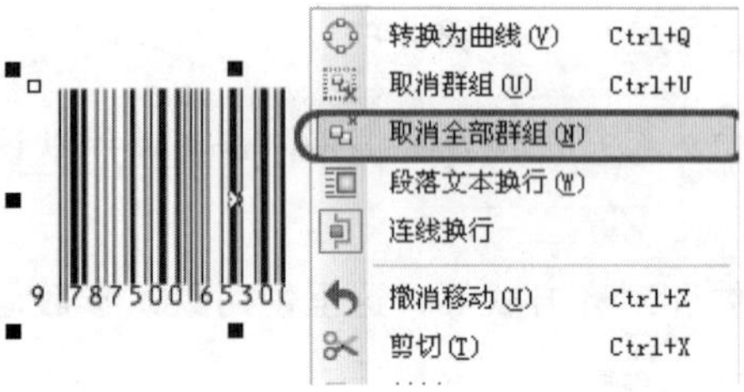

图11-72

图11-73

⑫ 使用“选择工具”在空白处单击取消选择，单击属性栏中的“按钮”，将文档转换为横向，按【Ctrl+I】快捷键，在弹出的对话框中选择光盘中“素材与源文件”\“素材”\“第11天”\“巧克力.psd”，单击“导入”按钮，将选择的素材导入到场景中，并调整素材的大小，如图11-74所示。

⑬ 将素材调整至最底端，然后将条形码成组，并调整条形码的大小和位置，完成后的效果如图11-75所示。将完成后的效果导出并将场景文件进行保存。

图11-74

图11-75

【每日一练】——绘制表情 >>>

通过对本章基础内容的学习，下面来介绍表情实例的制作。该例的制作比较简单，主要是通过“移除前面对象按钮”对圆形和不规则图形进行修剪，制作出表情的基本形状，然后绘制圆形并为其添加不透明效果，作为高光，并为其绘制眼睛，将制作完成后的对象成组，并为成组的对象添加阴影效果。最后导入素材，并调整素材的位置，完成后的效果如图11-76所示。

图11-76

01 新建一个文档，选择工具箱中的“椭圆工具”，配合【Ctrl】键在绘图页中绘制正圆形，如图11-77所示。

02 确定新绘制的图形处于选择状态，按【F11】键，在弹出的对话框中将“类型”定义为辐射，将“水平”和“垂直”的参数分别设置为-23、-17，将“边界”参数设置为2，选择“自定义”选项，在渐变条上设置渐变颜色，设置完成后单击“确定”按钮，如图11-78所示。

03 填充完渐变颜色后，将该图形的轮廓线取消填充，如图11-79所示。

图11-77

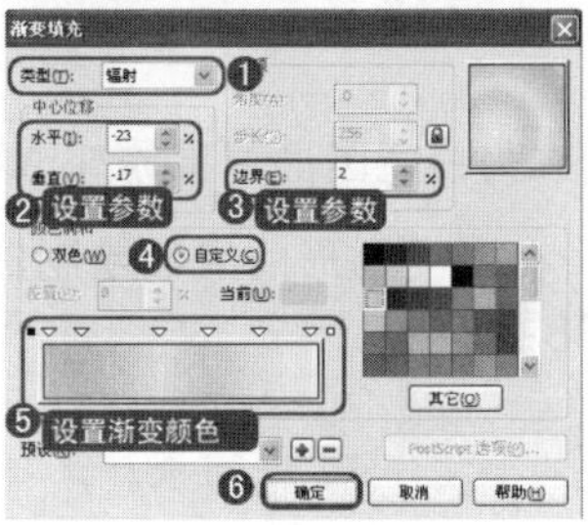

图11-78

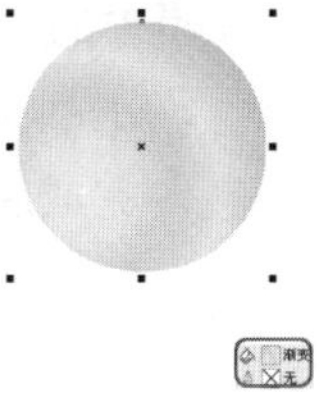

图11-79

04 选择工具箱中的“钢笔工具”，在绘图页中绘制图形，并配合“形状工具”调整图形，如图11-80所示。

05 确定新绘制的图形处于选择状态，再次选择渐变图形，在属性栏中单击“移除前面对象按钮”，如图11-81所示，完成后的效果如图11-82所示。

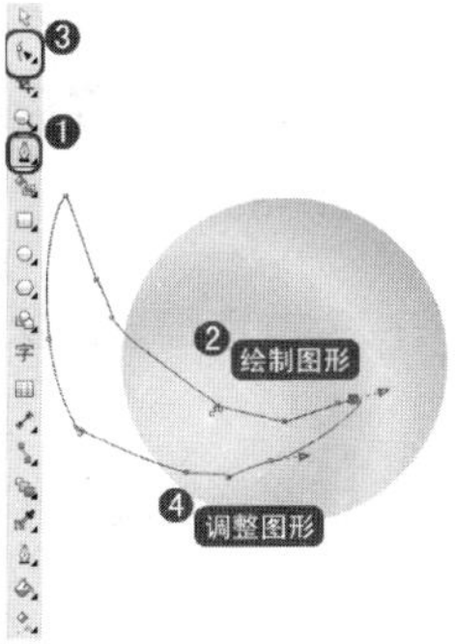

图11-80

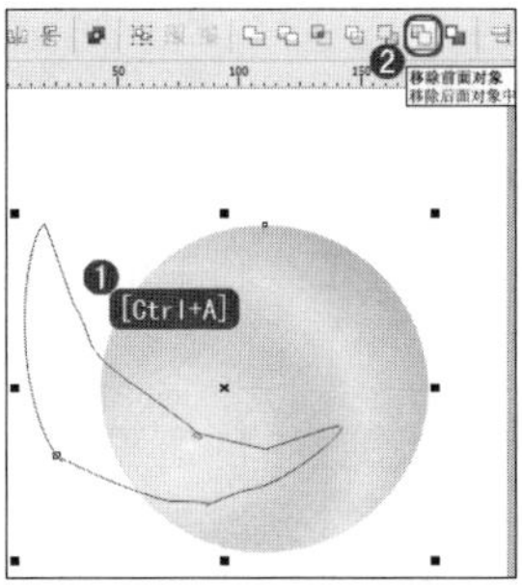

图11-81

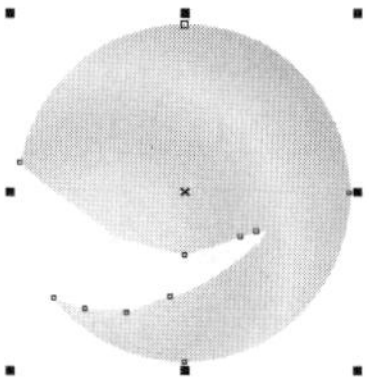

图11-82

(06) 选择工具箱中的“钢笔工具”，在绘图页中绘制形状，并配合“形状工具”进行调整，完成后的效果如图11-83所示。

(07) 确定新绘制的图形处于选择状态，按【F11】键，在弹出的对话框中将“从”的RGB参数设置为247、247、134，将“到”的RGB参数设置为161、129、0，设置完成后单击“确定”按钮，如图11-84所示。

(08) 填充完渐变颜色后，将该图形的轮廓取消填充，如图11-85所示。

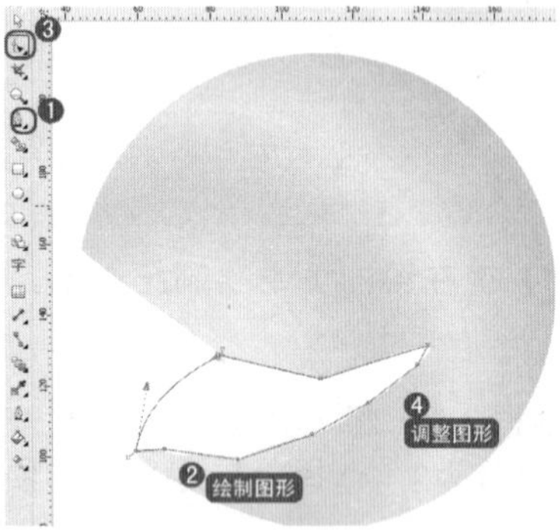

图11-83

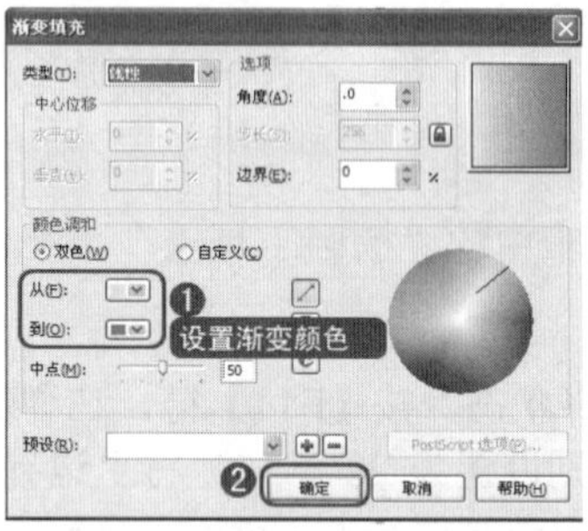

图11-84

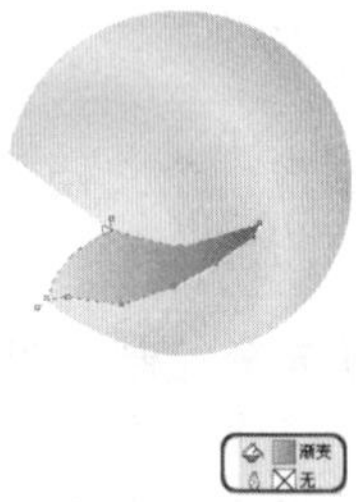
图11-85

(09) 选择工具箱中的“椭圆工具”，在渐变图形上绘制白色无边框的正圆形，如图11-86所示。

(10) 选择工具箱中的“透明度工具”，为白色圆形对象添加透明效果，如图11-87所示。

(11) 选择工具箱中的“钢笔工具”，在渐变图形的底端绘制白色无边框图形，并配合“形状工具”进行调整，完成后的效果如图11-88所示。

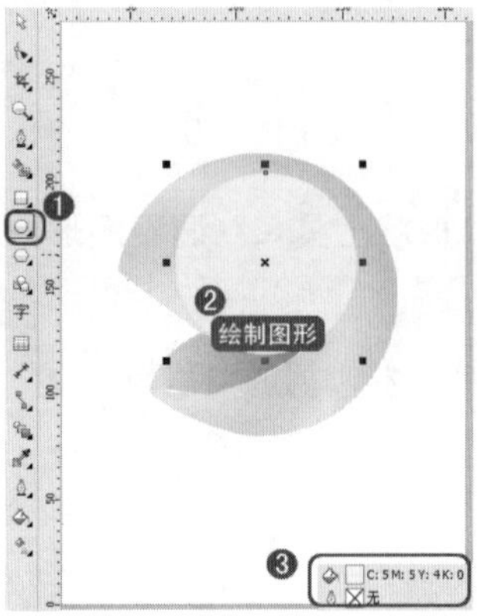

图11-86

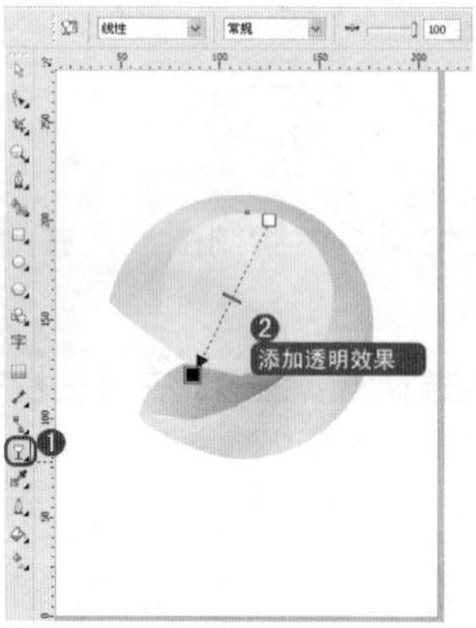

图11-87

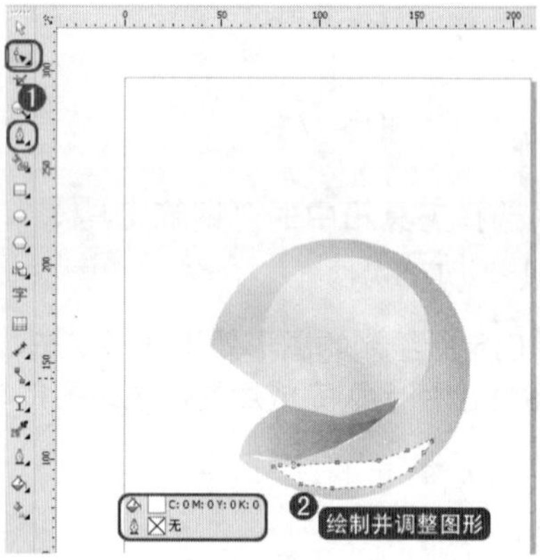

图11-88

(12) 确定新绘制的图形处于选择状态，选择工具箱中的“透明度工具”，为白色圆形对象添加透明效果，如图11-89所示。

(13) 选择工具箱中的“椭圆工具”，绘图页中创建黑色椭圆形，再次单击该图形使其处于旋转状态，并对图形进行旋转，完成后的效果如图11-90所示。

(14) 将新创建的图形进行复制，并调整其位置，然后对图形进行缩放，完成后的效果如图11-91所示。

图11-89

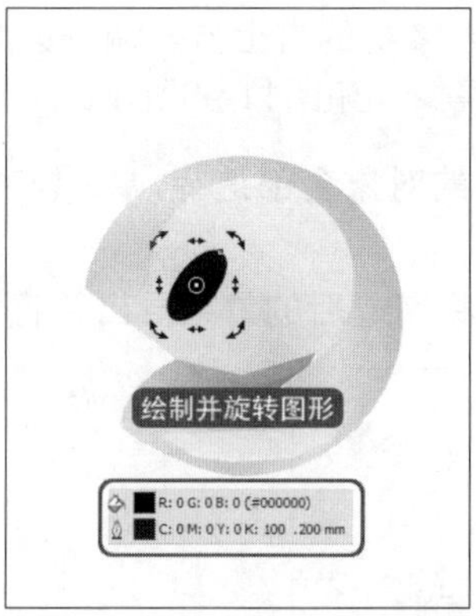

图11-90

图11-91

⑮ 按【Ctrl+A】快捷键将场景中的对象全部选择，选择菜单栏中的“排列”\“群组”命令，将选择的对象成组，如图11-92所示。

⑯ 确定成组后的对象处于选择状态，选择工具箱中的“阴影工具”，为选择的对象添加阴影效果，在属性栏中将“阴影不透明”参数设置为30，将“阴影羽化”参数设置为20，如图11-93所示。

⑰ 使用“选择工具”在空白处单击，取消对对象的选择，在属性栏中单击“按钮”，将文档转换为横向，按【Ctrl+I】快捷键，在弹出的对话框中选择光盘中“素材与源文件”\“素材”\“第11天”\“底纹.gif”，单击“导入”按钮，将选择的素材导入到场景中，并调整素材的大小，如图11-94所示。

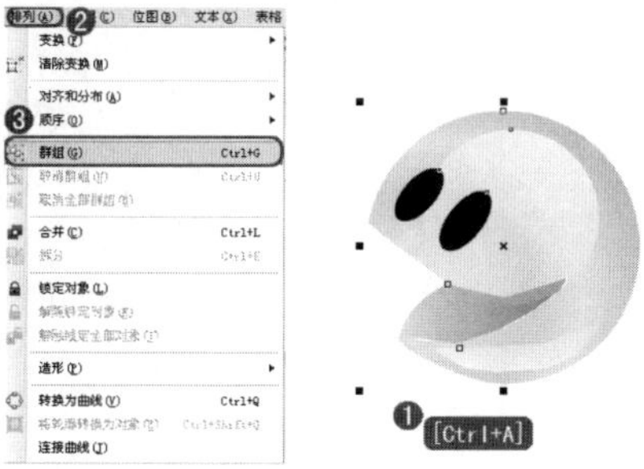

图11-92

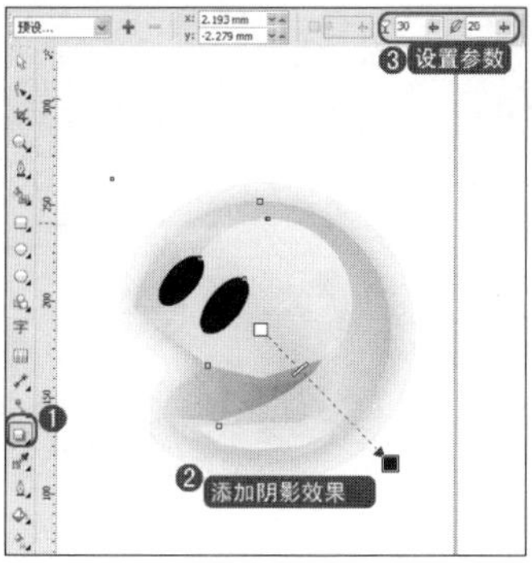

图11-93

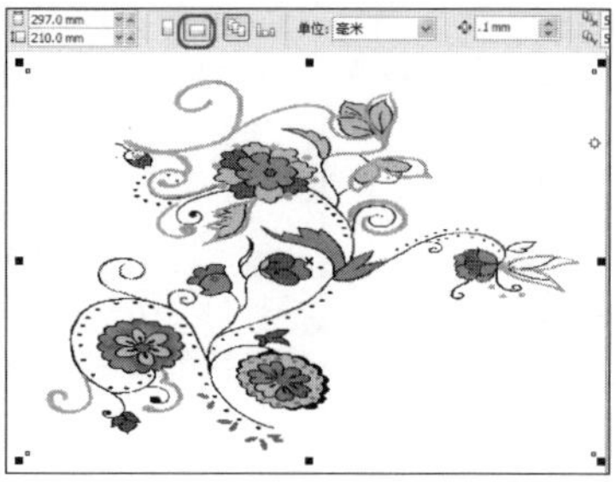

图11-94

⑱ 确定导入的素材处于选择状态，选择菜单栏中的“排列”\“顺序”\“到图层后面”命令，如图11-95所示，将选择的对象调整至表情图层的后面，如图11-96所示。

⑲ 调整表情图层的大小和位置，如图11-97所示。

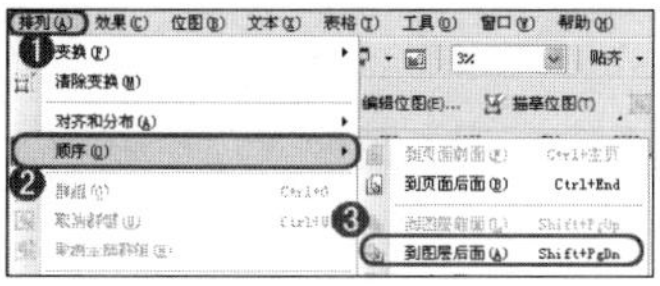

图11-95

图11-96

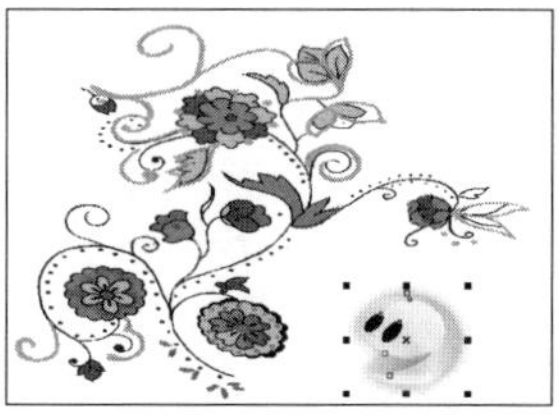

图11-97

(20) 将表情进行复制，并将其调整至素材的右上方，调整该图形的大小，并单击属性栏中的“水平镜像按钮”，将复制的图形进行镜像，如图11-98所示。

(21) 按【Ctrl+A】快捷键将场景中的对象全部选择，按【Ctrl+G】快捷键将选择的对象成组，完成后的效果如图11-99所示。

至此，表情效果绘制完成了，将完成后的效果导出并将场景文件进行保存。

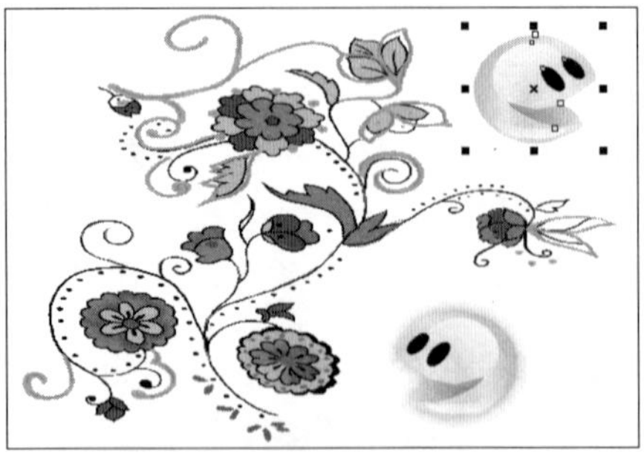

图11-98

图11-99

第12天 位图的处理

CorelDRAW X5提供了强大的位图编辑功能，如将矢量图转换为位图，转换位图图像的颜色模式，通过形状工具和菜单命令裁剪位图，通过高反差效果、局部等化、样本/目标平衡、调整调合曲线、调整亮度/对比度/强度、颜色平衡效果、调整色度/饱和度/亮度等属性来调整位图的颜色，将矢量图转换为位图。

12.1 转换为位图

“转换为位图”命令可将矢量图转换为位图，从而可以在位图中不能应用矢量图的特殊效果。

在页面中选择要转换的矢量对象，然后在“位图”菜单栏中选择“转换为位图”命令，如图12-1所示。将打开【转换为位图】对话框，用户可以在对话框的“分辨率”下拉列表框中设置位图的分辨率，以及在“颜色模式”下拉列表框中选择合适的颜色模式，如图12-2所示。

图12-1

图12-2

提 示

颜色模式决定构成位图的数量和种类，因此选择不同的模式时，位图文件大小也会受到影响。

【转换为位图】对话框中各个选项的功能如下：

- “分辨率”下拉列表框：可以选择矢量图形转换为位图图像后所需的分辨率。
- “颜色模式”下拉列表框：可以选择矢量图形转换为位图图像所需的色彩模式。
- “递色处理的”复选项：决定是否用颜色抖动的办法产生过渡颜色。
- “始终叠印黑色”：选择该选项，则在印刷时始终叠印黑色。
- “光滑处理”复选项：可以使矢量图形在转换为位图图像后边缘更平滑。
- “透明背景”复选项：可以使转换后的位图图像使用透明背景。

设置完成后，用户可以通过对话框底部的信息栏查看位图文件的大小信息，确认无误后单击“确定”按钮，即可完成转换操作。

提　示

如果要使转换的矢量图形能够使用各种位图效果，那么在转换的时候必须将颜色设置在24位以上。

【单元练习】——将矢量图转换为位图

通过前面对基础内容的介绍，下面再来通过简单的实例介绍矢量图转换为位图的方法。

图12-3

01 打开随书附带光盘中“素材与源文件”\“素材”\“第12天”\“将矢量图转换为位图.cdr”，如图12-3所示。

02 在绘图页中选择对象，然后在菜单栏中选择“位图”\“转换为位图”命令，弹出【转换为位图】对话框，在该对话框中将“分辨率”参数设置为72像素，其余使用默认参数，如图12-4所示。

03 单击“确定”按钮，即可将矢量图转换为位图，效果如图12-5所示。

图12-4

图12-5

提　示

将矢量图形转换为位图图像后，可以选择“位图”\“编辑位图”命令，打开用于编辑修改位图图像的CorelPhoto-PAINT应用程序。在该程序中融入了更强大的位图图像处理工具，可以在其中对位图图像进行编辑。

12.2　CorelDRAW中的颜色模式

在CorelDRAW 中使用的图像颜色基于颜色模式。 颜色模式定义图像的颜色特征，并由图像组件的颜色来描述。CMYK颜色模式由青色、品红色、黄色和黑色值组成；RGB颜色模式由红色、绿色和蓝色值组成。

12.2.1 CMYK、RGB颜色模式

尽管从屏幕上看不出 CMYK 颜色模式的图像与 RGB 颜色模式的图像之间的差别，但是这两种图像是截然不同的。 在图像尺度相同的情况下，RGB 图像的文件大小比 CMYK 图像要小，但RGB颜色空间或色谱却可以显示更多的颜色。 因此，凡是用于要求有精确色调逼真度的Web或桌面打印机的图像，一般都采用RGB模式。 在商业印刷机等需要精确打印再现的情况，图像一般采用CMYK 模式创建。调色板颜色图像在减小文件大小的同时力求保持色调逼真度，因而适合在屏幕上使用。

每次转换图像时都可能会丢失颜色信息。因此，应该先保存编辑好的图像，再将其更改为不同的颜色模式。

CorelDRAW支持以下颜色模式：

- 黑白（1位）；
- 双色调（8位）；
- 灰度（8位）；
- 调色板（8位）；
- RGB颜色（24位）；
- Lab颜色（24位）；
- CMYK颜色（32位）。

RGB和CMYK颜色模式是常用的颜色，这里就不再对其他颜色模式进行介绍了。

12.2.2 颜色模式的转换

在转换颜色模式之前，首先选择需要转换的图像，然后在菜单栏中选择“位图”\“模式”命令，再单击一种颜色模式，即可将选择的图像转换为所选择的颜色模式。

【单元练习】——转换图像的颜色模式

通过前面对颜色模式的简单介绍，下面再来通过简单的小实例对前面学习的内容进行巩固。本例将RGB颜色模式的图像转换为CMYK模式的图像。

首先导入光盘中“素材与源文件”\“素材”\“第12天”\“图像.jpg”素材图片，如图12-6所示。

图12-6

01 在绘图页中选择图片，然后在菜单栏中选择“位图”\“模式”\“CMYK颜色（32位）”命令，如图12-7所示。

02 即可将图像转换为CMYK色彩模式，如图12-8所示。

图12-7

图12-8

12.3 裁剪位图

将位图添加到绘图后，可以对位图进行裁剪，裁剪用于移除不需要的位图。要将位图裁剪成矩形，可以使用“裁剪工具”；要将位图裁剪成不规则形状，可以使用“形状工具”和“裁剪位图”命令。

下面将分别介绍两种裁剪位图的方法。

12.3.1 用形状工具裁剪位图

继续使用前面导入的素材进行讲解。

01 选择工具箱中的“形状工具”，在画面中拖动控制点来调整图像的形状，如图12-9所示。

02 在菜单栏只选择“位图”\“裁剪位图”命令，如图12-10所示。即可将位图进行裁剪，如图12-11所示。

图12-9

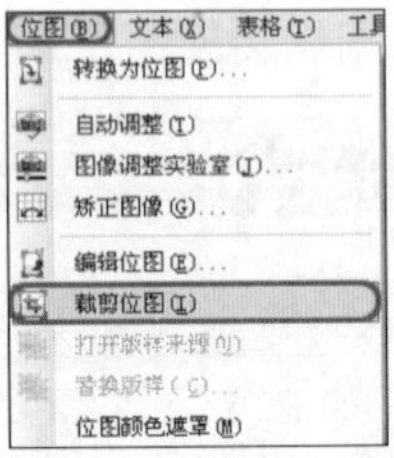

图12-10

图12-11

03 用户可以拖动下方的两个控制点，以查看被裁减的部分，如图12-12所示，其实是以直线裁减的。

图12-12

12.3.2 通过菜单命令裁剪位图

在有“裁剪工具”之前，用户处理图片的时候都要导入到Photoshop中去，但操作并不规范。利用“裁剪工具”可以简化操作步骤。

在CorelDRAW X5中，可裁剪的对象包括矢量图形、位图、段落文字、美工文字和所有的群组对象。继续使用前面的素材，介绍如何使用“裁剪工具”来裁剪对象。操作步骤如下：

01 单击工具箱中的“裁剪工具”，在画面上拖出裁切框如图12-13所示。

02 在裁剪选取框中双击，即可完成裁剪操作，如图12-14所示。

图12-13

图12-14

仔细观察裁剪选取框的边缘，会发现有8个控制点。将鼠标光标置于其中一点上拖动，即可改变裁剪选取框的大小。

技 巧

将鼠标光标置于裁剪选取框中间或侧面中央的控制点上，按【Shift】键并拖动控制点，可同时向内或向外伸缩裁剪选取框。如将鼠标光标放置在右上角的控制点上并拖动，可对裁剪选取框进行等比例缩放。有两种方法来取消裁剪，一是在裁剪状态下，按【Esc】键；二是单击属性栏中的“清除裁剪选取框”按钮。

【单元练习】——剪切图形

通过前面对裁减位图的简单介绍，下面再来通过实际的练习操作对前面学习进行巩固。

按【Ctrl+I】快捷键，选择光盘中“素材与源文件”\“素材”\“第12天”\“扇子.jpg”文件，将该素材导入到场景中，如图12-15所示。

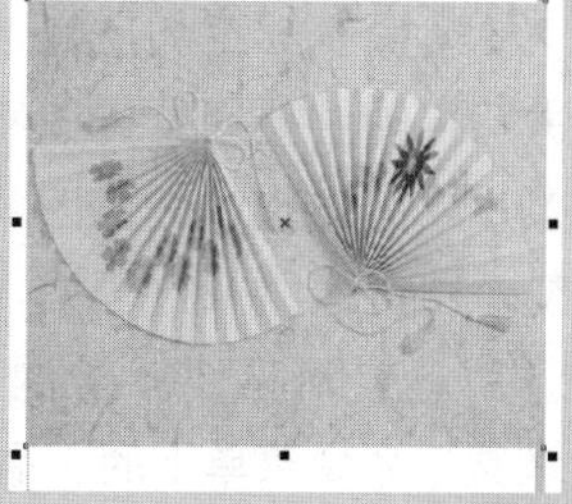

图12-15

01 选择工具箱中的“裁减工具”，在画面上拖动鼠标绘制裁切框，如图12-16所示。

02 调整好裁切框的大小后，在裁切框内双击鼠标左键，对裁切框内的图形进行裁剪，完成后的效果如图12-17所示。

图12-16

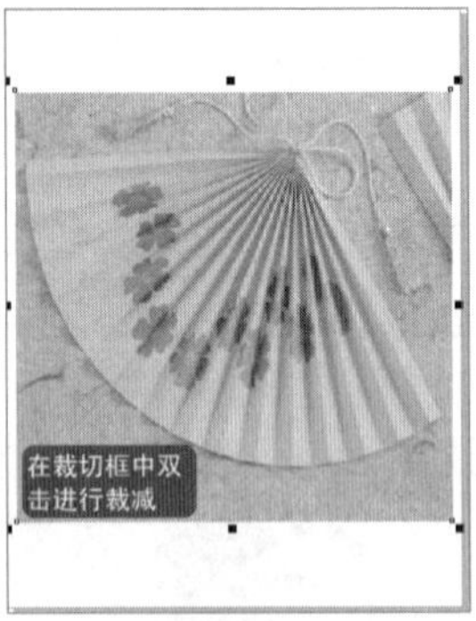

图12-17

03 选择工具箱中的“形状工具”，在需要添加节点的位置单击，再在属性栏中选择“添加节点按钮”，添加节点，然后选择节点，单击“转换为曲线按钮”，对节点进行调整，如图12-18所示。

04 调整完图形的形状后，在菜单栏中选择“位图”\“裁剪位图”命令，如图12-19所示，裁剪图形后的效果如图12-20所示。

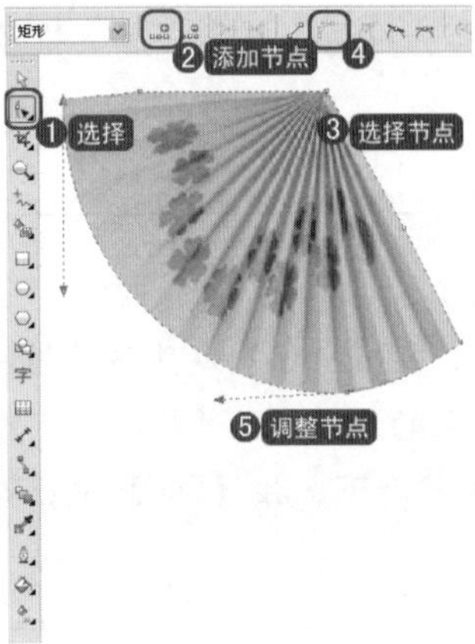

图12-18

图12-19

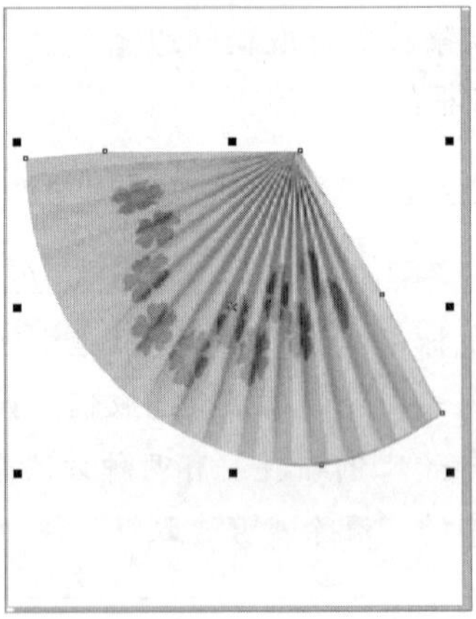

图12-20

12.4 调整位图颜色

为了使图像能够更加逼真地反映出事物的原貌，常常需要对图像进行再调整处理。由于不经过色彩调整很难将一张彩色的原始照片或者扫描的彩色图片转换为一个较为完美的图像，因此在整个图像的编辑过程中，对色彩与色调的调整起着举足轻重的作用。要对位图图像的颜色进行调整，可以选择“效果”\“调整”命令菜单下的子命令进行设置，如图12-21所示。

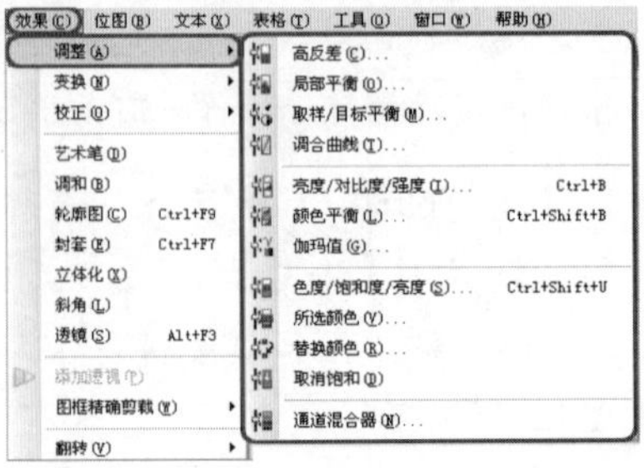

图12-21

12.4.1 获得高反差效果

高反差效果是指通过调整图像的色阶来增强图像的对比度效果，利用【高反差】命令可以精确地对图像中的某一种色调进行调整。具体的操作步骤如下：

01 按【Ctrl+I】快捷键并弹出【导入】对话框，然后导入光盘中“素材与源文件”\“素材”\“第12天”\“风车.jpg”文件并用“选择工具”选中，如图12-22所示。

02 在菜单栏中选择“效果”\“调整”\“高反差”命令，弹出【高反差】对话框。单击“预览”按钮右侧的“按钮”，然后选择“自动调整”复选项，如图12-23所示。

图12-22

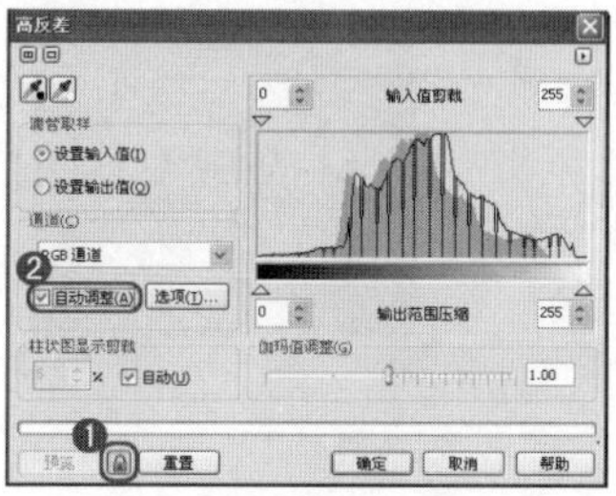

图12-23

03 此时在页面上将会预览到的调整后的效果，如图12-24所示。

【高反差】对话框中各个选项的功能如下：

- “黑色吸管工具按钮”单击此按钮，移动鼠标指针到图像上单击可设置图像的暗调。
- “白色吸管工具按钮”：单击此按钮，移动鼠标指针到图像上单击可设置图像的亮调。
- “滴管取样”选项区域：用于设置滴管工具的取样类别。
- “色频”下拉列表框：用于设置所要进行调整的色彩通道的类型。选中“自动调整”复选项可以自动地对所选择的色彩通道进行调整。单击“选项”按钮会弹出【自动调整范围】对话框，从中可以设置自动调整的色调范围。
- “柱状图显示剪裁”选项区域：用于设置色调柱状图的显示。
- “输入值剪裁”文本框：左边的文本框用于设置图像的最暗处，右边的文本框用于设置图像的最亮处。
- “伽玛值调整”滑标：拖动滑块或者在文本框中输入数值，可以调整视图中的图像细节。

04 在“输入值剪裁”文本框右边的文本框中输入参数150，或者拖动其下面的滑块，如图12-25所示。

05 如果对调整参数后得到的效果比较满意，单击“确定”按钮即可，得到的效果如图12-26所示。

图12-24

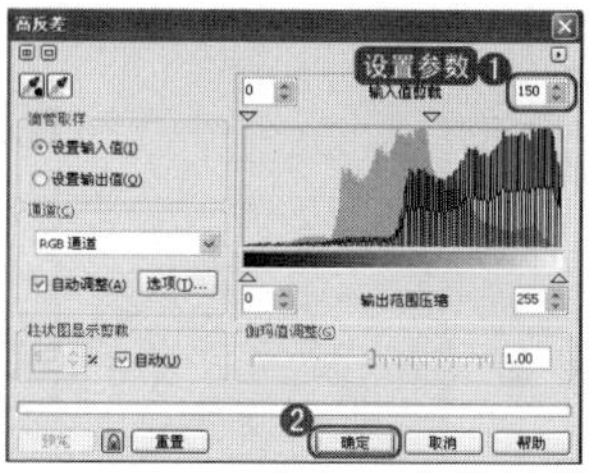

图12-25

图12-26

12.4.2 局部等化

“局部平衡”命令用于对图像中各个局部区域内的色阶进行平衡处理。选择“局部平衡”命令后，系统会自动地对所设置区域的色阶进行统一的处理。具体的操作步骤如下：

01 新建一个横向页面的文件，然后导入光盘中“素材与源文件”\“素材”\“第12天”\“局部等化.jpg”文件并用“选择工具”选中，如图12-27所示。

02 选择菜单栏中的“效果”\“调整”\“局部平衡”命令，弹出【局部平衡】对话框，如图12-28所示。

图12-27

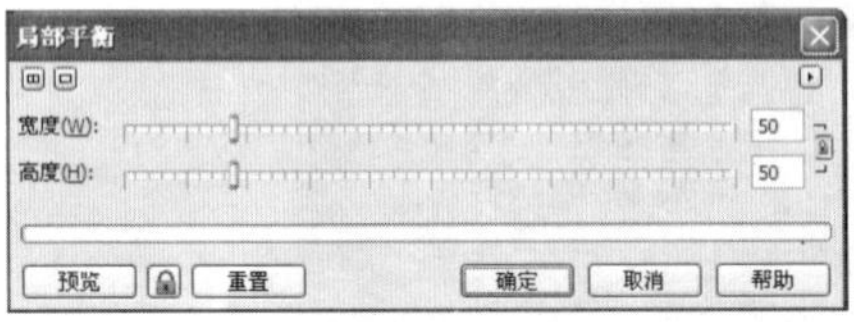

图12-28

03 然后拖动“宽度”和“高度”滑块将参数都调整为100，单击“预览”按钮观看效果，如图12-29所示，如果对预览后的效果比较满意，单击“确定”按钮，如图12-30所示。

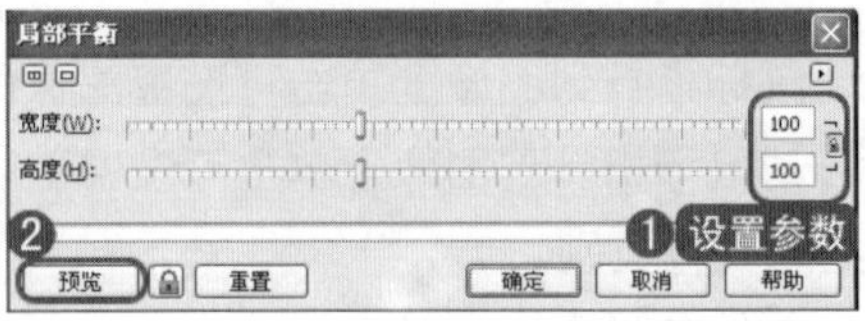

图12-29

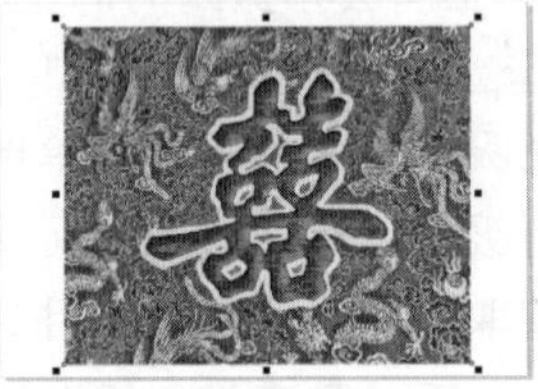

图12-30

12.4.3 样本/目标平衡

使用“取样／目标平衡”命令允许使用图像中选取的色样来调整位图中的颜色值。可以从图像的黑色、中间色调以及浅色部分选取色样，并将目标颜色应用于每个色样，具体的操作步骤如下:

01 新建一个横向页面的文件，然后导入光盘中“素材与源文件”\“素材”\“第12天”\“卧室.jpg”文件并用“选择工具”选中，如图12-31所示。

02 在菜单栏中选择“效果”\“调整”\“取样／目标平衡”命令，弹出图12-32所示的对话框，并在其中选择“滴管”，接着移动指针到画面中吸取样本，如图12-33所示，同时在对话框中就会显示该样本与目标颜色，如图12-34所示。

图12-31

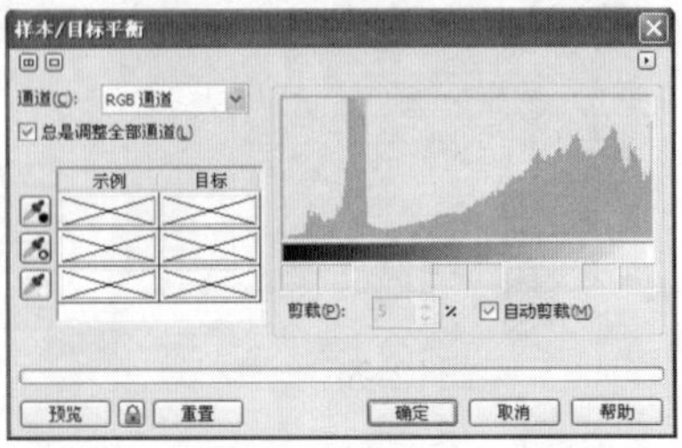

图12-32

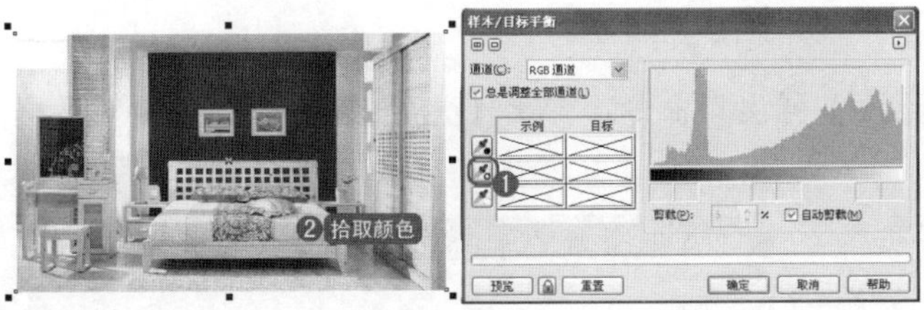

图12-33

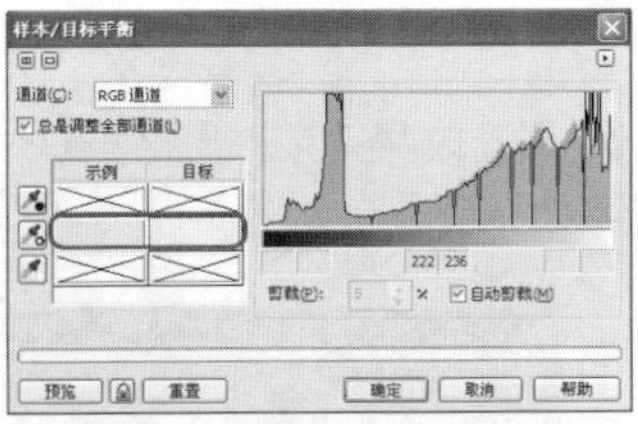

图12-34

03 在【样本/目标平衡】对话框中单击刚吸取的目标颜色按钮，弹出【选择颜色】对话框，并在其中选择所需的颜色，如图12-35所示，选择后单击“确定”按钮，返回到【样本/目标平衡】对话框中，看到目标颜色已更改了，如图12-36所示，再单击“确定”按钮，得到图12-37所示的效果。

图12-35

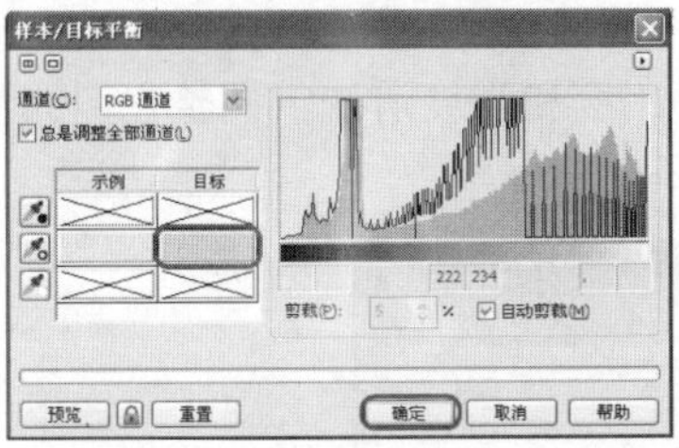

图12-36

图12-37

12.4.4 调整调合曲线

使用“调合曲线”命令可以通过控制各个像素值来精确地校正颜色，也可以通过更改像素亮度值来更改阴影、中间色调和高光，具体的操作步骤如下：

01 按【Ctrl+Z】快捷键撤销前面的“样本 / 目标平衡”操作，再在菜单栏中选择“效果”\“调整”\“调合曲线”命令，弹出【调合曲线】对话框，如图12-38所示。

02 在其中将网格中的直线调为曲线，如图12-39所示。单击“预览”按钮查看调整后的效果，如图12-40所示，调整完成后单击“确定”按钮即可。

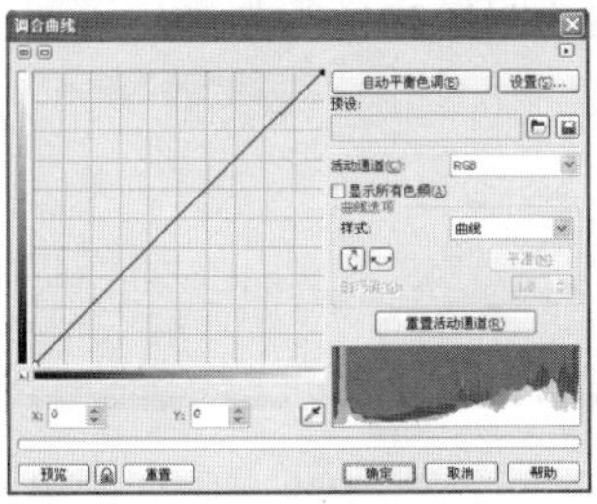

图12-38

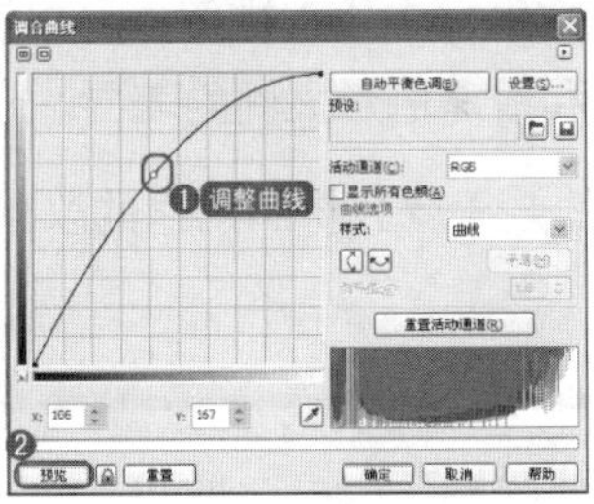

图12-39

图12-40

12.4.5 调整亮度/对比度/强度

在CorelDRAW中，亮度、对比度与强度可以应用于图像色彩的3个不同的属性设置中。具体的操作步骤如下：

01 按【Ctrl+I】快捷键，弹出【导入】对话框，然后导入光盘中“素材与源文件”\“素材”\“第

12天”\“图片.jpg”文件并用选择工具选中，如图12-41所示。

02 选择“效果”\“调整”\“亮度\对比度\强度”命令，弹出【亮度\对比度\强度】对话框，如图12-42所示。

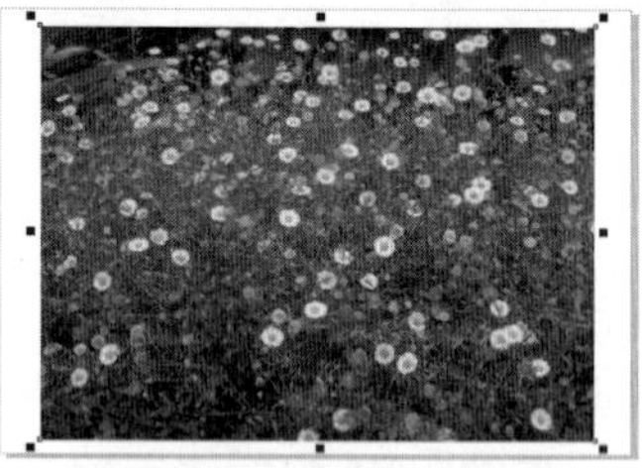

图12-41

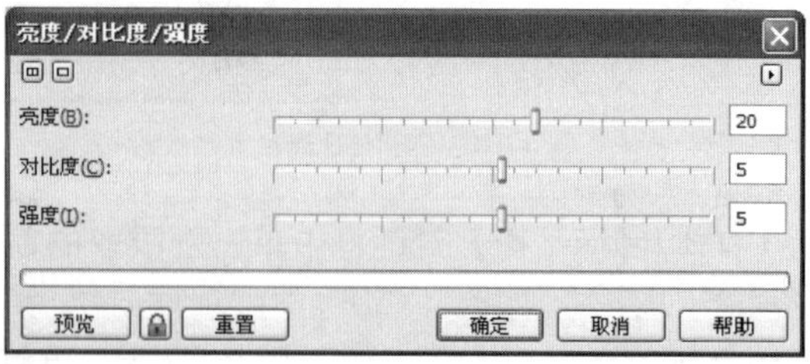

图12-42

03 在弹出的对话框中拖动亮度、对比度和强度滑块，调整它们的参数，如图12-43所示。单击“预览”按钮，观察调整的效果，如图12-44所示.。

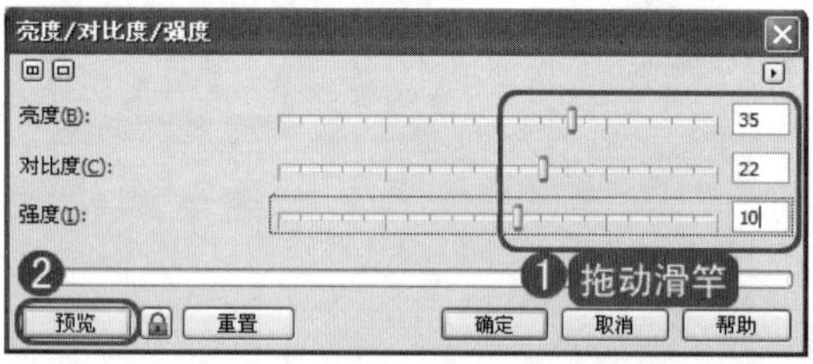

图12-43

图12-44

【亮度\对比度\强度】对话框中各个选项的功能如下：

- “亮度”滑竿：拖动滑块或者在其文本框中输入数值，可以调整图像中色彩的亮度。该选项可以将所有色彩的亮度值在色调范围内升高或者降低。使图像中所有的色彩同等地变浅或者变深。
- “对比度”滑竿：拖动滑块或者在其文本框中输入数值，可以调整图像的色彩对比度。增强对比度可以增强图像中浅色区域的色彩。
- “强度”滑竿：拖动滑块或者在其文本框中输入数值，可以调整图像的色彩强度。调整色彩强度可以增大或者减小图像中最浅和最深色彩之间的差异。

04 调整完毕后单击“确定”按钮，图像的效果就会得到明显的改善。

12.4.6 获得颜色平衡效果

选择“颜色平衡”命令可以对图像中的阴影、中间色调和高光等部分进行调整，以使图像的颜色达到平衡。具体的操作步骤如下：

01 按【Ctrl+I】快捷键，弹出【导入】对话框，然后导入光盘中“素材与源文件”\“素材”\“第12天”\“001.jpg”文件并用选择工具选中，如图12-45所示。

02 在菜单栏中选择“效果”\“调整”\“颜色平衡”命令，弹出【颜色平衡】对话框，如图12-46所示。

图12-45

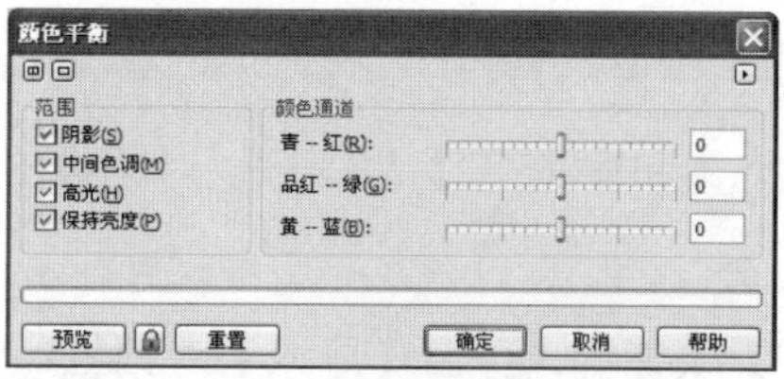

图12-46

【颜色平衡】对话框中各个选项的功能如下：

- “范围”选项区域：包括“阴影”、“中间色调”、“高光”和“保持亮度”4个复选项。分别选中这些复选项后，可以使“颜色通道”选项区域中设置的参数作用于选中的范围。
- “青一红”滑竿：拖动滑块或者在文本框中输入数值，可以调整图像中青色和红色的平衡。
- “品红一绿”滑竿：拖动滑块或者在文本框中输入数值，可以调整图像中品红和绿色的平衡。
- “黄一蓝”滑竿：拖动滑块或者在文本框中输入数值，可以调整图像中黄色和蓝色的平衡。

03 在【颜色平衡】对话框中设置“青一红”为30，“品红一绿”为-31，如图12-47所示。单击“预览”按钮，进行预览，然后单击“确定”按钮即可完成图像颜色的调整，如图12-48所示。

图12-47

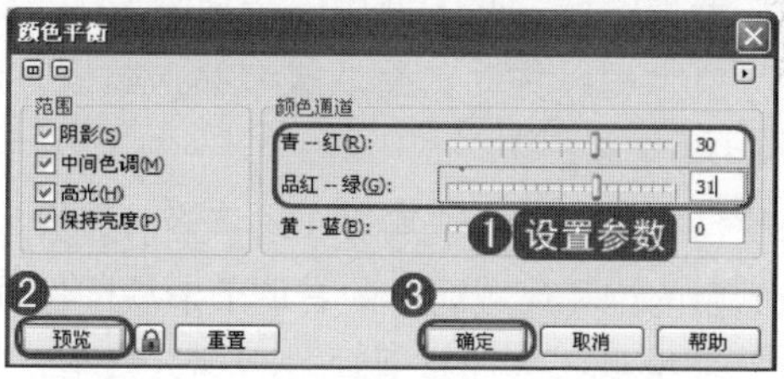

图12-48

12.4.7 获得伽玛值效果

选择“伽玛值”命令能够对图像整体的阴影和高光进行调整，特别是对低对比度图像中的细节有较大的改善。伽玛值是基于色阶曲线进行调整的，因此图像色调的变化主要趋向于中间色调。继续前面的操作进行讲解，确定图片处于选择状态，具体的操作步骤如下：

01 在菜单栏中选择“效果”\“调整”\“伽玛值”命令，弹出【伽玛值】对话框，如图12-49所示。

02 单击“预览”按钮右侧的“按钮”，然后将“伽玛值”设置为3，如图12-50所示。设置完成后单击“确定”按钮，即可完成图像的调整，如图12-51所示。

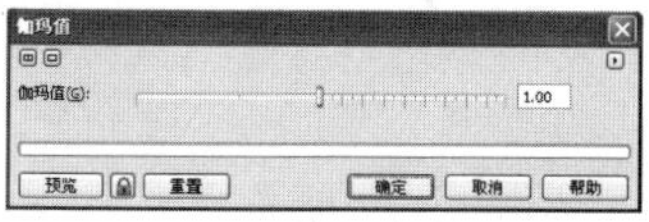

图12-49

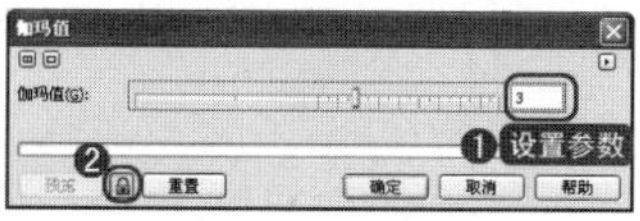

图12-50

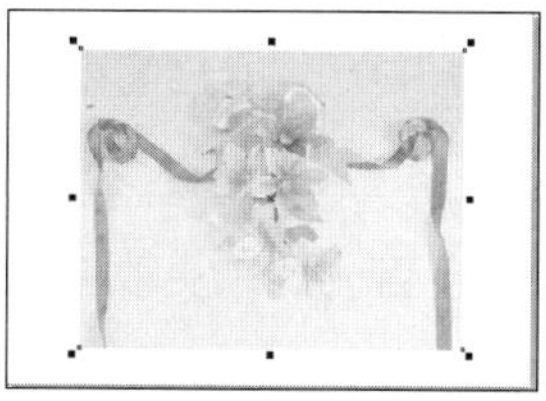

图12-51

12.4.8 调整色度/饱和度/亮度

选择【色度\饱和度\亮度】命令可以对图像中的色度、饱和度和明亮程度进行调整。具体的操作步骤如下：

01 按【Ctrl+I】快捷键，弹出【导入】对话框，然后导入随书附带光盘中“素材与源文件”\“素材”\“第12天”\“蛋糕.jpg”文件，并选中“选择工具”。如图12-52所示。

02 选择菜单栏中的“效果”\“调整”\“色度\饱和度\亮度”命令，弹出【色度\饱和度\亮度】对话框，如图12-53所示。

图12-52

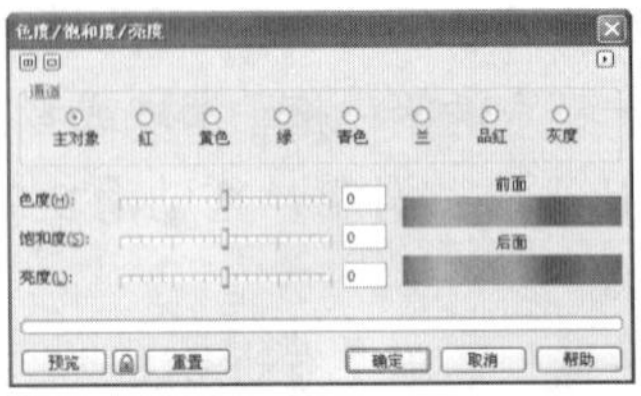

图12-53

【色度\饱和度\亮度】对话框中各个选项的功能如下：

- “通道”选项区域：此区域用于选择图像中要调整的颜色范围。
- “色度”文本框：拖动其滑块或者输入数值可以调节红、黄、绿、蓝和洋红等颜色，范围在-180～+180之间。
- “饱和度”文本框：拖动其滑块或者输入数值，可以增强或者减弱颜色的饱和度。向左调节滑块图像颜色的饱和度减弱，向右调节滑块图像颜色的饱和度增强，范围在-100～+100之间。
- “亮度”文本框：拖动其滑块或者输入数值，可以调整图像颜色的明亮程度。向左拖动图像的颜色变暗，向右拖动图像的颜色变亮，范围在-100～+100之间。

03 在【色度\饱和度\亮度】对话框中，单击“预览”按钮后的“按钮”，选中“黄”通道单选项，然后将“色度”、“饱和度”和“亮度”参数分别设置为43、10、10，如图12-54所示，设置完成后单击“确定”按钮，此时可以看到图像中黄色通道的亮度稍稍增强些，如图12-55所示。

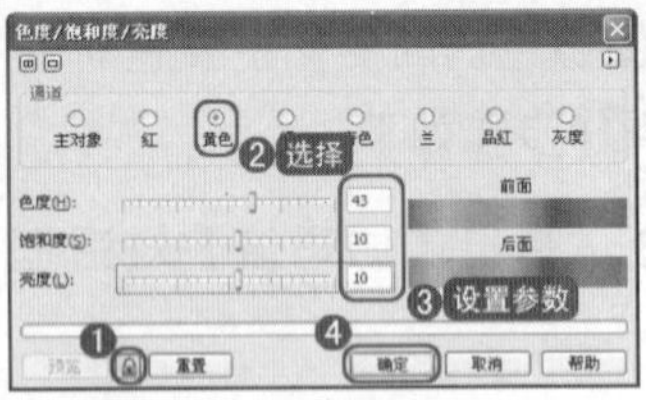

图12-54

图12-55

12.4.9 所选颜色

使用“所选颜色”命令可以允许用户通过更改位图中红、黄、绿、青、蓝和品红颜色的色谱和CMYK印刷色百分比来更改颜色。

01 按【Ctrl+Z】快捷键，撤销前面的“色度/饱和度/亮度”操作，如图12-56所示。

02 在菜单栏中选择“效果”\“调整”\“所选颜色”命令，弹出【所选颜色】对话框，如图12-57所示。

图12-56

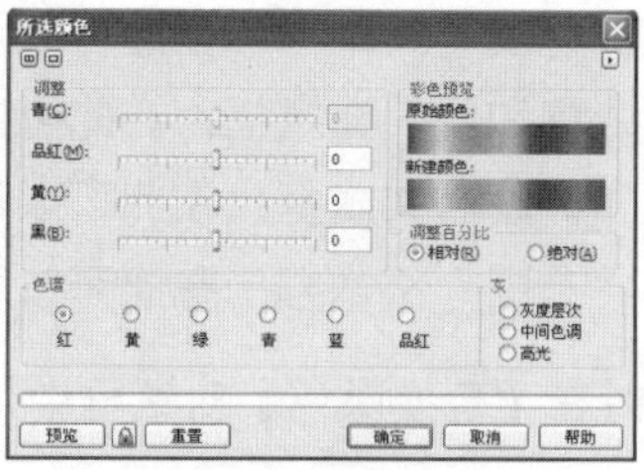

图12-57

03 在弹出的对话框中，单击“预览”按钮后的“按钮”，将“品红”、“黄”和“黑”分别设置为-70、38、4，如图12-58所示。设置完成后单击“确定”按钮，如图12-59所示。

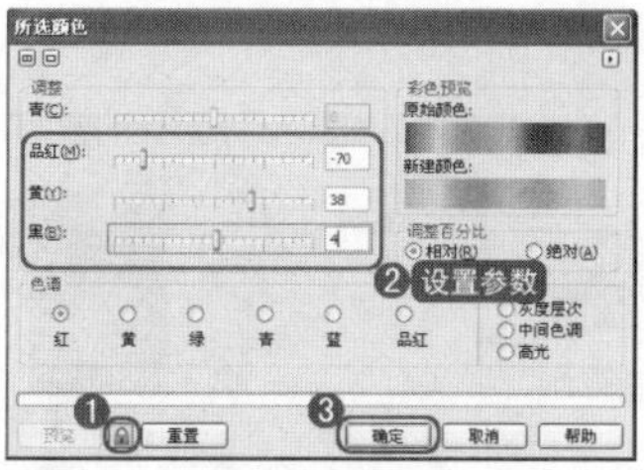

图12-58

图12-59

12.4.10 替换颜色

选择“替换颜色”命令可以对图像中的颜色进行替换。在替换的过程中不仅可以对颜色的色度、饱和度和亮度等进行控制，而且可以对替换的范围进行灵活的控制。具体的操作步骤如下：

01 按【Ctrl+I】快捷键，弹出【导入】对话框，然后导入随书附带光盘中“素材与源文件”\“素材”\“第12天”\“卡通小人.cdr”文件，并用“选择工具”选中。如图12-60所示。

02 在菜单栏中选择“效果”\“调整”\“替换颜色”命令，弹出【替换颜色】对话框，如图12-61所示。

03 单击“原颜色”后的“按钮”，移动鼠标到图片中小孩衣服上单击鼠标，拾取颜色，如图12-62所示。

图12-60

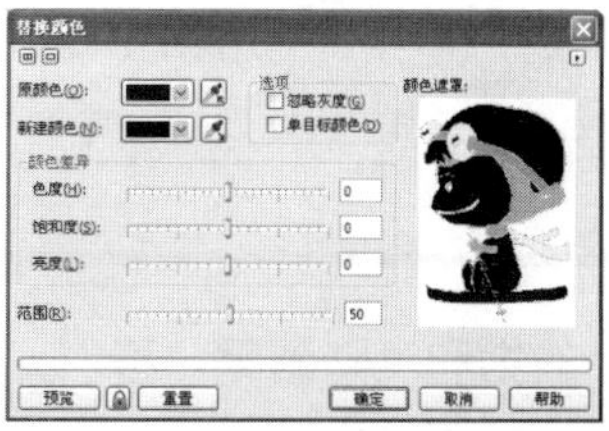

图12-61

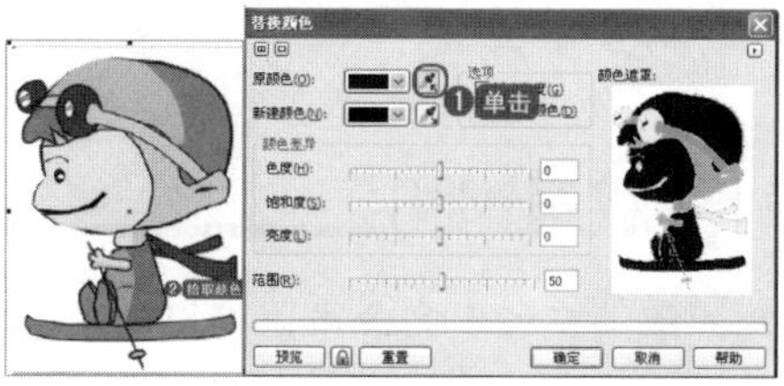

图12-62

【替换颜色】对话框中各个选项的功能如下：

- “原颜色”下拉列表框：在此可以选择原图像中的颜色。
- “新建颜色”下拉列表框：在此可以选择用来替换的颜色。
- “忽略灰度”复选项：选中此复选项将忽略图像中的灰度色阶不计。
- “单目标颜色”复选项：选中此复选项将只显示替换的颜色。

- “色度”文本框：在此可以调整颜色的色相。
- “饱和度”文本框：在此可以调整颜色的饱和度，范围在-100～+100之间。
- “亮度”文本框：在此可以调整颜色的明亮程度，范围在-100～+100之间。
- “范围”文本框：在此可以调整替换颜色的范围。

04 此时在【替换颜色】对话框中，原颜色将变为拾取的绿色，如图12-63所示。

05 单击“新建颜色”后的“按钮”，移动鼠标到图片中小孩围巾的边缘上单击鼠标，拾取红色，如图12-64所示。

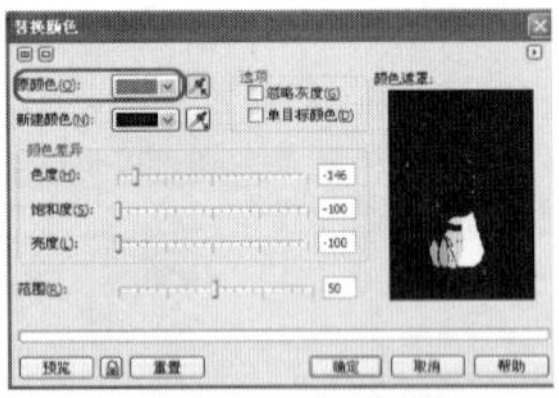

图12-63

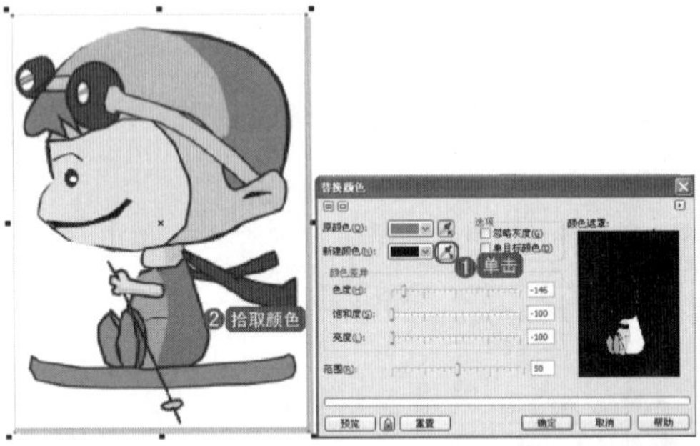

图12-64

06 此时在【替换颜色】对话框中，新建颜色将变为拾取的红色，如图12-65所示

07 单击“预览”按钮后的“按钮”，预览效果，如图12-66所示。设置完成后单击“确定”按钮。

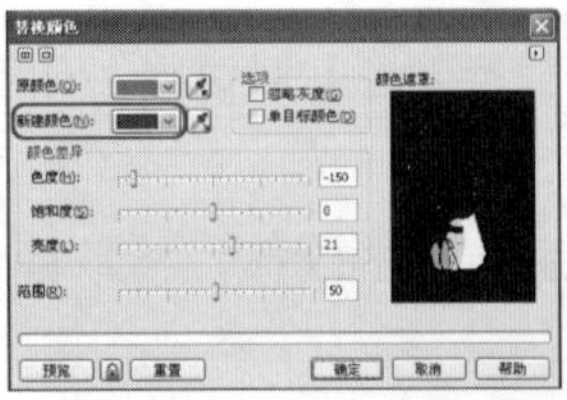

图12-65

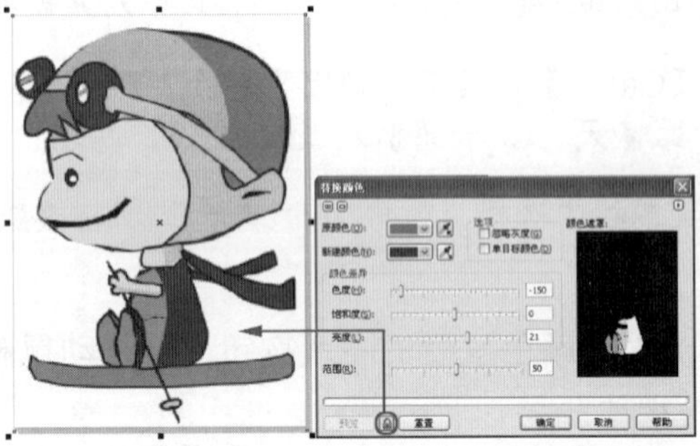

图12-66

12.4.11 取消饱和

使用“取消饱和”命令可以将位图中每种颜色的饱和度降到零，移除色度组件，并将每种颜色转换为与其对应的灰度，以创建出灰度黑白相片效果，而且它不会更改颜色模型。

继续前面的操作进行讲解，在菜单栏中选择“效果”\“调整”\“取消饱和”命令，得到图12-67所示的效果。

图12-67

12.4.12 通道混合器

在CorelDRAW中利用通道混合器可以对所选图像中的各个单色通道进行调整，这是一种更为高级的调整色彩平衡工具，具体的操作步骤如下：

01 按下【Ctrl+I】快捷键，弹出【导入】对话框，然后导入随书附带光盘中“素材与源文件”\“素材”\“第12天”\“客厅.jpg”文件，并用“选择工具”选中。如图12-68所示。

02 选择“效果”\“调整”\“通道混合器”命令，弹出【通道混合器】对话框，如图12-69所示。

图12-68

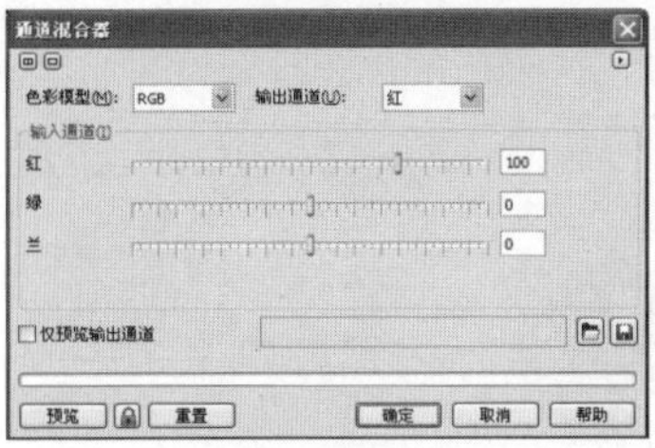

图12-69

【通道混合器】对话框中各个选项的含义如下：

- “色彩模型”下拉列表框：在此下拉列表中可以选择要处理位图图像的色彩模式。
- “输出通道”下拉列表框：在此下拉列表中可以选择所要调整的色彩通道。
- “输入通道”选项区域：在此可以调整所选色彩模式中各个输入色彩通道的参数。
- “仅预览输出通道”复选项：选中此复选项，在预览窗口中将只显示输出色彩通道的颜色信息。

03 在【通道混合器】对话框中，单击“预览”按钮右侧的“按钮”，将“红通道”参数设置为200，如图12-70所示。设置完成后单击“确定”按钮即可，完成后的效果如图12-71所示。

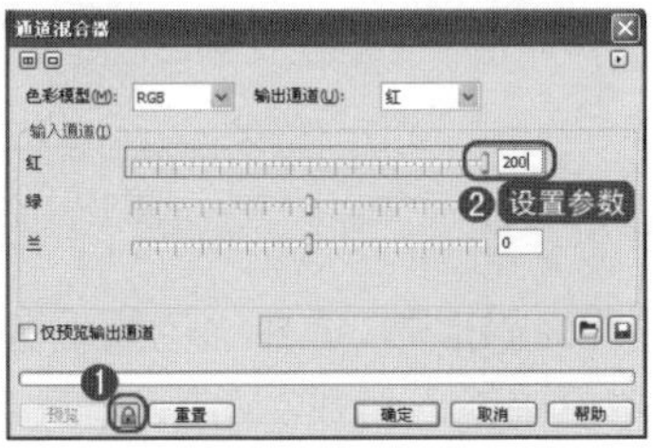

图12-70

图12-71

【单元练习】——调整照片

本例将使用“颜色平衡”和“高反差”命令对照片进行调整，完成后的效果如图12-72所示。

图12-72

01 按【Ctrl+I】快捷键，在弹出的对话框中选择光盘中“素材与源文件”\“第12天”\“照片.jpg”文件，将该素材导入到场景中，如图12-73所示。

02 确定新导入的素材处于选择状态，选择菜单栏中的“效果”\“调整”\“颜色平衡”命令，如图12-74所示。

03 在【颜色平衡】对话框中选择“预览”按钮右侧的“按钮”，将“青色”设置为-14，将“品红”设置为-15，设置完成后单击“确定”按钮，如图12-75所示。

图12-73

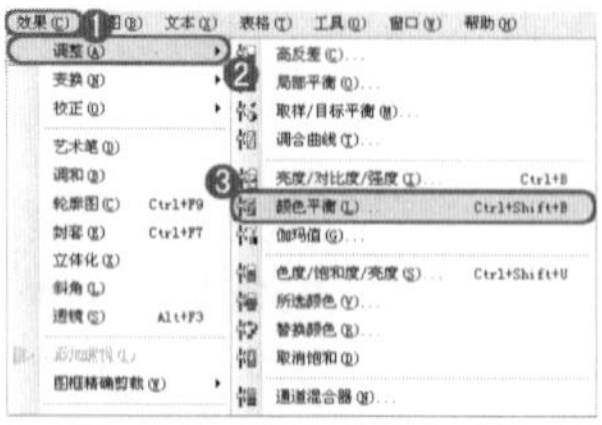

图12-74

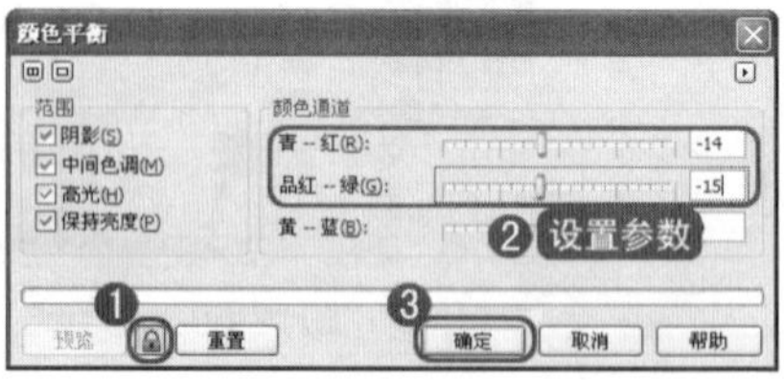

图12-75

04 设置完颜色平衡后的效果如图12-76所示。

05 再在菜单栏中选择“效果”\“调整”\“高反差”命令，如图12-77所示。

图12-76

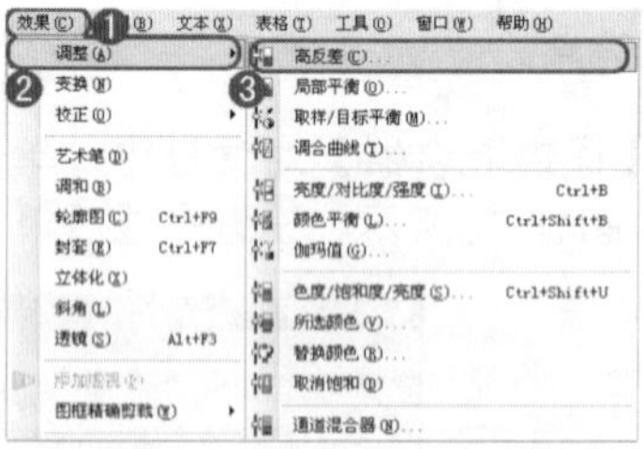

图12-77

06 在【高反差】对话框中选择“预览”按钮右侧的“按钮”，选择“色频”选项区域下的“自动调整”复选框，在“输入值剪裁”文本框右边的文本框中输入参数220，设置完成后单击“确定”按钮，如图12-78所示。

07 完成后的效果如图12-79所示。

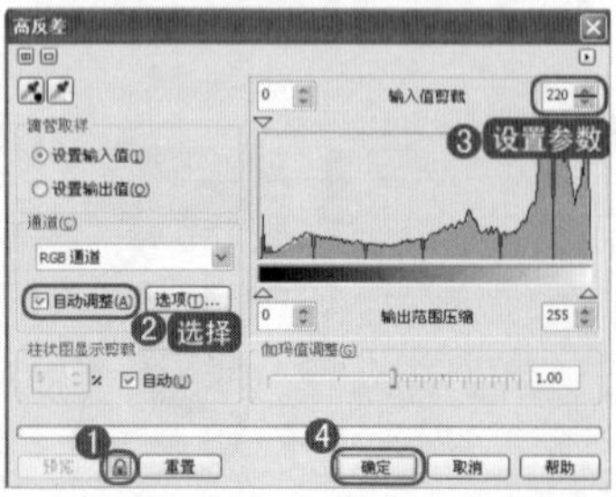

图12-78

图12-79

08 将完成后的效果导出，并将场景文件进行保存。

12.5 将矢量图转换为位图

本节主要介绍如何将位图转换为矢量图。在“位图”菜单中包括“快速描摹”、“线条描摹”和“描摹位图”3种方法。

12.5.1 快速描摹

应用该命令后，可以快速地将一张位图图像转换为矢量图形。不是很复杂的图像，通过该命令一般都会达到预期效果。图12-80所示为转换前后效果。

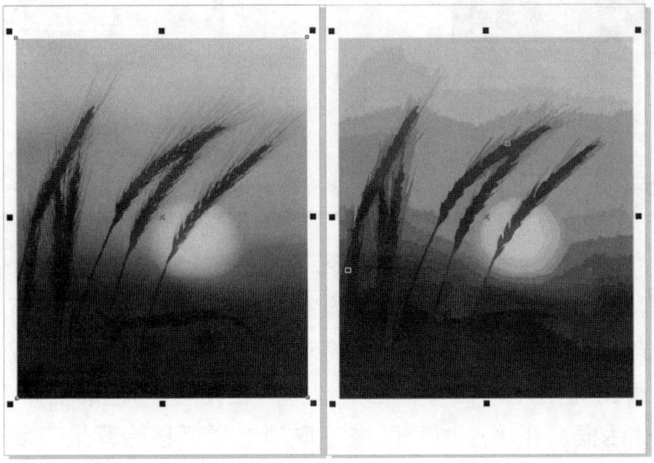

图12-80

12.5.2 中心线描摹

将图像以线条的形式进行描摹。线条描摹又分为快速描摹和线条图。选择菜单栏中的“位图”\“中心线描摹”\“技术图解”命令，可打开相应的描摹对话框进行设置，如图12-81所示。

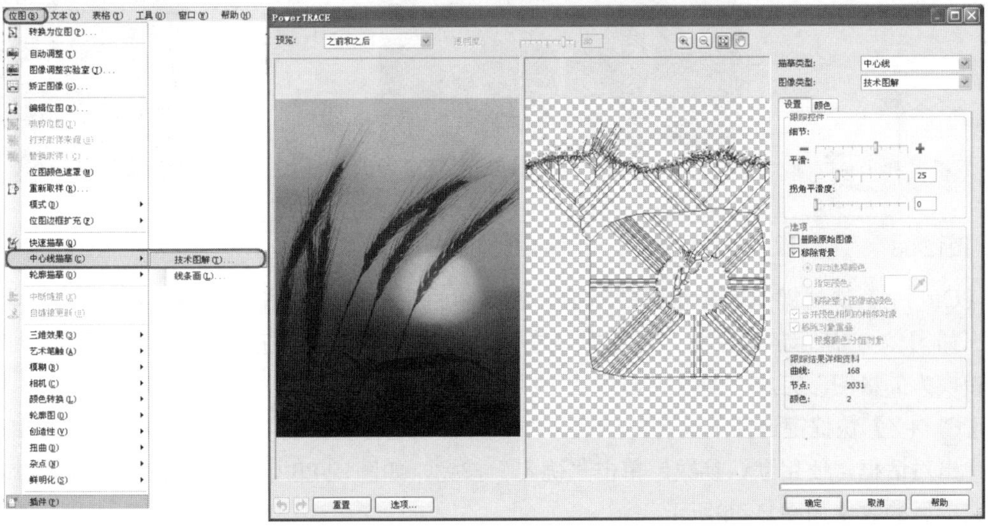

图12-81

通过该对话框中的“细节”、“平滑”和“拐角平滑度”选项来控制快速描摹的最终效果，使用鼠标左键单击图像可以使图像放大，右击可以使图像缩小。“线条图”的描摹方式同“技术图解”，所以不再赘述。如图12-82所示为应用“技术图解”和“线条图”前后的效果。

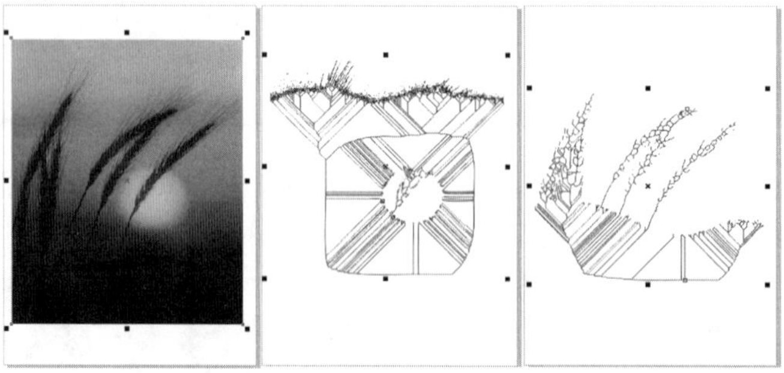

图12-82

12.5.3 描摹位图

选择菜单栏中的“位图”\“轮廓描摹”命令，打开“轮廓描摹”菜单，其中包括线条图、徽标、详细徽标、剪贴画、低品质图像和高质量图像6种描摹方式，如图12-83所示。

选择不同的描摹方式，其效果也不同，下面将对应用不同描摹方式进行简单的介绍：

选择需要转换矢量图的图片，在菜单栏中选择“位图”\“轮廓描摹”\“线条图”命令，弹出图12-84所示的对话框，在“选项”区域下取消选择“移除背景”复选框，其余使用默认参数，单击“确定”按钮，如图12-84所示。即可将位图图像转换为矢量图，完成后的效果如图12-85所示。

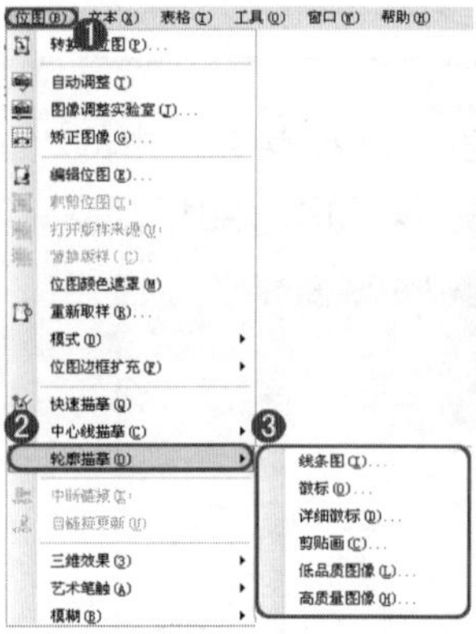

图12-83

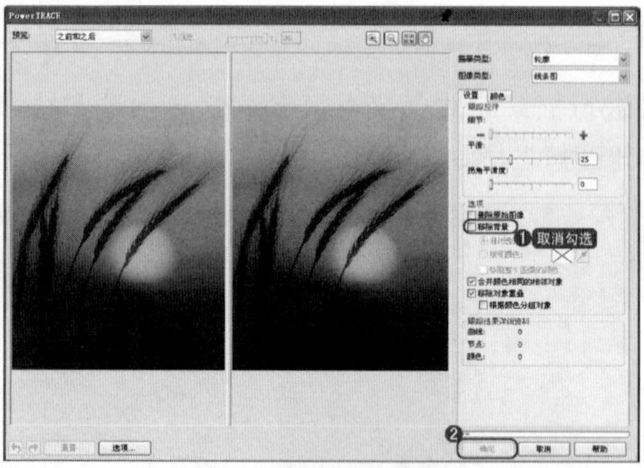

图12-84

图12-85

按【Ctrl+Z】快捷键退回矢量图的转换，在菜单栏中选择“位图”\“轮廓描摹”\“徽标”命令，弹出如图12-87所示的对话框，使用默认参数，单击“确定”按钮，如图12-86所示。即可将位图图像转换为矢量图，完成后的效果如图12-87所示。

按【Ctrl+Z】快捷键退回矢量图的转换，在菜单栏中选择“位图”\“轮廓描摹”\“详细徽标”命令，弹出对话框，使用默认参数，单击“确定”按钮，如图12-88所示。即可将位图图像转换为矢量图，完成后的效果如图12-89所示。

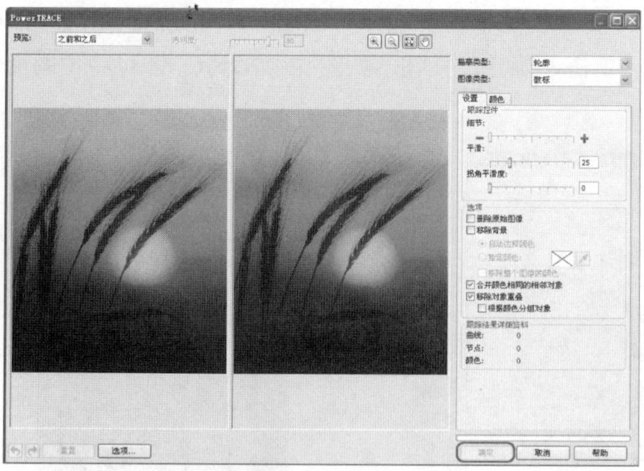

图12-86

图12-87

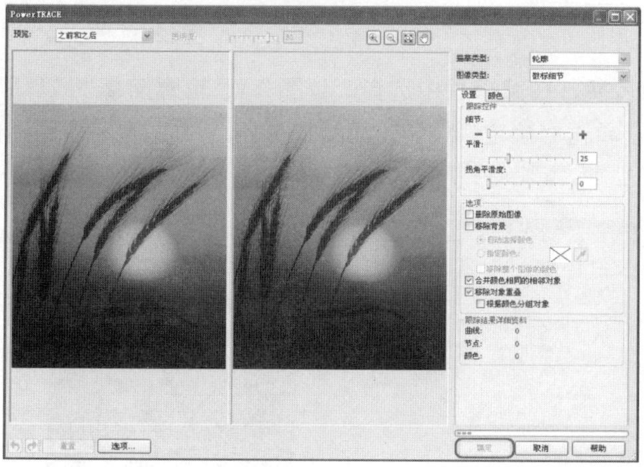

图12-88

图12-89

按【Ctrl+Z】快捷键退回矢量图的转换，在菜单栏中选择“位图”\“轮廓描摹”\“剪贴画”命令，弹出对话框，使用默认参数，单击“确定”按钮，如图12-90所示。即可将位图图像转换为矢量图，完成后的效果如图12-91所示。

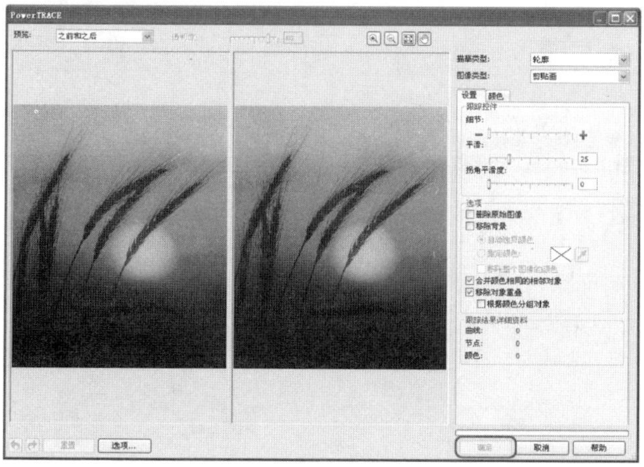

图12-90

图12-91

按【Ctrl+Z】快捷键退回矢量图的转换，在菜单栏中选择“位图”\“轮廓描摹”\“低品质图像”命令，弹出对话框，使用默认参数，单击“确定”按钮，如图12-92所示。即可将位图图像转换为矢量图，完成后的效果如图12-93所示。

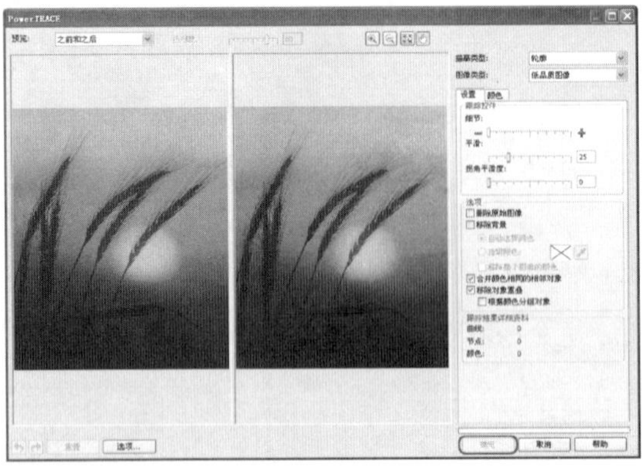

图12-92

图12-93

按【Ctrl+Z】快捷键退回矢量图的转换，在菜单栏中选择“位图”\“轮廓描摹”\“高质量图像”命令，弹出对话框，使用默认参数，单击“确定”按钮，如图12-94所示。即可将位图图像转换为矢量图，完成后的效果如图12-95所示。

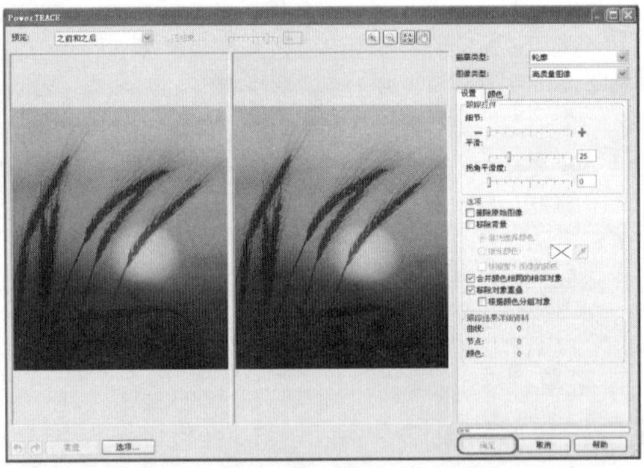

图12-94

图12-95

【单元练习】——转换矢量图

前面介绍了将矢量图转换为位图的方法，下面介绍如何将位图转换为矢量图，转换后的效果如图12-96所示。

图12-96

01 按【Ctrl+I】快捷键弹出【导入】对话框，选择光盘中“素材与源文件”\“素材”\“第12天”\“004.tif”文件，并用“选择工具”调整该图像，如图12-97所示。

02 在菜单栏中选择“位图”\“轮廓描摹”\“徽标”命令。

03 此时这个位图图像即被载入PowerTRACE程序中。将右侧的“平滑”滑块移动到95的位置，再将“细节”滑块移动到合适的位置，设置完成后单击“确定”按钮，如图12-98所示。

提　示

如果用户对转换的结果不满意，可以选择工具箱中的“选择工具”，并在跟踪结果的窗口内单击，然后选择“编辑”\“撤销跟踪位图”命令即可将该窗口内的所有图像清除。

图12-97

图12-98

04 此时页面上的位图图像即被转换成矢量图形，如图12-99所示。

05 确定转换后的矢量图形处于选择状态，选择菜单栏中的“排列”\“取消群组”命令。

06 将矢量图解散群组后即可对图形进行编辑了，如图12-100所示。

图12-99

图12-100

【每日一练】——绘制壁纸 >>>

本例将介绍壁纸效果的制作，使用工具箱中的基本工具绘制形状，并将新绘制的图形转换为位图，然后使用“高反差”命令和“通道混合器”命令对位图进行调整，完成后的效果如图12-101所示。

图12-101

01 按【Ctrl+N】快捷键，在属性栏中单击“按钮”，新建横向页面，选择工具箱中的“矩形工具”，在页面中绘制矩形，如图12-102所示。

02 按【F11】键，在弹出的对话框中将“角度”和“边界”参数分别设置为90和18，将渐变色设置为“从”洋红“到”CMYK参数为5、31、7、0，设置完成后单击“确定”按钮，如图12-103所示。

03 填充完渐变颜色后，取消轮廓线的填充，如图12-104所示。

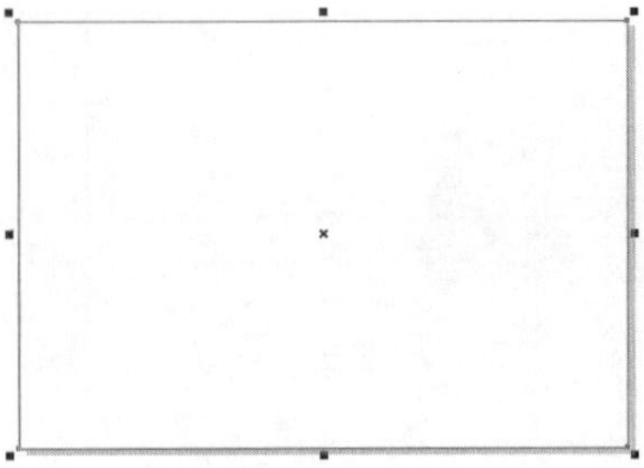

图12-102

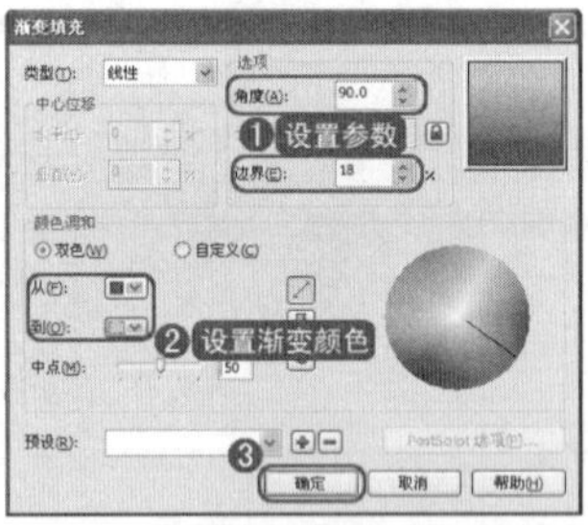

图12-103

图12-104

04 选择工具箱中的“钢笔工具”，在绘图页中绘制形状，如图12-105所示。

05 继续使用“钢笔工具”在绘图页中绘制形状，并配合“形状工具”对绘制的形状进行调整，如图12-106所示。

06 将新绘制的形状成组，并将其填充为RGB色为204、0、153的颜色，并取消轮廓线的填充，如图12-107所示。

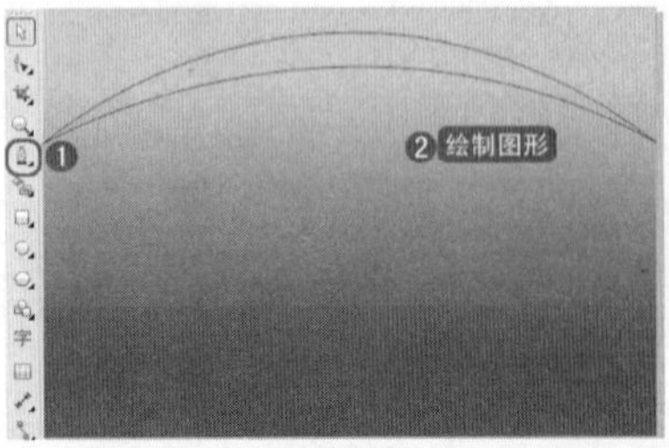

图12-105

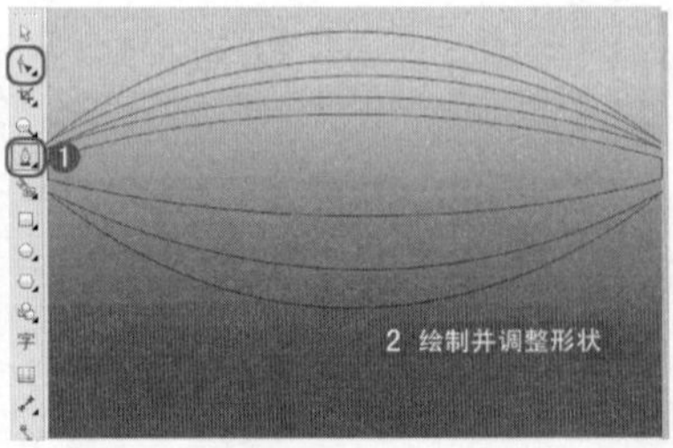

图12-106

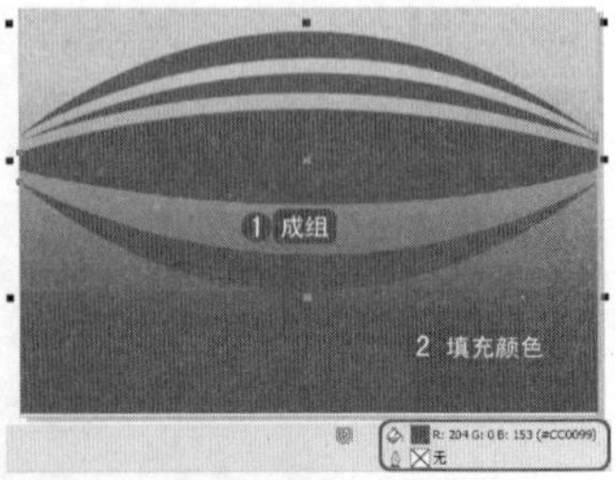

图12-107

07 选择工具箱中的“多边形工具”，在属性栏中将多边形边数设置为8，在绘图页中绘制八边形，如图12-108所示。

(08) 选择工具箱中的“形状工具”，对新绘制的八边形进行调整，将其填充为白色，并取消轮廓线的填充，如图12-109所示。

(09) 将新绘制的图形放大显示，确定“形状工具”处于选择状态，在需要添加节点的位置单击，选择属性栏中的“按钮”添加节点，如图12-110所示。

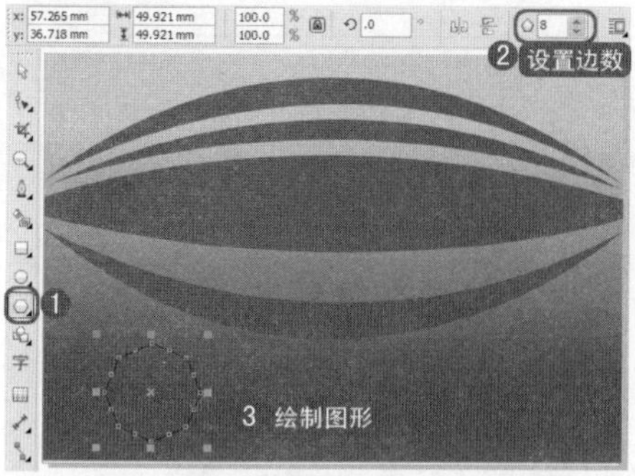

图12-108

图12-109

图12-110

(10) 选择角上的节点，单击“按钮”将选中的节点删除，如图12-111所示。

(11) 添加和删除节点后，再来对形状进行调整，如图12-112所示。

(12) 对新调整的形状进行复制，并调整形状的大小和位置，如图12-113所示。

图12-111

图12-112

图12-113

(13) 选择工具箱中的“椭圆形工具”，按【Ctrl】键以同一个点为圆心绘制两个正圆形，如图12-114所示。

(14) 选择新绘制的两个圆形，选择工具箱中的“选择工具”，在属性栏中单击“修剪按钮”，将选择的两个图形进行修剪，如图12-115所示。

图12-114

图12-115

提 示

选择图形进行修剪时，需要注意选择两个圆形的顺序，先选择里面的圆形，再选择外面的圆形。

⑮ 修剪完图形后，将其填充为白色，并取消轮廓线的填充，然后将圆形线框删除，如图12-116所示。

⑯ 使用同样的方法绘制其他圆形，如图12-117所示。也可以使用复制的方法对前面修剪的图形进行复制，并调整图形的大小和位置。

图12-116

图12-117

⑰ 使用工具箱中的“椭圆形工具”，在绘图页中绘制椭圆形，将其转换为曲线，并使用“形状工具”对形状进行调整，如图12-118所示。

⑱ 对前面调整的形状进行多次复制，并调整它们的大小和位置，如图12-119所示。

图12-118

图12-119

⑲ 选择工具箱中的“椭圆形工具”，在绘图页中多次绘制白色无边框圆形，作为壁纸的装饰，完成后的效果如图12-120所示。

⑳ 按【Ctrl+A】快捷键，将场景中的对象全部选择，按【Ctrl+G】快捷键将选择的对象成组，如图12-121所示。

图12-120

图12-121

21 确定成组后的对象处于选择状态，选择菜单栏中的“位图”\“转换为位图”命令，在弹出的对话框中将“分辨率”设置为200，选择“透明背景”复选框，单击“确定”按钮，如图12-122所示，将图形转换为位图，效果如图12-123所示。

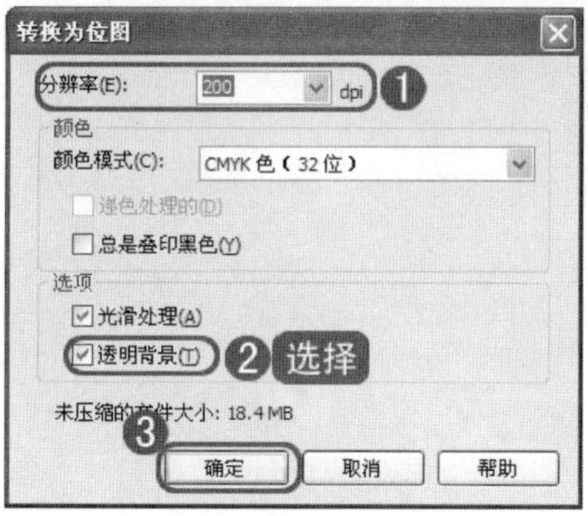

图12-122

图12-123

22 选择菜单栏中的“效果”\“调整”\“高反差”命令，在弹出的对话框中单击“预览”按钮右侧的“🔒按钮”，选择“自动调整”复选框，单击“确定”按钮，如图12-124所示。

23 执行完“高反差”命令后的效果如图12-125所示。

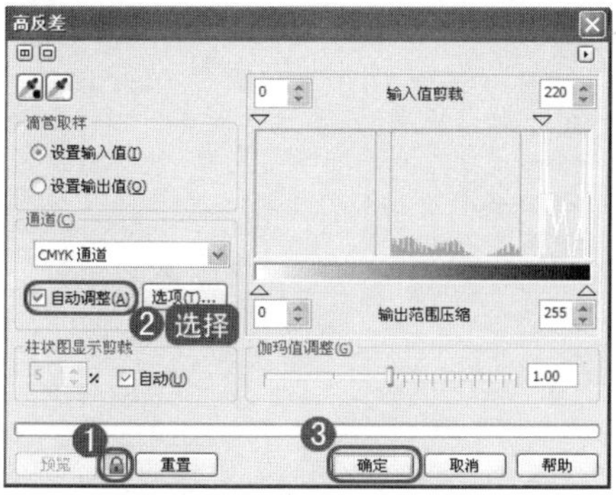

图12-124

图12-125

24 选择菜单栏中的“效果”\“调整”\“通道混合器”命令，在弹出的对话框中单击“预览”按钮右侧的“🔒按钮”，然后将“青”、“品红”、“黄”和“黑”分别设置为150、-30、-60、-50，设置完成后单击“确定”按钮，如图12-126所示。

(25) 执行完通道混合器后的效果如图12-127所示。至此，壁纸效果制作完成了，将完成后的效果导出，并将场景进行保存。

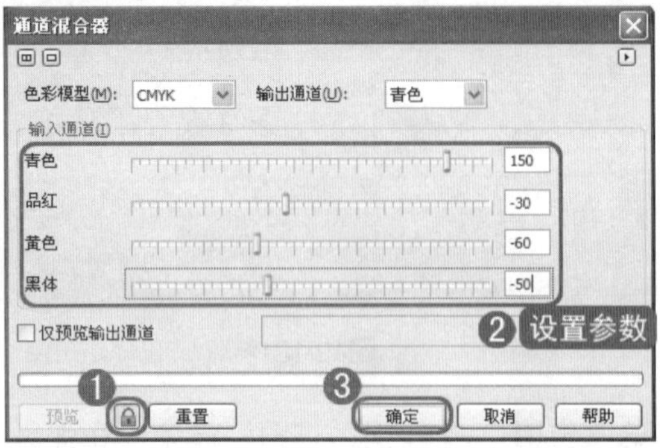

图12-126

图12-127

第13天 矢量图的处理

作为著名的矢量绘图软件，CorelDRAW X5的矢量图处理功能非常强大。使用“混合工具”属性栏中的工具可以制作出各种抽象图案，使用“混合”泊坞窗可以制作出各种精美的按钮效果。此外，创建轮廓化效果、封套图形、阴影工具和透镜特效等功能也是设计工作中必不可少的利器。

13.1 交互式混合图形

“交互式混合”顾名思义，混合就是将两个颜色各异的图形混合在一起，又称为混合。除了混合颜色外，还可以混合两种甚至多种不同的形状。在CorelDRAW X5共有三种不同的混合方式，即直接混合、路径混合及复合混合，如图13-1所示为“混合工具”工具选项。

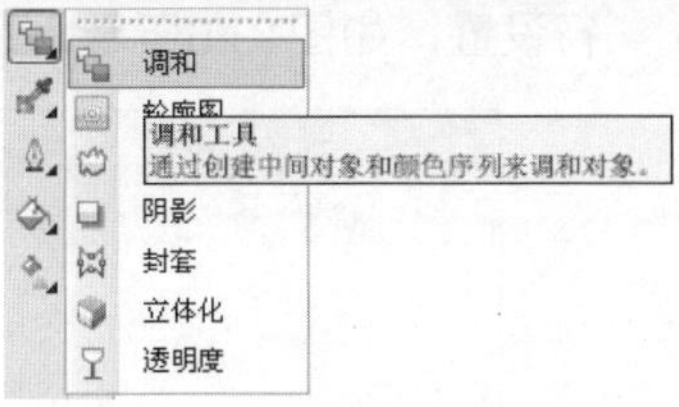

图13-1

13.1.1 “混合工具”属性栏

如图13-2所示为“混合工具”属性栏，其中各选项的功能如下：

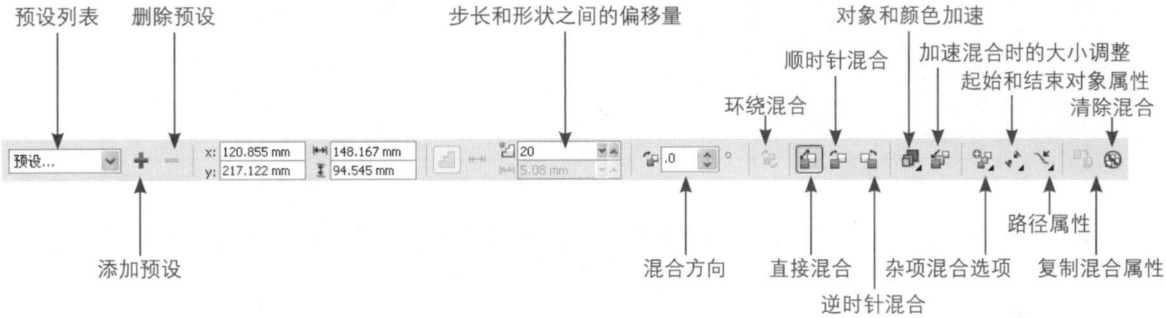

图13-2

- “预设” 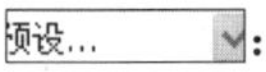：CorelDRAW X5系统内置的一些混合效果。单击该下拉列表框，可弹出预设列表，如图13-3所示。执行混合工具后，单击“+按钮”，可将当前效果保存到CorelDRAW X5系统内置的“预设”下拉列表中，下次使用的时候可以直接在“预设”下拉列表中选择即可。单击“-按钮”可以删除不需要的预设混合效果。

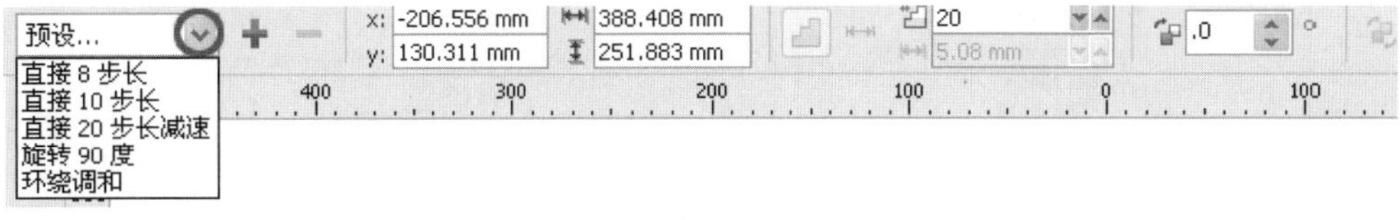

图13-3

- “混合对象” ：主要用于设置两个混合图形之间过渡图形的数量。如图13-4所示为“步长或混合形状之间的偏移量”设置分别为4和10，由蓝色到黄色之间的混合效果。

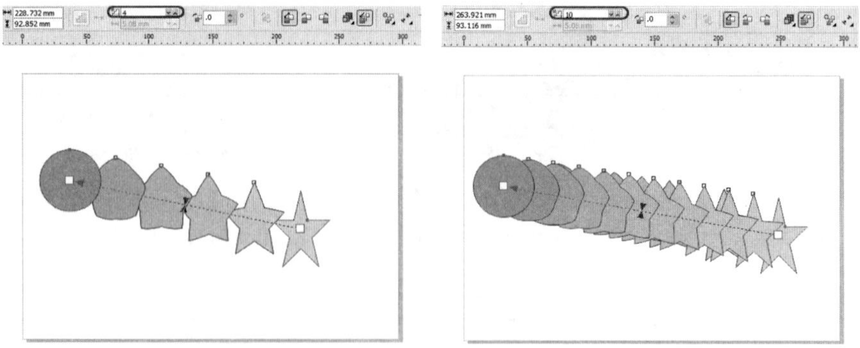

图13-4

- “混合方向” ：可输入正值或负值来改变混合的角度值。用户可根据自己的需要自行设置，如图13-5所示为设置角度为50°的正负值混合对比效果。

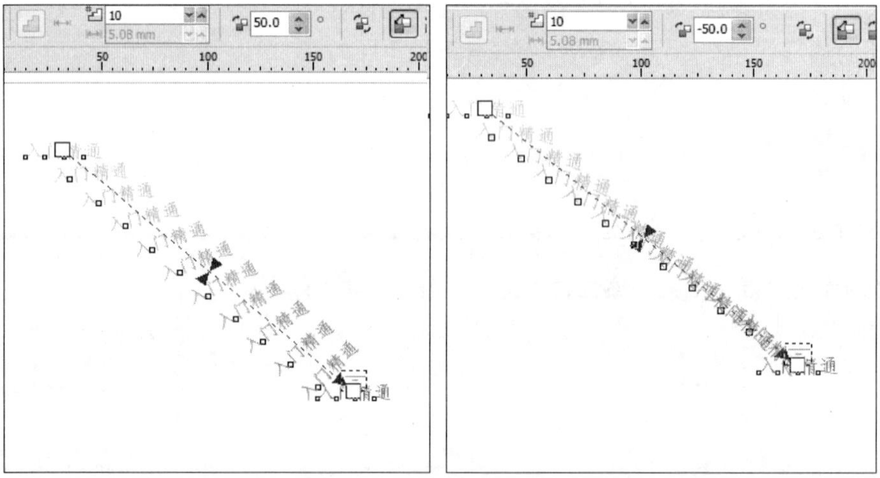

图13-5

- “环绕混合” ：只有设置混合方向后，此选项才可以正常使用。单击该按钮后，系统会自动设置一个虚无的中心圆，并由混合图形有规律地环绕排列。如图13-6所示为环绕混合效果。

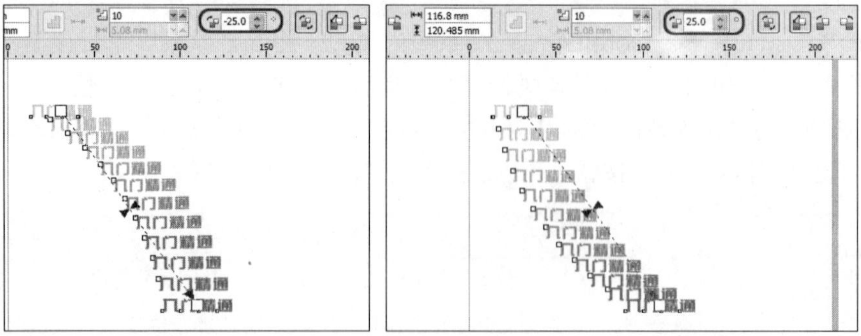

图13-6

- “直接混合” 、“顺时针混合” 和“逆时针混合” 三种不同的混合选项。如图13-7所示为三种选项混合后的对比效果。

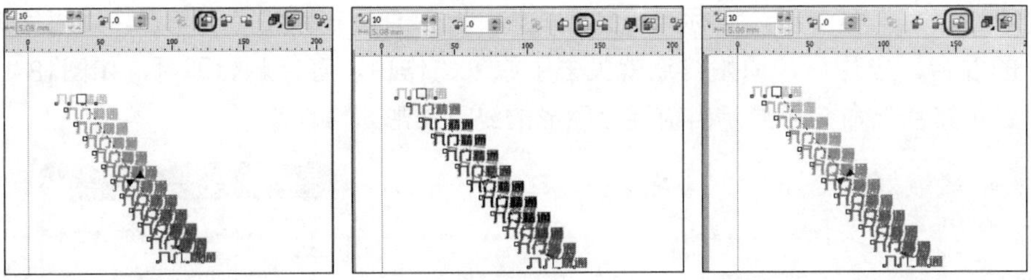

图13-7

- “对象和颜色加速”：单击此按钮，打开图13-8所示的“加速”对话框，拖动滑块，可同时对对象和颜色进行加速改变，单击旁边的小锁，解锁后可单独对“对象”和“颜色”进行操作。还可以通过拖动引导线上对称的两个蓝色小三角来改变加速的对象和颜色。调整加速“对象”和“颜色”效果如图13-9所示。

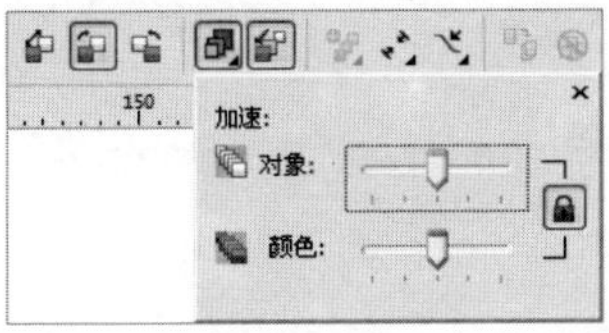

图13-8

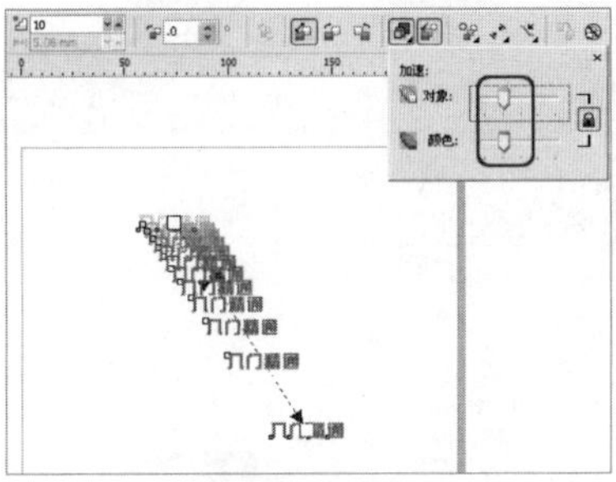

图13-9

- “调整加速大小”：主要用于混合对象形状大小的改变。单击该按钮后，移动相应的滑块，中间的混合效果形状会有轻微的大小变化，效果如图13-10所示。
- “更多混合选项”：主要用于拆分和熔合混合路径。单击该按钮，弹出图13-11所示的下拉菜单，选择“拆分”命令，鼠标指针会自动变成，此时将光标在需要拆分的路径边缘处单击，完成拆分，如图13-12所示。

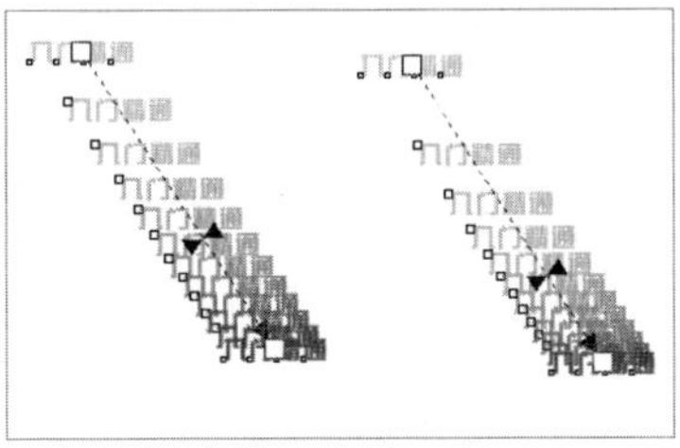

图13-10

图13-11

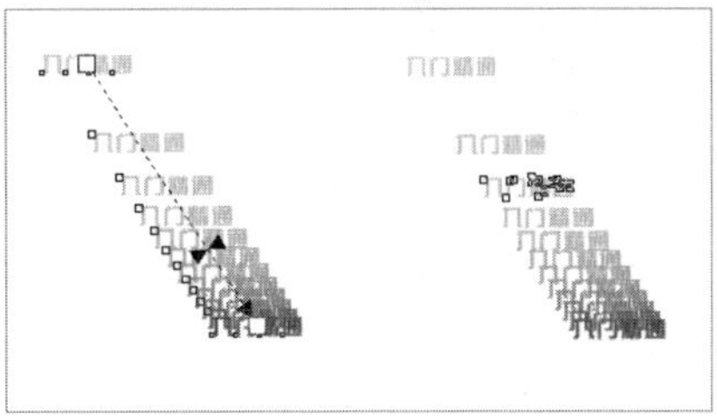

图13-12

- “起始和结束对象属性”：主要用于设置混合对象的起点和终点。单击该按钮，弹出图13-13所示的下拉菜单。其中，“新起点”命令用于设立新的起始点。新起点必须位于原始起点的后面；否则不能应用该命令，并且会出现错误提示，如图13-14所示。选择“新起点”命令后，鼠标光标会变成，此时直接在新起点上单击，即可完成从“新起点”的混合。应用后，原始起点就失去了原来的作用，直接删除即可，如图13-15所示。单击“显示起点”命令可显示当前混合图形的起点图形。“新终点”命令用于设立新的结束终点。新终点必须位于原始起点的前面；否则不能应用该命令，并且会出现错误提示。

选择“新终点”命令后，鼠标光标会变成➧，此时直接在新终点上单击，即可完成从“新终点”的混合。应用后，原始终点就失去了原来的作用，直接删除即可，如图13-16所示。选择“显示终点”命令可显示当前混合图形的终点图形。

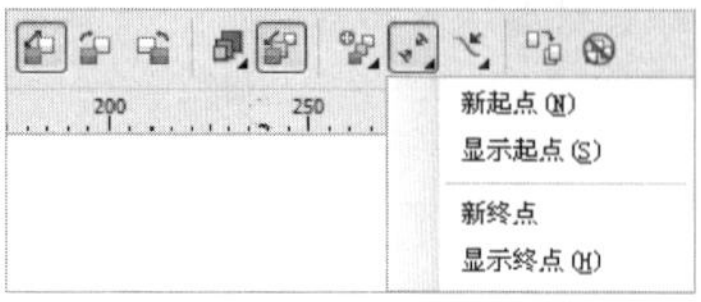

图13-13

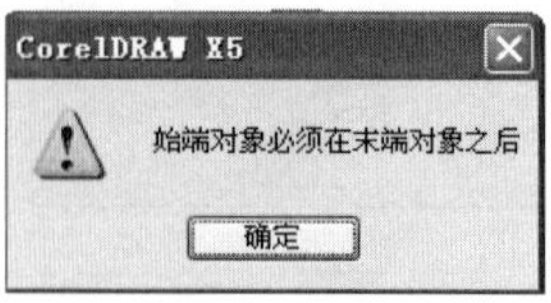

图13-14

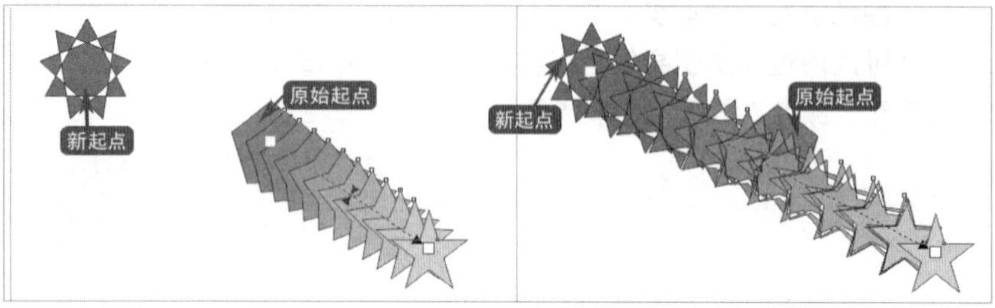

图13-15

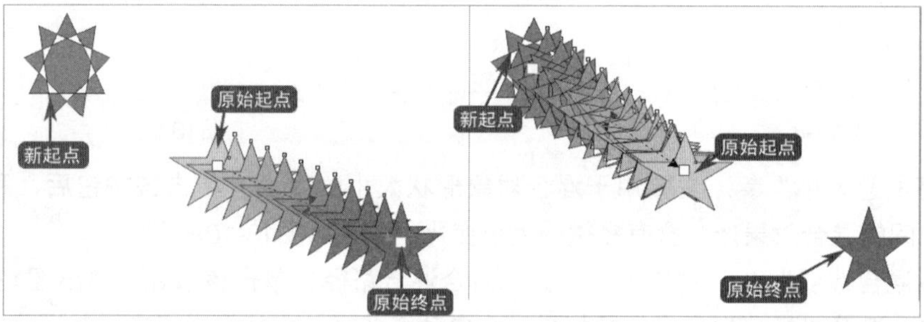

图13-16

提 示

选择“拆分”命令后，所有的混合命令将不可用。也可直接在混合引导线上单击，完成拆分。在添加的拆分混合引导线的终点单击即可取消拆分。置入到原始起点最前面之后，可以随意移动设立的“新起点”或“新终点”的位置都可完成最终混合。

● “路径属性”：用于设置路径混合命令。单击该按钮，弹出图13-17所示的下拉菜单。其中，“新路径”命令用于建立新路径，让图形沿路径进行混合排列。首先需要绘制一条路径，然后选择“新路径”命令，系统光标会自动变成↙，这时将光标在绘制的路径边缘单击，完成路径混合，如图13-18所示。“显示路径”命令只针对进行路径混合的图形。选择该命令即可显示当前混合图形中存在的路径。“从路径中分离”命令可以将路径和混合图形分离开来，成为两个整体，过程如图13-19所示。

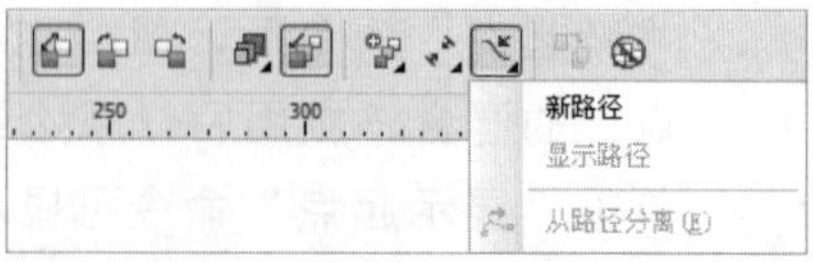

图13-17

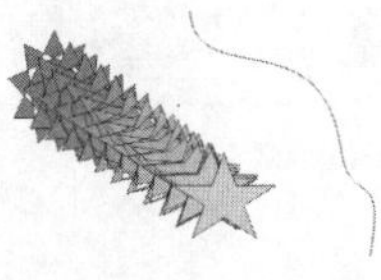

图13-18

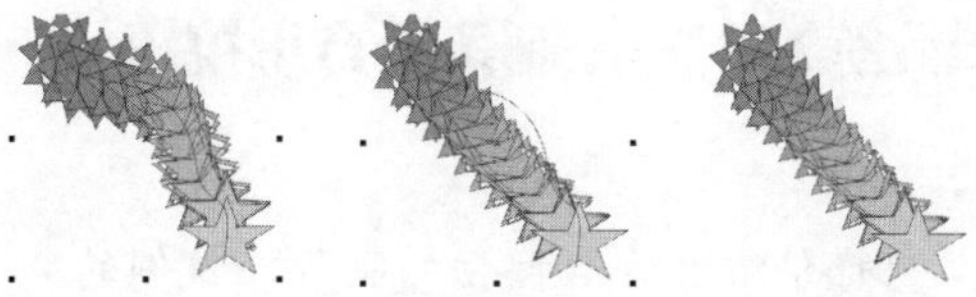

图13-19

> **提　示**
>
> 用“选择工具”选择混合起点并拖动，即可改变混合的距离范围。用“选择工具”选择路径线条，应用“去除轮廓线”，即可消除路径线条。

- “复制混合属性”：将当前混合属性应用到另外图形中去，如图13-20所示为复制属性的前后过程。

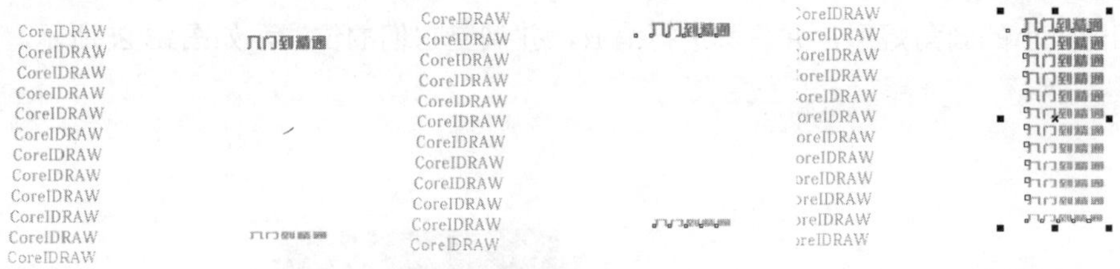

图13-20

- “清除混合”：清除所有的混合效果，回到最初始的状态。

> **提　示**
>
> 复制混合属性只复制混合图形之间的对象加速值，并不复制颜色加速值。

13.1.2 “混合”泊坞窗

选择菜单栏中的“窗口”\“泊坞窗”\“混合”命令，打开“混合”泊坞窗，如图13-21所示。通过“混合“泊坞窗，可以精确设定步长和角度等，具体使用方法可以参考13.1.1节的内容。

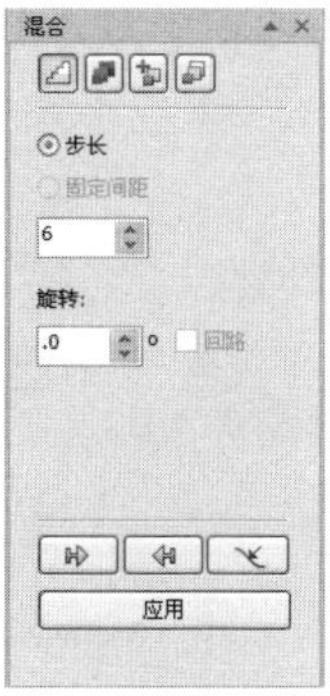

图13-21

【单元练习】——制作长方形按钮

本例将介绍长方形按钮的制作，该例的制作比较简单，主要是通过“调和工具”、“透明工具”和“阴影工具”来表现的，完成后的效果如图13-22所示。

图13-22

01 新建一个横向页面，选择工具箱中的“矩形工具”，在属性栏中将圆角参数设置为100，在绘图页中绘制圆角矩形，如图13-23所示。

02 将新绘制的矩形填充为绿色，并取消轮廓线的填充，如图13-24所示。

03 创建相同大小的圆角矩形，并将其进行缩放，并调整它们的位置，如图13-25所示。

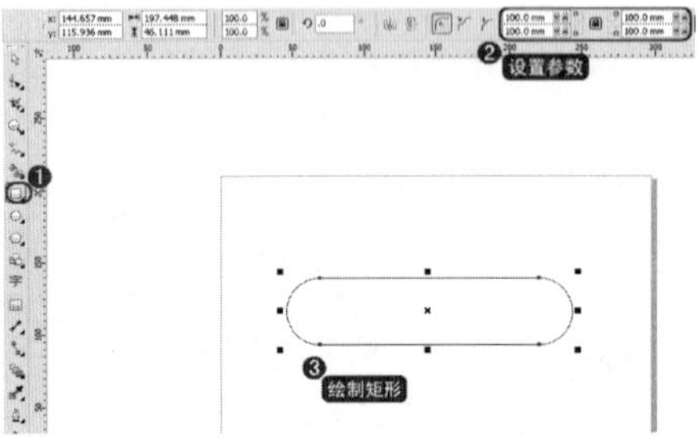

图13-23

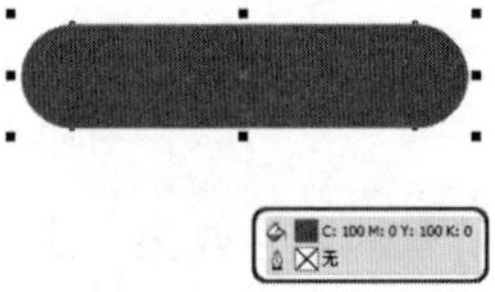

图13-24

图13-25

提 示

如图13-26所示的小矩形可以将前面绘制的矩形对象用鼠标拖动向里缩小，到合适的位置单击鼠标右键，复制矩形；也可以选择对象后，按小键盘上的【+】键，复制对象。

04 将小矩形填充为酒绿色，并取消轮廓线的填充，如图13-26所示。

05 选择工具箱中的“调和工具”，在绘图页中从小矩形上向大矩形上拖动，制作出调和效果，如图13-27所示。调和后的效果如图13-28所示。

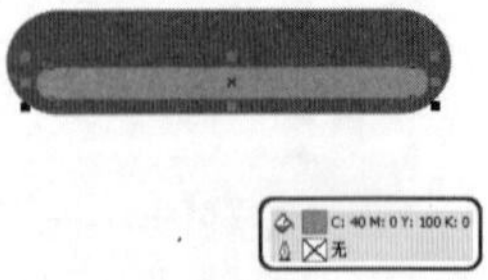

图13-26

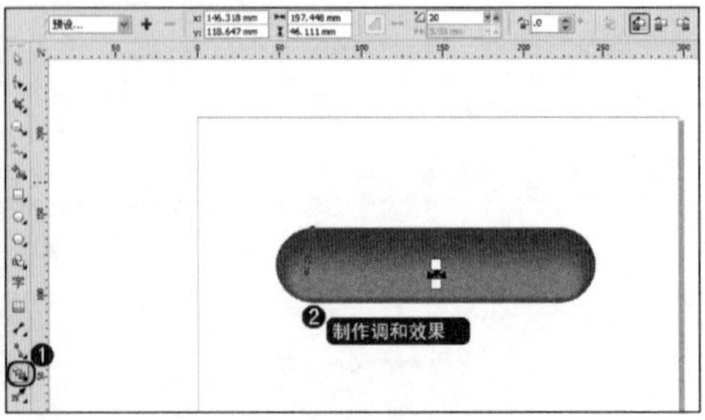

图13-27

(06) 同样在大矩形的上方创建圆角矩形，并对新创建的矩形进行调整，如图13-29所示。

(07) 将新创建的矩形填充为白色，并取消轮廓线的填充，如图13-30所示。

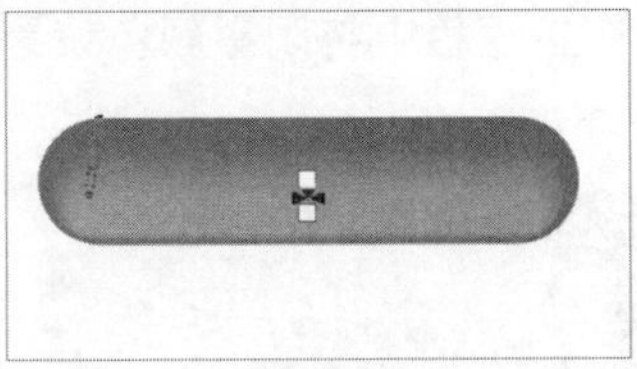

图13-28

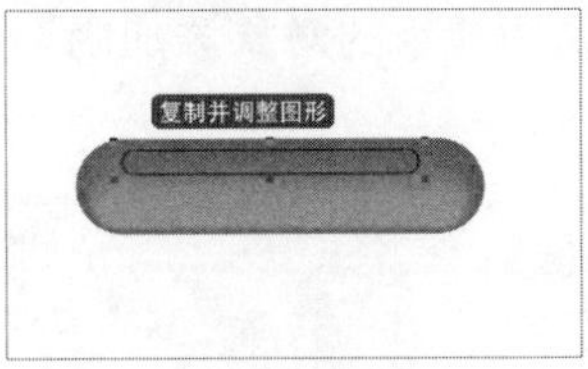

图13-29

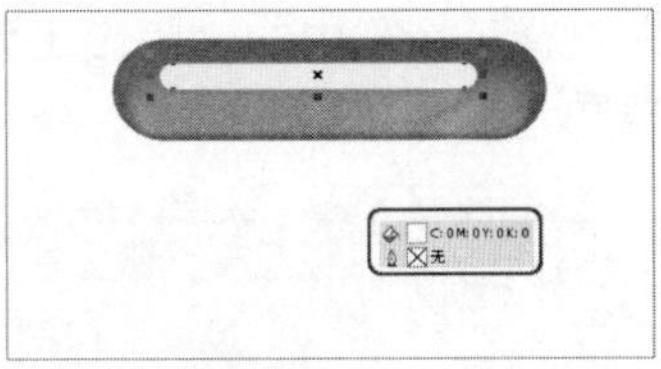

图13-30

(08) 确定白色圆角矩形处于选择状态，选择菜单栏中的“效果”\“添加透视”命令，在图形上显示出网格控制点，如图13-31所示，通过拖动控制点，调整透视效果。

(09) 选择工具箱中的“透明度工具”，为白色矩形添加透明效果，如图13-32所示。

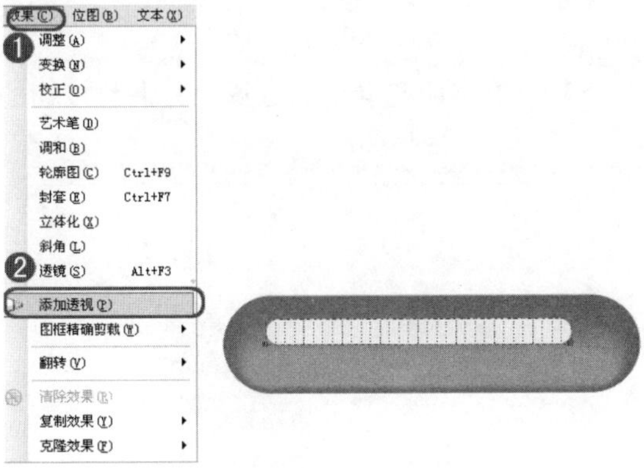

图13-21

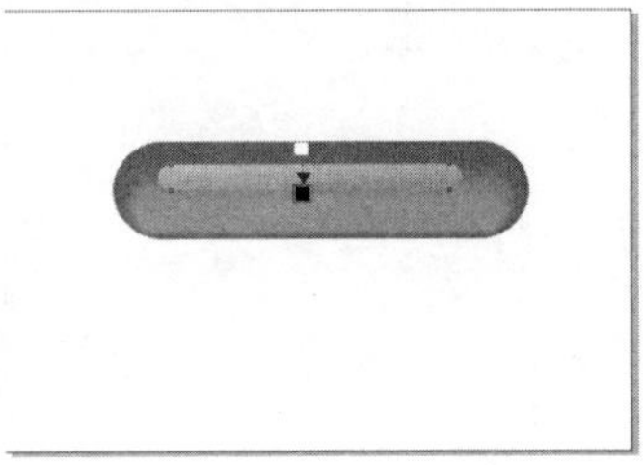

图13-32

(10) 选择工具箱中的“文本工具”，在矩形按钮上输入文本“CorelDRAW”，在属性栏中将“字体”设置为Edwardian Script ITC，将“字体大小”设置为“110pt”，并将文本填充为白色，如图13-33所示。

(11) 选择工具箱中的“阴影工具”，为文字添加阴影效果，在属性栏中将“阴影不透明度”设置为35，将“阴影羽化”设置为15，如图13-34所示。

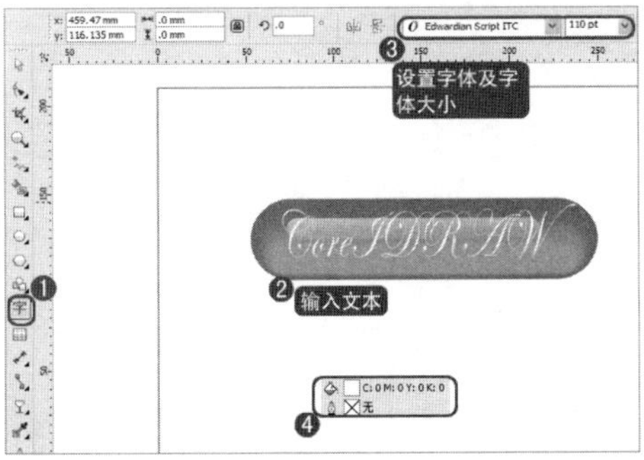

图13-33

图13-34

⑫ 在绘图页中选择除文本之外的所有对象，按【Ctrl+G】快捷键将选择的对象成组，如图13-35所示。

⑬ 选择工具箱中的“阴影工具”，为成组的对象添加阴影效果，在属性栏中将阴影颜色设置为酒绿色，如图13-36所示。

图13-35

图13-36

⑭ 按【Ctrl+I】快捷键，在弹出的对话框中选择光盘中“素材与源文件”\“素材”\“第13天”\“水面背景.jpg”，单击“导入”按钮，将选择的素材文件导入到场景中，并调整素材的大小，如图13-37所示。

⑮ 确定导入的素材文件处于选择状态，按【Ctrl+End】快捷键调整素材的位置，并调整按钮的大小和位置，最终效果如图13-38所示。

图13-37

图13-38

13.2 创建轮廓化效果

“轮廓图工具”如图13-39所示，主要用于为图形或文字路径添加轮廓效果，CorelDRAW X5中的轮廓方式有三种，分别是到中心、向内和向外。

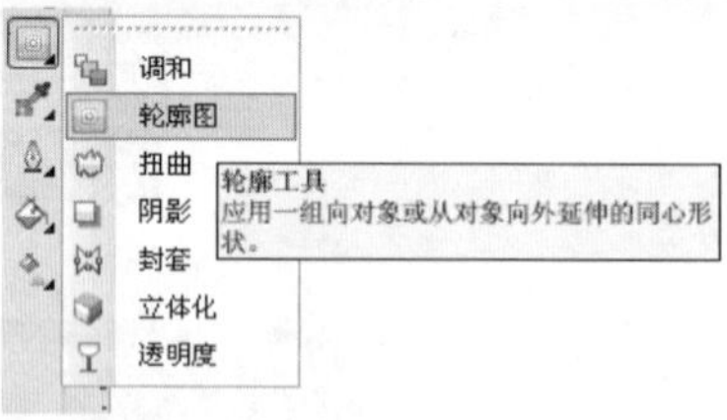

图13-39

13.2.1 【轮廓工具】属性栏

如图13-40所示为“轮廓图工具”属性栏，其中各选项功能如下：

“预设”：系统内置的预设效果。单击“+按钮”可将目前工作区中的轮廓效果添加到CorelDRAW X5系统的预设效果中；单击“-按钮”可删除预设效果；单击“预设”下拉列表，可弹出“预设”列表，如图13-41所示。

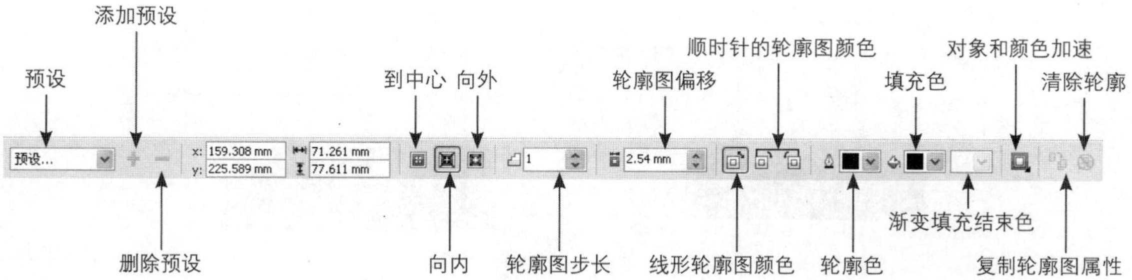

图13-40

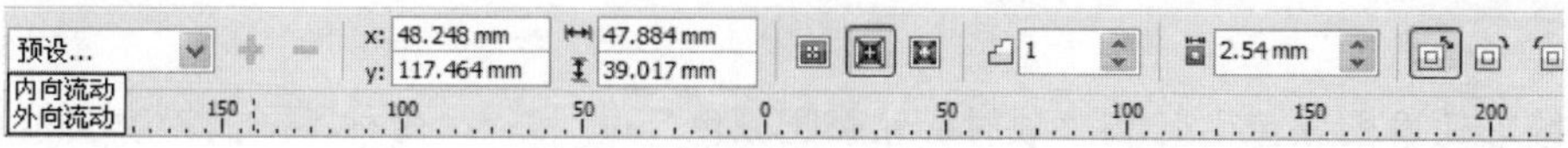

图13-41

“到中心”：三种轮廓样式中的一种。由图形的边缘向中心进行轮廓的添加，如图13-42所示。

“向部轮廓”：三种轮廓样式中的一种。类似到中心的轮廓效果，将图形由边缘向内进行收缩，进而形成轮廓效果的添加，如图13-43所示。

“向部轮廓”：三种轮廓样式中的一种。自图形边缘向外进行扩展，进而形成轮廓效果，如图13-44所示。

图13-42

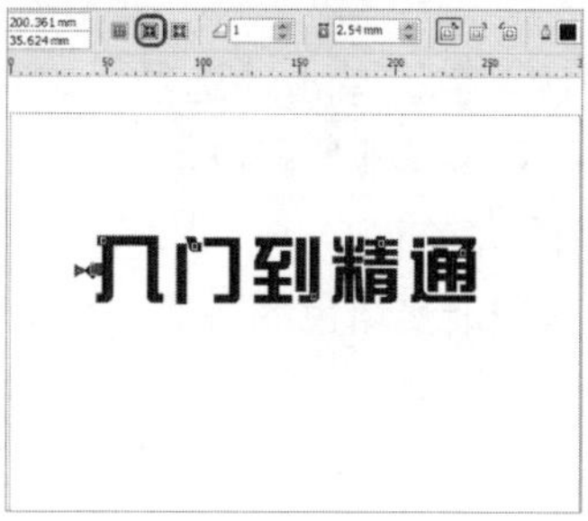

图13-43

图13-44

“步长数”：用于设置轮廓扩展的数量。如图13-45所示为设置步长数为2和4的对比效果。

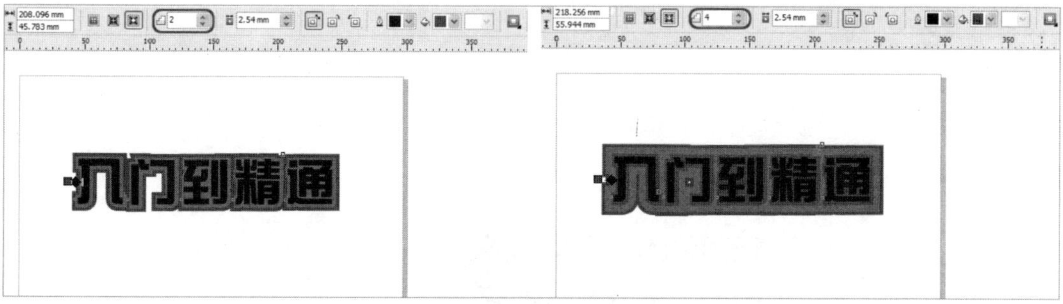

图13-45

- “轮廓图偏移”：用于设置每一个步长轮廓的宽度值。如图13-46所示为设置偏移2和5的对比效果。

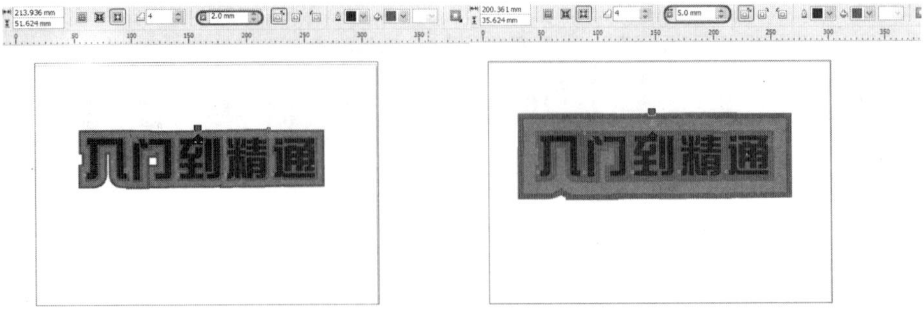

图13-46

● “线性轮廓图颜色”和“顺时针轮廓图颜色”和：两种不同的轮廓图颜色设定，效果如图13-47所示。

图13-47

● “轮廓色”：用于设置轮廓颜色。单击该选项，在弹出的色块库中可选择需要的色块，也可单击“其他”按钮，选择更多其他的颜色。
● “填充色”：用于改变当前的填充颜色。
● “渐变填充结束色”：用于设置渐变填色的最后一个颜色值。该命令只能对应用渐变填色的轮廓效果使用。
● “对象和颜色加速”：单击该按钮，弹出图13-48所示的【加速】对话框，拖动滑块，可同时调整对象和颜色的加速；单击旁边的“按钮”，解锁后可单独进行“对象”和“颜色”的操作。如图13-49所示为加速后的效果。

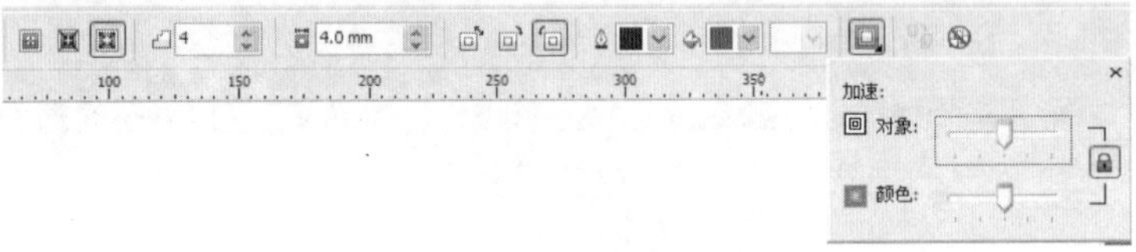

图13-48

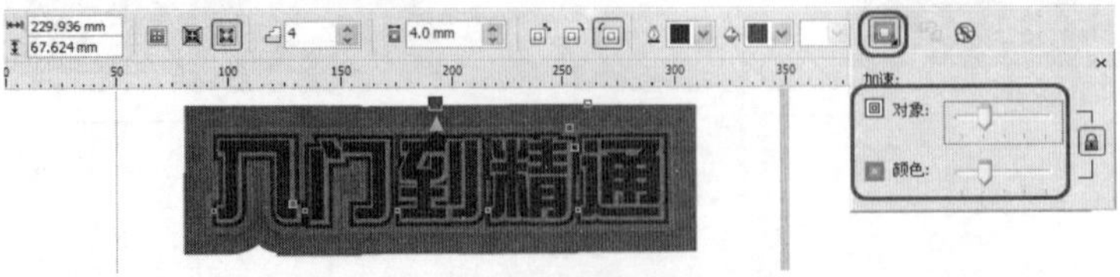

图13-49

“复制轮廓图属性”和“清除轮廓”：单击“复制轮廓图属性按钮”，可以复制当前的轮廓图属性至新的对象上面；单击“清除轮廓按钮”，可以清除当前轮廓效果，使对象回到初始状态。

13.2.2 【轮廓图】泊坞窗

选择菜单栏中的“窗口”\“泊坞窗”\“轮廓图”命令或按【Ctrl+F9】快捷键，打开“轮廓图”泊坞窗，如图13-50所示。具体使用方法可参考13.2.1节。

图13-50

【单元练习】——制作描边字

本例将介绍描边字效果的制作，该例的制作比较简单，主要是通过轮廓工具来表现的，完成后的效果如图13-51所示。

图13-51

01 新建一个横向页面，选择工具箱中的“文本工具字”，在绘图页中创建文本，在属性栏中将“字体”设置为“汉仪书魂体简”，将“字体大小”设置为170pt，将文本颜色填充为“香蕉黄”，并将轮廓线填充为黑色，如图13-52所示。

02 选择工具箱中的“轮廓工具”，在属性栏中单击“外部轮廓按钮”，将“步长数”设置为1，将“轮廓图偏移”设置为4.025mm，“轮廓颜色”为“黑色”，“填充色”为“白色”，如图13-53所示。

图13-52

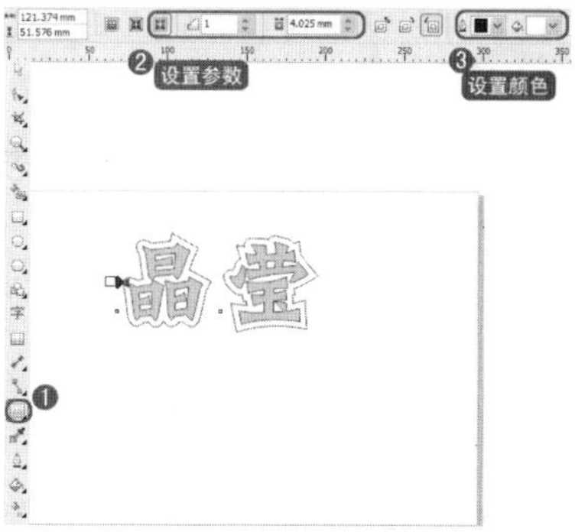

图13-53

03 选择菜单栏中的“排列”\“轮廓图群组”命令，将轮廓图群组拆分，如图13-54所示。

04 选择外轮廓线，选择工具箱中的“阴影工具”，在属性栏的“预置”下拉列表框中选择“小型辉光”，将“阴影的不透明”参数设置为50，将“阴影羽化”参数设置为20，将“阴影颜色”设置为“酒绿”，如图13-55所示。

图13-54

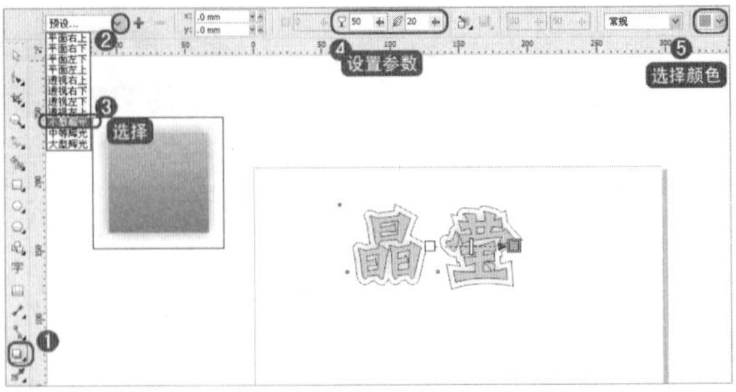

图13-55

05 在标准工具栏的“缩放级别”文本框中输入200%，放大画面，并将文字的轮廓线设置为0.5mm，如图13-56所示。

06 确定文本处于选择状态，按小键盘上的【+】键，复制一个副本，再在默认CMYK调色板中右击无色框，清除轮廓线，如图13-57所示。

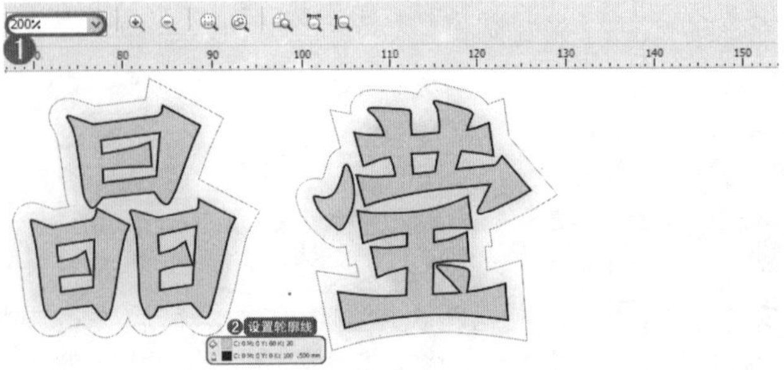

图13-56

图13-57

07 选择工具箱中的“轮廓工具”，在属性栏中单击“内部轮廓按钮”，将“步长数”设置为3，将“轮廓图偏移”设置为0.525mm，“轮廓颜色”为“黑色”；“填充色”为“红色”，如图13-58所示。

08 按【Ctrl+I】快捷键，在弹出的对话框中选择光盘中“素材与源文件”\“素材”\“第13天”\“背景.jpg”，单击“导入”按钮，将选择的素材文件导入到场景中，并调整素材的大小。

09 确定导入的素材文件处于选择状态，按【Ctrl+End】快捷键调整素材的位置，并调整文本的位置，如图13-59所示。

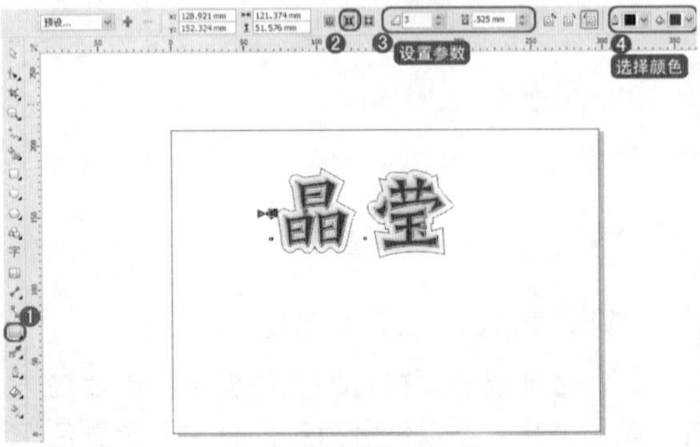

图13-58

图13-59

13.3 封套图形

CorelDRAW允许通过将封套应用于对象来为对象造型，包括线条、美术字和段落文本框等。封套由多个节点组成，可以移动这些节点来为封套造型，从而改变对象的形状。可以应用符合对象形状的基本封套，也可以应用预设的封套。应用封套后可以进行编辑，也可以添加新的封套来继续改变对象的形状。CorelDRAW也允许复制和移除封套。

通过“封套工具”，如图13-60所示的直线模式、单弧模式、双弧模式和非强制模式，可以很轻松地对文字或图形进行变形操作。

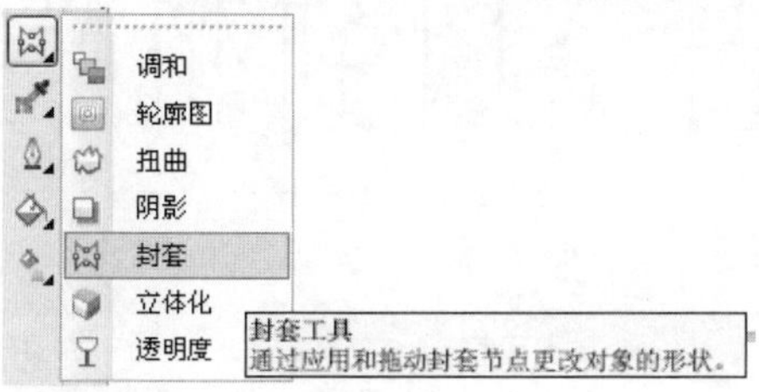

图13-60

13.3.1 【封套工具】属性栏

如图13-61所示为“封套工具”属性栏，其中各选项功能如下：

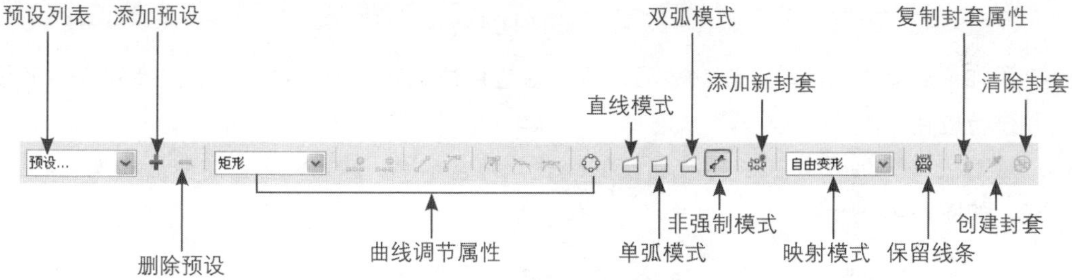

图13-61

“预设”：系统内置的封套预设效果，可以直接对图形图像进行应用。单击“+按钮”可将目前工作区中的封套效果添加到CorelDRAW X5系统中的预设效果中，单击“-按钮”可删除封套效果。单击下拉式菜单，可弹出“预设”列表，如图13-62所示。

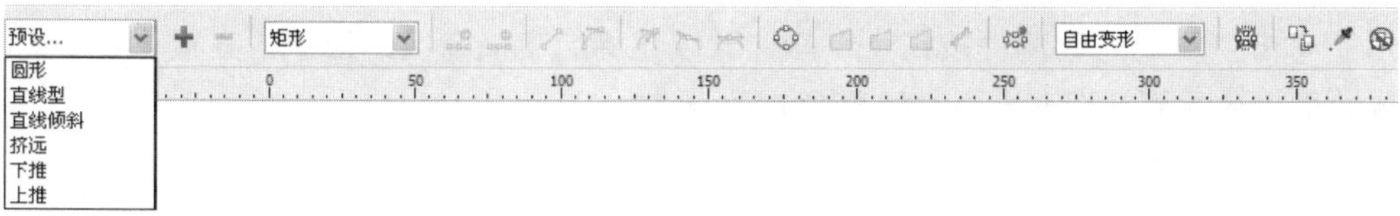

图13-62

- “曲线调节属性”：具体可参考“形状工具”。可以通过以下方式进行封套的曲线调节工作，效果如图13-63所示。在交互式工具组中选择“封套工具”，单击需要处理的文字或图形，四周出现矩形控制框，直接在矩形控制框上的节点上单击，即可对封套进行变形操作。
- “直线模式”、“单弧模式”、“双弧模式”和“非强制模式封套”：除去非强制模式封套外，其余三种封套模式都不可以进行封套曲线的再调节，只可以进行上下的拉伸操作，因为它们是强制性的，这4种封套模式执行后的效果如图13-64所示。

图13-63

图13-64

- “添加新封套”：单击该命令后，可以在应用过封套的图形或文字上重新定义封套模式，并进行应用。
- “映射模式”自由变形：改变封套的模式，包含水平、原始的、自由变形和垂直4种映射模式，如图13-65所示。

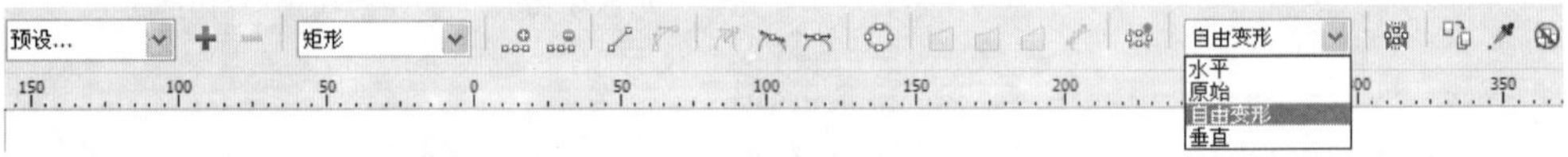

图13-65

- “保留线条”：应用封套效果中保持直线效果不被改变为曲线。
- “复制封套属性”：将当前封套效果应用到其他的图形中去。选择需要应用封套效果的图形，单击“复制封套属性按钮”，这时候光标会变成箭头的形状，直接在目标封套上单击，即可应用到新图形当中，如图13-66所示。

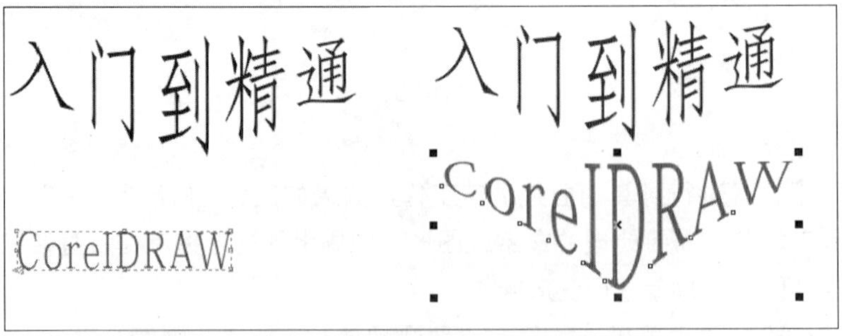

图13-66

- “创建封套自”：将已有的封套效果复制到新的图形当中。
- “清除封套”：清除当前应用的封套效果。

13.3.2 【封套】泊坞窗

选择菜单栏中的“窗口”\“泊坞窗”\“封套”命令或按【Ctrl+F7】快捷键，打开“封套”泊坞窗，在其中可以执行预设效果和映射模式，如图13-67所示。

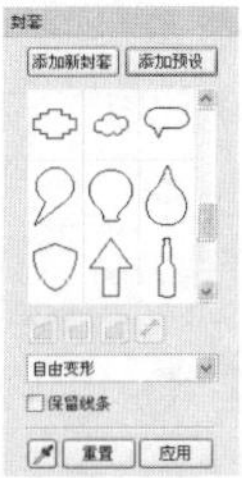

图13-67

【单元练习】——标志的设计

本例将介绍标志的设计，主要通过“混合工具”混合出图形，并通过“封套工具”调整标志的形状，完成后的效果如图13-68所示。

图13-68

(01) 新建一个横向页面，选择工具箱中的“矩形工具”，在属性栏中将圆角参数设置为20，在绘图页中绘制圆角矩形，并将其填充为“薄荷绿”，取消轮廓线的填充，如图13-69所示。

(02) 选择新创建的矩形，按【Ctrl】键将其向上拖动，到合适的位置单击鼠标右键进行复制，然后配合【Shift】键对其进行缩放，如图13-70所示。

(03) 使用同样的方法再次向水平方向复制矩形，并调整矩形的大小，如图13-71所示。

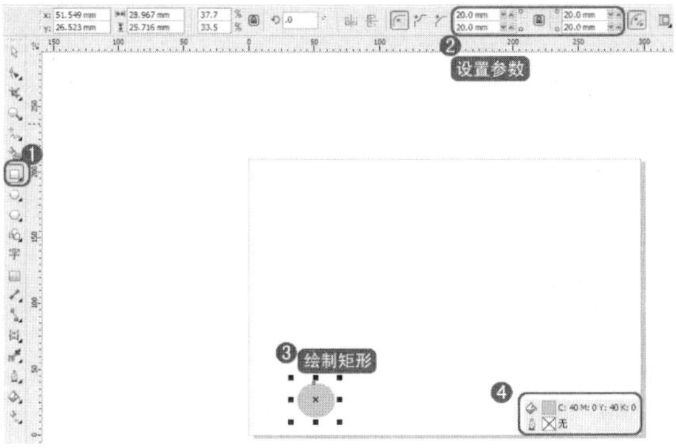

图13-69

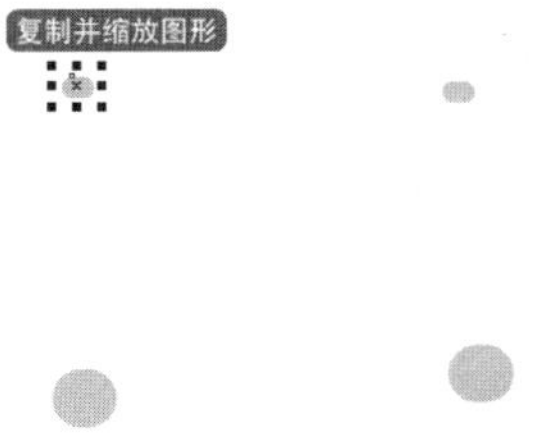

图13-70

图13-71

(04) 选择工具箱中的“混合工具”，在垂直位置上从下向上进行混合，在属性栏中将“步长数”设置为5，做出混合效果，如图13-72所示。

(05) 使用同样的方法在水平位置上制作出混合效果，如图13-73所示。

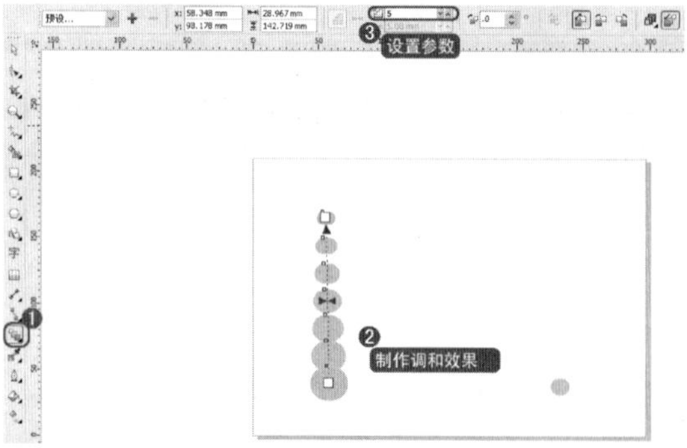

图13-72

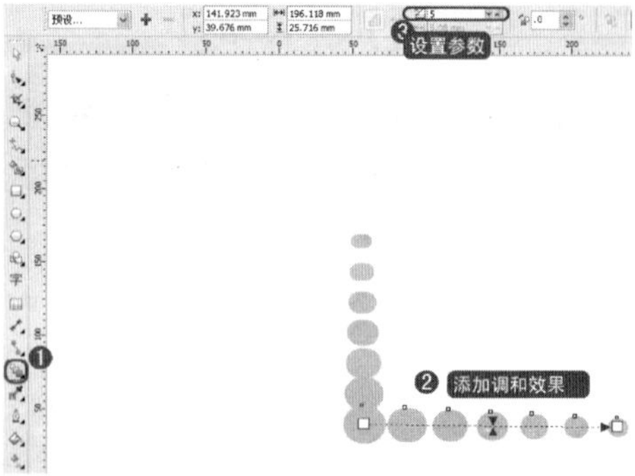

图13-73

(06) 按【Ctrl+A】快捷键，将场景中的对象全部选中，然后选择菜单栏中的“排列”\“拆分元素的复合对象”命令，如图13-74所示。

(07) 继续选择菜单栏中的“排列”\“取消全部群组”命令，如图13-75所示。

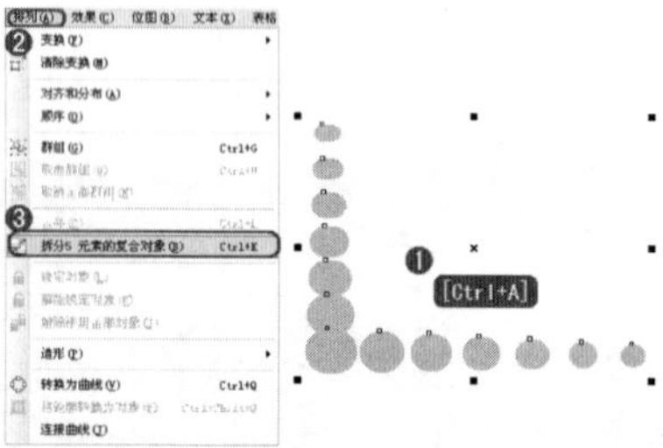

图13-74

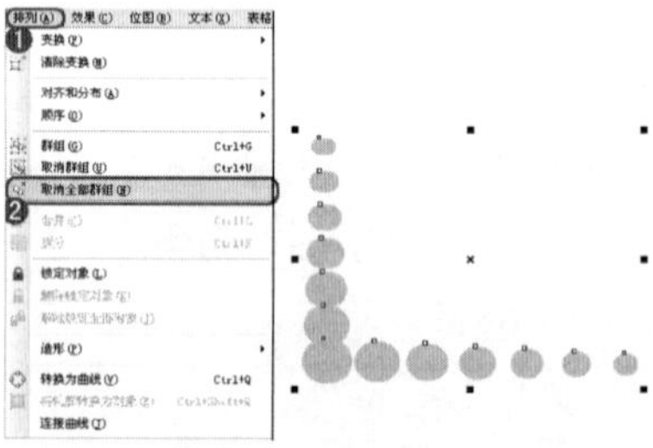

图13-75

(08) 选择工具箱中的“混合工具”，在图13-76所示的图形上添加混合效果，在属性栏中将“步长数”参数设置为1。

(09) 使用同样的方法制作出其他混合效果，在混合的过程中需要不断设置“步长数”参数，完成后的效果如图13-77所示。

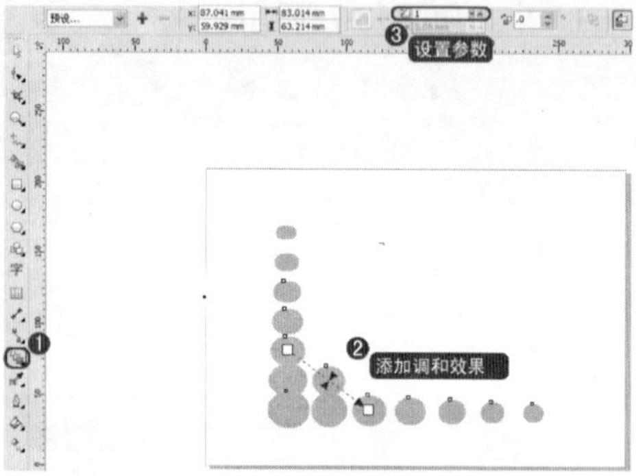

图13-76

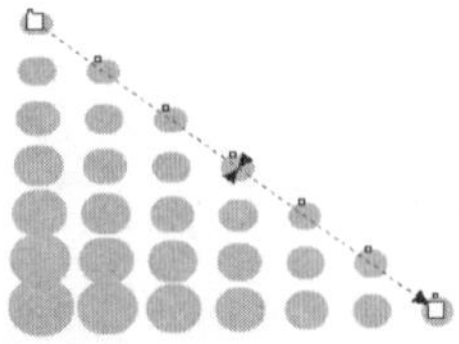

图13-77

(10) 按【Ctrl+A】快捷键，将场景中的对象全部选中，按【Ctrl+G】快捷键将选择的对象成组，如图13-78所示。

(11) 选择工具箱中的“封套工具”，在绘图页中选择图13-79所示的节点，在属性栏中单击“删除节点按钮”。

⑫ 选择场景中的所有节点，单击属性栏中的“转换为线条按钮”，如图13-80所示。

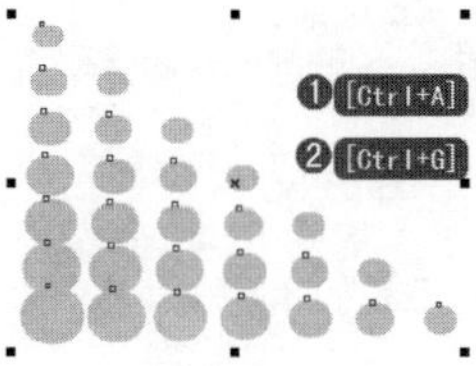

图13-78

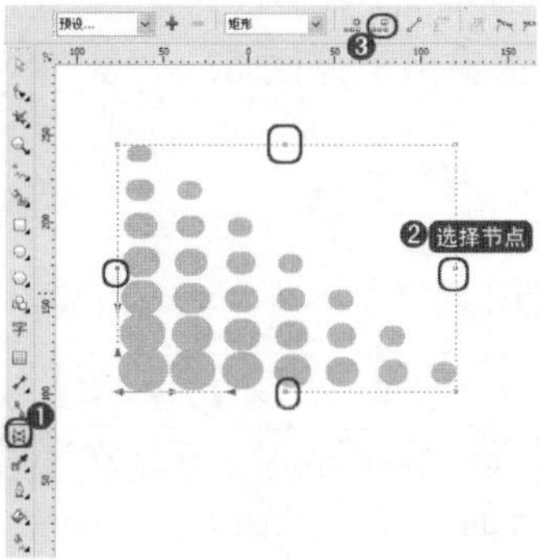

图13-79

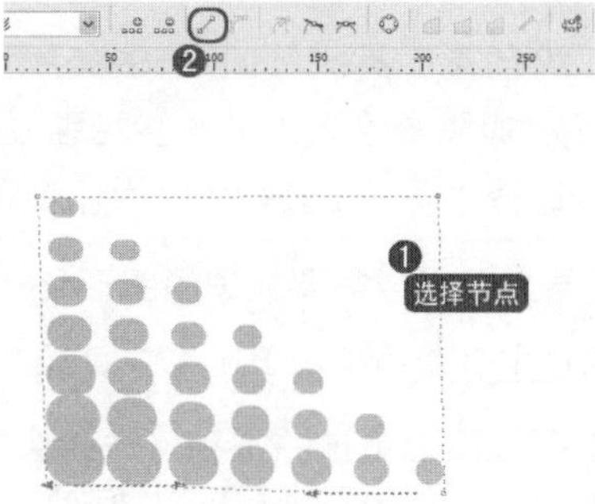

图13-80

⑬ 在绘图页中调整节点来改变图形的形状，如图13-81所示。

⑭ 选择工具箱中的“阴影工具”，为图形添加阴影效果，在属性栏中将“阴影角度”参数设置为-91，将“阴影不透明”参数设置为100，将“阴影羽化”参数设置为5，将“阴影颜色”填充为30%的黑色，如图13-82所示。

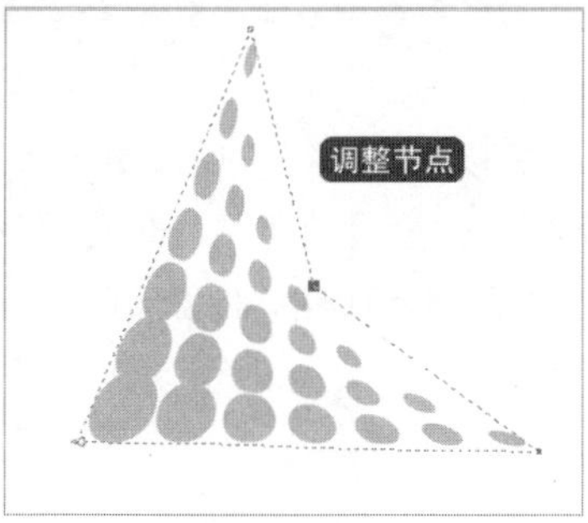

图13-81

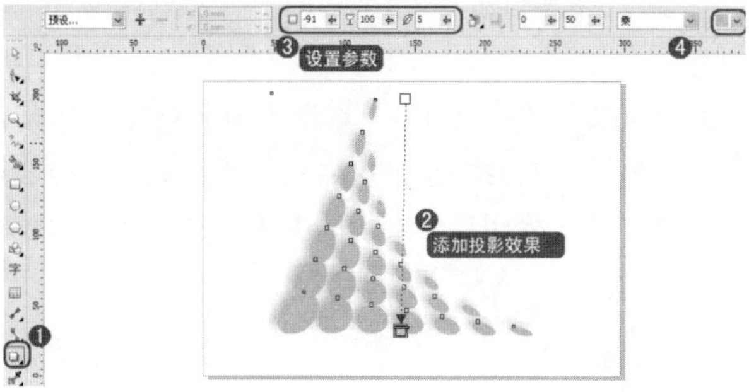

图13-82

⑮ 选择工具箱中的“文本工具字”，在绘图页中输入文本，并对文本进行调整，在属性栏中将“字体”设置为“方正行楷简体”，将“字体大小”设置为72pt，将文本颜色设置为“酒绿色”，如图13-83所示。

⑯ 按【Ctrl+I】快捷键，在弹出的对话框中选择光盘中“素材与源文件”\“素材”\“第13天”\“水面背景.jpg”，单击“导入”按钮，将选择的素材文件导入到场景中，并调整素材的大小，如图13-84所示。

⑰ 确定导入的素材文件处于选择状态，按【Ctrl+End】快捷键调整素材的位置，并调整标志和文本的位置，如图13-85所示。

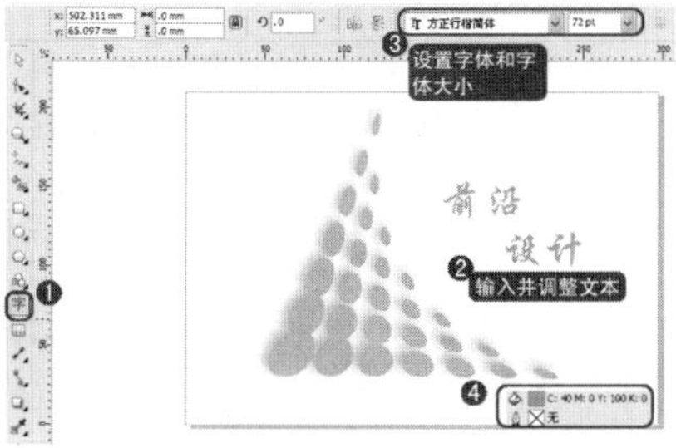

图13-83

图13-84

图13-85

13.4 阴影工具

“阴影工具”如图13-86所示，主要用于为位图或矢量图形添加阴影效果，进一步增强立体感。

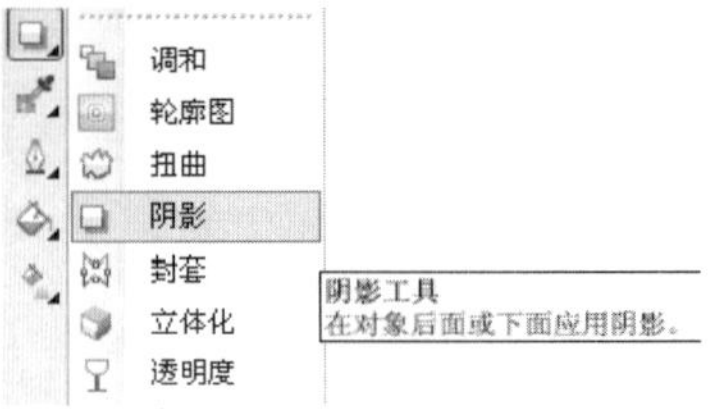

图13-86

选择“阴影工具”，操作步骤如下：

01 导入位图或需要处理的图形到CorelDRAW X5中。

02 在工具箱中选择“阴影工具”。

03 在位图上单击并拖动，系统会按照默认的属性进行阴影效果的添加，如果不满意可以通过属性栏上的设置进行修改。

如图13-87所示为“阴影工具”属性栏，其各选项功能如下：

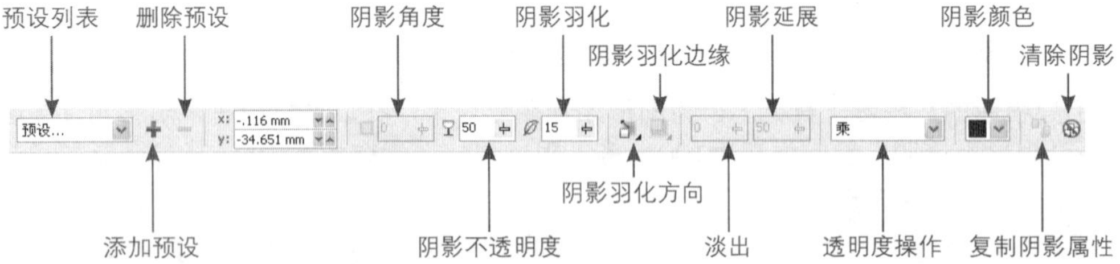

图13-87

- “预设”：系统内置的预设阴影效果，可以直接对图形图像进行应用。单击“+按钮”可将目前工作区中的阴影效果添加到CorelDRAW X5系统中的预设效果中，单击“-按钮”可删除阴影效果。单击【预设】下拉列表，可弹出预设下拉列表，如图13-88所示。

图13-88

- “阴影偏移”：用于设置阴影的偏移方向，可以输入正负数值来进行控制。如图13-89所示是分别设置阴影正值20与负值20的对比效果。

图13-89

- “阴影角度”：用于控制阴影的角度，设置范围为-360°～360°之间，在右侧单击可弹出滑块，直接拖动滑块可直接改变角度值。如图13-90所示是阴影角度分别为-20°和10°的对比效果。

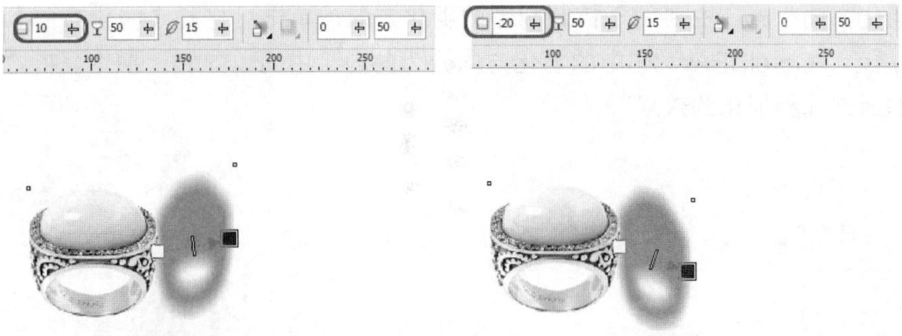

图13-90

- “阴影的不透明度”：用于控制阴影的不透明度，设置范围为0～100，在右侧单击可弹出滑块，直接拖动滑块可直接改变不透明度。如图13-91所示为不透明度设置30°和80°的对比效果。

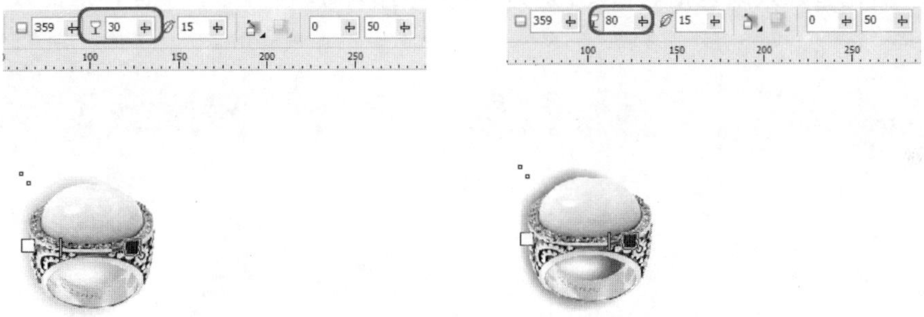

图13-91

- “阴影羽化”：可以直接对阴影效果进行虚化处理，效果类似于Photoshop中的羽化功能。设置范围为0～100，在右侧单击可弹出滑块，直接拖动滑块可直接改变羽化值。如图13-92所示是羽化值分别设置10和35的对比效果。

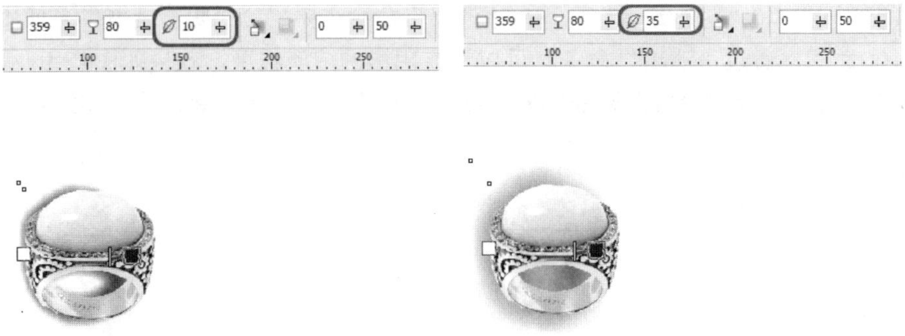

图13-92

提 示

羽化值配合不透明度一起使用，可达到完美效果。

- “阴影羽化方向”：主要用于控制阴影的羽化方向，单击可打开【羽化方向】对话框如图13-93所示。CorelDRAW X5中的羽化方向分为向内、中间、向外、平均4种，如图13-94所示分别为这几种羽化的效果。

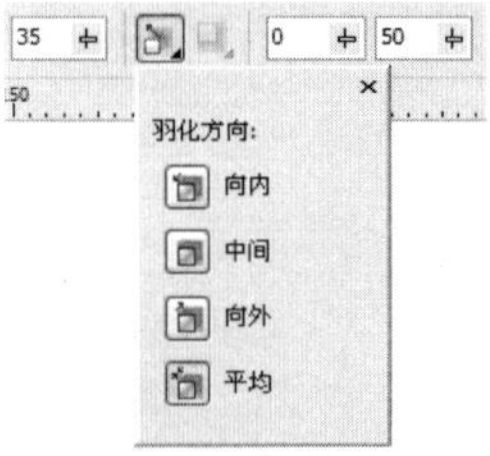

图13-93

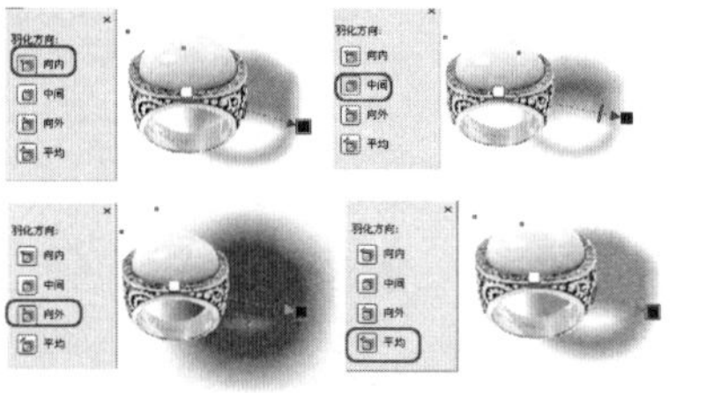

图13-94

- “阴影羽化边缘”：主要用于羽化阴影的边缘，单击可打开【羽化边缘】对话框如图13-95所示。羽化边缘效果包括4种，分别为线性、方形、反白方形和平面，对比效果如图13-96所示。

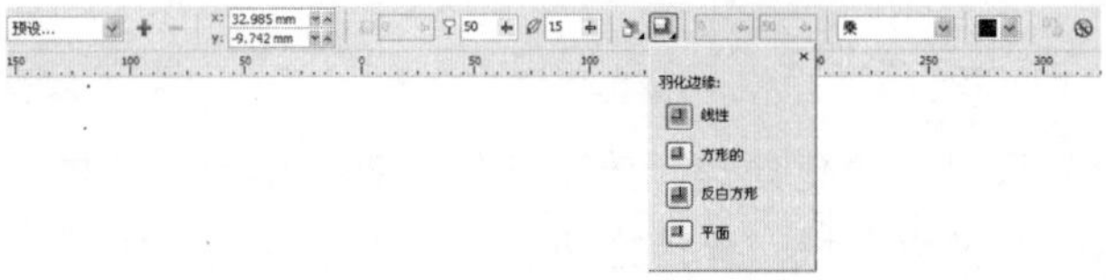

图13-95

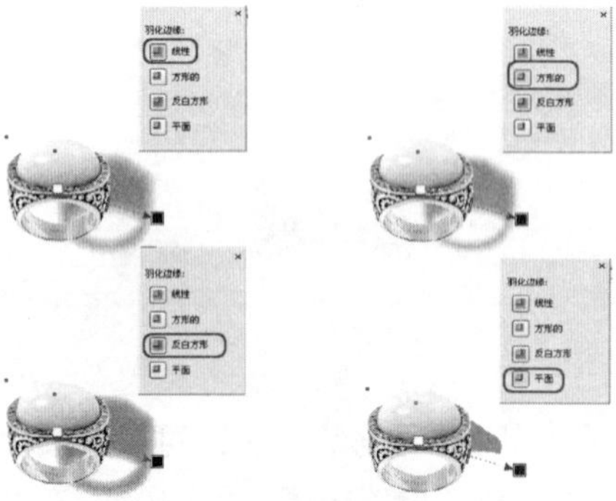

图13-96

- “淡出”和“阴影延展”：“淡出”命令主要配合“阴影延展”来使用，设置值在0～100之间，通过“淡出”命令，可以设置阴影的浓淡程度，效果如图13-97所示；“阴影延展”命令主要用来设置阴影的拉伸程度，设置值在0～100之间，效果如图13-98所示。

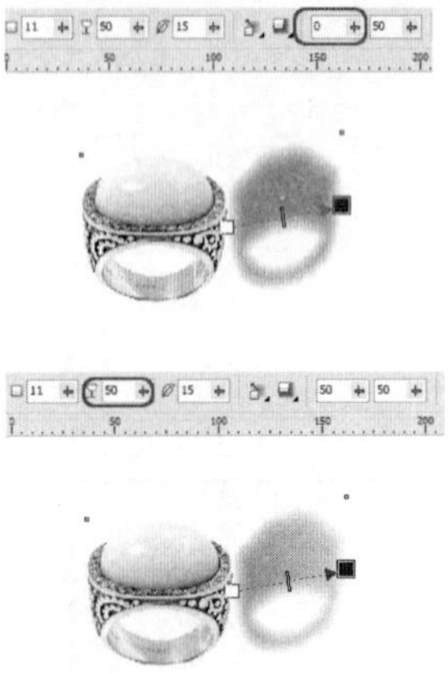

图13-97

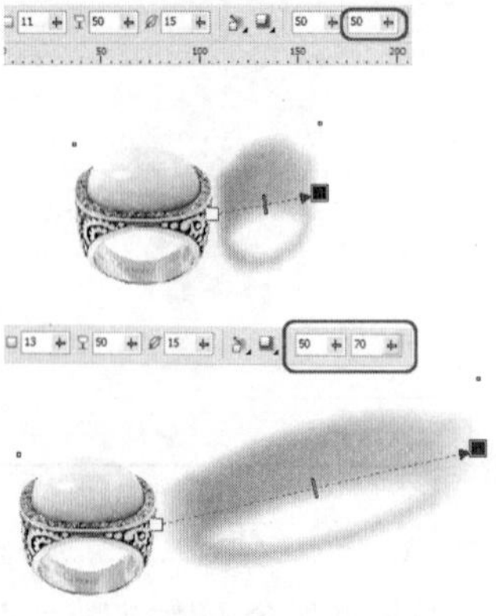

图13-98

提 示

在执行“阴影工具”后，可以直接拖动阴影工具上的滑块和黑色方块进行“淡出”和“阴影延展”效果的设置。

- “透明度操作”乘：主要是进行透明度属性调节，包括正常、添加、减少、差异、乘、除、如果更亮、如果更暗、底纹化、色度、饱和度、亮度、反显、和、或、异或、红色、绿色、蓝色共19种模式。
- “阴影颜色”：用于改变阴影的颜色效果，单击旁边的小箭头，可打开颜色库进行选择。如果没有所需的，可以单击“其他”按钮进入颜色选择器设置颜色数值，如图13-99所示。添加阴影后，可以直接通过“阴影颜色”对颜色进行修改，效果如图13-100所示。如果用于印刷，为了保证印刷效果，添加阴影后，按【Ctrl+K】快捷键将阴影和原图分离，并将阴影转换为位图。

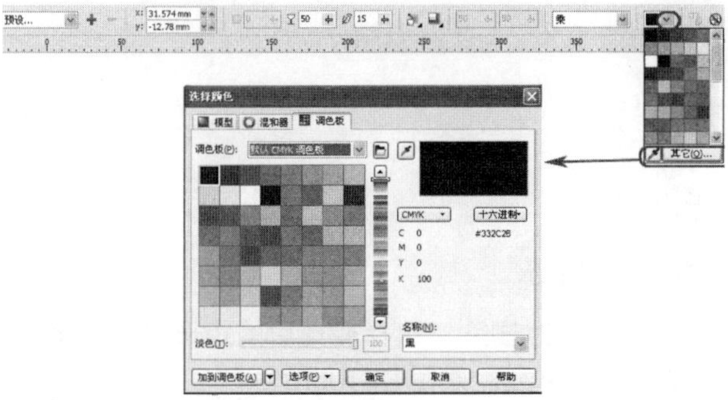

图13-99

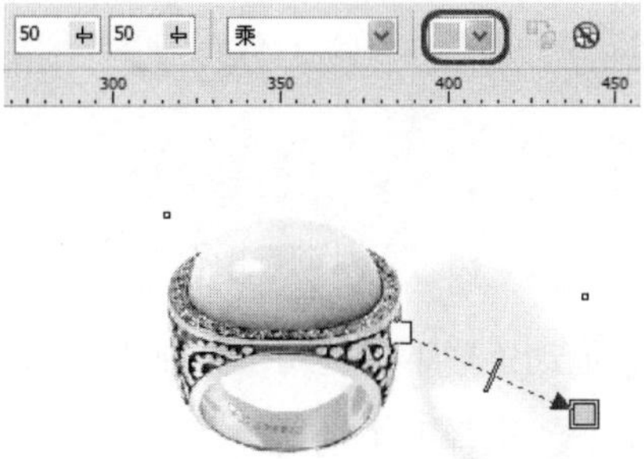

图13-100

- “复制阴影属性”和“清除阴影”：“复制阴影属性“是将当前应用的阴影效果应用到另外一副图形或图像中去。“清除阴影”则是清除当前设置的阴影效果。

【单元练习】——制作不规则按钮

本例将介绍不规则按钮的制作，该例的制作比较简单，主要通过为圆角矩形添加透视效果，并对图形进行调整，然后为图形添加立体化效果、阴影效果和透明效果，完成后的效果如图13-101所示。

图13-101

01 新建一个横向页面，选择工具箱中的“矩形工具”，在属性栏中将圆角参数设置为30，在绘图页中绘制圆角矩形，如图13-102所示。

02 从左边标尺处用鼠标拖出两个辅助线，放置在图13-103所示的位置。

提　示

标尺可以帮助用户准确地绘制图形，确定图形的位置和测量的大小，它在X、Y方向都有，如果在标尺的起始原点处拖动鼠标可以重新确定标尺的起始原点。

03 选择矩形对象，选择菜单栏中的“效果”\“添加透视”命令，为矩形对象添加透视效果，如图13-104所示。

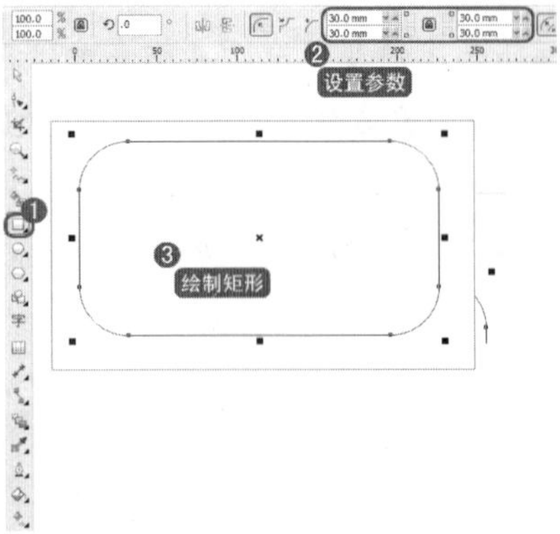

图13-102

图13-103

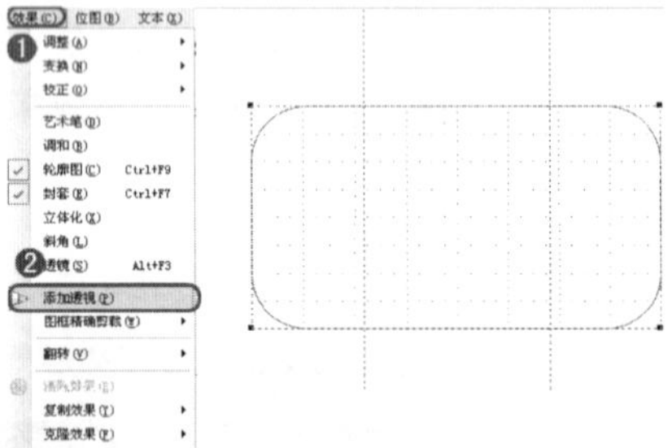

图13-104

04 拖动矩形下面的两个控制点变形矩形，如图13-105所示。

05 分别选择两个辅助线，依次按【Delete】键，将辅助线删除，选择变形后的矩形对象，将该图形填充颜色的Lab参数为57、87、-25的，并取消轮廓线的填充，如图13-106所示。

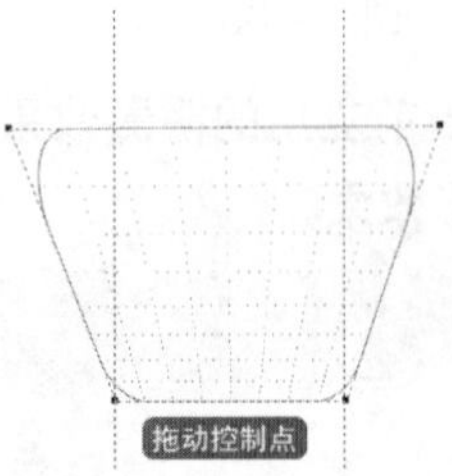

图13-105

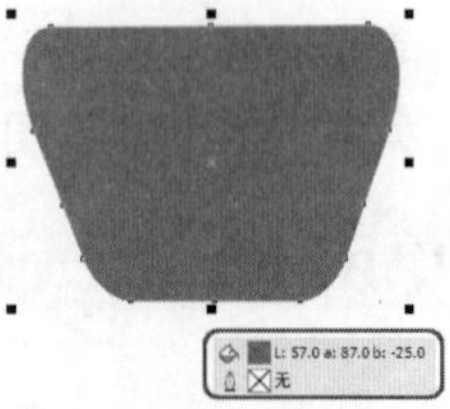

图13-106

提　示

“Lab”模式：也是颜色填充中常用的一种填充模式，该模式包含RGB和CMYK的色彩模式，这种模式常用于RGB和CMYK之间的转换。

06 选择工具箱中的“立体化工具”，在绘图页中为矩形对象添加立体化效果，在属性栏中将“深度“参数设置为3，将“灭点坐标”分别设置为-78、130，如图13-107所示。

07 选择工具箱中的“阴影工具”，为立体化对象添加阴影效果，在属性栏中将“阴影不透明”参数设置为60，将“阴影羽化”参数设置为20，如图13-108所示。

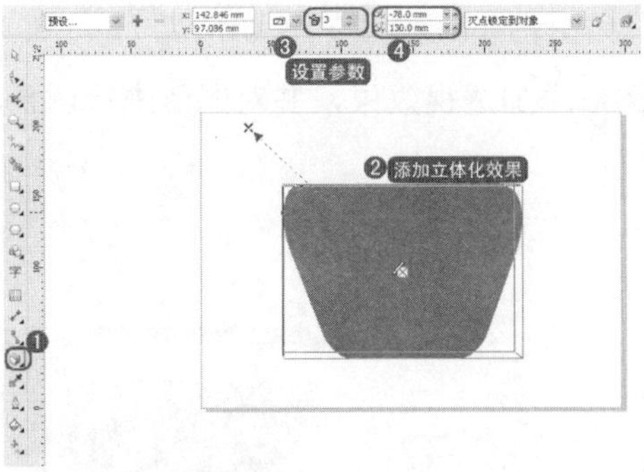

图13-107

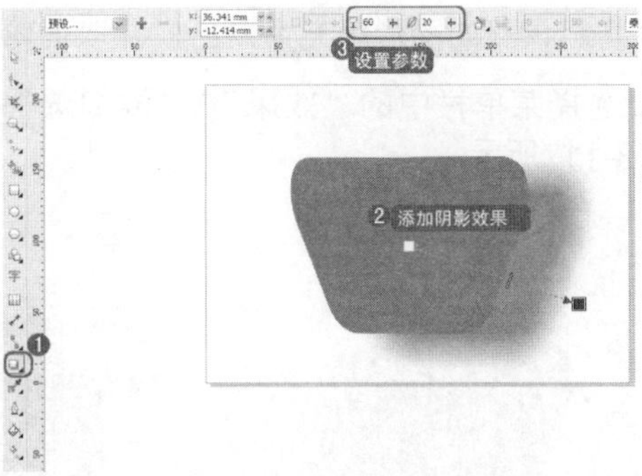

图13-108

08 选择工具箱中的“矩形工具”，在属性栏中将圆角参数设置为30，然后绘制圆角矩形，如图13-109所示。

09 确定新绘制的圆角矩形处于选择状态，单击鼠标右键，在弹出的快捷菜单中选择“转换为曲线”命令，将矩形转换为曲线，如图13-110所示。

10 在工具箱中选择“形状工具”，选择图13-111所示的顶点，在属性栏中单击“删除节点按钮”，如图13-111所示。删除节点后的效果如图13-112所示。

11 使用“形状工具”选择矩形下方的两个节点，在属性栏中单击“转换为线条按钮”，如图13-113所示。

12 转换节点后的效果如图13-114所示。

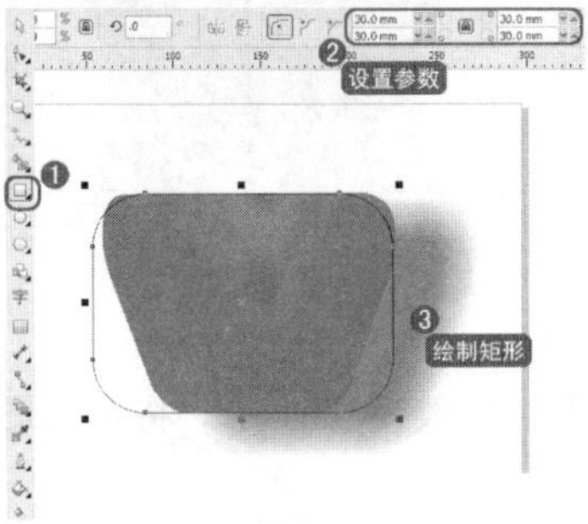

图13-109

图13-110

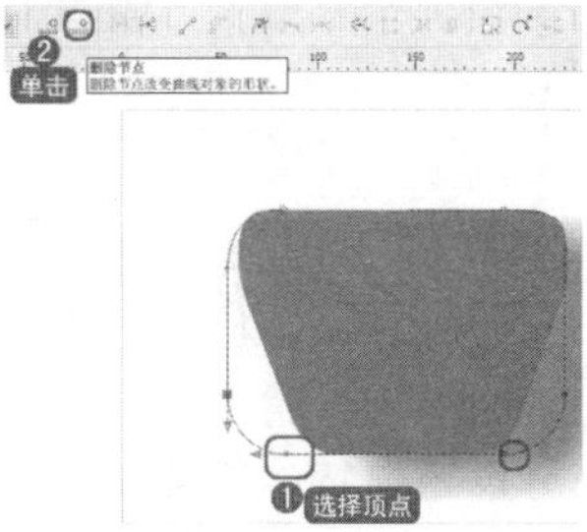

图13-111

图13-112

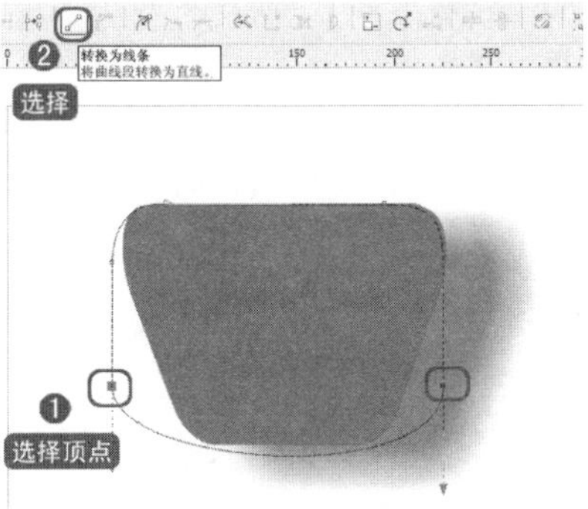

图13-113

图13-114

13 下面再对顶点进行调整，完成后的效果如图13-115所示。

⑭ 将新调整的图形填充为白色，并取消轮廓线的填充，如图13-116所示。

⑮ 选择菜单栏中的“效果”\“添加透视”命令，为图形添加透视效果，并对图形进行调整，如图13-117所示。

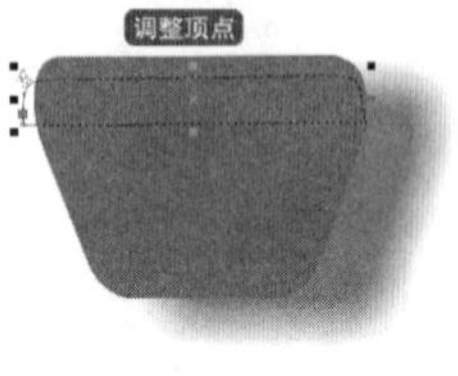

图13-115

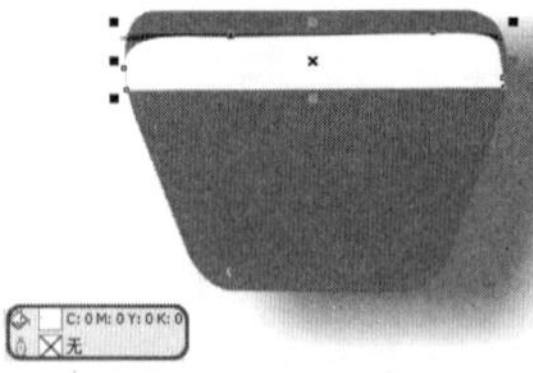

图13-116

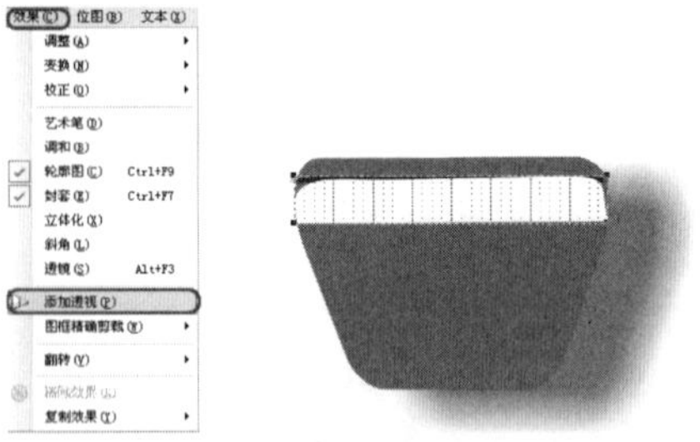

图13-117

⑯ 选择工具箱中的“透明工具”，为白色图形添加透明效果，如图13-118所示。

⑰ 选择工具箱中的“文本工具”，在绘图页中创建文本，在属性栏中将“字体”设置为“汉仪长宋简”，将“字体大小”设置为120pt，将“文本颜色”设置为黄色，如图13-119所示。

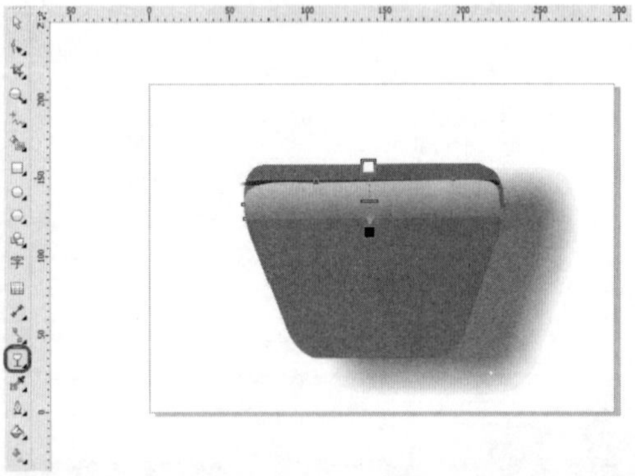

图13-118

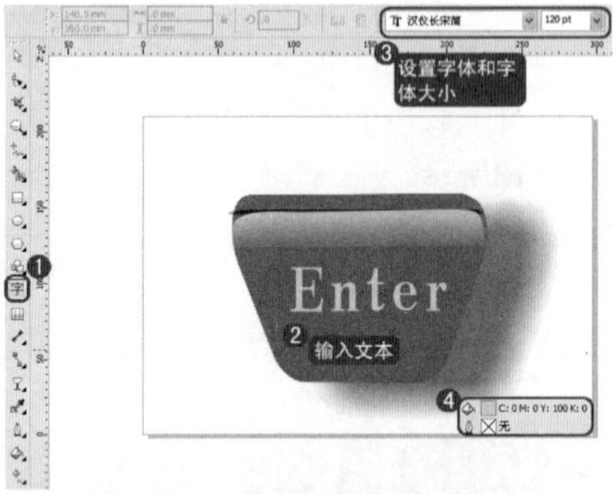

图13-119

⑱ 选择工具箱中的“阴影工具”，在属性栏中将“阴影不透明”参数设置为40，将“阴影羽化”设置为15，如图13-120所示。

⑲ 按【Ctrl+A】快捷键将场景中的对象全部选择，按【Ctrl+G】快捷键将选择的对象成组，如图13-121所示。

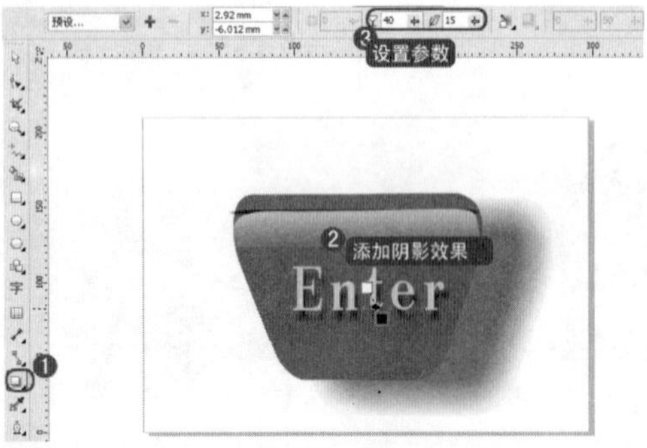

图13-120

图13-121

(20) 按【Ctrl+I】快捷键，在弹出的对话框中选择光盘中“素材与源文件”\“素材”\“第13天”\“吉他.psd”，单击“导入”按钮，将选择的素材文件导入到场景中，并调整素材的大小，如图13-122所示。

(21) 确定导入的素材文件处于选择状态，按【Ctrl+End】快捷键调整素材的位置，调整按钮的位置，并对按钮进行复制，完成后的效果如图13-123所示。

图13-122

图13-123

13.5 添加透镜特效

选择“效果”\“透镜”命令即可打开图13-124所示的“透镜”泊坞窗，在此可以为对象添加透镜效果。此效果是指通过改变对象外观或改变观察透镜下对象的方式所取得的特殊效果。

透镜效果只会改变透镜下方的对象区域外观，而不会改变对象的实际特性和属性。可以对任何矢量对象（如矩形、椭圆、闭合路径或多边形）应用透镜，也可以更改美术字和位图的外观。对矢量对象应用透镜时，透镜本身会变成矢量图像。同样，如果将透镜置于位图上，透镜也会变成位图图像。

图13-124

13.5.1 给对象添加透镜效果

透镜特效的制作方法如下。

(01) 按【Ctrl+N】快捷键新建一个图形文件，再在菜单中选择“窗口”\“泊坞窗”\“透镜”命令或按【Alt+F3】快捷键，弹出“透镜”泊坞窗，并在其中单击“按钮”，弹出下拉列表，用户可以在其中选择所需的透镜，如图13-125所示。

“透镜”泊坞窗中选项说明如下：

- “变亮”选项：该选项可以使对象区域变亮和变暗，并设置亮度和暗度的比例。
- “颜色添加”选项：该选项可以模拟加色光线模型。透镜下的对象颜色与透镜的颜色相加，就像混合了光线的颜色。可以选择颜色和要添加的颜色量。
- “色彩限度”选项：该选项可以用黑色和透过的透镜颜色查看对象区域。例如，如果在位图上放置绿色颜色限制透镜，则在透镜区域中，将过滤掉除了绿色和以外的所有颜色。
- “自定义彩色图”选项：该选项可以将透镜下方对象区域的所有颜色改为介于指定的两种颜色之间的一种颜色。可以选择该颜色范围的起始色和结束色，以及这两种颜色的渐进。渐变在色谱中的路径可以是直线、向前或向后。

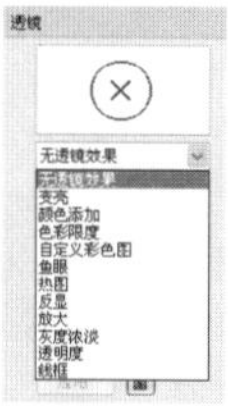

图13-125

- “鱼眼”选项：该选项可以根据指定的百分比变形、放大或缩小透镜下方的对象。
- “热图”选项：该选项可以通过在透镜下方的对象区域中模仿颜色的冷暖度等级，来创建红外图像的效果。
- “反显”选项：该选项可以将透镜下方的颜色变为其CMYK互补色，互补色是色轮上互为相对的颜色。
- “放大”选项：该选项可以按指定的量放大对象上的某个区域。放大透镜取代原始对象的填充，使对象看起来是透明的。
- “灰度浓淡”选项：该选项可以将透镜下方对象区域的颜色变为其等值的灰度。灰度浓淡透镜对于创建深褐色色调效果特别有效。
- “透明度”选项：该选项可以使对象看起来像着色胶片或彩色玻璃。
- “线框”选项：该选项可以用所选的轮廓或填充色显示透镜下方的对象区域。例如，如果将轮廓设为红色，将填充设为蓝色，则透镜下方的所有区域看上去都具有红色轮廓和蓝色填充。

02 按【Ctrl+I】快捷键导入一张图片，如图13-126所示，接着在工具箱中选择“椭圆工具”，配合【Ctrl】键在画面中绘制一个正圆形，再在默认CMYK调色板中单击月光绿色块，右击无，使其填充为月光绿色，得到画面效果如图13-127所示。

图13-126

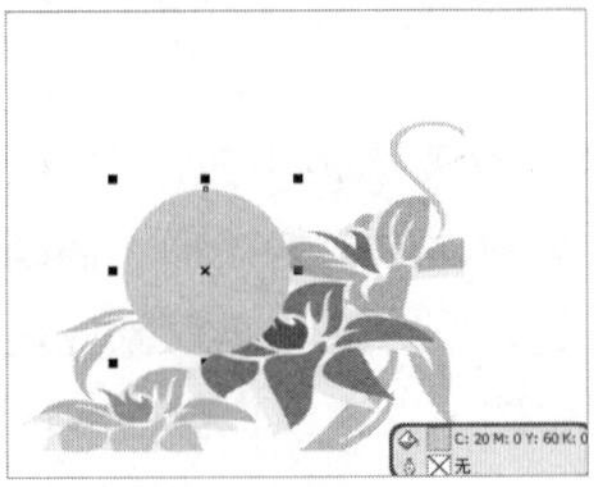

图13-127

03 在“透镜”泊坞窗中选择“色彩限度”，其他为默认值，如图13-128所示，即可得到如图13-129所示的效果。

图13-128

图13-129

13.5.2 编辑透镜

在CorelDRAW X5中可以编辑透镜，改变透镜影响其下方区域的方式。例如，可以通过改变绘图窗口中X标示的透镜视点，来显示绘图的任何部分。视点表示通过透镜所查看内容的中心点。可以将透镜定位在绘图窗口的任何位置，但显示的总是视点标志周围的区域。

也可以在透镜与其他对象或背景重叠的区域显示透镜。其结果是，在绘图窗口中透镜覆盖空白区的区域为看不到透镜效果。

通过冻结透镜的当前视图，可以移动透镜而不改变透过透镜显示的内容。另外，对透镜下方区域所做的更改不会影响视图效果。

01 接着13.5.1进行讲解，在“透镜”泊坞窗中选择“自定义彩色图”选项，其他为默认值，如图13-130所示。

02 在“透镜”泊坞窗中设定“从”的颜色为“热粉色”，如图13-131所示。

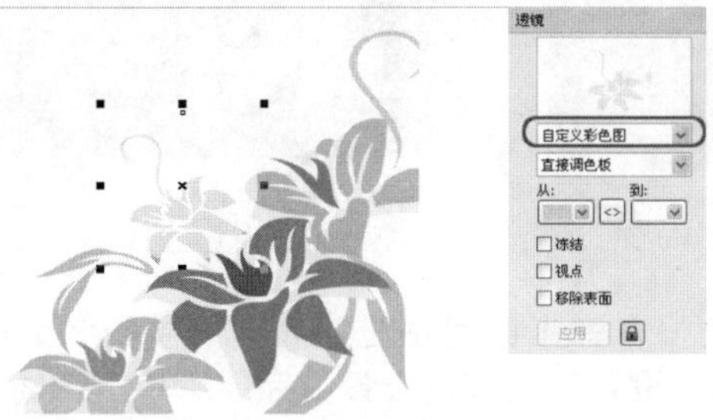

图13-130

图13-131

03 在画面中对圆形图形进行缩放，在【透镜】泊坞窗中选择“热图”，如图13-132所示。

04 再在【透镜】泊坞窗中选择“冻结”复选框，将透镜效果冻结，如图13-133所示。

图13-132

图13-133

【单元练习】——制作放大镜效果

本例将介绍放大镜效果的制作，该例的制作比较简单，主要通过透镜效果来表现，完成后的效果如图13-134所示。

图13-134

01 按【Ctrl+N】快捷键新建一个文本，单击属性栏中的“□按钮”，将页面转换为横向，如图13-135所示。

02 按【Ctrl+I】快捷键，在弹出的对话框中选择光盘中“素材与源文件”\“素材”\“第13天”\“插画美女.jpg”，将选择的素材导入到场景中，并调整素材的大小，如图13-136所示。

(03) 选择工具箱中的“椭圆工具”，按【Ctrl】键绘制正圆形，如图13-137所示。

图13-135

图13-136

图13-137

(04) 确定新绘制的图形处于选择状态，按【F11】键，在弹出的对话框中将“角度”参数设置为-65，将“边界”参数设置为5，选择“自定义”选项，设置渐变颜色，设置完成后单击“确定”按钮，如图13-138所示。

(05) 填充完渐变色后的效果如图13-139所示。

(06) 确定渐变图形处于选择状态，按小键盘上的【+】键，复制渐变图形，在属性栏中将“缩放因子”参数设置为90%，如图13-140所示。

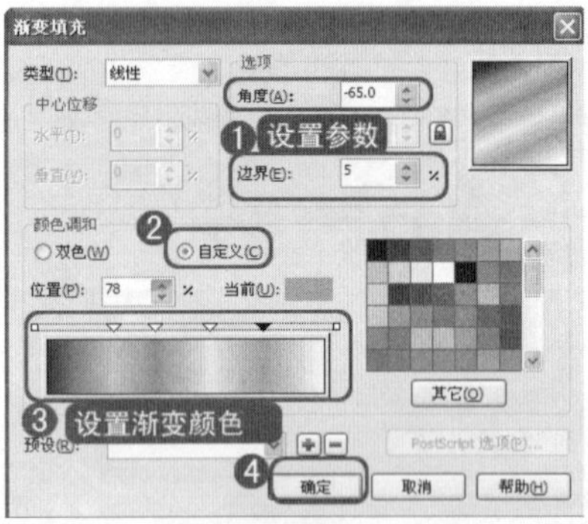

图13-138

图13-139

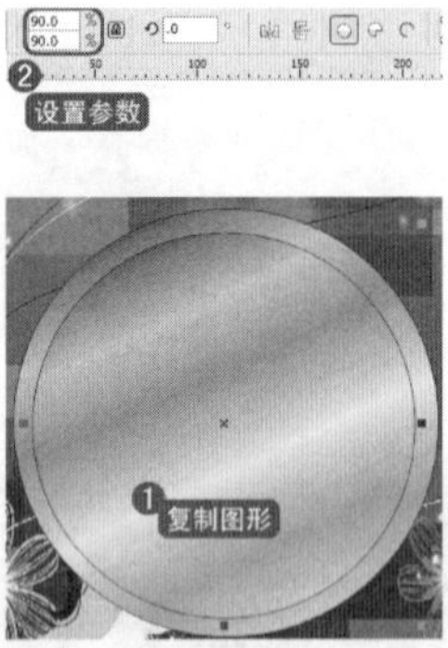

图13-140

(07) 选择两个圆形图形，按【Ctrl+L】快捷键将选择的图形结合，如图13-141所示。

(08) 按小键盘上的【+】键，将结合后的图形进行复制，然后向右上方稍微移动，再将下方图形的填充色修改为黑色，制作成放大镜的镜框，如图13-142所示。

(09) 选择工具箱中的“矩形工具”，在绘图页中绘制矩形，作为放大镜的把手，如图13-143所示。

图13-141

图13-142

图13-143

(10) 确定新绘制的矩形处于选择状态，单击鼠标右键，在弹出的快捷菜单中选择“转换为曲线”命令，然后选择工具箱中的“形状工具”对图形进行调整，如图13-144所示。

(11) 确定绘制的图形处于选择状态，按【F11】键，在弹出的对话框中选择“自定义”选项，设置渐变颜色，然后单击“确定”按钮，如图13-145所示。

(12) 填充完渐变颜色后，将该图形的轮廓线去除，如图13-146所示。

图13-144

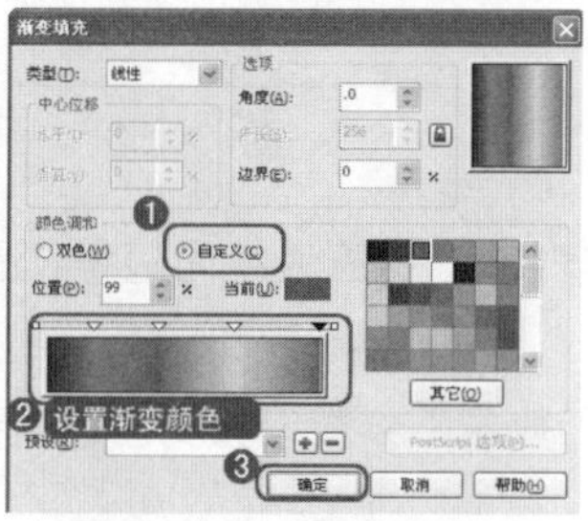

图13-145

图13-146

(13) 选择工具箱中的“3点椭圆形工具”，在图形的下方绘制黑色椭圆形，如图13-147所示。

(14) 确定新绘制的圆形处于选择状态，再选择渐变图形，在绘图页中调整它们的位置，如图13-148所示。

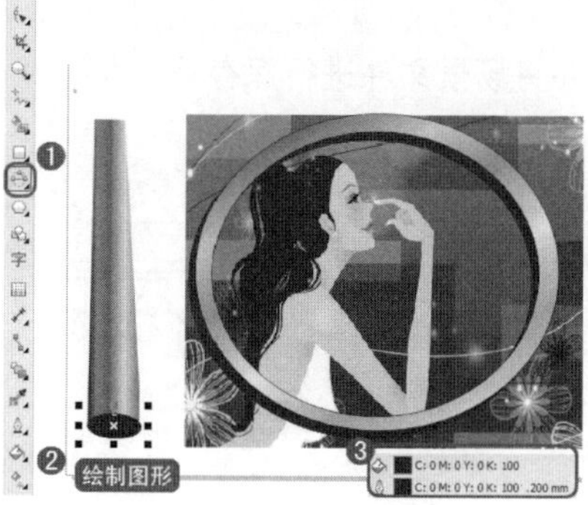

图13-147

图13-148

(15) 选择组成放大镜的所有对象，按【Ctrl+G】快捷键将选择的对象成组，并旋转它们的位置，如图13-149所示。

(16) 确定放大镜对象处于选择状态，选择菜单栏中的“位图”\“转换为位图”命令，在弹出的对话框中将“分辨率”参数设置为200，选择“透明背景”复选框，单击“确定”按钮，如图13-150所示，将选择的对象转换为位图。

提 示

上面将含有渐变填充的图形转换为位图的目的是为了降低图像的复杂程度。另外需要读者注意的是，将矢量图转换为位图时，如果选取多个图形进行转换，转换后，选取的多个图形就会变为一个图像。

⑰ 转换为位图后的效果如图13-151所示。

图13-149

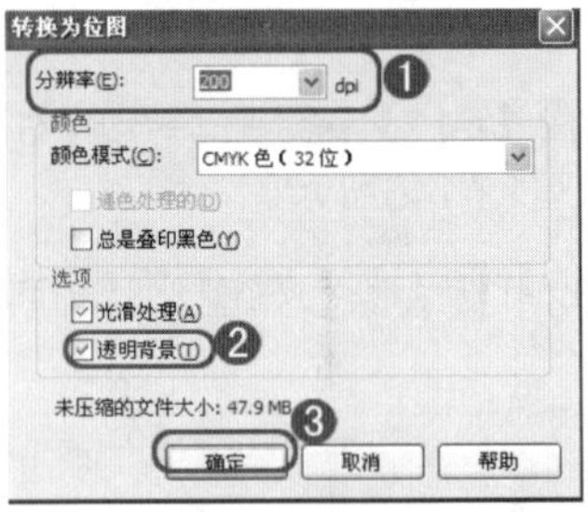

图13-150

图13-151

⑱ 选择工具箱中的“椭圆工具”，在放大镜内边缘位置绘制出图13-152所示的圆形。

⑲ 选择菜单栏中的“效果”\“透镜”命令，或按【Alt+F3】快捷键，在“透镜”泊坞窗中将“透镜样式”定义为“放大”，将“数量”参数设置为2，如图13-153所示。

提 示

在“透镜”泊坞窗中选择“冻结”复选框，即可将下方放大的图像冻结到绘制的圆形上，此时再移动此圆形，放大的图像将跟随图形一起移动。

⑳ 至此，放大镜效果就制作完成了，将完成后的效果导出，并将场景文件进行保存。

图13-152

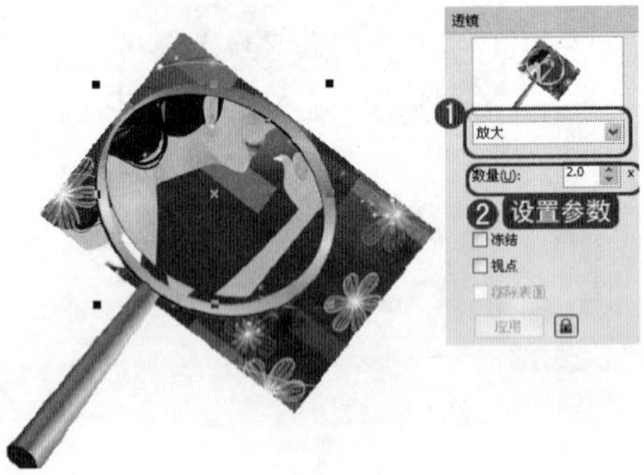

图13-153

【每日一练】——绘制灯箱 >>>

本例将介绍灯箱效果的制作，该例的制作比较简单，主要是通过“立体化工具”和“轮廓工具”来表现的，完成后的效果如图13-154所示。

图13-154

01 新建横向页面的文档，选择工具箱中的“矩形工具”，在属性栏中将圆角参数设置为26，在绘图页中绘制填充色为10%的圆角矩形，并取消轮廓线的填充，如图13-155所示。

02 选择工具箱中的“立体化工具”，为新绘制的图形添加立体化效果，将“深度”参数设置为6，将“灭点坐标”分别设置为-164、-133，单击“按钮”，在弹出的面板中单击“按钮”，并调整灯光的位置，然后将“强度”参数设置为97，如图13-156所示。

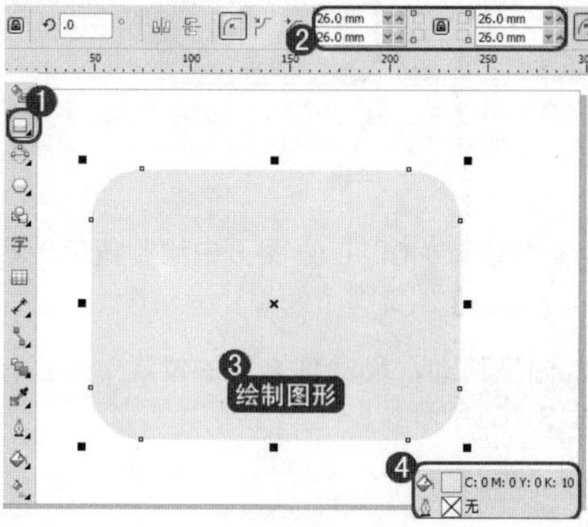

图13-155

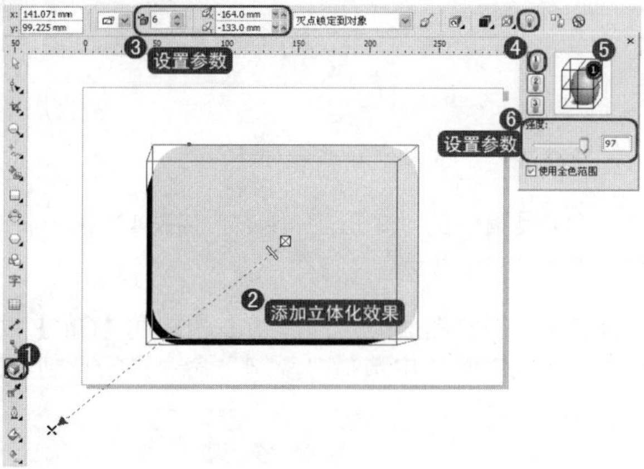

图13-156

03 继续单击“按钮”，并调整灯光的位置，然后将“强度”参数设置为62，如图13-157所示。

04 选择工具箱中的“矩形工具”，在属性栏中将圆角参数设置为26，在绘图页中绘制圆角矩形，如图13-158所示。

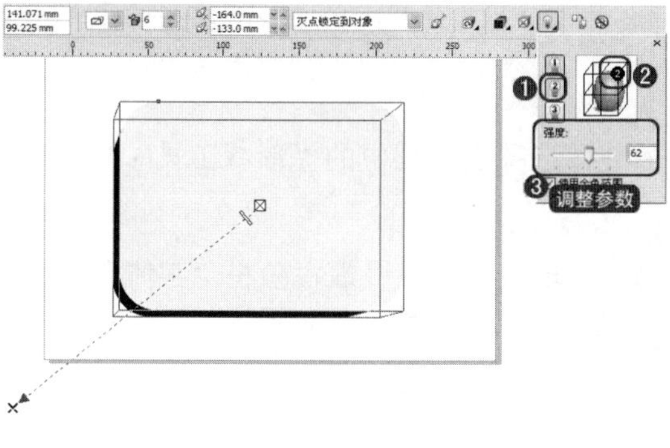

图13-157

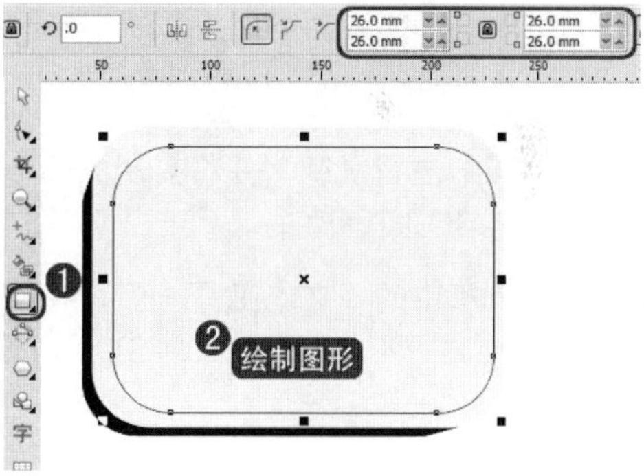

图13-158

05 确定新绘制的矩形处于选择状态，按【F11】键，在弹出的对话框中将“类型”定义为“辐射”，将“水平”和“垂直”参数分别设置为31、14，将渐变颜色设置为“从”冰蓝，“到”蓝色的渐变，将“中点”参数设置为17，设置完成后单击“确定”按钮，如图13-159所示。

06 填充完渐变颜色后将该图形的轮廓去掉，如图13-160所示。

07 选择工具箱中的“轮廓工具”，在属性栏中单击“内部轮廓按钮”，将“步长数”设置为272，将“轮廓图偏移”设置为0.025mm，单击“线性轮廓图颜色按钮”，将“轮廓颜色”和“填充色”都设置为白色，将“渐变填充结束色”设置为蓝色，如图13-161所示。

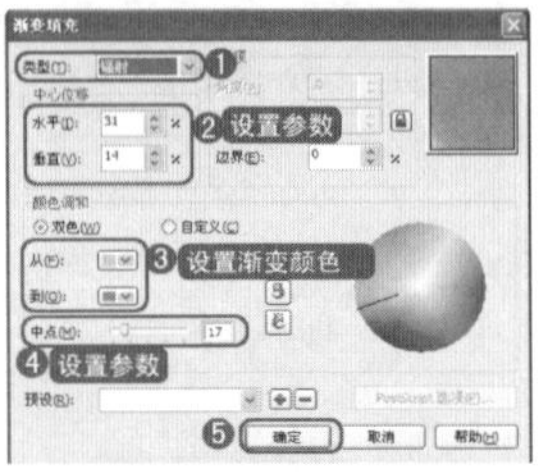

图13-159

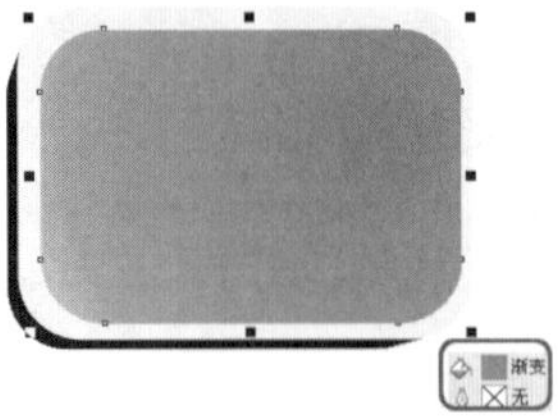

图13-160

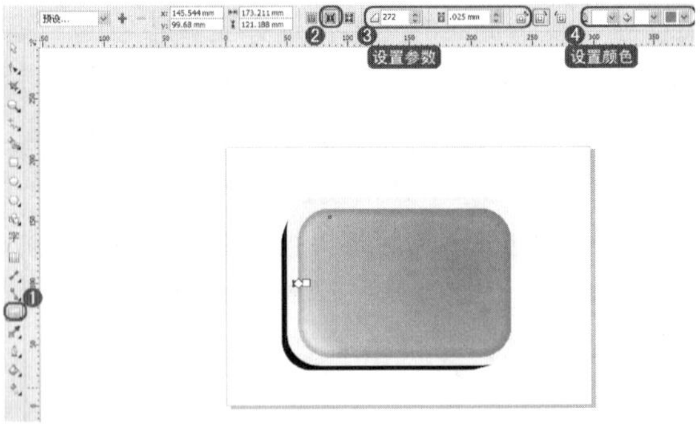

图13-161

08 选择工具箱中的“矩形工具”，在属性栏中将圆角参数设置为0，在绘图页中绘制黄色无边框矩形，如图13-162所示。

09 确定新绘制的图形处于选择状态，按住【Ctrl】键将其向下移动，移动到合适的位置单击鼠标右键在弹出的快捷菜单中选择“复制”命令进行复制，如图13-163所示。

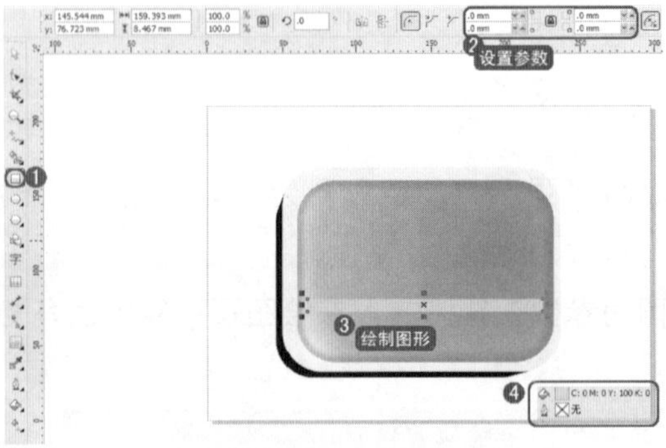

图13-162

图13-163

10 继续对图形进行复制，并将复制的图形转换为曲线，选择工具箱中的“形状工具”，对图形进行调整，如图13-164所示。

11 选择工具箱中的“文本工具”，在绘图页中输入“地铁”，在属性栏中将“字体”设置为汉仪综艺体简，“字体大小”设置为100pt，并将文本填充为白色，如图13-165所示。

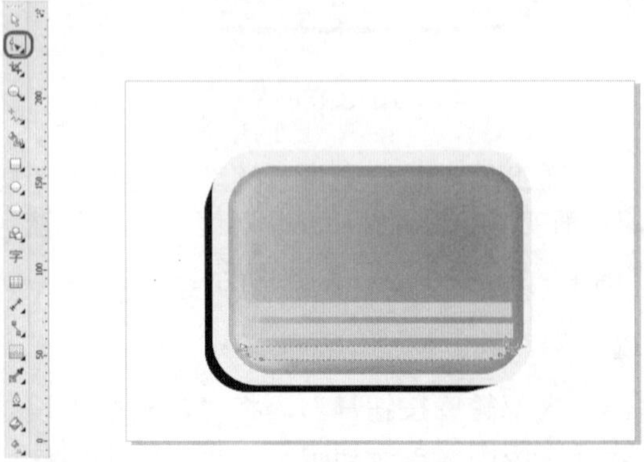

图13-164

图13-165

⑫ 继续使用“文本工具”，在绘图页中输入“subway”，在属性栏中将“字体”设置为Minion Pro SmBd，“字体大小”设置为60pt，并将文本填充为白色，如图13-166所示。

⑬ 选择工具箱中的“矩形工具”，在绘图页中绘制矩形，如图13-167所示。

⑭ 确定绘制的矩形处于选择状态，按【F11】键，在弹出的对话框中将“角度”参数设置为180，选择“自定义”选项，设置一个渐变颜色，单击“确定”按钮，如图13-168所示。

图13-166

图13-167

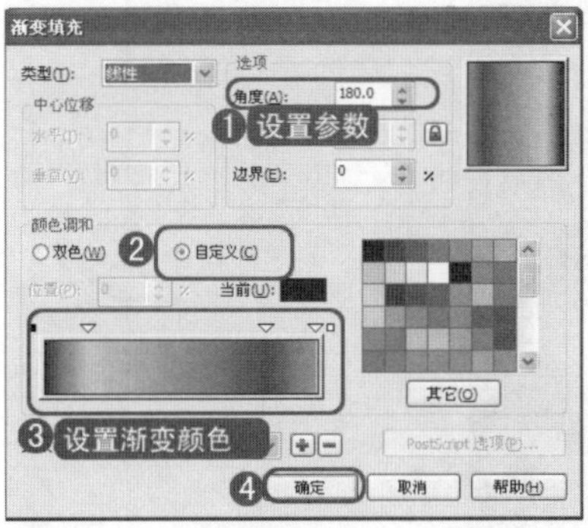

图13-168

⑮ 填充完渐变颜色后，将该图形的轮廓线取消填充，如图13-169所示。

⑯ 按【Ctrl+A】快捷键，选择所有的对象，按【Ctrl+G】快捷键将选择的对象成组，如图13-170所示。

⑰ 至此，灯箱效果就制作完成了，将完成后的效果导出，并将场景文件进行保存。

图13-169

图13-170

读书笔记

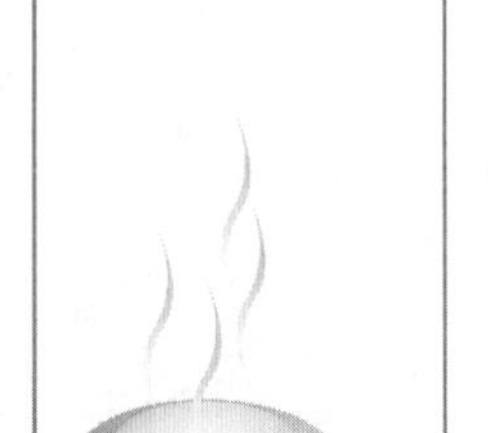

第14天 综合练习1

本章详细介绍绘制汽车和绘制POP广告两个复杂实例的详细制作过程。重点介绍使用“钢笔工具”、“矩形工具”和“椭圆工具”绘制基本形状的方法，以及使用“艺术笔工具”和“文本工具”处理文本段落的方法。

14.1 绘制汽车

本节将介绍汽车模型的绘制，该例的制作比较复杂，主要是用“钢笔工具”、“矩形工具”和“椭圆工具”绘制汽车的基本形状，并通过【渐变填充】对话框为图形填充颜色，然后再通过“调和工具”和“透明度工具”制作出汽车的细节部分，完成后的效果如图14-1所示。

图14-1

14.1.1 车身的绘制

本节首先绘制车身。

01 按【Ctrl+N】组合键，并在属性栏中单击“按钮”，将页面设为横向，接着在工具箱中选择“钢笔工具”，在绘图页中绘制出车身的图形，在【对象管理器】面板中将其命名为“车身”，将其轮廓线设置为“细线”，如图14-2所示。

02 选择工具箱中的“钢笔工具”，在画面中绘制出车顶面形状，并通过“形状工具”进行调整，将其命名为“车顶面形”，如图14-3所示。

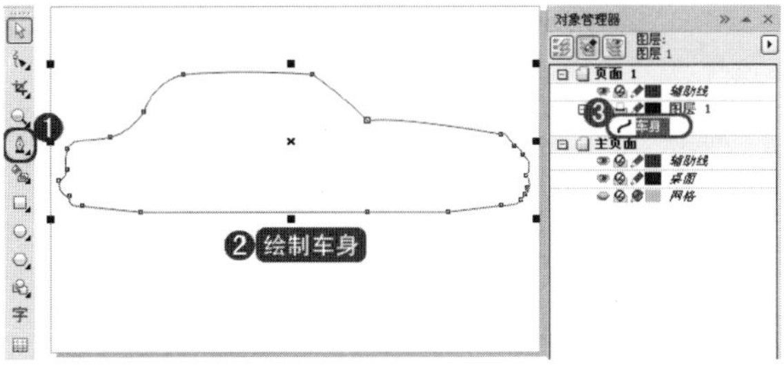

图14-2

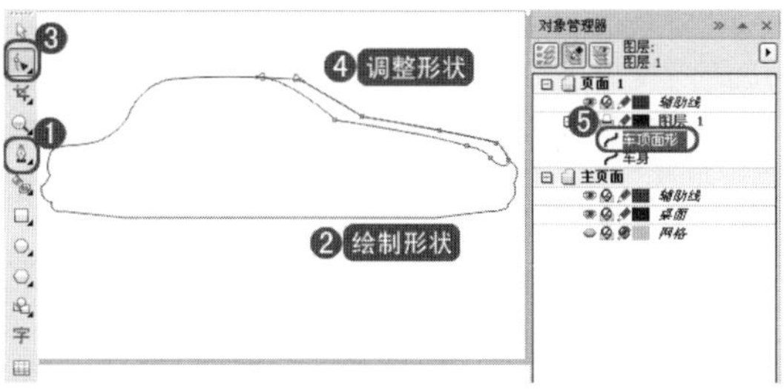

图14-3

提 示

如果绘制的车身形状不是很理想，可以通过“形状工具”进行调整。

03 继续使用“钢笔工具”绘制出小汽车的窗户结构，将其命名为“车窗01”，如图14-4所示。

04 使用同样的方法绘制窗口的其他结构，分别将它们命名为“车窗02”、“车窗03”，如图14-5所示。

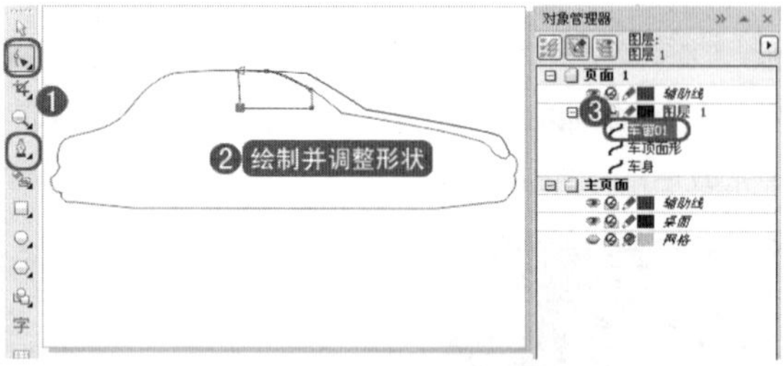

图14-4

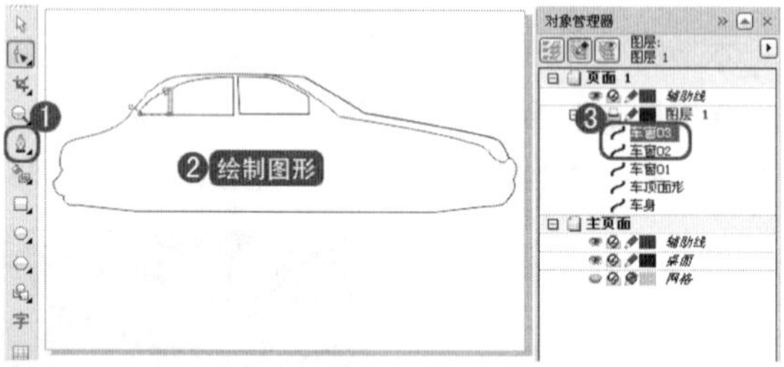

图14-5

05 选择工具箱中的“椭圆工具”，在车身下方要安装轮胎的地方绘制一个椭圆，如图14-6所示。

06 将刚绘制的椭圆向右拖动到适当位置右击，以复制一个副本，结果如图14-7所示。

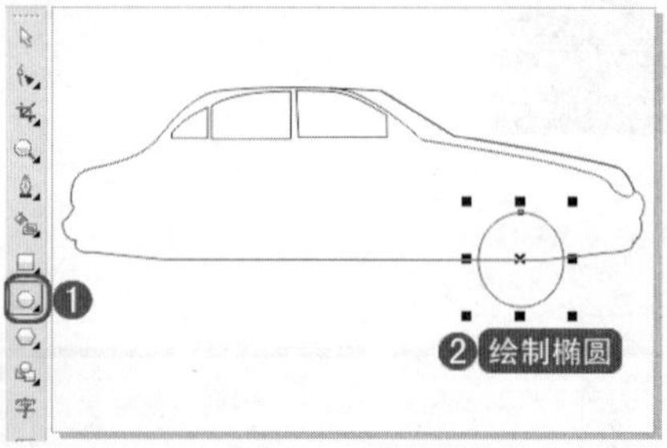

图14-6

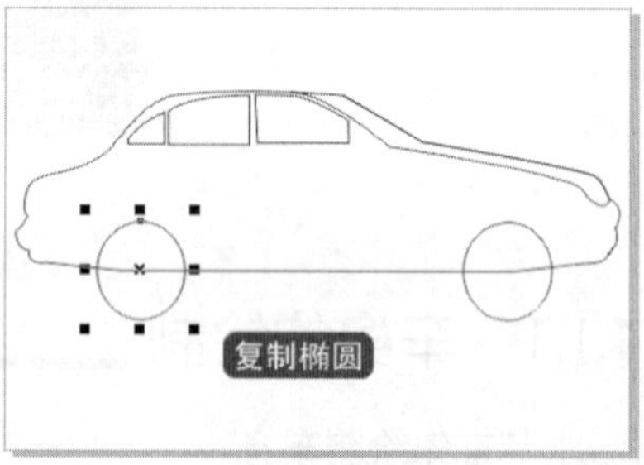

图14-7

07 在工具箱中选择“选择工具”，接着按【Shift】键在绘图页中单击右边的椭圆与车身外形结构线，同时选择它们，再在属性栏中单击“移除前面对象按钮”，如图14-8所示。即可用两个椭圆修剪车身的外形结构图，得到汽车的外壳，如图14-9所示。

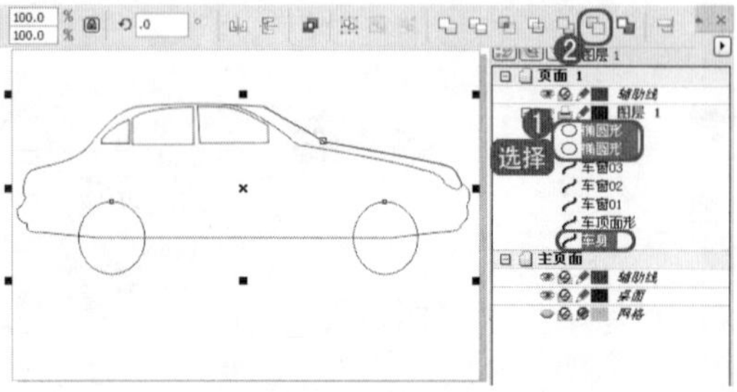

图14-8

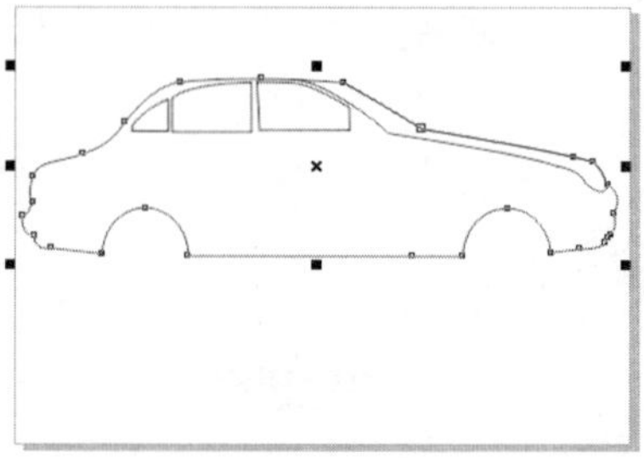

图14-9

(08) 用“钢笔工具”在车身上绘制出如图14-10所示的图形。

(09) 选择工具箱中的“钢笔工具”在车身上绘制出缝隙线，如图14-11所示。

(10) 确定新绘制的线段处于选择状态，单击工具箱中的“轮廓工具”，在弹出的快捷菜单中选择“1 mm”选项，如图14-12所示。

图14-10

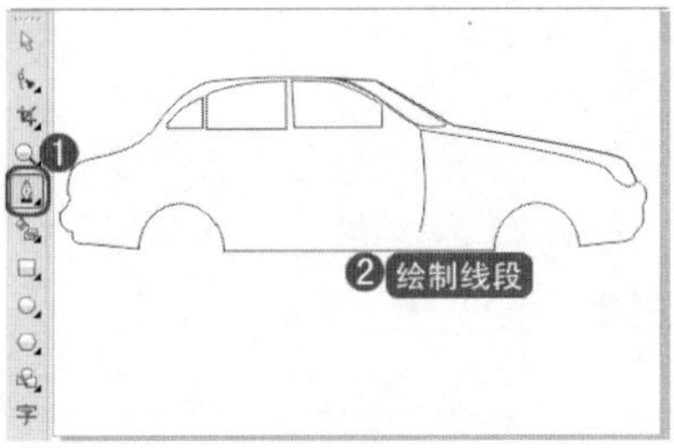

图14-11

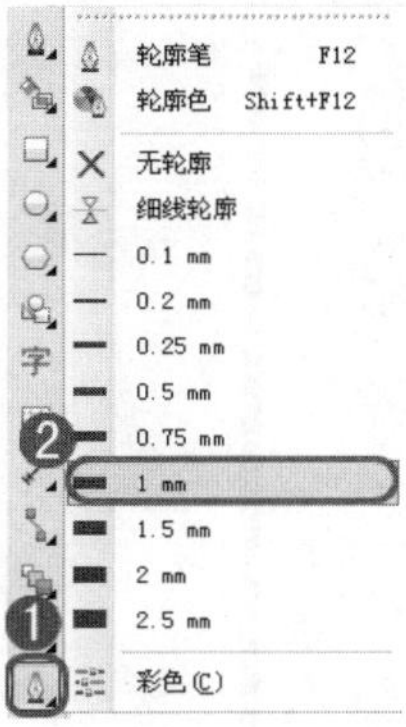

图14-12

(11) 同样使用工具箱中的“钢笔工具”再次绘制线段，并对线段进行调整，如图14-13所示。

(12) 先用缩放工具将画面放大，再用“钢笔工具”在车的玻璃窗右边绘制出如图14-14所示的结构，用来表示反光镜。

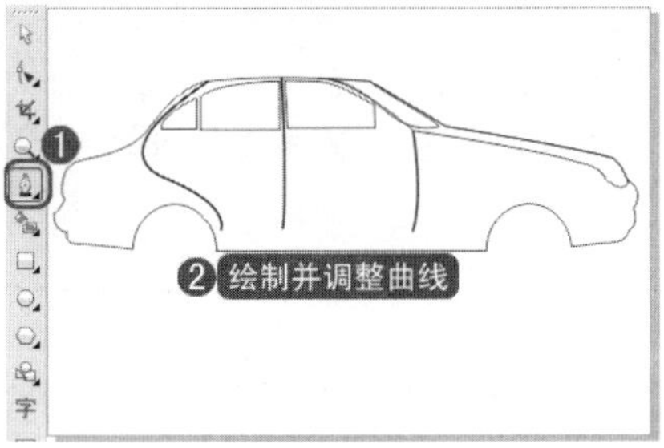

图14-13

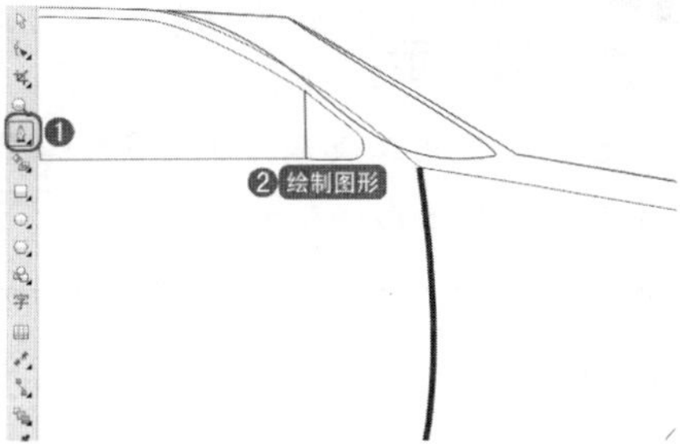

图14-14

(13) 在工具箱中选择“矩形工具”，在属性栏中将“圆角参数”设置为74，接着在画面中适当位置绘制出一个矩形，如图14-15所示。

(14) 在工具箱中选择“椭圆工具”，接着在画面中车门上绘制出图14-16所示的椭圆，用来表示安装把手的凹面，并对绘制的图形进行旋转，如图14-16所示。

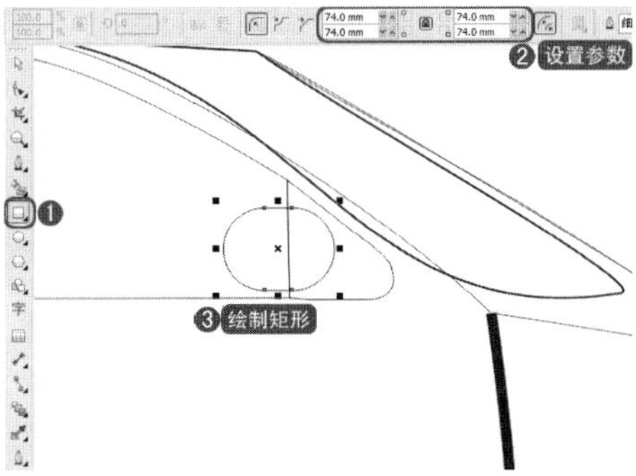

图14-15

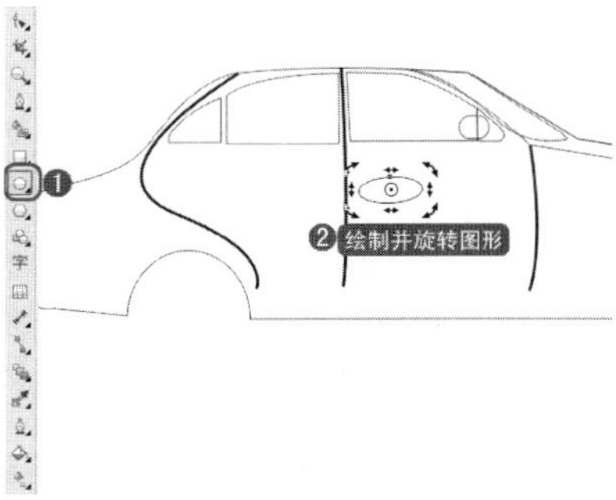

图14-16

⑮ 在标准工具栏中将“缩放级别”设置为400%，使用工具箱中的“钢笔工具”，在凹面处绘制出把手形状，并通过“形状工具”进行调整，如图14-17所示。

⑯ 在工具箱中选择“选择工具”，在画面中框选刚绘制的两个图形，并将其拖动到后门的适当位置右击，复制一个副本，得到如图14-18所示的效果。

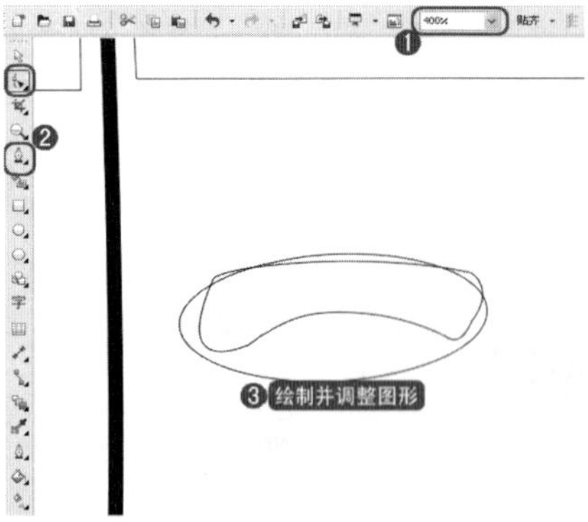

图14-17

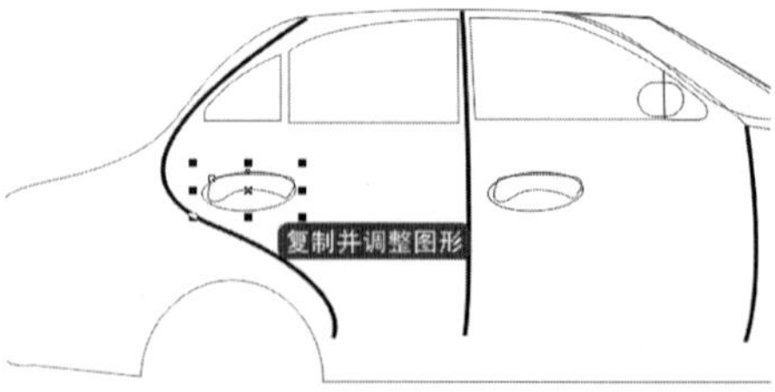

图14-18

⑰ 选择工具箱中的“椭圆工具”，在画面中车的前面绘制出表示灯的形状，并将其进行旋转，如图14-19所示。

提 示

也可以使用工具箱中的“3点椭圆形工具”绘制出表示灯的形状，使用该工具绘制，不需要对绘制的图形进行旋转。

⑱ 接着用“钢笔工具”在画面中车的前面绘制出表示风扇格的形状，如图14-20所示。

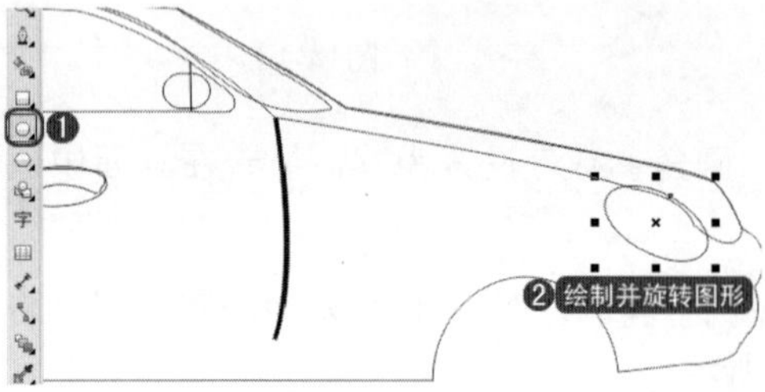

图14-19

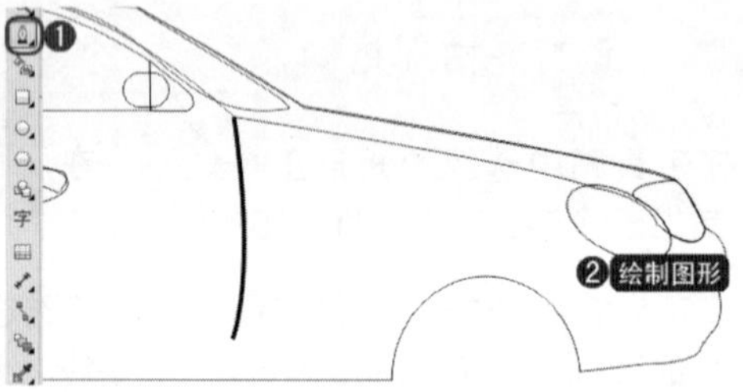

图14-20

⑲ 在标准工具栏中将“缩放级别”设置为50%，缩小画面，以查看整体效果，画面效果如图14-21所示。这样，车身的大体结构就绘制完成。

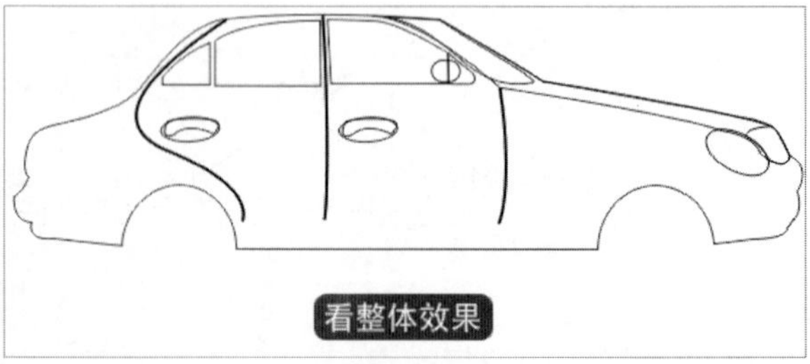

图14-21

14.1.2 填充颜色

车身模型绘制完成了，下面再来为绘制的图形上色。

01 在绘图页中选择表示车身的结构图，按【F11】键弹出【渐变填充】对话框，在“选项”区域下将“角度”参数设置为90，将“边界”参数设置为3，在“颜色调和”选项区域中选择“自定义”单选按钮，再在其下方的渐变条上添加多个色标，然后依次设置它们的颜色，如图14-22所示。设置好后单击“确定”按钮，填充完渐变后的效果如图14-23所示。

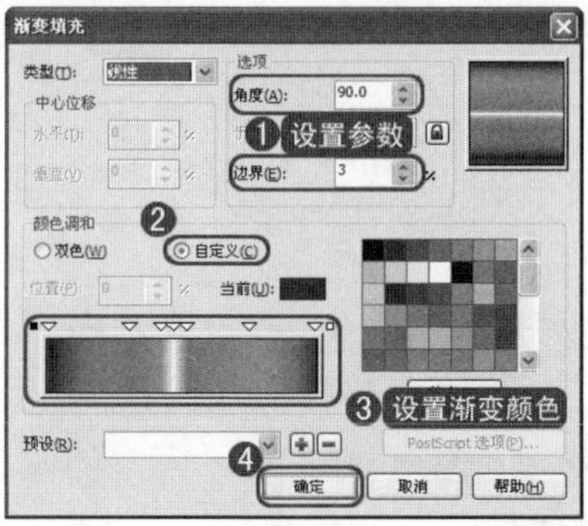

图14-22

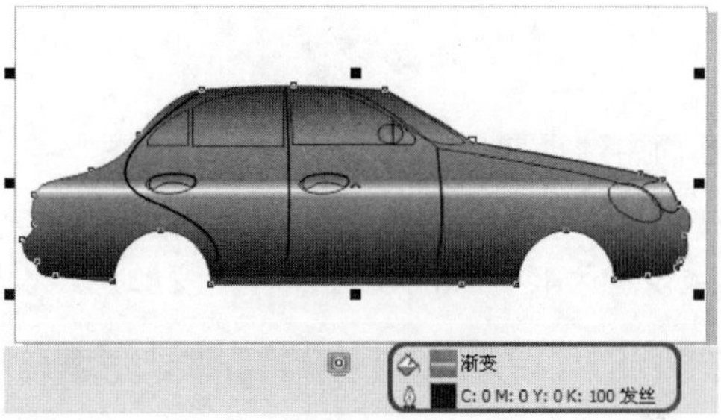

图14-23

提 示

“色标1”的颜色为C：0、M：0、Y：0、K：97，“色标27”的颜色为C：0、M：77、Y：78、K：11，“色标48”的颜色为C：0、M：97、Y：97、K：0，“色标48”的颜色为C：0、M：78、Y：95、K：0，“色标60”的颜色为白色，“色标66”的颜色为C：0、M：97、Y：97、K：0，“色标100”的颜色为C：12、M：0、Y：14、K：23。

02 先在画面的空白处单击取消选择，按住【Ctrl】键选择“车窗01～车窗03”对象，按小键盘上的【+】键，将选择的对象进行复制，如图14-24所示。

03 确定新复制的对象处于选择状态，在按住【Ctrl】键选择车身对象，单击属性栏中的“移除前面对象按钮”，如图14-25所示。即可用表示窗户的对象修剪车身，修剪后的效果如图14-26所示。

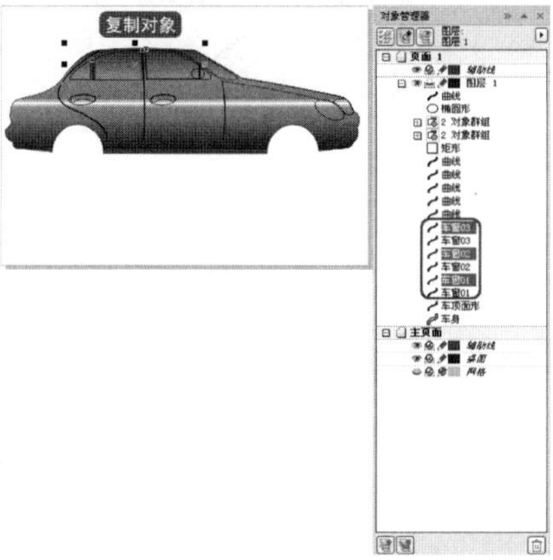

图14-24

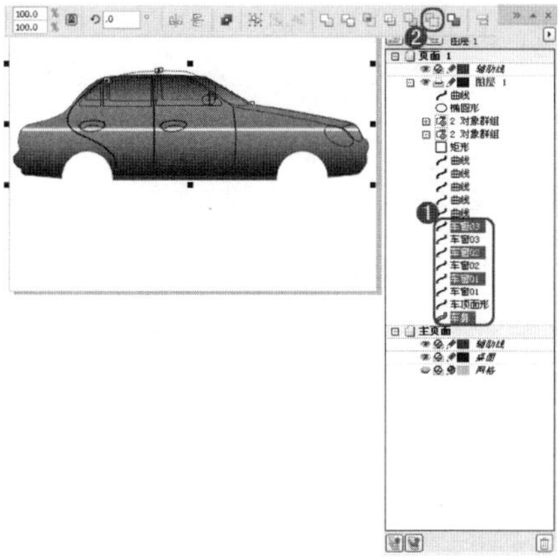

图14-25

04 选择场景中的“车顶面形”对象，将其填充为CMYK参数为0、17、17、80的颜色，并取消轮廓线的填充，如图14-27所示。

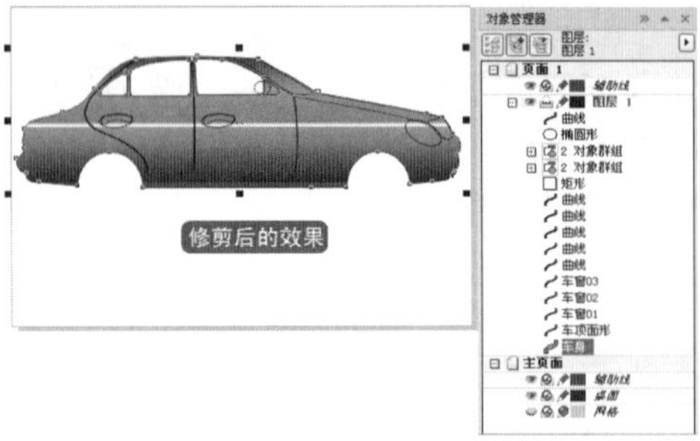

图14-26

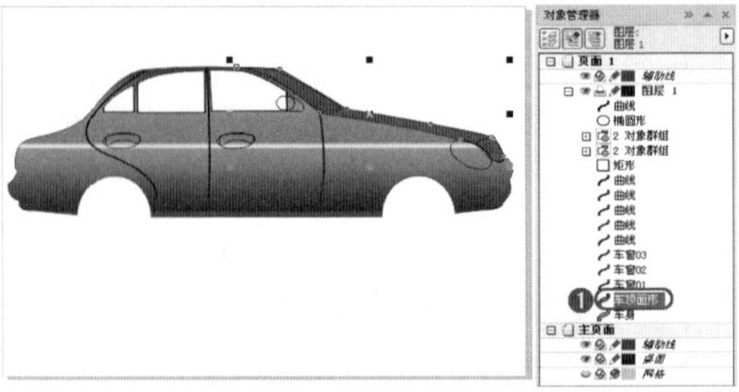

图14-27

05 在画面中选择要填充颜色的对象，如图14-28所示。

06 按【F11】键弹出【渐变填充】对话框，在“选项”区域下将“角度”参数设置为56.5，将“边界”参数设置为42，然后设置一种渐变颜色，设置完成后单击“确定”按钮，如图14-29所示。

07 填充完渐变颜色后，并将其轮廓线取消填充，完成后的效果如图14-30所示。

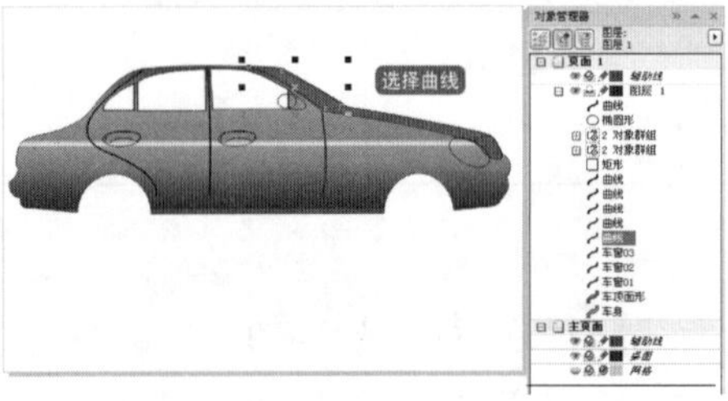

图14-28

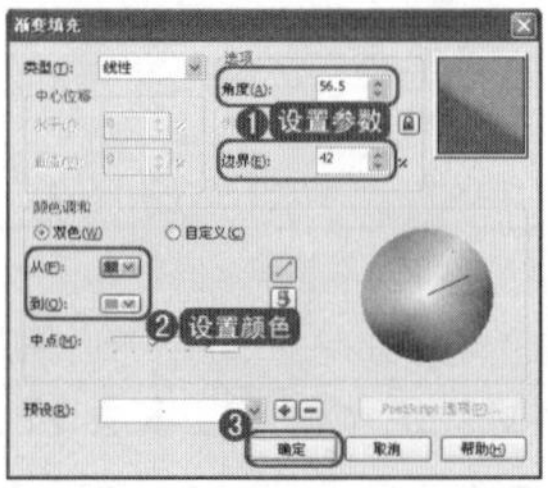

图14-29

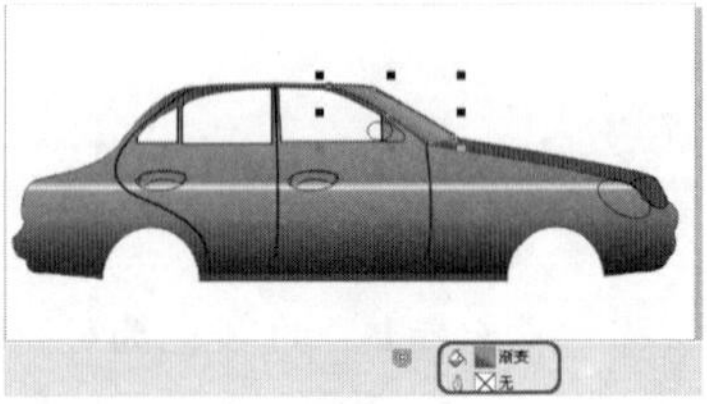

图14-30

08 选择工具箱中的“钢笔工具”，在刚进行渐变填充的对象上绘制一个图形，如图14-31所示。

09 将新绘制的图形填充为CMYK参数为0、0、4、0的颜色，并将其轮廓线的宽度设置为细线，如图14-32所示。

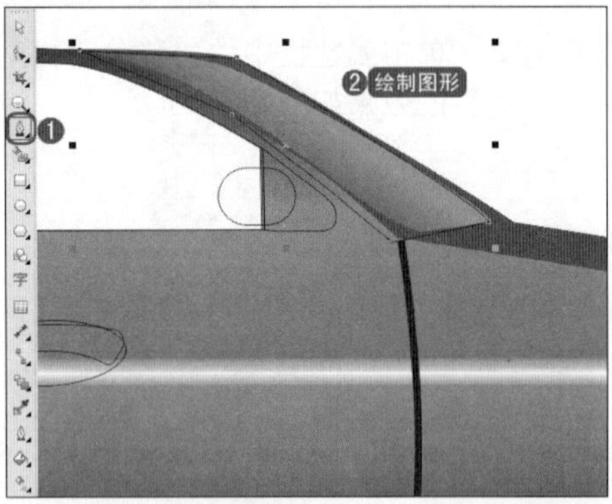

图14-31

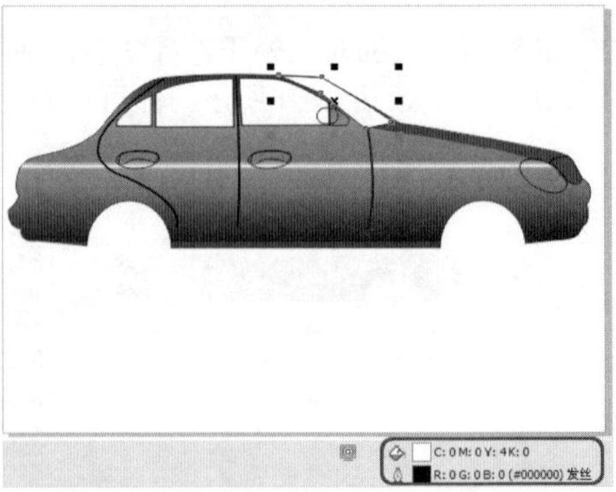

图14-32

10 在工具箱中选择“透明度工具”，接着在画面中进行拖动，给选择的对象进行透明调整，调整后的效果如图14-33所示。

⑪ 在工具箱中单击“钢笔工具”，接着在窗户中绘制出如图14-34所示的形状，并使用工具箱中的“形状工具”进行调整，如图14-34所示。

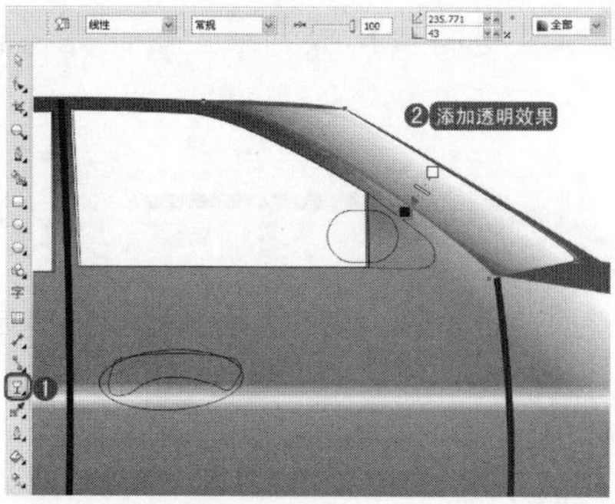

图14-33

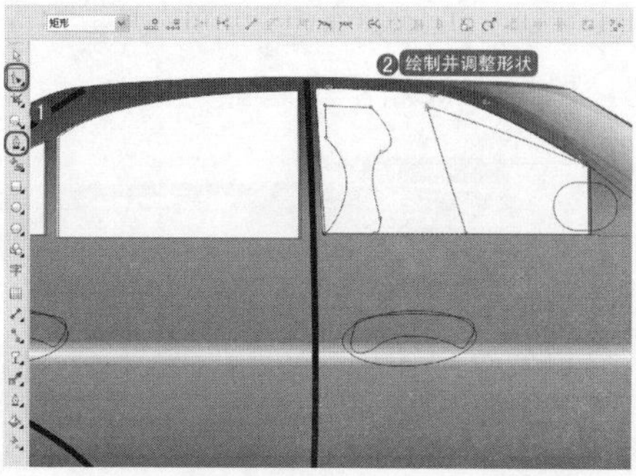

图14-34

⑫ 确定新绘制的形状处于选择状态，将其填充为CMYK为0、0、0、97的颜色，并取消轮廓线的填充，如图14-35所示。

⑬ 在画面中选择“车窗01”对象，按【Ctrl+Home】快捷键将其排放到最上层，如图14-36所示。

图14-35

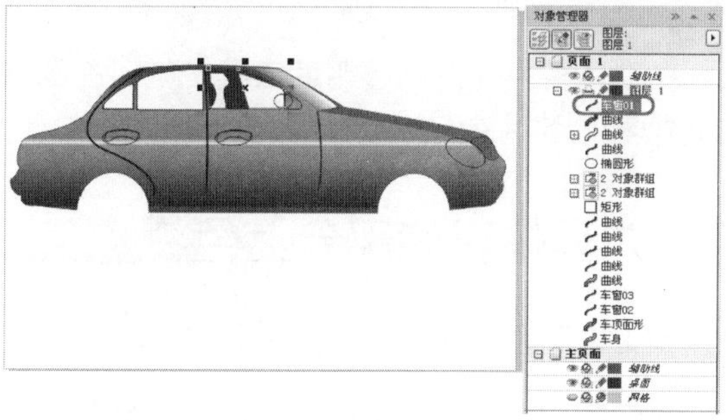

图14-36

⑭ 确定“车窗01”对象处于选择状态，将其填充为白色，如图14-37所示。

⑮ 选择工具箱中的“透明度工具”，接着在画面中进行拖动，给选择的对象进行透明调整，调整后的效果如图14-38所示。

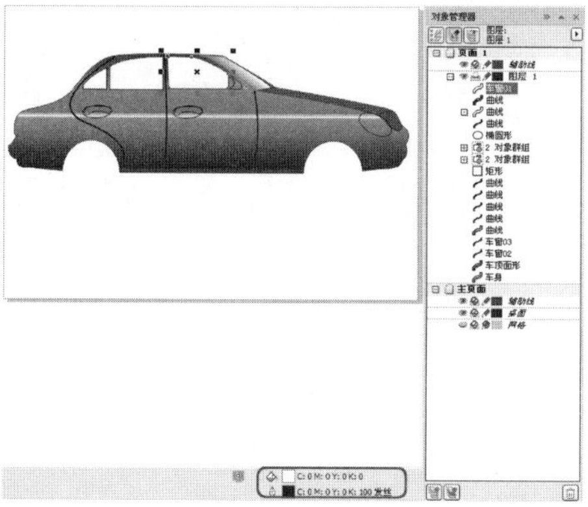

图14-37

图14-38

⑯ 选择工具箱中的“钢笔工具”，接着在后面的窗户中绘制出如图11.39所示的形状，并配合

“形状工具”进行调整，然后将其填充为CMYK参数为0、0、0、97的颜色，并取消轮廓线的填充，如图14-39所示。

17 选择“车窗02”和“车窗03”对象，按【Ctrl+Home】快捷键将其排放到最上层，并将其填充为白色，如图14-40所示。

图14-39

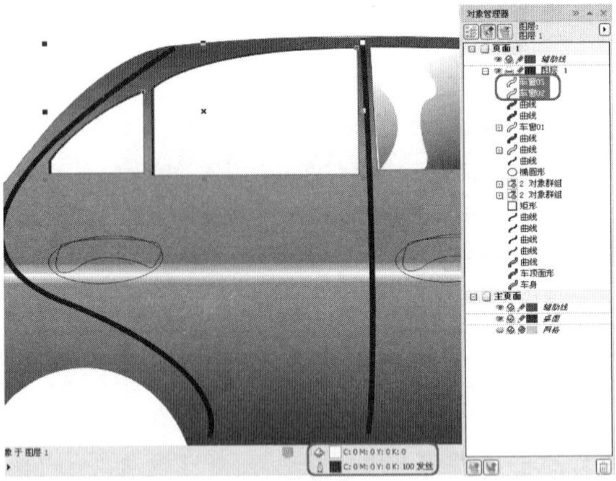

图14-40

18 接着在工具箱中选择“透明度工具”，在画面中进行拖动，并给选择的对象进行透明调整，调整后的效果如图14-41所示。

14.1.3 为车体其他部分上色

车体及车窗上的颜色填充完成了，下面再来为车体其他部分上色。

01 在画面中选择表示反光镜的对象，将其填充为CMYK参数为7、0、10、9的颜色，并取消轮廓线的填充，如图14-42所示。

图14-41

图14-42

02 选择工具箱中的“钢笔工具”，在刚填充颜色的对象上再绘制一个图形，并配合“形状工具”进行调整，如图14-43所示。

03 确定新绘制的图形处于选择状态，将其填充为CMYK参数为0、0、0、97的颜色，并取消轮廓线的填充，如图14-44所示。

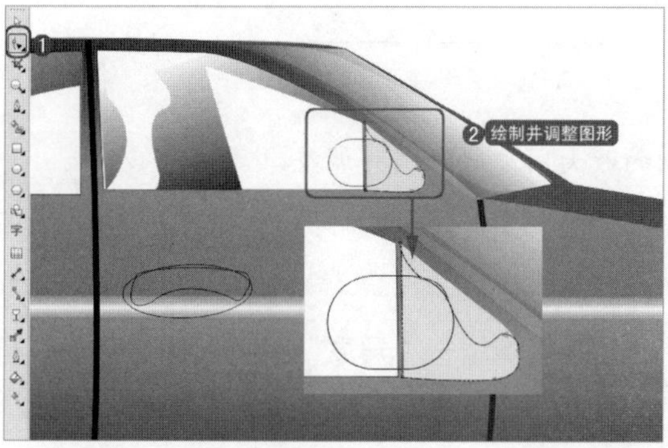

图14-43

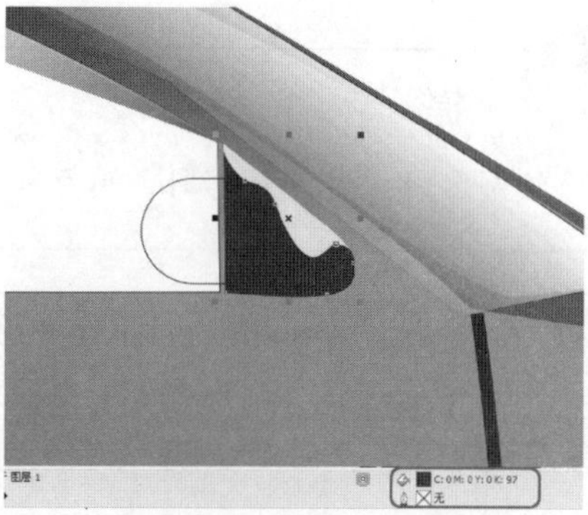

图14-44

04 选择工具箱中的“调和工具”，接着在画面中刚填充颜色的两个对象上进行拖动，给它们进行调和，得到的效果如图14-45所示。

05 选择圆角矩形对象，将其填充为CMYK参数为5、0、6、3的颜色，并取消轮廓线的填充，然后按【Ctrl+Home】快捷键将其排放到最上层，效果如图14-46所示。

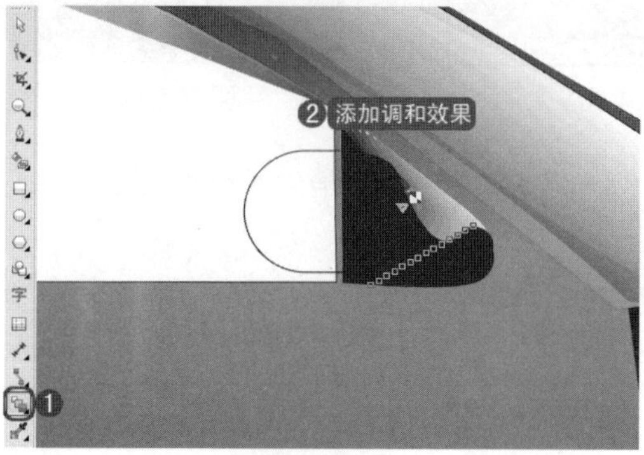

图14-45

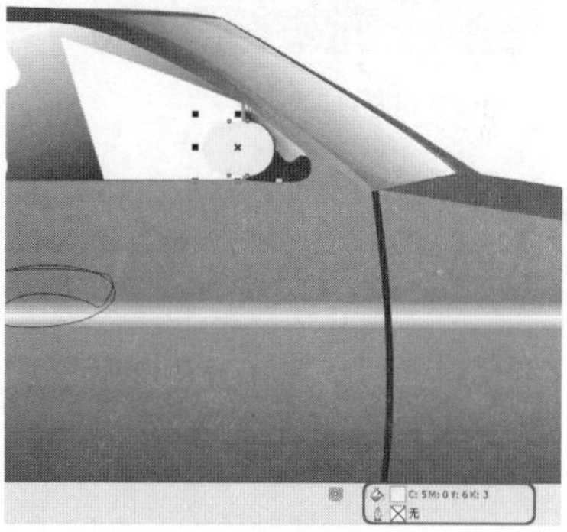

图14-46

06 选择工具箱中的“钢笔工具”在刚填充颜色的对象上再绘制一个图形，将其填充为CMYK为0、0、0、97的颜色，并取消轮廓线的填充，如图14-47所示。

07 选择工具箱中的“调和工具”，接着在画面中刚填充颜色的两个对象上进行拖动，给它们进行调和，得到的效果如图14-48所示。

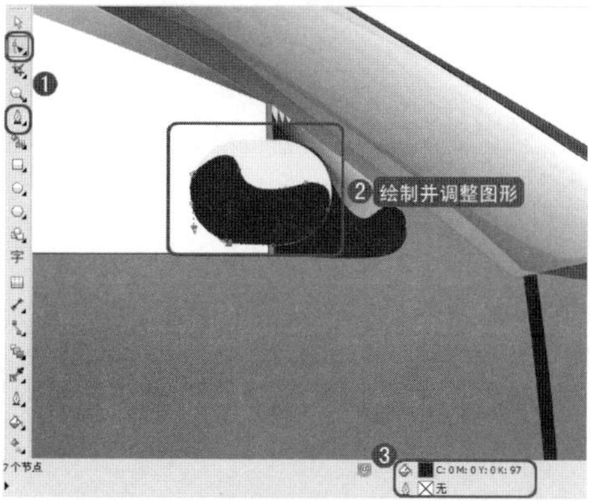

图14-47

图14-48

提 示

绘制图14-47中的图形时，用户可参考右侧的放大图进行绘制并调整。

08 选择作为门把手的凹面，如图14-49所示。

09 按【F11】键弹出【渐变填充】对话框，在“选项”区域下将“角度”参数设置为-84.9，将【边界】参数设置为8，然后设置一种渐变颜色，设置完成后单击“确定”按钮，如图14-50所示。

10 将该图形的轮廓线取消填充，效果如图14-51所示。

图14-49

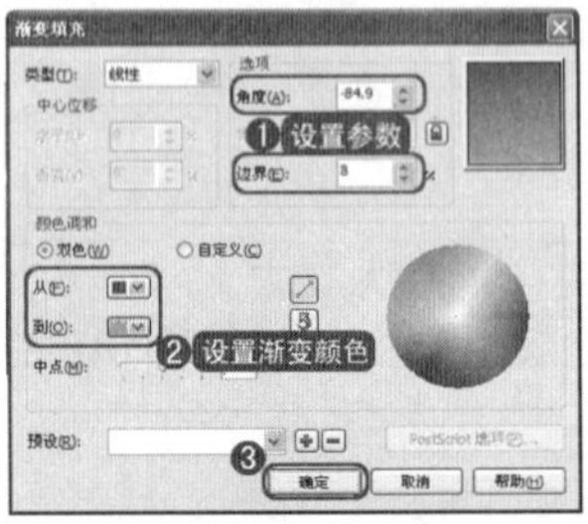

图14-50

图14-51

11 选择把手形状，将其填充为CMYK参数为0、0、0、97的颜色，并取消轮廓线的填充，如图14-52所示。

12 选择工具箱中的“钢笔工具”，在黑色图形上绘制一个图形，并配合“形状工具”工具进行调整，然后将其填充为CMYK参数为6、0、0、2的颜色，并取消轮廓线的填充，如图14-53所示。

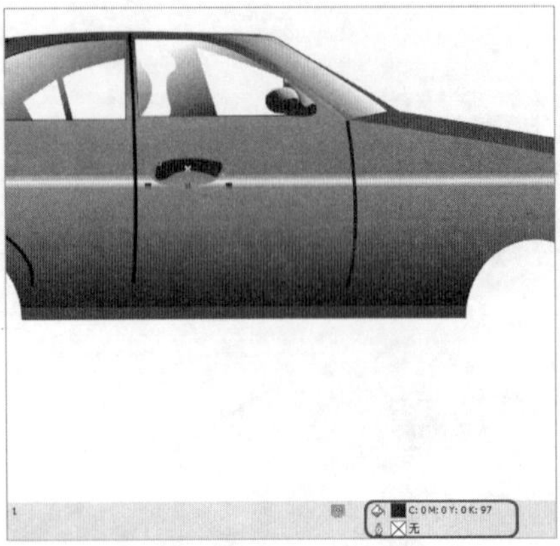

图14-52

图14-53

13 选择工具箱中的“调和工具”，接着在画面中刚填充颜色的两个对象上进行拖动，对它们进行调和，得到的效果如图14-54所示。

14 用“选择工具”将刚绘制与填充好颜色后的把手向右拖动到另一个把手上右击，以复制一个副本，然后将下方的轮廓线删除，如图14-55所示。

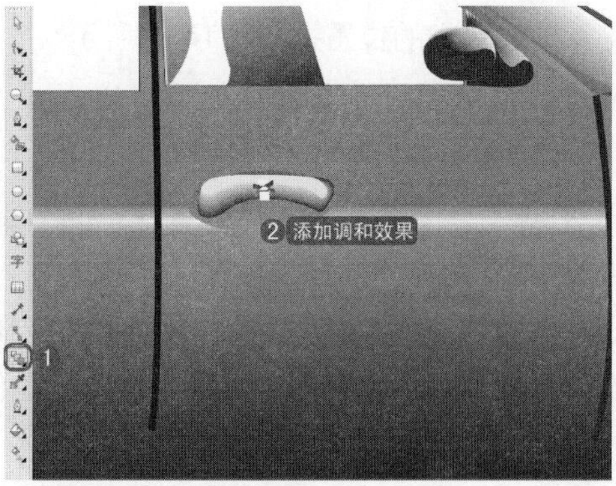

图14-54

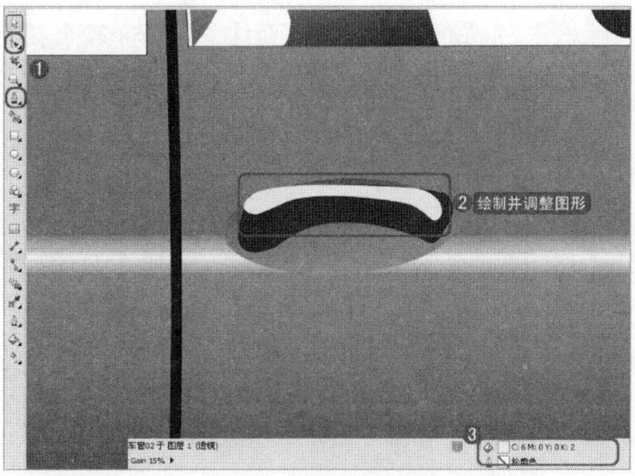

图14-55

⑮ 在绘图页中选择表示风扇格的形状，如图14-56所示。

⑯ 按【F11】键弹出【渐变填充】对话框，在“选项”区域下将“角度”参数设置为-156.2，将“边界”参数设置为34，将“从”的CMYK参数设置为5、0、7、22，将“到”的CMYK参数设置为5、0、1、54，设置完成后单击“确定”按钮，如图14-57所示。

⑰ 填充完渐变色后，将该图形的轮廓线取消填充，完成后的效果如图14-58所示。

图14-56

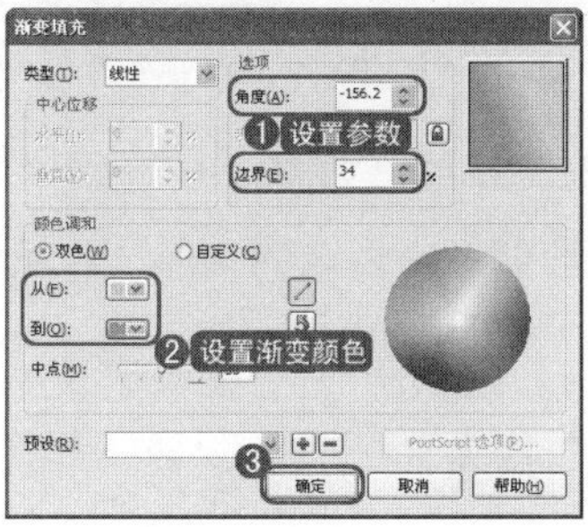

图14-57

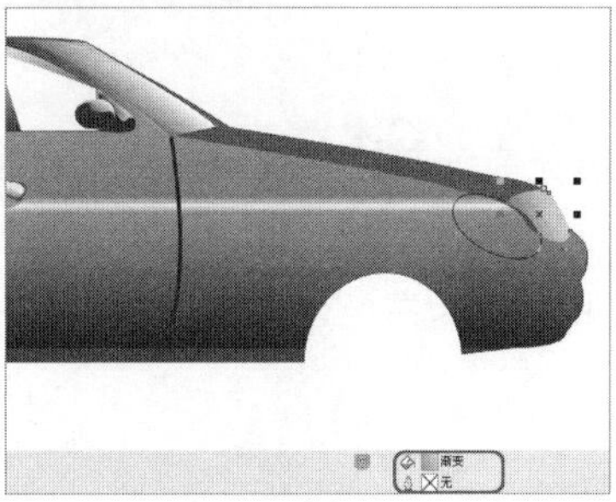

图14-58

⑱ 在画面中刚进行渐变填充的对象上绘制一个图形，并在默认CMYK调色板中单击20%黑色框，右击无色框，得到图14-59所示的效果。

⑲ 然后用同样的方法再绘制多个灰色的图形，绘制完成后的效果如图14-60所示。

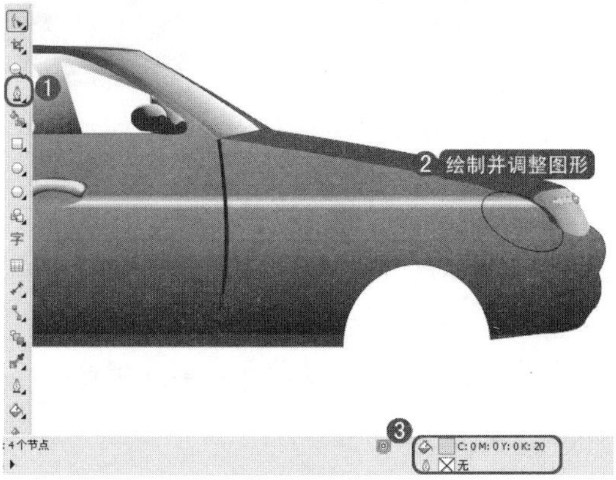

图14-59

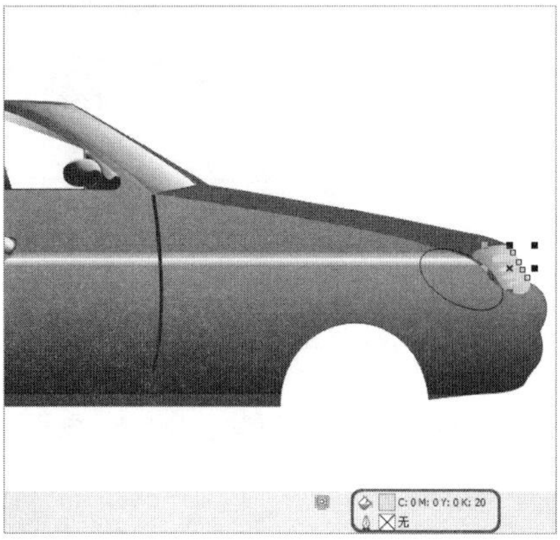

图14-60

⑳ 用上步同样的方法在画面中再绘制多个黑色的图形，并调整它们的位置，如图14-61所示。

㉑ 选择表示灯的形状，将其填充为CMYK参数为0、0、0、97的颜色，并取消轮廓线的填充，如图14-62所示。

㉒ 确定新填充的图形处于选择状态，按小键盘上的【+】键，复制一个副本，并按【Shift】键将其等比缩小，接着按【F11】键弹出【渐变填充】对话框，并在其中“类型”设定为“辐射”，将“中心位移”选项区域下的“水平”和“垂直”参数分别设置为-1、1，选择“自定义”单选按钮，将“色标0”处的CMYK参数设置为1、0、29、0，将“色标100”处的CMYK参数设置为20、0、32、55，单击“确定”按钮，如图14-63所示。

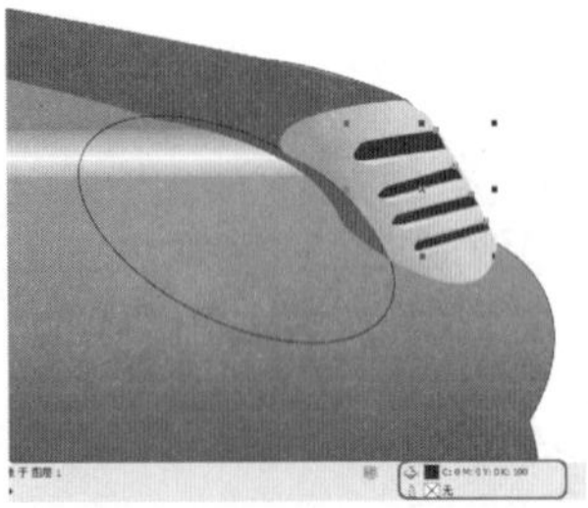

图14-61

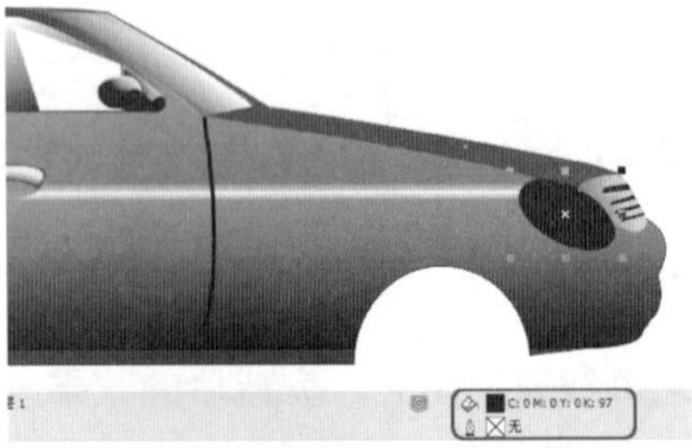

图14-62

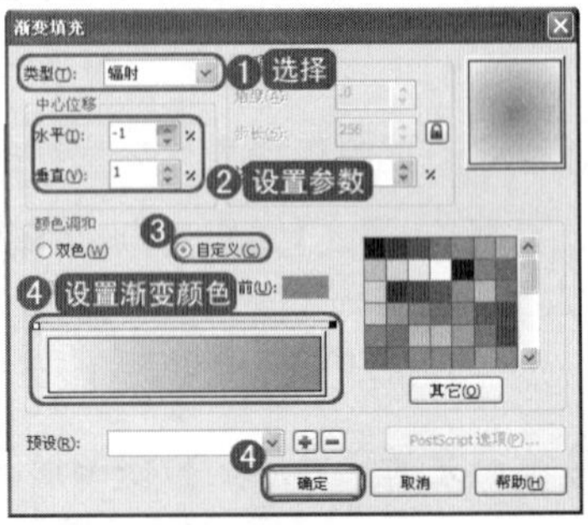

图14-63

㉓ 填充完渐变颜色后，将其轮廓线填充为细线，如图14-64所示。

㉔ 使用“钢笔工具”在渐变图形上绘制一个白色的图形，并配合“形状工具”进行调整，然后将其填充为白色，并取消轮廓线的填充，如图14-65所示。

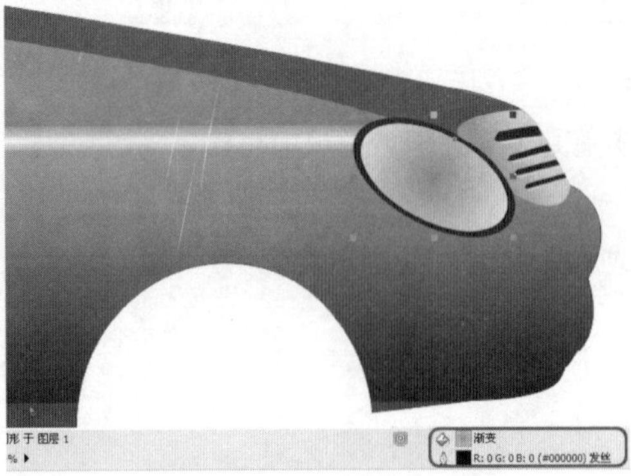

图14-64

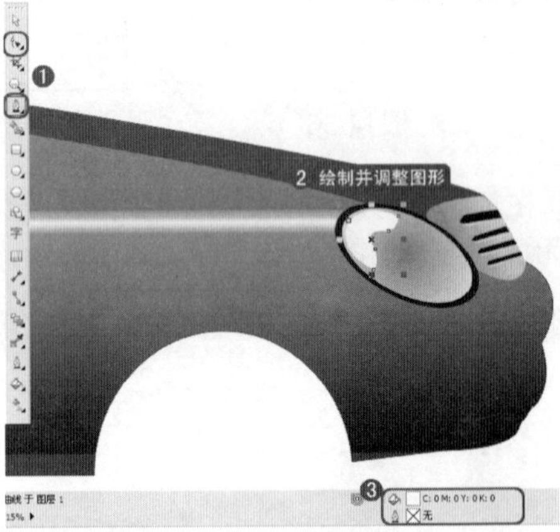

图14-65

㉕ 选择工具箱中的“透明度工具”，在画面中进行拖动，对选择的对象进行透明调整，调整后的效果如图14-66所示。

㉖ 继续使用“钢笔工具”，在画面中绘制一个白色无边框的图形，并配合“形状工具”进行调整，如图14-67所示。

㉗ 选择工具箱中的“透明度工具”，在画面中进行拖动，为新绘制的图形添加透明效果，如图14-68所示。

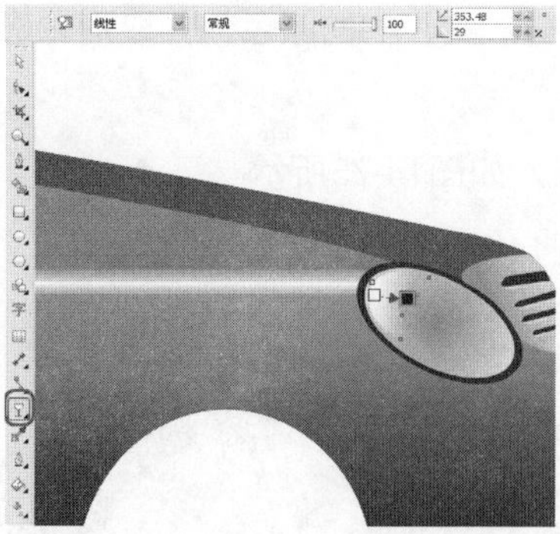

图14-66

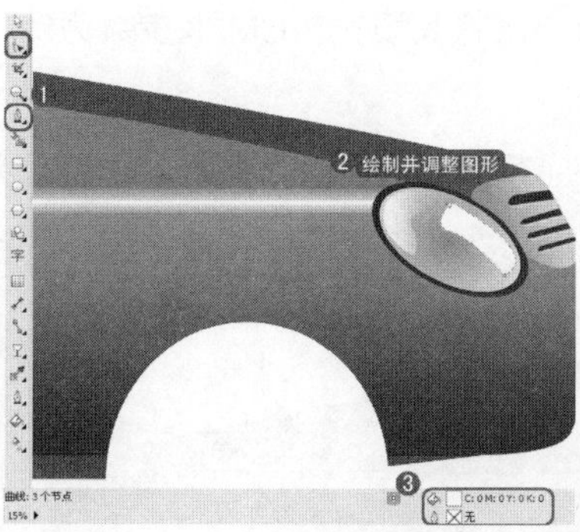

图14-67

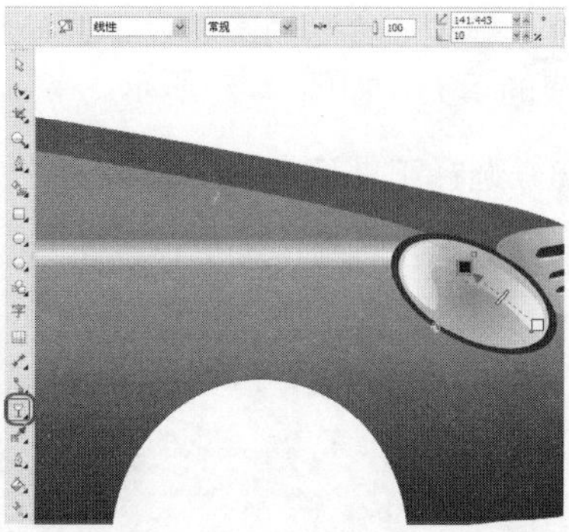

图14-68

(28) 选择工具箱中的“钢笔工具”，在画面中绘制一个图形，并使用“形状工具”进行调整，如图14-69所示。

(29) 按【F11】键弹出【渐变填充】对话框，在“选项”区域下将“角度”参数设置为-179，将“从”的颜色设置为CMYK为0、44、44、54，将“到”的颜色设置为CMYK为0、2、2、96，设置完成后单击“确定”按钮，如图14-70所示。

(30) 填充完渐变颜色后将该图形取消轮廓线的填充，如图14-71所示。

图14-69

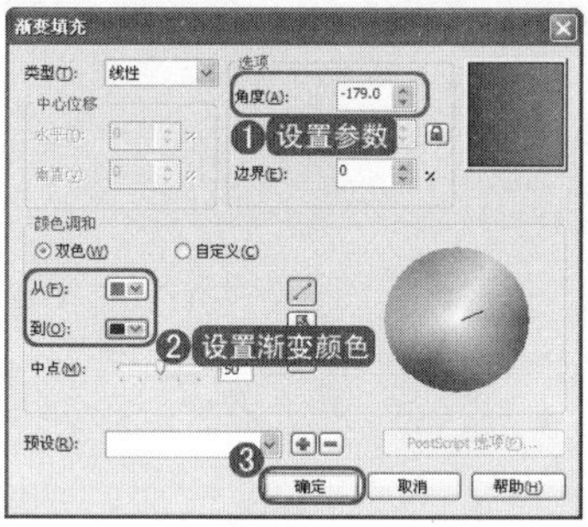

图14-70

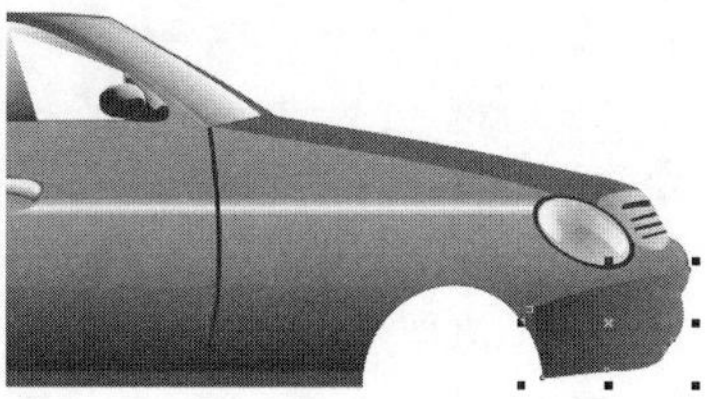

图14-71

(31) 确定新绘制的图形处于选择状态，选择工具箱中的“透明度工具”，为选择的对象添加透明效果，如图14-72所示。

(32) 用“钢笔工具”在画面中绘制一个图形，并使用“形状工具”进行调整，如图14-73所示。

图14-72

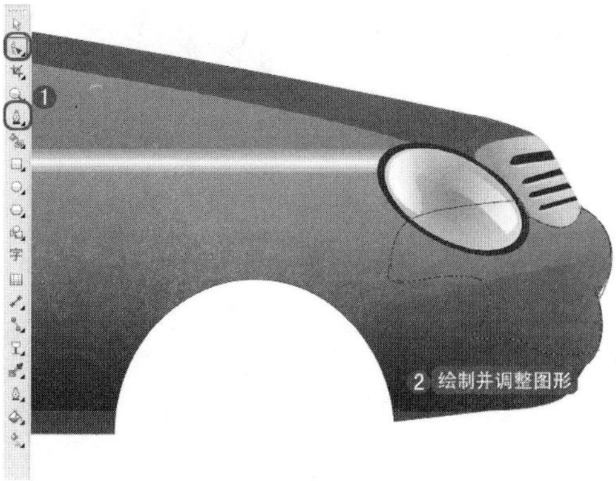

图14-73

33 确定新绘制的图形处于选择状态，将其填充为CMYK参数为0、28、28、69的颜色，并取消轮廓线的填充，如图14-74所示。

34 选择工具箱中的“透明度工具”，为选择的对象添加透明效果，如图14-75所示。

35 选择工具箱中的“钢笔工具”，在画面中绘制一条曲线，如图14-76所示。

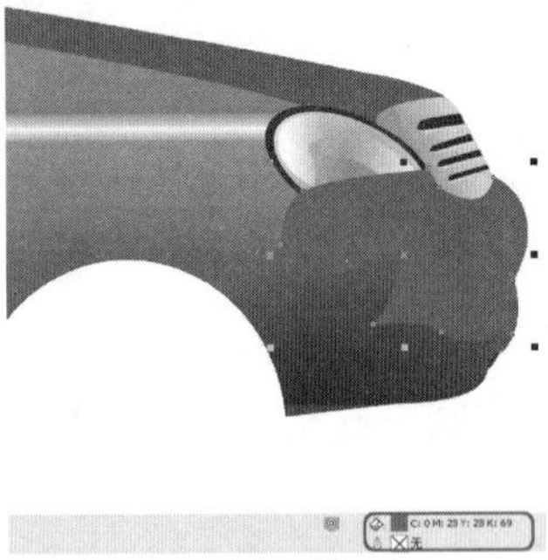

图14-74

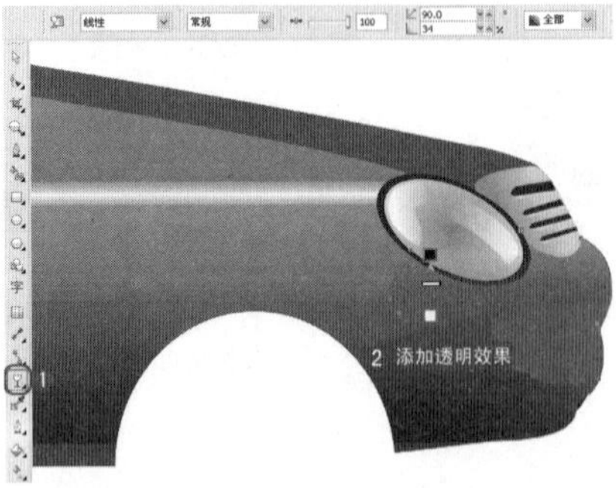

图14-75

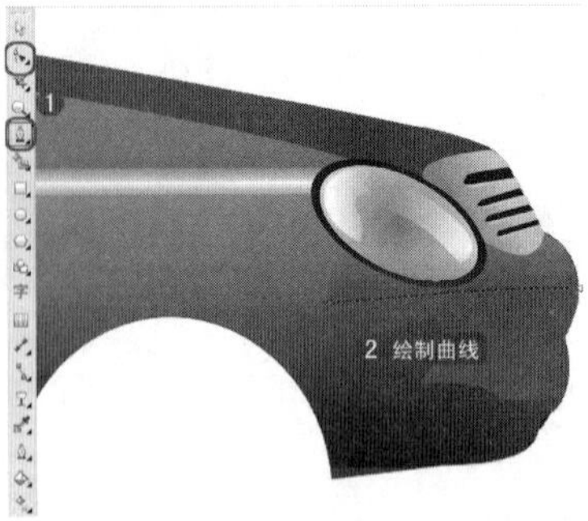

图14-76

36 确定新绘制的曲线处于选择状态，在默认CMYK调色板中右击白色框，使其轮廓色为白色，然后单击“轮廓笔”，在弹出的快捷菜单中选择“1.5 mm选项”，如图14-77所示。

37 在工具箱中选择“缩放工具”，在画面中右击将画面缩小，以查看整体效果，整体画面效果如图14-78所示。

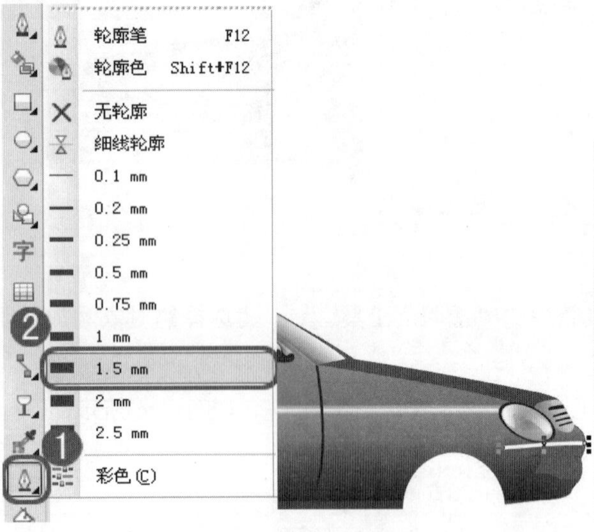

图14-77

图14-78

14.1.4 导入车轮并制作其他结构

车身的基本效果制作完成了，下面再来导入车轮图形，并制作出车身上的其他结构。

01 按【Ctrl+I】快捷键，在弹出的对话框中选择光盘中“素材与源文件”\“素材”\“第14天”\“车轮.cdr”，将选择的场景文件导入到场景中，并将其放置到适当的位置，然后复制车轮并调整位置，完成后的效果如图14-79所示。

02 选择工具箱中的“钢笔工具”，在前轮胎的上方绘制一个图形，并使用“形状工具”进行调整，如图14-80所示。

图14-79

图14-80

03 确定新绘制的图形处于选择状态，将其填充为CMYK参数为0、0、0、97的颜色，并将其轮廓宽度设置为细线，然后按【Ctrl+End】快捷键将其放到最底层，如图14-81所示。

04 同样在后轮胎的上方绘制一个图形，并使用“形状工具”进行调整，如图14-82所示。

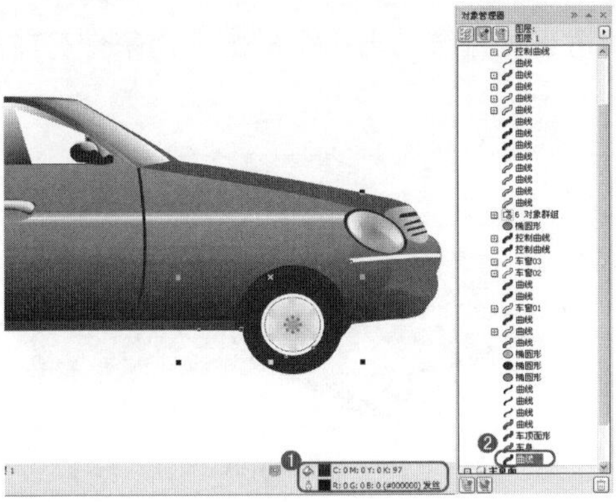

图14-81

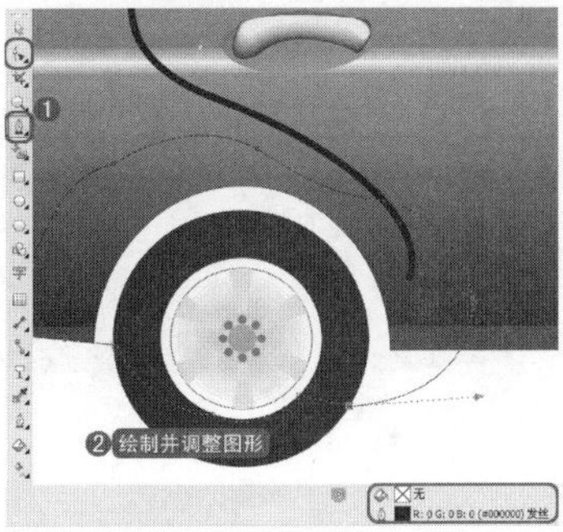

图14-82

05 确定新绘制的图形处于选择状态，将其填充为CMYK参数为0、0、0、97的颜色，并将其轮廓宽度设置为细线，然后按【Ctrl+End】快捷键将其放到最底层，如图14-83所示。

06 在画面中选择表示缝隙线的对象，按【Ctrl+G】快捷键，将选择的对象成组，按小键盘上的【+】键，复制一个副本，然后在默认调色板中右击50%黑色框，使其的轮廓色为灰色，再将其向右上方拖动一点点，得到如图14-84所示的效果。

图14-83

图14-84

07 使用“钢笔工具”在画面中绘制一个图形，如图14-85所示。

08 按【F11】键弹出【渐变填充】对话框，将“角度”参数设置为90，选择“自定义”单选按钮，在其下方的渐变条上添加两个色标，然后依次设置它们的颜色，如图14-86所示，设置好后单击“确定”按钮，取消轮廓线的填充，得到如图14-87所示的效果。

图14-85

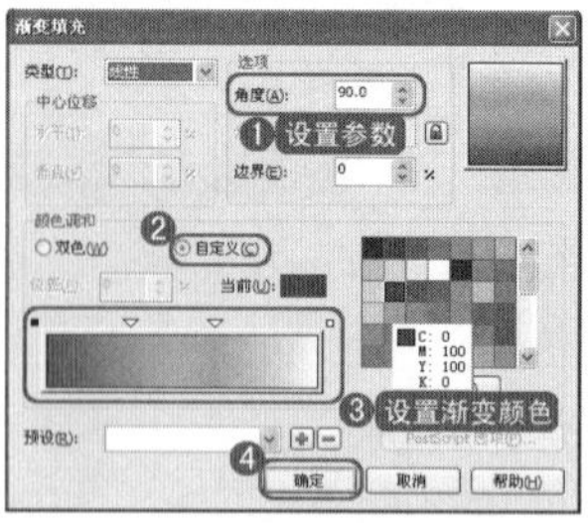

图14-86

09 确定新填充的图形处于选择状态，按小键盘上的【+】键，将选择的对象复制，然后对图形进行调整，如图14-88所示。

10 在画面中框选刚绘制的两个对象，按【Ctrl+G】快捷键将它们群组，如图14-89所示。

11 选择工具箱中的“椭圆工具”，在后轮胎的适当位置绘制出一个椭圆，用来修剪前面刚群组的对象，如图14-90所示。

图14-87

图14-88

图14-89

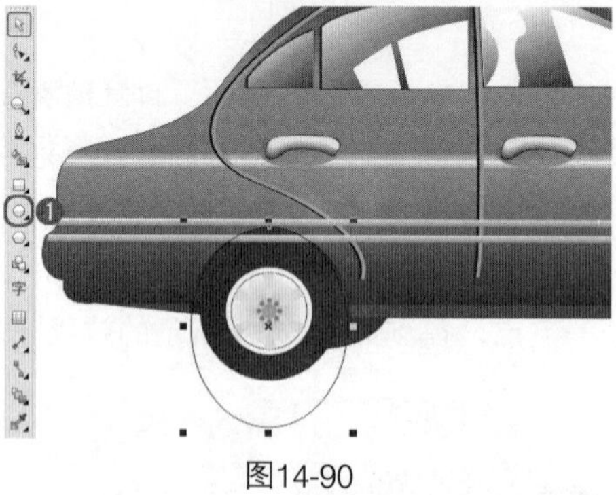
图14-90

12 确定绘制的椭圆对象处于选择状态，按住【Shift】键在画面中单击要修剪的群组对象，然后单击属性栏中的“移除前面对象按钮”，如图14-91所示。

13 修剪图形后的效果如图14-92所示。

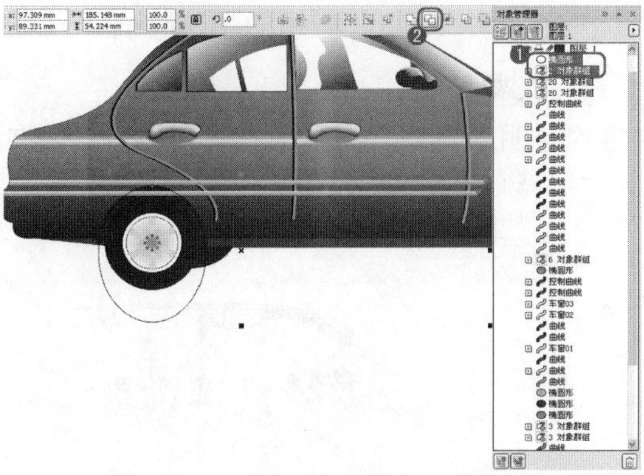

图14-91

图14-92

(14) 选择工具箱中的“钢笔工具”在画面中绘制出如图14-93所示的形状；并配合“形状工具”进行调整，如图14-93所示。

(15) 确定新绘制的图形处于选择状态，在默认CMYK调色板中单击白色框，右击无色框，得到如图14-94所示的效果。

图14-93

图14-94

(16) 选择工具箱中的“透明度工具”，再在画面中进行拖动，给选择的对象进行透明调整，调整后的效果如图14-95所示。

(17) 选择工具箱中的“钢笔工具”，在后车轮的上方绘制一个形状，并配合“形状工具”，对其进行调整，如图14-96所示。

图14-95

图14-96

⑱ 确定新绘制的形状处于选择状态，将其填充为白色，并取消轮廓线的填充，如图14-97所示。

⑲ 选择工具箱中的“透明度工具”，在属性栏中将“透明度类型”定义为“辐射”，然后在绘图页中调整透明效果，如图14-98所示。

图14-97

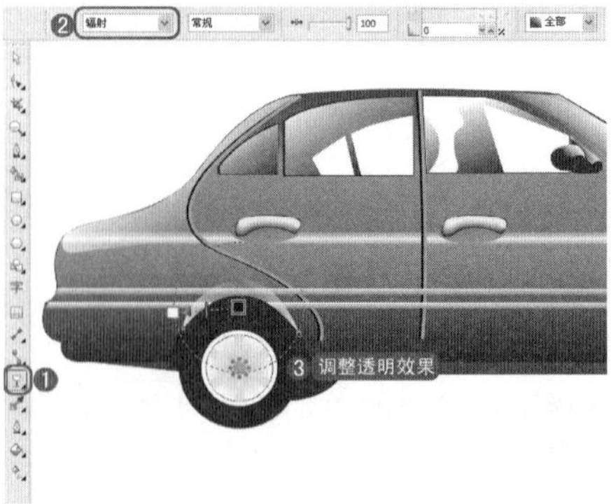

图14-98

⑳ 使用同样的方法在前车轮的上方制作出透明效果，如图14-99所示。

㉑ 在画面中选择表示缝隙线的对象，按【Ctrl+Home】快捷键，将选择的对象调整至最上方，如图14-100所示。

图14-99

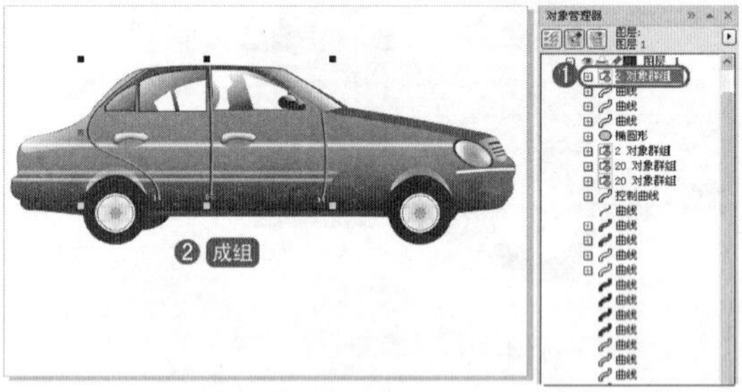

图14-100

提　示

用户也可以将后车轮上的透明效果进行复制，将其调整到前车轮上。

㉒ 选择工具箱中的“钢笔工具”，再在画面中绘制出汽车其他的细小结构，如图14-101所示。

㉓ 选择工具箱中的“椭圆工具”，在车尾处绘制椭圆，作为车尾处的灯，如图14-102所示。

㉔ 确定椭圆处于选择状态，按【F11】键弹出【渐变填充】对话框，将“类型”定义为“辐射”，将“中心位移”选项区域下的水平和垂直参数分别设置为-28、-6，然后将渐变色设置为“从”橘红“到”白，设置完成后单击“确定”按钮，如图14-103所示。

图14-101

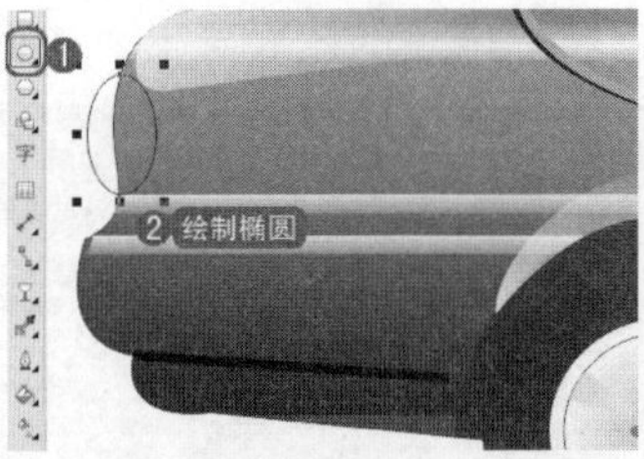

图14-102

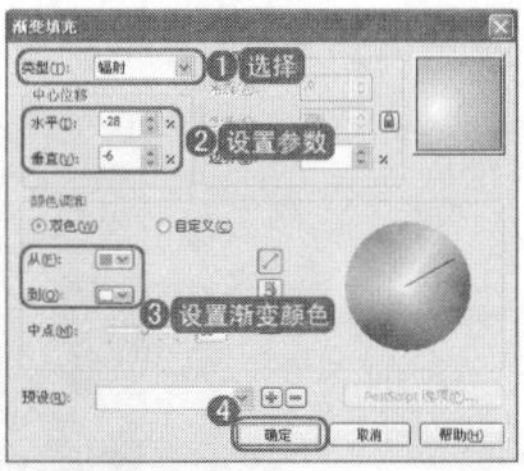

图14-103

㉕ 设置完渐变后的效果如图14-104所示，并取消轮廓线的填充。

㉖ 在画面中选择如图14-105所示的图形。修改该图形的颜色。

㉗ 确定选择的对象处于选择状态，按【F11】键，在弹出的对话框中将“角度”参数设置为56.5，将“边界”参数设置为42，将“从”颜色的CMYK参数设置为67、72、76、18，将“到”颜色的CMYK参数设置为41、60、78、2，设置完成后单击“确定”按钮，如图14-106所示。

图14-104

图14-105

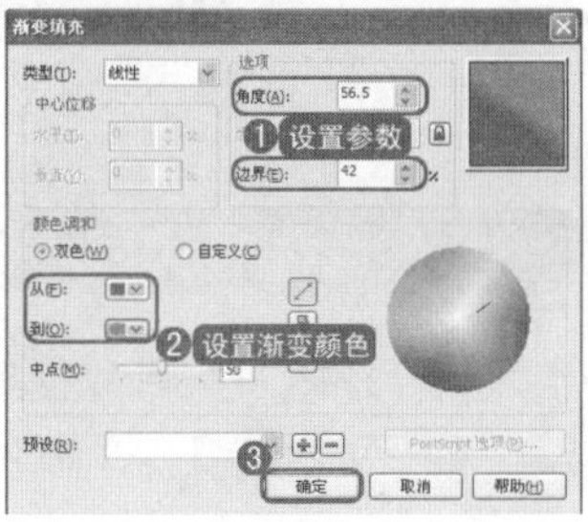

图14-106

㉘ 填充完渐变后的效果如图14-107所示。

㉙ 按【Ctrl+A】组合键，选择画面中的所有对象，按【Ctrl+G】组合键将选择的对象成组，如图14-108所示。

㉚ 按【Ctrl+I】组合键，在弹出的对话框中选择光盘中“素材与源文件”\“素材”\“第14天”\“0002.jpg”，将选择的素材导入到场景中，使用“选择工具”在空白处单击，在属性栏中将纸张宽度设置为297 mm，然后调整素材的大小，如图14-109所示。

图14-107

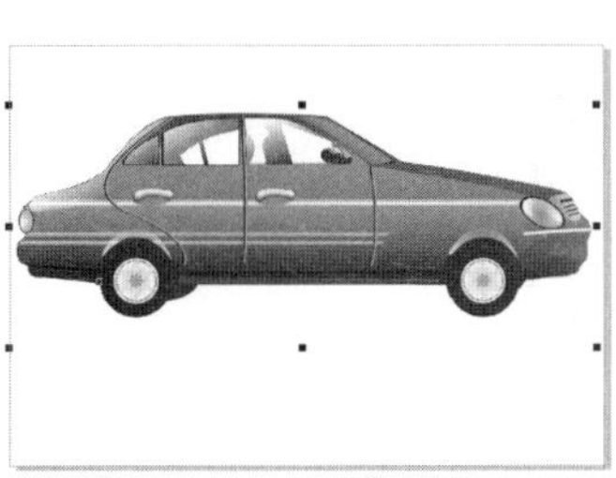

图14-108

图14-109

㉛ 按【Ctrl+End】组合键，将素材调整至最底层，然后选择汽车对象，在画面中调整汽车的大小和位置，如图14-110所示。

(32) 至此，汽车效果绘制完成了，将完成后的效果导出，并将场景文件进行保存。

图14-110

14.2 绘制POP广告

本节将介绍POP广告效果的制作，该例的制作比较简单，主要是由“矩形工具”、“艺术笔工具”和“文本工具”制作完成的，完成后的效果如图14-111所示。

(01) 按【Ctrl+N】快捷键新建文档，选择工具箱中的“矩形工具”，在绘图页中沿绘图页绘制无边框浅黄色矩形，如图14-112所示。

图14-111

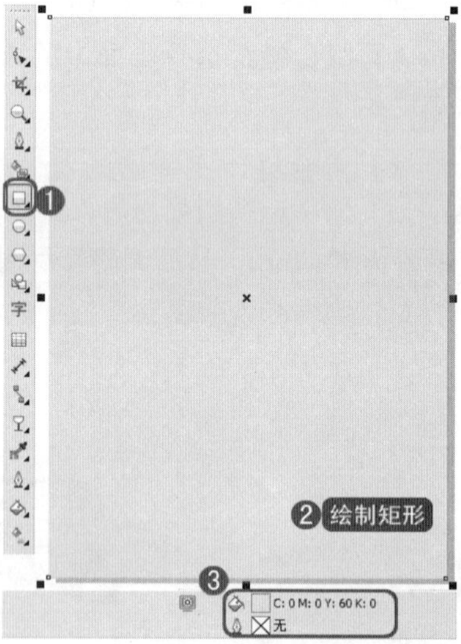

图14-112

(02) 选择工具箱中的“矩形工具”，在浅黄色矩形上绘制无边框红色矩形，如图14-113所示。

(03) 继续使用“矩形工具”，在绘图页中绘制红色无边框矩形，如图14-114所示。

(04) 继续使用“矩形工具”，在绘图页的右下方绘制红色无边框矩形，如图14-115所示。

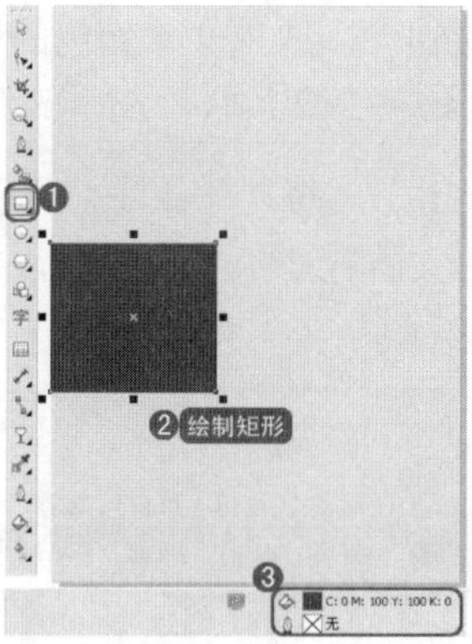

图14-113

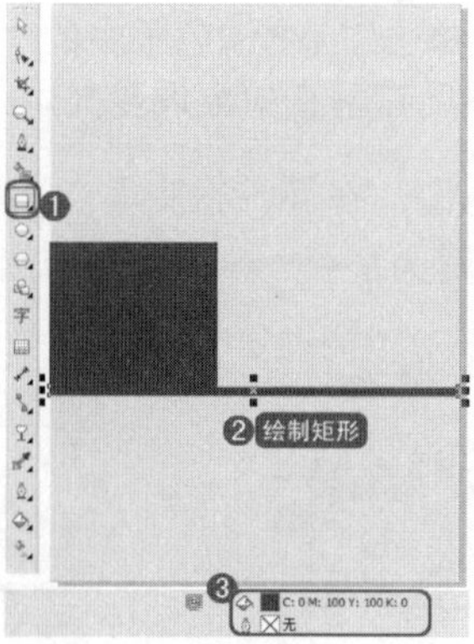

图14-114

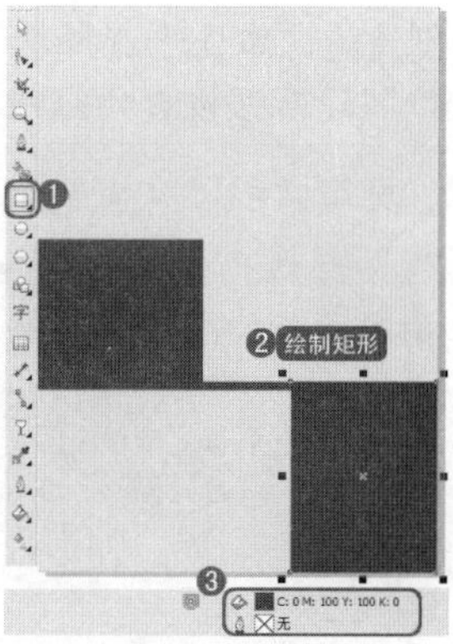

图14-115

(05) 选择工具箱中的“艺术笔工具”，在属性栏中选择“喷涂”，类别设置为脚印，在绘图页中绘制图形，然后将绘制的图形填充为红色，如图14-116所示。

(06) 继续使用“艺术笔工具”，在绘图页中绘制红色脚印图形，如图14-117所示。

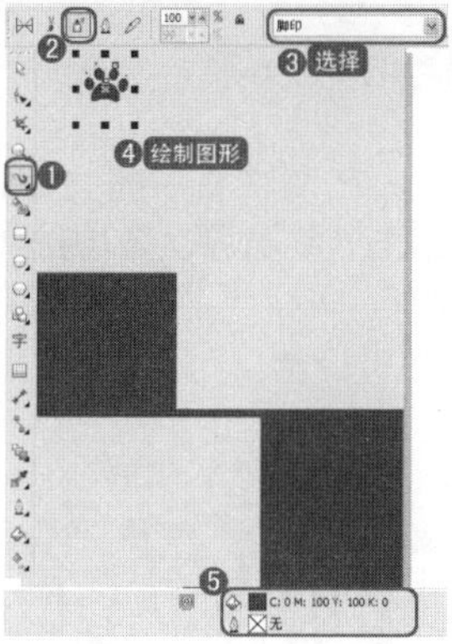

图14-116

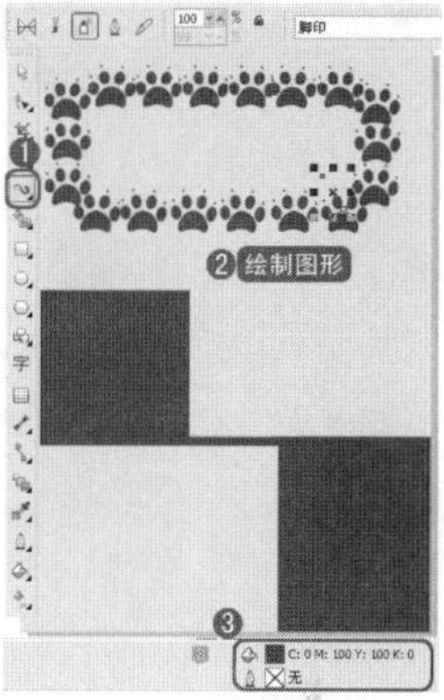

图14-117

(07) 选择场景中的所有脚印图形，按【Ctrl+G】快捷键将选择的图形成组，如图14-118所示。

(08) 选择工具箱中的“文本工具”，在脚印图形的上方输入文本，在属性栏中将“字体”设置为汉仪漫步体简，将“字体大小”设置为100 pt，将文本颜色设置为黑色，如图14-119所示。

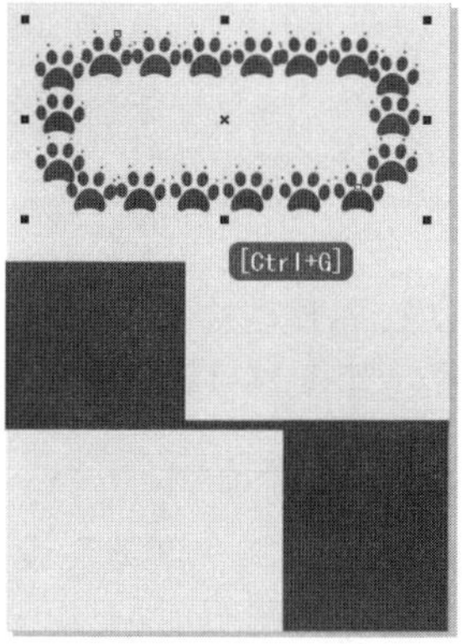

图14-118

图14-119

(09) 确定创建的文本处于选择状态，单击CMYK调色板中的“╳按钮”，取消文本颜色的填充，右击黑色色块，将轮廓线设置为细线，然后在垂直向上调整文本，如图14-120所示。

(10) 选择工具箱中的“艺术笔工具”，在属性栏中单击“按钮”，将“手绘平滑”设置为50，将“笔触”设置为3 mm，将笔触设置为，然后沿文本轮廓添加艺术笔，并将绘制的图形填充为黑色，如图14-121所示。

图14-120

图14-121

(11) 选择工具箱中的“文本工具”，在红色矩形的上方输入文本，在属性栏中将“字体”设置为汉仪丫丫体简，将“字体大小”设置为40pt，将文本颜色设置为CMYK参数都为39的颜色，将轮廓填充为CMYK参数都为39的颜色，并将轮廓宽度设置为细线，如图14-122所示。

(12) 使用同样的方法输入其他文本，如图14-123所示。

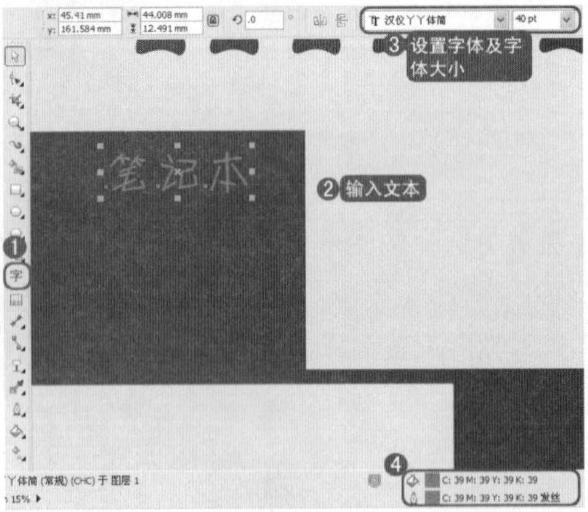

图14-122

图14-123

(13) 选择工具箱中的“文本工具”，在场景的右下方输入文本，在属性栏中将“字体”设置为汉仪凌波体简，将“字体大小”设置为65 pt，将文本颜色设置为黑色，如图14-124所示。

(14) 选择文本“2”，在属性栏中将“字体大小”设置为230 pt，如图14-125所示。

(15) 选择工具箱中的“文本工具”，在绘图页中输入文本，在属性栏中将“字体”设置为汉仪丫丫体简，将“字体大小”设置为70 pt，将文本颜色设置为黑色，如图14-126所示。

(16) 确定新创建的文本处于选择状态，在属性栏中将“字体大小”设置为110 pt，在水平方向缩放文本，将轮廓线设置为1 mm的黑色，如图14-127所示。

图14-124

图14-125

图14-126

图14-127

⑰ 按【Ctrl+I】组合键，在弹出的对话框中选择光盘中“素材与源文件”\“素材”\“第14天”\“学习用品.psd”文件，将选择的场景导入到场景中，并将导入的图形进行调整，如图14-128所示。

⑱ 在绘制图形之前首先调整文本的位置，然后选择工具箱中的“螺纹工具”，在属性栏中将“螺纹回圈”设置为2，选择“对称式螺纹按钮”，在文本前绘制图形，将图形的轮廓线设置为2 mm的白色，如图14-129所示。

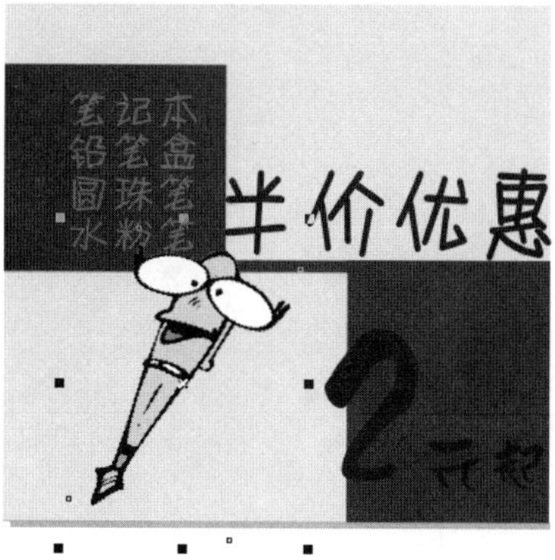

图14-128

图14-129

⑲ 确定新绘制的图形处于选择状态，按住【Ctrl】键向下移动图形，移动到合适的位置右击，复制图形，并将复制的图形进行旋转，多次对图形进行复制并对复制的图形进行旋转，然后将这些图形的轮廓宽度修改为1.1mm，如图14-130所示。

⑳ 至此，POP广告就绘制完成了，将完成后的效果导出并将场景进行保存。

图14-130

第15天 综合练习2

本章详细介绍程序界面、儿童节海报和日历时钟3个复杂实例的详细制作过程。重点介绍通过“椭圆工具”、“矩形工具”和“钢笔工具”绘制基本形状的方法，通过“透明度工具”和“阴影工具”为图形添加调和效果和阴影效果，以及添加文本并对文本进行调整的方法。

15.1 制作程序界面

本节将介绍程序界面的制作，该例的制作比较简单，主要是通过“矩形工具”、“椭圆工具”和“文本工具”创建的，并通过“透明度工具”、“阴影工具”来表现的，完成后的效果如图15-1所示。

01 按【Ctrl+N】快捷键新建文档，单击属性栏中的按钮，将页面转换为横向，选择工具箱中的“矩形工具”，在绘图页中沿绘图页绘制矩形，如图15-2所示。

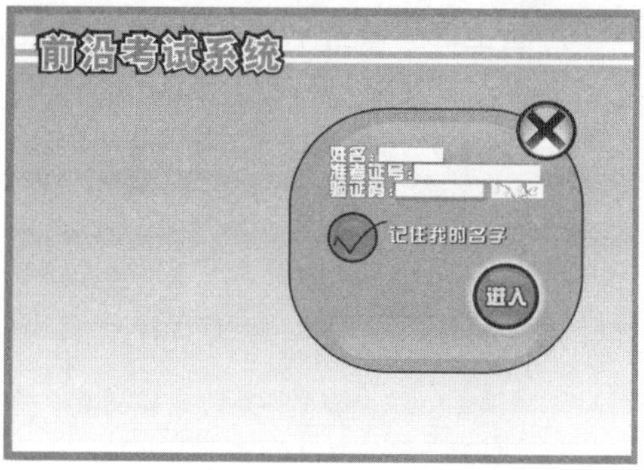

图15-1

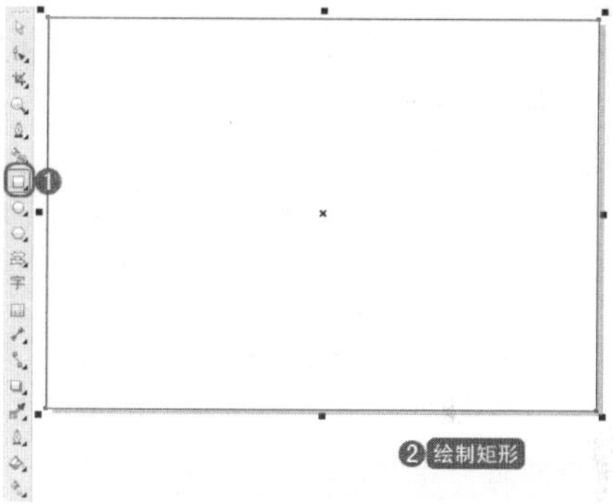

图15-2

02 确定新绘制的矩形处于选择状态，按【F11】键，在弹出的对话框中将“角度”参数设置为-90，将“从”的颜色设置为绿松石，将“到”的颜色设置为白色，将“中点”参数设置为23，设置完成后单击“确定”按钮，如图15-3所示。

03 填充完渐变颜色后，将轮廓颜色设置为深褐色，将轮廓宽度设置为4mm，如图15-4所示。

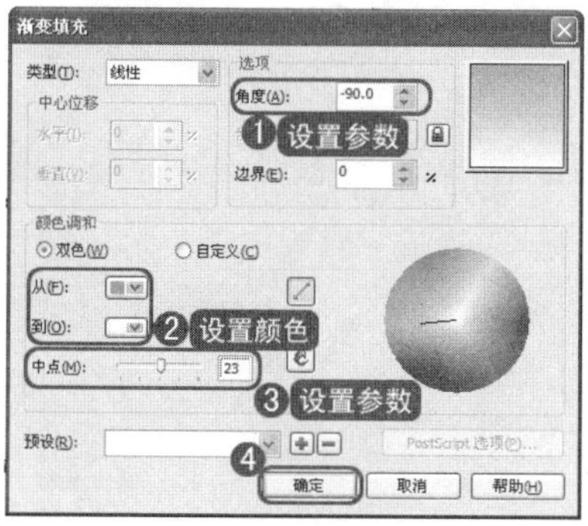

图15-3

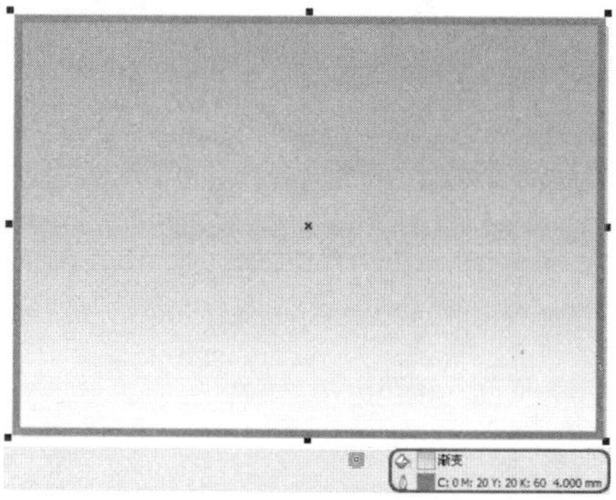

图15-4

04 选择工具箱中的“文本工具字”，在矩形的左上角创建文本，在属性栏中将“字体”设置为汉仪粗黑简，将“字体大小”设置为50 pt，将文本颜色设置为肉粉色，如图15-5所示。

05 确定新创建的文本处于选择状态，按小键盘上的【+】键，将选择文本进行复制，然后将下面的文本填充为白色，将文本轮廓填充为白色，将轮廓宽度设置为2 mm，如图15-6所示。

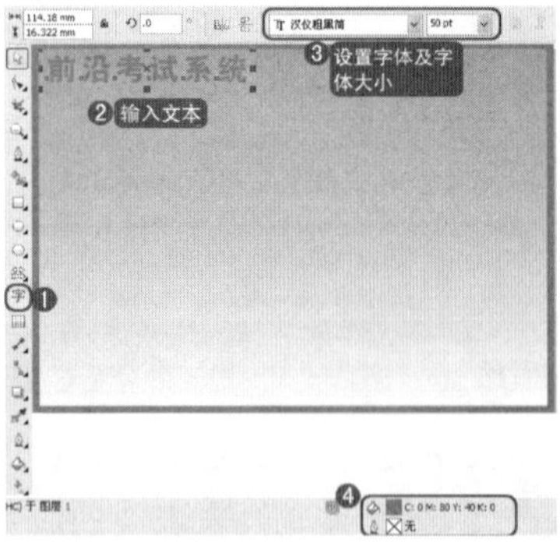

图15-5

图15-6

06 再在场景中复制白色文本，将下面的白色文本和文本轮廓填充为黑色，将轮廓宽度设置为5 mm，如图15-7所示。

07 选择工具箱中的“矩形工具□”，在属性栏中将“圆角半径”设置为46 mm，在场景中创建圆角矩形，如图15-8所示。

图15-7

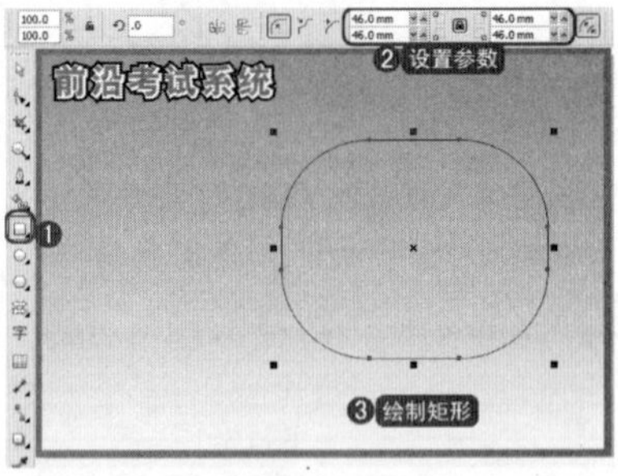

图15-8

08 确定矩形处于选择状态，将其填充为绿松石，将轮廓宽度设置为1 mm，如图15-9所示。

09 继续使用“矩形工具□”，在圆角矩形的上方创建白色无边框圆角矩形，如图15-10所示。

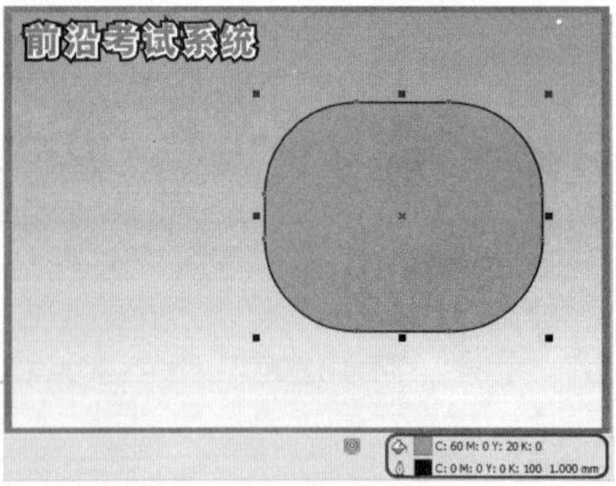

图15-9

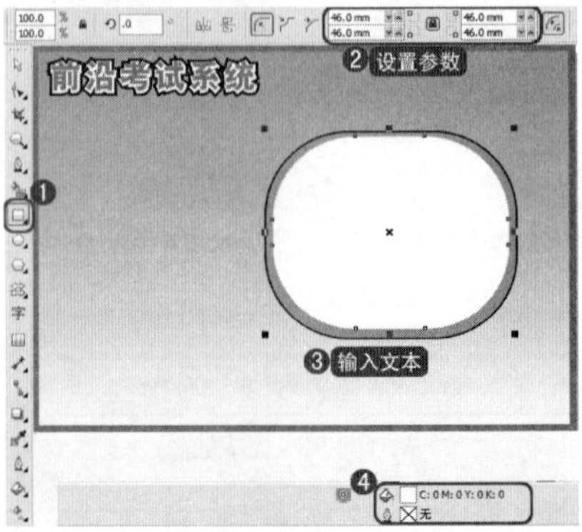

图15-10

⑩ 选择工具箱中的“透明度工具”，从上往下拖动鼠标，为白色矩形添加透明效果，如图15-11所示。

⑪ 继续使用“矩形工具”在属性栏中将“圆角半径”设置为0，在白色图形的上方创建白色无边框矩形，并使用“形状工具”对节点进行调整，如图15-12所示。

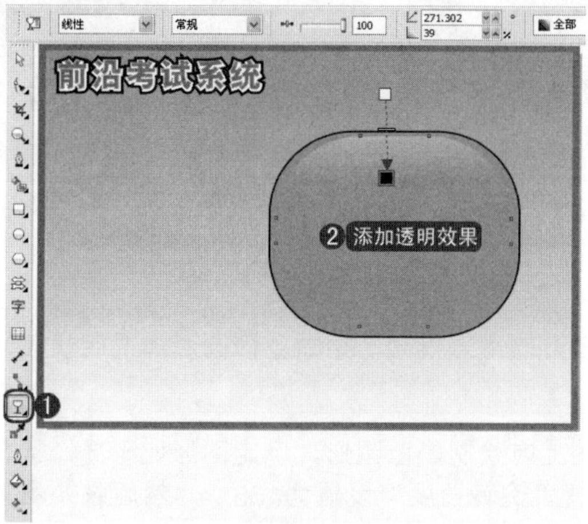

图15-11

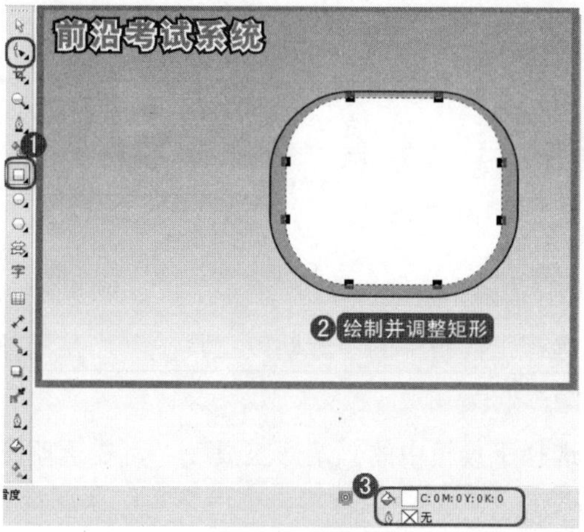

图15-12

⑫ 选择工具箱中的“透明度工具”，从下往上拖动鼠标，为白色矩形添加透明效果，如图15-13所示。

⑬ 选择工具箱中的“椭圆工具”，在圆角矩形的上方按住【Ctrl】键绘制正圆形，将其填充色和轮廓线都填充为黑色，将轮廓宽度设置为1.4 mm，如图15-14所示。

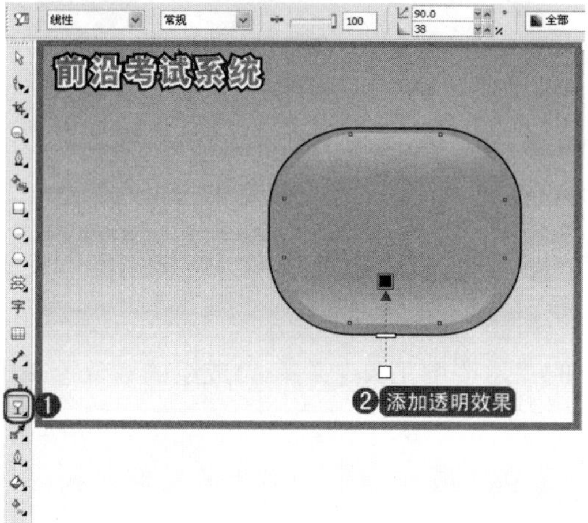

图15-13

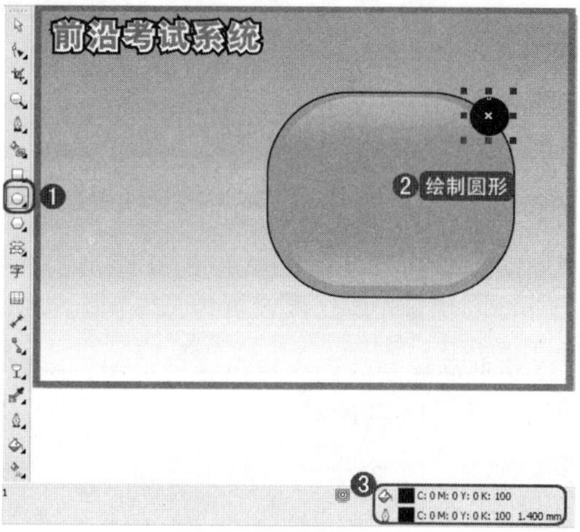

图15-14

⑭ 确定黑色圆形处于选择状态，按小键盘上的【+】键，将选择的圆形进行复制，并将其填充为热粉色，然后按住【Shift】键将其进行等比例缩放，如图15-15所示。

⑮ 选择工具箱中的“椭圆工具”，在热粉色图形上绘制无边框白色椭圆，如图15-16所示。

⑯ 选择工具箱中的“调和工具”，在画面中从肉粉色向白色图形进行拖动，给它们进行调和，在属性栏中将“步长”值设置为30，如图15-17所示。

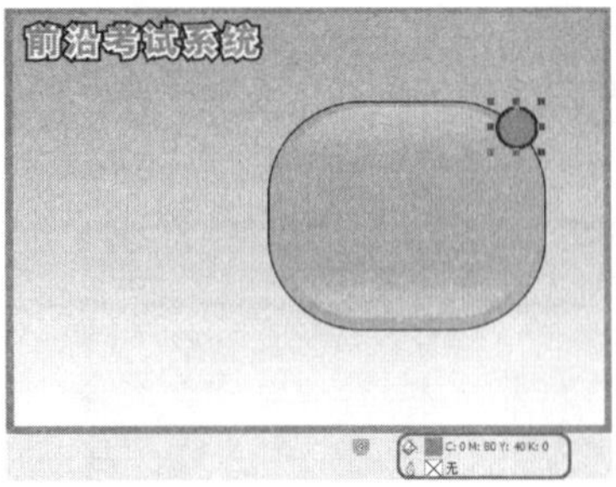

图15-15

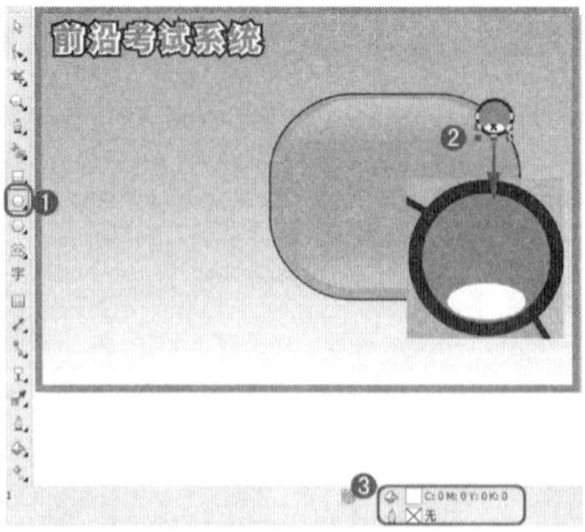

图15-16

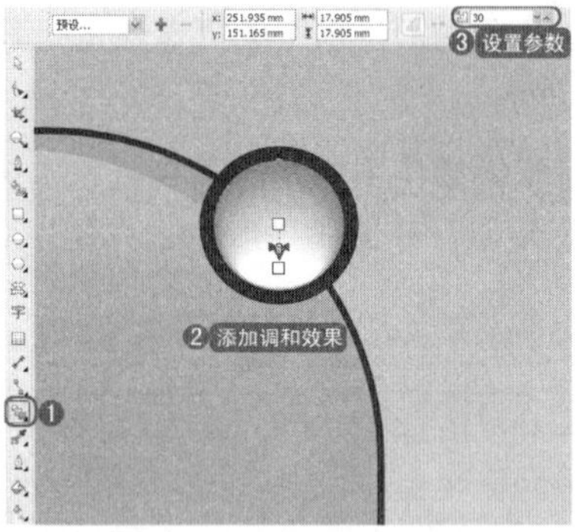

图15-17

⑰ 选择工具箱中的“椭圆工具”，在调和图形的上方绘制无边框白色椭圆形，如图15-18所示。

⑱ 选择工具箱中的“透明度工具”，在椭圆的上方向下方拖动，给白色椭圆添加透明效果，如图15-19所示。

⑲ 选择工具箱中的“矩形工具”，在透明图形的上方绘制黑色图形，确定图形处于选择状态，再次单击该图形，使其处于选择状态，在属性栏中将“旋转角度”设置为135°，然后将轮廓宽度设置为0.35 mm，如图15-20所示。

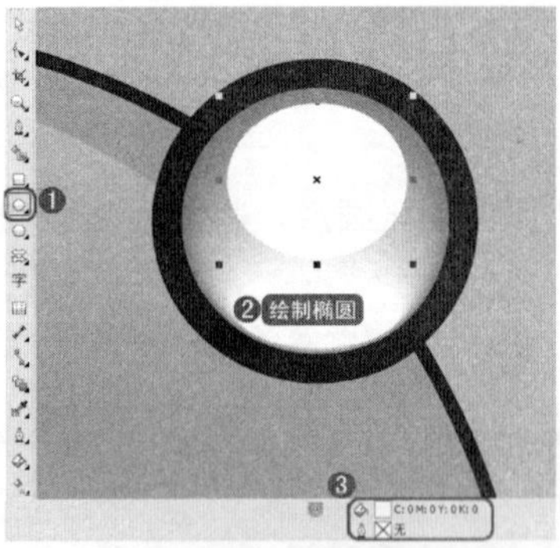

图15-18

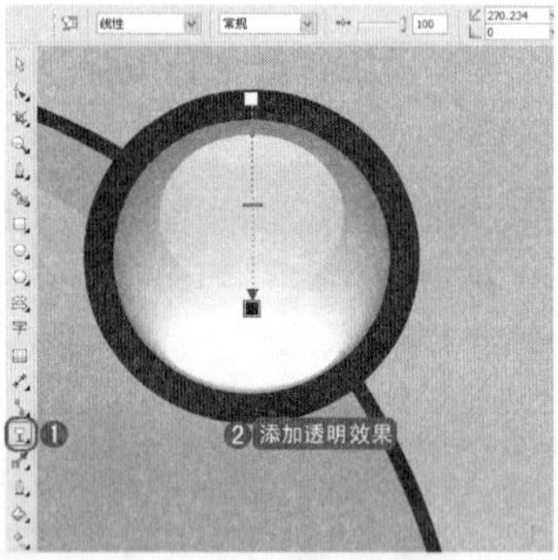

图15-19

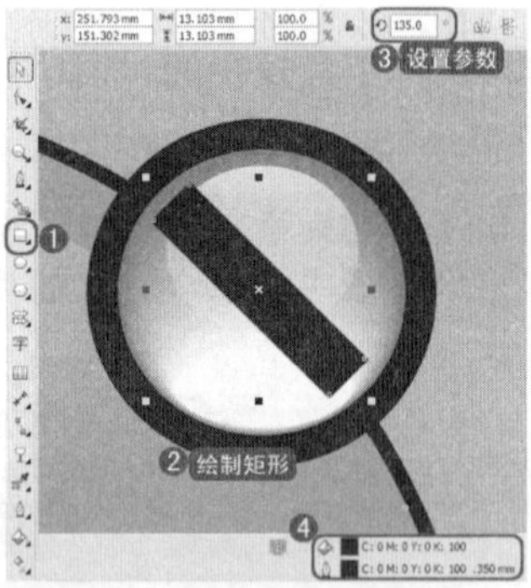

图15-20

⑳ 继续使用“矩形工具”在矩形的上方绘制黑色图形，在属性栏中将“旋转角度”设置为45°，同样将轮廓宽度设置为0.35 mm，如图15-21所示。

㉑ 将前面绘制的两个黑色矩形成组，选择工具箱中的“透明度工具”，为成组的对象添加透明效果，如图15-22所示。

㉒ 选择工具箱中的“椭圆工具”，按住【Ctrl】键在圆角矩形的右下方绘制正圆形，如图15-23所示。

㉓ 确定新绘制的圆形处于选择状态，将其填充为绿松石，并取消轮廓线的填充，如图15-24所示。

㉔ 选择工具箱中的“交互式轮廓工具”，在属性栏中单击“向内按钮”，将“轮廓图步长”设置为228，将“轮廓图偏移”设置为0.025 mm，将“轮廓色”和“填充色”都填充为白色，为前面绘制的图形添加轮廓效果，如图15-25所示。

图15-21

图15-22

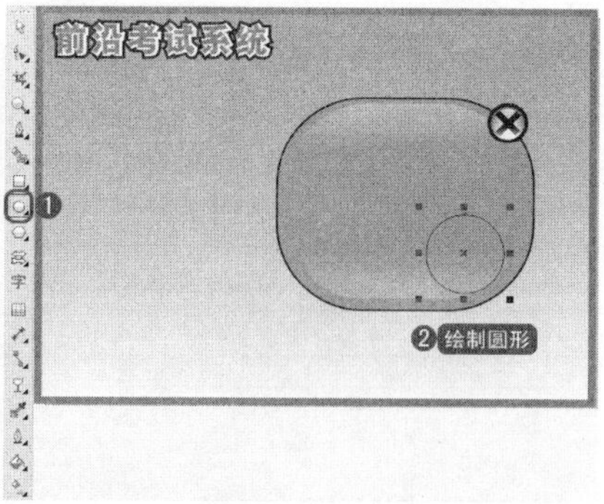

图15-23

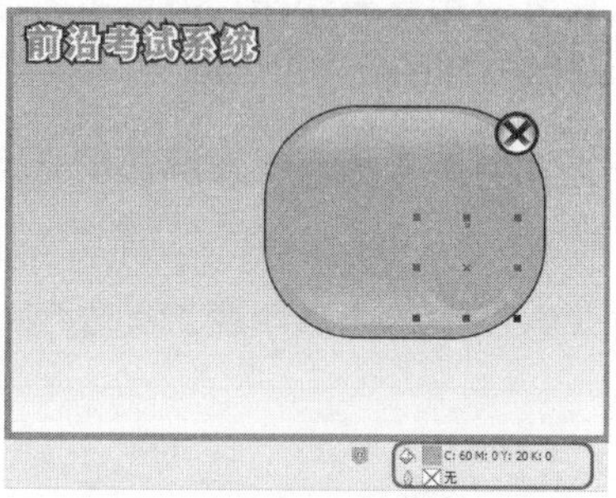

图15-24

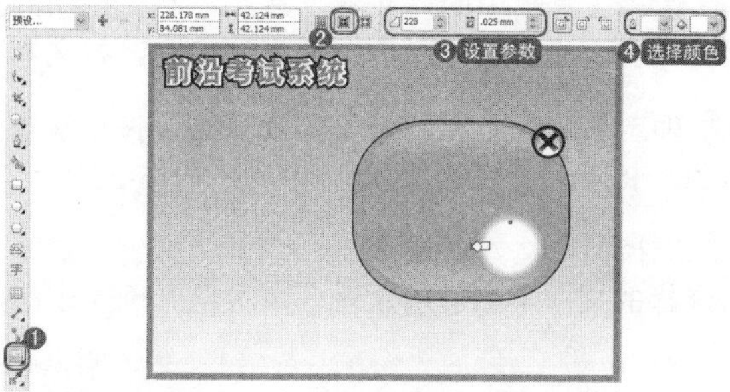

图15-25

(25) 选择工具箱中的“椭圆工具”，按住【Ctrl】键，在轮廓图形上绘制轮廓宽度为1.4 mm的黑色正圆形，如图15-26所示。

(26) 确定黑色图形处于选择状态，按小键盘上的【+】键复制图形，将新绘制的图形填充为热粉，按住【Shift】键缩放图形，如图15-27所示。

(27) 选择工具箱中的“椭圆工具”，在热粉图形的上方绘制白色无边框椭圆，如图15-28所示。

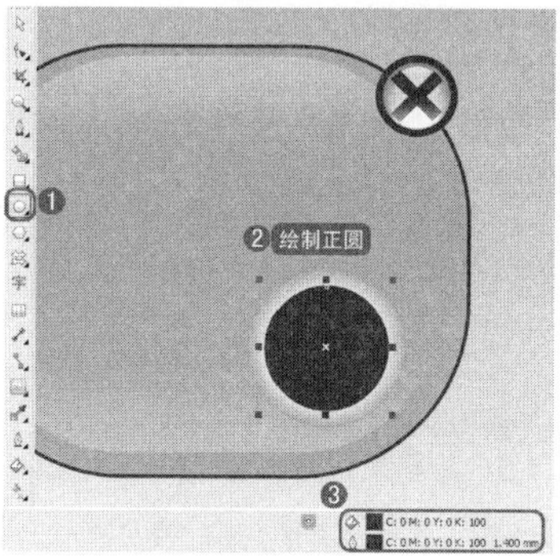

图15-26

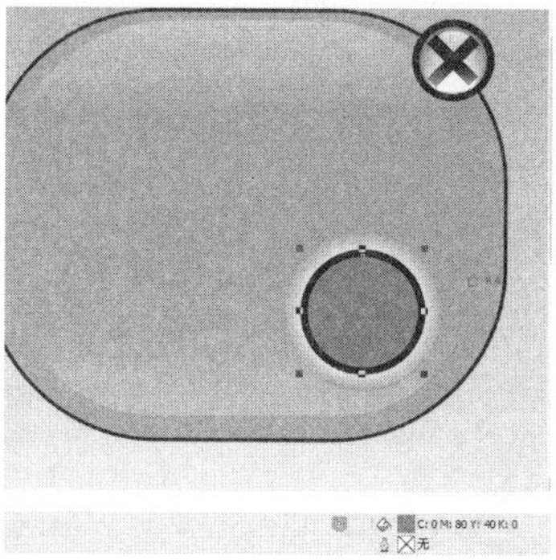

图15-27

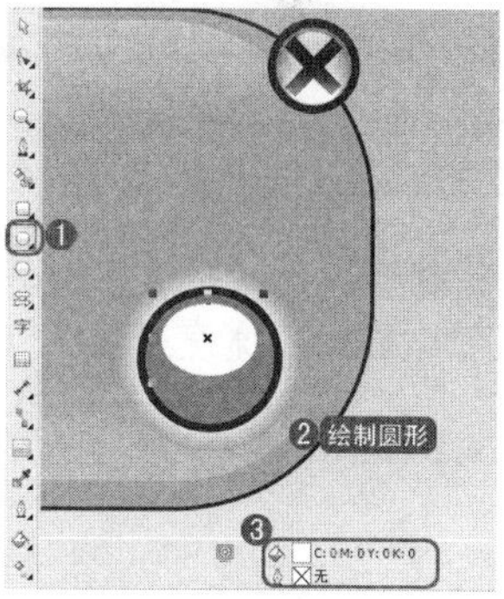

图15-28

(28) 确定白色椭圆处于选择状态，选择工具箱中的“透明度工具”，为选择的图形添加透明效果，如图15-29所示。

(29) 选择工具箱中的“椭圆工具”，在透明图形的下方绘制白色无边框图形，如图15-30所示。

(30) 确定新创建的白色图形处于选择状态，选择工具箱中的“透明度工具”，为选择的对象添加透明效果，如图15-31所示。

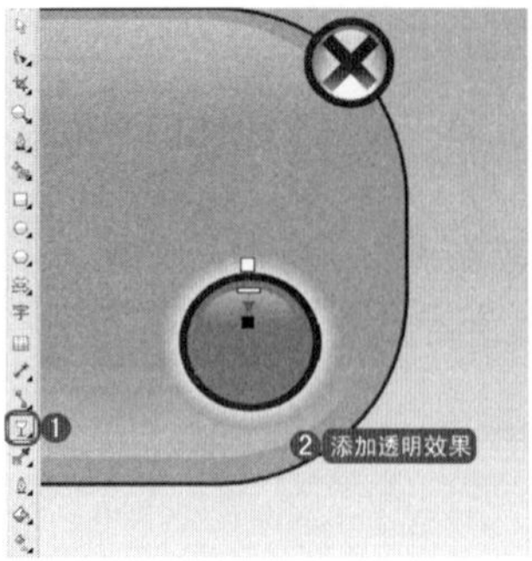

图15-29

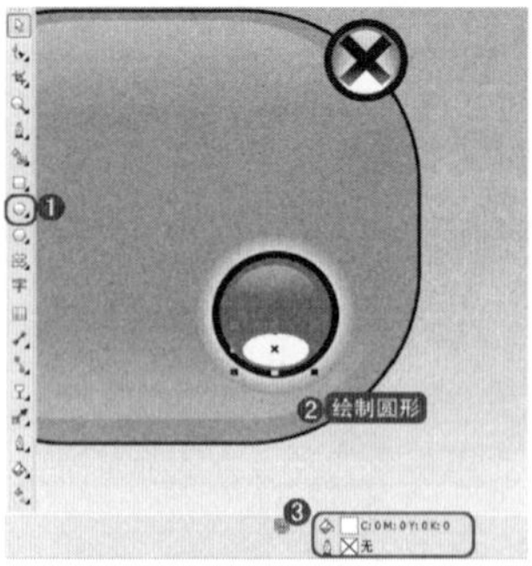

图15-30

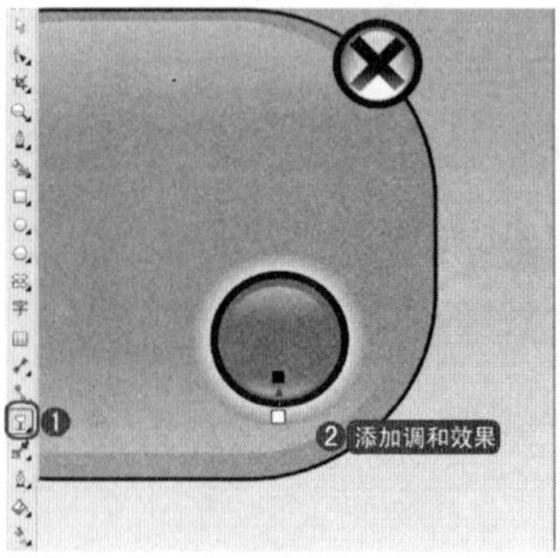

图15-31

(31) 选择工具箱中的“文本工具字”，在按钮的上方创建文本，在属性栏中将“字体”设置为汉仪综艺简体，将“字体大小”设置为26 pt，将文本和轮廓颜色设置为白色，如图15-32所示。

(32) 确定新创建的文本处于选择状态，按小键盘上的【+】键，将下方的文本和文本轮廓都填充为黑色，将轮廓宽度设置为2 mm，如图15-33所示。

(33) 选择两个文本，按【Ctrl+G】快捷键将选择的文本成组，选择工具箱中的“透明度工具”，为选择的文本添加透明效果，如图15-34所示。

图15-32

图15-33

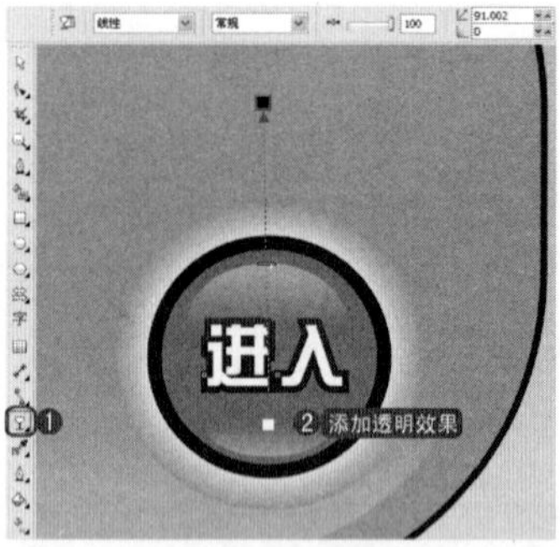

图15-34

(34) 选择工具箱中的“文本工具字”， 在圆角矩形上创建文本，在属性栏中将“字体”设置为汉仪综艺简体，将“字体大小”设置为23 pt，将文本和轮廓颜色设置为白色，如图15-35所示。

(35) 确定新创建的文本处于选择状态，按小键盘上的【+】键，将下方的文本和文本轮廓都填充为黑色，将轮廓宽度设置为1 mm，如图15-36所示。

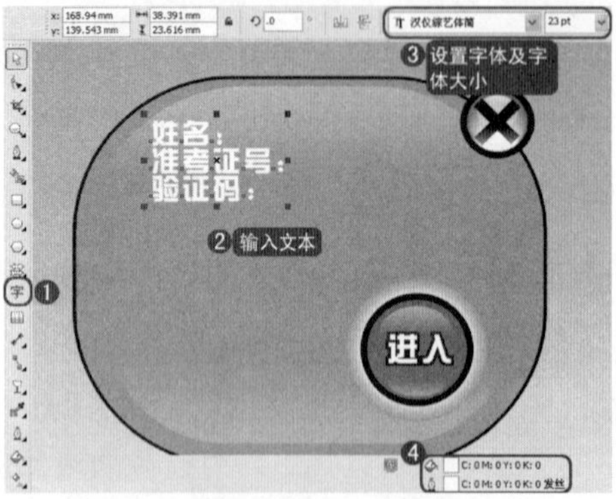

图15-35

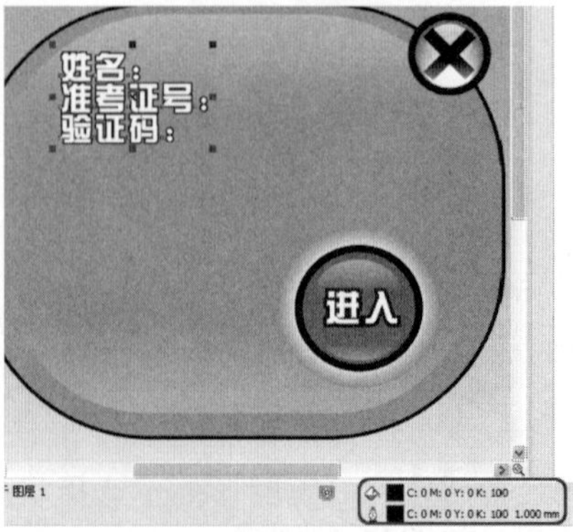

图15-36

36 选择工具箱中的“矩形工具”，在文本的后面创建3个矩形，然后将其填充为白色，并取消轮廓线的填充，如图15-37所示。

37 选择工具箱中的“阴影工具”，分别为绘制的矩形添加阴影效果，如图15-38所示。

38 选择工具箱中的“矩形工具”，再次绘制矩形，如图15-39所示。

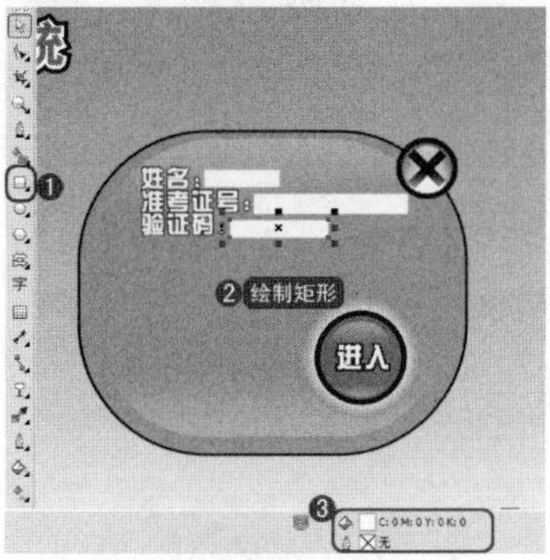

图15-37

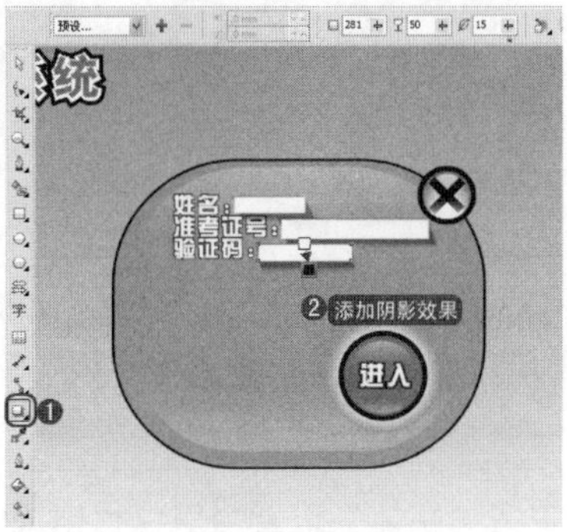

图15-38

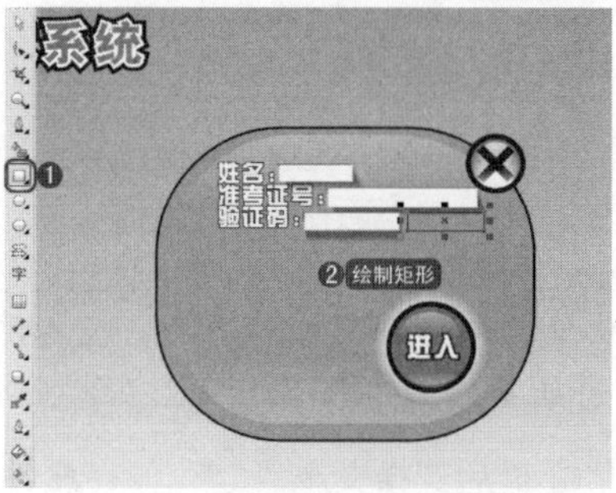

图15-39

39 确定新绘制的矩形处于选择状态，在工具箱中单击“填充工具”，在弹出的快捷菜单中选择“图样填充”命令，在弹出的对话框中选择一种图样，将“前部”的颜色设置为红色，设置完成后单击“确定”按钮，如图15-40所示。

40 填充完图样后，并取消矩形轮廓线的填充，如图15-41所示。

41 选择工具箱中的“文本工具”，在图样矩形上创建文本，然后选择文本“1”，在属性栏中将“字体”设置为汉仪雁翎简体，将“字体大小”设置为23 pt，如图15-42所示。

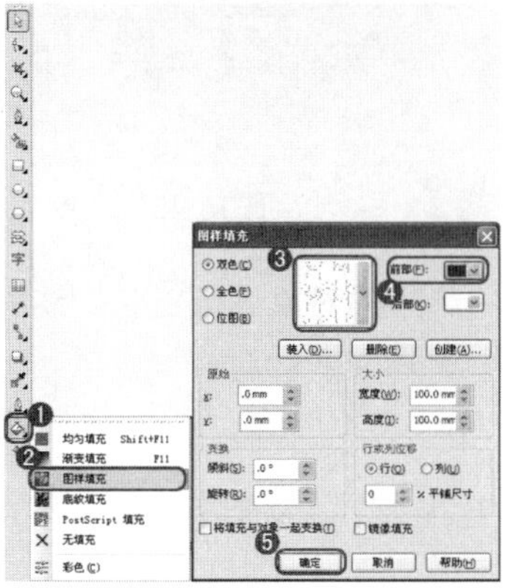

图15-40

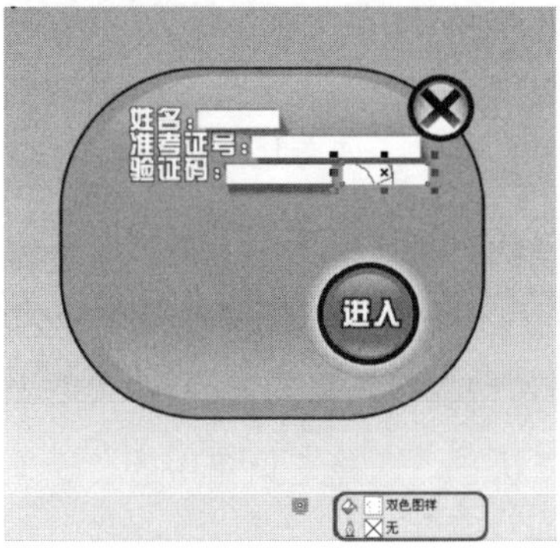

图15-41

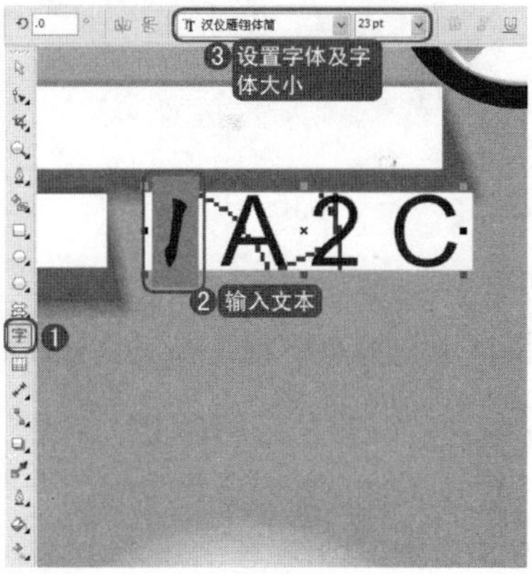

图15-42

42 确定选择的文本处于选择状态，按【F11】键，在弹出的对话框中将“角度”参数设置为-74，将“从”的颜色设置为粉色，将“到”的颜色设置为白色，设置完成后单击“确定”按钮，如图15-43所示。

43 填充完渐变颜色后的效果如图15-44所示。

44 选择文本“A”，在属性栏中将“字体”设置为汉仪丫丫简体，将“字体大小”设置为23 pt，将其填充为绿松石，如图15-45所示。

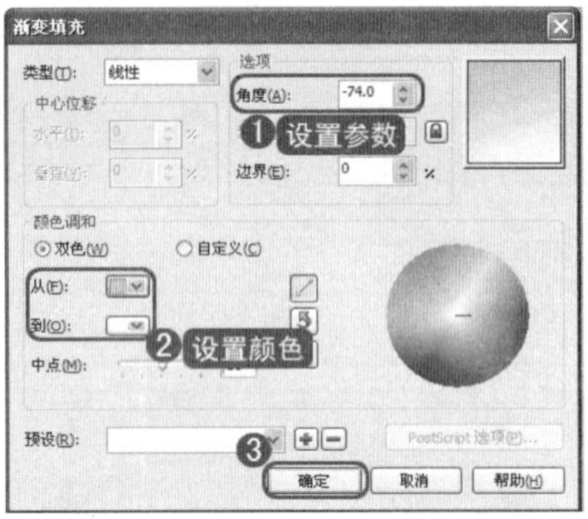

图15-43

图15-44

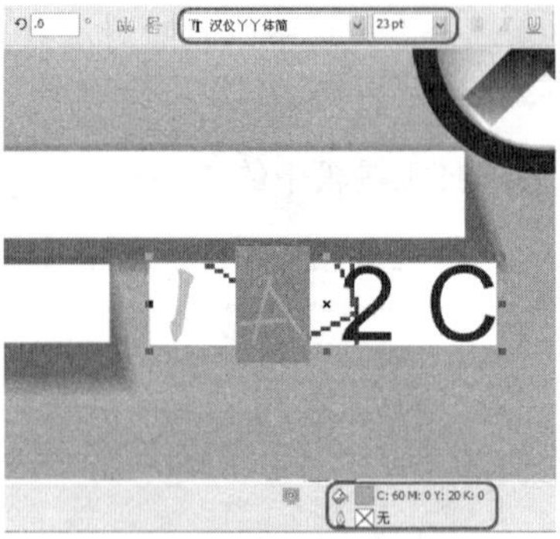

图15-45

(45) 再次选择文本“2”， 在属性栏中将【字体】设置为华文彩云，将“字体大小”设置为23 pt，将其填充为粉色，如图15-46所示。

(46) 最后选择文本“C”， 在属性栏中将“字体”设置为汉仪行楷简，将“字体大小”设置为23 pt，将其填充为浅绿色，如图15-47所示。

(47) 选择工具箱中的“矩形工具”，在属性栏中将“圆角半径”参数设置为57，在如图15-48所示的位置创建黑色矩形，然后将其轮廓线填充为黑色，将轮廓宽度设置为1 mm。

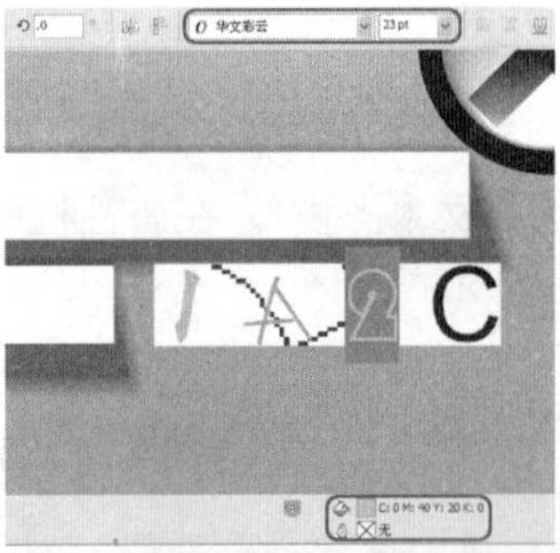

图15-46

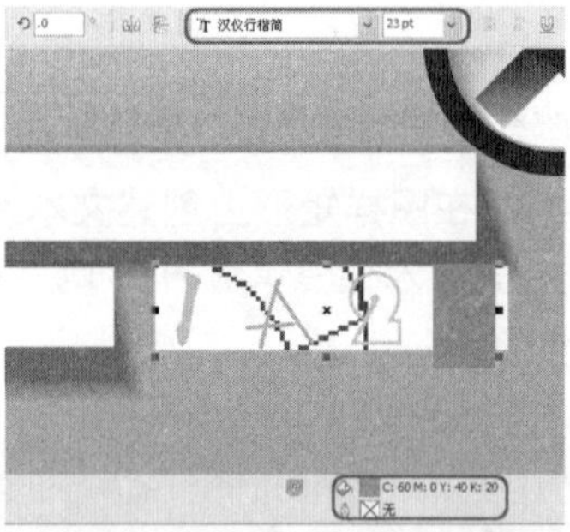

图15-47

图15-48

(48) 确定新创建的圆角矩形处于选择状态，按小键盘上的【+】键，将选择的对象进行复制，然后将其填充为热粉色，并按住【Shift】键将新复制的图形进行缩放，如图15-49所示。

(49) 再次在热粉色图形上绘制白色无边框圆角矩形，如图15-50所示。

(50) 确定新绘制的白色图形处于选择状态，选择工具箱中的“透明度工具”，为选择的对象添加透明效果，如图15-51所示。

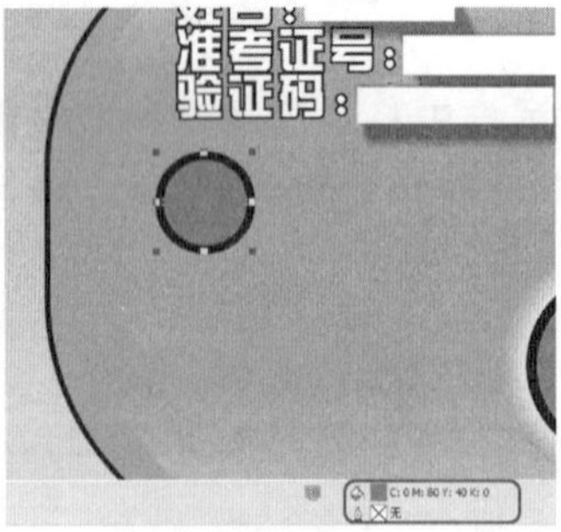

图15-49

图15-50

图15-51

51 继续使用“矩形工具□”，再在透明图形的上方绘制白色无边框圆角矩形，如图15-52所示。

52 确定新绘制的白色图形处于选择状态，选择工具箱中的“透明度工具♀”，为选择的对象添加透明效果，如图15-53所示。

53 选择工具箱中的“钢笔工具”，在方形按钮上绘制图形，按住“形状工具”对绘制的图形进行调整，然后将其填充为黑色，并将轮廓宽度设置为1 mm，如图15-54所示。

图15-52

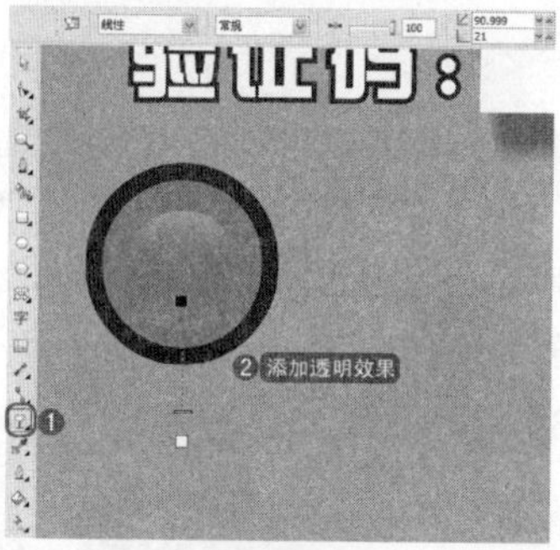

图15-53

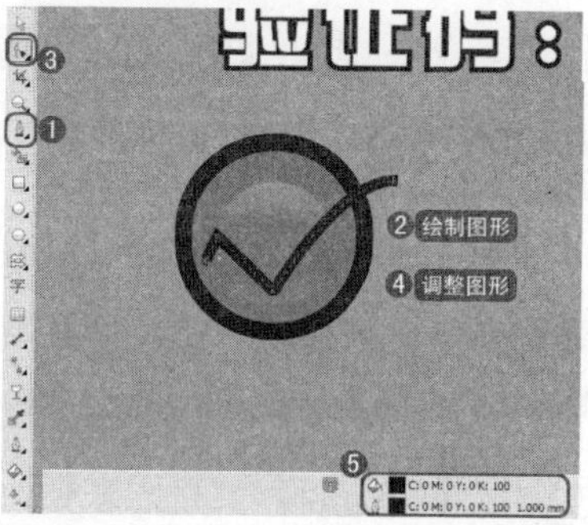

图15-54

54 选择工具箱中的“文本工具字”，在按钮的右侧创建文本，在属性栏中将“字体”设置为汉仪综艺简体，将“字体大小”设置为24 pt，将其填充为白色，如图15-55所示。

55 确定白色文本处于选择状态，按小键盘上的【+】键复制文本，将下面的白色文本和轮廓颜色都填充为黑色，将轮廓宽度设置为0.5mm，然后调整黑色文本的位置，如图15-56所示。

56 选择工具箱中的“矩形工具□”，在如图15-57所示的位置创建两个白色无边框矩形。

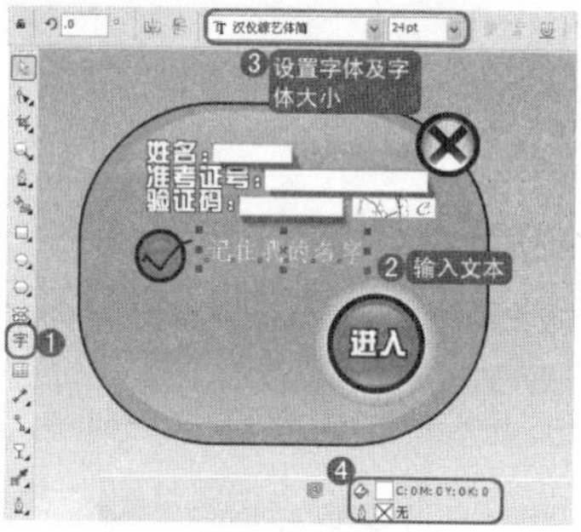

图15-55

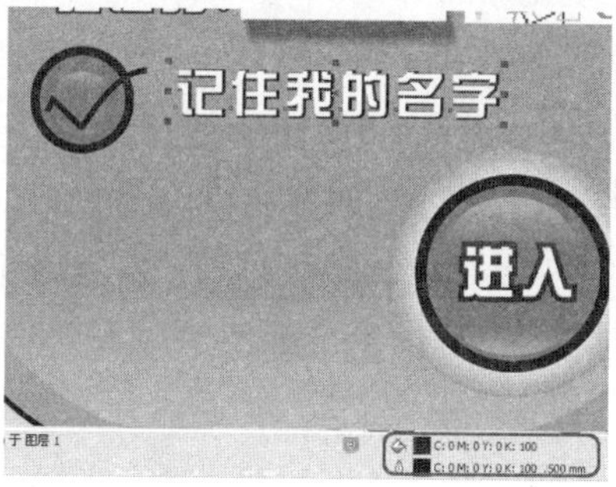

图15-56

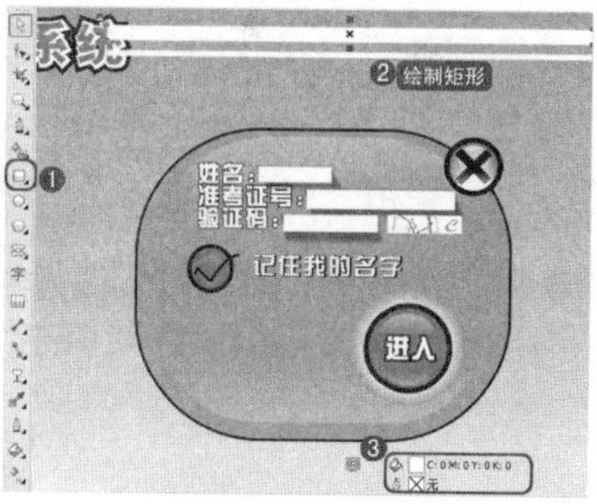

图15-57

57 确定新绘制的矩形处于选择状态，将它们调整至文本的下方，如图15-58所示。

58 继续使用“矩形工具□”，绘制两个白色无边框的矩形，并将其调整至文本的下方，如图15-59所示。

59 至此，程序界面效果制作完成了，完成后的效果如图15-60所示。将效果导出，并将场景文件进行存储。

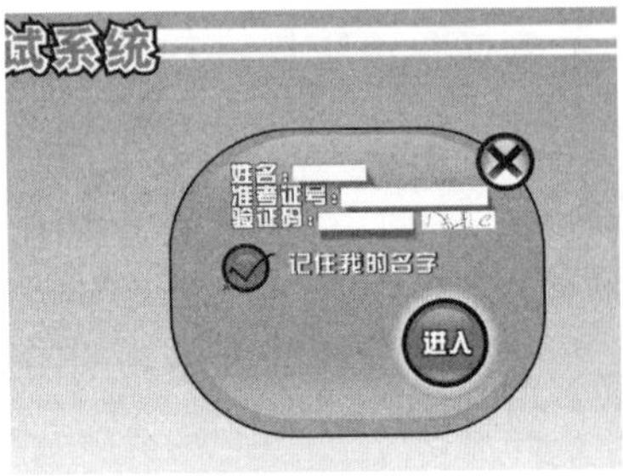

图15-58

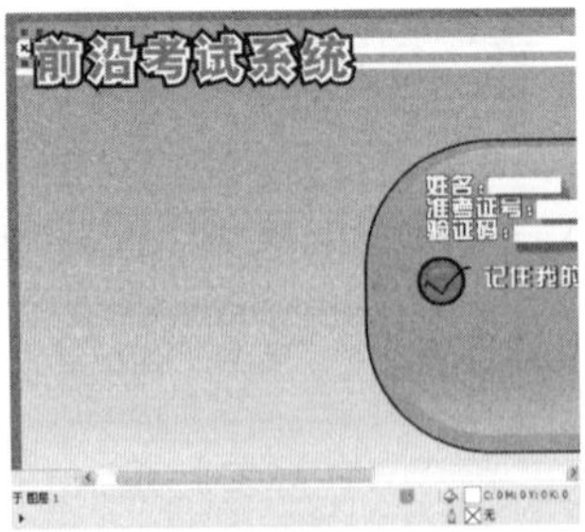

图15-59

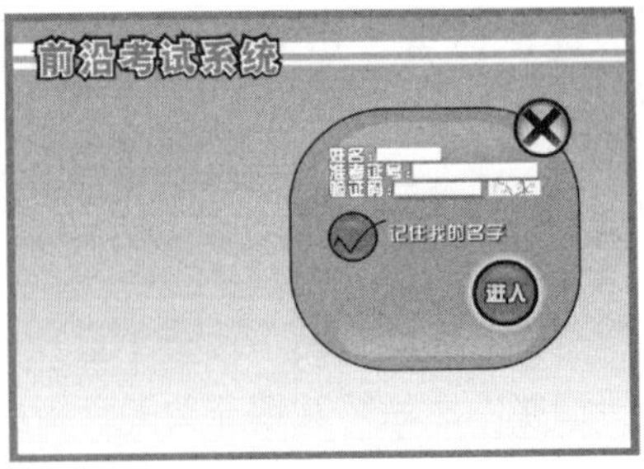

图15-60

15.2 制作儿童节海报

本章将介绍儿童节海报效果的制作，该例的制作比较简单，主要是通过为两个椭圆添加调和效果制作气球效果，并使用“复杂星形工具”和“手绘工具”绘制图形作为装饰效果，然后为海报创建文本，完成后的效果如图15-61所示。

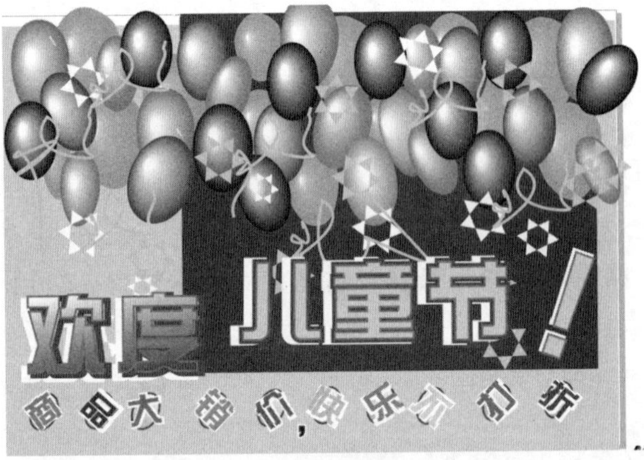

图15-61

01 按【Ctrl+N】键新建文档，在属性栏中单击“按钮”，将文档转换为横向，选择工具箱中的“矩形工具”，沿绘图页绘制黄色无边框矩形，如图15-62所示。

02 继续使用“矩形工具”，在黄色矩形上绘制无边框霓虹粉色矩形，如图15-63所示。

03 选择工具箱中的“椭圆工具”，在绘图页中绘制酒绿色无边框椭圆形，确定新绘制的椭圆处于选择状态，单击鼠标右键，在弹出的快捷菜单中选择“转换为曲线”命令，然后使用“形状工具”对图形进行调整，如图15-64所示。

04 确定新绘制的图形处于选择状态，按小键盘上的【+】键，复制图形，并按住【Shift】键将复制的图形进行缩放，然后将其填充为白色，如图15-65所示。

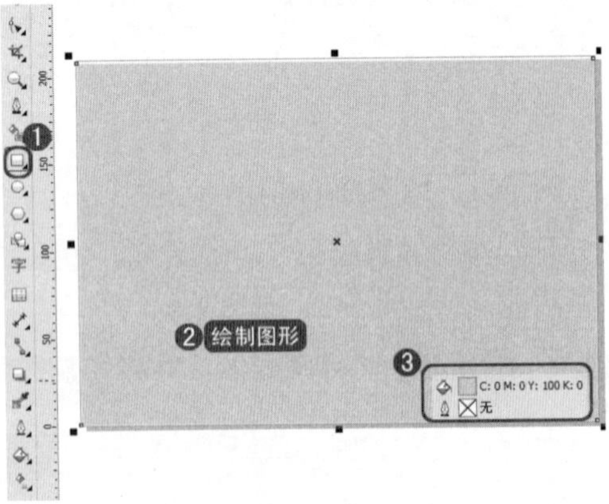

图15-62

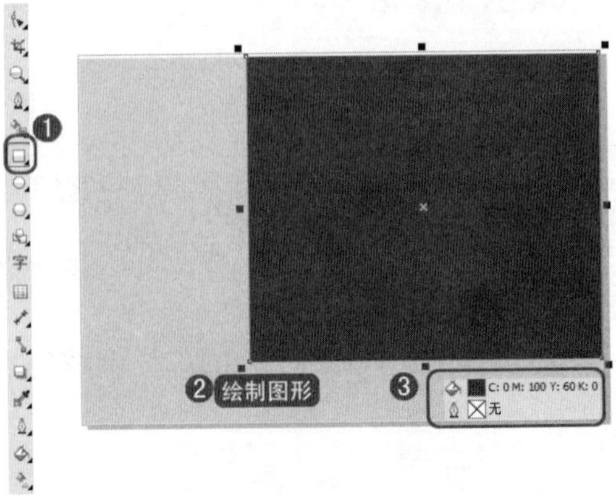

图15-63

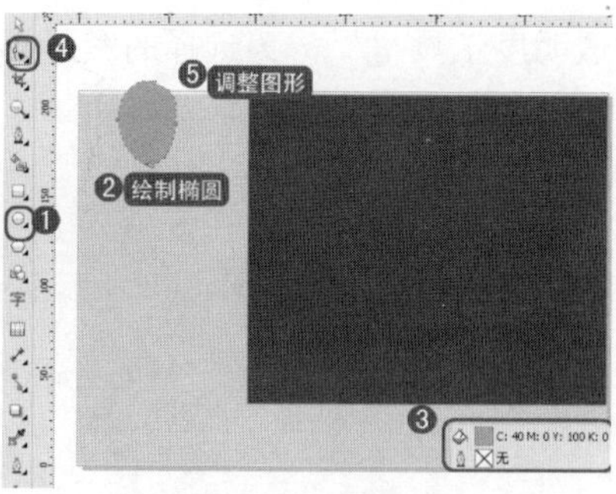

图15-64

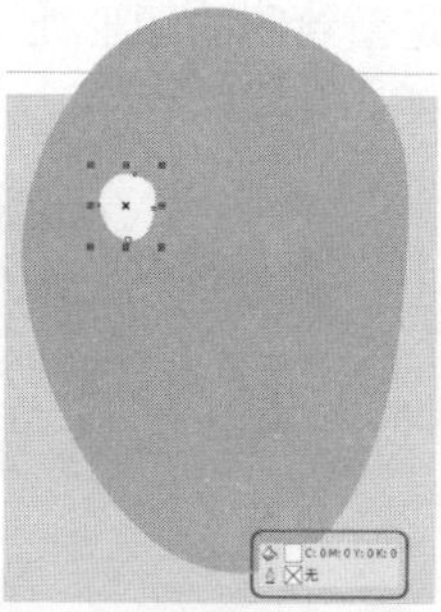

图15-65

05 选择工具箱中的“调和工具”，为两个椭圆添加调和效果，在属性栏中将“步长”设置为6，如图15-66所示。

06 同样使用“椭圆工具”，绘制无边框的热粉色椭圆，将图形转换为曲线，并使用“形状工具”对图形进行调整，如图15-67所示。

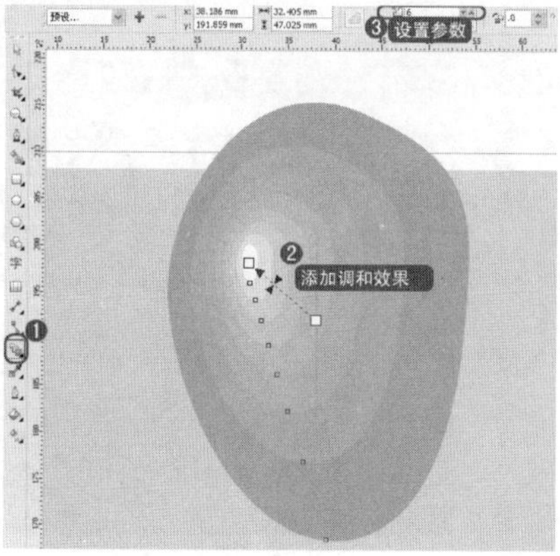

图15-66

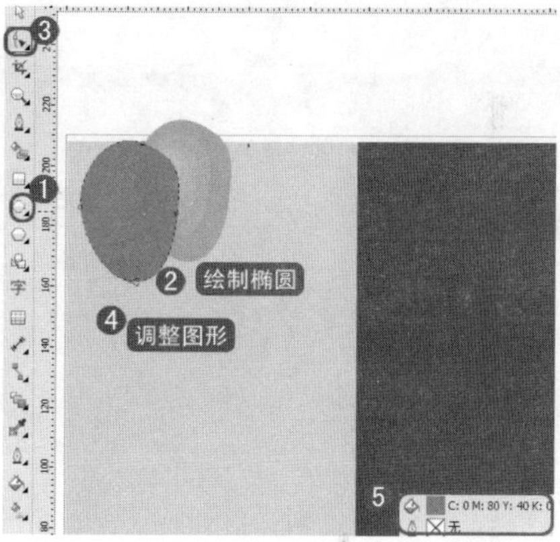

图15-67

07 将热粉色图形进行复制，并将复制的图形进行缩放，然后将其填充为白色，如图15-68所示。

08 选择工具箱中的“调和工具”，为两个椭圆添加调和效果，在属性栏中将“步长”设置为20，如图15-69所示。

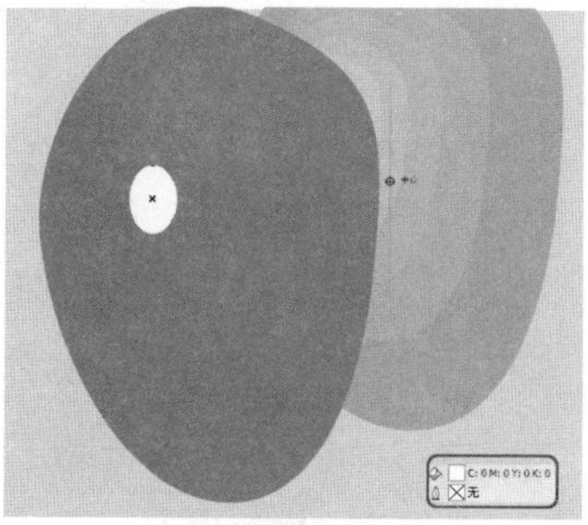

图15-68

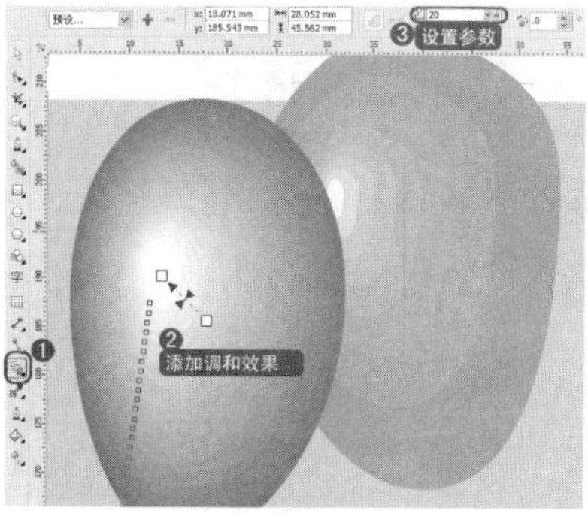

图15-69

09 选择工具箱中的“钢笔工具”，在红色气球上绘制白色无边框图形，并使用“形状工具”进行调整，如图15-70所示。

(10) 确定新绘制的图形处于选择状态，选择工具箱中的“透明度工具”，为选择的图形添加透明效果，如图15-71所示。

图15-70

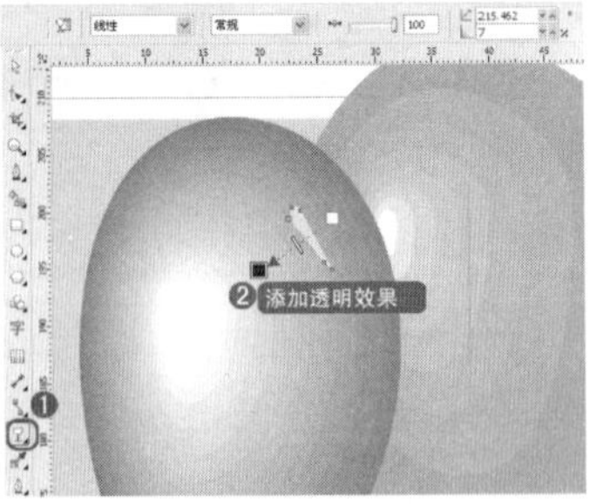

图15-71

(11) 使用同样的方法绘制其他气球，完成后的效果如图15-72所示。

(12) 选择工具箱中的“复杂星形工具”，在属性栏中将“星形的点数”设置为6，然后在绘图页中绘制图形，如图15-73所示。

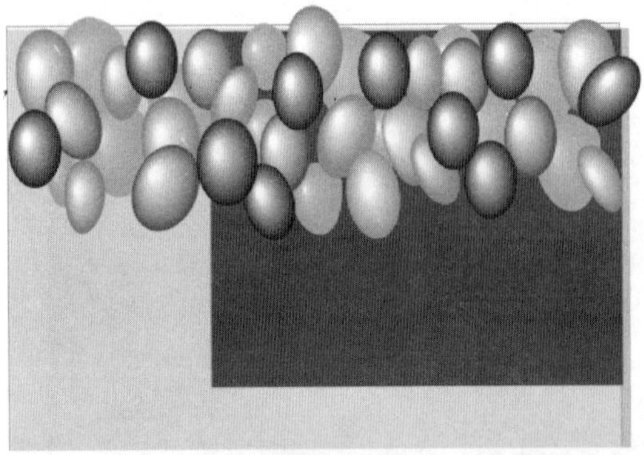
图15-72

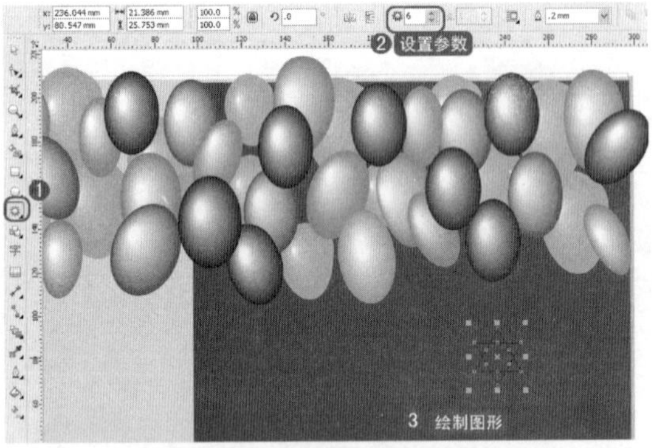

图15-73

(13) 确定新绘制的图形处于选择状态，将其填充为白色，并取消轮廓线的填充，然后调整图形的位置，并对图形进行旋转，如图15-74所示。

(14) 继续使用“复杂星形工具”，在绘图页中绘制形状，将其填充为CMYK参数为4、5、93、0的颜色，并取消轮廓线的填充，然后对图形进行旋转，如图15-75所示。

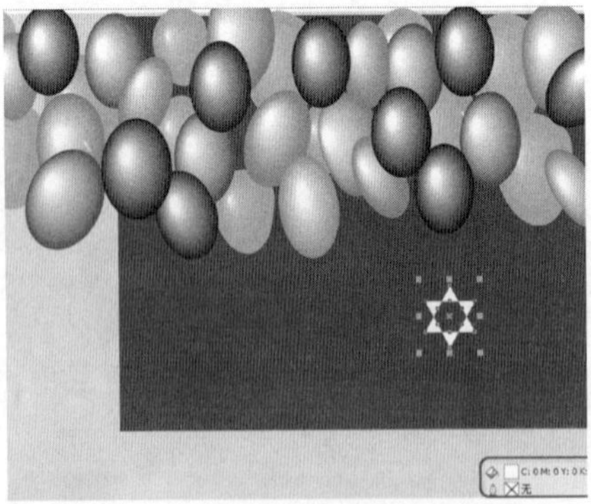
图15-74

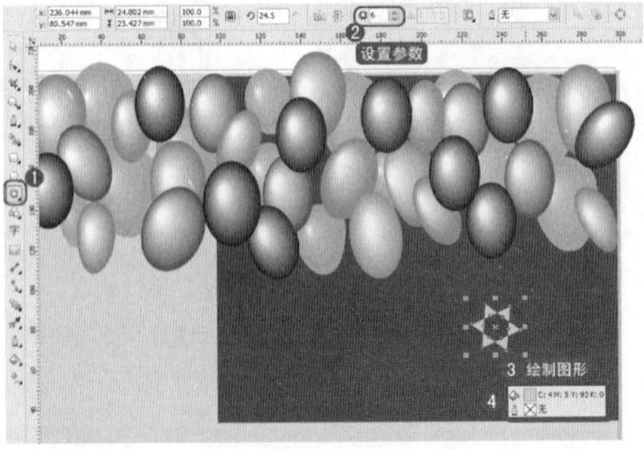

图15-75

(15) 将绘制的图形多次进行复制并调整，完成后的效果如图15-76所示。

⑯ 选择工具箱中的“手绘工具”，在绘图页中绘制线段，并使用“形状工具”进行调整，然后将其轮廓线填充为CMYK为4、5、93、0的颜色，将轮廓宽度设置为1.4 mm，如图15-77所示。

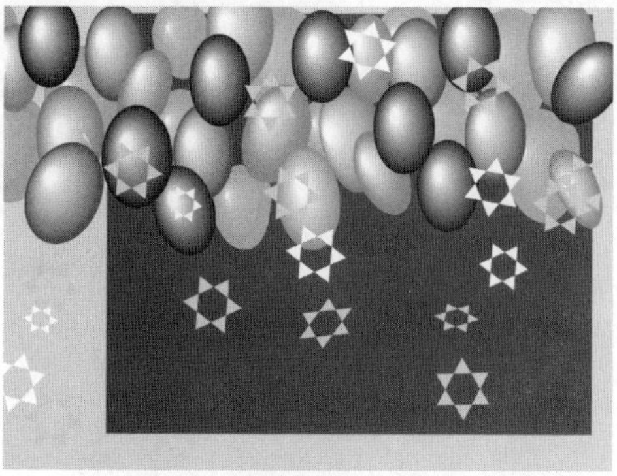

图15-76

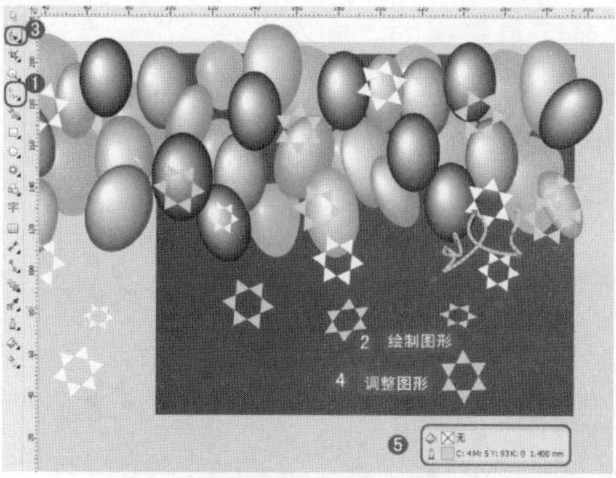

图15-77

⑰ 使用同样的方法绘制其他线段，并按住“形状工具”进行调整，如图15-78所示。

⑱ 选择工具箱中的“文本工具”，在绘图页的左下角输入文本，在属性栏中将“字体”设置为方正综艺简体，将“字体大小”设置为100 pt，将文本颜色填充为黑色，如图15-79所示。

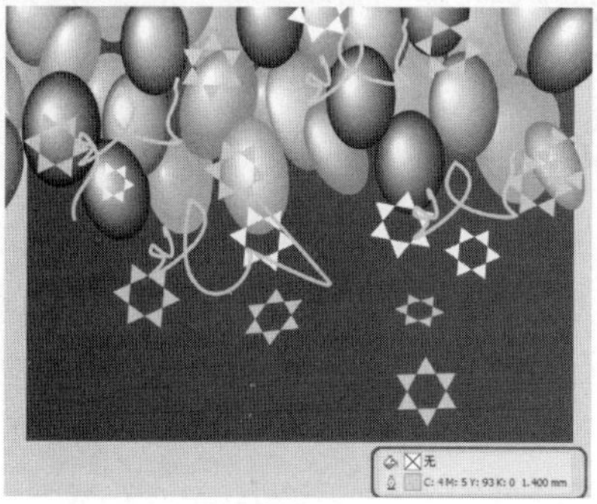

图15-78

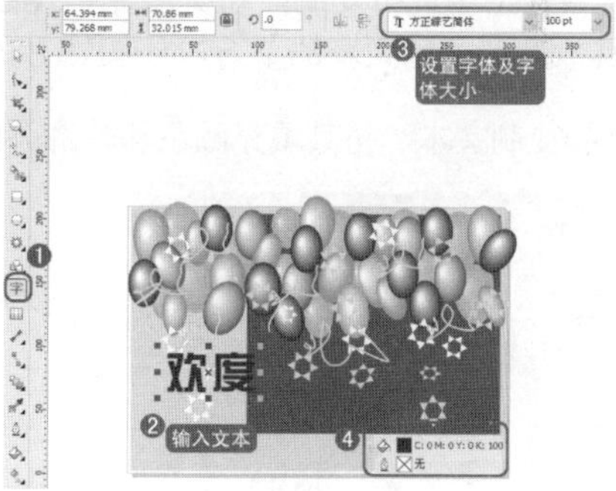

图15-79

⑲ 确定新创建的文本处于选择状态，按【F11】键，在弹出的对话框中将“角度”参数设置为100，将【边界】参数设置为8，将“从”的颜色设置为洋红，将“到”的颜色设置为白色，设置完成后单击“确定”按钮，如图15-80所示。

⑳ 填充完渐变颜色后，将该文本的轮廓颜色设置为CMYK参数都为39的颜色，将轮廓宽度设置为1 mm，如图15-81所示。

㉑ 确定渐变文本处于选择状态，按小键盘上的【+】键复制图形，将其填充为洋红色，将轮廓颜色填充为洋红，将轮廓宽度设置为3 mm，并将其放置到渐变文本的下方，如图15-82所示。

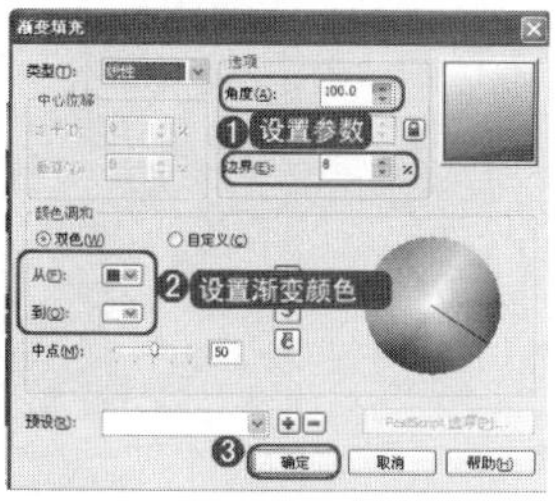

图15-80

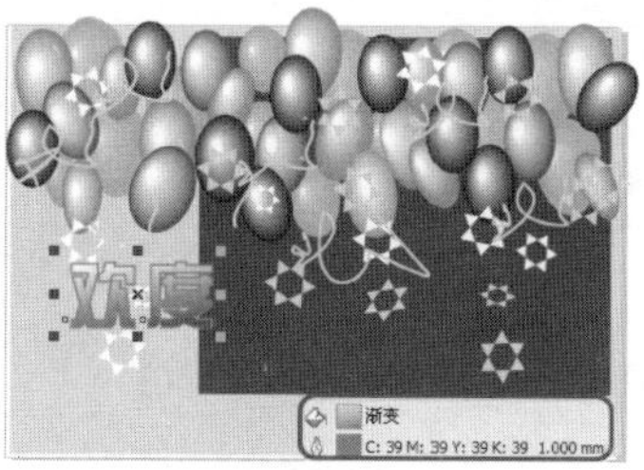

图15-81

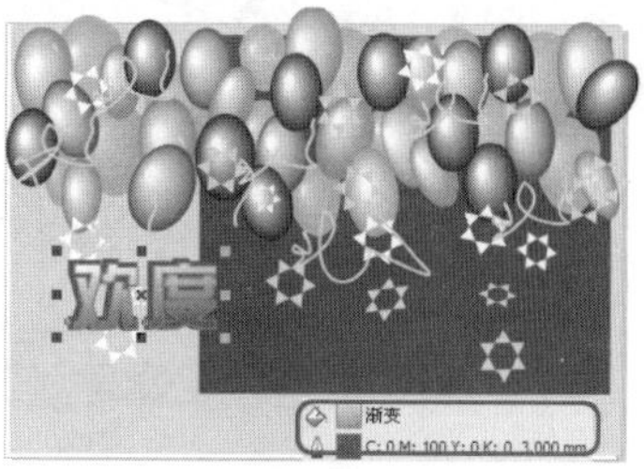

图15-82

(22) 确定洋红色文本处于选择状态，按小键盘上的【+】键复制图形，将其填充为白色，将轮廓颜色填充为白色，将轮廓宽度设置为4 mm，并将其放置到洋红色文本的下方，如图15-83所示。

(23) 选择工具箱中的“文本工具字”，在文本的后面创建文本，在属性栏中将“字体”设置为方正综艺简体，将“字体大小”设置为120 pt，将文本颜色填充为黄色，文本颜色的CMYK参数都设置为39，将轮廓宽度设置为1 mm，如图15-84所示。

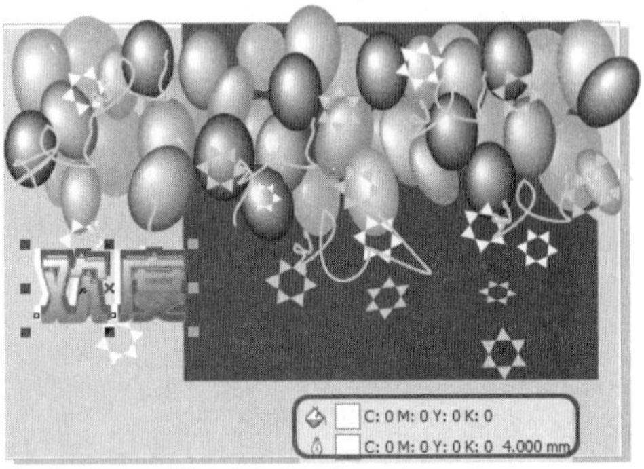

图15-83

图15-84

(24) 将黄色文本进行复制，将其填充为洋红色，将轮廓颜色填充为洋红色，将轮廓宽度设置为3.5 mm，并将其放置到黄色文本的下方，如图15-85所示。

(25) 继续复制文本，将其填充颜色和轮廓颜色都填充为白色，将轮廓宽度设置为5 mm，如图15-86所示。

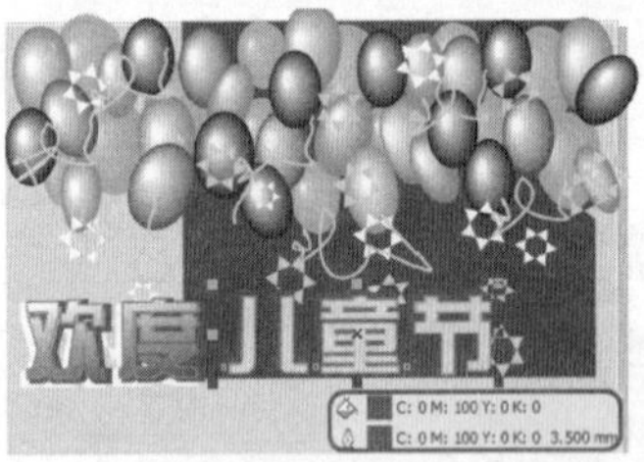
图15-85

图15-86

(26) 选择工具箱中的“文本工具字”，在文本的后面创建叹号，将创建的符号进行旋转，在属性栏中将“字体”设置为方正综艺简体，将“字体大小”设置为200 pt，将文本颜色填充为黄色，文本颜色的CMYK参数都设置为39，将轮廓宽度设置为1 mm，如图15-87所示。

(27) 同样对创建的符号进行复制，并调整符号的位置，如图15-88所示。

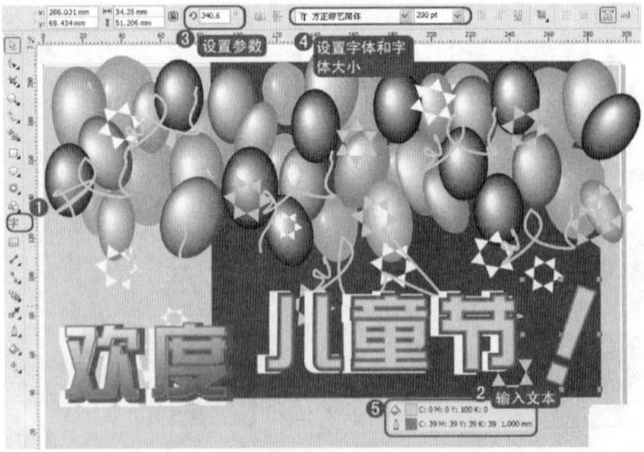

图15-87

图15-88

(28) 选择工具箱中的“椭圆工具”，在绘图页的下方创建椭圆，然后将图形进行旋转，如图15-89所示。

(29) 确定新创建的图形处于选择状态，按【F11】键，在弹出的对话框中将“角度”参数设置为56.7，将“边界”参数设置为4，将“从”的颜色设置为秋橘红，将“到”的颜色设置为白色，将“中点”参数设置为14，设置完成后单击“确定”按钮，如图15-90所示。

(30) 填充完渐变颜色后，将该图形的轮廓线填充为洋红色，将轮廓宽度设置为1 mm，如图15-91所示。

图15-89

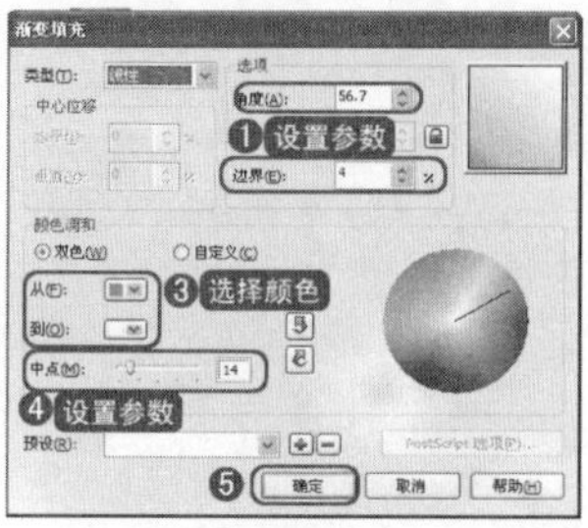

图15-90

图15-91

(31) 将渐变图形进行复制，并将其填充色和轮廓颜色都填充为白色，将其轮廓宽度设置为2 mm，然后将其放置到渐变椭圆的下方，如图15-92所示。

(32) 选择渐变椭圆和白色圆形对象，将选择的图形多次进行复制，如图15-93所示。

(33) 使用“文本工具”在第一个渐变圆形上创建青色文字，在属性栏中将“字体”设置为方正综艺简体，将“字体大小”设置为43.102 pt，并对文字进行旋转，如图15-94所示。

图15-92

图15-93

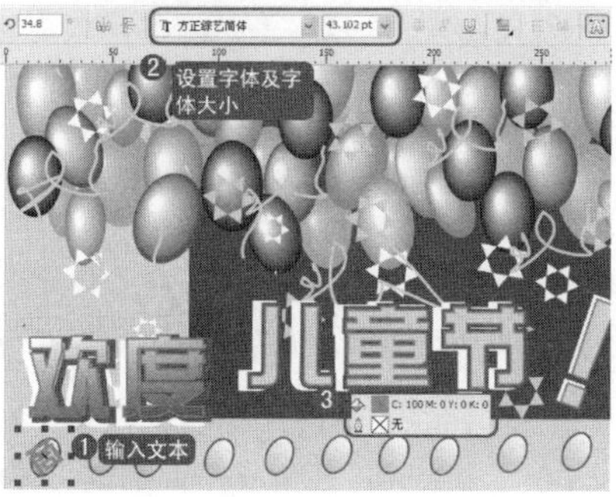

图15-94

(34) 将创建的青色文字进行复制，将其轮廓颜色填充为白色，将轮廓宽度设置为1.4 mm，并将其放置到青色文字的下方，如图15-95所示。

(35) 同样在第二个渐变椭圆的上方创建红色文字，如图15-96所示。

(36) 继续在第三个渐变椭圆的上方创建绿色文字，如图15-97所示。

(37) 同样在第四个椭圆的上方创建橘红色文字，如图15-98所示。

(38) 使用同样的方法，在椭圆图形的上方创建出不同颜色的文字，并对文字进行旋转，如图15-99所示。

图15-95

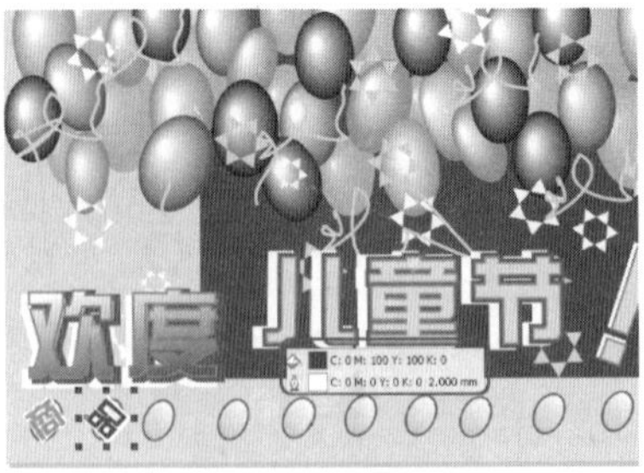

图15-96

图15-97

图15-98

图15-99

(39) 在“价”和“快”字的中间创建逗号，将其填充为黑色，将文本轮廓线填充为洋红色，将轮廓宽度设置为0.5 mm，如图15-100所示。

(40) 将新创建的符号进行复制，并向下调整一层，然后将其填充色和轮廓色都填充为白色，将轮廓宽度设置为2 mm，如图15-101所示。

图15-100

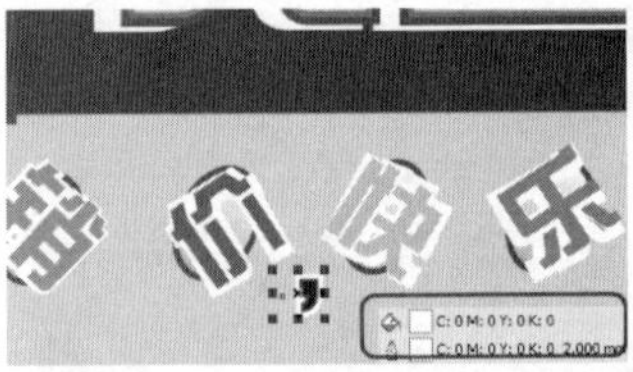

图15-101

(41) 至此，儿童节海报效果制作完成了，如图15-102所示，将完成后的效果导出，并将场景文件进行存储。

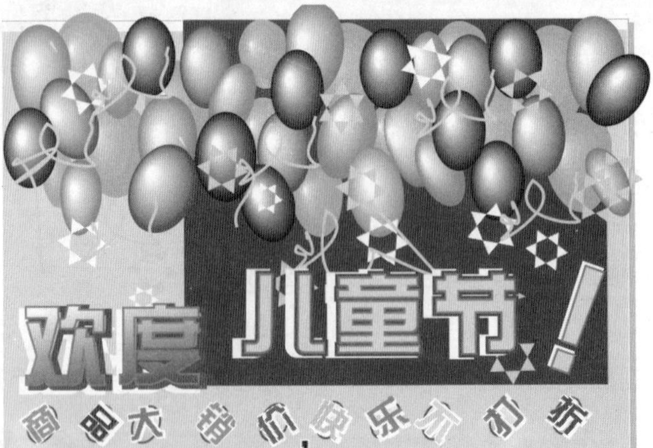

图15-102

15.3　制作日历时钟

本章将介绍日历时钟效果的制作，该例的制作比较简单，主要是通过“椭圆工具”、“矩形工具”和“钢笔工具”绘制日历时钟的基本形状，并为图形添加调和效果和阴影效果，最后添加文本并对文本进行调整，完成后的效果如图15-103所示。

图15-103

01 按【Ctrl+N】组合键新建一个文件，接着在工具箱中选择“椭圆工具”，按住【Ctrl】键在画面中绘制一个正圆，如图15-104所示。

02 确定新绘制的圆形处于选择状态，按【F11】键，在弹出的对话框中将“角度”参数设置为90，将“从”设置为CMYK参数为64、5、5、0的颜色，将“到”设置为白色，设置完成后单击“确定”按钮，如图15-105所示。

03 填充完渐变颜色后，取消该轮廓线的填充，如图15-106所示。

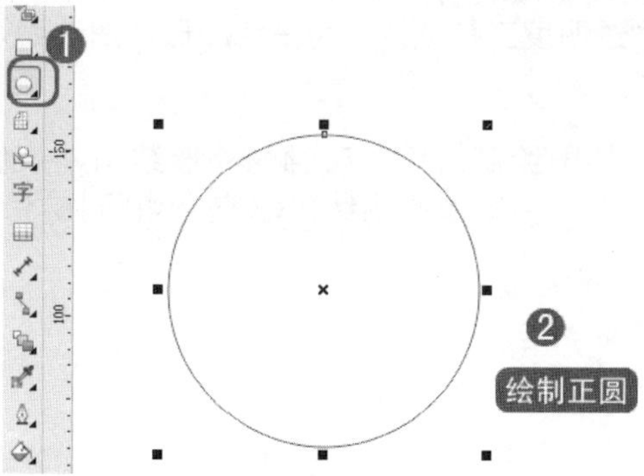

图15-104

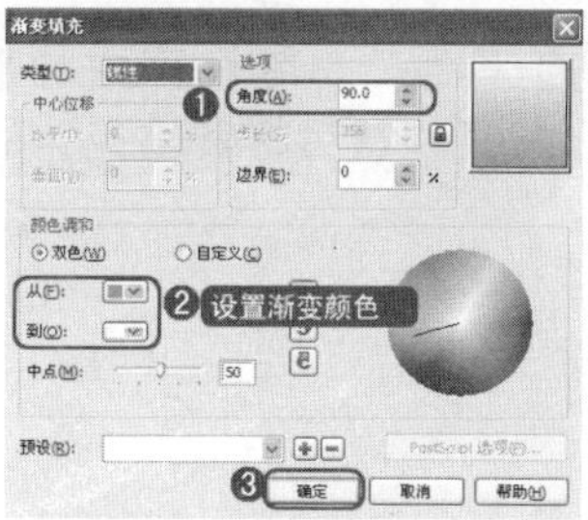

图15-105

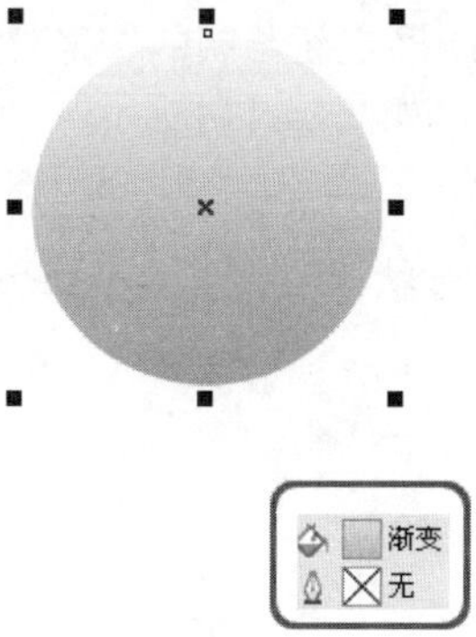

图15-106

04 确定渐变圆形处于选择状态，按小键盘上的【+】键复制该图形，并按【Shift】键将该图形进行缩放，如图15-107所示。

05 确定复制的图形处于选择状态，按【F11】键，在弹出的对话框中将“角度”参数设置为-90，将颜色设置为“从”冰蓝“到”白色的渐变，设置完成后单击“确定”按钮，如图15-108所示。

06 修改完渐变颜色后的效果如图15-109所示。

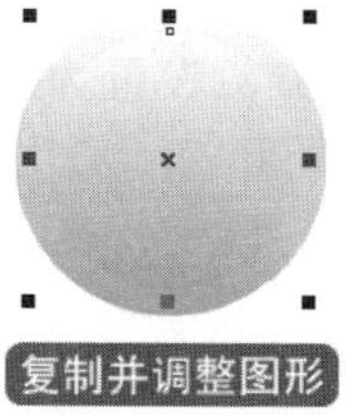

图15-107

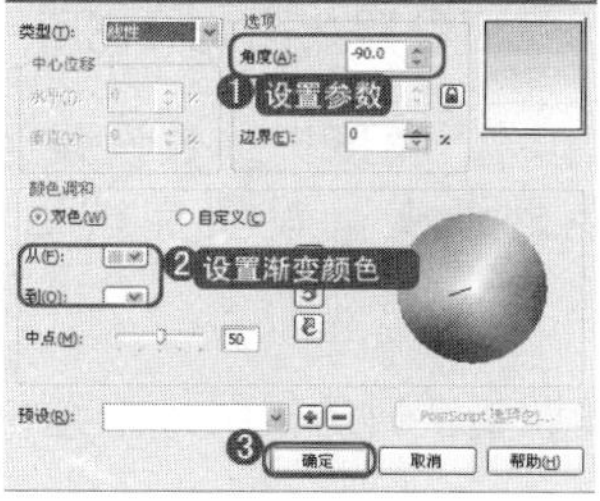

图15-108

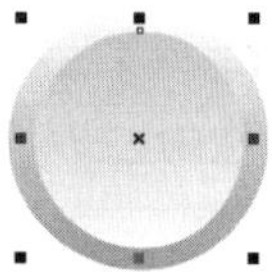
图15-109

07 继续使用“椭圆工具”按住【Ctrl】键，在渐变图形上绘制正圆形，如图15-110所示。

08 确定复制的图形处于选择状态，按【F11】键，在弹出的对话框中将“类型”设置为辐射，将“垂直”参数设置为-24，将颜色设置为“从”90%“到”20%的渐变，设置完成后单击“确定”按钮，如图15-110-111所示。

09 填充完渐变颜色后，取消该轮廓线的填充，如图15-112所示。

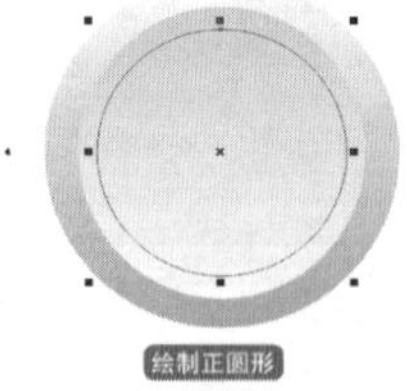

图15-110

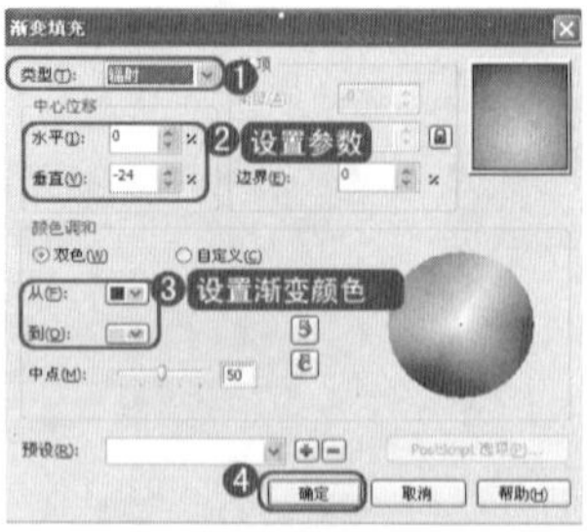

图15-111

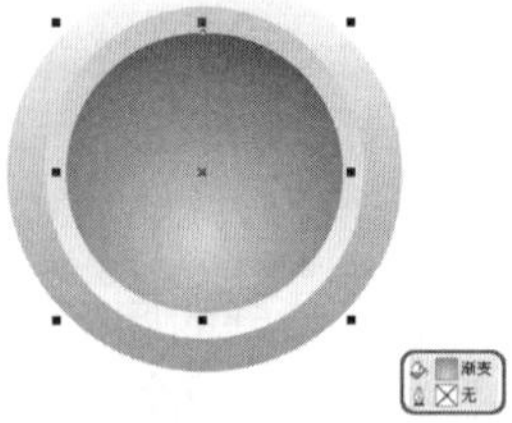
图15-112

10 用“钢笔工具”在渐变图形上绘制出如图15-113所示的高光范围，并按住“形状工具”对图形进行调整，然后在默认CMYK调色板中单击白色框，右击无色框。

11 确定新绘制的图形处于选择状态，选择工具箱中的“透明度工具”，为白色图形添加透明效果，如图15-114所示。

12 在工具箱中选择“钢笔工具”，在画面中圆形的外围绘制出日历时钟的外形结构，按住“形状工具”对图形进行调整，然后将其填充为冰蓝色，并取消轮廓线的填充，如图15-115所示。

图15-113

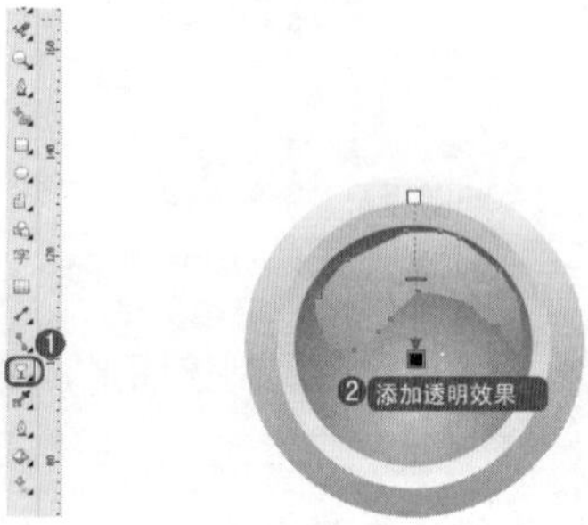

图15-114

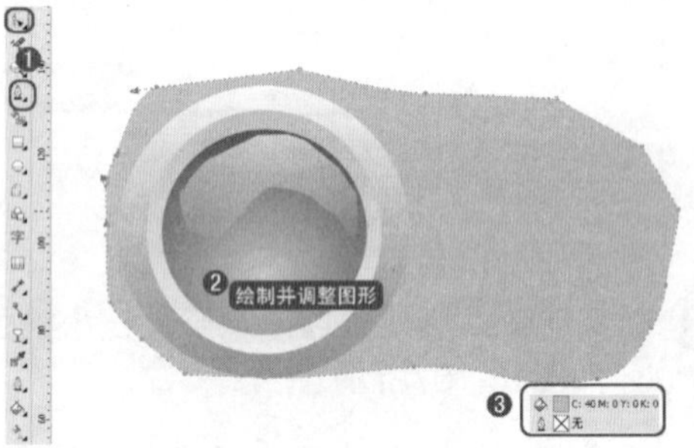

图15-115

13 在工具箱中单击选择工具，接着在键盘上按【+】键复制一个副本，再移动指针到右上角的控制柄上，指针呈双箭头时按住【Shift】键向内拖动，等比缩小副本，按住“形状工具”对图形进行调整，得到如图15-116所示的结果。然后参照如图15-116所示的参数设置渐变颜色。

14 按【F11】键，在弹出的对话框中将“角度”参数设置为-90，将“边界”参数设置为1，将颜色设置为“从”冰蓝“到”白色的渐变，设置完成后单击“确定”按钮，如图15-117所示。

15 确定渐变图形处于选择状态，将其调整至日历时钟外形结构的上方，如图15-118所示。

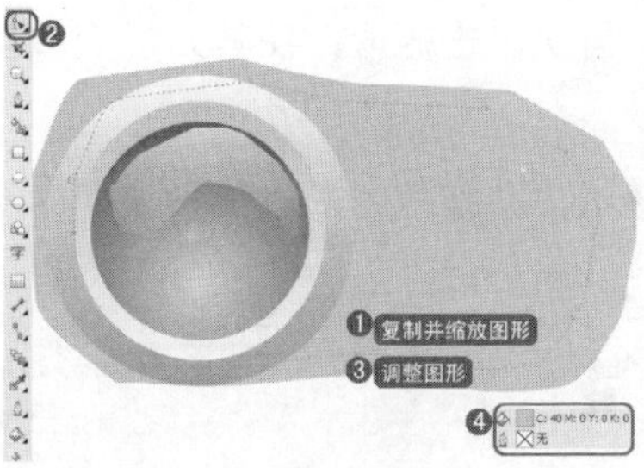

图15-116

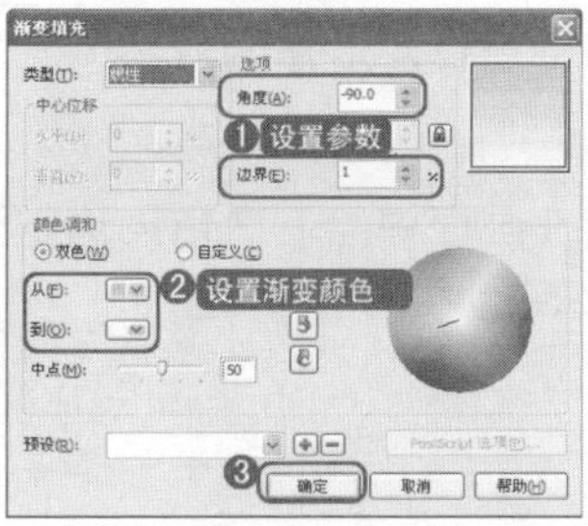

图15-117

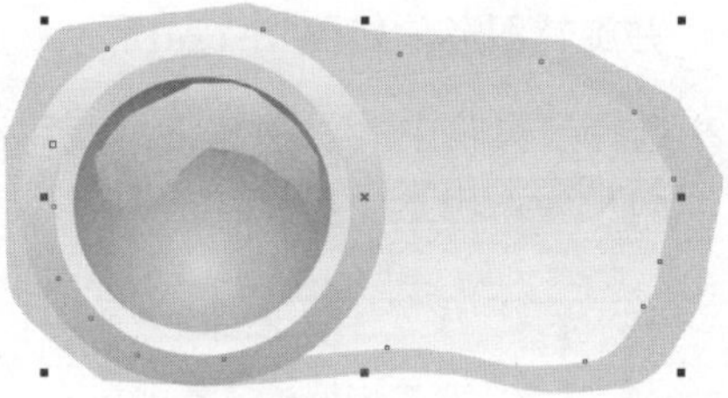

图15-118

⑯ 选择工具箱中的“调和工具”，移动指针到画面中两个图形之间进行拖动，给它们进行调和，调和后的效果如图15-119所示。

⑰ 用钢笔工具在画面上勾画出如图15-120所示的高光范围；然后在默认CMYK调色板中单击白色框，右击无色框。

⑱ 确定新绘制的图形处于选择状态，选择工具箱中的“透明度工具”，并在属性栏中设定“透明度类型”为“标准”，并将其调整至调和群组的上方，如图15-121所示。

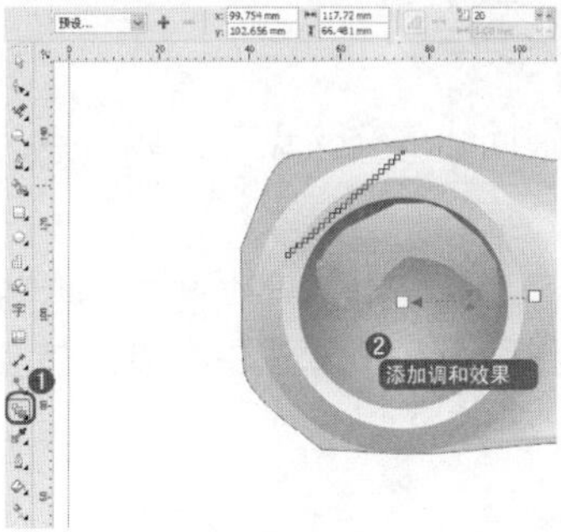

图15-119

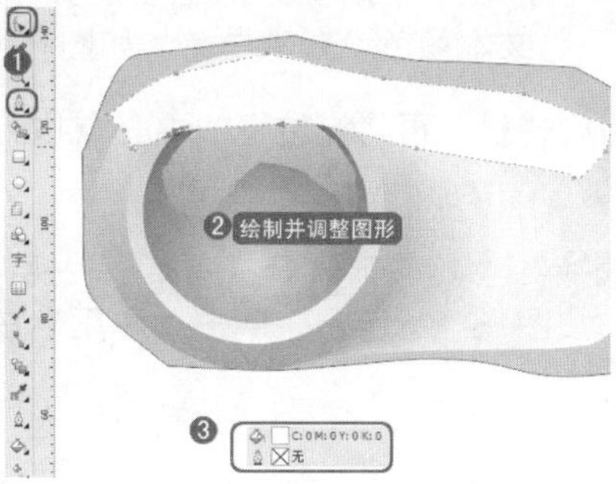

图15-120

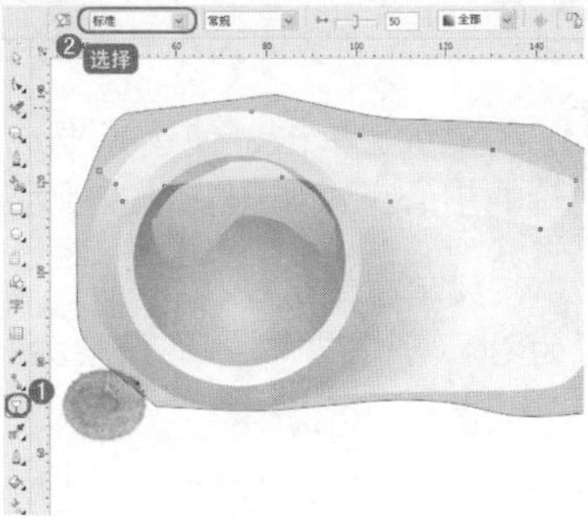

图15-121

⑲ 用“选择工具”先在画面中选择灰色渐变圆，然后从垂直标尺栏中拖出一条辅助线，到选择框的中心点上，此时对象会自动取消选择，再次单击灰色渐变圆，再从水平标尺栏中拖出一条辅助线到选择框的中心点上，如图15-122所示。

⑳ 在工具箱中选择“矩形工具”，移动指针到画面中辅助线的交叉点右边绘制一个长矩形，用来表示时针，将其填充为白色，并取消轮廓线的填充，如图15-123所示。

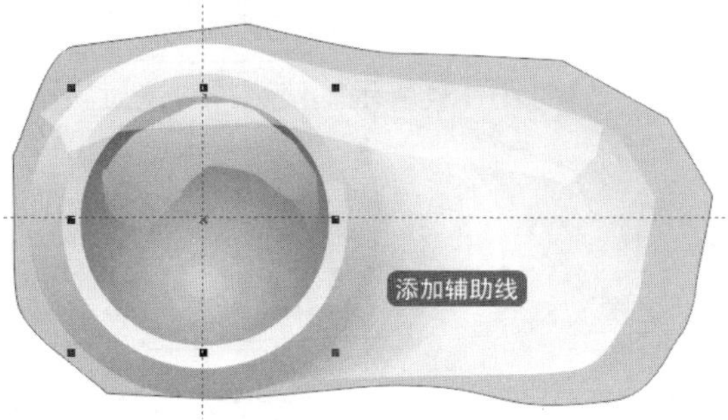

图15-122

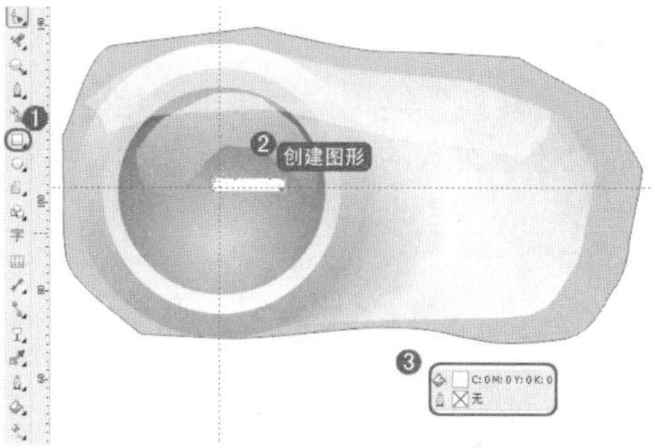

图15-123

㉑ 再次使用“矩形工具”创建无边框白色矩形用来表示分针，再次单击矩形，使其处于旋转状态，并旋转图形，如图15-124所示。

㉒ 选择工具箱中的“钢笔工具”，在画面中绘制白色无边框形状，并按住“形状工具”对图形进行调整，用来作为秒针，如图15-125所示。

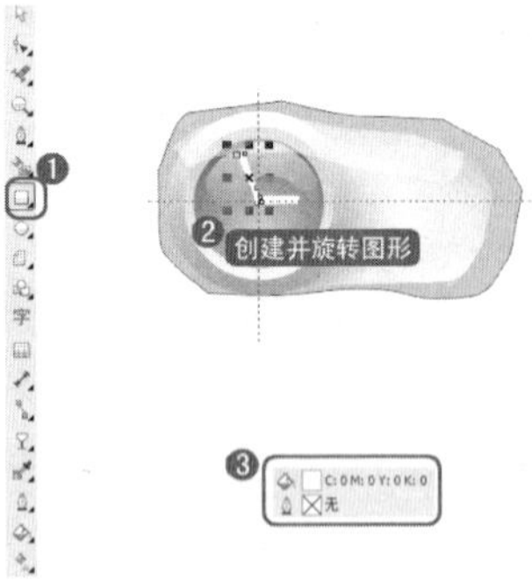

图15-124

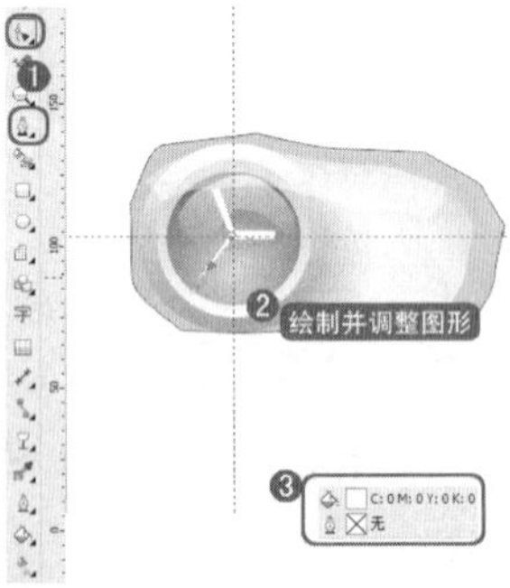

图15-125

㉓ 在工具箱中选择“文本工具”，在灰色渐变圆形上创建文本，在属性栏中设定“字体”为Arial Black，“字体大小”为22 pt，将文本颜色设置为白色，如图15-126所示。

㉔ 在文字上单击，使选择框成为旋转框，再将旋转框的中心点拖到辅助线的交叉点上，以该点为旋转的中心点，如图15-127所示。

㉕ 在菜单栏中选择“排列”\“变换”\“旋转”命令，弹出“转换”泊坞窗，并将“角度”参数设置为-30°，将“副本”设置为1，如图15-128所示。单击“应用”按钮即可将文本沿中心点旋转复制，如图15-129所示。

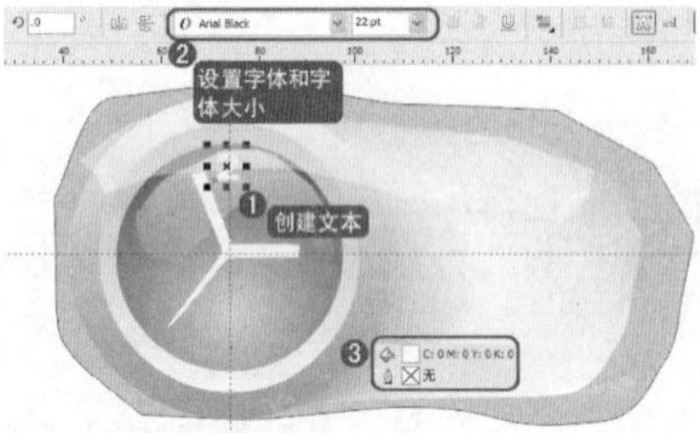

图15-126

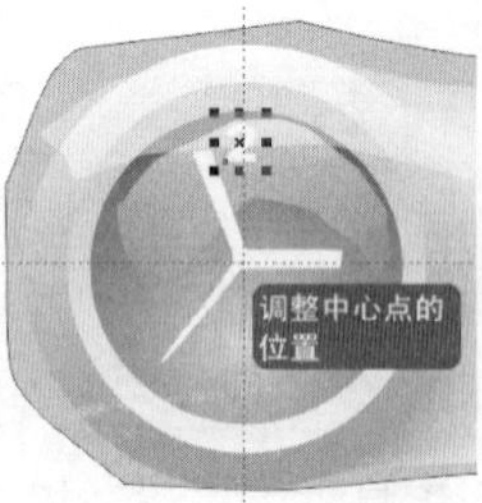

图15-127

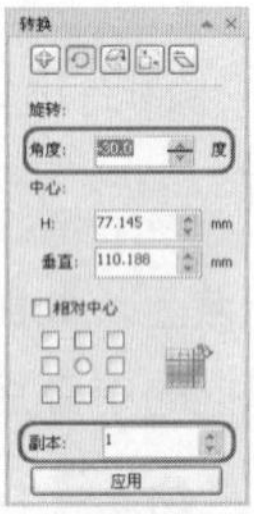

图15-128

㉖ 在“转换”泊坞窗中将副本设为10，单击“应用”按钮，即可得到如图15-130所示的效果。

㉗ 在“转换”泊坞窗中单击“相对中心”的“中心点”，如图15-131所示。使选择对象旋转框中心点处于该对象的中心点处，如图15-132所示。

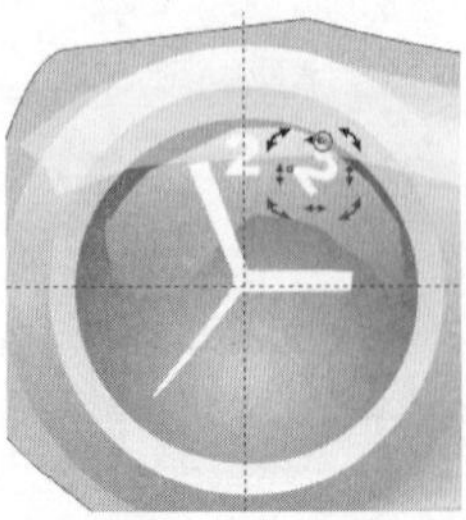

图15-129

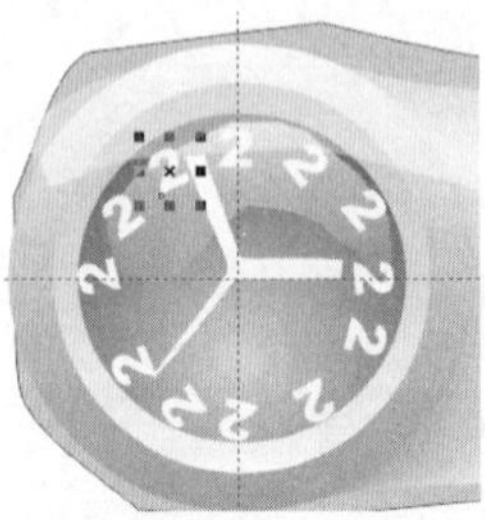

图15-130

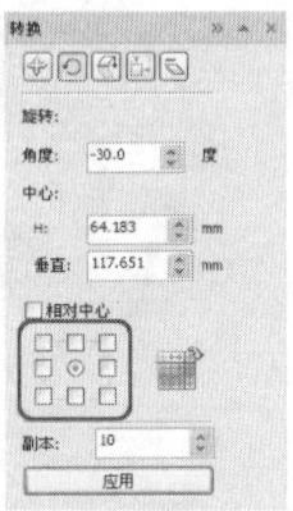

图15-131

㉘ 在属性栏中将“旋转角度”文本框中的30°改为0°，按【Enter】键即可得到如图15-133所示的结果。

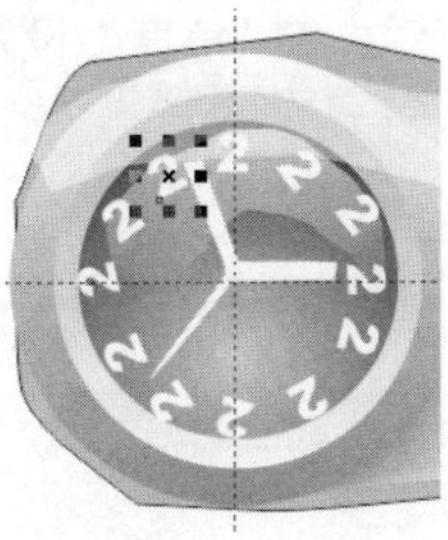

图15-132

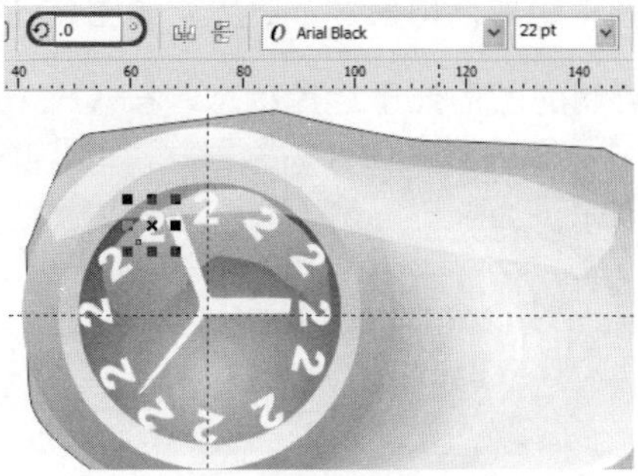

图15-133

㉙ 用文字工具在“2”的后面单击并输入“11”，再移动指针到“2”的前面按【Delete】键将“2”删除，然后将数字“11”进行适当移动，结果如图15-134所示。

㉚ 用“选择工具”选择“11”左下方的“2”，再在“转换”泊坞窗中单击“相对中心”的“中心点”，使选择对象的旋转中心位于该对象的中心点处，在属性栏中设定“旋转角度”为0°，即可得到如图15-135所示的结果。

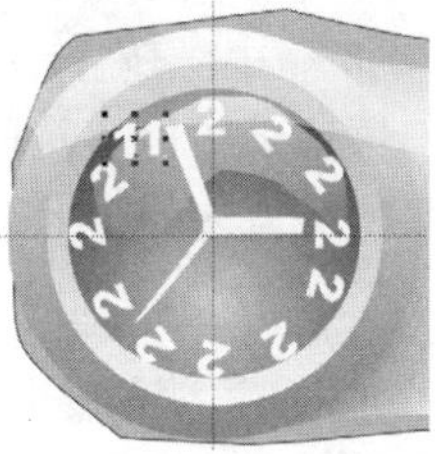

图15-134

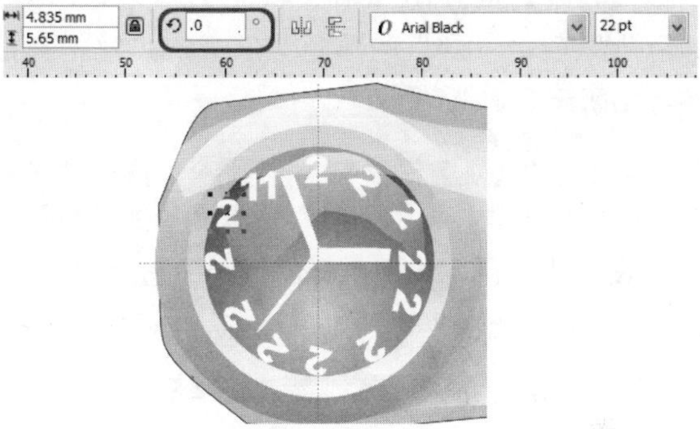

图15-135

㉛ 用同样的方法，将其他“2”更改为其他相应的数字，并适当调整文字的位置，得到如图15-136所示的结果。

㉜ 用文本工具在画面的适当位置单击创建文本，在属性栏中设定“字体”为黑体，将“字体大小”为13 pt，将文本颜色设置为白色，如图15-137所示。

图15-136

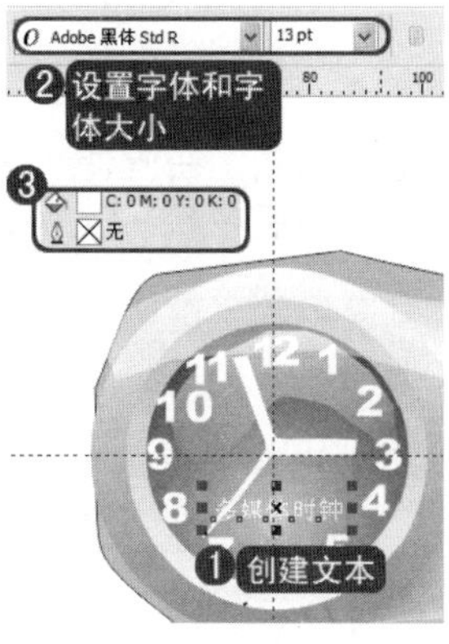

图15-137

33 选择工具箱中的“矩形工具”，在属性栏中将“圆角半径”设置为10，在画面中时钟的右边绘制出一个圆角矩形，用来显示日历，如图15-138所示。

34 确定新绘制的图形处于选择状态，按【F11】键，在弹出的对话框中将“角度”设置为-90，并在其中设定“从”的颜色为40%黑色，“到”的颜色为10%黑色，设置完成后单击“确定”按钮，如图15-139所示。

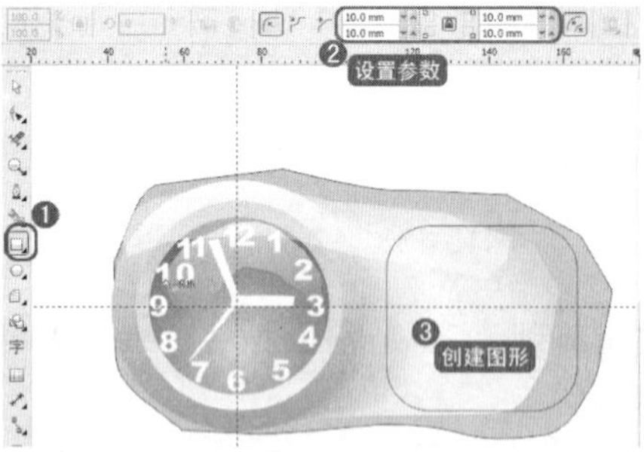

图15-138

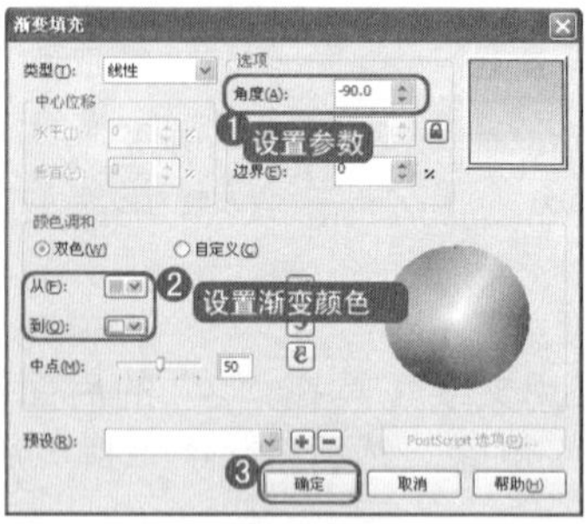

图15-139

35 将渐变图形的轮廓线取消填充，在键盘上按【+】键复制一个副本，按住【Shift】键将副本等比缩小，按【F11】键弹出【渐变填充】对话框，将“角度”参数设置为90，并在其中设定“从”的颜色为黑色，“到”的颜色为20%的黑色，其他为默认值，设置完成后单击“确定”按钮，如图15-140所示。

36 再次按小键盘上的【+】键复制一个副本，再按住【Shift】键将其等比缩小，按【F11】键弹出【渐变填充方式】对话框，将“角度”设置为-90，选择“自定义”单选按钮，然后设置渐变颜色，将0%处的颜色设置为青色，中间色标的颜色设置为冰蓝，右边色标的颜色设置为绿松石，设置完成后单击“确定”按钮，给图形进行渐变填充，结果如图15-141所示。

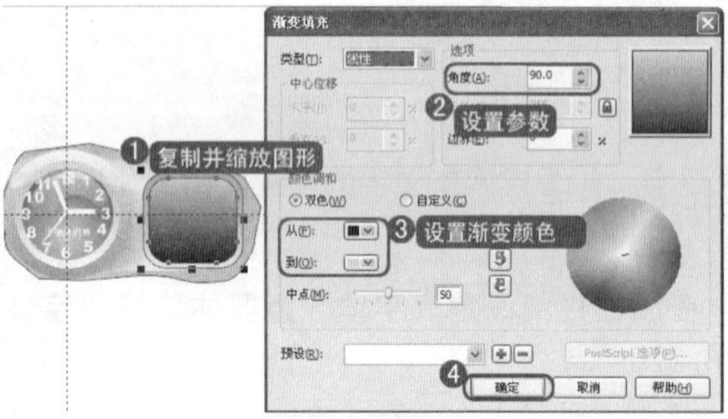

图15-140

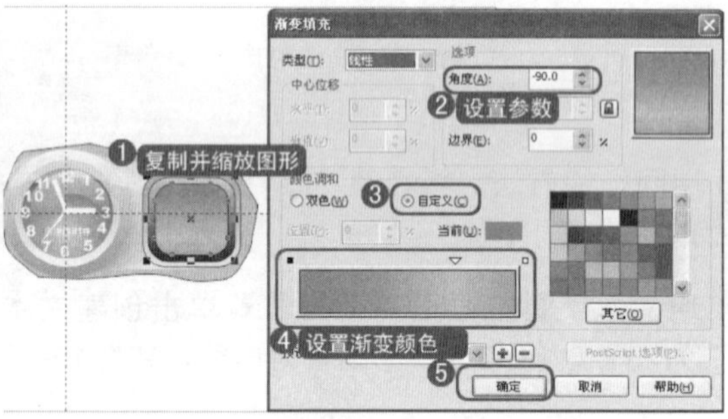

图15-141

37 用“钢笔工具”在蓝青渐变矩形上绘制出表示高光的范围的对象，并按住“形状工具”对图形进行调整，然后在默认CMYK调色板中单击白色框，右击无色框，结果如图15-142所示。

38 选择工具箱中的“透明度工具”，在画面上从上往下拖动，给白色对象进行透明调整，效果如图15-143所示。

39 在工具箱中选择“文本工具字”，移动指针到画面的适当位置单击创建文本，再在属性栏中设定“字体”为Arial，“字体大小”为60 pt，然后在垂直方向上调整文本，并将其填充为蓝色，如图15-144所示。

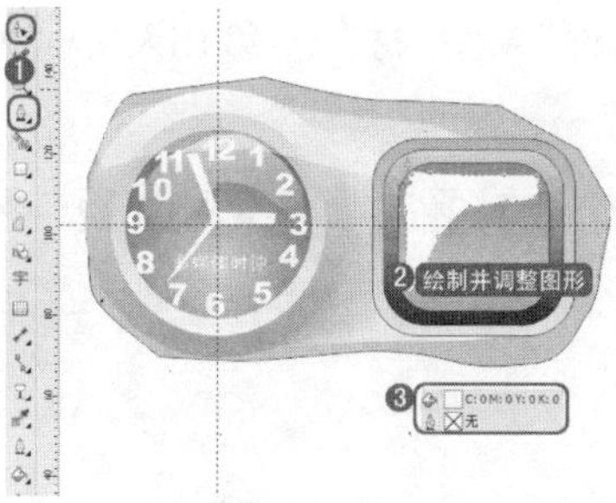

图15-142

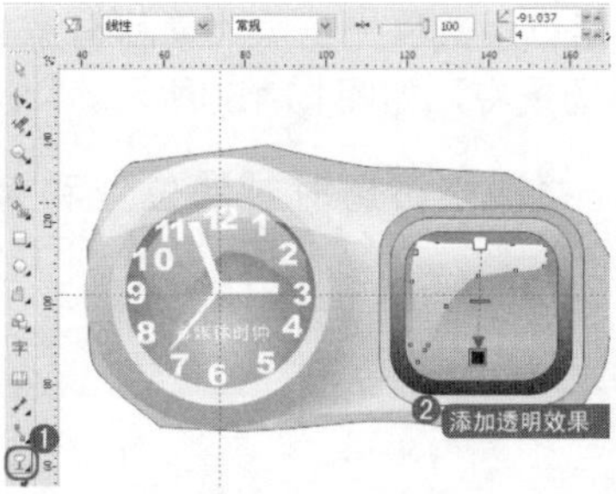

图15-143

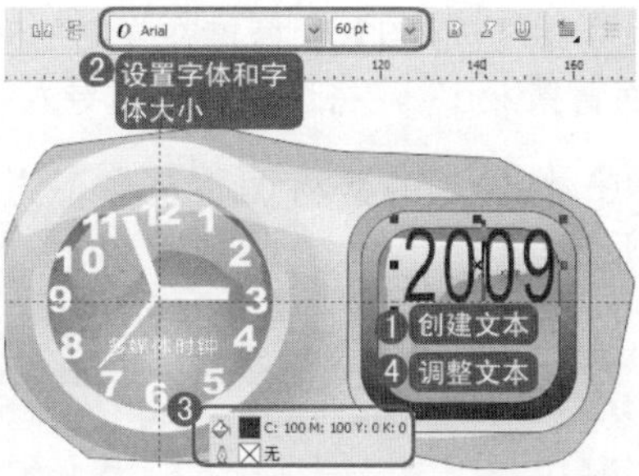

图15-144

40 在工具箱中选择“文本工具字”，移动指针到画面的适当位置单击创建文本，再在属性栏中设定“字体”为Adobe Caslon Pro Bold，“字体大小”为65 pt，并将其填充为蓝色，如图15-145所示。

41 再在画面中创建文本，在属性栏中设定“字体”为Adobe 黑体 std R，“字体大小”为22 pt，并将其填充为蓝色，如图15-146所示。

42 继续使用“文本工具字”创建文本，在属性栏中设定“字体”为Adobe【黑体】stdR，“字体大小”为22 pt，并将其填充为黑色，如图15-147所示。

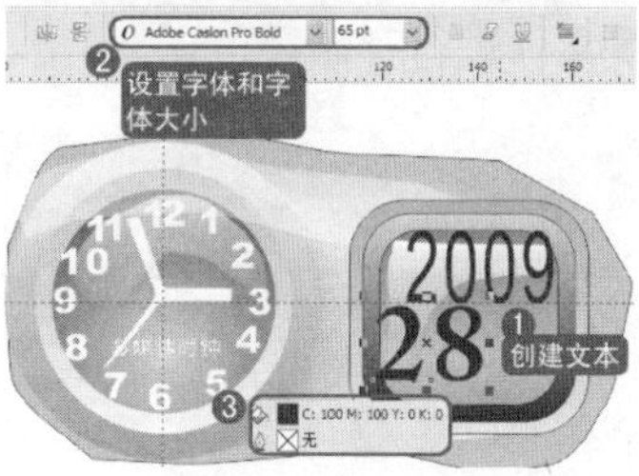

图15-145

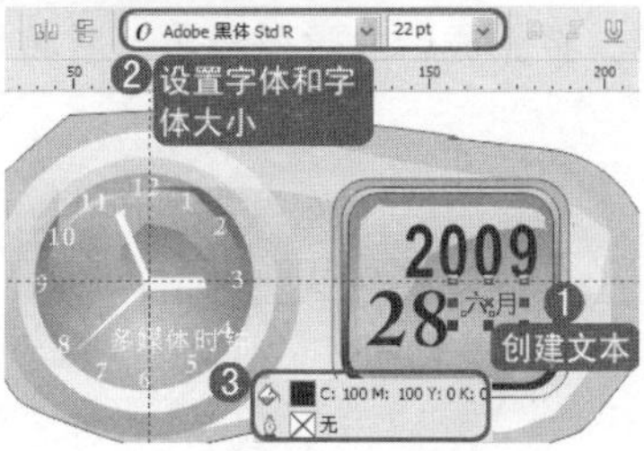

图15-146

图15-147

43 选择画面中最大的渐变圆形，选择工具箱中的“阴影工具”，为选择的对象添阴影效果，在属性栏中将“阴影的不透明”参数设置为70，将“阴影羽化”设置为15，将“阴影颜色”的CMYK参数设置为99、99、29、5，如图15-148所示。

44 按【Ctrl+A】快捷键选择场景中的所有对象，按【Ctrl+G】快捷键将选择的对象成组，如图15-149所示。

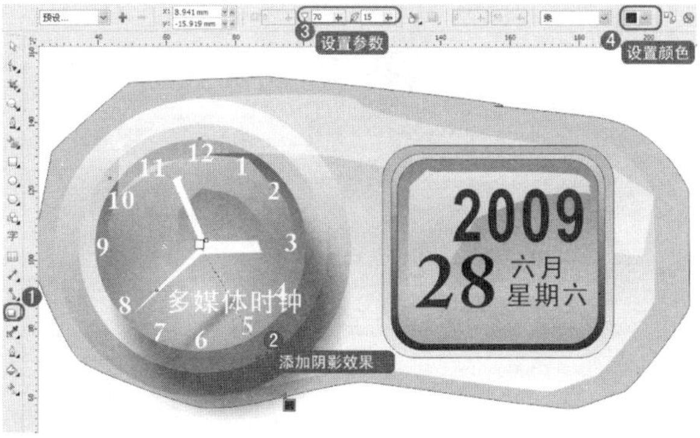

图15-148

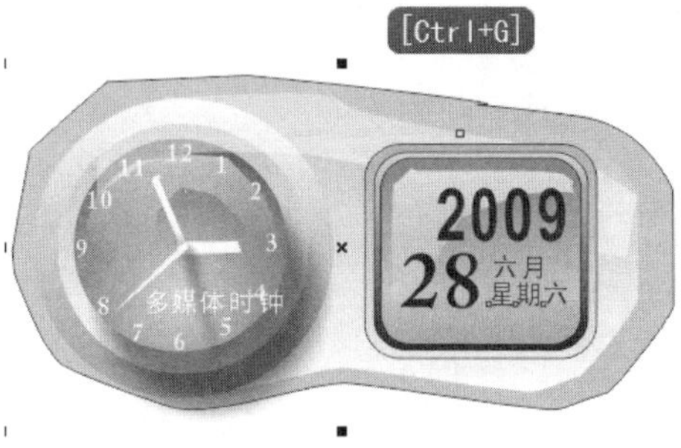

图15-149

45 按【Ctrl+I】快捷键在弹出的对话框中选择光盘中"素材与源文件"\"素材"\"第15天"\"水面背景.jpg"，将选择的素材导入到场景中，如图15-150所示。

46 将导入的素材调整至最下方，并调整日历时钟的位置和大小，完成后的效果如图15-151所示。

图15-150

图15-151

47 这样，实例效果图就制作完成了。将完成后的效果导出，并将场景文件进行存储。

一本用佳作诠释摄影师创作理念的好书，一本用心展示摄影师细致入微的洞察力和对美的捕捉能力的好书……

中国摄影家协会副主席　张桐胜
陕西省摄影家协会主席　胡武功
清华大学美术学院教授　韩子善
《中国摄影报》总编　曾星明
著名风光摄影家　于云天
图客网CEO　黎俊辰

联名推荐